지구과학교육론

대한지구과학교육학회

교육과학사

머 리 말

지구과학은, 우리가 삶을 영위하고 있는 태양계의 한 행성으로 평범한 천체라 할 수 있는 지구의 과거와 현재 그리고 미래에 대한 체계적인 연구를 위하여 등장한 것으로 그 내용은 지구의 구성 물질, 활동의 과정, 변천의 역사, 우주 내에서의 운동 등이며, 지질학, 해양학, 기상학, 지구물리학, 천문학 등의 다양한 학문영역을 포함하고 있는 기초과학이다.

과학 교과 중 한 과목인 지구과학은, 시공간에서 일어나는 자연현상 그 자체를 탐구의 대상으로 하고 이 현상의 시 · 공간적 연속성과 상호 관련성 및 이에 따른 평형의 변화과정을 다루며 지구와 그 주위 및 우주적 환경을 연구대상으로 함으로써 물리, 화학, 생물 등과는 근본적으로 다르다. 이러한 지구과학의 교육을 위해서는 지구과학 자체에 대한 연구와 함께 지구과학의 학문적 특성을 고려한 철학적 방법론적 이해가 함께 이루어져야 한다.

특히 지구과학 교사 양성과정에서 지구과학교육론은 중등학교 지구과학 교육과정과 그것의 구성 원리에 대한 이해가 중요하다. 따라서 지구과학교육론은 교과의 내용뿐만 아니라 방법적 원리와 기술의 영역에 관한 것들을 포함한 보다 포괄적인 학문적 연계의 설정을 필요로 한다.

이러한 교과교육학에 속하는 지구과학교육론은 지구과학의 학문적 성격에 비추어 지구과학교육의 철학적 교육적 당위성을 이해하고 나아가 지구과학교육과 관련된 전반적이고 기초가 되는 이론적 배경을 제공하는 것이라고 할 수 있다.

지구과학교육론의 이러한 중요성에도 불구하고 그 동안 이와 관련된 교재가 절대적으로 부족하여 과학교육론이나 일반 교육학 관련 자료를 교재로 사용함으로써 지구과학교육론의 특성을 제대로 살리지 못하는 문제가 있었다. 그동안 지구과학 교과교육학은 여러 학자들의 연구 노력 결과 짧은 기간에 많은 발전을 이룩해 왔으나 아직도 전공 교수와 교재의 부족 등으로 인하여 개선 되어야 할 많은 과제들을 안고 있는 것이 사실이다.

최근 교과부의 교과교육 강화 방침에 따라 교사양성과정의 총 이수 학점 대비 교과교육학의 비중이 과거에 비해 3배 이상 높아지고 임용고사에서의 비중도 30% 이상으로 높아진 것은 우수한 지구과학 교사 양성과 이를 위한 지구과학 교과교육의 중요성을 크게 강조한 것이라고 볼 수 있다.

본 교재는 지구과학 교사양성 과정에서 필수 교과목인 지구과학교육론의 교수-학습을 위하여 만들어졌으며, 지구과학의 학문적 특성과 교과교육학 및 과학교육학의 이론을 고려하여 지구과학교육론에 포함되어야 할 주요 내용을 선정하였다. 지구과학교육론 강의를 위한 자료가 부족한 상황에서 우선 책으로 엮었지만 여러 가지 부족한 점이 많으리라 생각된다. 독자 및 연구자들의 비판과 조언을 받아 더욱 알찬 내용으로 채워 나가고자 한다.

끝으로 이 책이 나오기까지 원고와 자료 정리를 위해 수고한 부산대학교 지구과학교육연구실 대학원생들과 책의 출판을 위해 수고한 교육과학사 편집실에 깊은 감사를 드린다.

2009년 1월
저자 대표
김 상 달

차 례

제2장 교과교육학과 지구과학교육 117

제3장 지구과학교육에서 과학사와 과학철학 225

제4장 교육과정의 변천과 지구과학교육 273

제5장 과학학습론 345

제 1 장

과학과 지구과학

1 과학의 본성

가. 과학 본성의 철학적 이해

인류 역사의 전 과정을 통하여 인간은 물리적, 생물적, 심리적, 사회적 세계에 대하여 여러 가지 관련되고 검증된 개념들을 발전시켜 왔다. 이러한 개념들은 다음 세대가 인간과 그 환경에 대하여 더욱 포괄적이며 확실한 이해를 할 수 있도록 해 주었다. 이러한 개념들의 발달에 사용된 수단은 관찰, 사고, 실험, 검증 등의 특별한 방법들이다. 이러한 방법들은 과학의 본성에 대한 기본적 견해를 나타내며, 과학이 여러 형태의 지식과 다른 경향성을 나타내는 방법을 반영한다. 과학적 노력을 하게하고 그 노력이 성공할 수 있게 한 것은 과학, 수학, 기술 등의 집합체이다. 다음에서 과학의 본성을 이해하기 위하여 과학적 세계관에 대하여 알아본다(AAAS, 1990).

1) 과학적 세계관

과학자들은 그들이 하는 일이 무엇인지와 자신들의 일을 어떻게 보는지에 대한 어떤 기본적 신념과 태도를 공유하고 있다. 이것은 과학을 통하여 무엇을 배울 수 있을 것인가와 세계관의 성격에 따라 이루어져야 한다.

가) 자연계는 이해 가능한 세계이다.

과학은 우주에서의 현상이나 사건이 구체적이고 체계적인 연구를 통하여 이해할 수 있는 안정된 형태로 일어난다고 가정한다. 과학자들은 두뇌를 사용하고 감각 능력을 확장할 수 있는 도구의 도움을 받아서 인간이 자연의 모든 유형의 현상을 발견할 수 있다고 믿는다. 또한 과학은 우주가 그 이름이 함축하듯이 어디에서나 동일한 기본 법칙을 가지는 광대한 단일 구조라고 추정한다. 우주의 한 부분을 연구함으로써 얻어진 지식은 우주의 다른 부분에도 적용할 수 있다. 예를 들어 지표에서 낙하하는 물체의 운동을 설명하는 중력과 운동에 관한 법칙은 달이나 행성의 운동에도 동일하게 적용될 수 있다. 세월이 흐름에 따라 일부가 수정된 동일한 운동법칙은 최소의 핵입자에서부터 가장 부피가 큰 별까지, 돛단배에서 우주선까지, 탄환에서 광선에 이르기까지 모든 운동에 가해지는 각각의 힘들에 적용된다.

나) 과학개념은 변화 가능한 주제이다.

과학은 지식을 산출하는 과정이며 그 과정은 현상의 세밀한 관찰을 하는 것과 그런 관찰의 결과를 이해하여 이론을 창안하는 것이다. 이 때 새로운 관찰은 현재 사용되고 있는 이론에 도전하려고 하기 때문에 지식의 변화는 불가피하다. 하나의 이론이 일련의 관찰들을 아무리 잘 설명한다고 하더라도, 또 다른 이론이 더 잘 맞을 수도 있고, 더욱 광범위한 관찰이 맞을 수도 있다. 과학에서는 그 이론이 새로운 것이냐 또는 오래된 것이냐를 막론하고 이론의 검증이나 개선, 부분적인 폐기작업이 항상 계속되고 있다. 과학자들은 비록 완전하고 절대적 진리를 보증할 방법은 없다고 하더라도, 점진적으로 이루어지는 정밀한 접근이 그것을 연구하는 방법과 그 세계에 대하여 설명할 수 있다고 가정한다.

다) 과학지식은 영속성을 가진다.

과학자들이 절대적 진리를 얻겠다는 생각을 버리고 자연의 일부로서 어떤 불확실성을 수용한다고 하더라도, 대부분의 과학적 지식은 영속적 성질을 가지고 있다. 과학자들은 과학지식을 완전히 부정하기보다는 오히려 개념들에 대하여 점진적 수정을 통해 과학지식을 구성하는 것이 더욱 강한 생명력을 가지고 광범위하게 수용되려는 경향을 가지고 있기 때문에 과학지식을 만들어가는 기본적인 방법이라고 생각한다. 예를 들어, 상대성이론을 공식으로 나타내는데 있어서 앨버트 아인슈타인은 뉴턴의 운동법칙을 부정하기보다는 오히려 좀 더 일반적 개념의 범위 내에서 부분적 응용을 통한 유사한 공식으로 그것을 표현하였다. 예컨대, 미 항공우주국에서는 인공위성의 궤도를 분석할 때 뉴턴 역학을 활용한다. 더구나, 과학자들이 자연 현상에 대하여 정확하게 예견할 수 있는 능력을 기르는 것은 우리가 진정으로 과학적 세계에 대한 연구 방법을 알도록 설득력 있는 증거를 제공하는 것이다. 연속성과 안정성은 변화와 마찬가지로 과학의 특성이고, 이에 대한 믿음은 가설과 같이 널리 활용되고 있다.

라) 과학은 모든 의문에 대하여 완전한 해답을 제공하지는 않는다.

과학은 모든 문제에 대해서 완전한 해답을 제공하지는 않으며 자연계에는 과학적 방법으로 완벽하게 검증될 수 없는 많은 문제들이 존재한다. 예를 들어 초자연적인 힘, 생명의 존재, 생명체의 진정한 목적 등과 같이 매우 자연스러워서 증명될 수도, 반증될 수도 없는 신념이 있다. 다른 예로는, 정당한 과학적 연구방법이 기적, 예언, 점성술, 미신 같은 특정한 신념을 갖고 있는 사람들에 의해 부적절한 것으로 인식되어 거부될 수도 있다. 이러한 문제에 대하여 과학자들이 대안을 모색하는데 도움이 될 수 있는 특별한 과학적 방법의 중요성을 확인함으로써 이러한 주제의 토론에 일부분 기여할 수 있더라도 최종적으로 선악이나 옳고 그름에 관한 문제를 결정하는 수단을 갖고 있지는 않다.

2) 과학적 방법으로서의 탐구

근본적으로 다양한 과학적 교육과 훈련은 과학적 증거에 대한 신뢰, 가설과 이론의 사용, 사용된 여러 종류의 논리 등에서 동일하다. 그러나 과학자들이 어떤 현상을 연구하는지와 자신들의 연구를 어떻게 진행하는 방법에 있어서 서로 간에 큰 차이가 있다. 즉, 역사적 데이터나 실험을 통한 발견 그리고 질적 양적 방법, 기본적 법칙에 대한 자료, 과학자들이 얼마나 많은 새로운 과학적 발견을 했는가 등 그 결과에서도 큰 차이가 있다. 그럼에도 기술, 정보,

개념들의 교환은 과학자들 사이에서 늘 이루어져 왔고, 과학적으로 타당성 있는 연구를 수행하기 위한 상호간의 협력관계를 계속적으로 유지해 왔다.

과학적 탐구는 특정한 연구 맥락과 분리되어서는 쉽게 설명될 수 없다. 단순히 과학자들이 항상 따르는 고정된 일련의 단계가 있는 것도 아니고, 그들을 과학적 지식으로 확실하게 안내하는 통로가 있는 것도 아니다. 그러나 탐구의 한 유형으로써 독특한 성격을 제공하는 과학의 어떤 특성은 있다. 비록 이러한 특성이 전문과학자들의 연구에서만 나타나는 것이라고 할지라도, 모든 사람들이 일상생활에서 흥미로운 여러 문제들을 해결하기 위하여 과학적 사고를 하는데 그것들을 적용할 수 있다. 탐구로서 과학의 특징을 알아보면 다음과 같다.

가) 과학은 증거를 요구한다.

과거부터 최근까지 과학적 주장의 타당성은 현상에 대한 관찰을 통해 결정되었다. 그러므로 과학자들은 정확한 데이터를 얻는데 주의를 집중한다. 그러한 증거들은 숲과 같은 자연 환경에서부터 실험실과 같은 완전히 인위적인 장소에 이르기까지 여러 상황에서 이루어진 관찰과 측정에 의해 얻어진다. 관찰을 위해서 과학자들은 그들 자신의 감각이나, 감각을 도와주는 현미경, 자기장과 같이 인간이 느낄 수 없는 것들의 성질을 알아내는 나침반과 같은 기구를 사용한다. 과학자들은 수동적으로 지진이나 새의 이동을 관찰하기도 하고 암석이나 조개와 같은 것을 채집하기도 하며 지구 표면을 시추하거나 실험을 위한 약품들을 사용함으로써 과학의 세계를 능동적으로 밝혀내기도 한다.

어떤 환경에서 과학자들은 증거를 수집하기 위하여 신중하고 정밀하게 조건을 통제할 수 있다. 예를 들어, 온도를 조절하고, 화학물질의 농도를 변화시키며 어떤 유기체가 서로 궁합이 맞는지를 선택할 수도 있다. 한번에 한 가지 조건을 변화시킴으로써 다른 조건의 변화에 따른 복잡성을 줄이고 그 결과로 나타는 확실한 효과를 확인할 수 있다.

그러나 종종 조건을 통제하는 것이 별들을 연구하는 것과 같이 비현실적일 수도 있고, 인간을 연구할 때처럼 비윤리적일 수도 있고, 포획한 야생동물을 연구할 때처럼 자연적인 현상을 왜곡하는 것처럼 보일 수도 있다. 이런 경우에 있을지도 모르는 다양한 요소들의 영향을 추론하기 위하여 자연적으로 발생되는 조건의 범위를 충분히 넓게 잡도록 해야 한다. 증거에 대하여 신뢰함으로써 얻게 되는 더 큰 가치는 관찰을 위한 더 정밀하고 나은 기구와 기술을 확보하게 하고 아울러 연구에 참여하는 과학자들에 대한 긍정적 인식을 갖도록 하는 것은 물론 나아가 과학자들이나 집단에 의해 발견된 증거들이 다른 연구자들에 의해서 일반적이고 구체적으로 검증된다는 것이다.

나) 과학은 상상과 논리의 혼합물이다.

새로운 가설과 이론의 설정을 위하여 모든 종류의 상상력과 사고가 사용되었다고 하더라도 예나 지금이나 과학적 문제에 대한 논쟁은 그 정당성을 검증하기 위하여 추론과 논증에 일정한 준거를 적용하고 이것은 현재 사용되고 있는 논리적 추론의 원리에 부합되어야 한다. 과학은 논리와 상상력의 조화이다. 과학자들은 특정한 증거의 가치에 대해서나 혹은 이미 만들어진 특정 가정의 적절성에 대하여 동의하지 않을 수도 있고, 그로 인해 정당화가 이루어진 결론에 대해서도 동의하지 않을 수 있다. 그러나 결론과 관련된 증거나 가설이 가지는 논리적 추론의 원리에 대해서는 의견을 같이하는 경향이 있다.

과학자들은 연구를 위한 자료와 잘 개발된 이론들로만 가지고 연구를 하는 것이 아니다. 가끔은 현상을 연구하는 방법에 대한 유일한 잠정적 가설을 세우기도 한다. 이런 가설들은 주의를 집중해야 할 자료와 추가로 보충해야 할 자료가 어떤 것인지를 선택할 때나 자료를 해석 할 때 과학적 탐구에서 널리 사용된다.

자연계에 대한 연구방법을 고안해 내기 위하여 이론과 가설을 창안하는 것과 그 후에 그들이 그 실체에 대하여 검증받을 수 있는 방법을 설명하는 것은 시를 쓰는 일, 음악을 작곡하는 일, 고층빌딩을 설계하는 일 등과 같은 창조적인 일이다. 때때로 과학적 발견은 예기치 못한 상황에서 우연히 이루어지기도 하지만 지식과 창조적 통찰은 일반인들이 예상하지 못한 의미를 한발 앞서서 인식하는 것이 요구된다. 한 때 어떤 과학자에 의해 무시당했던 자료의 내용과 견해는 시간이 지난 후 다른 과학자들에 의해 새로운 발견을 가능하게 할 수도 있는 것이다.

다) 과학은 설명하고 예견한다.

과학자들은 어떤 현상이 현재 널리 알려져 있는 과학적 원리와 일치되거나 이 원리를 적용하여 이들을 설명함으로써 현상에 대한 관찰의 의미를 이해하려고 노력하고 있다. 이러한 설명 이론들은 포괄적이거나 제한적일수도 있지만 논리적으로 확실하고 과학적으로 타당한 관찰의 중요한 부분을 포함하고 있는 것이 확실하다고 볼 수 있다.

가끔 과학적 이론의 신뢰성은 이전까지 관계가 없어 보이던 현상들 사이의 관련성을 설명하고 보여주는 능력으로부터 온다. 예를 들어 대륙이동설은 지진, 화산, 다른 대륙에서 발견된 화석의 일치나 대륙의 형상, 해양판의 형태 등과 같은 다양한 현상들 간의 관련성을 보여줌으로써 신뢰성을 높여왔다. 과학의 본질은 관찰에 의한 정당성이다. 그러나 그 과학적 이론은 이미 알려진 관찰에만 적합해서는 안 된다. 처음에 이론들이 공식화 될 때에 사용되지 않았던 추가적 관찰과도 부합해야 한다. 즉, 그것은 이론들이 예측하는 능력을 가지고 있어야 한다는 것이다. 이론의 예측 능력을 증명하는 것은 반드시 미래의 사건을 예측해야 한다는 것은 아니다. 예측은 예전에 미처 발견하지 못했던 것이나 연구하지 못했던 과거로부터 나온 증거에 대한 것일 수도 있다. 예를 들어 인류의 기원에 관한 이론은 현생 인류와 유사한 화석들의 발견에 의하여 검증될 수 있다.

이러한 연구방법은 지구상에 존재하는 명제들의 형성과 지구의 역사에 나타나는 사건들을 재구성하는데 반드시 필요하다. 또한 산맥을 형성하거나 별이 진화되어가는 것과 같은 아주 느리게 일어나는 변화과정에 대한 연구를 위해서도 이러한 연구방법이 필요하다. 예를 들어, 별들은 우리가 관찰할 수 있는 것보다 훨씬 더 느리게 진화한다. 그러나 별의 진화에 관한 이론은 현존하는 별에 대한 자료를 수집하여 별의 스펙트럼을 분석함으로써 확실하게 예측할 수 있다.

라) 과학자들은 편견 없이 증명하기 위해 노력한다.

어떤 것이 진실이냐는 질문을 받았을 때, 과학자들은 그것을 지지해주는 증거가 무엇인지를 먼저 알아본다. 그러나 과학적 증거는 어떻게 자료가 해석되었느냐, 어떻게 기록되고 보고되었느냐, 심지어 우선적으로 어떤 자료가 선택되었느냐 등에 의하여 편견이 생길 수 있다. 과학자의 국적, 성, 인종, 나이, 정치적 신념 등은 하나 또는 다른 종류의 증거나 해석을 강조하거나 찾느냐에 따라 편견이 나타날 수 있다. 예로써, 수년간 남성 과학자들이 한 영장류에 대한 연구에서는 남성의 경쟁적 사회적 행동에 초점이 맞추어져 있다. 여성 과학자들이 이 분야의 연구를 시작하기 전까지는 암컷 영장류의 공동사회 형성 행동을 인식하는 것은 중요하지 않았다.

연구자, 표본, 방법 또는 도구 등에 기인하는 편견은 모든 사례에서 완벽하게 피할 수는 없으나, 과학자들은 가능한 한 편견의 원인이 무엇이며 편견이 증거에 미치는 영향이 어떤지 알려고 노력한다. 과학자들은 언제나 이러한 객관성이 보장되지는 않더라도, 다른 과학자들의 연구에서처럼 자신의 연구에서 편견을 없애도록 노력해야한다. 과학자의 연구영역에서 드러나지 않은 편견을 없애는 것은 자신과 같은 연구를 진행하고 있는 많은 다른 연구자나 연구자 집단이 존재한다는 사실을 인식하는 것이다.

마) 과학은 권위주의적인 것이 아니다.

다른 경우와 마찬가지로 과학에서 적절한 해결책은 효과적인 훈련을 통하여 전문화된 사람들이 정보와 의견에 대한 정확한 자료에 의존하는 것이다. 그러나 존경받는 권위자들도 과학의 역사에서 여러 번에 걸쳐 오류를 범해 왔지만 다른 과학자나 행정가들에 의해 그들의 오류가 해결될 수 있었다.

과학자들이 그들의 연구를 기초로 하여 도달해야하는 미리 확립된 결론은 존재하지 않는다. 한마디로 이야기하면, 강력한 비판을 받을 수 있는 잘 알려진 개념들로는 쉽게 이해되지 않는 새로운 개념들과 이러한 개념들을 연구하고 있는 과학자들은 그들의 연구를 위한 도움을 쉽게 확보할 수 없다. 실제로 새로운 아이디어에 대한 도전은 확실한 지식을 만들어 내기 위한 과학의 합법적 과제이다. 가장 명성이 있는 과학자들까지도 다른 과학자들을 납득시키기 위하여 축적된 충분한 증거가 있음에도 불구하고 가끔은 새로운 이론의 수용을 거부당하기도 했다. 그러나 결국, 이론들은 그들의 결과에 의하여 판단되었다. 즉, 새로운 현상을 설명하기 위한 새롭고 개선된 자료를 언제 제시하느냐 혹은 궁극적으로 새로운 이론을 만들어내어서 이전의 자료보다 더 중요한 의문에 대한 답을 언제 제시하느냐 하는 것이다.

나. 과학본성의 역사적 이해

과학적 활동을 증거에 입각하여 사물을 통제하고 예측하는 것이라고 정의한다면 그것은 이미 인류가 존재한 이래 있어왔다고 할 수 있을 것이다. 그러나 과학적인 활동을 논리적 체계를 갖춘 이론에 바탕을 둔 행위나 이론을 형성해 나가는 활동이라고 한다면 과학은 최소한 문자가 생긴 이후이거나 더 엄격하게는 갈릴레오나 뉴턴 이후라고 보아야 할 것이다. 그러나 과학적 활동이란 의문에 대해서 보다 합리적이고 신뢰로운 해답을 얻는 과정이라고 한다면 거의 인류의 기원과 그 시작을 같이 한다고 보아도 무방할 것이다. 원시인들이 불을 발견하여 사용하고 농사를 짓고, 사냥을 하는 등의 활동은 비록 이론적인 체계를 갖추고 있지 않았을 뿐이지 머리 속에서 이루어지고 있었던 사고의 과정은 현대의 과학자들의 머리 속에서 이루어지고 있는 사고과정과 유사한 면이 많았을 것으로 생각한다. 따라서 그들의 활동도 넓은 의미에서 과학적 활동의 일환이라고 할 수 있다. 그런데, 이 시대의 탐구 활동은 대부분 직관이나 단순 논리에 바탕을 둔 것이지 논리적인 체계를 갖춘 이론으로까지는 발전하지 못하였다. 이론적인 체계를 갖춘 과학은 문자의 발견 이후라고 보아야 할 것이다. 동양에서는 음양오행설이 과학의 시초라고 볼 수 있을 것이며, 서양에서는 그리스나 희랍, 그리고, 아랍의 학문이 과학의 시작이라고 할 수 있을 것이다. 그 후 근대적 의미의 체계적인 과학은 아리스토텔레스에서 시작되었다고 보는 것이 타당할 것이다. 아리스토텔레스의 학문을 전(前)과학이라고 보기도 하지만 그것은 현대 과학의 입장에서 본 것이다. 그러나 비록 자연을 보는 관점이 근대 과학의 관점과 다르기는 하였지만, 아리스토텔레스는 철저하게 경험에 바탕을 둔 학문이었다는 점에서 체계를 갖춘 과학적 이론을 확립하였다고 할 수 있을 것이다.

1) 과학 지식의 발달

과학이라는 말은 두 가지 측면을 가지고 있다. 하나는 인간의 활동 양태의 한 유형으로서의 과학이고 다른 하나는 지식의 체계로서의 과학이다. 일반적으로 과학이라고 할 때, 후자를 지칭하는 경향이 있으나 과학 교육에서 과학은 전자 즉, 탐구 활동으로서의 과학이 강조된다. 요컨대, 과학은 문제에 직면하여 그 문제를 해결하는 탐구의 방법과 탐구의 결과로 얻은 지식의 체계를 과학이라고 할 수 있을 것이다.

여기서 과학지식의 구성요소를 도식화하여 나타내면 [그림 1-1]과 같다.

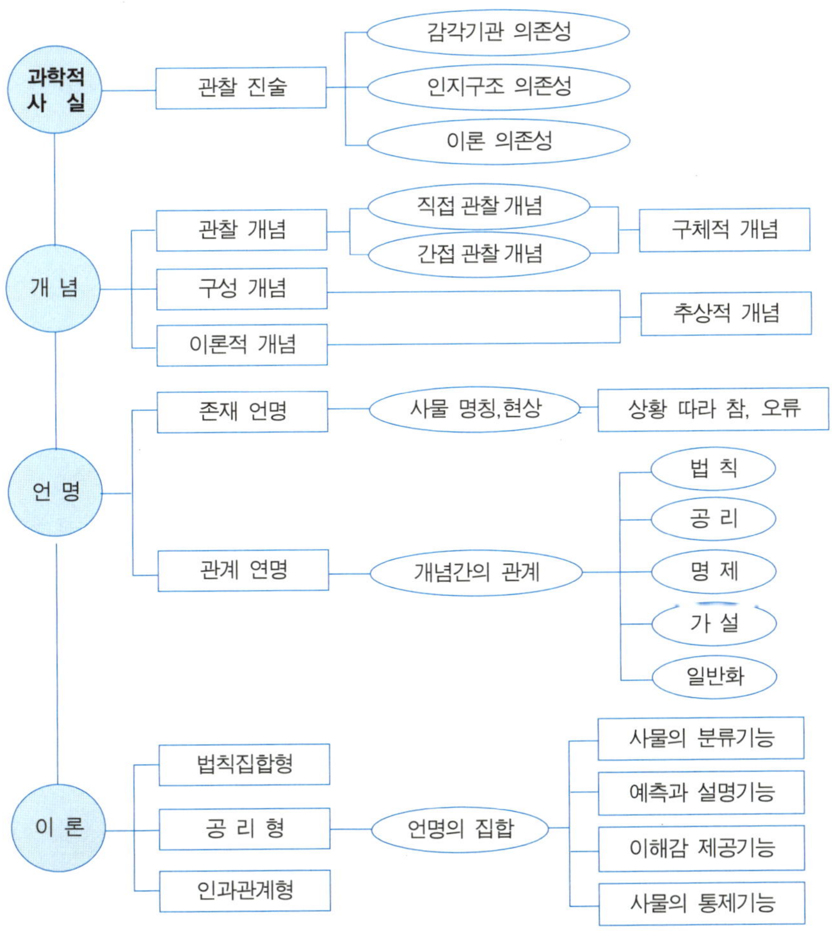

[그림 1-1] 과학지식의 구성요소

가) 과학적 사실

과학의 이론은 사실이라는 기초 위에 서 있다고 할 수 있다. 과학이 수학과 다른 점은 수학이 가상적으로 만들어낸 공리에 바탕을 두고 있는 데 반하여 과학은 자연 현상이라는 객관적인 사실에 바탕을 두고 있다는 것이다. 그러면 과학이 기초로 하고 있는 이 사실이란 무엇인지 알아보자.

① 과학적 사실의 정의

엄밀하게 분석하기 전에 단순하게 생각하여 본다면, 과학적인 사실이란 자연에 존재하고 있는 사물라고 할 수 있다. 사물이기 때문에 형체를 가진 대상뿐만 아니라 형체가 없는 현상도 포함한다. 예컨대, 사물이나 비가 오는 현상, 음식을 오래 두면 상하는 현상 등도 사실이라고 할 수 있다. 이렇게 본다면 우주와 우주 속에서 일어나고 있는 삼라만상이 모두 사실이다. 사실은 인간 또는 과학자와 관계없이 객관적으로 존재하고 있는 모든 것이라고 할 수 있을 것이다. 그렇기 때문에 사실에 바탕을 두고 형성된 과학적 이론은 다른 어떤 학문보다 객관성이 높다는 논리가 가능하다.

이러한 상식적이고 일반적인 사실에 대한 생각을 정리하면, 사실이란 자연에 이미 존재하고 있는 것이며, 인간 또는 과학자의 행위와는 무관하다는 것이다. 그렇기 때문에 사실이 달라지거나 변할 수는 없다는 것이다. 그렇다면 사실에 대한 이러한 개념은 타당한 것인가? 현대의 과학자들은 사실에 대한 이러한 개념에 동의하고 있는 것인가?

과학자들과 과학철학자들은 과학적 사실에 대해 위와는 다소 다른 견해를 가지고 있다. 사실은 자연에 존재하는 어떤 실체나 자연에서 일어나고 있는 현상 자체가 아니라 인간에 의해서 관찰된 것, 다시 말하면 관찰 진술(observation statements)을 의미한다. 과학적 사실에 대한 이 정의에 의하면 관찰 행위가 없으면 사실도 없다는 것을 의미한다. 사실을 이렇게 정의하는 데에는 두 가지 이유가 있다. 그 하나는 철학적인 이유이고 다른 하나는 실용적인 이유이다.

먼저 철학적인 이유라는 것은 존재론적인 문제에서 출발하는 것으로서 철학의 큰 난제 중의 하나이다. 이와 관련된 하나의 예화로서 "아무도 없는 무인도에서 화산 폭발이 일어났다면 소리가 났겠는가?"라는 문제에 대하여 "소리가 났다."는 입장과 "소리가 나지 않았다."는 입장이 있다고 하자. 전자는 화산이 폭발할 때 마그마의 활동으로 인하여 상당한 에너지가 축적되어 폭발하는 순간 지각을 진동시키기 때문에 소리가 발생하였다고 주장한다. 이것은 지구과학적으로 볼 때 당연한 논리적 귀결로 보인다. 그러나 다른 한 편에서는 아무리 논리적으로 그렇다고 하더라도 그것을 입증할 수 있는 증거가 없다는 것이다. 그 소리를 들은 사람도 없고 그 소리를 기록한 아무런 증거도 없다는 것이다. 자연 과학은 논리에 그 바탕을 두고 있는 것이 아니라 사실에 그 바탕을 두고 있다면 그 사실은 논리적으로 추론된 결과가 아니라 논리보다는 더 확실한 증거에 바탕을 두어야 하는 것이다. 그러나 그 소리가 발생하였다는 것은 실증적인 어떤 증거가 아니라 단지 기존의 지구과학적인 이론에 근거한 추리일 뿐이다. 따라서 이 추리가 사실일 수는 없다는 주장이다. 이러한 측면에서 관찰되지 않는 사실의 존재를 인정할 필요가 없는 것이다. 그 존재를 인정하는 것이 과학의 이론 형성에 아무런 이득이 없기 때문이다.

과학의 이론이 바탕을 두고 있는 모든 사실들은 관찰된 진실이다. 관찰되지 않은 것이 존재한다고 하여도 그것은 최소한 과학의 이론에는 사용할 수 없다. 사용할 수도 없는 것을 존재한다고 하는 것은 상황을 복잡하게 만들뿐이지 문제 해결에 아무런 도움도 주지 못하는 것이다. 따라서 과학에서는 관찰하여 진술한 바를 사실로 정의하게 되었다. 관찰 자체가 사실은 아니며, 관찰하는 사람의 행위이다. 이 행위 자체로는 과학의 이론 형성에 사용될 수 없는 것이다. 관찰된 바가 진술되어야 한다. 진술은 말로도 가능하지만 글로 진술되어야 기록으로 보존될 뿐만 아니라 다른 사람이 오해 없이 활용할 수 있는 것이다. 이상의 논의를 요약하면 과학적 사실이란 자연에 존재하거나 일어나는 구체적인 사물(things)이 아니고 관찰로 말미암은 진술이라고 할 수 있다.

② 과학적 사실의 특성

관찰 진술인 과학적 사실은 어떤 특성이 있는가? 같은 현상에 대한 관찰 진술은 모두 동일한가? 사실은 완벽하게 객관적인가? 이런 일련의 질문에 대하여 고찰해 보기로 하자.

㉠ 관찰의 감각기관 의존성

사실이 자연에 존재하는 사물 자체가 아니고 그것을 관찰하여 진술한 것이라면 사실의 특성을 알기 위해서는 관찰 행위의 속성을 분석하여 보는 것은 매우 중요한 일이다.

관찰은 인간의 오감을 이용하여 외부로부터 오는 정보를 감지하고 이 감지한 정보가 뇌에 전달되어 뇌의 인지구조에 의해서 분석된 것을 언어로 진술되는 일련의 과정을 의미한다. 따라서 관찰은 단순한 하나의 과정이 아니라 매우 복잡한 일련의 과정이다. 우리의 감각기관이 외부로부터 오는 정보를 인지할 때 있는 그대로가 아니라 왜곡시키기도 하는데 여기에는 많은 증거들이 있다. 어떤 냄새를 오래 동안 맡고 있으면 그 냄새를 느끼지 못하게 된다. 청각에서도 시끄러운 정도를 데시벨(dB)로 나타내는데 이 데시벨은 로그 함수로 되어 있다. 따라서 2dB은 1dB의 2배가 아니라 10배가 된다. 이것은 모두 우리의 감각이 외부 자극에 대하여 선형적으로 변하는 것이 아니라 비선형적으로 변하기 때문에 나타나는 것이다.

㉡ 관찰의 인지구조 의존성

관찰은 감각기관에 의해서만 이루어지는 것이 아니라 인지과정을 거쳐서 이루어지는 것이므로 외부로부터 오는 정보가 변형될 가능성은 더 크다. 다음과 같은 그림을 보자.

[그림 1-2]은 새나 혹은 물고기의 모습이다. 만약 이 그림을 관찰한 사람은 나름대로 확신을 가지고 새 혹은 물고기라고 말할 수 있지만 그 과정을 분석해 본다면 매우 고차원적인 추리과정이 포함되어 있음을 알 수 있다. 이 그림은 수권과 기권의 경계부에서 수증기의 출입으로 경계면이 불명확하다는 것을 보여주는 그림이지만 기권과 수권의 구분이 불명확 한 것처럼 새인지 물고기인지 구분하기 어려운 점도 있다. 그런데 이 그림에서 새나 물고기의 모습이 있어서가 아니라 우리의 인지 구조 속에 새나 물고기라는 형상이 이미 있었고 이 그림에 있는 형태를 이 인지 구조 속의 형태와 일치시켰기 때문에 새나 물고기라는 형태의 관찰이 가능한 것이다. 만약, 동물을 전혀 보지 못한 이상한 외계인에

[그림 1-2] 불분명한 경계선의 보기

게 이 그림을 보여 주고 이 그림에 있는 형태를 그려보라고 하면 그 사람이 그린 형태가 우리가 보는 것과 같은 모습이겠는가? 실험 결과가 없으니 단정할 수는 없지만 그럴 가능성은 거의 없을 것이다.

[그림 1-3]
관찰자에 따라 다르게 보이는 그림

[그림 1-3]은 미국의 심리학자 보링(Boring, E. G.)이 만든 유명한 그림이다. 이 그림은 보는 사람에 따라서 젊은 여자로 보이기도 하고 나이 많은 할머니로 보이기도 한다. 어떤 사람은 두 가지 모습을 다 볼 수도 있을 것이다. 같은 그림을 보면서도 사람에 따라서 다르게 본다는 것은 무슨 까닭인가? 그것은 아마도 관찰의 결과가 관찰되는 대상에 의해서만 결정되는 것이 아니라 관찰하는 사람이 가지고 있는 어떤 특성-그것을 인지구조라고 할 수 있을 것이다-에 관계되기 때문일 것이다.

지금까지 살펴본 바에 의하면 관찰은 우리의 감각 기관과 인지구조에 의해서 이루어지며, 감각 기관에 의해서도 외부로부터 오는 정보가 변형되어 등록이 되고 감각 기관에 등록된 정보가 뇌에 전달되어 인식되는 과정에서도 기존의 인지구조에 의해서 재해석된다는 것을 알 수 있었다. 따라서 이러한 복잡한 과정을 통하여 사실은 우리에게 처음 입력된 정보와는 상당한 차이가 있게 된다. 즉, 관찰 진술은 우리의 감각 기관과 인지 구조에 의해서 영향을 받는다는 것을 알 수 있다.

㉢ 관찰의 이론 의존성

관찰은 관찰 행위에 의해서 영향을 받을 뿐만 아니라 과학적 이론에 의해서도 영향을 받는다. 과학적 이론이 사실인 관찰 진술의 토대 위에 있는데 어떻게 그 사실을 바탕으로 이루어진 이론에 의해서 달라질 수 있단 말인가? 정말 그렇다면 과학적 이론은 그 기반을 잃게 되는 것이 아닌가? 과학적 이론이 다른 이론에 비하여 객관성이 높고 예측과 통제력이 강한 것은 그것이 바탕으로 하고 있는 사실의 객관성이 높기 때문이다. 그런데 이 사실이 이론에 의존한다면 그 이론은 사상누각에 불과한 것이 아니겠는가? 다음의 사례들을 통하여 이 문제를 논의하여 보자.

예를 들어 우리가 일출 장면을 보고 있다고 상상하자. 이 장면을 보고 만든 관찰 진술을 하나 생각하여 보자.

태양이 수평선에서 위로 솟아오른다.

이것은 분명히 좋은 하나의 관찰 진술이다. 그러나 이 진술은 옳은 것인가? 이 관찰 진술은 '사실'인가? 이 관찰 진술은 분명히 코페르니쿠스가 지동설을 주장하기 전까지는 '사실'이었다. 그러나 천동설이 부정되고 지동설이 득세하였을 때에는 이것은 사실이 아니었다. 지동설에 의하면 태양이 올라온 것이 아니라 수평선이 아래로 내려간 것이 '사실'이다. 그러나 상대성 이론이 나온 이후에는 두 가지가 모두 '사실'일 수 있게 되었다. 같은 현상을 두고 천동설, 지동설, 상대론에 따라서 사실은 변해 왔다. 이것을 관찰 또는 사실의 이론 의존성(theory laden)이라고 한다. 그렇다면 우리는 자연 사실이 완벽하게 객관적이고 불변이라고 할 수는 없는 것이다. 관찰의 이론 의존성은 다음의 예로서도 알 수 있다. 다음과 같은 사실을 생각하여 보자.

지구의 평균밀도는 5.5g/㎤ 이다.

이 진술이 나오기까지의 과정을 살펴보면 이 진술이 어떻게 이론에 의존하고 있는가를 알 수 있다. 지구의 평균 밀도를 계산하기 위해서는 지구의 부피와 질량을 구해야한다. 이때 지구 질량은 졸리(Jolley)의 천칭법 등에 의해서 구할 수 있고 지구의 부피는 지구의 반경을 구하여 계산할 수 있다. 여기서 질량과 부피를 구하는 이론이 틀리거나 수정되면 그 결과로 지구의 평균밀도도 달라져야 하는 것이다.

북반구에서 전향력은 운동 방향의 오른쪽으로 작용한다.

이 진술은 다른 개념 즉, 지구자전, 북반구, 물체의 운동 등의 개념과 관련이 되어 있다. 개념이 사실에 바탕을 두고 있지만 사실도 개념에 의해서 진술되고 있는 것이다.

이상에서 살펴본 것과 같이 관찰과 그 관찰의 진술인 사실은 자연에 존재하는 것이 아니며 우리의 감각기관, 인지구조, 그리고 과학적 이론에 의해서 달라질 수 있다는 것을 알 수 있다. 그렇다면, 이 사실에 바탕을 둔 과학적 이론을 어떻게 믿을 수 있다는 것인가? 과학적 이론이 믿을만하다는 주장은 틀린 것인가?

과학적 이론이 기초로 삼고 있는 사실이 여러 다른 요인에 의해서 달라진다는 것을 보고 실망한 사람들은 과학적 이론은 불변의 진리로 생각하는 사람들이다. 그러나 과학적 이론이 불변의 진리는 아니다. 과학적 이론은 자연 현상을 설명하기 위한 하나의 가설이지 유일무이한 것이 아니라는 점을 명심해야 한다. 이에 대해서는 앞으로 더 깊이 있게 논의하게 될 것이다.

나) 과학적 개념

개념은 관찰 사실을 바탕으로 하여 형성된다. 개념은 이론을 이루는 인지적 기본 단위라고 할 수 있다. 관찰이 비록 인지구조나 이론에 영향을 받기는 하지만, 관찰은 대단히 객관성이 높은 실재라고 할 수 있을 것이다. 즉, 관찰 사실은 실재 또는 실체를 비교적 그대로 반영한다고 할 수 있다. 비록 인지구조나 과학의 기존 이론에 의해서 관찰 사실이 달라질 수는 있다고 하여도 관찰 사실은 인지구조보다는 실재하는 대상을 나타내는 것이라고 할 수 있다. 그러나 개념은 실재 현상에 대한 순전한 인지구조의 표현이다. 원리나 이론도 인지구조의 표현이지만 개념은 인지구조의 기본단위에 해당한다고 할 수 있다. 과학적 이론의 기본 단위라고 할 수 있는 개념이란 무엇이며 어떤 유형이 있는가 알아보자.

① 개념의 정의

개념을 간단하게 정의하면 다양한 사물에서 공통적인 속성을 나타내는 정신적 표상이다. 예를 들어서 "개"라는 말은 여러 가지 사물 중에서 다리가 넷이고 집에서 기르며, 주인을 잘 따르는 일군의 동물들을 지칭하는 말이다. 물론 "개란 이런 것이다."라고 분명하게 정의하기는 어렵다. 그러나 개는 소나 닭과는 구별이 된다. 그렇다고 모든 개가 동일한 모양과 특성을 가지고 있는 것은 아니다. 개 중에도 점이 있는 것이 있을 수 있는 반면 점이 없는 것도 있다. 꼬리가 상당히 긴 것이 있는가하면 매우 짧은 것도 있다. 비록 모든 개가 모두 다른 특징을 가지고 있지만 이들 모든 개를 하나의 유형으로 분류하는 것이 가능하기 때문에 "개"라는 개념이 있을 수 있는 것이다.

개념이라는 말의 영역 표기는 두 가지가 있다. 그 하나는 concept이고 다른 하나는 conception이다. 우리말로는 모두가 "개념"으로 번역되지만 그 두 의미에는 상당한 차이가 있다. 물론 영어에서도 이 두 용어가 혼용되어 사용되기는 한다. 그러나 인지 심리학에서는 이 두 용어의 구별은 상당히 중요한 의미를 갖는다.

concept란 일반적으로 사용하는 개념의 의미를 나타내는 말로서 공인된 속성을 의미한다. 질량이라는 개념을 예로 든다면, 물리학의 역학에서 사용하는 질량이라는 말을 지칭하는 경우에 해당한다. 교과서에 표현되어 있는 질량이라는 말도 concept라고 할 수 있을 것이다. 따라서 질량이라는 concept는 사람에 따라 달라질 수 있는 것이 아니다.

공인되어 있고 학습의 대상이 되는 것이라고 할 수 있다. 반면, conception은 사람의 인지구조 속에 있는 정신적인 표상을 의미한다. 엄밀히 따진다면 concept도 정신적인 표상임에는 틀림없으나 conception이 개인적인 것이라면 concept는 많은 사람들에 의해서 합의에 도달하여 객관화된 것이라고 할 수 있다. concept가 사회적이고 객관적이라고 한다면 conception은 개인적이고 주관적이라고 할 수 있다.

뉴턴이 제안하고 대부분의 과학자들이 받아들이고 있는 "질량"이라는 개념은 유일하고 객관적인 concept이지만 이 질량을 학습하는 학생들이나 가르치는 교사의 머리 속에 있는 "질량"이라는 개념은 사람마다 다를 것이다. 어떤 학생은 질량을 무게와 같은 것으로 알고 있는 경우도 있을 것이다. 그렇기 때문에 달에 가면 질량이 감소한다는 생각을 하는 경우도 있다. 정도의 차이는 있겠지만 동일한 질량에 대하여 동일한 conception을 가지고 있는 사람은 하나도 없을 것이다.

과학자라고 하여도 엄격하게 질량에 대하여 동일한 개념을 가지고 있다고 말하기는 어렵다. 일상생활에서는 concept와 conception의 의미 구분이 그렇게 중요한 일은 아니지만 과학교육에서는 이 의미 분석은 필요하다. 과학교육은 학생들이 가지고 있는 개념(conception)을 과학자적인 개념(concept)으로 변화시키는 목적이 있기 때문에 학생들이 가지고 있는 conception이 어떤 특성을 가지고 있으며, 어떻게 형성되는가에 대해서 아는 것은 매우 중요한 일이다. 그러나 이 책에서 다루는 개념은 과학의 이론의 형성에 기본 단위가 되는 개념(concept)이므로 이후에 사용하는 개념은 별다른 언급이 없는 한 conception이 아니라 concept이다.

〈표 1-1〉 '개념'의 2가지 영역

영 역	concept	conception
의 미	공인된 속성	정신적 표상
질량의 예	물리학의 역학에서 사용하는 용어로 물체가 가지는 고유한 양	사람마다 '질량'에 대하여 모두 다른 개념을 가짐 예, '질량=무게'라고 알고 있는 경우
속 성	사회적 · 객관적	개인적 · 주관적
과학교육의 목적	학생들이 가지고 있는 개념(conception)을 과학자적인 개념(concept)으로 변화되게 하는 것	

② 개념의 기능

개념은 여러 가지 중요한 기능을 가지고 있다. 카플란(Kaplan, 1964)은 다음과 같이 네 가지 기능을 제시하고 있다.

첫째, 어휘의 제공이다. 우리가 다른 사람과 의사소통을 하기 위해서는 언어를 사용한다. 언어 즉, 문장은 단어들로 구성되어 있다. 단어는 그 나름대로의 의미를 가지고 있기 때문에 의사를 전달할 수 있다. 문장은 논리적인 구조를 이루기 위하여 조사나 연결어를 포함하고 있지만 의미를 구성하는 핵심은 단어 즉, 개념들이다.

둘째, 학습자의 개념 형성이 가능하게 한다. 앞에서도 언급하였지만 사람마다 머리 속에 가지고 있는 개념(conception)은 다르다. 그러나 사람마다 다양한 개념을 가지고 있더라도 의사소통이 가능한 것은 객관적인 개념(concept)이 존재하기 때문이다. 개념이 존재함으로 인하여 학습자가 가지고 있는 개념을 바람직한 방향으로 변화시킬 수 있으며 그 변화의 방향에 대한 방향키의 역할을 개념이 제공한다고 할 수 있다.

셋째, 사물을 분류할 수 있게 한다. 개념을 사물의 공통된 속성이라고 정의하기도 한다. 그것은 개념을 통하여 유사한 사물이 무리 지워진다는 것을 의미한다. 개념이 있기 때문에 다양한 사물을 유사한 것과 그렇지 않은 것으로 구별할 수 있으며 개념이 있기 때문에 불규칙한 것처럼 보이는 다양하고 변화무쌍한 자연 현상에서 어떤 규칙성을 찾아낼 수 있는 것이다. 사물의 관찰도 개념이 있기 때문에 가능하다. 물체를 관찰하여 그 색깔이 "빨갛다"고 표현하는 경우에도 "빨갛다"는 개념이 존재하기 때문에 그러한 관찰 행위가 일어날 수 있는 것이다. 분류는 사물의 특성을 이해하는 가장 기본적인 방법이다. 자연 과학은 자연 현상을 설명하는 합리적인 체계를 발견하는 과정이기 때문에 사물의 특성을 이해해야 하며 사물의 특성을 이해하기 위해서는 그 특성을 규명하는 과정으로서 분류는 매우 중요한 역할을 하게 된다.

넷째, 이론 형성을 가능하게 한다. 건물은 벽돌로 구성되어 있으며, 물질은 원자로 구성되어 있다. 벽돌로 지은 건물이 아니라도 건물은 방이라는 단위로 구성되어 있다고 할 수 있을 것이다. 이와 같이 모든 구조물은 그것을 구성하는 어떤 단위가 있을 수 있다. 과학의 이론도 하나의 구조물이다. 그 구조가 건물이나 물체와 같이 가시적인 것이 아니긴 하지만 논리적인 구조를 가지고 있다. 과학 이론을 이루는 기본 단위는 개념이라고 할 수 있을 것이다. 뉴턴의 역학체계는 질량, 힘, 속도, 가속도, 운동량, 에너지 등과 같은 개념들로 구성되어 있다. 뉴턴의 역학은 이 개념들의 구조라고 할 수 있을 것이다.

과학 이론이 개념들로 구성되어 있다고 하여, 그 개념들을 이론보다 먼저 있었던 것은 아니다. 집을 지을 때, 집보다는 벽돌이 먼저 있었지만 뉴턴의 역학보다 뉴턴이 말하는 힘, 질량 등의 개념이 먼저 있었다고 말하기는 어렵다. 물론 그러한 용어는 있었을 수 있겠지만 뉴턴의 역학에서 사용한 그 개념들은 이전의 개념과는 다른 것이라고 할 수 있을 것이다.

뉴턴의 운동 법칙인 $F = ma$를 사용하지 않고서는 질량이라는 개념을 이해하기는 어렵다. 비록 이론이 먼저이냐 개념이 먼저이냐를 규정지을 수는 없다고 하더라도 이론은 개념들로 구성되어 있는 것은 사실이다. 따라서 개념은 과학 이론 형성에 있어서 반드시 필요한 재료라고 할 수 있다.

③ 개념의 분류

이론에서 사용하는 용어를 통칭하여 개념이라고 할 때, 그 개념들은 매우 다양한 유형이 있을 수 있다. "나무"나 "돌"과 같은 개념과 "질량", "에너지"와 같은 개념은 비록 모두 개념이기는 하지만 그 성격에 있어서 매우 다르다. 따라서 개념을 그 특성에 따라 분류해보는 것은 매우 중요할 것이다. 카플란(Kaplan,1964)은 개념을 세 가지 유형으로 분류하였다. 이 세 개념의 유형에 대하여 살펴보기로 하자.

㉠ 관찰 개념

관찰 개념이란 관찰의 결과로 확인할 수 있는 개념을 의미한다. 이 책이 존재한다는 것은 만져 보거나 눈으로 보면 된다. 그런데 관찰 개념에도 직접 감각 기관으로 관찰 가능한 것인 있는 반면에 간접적인 방법으로 관찰 가능한 것이 있다.

ⓐ 직접 관찰 개념

"나무"나 "돌"과 같이 감각기관으로 직접 관찰 가능한 대상에 대한 특성을 나타내는 개념이다. 물체의 여러 가지 색에 대한 명칭이나 물체의 모양에 대한 명칭이 대표적인 직접 관찰 개념들이라고 할 수 있다. 직접 관찰 개념은 "그것을 어떻게 알았느냐?"는 질문을 받았을 때, "내가 보았다" 또는 "내가 본 대로 말했을 뿐이다"고 대답할 수 있는 개념들이다. 직접관찰 개념을 사용한 진술이라고 하여도 그것이 반드시 진실이라고 단정할 수는 없다.

관찰의 이론 의존성으로 인하여 비록 직접 관찰의 결과라고 할지라도 착각에 의한 것일 수도 있는 것이다. 물론 이 직접 관찰 개념에 대한 존재의 사실성 여부는 확정할 수 있는 것은 아니지만 비교적 논의의 여지가 적다고 할 수는 있다.

ⓑ 간접 관찰 개념

과학의 이론은 직접 관찰에 바탕을 둔 것이기는 하지만 과학의 이론에 나타나는 개념이 모두 직접 관찰 가능한 개념들은 아니다. 물질을 이루는 기본 단위인 분자나 원자만 하여도 직접 관찰 가능한 것은 아니다. 분자의 존재는 분자를 직접 관찰한 결과로 안 것이 아니라 브라운 운동이라는 현상을 통하여 간접적으로 알 수 있었다. 일식현상은 직접관찰 가능하지만 이중성의 존재는 별의 밝기가 주기적으로 변하는 현상으로부터 간접적으로 알 수 있는 것이다.

간접 관찰 개념은 관찰 기술의 발달에 따라서 직접 관찰 가능하게 될 수도 있다. 관찰이 불가능하였던 원자도 턴넬릴 현미경을 사용하면 거의 볼 수 있게도 되었다. 그러나 아직도 전자나 소립자들은 거품 상자에 나타난 비적으로부터 알 수 있는 간접 관찰 개념으로 남아 있다.

㉡ 구성 개념

자연과학에서 다루는 개념이 모두 관찰 개념은 아니다. 물리학에서 질량이라는 매우 중요한 개념이 있다. 질량의 존재는 누구도 의심하지 않을 만큼 확실하다. 그런데, 질량을 볼 수 있는가? 우리는 물체를 주면 그 질량을 측정할 수 있다. 손으로 들어만 보아도 어느 물체의 질량이 더 큰지 금방 알 수 있다. 그럼에도 불구하고 질량을 관찰하는 것은 가능하지 않다. 관찰은 물론이고 간접적으로도 관찰 가능하지 않다. 질량이라는 개념은 자연 현상을 설명하기 위해서 인간(뉴턴)이 정신적으로 고안(구성)해낸 개념(mental construct)이다.

중력이라는 개념도 구성 개념이다. 아무리 좋은 현미경이 미래에 발명이 된다고 하여도 중력을 볼 수는 없을 것이다. 중력이 자연에 존재하는 것이 아니라 물체의 낙하 현상이나 천체의 운동을 설명하기 위해서 뉴턴이 고안해낸 것이기 때문이다. 뉴턴의 역학 이론이 달라지면 중력이라는 개념은 없어질 수도 있는 것이다. 아인슈타인의 일반 상대성 이론에 의하면 물체가 낙하하는 것은 지구의 중력 때문이 아니라 공간이 휘어졌기 때문이라고 설명한다. 중력은 관찰 개념이 아니라 구성 개념인 것이다.

구성 개념은 관찰 개념과는 달리 관찰에 의해서 확인되는 것은 아니지만 관찰 사실과 전혀 무관한 개념은 아니다. 구성 개념을 정의하기 위해서는 조작적인 정의를 사용하는데 그 조작의 과정은 확실하게 관찰 가능한 과정을 밟게 된다.

예컨대, 질량을 다음과 같이 조작적으로 정의한다.

“어떤 물체에 일정한 크기의 힘을 계속 작용시켜라. 힘이 작용하는 동안 그 물체의 가속도를 측정하라. 작용한 힘의 크기에 가속도의 크기를 나누어라. 그 값이 그 물체의 질량이다.” 이 모든 과정은 힘과 가속도에 대한 정의가 질량과는 별도로 되어 있는 경우에 모두 직접적인 관찰로 가능하다. 즉, 구성 개념 자체는 인지적 개념이지만 구성 개념은 관찰 가능한 대상물(observable referent)을 가지고 있다. 관찰 개념은 관찰이라는 행위에 바탕을 둔 것이라면 구성 개념은 관찰 가능한 대상에 바탕을 둔 것이다. 중력이 관찰 가능하지는 않지만 중력의 존재는 관찰 가능한 현상에 바탕을 두고 있다. 자연과학 이론의 기초가 되는 개념은 대부분 구성 개념이다.

ⓒ 이론적 개념

정신은 뇌에서 나온다고 하여 뇌를 현미경으로 들여다보면 정신을 찾을 수 있을 것인가? 다음과 같은 재미있는 일화가 있다. 어떤 사람이 미국 정부는 어디에 있느냐고 물었다고 한다. 이에 대하여 "미국의 정부는 Washington D.C.에 있다"고 하였더니 미국의 정부를 보여 달라고 청을 하였다고 한다. 이에 그 사람을 데리고 백악관, 국회의사당, 그리고 정부의 중요 부서를 모두 견학을 시켰다고 한다. 견학을 다 마친 그 사람이 다시 묻는 말이 "미국의 정부는 어디에 있느냐?"는 것이었다고 한다. 이 일화가 의미하는 바가 무엇인가? 백악관이 미국의 정부는 아니다. 국회의사당이 미국의 정부는 아니다. 미국의 정부란 이러한 관공서 건물과 그 안에서 이루어지고 있는 일들은 물론 미국의 헌법, 국민, 국토 등이 모두 관련되어 있다. 미국의 정부는 여기에 있는 것도 아니요 저기에 있는 것도 아니다. 이러한 모든 것이 미국의 정부를 나타내는 것이기는 하지만 정부 자체는 아닌 것이다.

'미국정부'란 관찰 가능한 개념이 아니다. 미국이라는 나라와 거기에서 이루어지는 일을 효과적으로 설명하기 위해서 가공적으로 만들어낸 개념일 뿐이다.

앞에서도 언급하였지만 구성 개념은 관찰 가능한 대상물에 바탕을 두고 형성된 개념이다. 그 개념 자체는 관찰 가능하지 않지만 관찰 가능한 대상물을 가지고 있기 때문에 직접 관찰 사실에 버금가는 신뢰를 가질 수 있다. 그런데, 개념 중에는 전혀 관찰 대상물을 가질 수 없는 것도 있다. 이러한 개념은 관찰 대상물이 없기 때문에 조작적인 정의가 불가능할 수 있다. 위에서 예를 든 정부라는 개념도 조작적인 정의가 불가능하다.

정신이라는 개념도 마찬가지이다. 예컨대, '사랑'이라는 개념은 어떤 관찰 가능한 대상물을 설정하는 것이 곤란하다. 억지를 부려서 '사랑'을 다음과 같이 조작적으로 정의한다고 하여 보자. '두 사람이 30cm 이내에서 10분 동안 대화를 해도 불편을 느끼지 않으면 사랑하는 관계이다.'라고 정의한다고 하여 보자.

사랑에 대한 이 정의를 받아들일 사람이 얼마나 되겠는가? 이 정의에 입각한 사랑은 분명히 우리가 말하는 사랑과는 거리가 멀다. 개념을 관찰 개념,

구성 개념, 이론적 개념으로 구분하여 보았다. 그러나 개념을 반드시 이와 같이 분류하는 방법만 있는 것은 아니다. 다음 그림과 같이 위에서 설명한 개념의 분류와 그 명칭을 다르게 사용하는 경우도 있다.

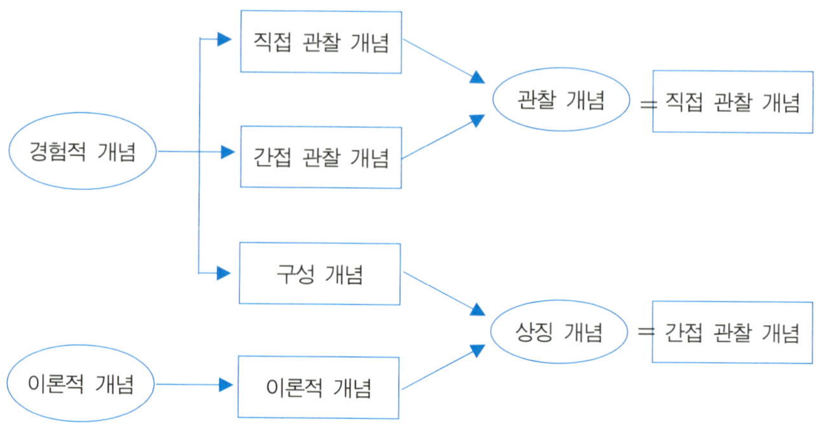

[그림 1-4] 개념의 분류

다) 언명(statements)

과학의 이론은 진술된 문장들로 구성되어 있고, 그 문장은 단어들로 구성되어 있다. 단어를 개념이라고 한다면 문장은 언명이라고 할 수 있다. 과학에서의 언명은 현상이나 사실의 표현일 수도 있고 원리나 법칙을 나타낸 것 일 수도 있다. 언명은 크게 두 가지 유형으로 구분할 수 있다. 그 하나는 개념을 이용하여 사실이나 현상을 표현하는 존재 언명(existence statements)이고, 다른 하나는 개념들 간의 관계를 나타내는 관계 언명(relational statements)이다.

① **존재 언명**(existence statements)

존재 언명에는 여러 다양한 형태가 있을 수 있지만 모두 다음과 같이 "... 이면 ...이다."라는 논리적인 구조를 갖는다. 즉

$$X = Y$$

다음의 예들은 모두 존재 언명들이다.

"저것은 지구의다."
"저 물체는 암석이다. "
"이 물체의 색깔은 파랗다."
"철수의 학점은 A이다."
"우리 반은 대면그룹이다."

존재 언명은 사물의 명칭이나 현상을 나타내는 문장이다. 이 문장을 분석해 보면 모두 'X=Y'라는 논리적 구조를 가지고 있다. 그런데 'X=Y'라는 논리적 구조가 아닌 것 같으면서도 존재 언명인 경우가 있다. 다음 진술을 보자. 만약

(a) 어떤 단체 X에 두 사람 이상이 존재하고,
(b) 각 사람은 X에 속하는 다른 모든 사람과 이야기할 수 있고,
(c) 각 사람은 X에 속하는 다른 모든 사람에게 구분되는 개인적인 인상을 형성할 수 있다면, 그 단체는 작은 대면 단체(face-to-face group)이다.

위의 진술은 매우 복잡한 형태를 취하고 있기는 하지만 대면 상황에서의 사물이나 현상을 정의하는 것이므로 존재 언명이다. 존재 언명이라고 하여 반드시 참인 것은 아니다. 존재 언명의 진위는 상황에 의해서 결정된다. 관찰의 오류로 인하여 참이 아닌 경우도 있고, 상황의 변화에 의해서 참이 아닐 수도 있다. 예컨대, 빨간 물체를 보고 파랗다고 진술하였다면 관찰의 오류이며, "지금 정오이다."라는 언명은 어떤 특정한 장소에서만 참이지 장소가 달라지면 참이 되지 않으므로 특수한 상황에서만 참인 경우에 해당한다.

② **관계 언명**(relational statements)

관계 언명은 두 개념 사이의 관계를 진술한 것이다. 관계 언명은 "만약 ... 이면, ... 이다."와 같은 논리적인 구조를 가진다. 즉,

If X, then Y

관계 언명은 한 개념에 관계되는 사례의 존재 정보로부터 다른 개념에 관계되는 사례를 알 수 있도록 되어 있는 진술이다.

예컨대, 만약 '어떤 학생이 과학 반에 속해 있다면, 그 학생은 과학 성적이 좋다'. 이 언명을 보면, 과학반의 소속 여부로부터 학생의 성적을 알 수 있다. 이 언명은 과학반의 소속이라는 개념과 과학 성적이라는 두 개념 사이의 관계

를 진술한 관계 언명이다.

〈관계 언명의 종류〉

과학에서 관계 언명은 매우 비슷한 구조를 가지고 있지만 법칙, 공리, 명제, 가설, 일반화 등 여러 가지 이름으로 불린다. 이들의 의미와 차이점에 대하여 알아보자.

㉠ 법칙(laws)

법칙은 과학에서 둘 또는 그 이상의 변수 사이의 관계를 나타내는 매우 전형적인 관계 언명이다. 법칙은 일반적으로 "…이면 …이다."의 형태를 취한다. 그런데 이러한 형태는 모든 관계 언명이 가지고 있는 기본 구조이다. 그럼에도 불구하고 "법칙"이라고 말할 때는 그 관계가 너무나 확실하여 그것이 참이라는 것을 부정하지 못할 때 붙이는 이름이다. 과학적인 법칙에 사용하는 개념은 반드시 조작적인 정의가 가능한 것이어야 한다. 물리학에서 다루는 뉴턴의 운동 법칙을 보자. 뉴턴의 운동 법칙을 $F = ma$로 나타낸다. 여기에서 사용하는 세 가지 개념 힘, 질량, 가속도는 조작적으로 정의가 가능하다. 그러나 "부지런한 사람이 성공한다."와 같은 언명은 "부지런하다"와 "성공"에 대한 조작적인 정의가 곤란하다. 따라서 아무리 확실하고 그럴듯하게 보일지라도 과학적인 법칙은 될 수 없다.

㉡ 공리(axioms)

공리는 당연히 그렇다고 하는 어떤 약속이라고 할 수 있다. 공리를 증명할 수는 없다. 공리는 다른 것을 증명하기 위한 논리의 출발점으로 삼기 위한 것이다. 공리는 일반적으로 지구과학에서 많이 사용한다. 그러나 자연과학에도 공리는 있을 수 있다. 예컨대, 광속이 일정하다는 것은 증명할 수 있는 것은 아니다. 광속이 일정하다는 가정으로부터 상대성 이론의 체계를 수립할 수 있다. 뉴턴 역학에서 시공간의 절대성도 하나의 공리라고 할 수 있을 것이다.

㉢ 명제(propositions)

명제는 공리로부터 유도된 언명이다. 평행선의 공리로부터 삼각형의 내각의 합은 180도라는 공리를 얻을 수 있다. 상대론에서 물리 법칙과 광속 일정의 공리로부터 "운동하는 물체의 시계는 정지한 시계 보다 느리게 간다."는 언명을 얻을 수 있다. 이것은 공리에서 출발하여 다른 실험적인 증거 없이 논리적으로 유도된 언명이기 때문에 명제라고 할 수 있다. 공리와 명제는 주로 지구과학에서 사용하고 자연 과학에서는 가급적 사용하지 않는다.

㉣ 가설(hypotheses)

가설은 두 개 이상의 개념 사이의 관계에 관한 진술이라는 점에서는 법칙과 동일하나 아직도 경험적인 데이터에 의한 지지를 확보하지 않은 상태의 진술이다. 그러나 가설은 실험적으로 검증이 가능한 형태로 진술 되어야 한다. 따라서 가설에 나오는 개념은 조작적인 정의가 가능해야 한다. 가설은 실험을 하기 전에 실험자가 머리 속에서 미리 그 결과를 예측하는 것이다. 따라서 그 생각 자체가 구체적이지 못하면 실험으로 검증할 수 없게 된다. 따라서 가설은 조작수준이나 구체적 수준의 언명으로 진술되어야 과학적으로 검증 가능한 진술이 된다.

예컨대, "A회사의 비누가 가장 좋을 것이다."라는 것은 과학적인 가설이라고 할 수 없다. 이것이 과학적인 가설이 되기 위해서는 "같은 양의 비누를 사용할 때, A회사 제품이 다른 회사의 제품보다 더 많은 양의 때를 뺄 수 있을 것이다."고 진술해야 검증 가능한 가설이 된다.

㉤ 일반화(generalizations)

일반화는 실증적으로 검증된 사례로부터 아직 검증되지 않은 영역에까지 그 적용 범위를 확대해서 진술한 언명이다. 어떤 연구자가 몇 가지 온도에서 몇 가지 물체의 저항을 측정하여 보았더니 온도가 높을수록 저항이 증가한다는 것을 발견하였다고 할 때, 이 자료를 바탕으로 하여 연구자는 모든 물질의 저항은 온도에 비례하여 증가한다고 결론을 내릴 수 있다. 이것은 제한된 조건(몇 가지 온도와 몇 가지 물질)에서 얻은 결과를 모든 온도 영역과 모든 물질로 확대 적용한 것이다. 이것을 일반화라고 한다.

과학의 연구 결과로부터 일반화를 하는 것은 연구에서 매우 중요한 일이다. 그러나 일반화를 함에 있어서는 매우 주의를 할 필요가 있다. 가장 범하기 쉬운 잘못은 과일반화(over-generalizations)이다. 과일반화는 입수한 증거들이 포괄하는 범위를 벗어나서 일반화하는 것으로서, 여러 가지 금속에 대한 전기 저항 특성을 비금속에까지 확장한다거나, 고온 영역에서 나타나는 특성을 저온 영역에까지 확장하는 것이 그 예가 될 수 있다.

〈표 1-2〉 관계 언명의 종류

법 칙 (laws)	공 리 (axioms)	명 제 (propositions)	가 설 (hypotheses)	일 반 화 (generalizations)
'~이면 ~이다'의 형태 관계가 너무 확실하여 그것이 참이라는 것을 부정하지 못할 때	당연히 그렇다고 하는 어떤 약속 증명할 수는 없고 다른 것을 증명하기 위한 논리의 출발점	공리로부터 유도된 언명 예) 평행선의 공리로부터 삼각형의 내각의 합은 180도라는 공리 얻음	두 개 이상의 개념 사이의 관계에 관한 진술이나 경험적인 데이터에 의한 지지를 확보하지 않은 상태의 진술	실증적으로 검증된 사례로부터 아직 검증되지 않은 영역에까지 적용 범위를 확대해서 진술한 언명

그러나 그것이 과일반화인지 아닌지를 아는 것이 그렇게 간단한 것은 아니다. 금속에서 나타나는 특성을 비금속에까지 적용하는 것이 과일반화이지만 이것이 과일반화라는 것을 인지하기 위해서는 금속과 비금속이라는 개념이 형성되어 있어야 한다. 금속과 비금속이라는 개념이 형성되기 전이라면 그것이 과일반화인지 아닌지 연구자가 인지하기란 힘든 일이다. 또, 우리가 합당한 일반화라고 믿고 있는 경우라도 과학이 발전하면 그것이 과일반화였다는 것이 밝혀지는 경우가 많다. 따라서 일반화를 함에 있어서는 과일반화를 가능한 줄이도록 신중을 기할 필요가 있다.

라) 과학적 이론

과학의 이론은 언명의 집합이고 이들의 집합이 과학적 지식이라고 할 수 있다. 이 언명들이 어떻게 구조화되어 있느냐에 따라서 그 이론의 형태와 특성이 달라지게 된다. 좋은 과학적 이론이 가지고 있는 기능은 무엇이며, 이론에는 어떤 유형이 있으며 각 유형별로 어떤 특징이 있는지 알아보자.

① 이론의 기능

우리가 일상생활을 영위하는 것도 과학적인 지식의 덕분이다. 물론 그 과학적 지식이라는 것이 학문적인 지식만을 의미하는 것은 아니다. 원시인들도 그 나름대로의 과학적 지식을 가지고 있었다. 과학적 지식이 어떤 기능을 가지고 있기 때문에 이렇게 유용한가 알아보자. 과학적 지식은 네 가지 중요한 기능이 있다(레이놀드 P. D. Reynolds): 사물의 분류(typologies), 예측과 설명(prediction and explanation), 이해감의 제공(sense of understanding), 사물의 통제(control) 등이다.

㉠ 사물의 분류 기능

과학적 지식의 일차적 기능은 다양한 사물을 무리 짓거나 구별하는 것이다. 물질의 전기적 특성을 앎으로 인하여 도체와 부도체를 구분할 수 있다. 이 구분은 전기를 안전하게 사용하고 여러 가지 전기 기구를 제작하는데 매우 중요한 역할을 하게 된다.

㉡ 예측과 설명

과학적 지식은 미래의 일을 예측하고 과거의 일을 설명하는 기능을 가지고 있다. 예측과 설명은 미래의 일인가 과거의 일인가에 따라서 구별하지만 그 기능은 확립되어 있는 이론을 사용한다는 점에서 매우 유사하다. 다음 예를 보자.

어떤 기체의 부피가 일정할 때, 온도를 높이면 압력이 증가한다.

이 법칙은 "어떤 조건하에서 한 변수를 변화시키면 다른 변수가 어떻게 변할 것이다"는 구조를 가지고 있다. 이 원리를 알면 밀폐된 용기의 온도가 상승하면 압력이 어떻게 될 것인가를 예측 가능하게 한다. 또 어떤 용기가 폭발한 사건을 보고 내부 온도의 상승으로 설명할 수도 있을 것이다.

㉢ 이해감의 제공

이해감이란 "아하, 그렇구나!"하는 감정이 생기는 상태를 의미한다. 물론 이해감이란 설명과 예측의 과정을 통하여 이루어진다. 그러나 설명과 예측을 한다고 하여 모두 이해감에 도달하는 것은 아니다. 케플러가 면적 속도 일정의 법칙을 제안하여 행성의 운동을 잘 예측하고 설명할 수 있었지만 이해감에 도달하지는 못하였을 것이다. 왜냐하면 왜 면적속도가 일정해야 하는지 더 본질적인 원리를 알 수 없었기 때문이다. 이해감에 도달하기 위해서는 이론으로부터 현상이 인과과정으로 설명이 되어야 한다.

이해감의 정도는 사람에 따라 다를 수 있다. 뉴턴은 물체가 낙하하는 현상을 중력이라는 개념을 도입함으로써 설명할 수 있었다. 그는 아마도 낙하 운동에 대하여 이해감을 가졌을지 모른다. 그러나 아인슈타인은 여기에 대하여 의문을 제기하였다. 아인슈타인은 이해감에 도달하지 못한 셈이 된다. 이와 같이 근본적으로 완전한 이해감에 도달하는 것은 불가능한 일이다.

〈표 1-3〉 이론의 기능

사물 분류 (typologies)	예측과 설명 (prediction and explation)	이해감의 제공 (sense of understanding)	사물의 통제 (control)
다양한 사물을 무리 짓거나 구별하는 것	미래의 일을 예측하고, 과거의 일을 설명	"아하, 그렇구나!" 하는 감정이 생기는 상태 설명과 예측의 과정 통해 이루어짐	기계 작동 원리를 알면 기계 통제할 수 있는 것처럼 자연 현상 지배원리를 알면 자연 통제가 능 예)강수원리-인공강우가능

㉣ 사물의 통제

과학적 이론의 마지막 기능은 사물을 통제하는 것이다. 기계의 작동 원리를 알면 그 기계를 통제할 수 있는 것과 같이 자연 현상을 지배하는 원리를 알면 자연을 통제할 수 있다. 물의 흐름의 원리를 알기 때문에 댐을 만들어 물을 다스릴 수 있다. 비가 내리는 원리를 알면 인공으로 비를 오게 할 수도 있다. 이와 같이 사물의 이치를 알면 인간이 원하는 결과가 나타나도록 통제하는 것이 가능해 진다. 지금 인류가 이러한 문명을 이룬 것도 이론의 이러한 기능이 있기 때문에 가능하였던 것이다.

② 이론의 유형

이론은 법칙들로 구성되어 있다. 그러나 법칙들이 어떻게 조직되어 있느냐에 따라서 과학적 이론에는 여러 가지 유형이 있을 수 있다. 어떤 이론은 단순히 여러 가지 법칙들이 모여 있는 형태를 취하기도 하지만 어떤 이론은 개념과 법칙들이 논리적인 관계로 체계화되어 있는 것도 있다. 과학적 이론에는 어떤 유형이 있으며 어떤 특징이 있는지 알아보자.

㉠ 법칙 집합형(The Set-of-Laws Form) 이론

가장 구조화되지 않은 형태의 이론이 법칙 집합형이라고 할 수 있다. 법칙 집합형 이론은 일련의 조작적 정의가 가능한 개념들과 이 개념들 간의 관계에 관한 서로 독립적인 여러 법칙들로 이루어진 이론을 의미한다. 스키너의 조작적 행동에 관한 법칙(the laws of operant behavior)에 관해서 알아보자.

스키너는 동물의 행동에서 강화계획(reenforcement schedule)이 행동에 미치는 영향을 조사하였다. 이 이론에서는 강화, 강화계획, 보상, 연속 강화(continuous reenforcements), 간헐 강화(intermittent reenforcements), 학습(learning), 망각(extinction)등에 대한 조작적 정의가 가능하다고 가정한다. 강화계획에 따른 조작적 행동의 빈도를 조사한 결과 다음과 같은 두 가지 법칙을 유도할 수 있었다.

ⓐ 유기체는 강화계획이 연속적일 때가 간헐적일 때보다 행동의 학습이 빠르다.
ⓑ 유기체는 간헐적 강화를 받았을 때가 연속적인 강화를 받았을 때보다 얻은 행동이 더 지속적이다.

이 이론은 두 개의 법칙으로 구성되어 있는데 각 법칙은 모두 실험적인 증거에 의해서 뒷받침된다. 그러나 이 두 법칙은 서로 어떤 논리적이거나 인과적인 관계를 형성하지 못하고 있다. 따라서 이 이론은 법칙 집합형 이론이라고 할 수 있다.

법칙 집합형 이론은 앞에서 제시한 이론의 네 가지 기능 중에서 어떤 기능을 가지고 있고, 어떤 기능을 가지고 있지 않은지 알아보자.

이 이론은 강화의 방법을 두 가지로 나눌 수 있기 때문에 사물의 분류를 가능하게 한다. 어떤 학급에 들어가서 수업을 관찰하든지 오랜 기간 동안 관찰한다면 어떤 강화계획에 따르는 것인지 구분할 수 있을 것이다.

이 이론은 설명과 예측이 가능하다. 강화계획을 관찰하면 행동 빈도가 어떻게 나타날 것인가를 알 수 있고, 나타난 행동 빈도로부터 어떤 유형의 강화를 받았는지도 알 수 있다. 또한 통제가 가능하다. 어떤 행동이 오랫동안 지속되게 할 것인가 아닌가를 임의로 조작할 수 있기 때문이다. 그러나 이 이론에 의해서는 학습에 관한 어떤 이해감을 갖기는 어렵다. 어떤 변수가 어떤 영향을 미치기는 하지만 그 변인이 왜 그러한 영향을 나타내는지는 알 수 없기 때문이다.

인간 지식의 대부분은 법칙 집합형이라고 할 수 있다. 우리가 일상생활 지식은 거의가 이러한 유형이다. 우리가 텔레비전을 어떻게 켜고 끄며, 채널을 선택하는 일을 힘들이지 않고 정확히 한다. 그런 원리를 알고 하는 사람이 얼마나 되는가? 단지 어떻게 하면 어떻게 된다는 식의 여러 가지 법칙만 알고 사용하고 있는 것이다.

㉡ 공리형(The Axiomatic Form) 이론

공리형은 일련의 상호 관련된 정의들과 언명들로 구성되어 있으며 다음과 같은 특징을 가지고 있다.

ⓐ 다양한 개념에 대한 일련의 정의들을 포함한다.
ⓑ 일련의 존재 언명들을 포함한다. 존재 언명은 그 이론이 적용되는 한계나 영역을 표현하게 된다.
ⓒ 일련의 관계 언명들을 포함한다. 관계 언명은 다음과 같은 두 종류가 있다.

i) 공리 : 그 이론에 있는 다른 언명들을 유도해 낼 수 있는 일련의 언명들

ii) 명제 : 공리를 제외한 모든 언명으로서 공리로부터 또는 공리와 다른 명제로부터 유도된 언명들 이러한 구조를 갖는 공리형 이론은 내적으로 완벽한 논리적 체제를 갖는다. 가장 전형적인 공리형 이론은 기하학이며, 수학의 거의 모든 분야가 공리형 이론이다. 자연과학에서 공리형 이론의 대표적인 것은 상대성 이론이다.

상대성 이론에서는

ⓐ 광속은 모든 관측자에게 동일한 속력이다.
ⓑ 모든 물리법칙은 모든 관측자에게 동일하다라는 두 공리형 언명으로부터 여러 가지 명제들을 유도해 낼 수 있다. 그 명제들로는 길이의 수축이나 시간의 지연, 질량의 증가 등에 관한 언명들이다. 공리는 증명할 수는 없다고 하여도 경험적으로 입증되거나 상식적으로 당연한 것으로 이해될 수 있는 것이어야 한다. 어떤 경우에도 공리가 실재의 현상과 배치되지는 않아야 한다. 이러한 공리로부터 유도된 명제들은 당연히 자연 현상과 배치되지 않을 것이다. 만약 명제 중의 어느 것이라도 실제 현상과 일치하지 않으면 공리 자체를 의심해 보아야 한다.

공리형 이론은 법칙 집합형 이론에 비하여 몇 가지 장점이 있다. 첫째, 어떤 언명은 다른 언명으로부터 유도되었으므로 모든 언명이 모두 자연 현상과 일치하는지 검증할 필요는 없다. 또, 사용하는 개념이 모두 조작적으로 정의되어야 할 필요가 없기도 하다. 왜냐하면 공리로부터 새로운 개념을 유도할 수 있기 때문이다. 둘째, 핵심이 되는 언명의 수가 적어도 된다. 몇 가지 언명으로부터 필요에 따라서 상당히 많은 언명들을 논리적으로 유도할 수 있기 때문이다. 셋째, 보다 효율적인 연구가 가능하다. 법칙 집합형 이론에서는 모든 언명에 대하여 독립적으로 그 진위가 확보되어야 하나 공리형 이론에서는 몇 가지 기본이 되는 공리에 대하여 경험적인 지지를 받게 되면 그 이론의 전체가 경험적인 인정을 받게 되는 셈이기 때문이다.

공리형 이론은 이론의 네 가지 기능 중에서 사물의 분류, 예측과 설명, 통제의 기능을 가질 뿐만 아니라 어느 정도의 이해감을 얻을 수도 있다. 공리형 이론의 이해감은 그 이론의 기초가 되는 공리에 대한 이해감이 형성되었을 때 가능하다. 공리에 대한 이해감이 잘 형성되지 않는다면 전체 이론에 대한 이해감이 결여되기 마련이다.

㉢ 인과과정형(The Causal Process Form) 이론

인과과정형 이론은 과학적 이론의 대표적인 예이다. 인과과정형 이론은 공리형 개념과 유사하게 일련의 정의들, 일련의 존재 언명들, 일련의 인과과정 언명들로 구성되어 있다. 공리형과 마찬가지로 모든 관계 언명들은 상호 밀접한 관계가 있다. 그런데 공리형과의 가장 큰 차이라고 한다면, 공리형에서는 관계 언명들이 위계적 구조를 가지고 있는 반면에 인과과정형에서는 관계 언명들이 비교적 대등하다는 점이다.

인과과정형 이론이 법칙집합형 이론과의 차이점을 알아보기 위해서 다음의 두 예를 살펴보자.

ⓐ 첫인상 효과 : 첫인상에 관한 다음 언명을 보자.

> 다른 사람에 대한 인상이 형성될 때, 먼저 받은 정보가 나중 받은 정보보다 인상의 형성에 더 영향이 크다.

이것은 단지 정보의 순서와 인상의 형성과의 관계를 진술한 언명이다. 이것은 인과과정형 언명들로 바꾸어보면;

i) 어떤 사물을 인식할 때, 전체적인 윤곽이 세부적인 것보다 먼저 형성된다.

ii) 처음에 얻은 정보는 이 전체적인 윤곽의 형성에 사용된다.

iii) 나중에 얻은 정보는 이 윤곽의 세부적인 완성에 사용된다.

iv) 최종 인상은 세부적인 것보다는 새 인지구조의 일반적 윤곽을 반영한다.

ⓑ 조작적 행동에 관한 법칙 : 법칙 집합형에서 조작적 행동에 관한 다음과 같이 두 가지 법칙을 제시한 바 있다.

i) 유기체는 강화계획이 연속적일 때가 간헐적일 때보다 행동의 학습이 빠르다.

ii) 유기체는 간헐적 강화를 받았을 때가 연속적인 강화를 받았을 때보다 얻은 행동이 더 지속적이다.

이것을 인과과정형으로 바꾸기 위해서 보상이라는 개념을 도입하여 다음과 같이 설명할 수 있다. 유기체의 행동은 보상이 있을 때 형성된다. 연속강화인 경우에는 바람직한 행동이 나타날 때마다 보상이 있기 때문에 보상과 행동 사이에 매우 직접적인 상관관계 즉, 조건화가 형성된다. 따라서 바람직한 행동은 보상에 의해서 빨리 형성될 것이다. 그런데 행동과 보상 사이에 일대일의 강한 관계가 형성되어 있기 때문에 유기체는 행동과 보상을 동일시하게 될 것이다. 따라서 보상이 없어지면 처음 몇 번 그 행동을 보일지라도 곧 보상이 없다는 것을 알아차리게 되어 매우 빨리 그 행동을 중단하게 된다.

〈표 1-4〉 이론의 유형

법칙 집합형 이론 (the set-of-laws form)	공리형 이론 (the axiomatic form)	인과 과정형 이론 (the causal process form)
가장 구조화되지 않은 형태의 이론 조작적 정의가 가능한 개념들과 이 개념들 간의 관계에 관한 서로 독립적인 여러 법칙들로 이루어진 이론 이론의 4가지 기능 중 다음과 같은 기능을 가지고 있다. (1) 사물 분류 (2) 설명과 예측 (3) 통제 가능	상호 관련된 정의들과 언명들로 구성 (1) 다양한 개념에 대한 정의를 포함 (2) 존재 언명들을 포함 (3) 관계 언명들을 포함 장점 (1) 조작적으로 정의될 필요 없다. (2) 핵심이 되는 언명 수가 적어도 된다. (3) 효율적인 연구가 가능 이론의 기능 중 사물의 분류, 예측과 설명, 통제 기능 뿐 아니라 어느 정도 이해감을 얻을 수가 있음.	과학적 이론의 대표적인 예 (1) 일련의 정의들 (2) 일련의 존재 언명들 (3) 일련의 인과 과정 언명들로 구성 공리형은 관계 언명들이 위계적 구조 가지는 반면, 인과과정형에서는 관계 언명들이 대등함.

반면, 간헐적인 보상인 경우에는 행동에 대한 보상이 항상 따르는 것이 아니기 때문에 행동과 보상 사이에 매우 직접적인 관계가 형성되지는 않는다. 따라서 학습의 과정에서 행동의 형성이 느릴 것이다. 그러나 그 행동이 형성된 후 보상이 멈춘다고 하여도 행동과 보상간의 상호관계가 약하기 때문에 행동을 멈추어야 할 당위성을 곧바로 찾지 못한다. 따라서 더 오랫동안 그 행동을 계속하게 될 것이다.

이와 같이 인과과정형으로 진술하면 보다 더 이해감을 얻을 수 있다. 이론의 초기 단계는 불가피하게 법칙 집합형의 형태를 취할 수 밖에 없다. 차츰 많은 법칙이 발견되면 그들 사이의 관계를 논리적으로 설명할 수 있게 되어 인과과정형으로 바뀌게 된다. 발달된 과학적 이론은 대부분 공리형과 인과과정형이 복합된 공리적 인과과정형(axiomatic-causal process form) 이론이다. 공리적 인과과정형 이론의 대표적인 것이 물리학의 이론이다. 고전 역학에서 뉴턴의 운동법칙은 실험과정을 거쳐서 확립된 인과과정형 이론이라고 할 수 있다. 그러나 그 이후에 라그랑쥬, 오일러, 헤밀턴 등에 의해서 확립된 해석학적 고전 역학은 뉴턴의 운동법칙을 공리로 한 공리형 이론의 체제를 가지고 있다고 할 수 있다. 그러나 자연과학에서도 초기의 박물학은 법칙 집합형 이론에 가까웠으며, 아직도 지질학이나 생물학의 어떤 분야는 법칙 집합형 수준에 머물러 있는 경우도 있다.

2 과학의 발달과 현대사회

과학은 자연과학의 한 분야로서 과학교육의 대상이고 과학 교육을 통하여 과학적 현상을 이해하고 과학적 소양을 갖춘 시민을 길러내는 것이 목적이다. 과학적 소양을 갖추기 위해서는 기술의 본성에 대한 지식이 요구된다.

본 장에서는 과학의 발달이 현대 사회에서 어떤 의미를 가지는지를 알아보기 위하여 몇 가지 중요 내용을 중심으로 알아보고 과학과 기술, 사회와의 상호관련에 대하여 살펴본다.

가. 과학, 기술의 발달과 현대사회

인간이 존재하는 곳에는 어디서나 기술이 있어 왔고, 도구를 만드는 기술은 초기 인류문화에서 중요한 역할을 했었다. 기술은 문명이 발달함에 따라서 강력한 힘을 갖게 되었고, 과학과 연결되면서 비약적으로 발전되었다. 언어, 종교, 경제, 상업 그리고 예술과 마찬가지로 기술은 문화의 필수적 부분이며 문화의 가치를 형성하고 반영한다. 오늘날 세계에서 기술은 연구, 설계 그리고 예술뿐만 아니라 금융, 제조, 관리, 노동, 마케팅, 정비 등을 포함하는 복합적인 사회적 과제이다.

넓은 의미에서 기술은 재료의 절단, 성형, 접합, 물건들의 수송이나, 손, 소리 등의 감각의 확장 등을 통하여 과학의 세계를 변화시킬 수 있는 능력을 확대 시키는 것이다. 우리는 세상을 더 편리하도록 변화시키는데 기술을 이용한다. 이러한 변화는 어떤 면에서 의식주와 같은 생존 욕구나 지식, 예술, 자기 제어 등과 같은 인간의 염원과도 관련될 수 있다.

1) 기술과 과학은 서로 의존하여 발전한다.

초기에 기술은 과학에 의존했고 과학발전에 기여하였다. 기술은 사물의 특성에 대한 개인의 경험과 그것들을 조작하는 기술로 발전되었고 여러 세대를 거치면서 전문가에서 수제자에게로 전수된 비법에 의해 성장해 왔다. 그러나 축적된 실용지식 만큼이나 중요한 것은 사물들이 작동하는데 기초가 되는 원리의 이해이다.

기술의 개발과 응용에 있어서 과학적 지식을 체계적으로 적용한 공학은 과학에서 발전해 왔다. 과학적인 지식은 우리가 어떤 것을 만들거나 관찰하기 전이라도 그것의 반응이 어떻게 나타날 것인지를 예상하는 방법을 제공한다. 심지어, 과학은 종종 우리가 전에는 생각하지 못했던 새로운 유형의 행동을 제안하며, 그렇게 하여 이런 제안은 새로운 기술의 발전을 가능하게 한다. 공학자들은 현실적인 문제를 해결하기 위해서 설계 기술을 염두에 두고 과학과 기술에 관한 지식을 이용한다.

그 대신에 기술은 과학에 눈과 귀 그리고 몇 가지 주요 부분들을 제공한다. 예를 들어서, 컴퓨터는 기상체제, 인구유형, 유전자 구조 등 다른 방법으로는 연구하기 불가능한 복잡한 체제를 연구하는데 대단한 진보를 이루었다. 기술은 측정, 자료수집, 시료 취급, 계산, 남극, 달, 해양저 등의 연구 장소까지의 수송, 시료 수집, 위험한 물질로부터의 보호와 정보 전달 등의 목적에 이용되기 때문에 과학의 필수적인 요소이다. 더욱이 다양한 영역의 과학적 연구 발전이 가능하도록 하는 기술을 통하여 새로운 도구와 기법이 개발되고 있기 때문이다.

하지만 기술은 과학을 위한 도구만을 제공하지 않는다. 기술은 이론과 연구를 위한 동기와 방향도 함께 제공한다. 예를 들어, 상업적인 증기기관의 효율성 향상에 관한 기술적 문제로 말미암아 에너지 보존의 법칙은 많은 부분에서 발전되었다. 인간 DNA를 구성하는 전체 유전자 지도제작은 유전 공학 기술에 의해 동기화되었고 이와 동시에 이 작업을 하는 이유까지 설명 가능하도록 하였다. 새로운 기술은 종종 새로운 이해를 요구하고 새로운 연구들은 종종 새로운 기술을 요구한다.

2) 기술은 과학적인 탐구와 실용적인 가치를 결합시킨다.

과학적인 탐구와 수학적인 모형에 가장 긴밀하게 결합된 기술의 구성요소는 공학이다. 공학은 넓은 의미에서 문제를 해석하는 것과 문제에 해당하는 답을 설계하는 것으로 구성되어 있다. 기본적인 방법은 처음에는 일반적인 연구방법을 고안하는 것이고 그리고 나서는 자동차 엔진, 컴퓨터 칩, 기계장치가 달린 장난감과 같은 필수 부품의 구조에 대한 기술적인 세목을 작성하거나 또는 관계, 여론조사, 혹은 생산품 검사와 같은 것을 처리하는 것이다.

과학의 본성에 대하여 언급된 많은 것들은 공학 특히 수학의 사용, 창의성과 논리성의 상호작용, 최고의 전문가가 되기 위한 노력, 사람들과 관련한 다양성, 전문적인 특성, 대중의 책임성, 기타 등등 에도 적용된다. 실제로 과학자로 불리는 사람보다 공학자로 불리는 사람이 많으며 많은 과학자들은 과학뿐만 아니라 공학으로도 설명되어질 수 있는 연구를 수행하고 있다. 마찬가지로 많은 공학자들은 과학과 관련되어 있다.

하지만 공학은 인간 진취성의 성공과 실패 그리고 개인의 이익과 손해에 대한 직접적인 연관성을 갖고 있어 과학적인 연구보다 사회체제와 문화에 더 직접적인 영향을 미친다. 비행기의 볼트를 설계하든 아니면 관개 체계를 수립하든 공학적인 결정은 과학적인 판단뿐 아니라 필연적으로 사회나 개인의 가치와도 관련되어 있다.

3) 모든 과학기술은 제어기능을 포함한다.

간단한 것에서 가장 복합한 것까지 모든 시스템이 정확하게 작동되기 위해서 제어가 필요하다. 제어의 본질은 우리가 일어나기를 원하는 것이 일어나고 있는지에 대한 정보를 비교하고 적절히 조절을 하는 것이다. 제어는 일반적으로 감지장치, 다른 정보로부터의 피드백, 활동 변화에 있어 지시에 관한 정보 등의 논리적인 비교를 필요로 한다. 예를 들면, 제빵 오븐은 제어 장치에서 온도 감지 장치의 정보를 비교하여 미세 범위 내에서 온도를 유지하기 위해 발열체의 온도를 조절하는 매우 단순한 시스템이다. 자동차는 엔진의 온도, 연소율, 방향, 속도 등을 제어하고, 상황이나 지시가 즉각적으로 바뀔 때 그에 맞게 변화시키는 하위체제를 갖춘 매우 복잡한 체제이다. 소형화된 전자회로는 매우 다양한 기술체제에서 논리적 제어를 가능하게 한다. 그러나 오늘날 사용되는 거의 대부분의 단순한 가전제품들은 작동을 제어하는 마이크로프로세서를 내장하고 있다.

제어의 복잡성이 증가함에 따라 여러 가지 다양한 조정이 필요하게 된다. 최고의 자동시스템도 제어 요소들에 대한 설계나 감지, 고장 접수, 변경과 교환 과정에는 인간의 제어를 필요로 한다. 최상의 제어는 통제 과정의 성질과 목적, 작동 과정의 전후 관계를 이해하는 인간에게 달려 있다.

4) 기술은 항상 부작용을 수반한다.

모든 기술은 의도된 이익뿐 아니라, 생산과 적용에서 의도되지 않은 부작용을 가질 수 있고 또한 예상 밖의 이익을 얻을 수도 있다. 예를 들면, 작업방법에서 재료를 판금을 할 때 보다 주형을 할 때가 더 안전하며, 우주선을 만드는데 사용되는 소재들이 소비제품에 유용하게 사용되기도 한다. 반면 생산에 포함된 물질이나 과정이 일반적으로 생산자나 대중에게 해를 끼칠 수도 있다.

예를 들면, 컴퓨터 앞에서 앉아 일을 하면 사용자의 눈을 피로하게 만들고 다른 작업자들과 고립되게 할 수 있다. 그리고 직업은 신기술에 관련된 고용 인력의 증가나 구 기술과 관련된 인력의 감소 그리고 작업자들이 하는 일의 성격 변화 등에 영향을 끼칠 수 있다.

예를들면, 냉장고는 식품과 음식 유통 체제에 긍정적인 영향을 끼친다. 그러나 냉장고 냉각장치에서 누출된 소량의 가스가 지구 대기에 상당한 악영향을 끼칠 수 있다.

어떤 부작용은 그것을 예측하기 위한 관심이나 방법의 결여 때문에 전혀 예상하지 못한 결과를 나타낼 수 있다. 그러나 많은 경우, 극심한 기술체제의 복잡성과 새로운 적용 방법을 발견하려는 인간들의 창의력 때문에 원칙적으로 그것을 예상하기는 힘들다. 예상하지 못했던 부작용들은 실제로 특정집단에서는 윤리적, 미학적, 경제적으로 받아들일 수 없기 때문에 집단 간에 대립을 초래한다. 이러한 부작용들을 최소화하기 위해서 설계자들은 체계적인 위험 분석에 관심을 집중한다.

5) 모든 기술체제는 실패할 수 있다.

트랜지스터 라디오에서 비행기에 이르는 대부분의 현대 과학기술 체제는 매우 신뢰할 수 있도록 설계되고 생산되어져 왔다. 실패는 극히 드물다. 그러나 하나의 체제가 더 크고 복잡해질수록 그것이 잘못될 가능성은 더 많아진다. 그리고 실패의 효과는 더 크게 영향을 미친다.

실패에 대한 하나의 방지책은 포괄적인 설계이다. 예를 들면 실제 필요한 것 보다 더 강하고 더 크게 만들어 놓는 것이다. 또 다른 방지책은 보완용을 만드는 것이다. 즉, 가장 주요한 것이 실패할 경우에 그것을 대체 하거나 혹은 그 이상의 보완체제를 수립하는 것이다. 실패의 가능성을 줄일 수 있는 다른 방법은 더 많은 자료를 수집하고, 더 많은 변수들 수용하고, 더 현실적인 연구 유형들을 만들어내고, 설계의 컴퓨터 시뮬레이션을 더 오래 운영하고, 품질관리를 더 철저하게 하고, 문제가 커져감에 따라 그 문제를 지각하고 수정하는 통제력을 확립하여 그 설계를 향상시키는 것이다.

나. 현대 과학과 기술

기술은 인간 생활에 절대적인 영향을 미치며 이는 과학과 상호작용을 하면서 발전해 왔다. 여기서 과학과 기술의 차이, 역사적 변화, 현대 과학 및 기술 등에 대하여 알아본다.

1) 과학과 기술의 차이

가) 과학

과학(科學)은 영어로 Science라고 하며 이 말은 어떤 사물을 '안다'는 라틴어 'scire'에서 연유된 말이다. 과학은 넓은 의미로는 학(學) 또는 학문(學問)과 같은 것이지만 좁은 의미로는 모두 자연과학을 뜻한다.

과학이란 지금까지 누구도 반증(反證)을 하지 못한 확고한 경험적 사실을 근거로 한 보편성과 객관성이 인정되는 지식의 체계이어야 한다는 것이 필수 조건이다. 따라서 신학 · 철학은 과학이라고 할 수 없으며, 보편성이 인정되는 형식논리학이나 수학은 넓은 의미의 과학에 들어간다고 할 수 있다.

나) 기술

기술(技術)은 Tecnology로 무엇인가를 만들어 내거나 또는 성취하는 방법을 말한다. 넓은 의미로는 인간의 욕구나 욕망에 적합하도록 주어진 대상을 변화시키는 모든 인간적 행위를 말한다. 기술이란 말은 그리스어(語) '테크네(techn)'에서 유래되는 유럽계 언어의 번역어에서 비롯된 것으로서, 어원적(語源的)으로는 예술 · 의술 등도 포함하나 오늘날은 주로 '생산기술(production technology)'의 뜻으로 사용된다.

① **의식적용설**(意識適用說)

의식적용설(意識適用說)에 의하면 기술은 '과학의 응용'이라고 하고, 즉 인간행동의 목적 의식성과 합법칙성을 지적하고 인간행동의 주체성을 강조한다.

② **수단체계설**(手段體系說)

수단체계설(手段體系說)은 인간의 생활 활동에 있어서의 노동수단과 그 체계를 기술이라고 보는 것이다.

[그림 1-5] 반도체 공장

[그림 1-6] 아리랑 2호와 교신성공

위에서 살펴 본 바와 같이 과학과 기술은 차이점을 가진다. 예컨대 작용과 반작용 이론은 과학이론이고 이를 응용해 만든 것이 로켓 기술이다. 어떤 보편적인 원리를 포함하는 이론이 있다면 그것은 과학에 속하는 것이고, 그 이론을 응용하여 우리 인간이 활용할 수 있는 도구를 만들어 내는 것은 기술이라고 말할 수 있다.

2) 과학과 기술의 역사적 변화

가) 전통적 개념의 과학

아리스토텔레스는 전통적 과학을 '테오리아'라는 이념으로 표현했다. '테오리아'는 '관찰하다'라는 의미를 가진 말로 대상을 조작하거나 지배하려는 실천적 의도를 배제한 채, 이론적이고 사변적으로 관조, 고찰하는 것을 뜻한다. 완전히 이론적이고 순수한 지적 관심을 통한 자연의 이해가 과학의 목표이다.

나) 17세기 과학 · 기술의 성격

17세기 과학혁명의 시대에서 말하는 과학 기술은 그리스 과학의 합리성과 연역적 이론 전개를 중요시 하면서 동시에 실험을 통한 실제 사물을 대상으로 하는 이론을 역시 중요하게 여겼다. 기존의 과학과 같이 단순히'자연을 이해'하는 것에 머무르지 않고 대상을 지배하고, 그 지식을 이용하여 현실을 바꿀 수 있는 힘을 갖게 된 것이다. 그리스적이고 사변적인 앎이 아니라 실험과 실증을 통해 지식을 알고 이를 현실에 이용하여 자연을 지배하고 인간의 복지를 증대시킨다는 면이 중요한 요소로 부각된 것이다. 이런 자연 지배의 이데아는 18세기 산업혁명을 통해 공업적 기반을 얻었고, 더욱 더 강력하게 현실에 반영되어, 과학기술의 발전이 곧 진보라는 개념을 확고히 하였다.

다) 20세기 과학 · 기술의 성격

과학이 사회 · 경제와 밀접하게 관련을 맺기 시작한 시기이다. 즉 과학이 과학자 개인의 지적 호기심에 기초한 연구 활동을 넘어서서 사회적 · 경제적 제도 속에서 짜여지게 되었다. 특히 제1차 세계대전 이후 이러한 양상은 과학의 본질 자체에 엄청난 변화를 가져왔다. 자연을 지배하고 인류 사회에 큰 영향을 끼치던 과학은 이제 좋든 싫든 경제 및 다른 사회적 영역들과 강한 상호작용을 강요받는 것이다. 과학에 대한 과거의 맹목적인 신뢰를 벗겨내고, 과학과 사회의 관련성이 과학 자체의 흐름을 결정짓게 된 것이다.

3) 현대 과학 및 기술의 특징

과학기술의 발달이 우리에게 가져다 준 것은 무엇일까를 생각해 볼 때, 우리는 크게 두 가지를 생각해 볼 수 있다. 인간 생활에 윤택함을 가져다줄 것이라는 낙관적인 관점과 오히려 노동에 대한 소외를 불러일으키고 새로운 첨단 기술시대를 주도하는 지식정보 엘리트들이 산업사회의 자본가 자리를 대신 차지해 막강한 부와 권력을 가지게 되어 대다수의 노동계층은 극빈층으로 전락하리라는 비관적인 관점이 있다.

가) 현대 과학기술의 폐쇄적 체제와 기술 불균형

과학기술의 불균형은 행복의 불균형을 가져온다. 세계화와 함께 과학정보의 구간 교류는 개방되고 있지만, 가장 중요한 기술적 핵심인 노하우의 개방에는 매우 폐쇄적이다. 노하우의 폐쇄형태는 크게 두 가지로 나타나고 있다. 즉, 선진국과 후진국간의 폐쇄현상과 기업체간의 폐쇄현상이라는 2가지 유형을 찾을 수 있다. 과학적인 연구결과나 개발된 기술 그 자체는 중요하며, 어떤 측면에서는 높은 평가를 받을 수 있으나 진실한 인간실존을 위해서는 과학과 인간성, 과학과 윤리에 관하여 깊은 연구가 이루어져야 하고 나아가 과학기술과 인류평화 행복과의 관계에 대한 주의 깊은 논의가 필요하다.

나) 과학기술의 가치적 판단 내재

과학기술에 대한 가치적 판단은 매우 논쟁적이다. 예컨대, 유전자 조작 기술의 발달이 사회에 미치게 될 영향에 대해 대부분의 과학기술자들은 낙관적이고 옹호적인 견해를 가지고 있다. 유전자 조작 기술의 발달은 유전자 치료의 도입을 통해 난치병이나 유전병을 제거할 수 있으며, 동식물의 종자 개량을 통해 사람들에게 보다 많은 혜택을 부여할 수 있다는 것이 그러한 낙관론 중의 일부이다. 반면, 유전자 조작 기술은 기본적으로 생명복제와 같은 윤리적 문제를 가지고 있으며 유전자 조작을 거친 식품의 안전성이 아직 확실하게 검증되지 않았기 때문에 재앙이 될 수 있다고 경고하는 비판의 목소리도 강력하게 존재한다.

다) 과학기술의 복잡성과 난해함

과학기술은 다른 사회의 영역과는 달리 복잡성과 난해함을 그 특징으로 하고 있기 때문에 이에 대처할 수 있는 전문적인 훈련을 받은 전문가들만이 과학기술과 관련된 결정을 내릴 수 있다. 이러한 전문가주의 이데올로기는 우리나라를 포함하여 전 세계에 보편적으로 퍼져있다. 그럼에도 불구하고 세계사적으로 볼 때 1960년대 이후에는 서구 국가들을 중심으로 과학기술 영역에서도 시민운동과 시민 참여가 다양한 형태로 이루어져 왔으며, 그러한 시민운동 및 시민참여의 강도와 방법들이 더욱 심화, 발전되고 있다고 믿을 만한 근거들도 많다. 이러한 시민운동 및 시민 참여의 활성화는 과학기술과 관련된 정책이나 이슈들도 순수하게 과학적, 혹은 기술적 문제만은 아니며, 많은 부분에서 근본적으로는 사회적 정치적 성격을 강하게 지니고 있다는 인식의 확산과 맞물려 있다.

라) 과학기술의 대중 참여

현대생활에서 과학기술과 그 산물들을 배제하기란 불가능하다. 그것은 우리가 생활하는 일상적인 공간을 한번 둘러보기만 해도 쉽게 이해 할 수 있다. 아침에 일어나서 밤에 잠자리에 들기까지 이용하는 과학기술의 산물들을 일일이 열거할 필요가 없을 정도로, 우리는 마치 공기를 숨쉬듯이 자연스럽게 과학기술 문화 속에서 살아가고 있다. 과학기술 문화라는 표현을 사용하는 까닭은 오늘날 과학기술이 단순히 생활을 편리하게 해주는 도구로서 기능하는 것에 멈추지 않고 과학기술과 그 산물들은 그것을 이용하는 사람들의 세계관과 사고의 틀에까지 영향을 주기 때문이다. 오늘날 과학기술의 새로운 진전이 일상문화에 미치는 영향은 매우 포괄적이고 심대하다. 가령 휴대전화의 대량 보급은 편리성을 넘어 사람과 사람의 관계, 만남의 시간성과 공간성 등에 큰 변화를 일으키며, 나아가 의사소통의 개별화 내지 사유화의 경향을 부른다. 더욱이 과학기술의 진전은 해당 기술을 사용하는 사람에게만 영향을 미치는 것이 아니라 사용하지 않는 사람이나 사용에 반대하는 사람에게까지 두루 그 영향력이 파급된다. 예를 들어 생식기술의 발달은 그 기술을 이용하려는 불임여성들뿐 아니라 불임의 문제를 입양과 같은 사회적 방식으로 해결하려는 많은 사람들에게도 양향을 미친다.

다. 과학과 기술이 사회에 미치는 영향

과학과 기술은 상호작용을 하면서 사회체제에 영향을 미친다. 여기서는 과학과 기술이 일상생활, 예술, 국제질서, 윤리 등에 미치는 영향에 대하여 알아본다.

1) 기술과 사회 체제는 상호작용을 한다.

개인의 발명은 기술혁신에 필수적이다. 그럼에도 불구하고 사회와 경제적인 힘은 기술개발에 착수하고 관심을 기울이고 투자가 이루어지고 이용되도록 강력한 영향을 미친다. 그러한 결정은 직접적으로는 정부 정책의 문제로써 시작되고, 간접적으로는 어떤 특별한 시간에 환경의 결과와 사회적인 가치로써 일어날 것이다.

이러한 자극과 규제의 균형은 보통 어떤 것은 장려하고 어떤 것은 억제하면서 다른 기술 체제에 대하여 차별적으로 작용한다. 기술은 역사의 흐름과 인간사회의 본성에 강력하게 영향을 주고 그러한 영향은 계속된다. 예를 들어 농업 기술의 거대한 혁명은 아마도 정치적인 혁명보다 사람들의 사는 방식에 더 큰 영향을 주었을 것이다. 공중위생의 변화와 백신은 폭발적인 인구증가에 기여했다. 활과 화살과 화약 그리고 핵 폭발물은 전쟁하는 방법의 변화에 일조하였다. 그리고 컴퓨터는 사람들이 쓰고, 계산하고, 금융처리를 하는 방법과 사업을 하고 조사하고 다른 사람들과 연락하는 방법을 변화시키고 있다.

기술은 세계적으로 사회의 도시화를 증가시키고 세계적인 공동체의 경제적 상호의존성을 크게 성장시킴으로써 이러한 대규모 변화의 원인이 된다. 역사적으로 사람들이 정치적 또는 종교적인 변화들과 같은 사회변화가 기술적인 변화를 가져온다고 믿는 반면에 몇몇 사회주의자들은 산업화와 대량생산물과 같은 기술적인 변화가 사회적인 변화를 야기한다고 주장한다. 그러나 기술적인 체제와 다른 사회적인 체제 사이의 관련성 때문에 많은 영향이 양쪽 모두에게 작용한다는 것은 분명하다.

2) 과학 기술과 일상생활

과학과 기술은 우리의 일상생활을 윤택하게 만들어 주기도 하지만 세계관을 바꾸고, 윤리적인 문제를 발생시킨다. 이 밖에도 과학과 기술은 예술이나, 전쟁, 직업 등 많은 분야에 깊은 영향을 주고 있다.

가) 인간 생활의 편의성 증대

과학과 기술의 눈부신 발전은 우리의 일상생활을 크게 변모시켰다. 과학과 기술에 의한 산업 생산성의 증대는 우리들의 일상생활을 과학 기술과 유리될 수 없도록 만들었다. 일례로, 컴퓨터의 발달은 로봇을 통한 자동화를 가능하게 만들었는데, 로봇의 발달은 산업의 발달과 산업 구조의 변화에 큰 영향을 주었다. 산업라인에서 로봇이 노동자의 자리를 대체함으로 노동자들이 쫓겨날 위기에 있었으나 일본의 경우는 평생고용제를 도입하여 로봇으로 대체된 인력을 재교육하여 복합기업의 계열회사에 재배치하는 것으로 해결하였다. 동시에 로봇이 노동자들이 하기 싫어하고 위험부담이 큰일을 대신하기 때문에 노동자들의 위험과 반복되는 일의 짜증스러움에서부터 해방시켜 주는 역할을 하였다.

나) 사이버 공간의 출현

정보사회로의 급속 진행은 '가상'(Virtual)이라는 말을 중요한 미래형 언어로 바꾸어 놓았고, 실제로 가상현실(virtual reality)의 세계는 더 이상 가상이 아니라 현실화한 실재이다. 이제 이러한 가상의 세계는 가상 사회를 등장하게 하였고, 심지어 가상 교회까지 등장 하고 있다. 사이버 공간이 탈공간적이고 초고속적 특성을 가지고 있으며 사이버 공간에서 개인의 활동에 대해 익명성(Anonymity)을 보장받으므로 사이버 공간은 위축된 자아를 해방시키고 자아를 확정하는 순기능적 역할을 할 수 있다. 신체적 외모로 위축된 자아, 열등감으로 위축된 자아가 확장감을 느낄 수 있다. 그런데 익명성은 자아 확장의 한 기능을 하면서도 동시에 이중적 자아를 기능하도록 할 수 있다. 또한 여러 개의 다중 자아를 가질 수도 있기 때문에 장난으로 실험삼아 다른 자기가 되다가 실제 자아와 가상 자아와 혼란에 빠질 수 있다.

다) 통신 네트워크의 신장

장거리 통신의 발전도 가속화하고 있다. 이러한 네트워크는 정보의 초고속도로를 가능하게 하였는데 실제적으로 이러한 장거리 통신의 실용화는 현실화 되었으며 개인용 컴퓨터를 통한 정보의 개인화와 분권화가 가능하다 앞으로 용량이 확대되고 작아진 장거리 통신 설비가 우리의 책상과 자동차와 손바닥에 놓이게 될 날이 멀지 않았다.

라) 환경위기의 초래

금세기 중반 이래 세계인구는 2배 이상 증가하여 25억에서 55억으로 늘어났다. 또한 재화 및 용역의 세계 생산고는 약 5배정도 팽창했다. 이 같은 경제활동의 증가와 이에 사용되어 온 기술들이 지구의 환경을 파괴해 왔다. 이로써 생활조건을 향상시키고자 하는 경제활동을 더 이상 지구가 감당해 낼 수 있을 지에 대한 의문이 제기 되고 있다. 1950년대에서 1985년까지 지속된 콩류,

육류, 어류 등 기본식품의 1인당 생산량의 증가 시대가 막을 내리고 생산량의 정체나 감소라는 새로운 시대가 시작되었으며, 화석연료의 사용으로 인한 지구의 온난화, 핵폐기물 처리 등 인간 생활에 편익을 도모했던 과학기술의 순기능 외 환경위기의 초래라고 하는 심대한 역기능이 작동되고 있다.

3) 과학 기술과 예술

예술은 주체적인 사물을 통하여 보편적인 표현을 하고자 하는 기술인 동시에 지적활동이다. 예술가는 보편적인 것을 직관하여 그것을 종이 · 그림물감 · 돌 · 소리 · 기호 따위의 물질적 재료에 의하여 표현하고, 이것을 감상자에게 직관시키고자 한다. 예술작품으로부터 감상자가 향수하는 것은 단순히 관능적 쾌감에서 그치는 수동적인 입장이 아니라, 한 걸음 더 나아가 그 작품을 통해서 미를 추구하는 과정이다.

과학과 예술의 가장 큰 차이점은 과학은 실증적이고 현실적으로 설명될 수 있는 학문이고 예술은 현실적이지 않을 수 있으며 인간의 객관적인 것보다는 주관적인 표현이 주입된다. 이것들을 보면 과학과 예술은 정반대의 개념으로 생각되지만 과학으로써 예술을 표현할 수 없는 것은 아니다. 현대과학의 우수함을 예술에 접목할 수 있다. 예술과 과학은 상대적이면서도 함께 표현할 수 있는 힘이 있다.

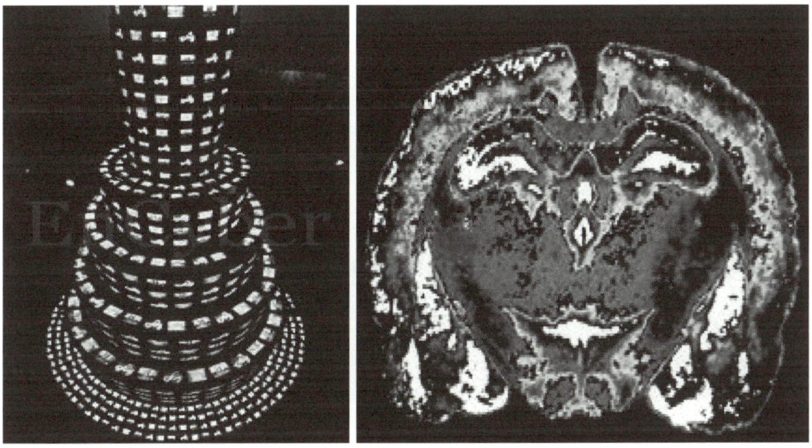

[그림 1-7] 과학기술과 예술

가) 컴퓨터를 이용한 디자인의 다양성

영국의 산업혁명이 농경사회를 산업사회로 바꾸어 놓았다면, 컴퓨터는 다시 정보사회로 바꾸어 놓았다. 인간의 주관이 특수한 정보기구라면, 개성은 0 · 1이라는 수학의 디지털한 배열상의 확률에 불과할 만큼 세상과 예술의 양상도 달라진다. 정보의 산업화, 산업의 정보화의 순환에서 컴퓨터는 그 위력을 나타낸다. 컴퓨터에 의한 디자인에 있어서, 몇 개의 데이터를 컴퓨터에 입력시키면 엄청나게 많은 디자인의 가능성을 정확하게 제시해 준다. 가령 수열(퍼뮤테이션) 5!의 경우 무려 120, 6!=720, 8!=40320, 9!=362880, 10!=3628800, 11!=39916800, 12!=479001600으로 디자인의 종류를 무한한 수준으로 만들어 갈 수 있다.

나) 신소재의 개발과 미술

미술의 구성요소를 재료, 기법, 주제로 간추릴 수 있다. 어떤 작품이던지 어떤 재료를 사용해서 어떤 기법을 구사해 무엇(주제 또는 사용목적)을 위해 만들었는가로 평가받는다. 재료는 기법에 앞선다. 즉 재료의 성질이나 양에 따라서 상대적으로 그 재료에 걸 맞는 기법이 생기게 마련이다. 하루가 다르게 발전해 가는 기술시대에 신소재개발은 현재도 그렇거니와 앞으로 더욱 더 새로운 기법을 요청할 것이 분명하다.

다) 전자음향

아주 옛날에는 목판악기, 현악기, 북 같은 타악기에 불과하던 것이 금속공업의 발전으로 금관악기가 등장해, 오케스트라의 편성도 달라지고, 음색도 많이 달라졌다. 그러다가 오늘날 전자공학의 급속한 발전으로 인해 각종 전자적인 발진장치에 의한 전자음향이라는 새로운 음향소재가 개발됐다. 전자적 음향 재생장치의 발달은 작곡활동과 연주양식에도 영향을 끼치고 있다.

라) 전자음악

전자재생장치는 작곡가로 하여금 어려운 화성학, 악보 기입 방법을 몰라도 피드백 과정을 통해 쉽게 작곡도 할 수 있어 과학 · 기술의 발달은 음악의 형태를 변형 내지 변질시켜 가고 있다. 그리고 또 오늘날의 음악은 콘서트홀에 가서 듣는 대신, 집안에서, 버스 속에서, 다방에서, 어느 곳에서나 쉽게 들을 수 있어 마치 「가구(家具)의 음악」이 되어 버렸다.

4) 과학 기술과 국제질서

과학과 기술 발전의 역기능으로 촉발된 환경문제는 오늘날 국지적인 문제로 그치는 것이 아니라 나라와 나라 사이에 더 나아가서 국제질서에 큰 영향을 미치고 있다. 환경의 초국가적(transnational) 특성으로 인하여 많은 환경협력기구가 생겨나고 있어서 새로운 국제 질서로 자리매김하고 있다.

1972년 스톡홀롬에서 개최된 UN환경회의는 국제환경정치의 발전에 있어서 중대한 전환점을 이루었다. 미래의 환경협력을 위한 틀을 크게 강화했고, 지구적, 지역적 차원의 환경 감시 네트워크가 수립되었다. 또 UN환경계획(UNEP)이 창설되었고 광범위한 정치적, 제도적 변화를 자극했다.

1970년대와 1980년대에 수십 개의 국제환경협약과 프로그램들이 생겨났다. 1972년 런던덤핑협약, 1973년 선박의 기름유출로 인한 해양 오염 방지 협약, 1979년 대기오염에 관한 협약, 1985년 오존층 보호를 위한 비엔나 협약, 1987년 그것을 강화하기 위한 몬트리올 의정서 등 국제적 맥락 속에서의 환경협력은 늘어났다.

1992년의 리우 회의는 약 150개 국가와 135개국 정상이 참가한 사상 최대 규모의 정상회의였다. 정부대표단, 1만 명의 언론인, 1,500여 개 NGO 대표단을 포함해서 참가인원은 총 4만 5,000여 명에 달했다. 이것은 과학과 기술 발전의 역기능으로 인해 촉발되고 있는 환경문제가 비단 국지적인 문제를 떠나 전 지구의 인류가 공동으로 대처해야 할 중차대한 과제임을 인식시켜 주었으며 이산화탄소 배출억제, 오존층 보호 등을 주축으로 한 국제 환경보전의 현실적인 절박감이 국제 정치, 경제와 함께 새로운 국제질서를 태동시켰다.

5) 과학 기술과 윤리

과학기술의 발전이 가져다 준 또 다른 구체적인 것은 바로 인간의 존엄성이 상실되어가고 있다는 것이다. 특히 생명공학 부분에서 이 변화가 구체적으로 나타나고 있다. 과학기술의 발전으로 인간 게놈프로젝트를 통해 유전자의 비밀이 밝혀지고, 동물복제가 현실화되는 단계를 넘어 인간복제의 가능성이 눈앞에 닥치면서 생명윤리를 둘러싼 사회적 논쟁이 가열되고 있다. 또한 유전자조작농산물이 등장하면서 식품안전과 생태계교란, 선진국에 의한 제3세계 생물자원의 약탈 등의 문제가 제기되기에 이르렀다. 한편 유전정보가 기업과 국가에 의해 남용되는 문제에 대한 사회적인 우려도 높아지고 있다.

암을 포함한 인간의 질병 정복에 있어 최대 관심사는 현재 미국 일본 등 선진국들이 총력을 기울이고 있는 인간게놈 프로젝트인데, 과학자들은 인간의 모든 유전정보를 밝히는 인간게놈 프로젝트가 완성되면 인류의 질병치료-생명현상 이해에 획기적인 진전이 있을 것으로 기대하고 있다.

생명의 시작이 수정 시점부터라는 의학적 논거를 받아들일 때, 인간의 가치는 과학자들이 인위적으로 구분해 놓은 시기에 의해 변화되어서는 안 된다. 수정란과 배아가 가치에서 차이가 날 수 없으며, 배아와 태아가 생명의 존엄성에서 구별될 수 없다. 생명윤리학자들이 21C를 현미경적 폭력의 시대로 예고한대로 항거할 수 없는 연약한 인간배아는 거대한 폭력 앞에 노출되어 있는 것이다. 그러므로 과학과 기술 특히, 생명공학의 발전으로 이제 현실화된 인간배아복제를 단지 과학적 행위로 판단해서는 곤란하며 사회학적, 인류학적, 철학적 및 종교적 차원에서 다루어야 하며 이를 위한 사회적 합의가 이루어지지 않은 상황에서의 복제실험은 대단히 위험하다.

라. 사회가 과학 기술에 미치는 영향

사회는 과학과 기술에 상호작용을 하면서 영향을 미친다. 여기서는 사회체제의 영향과 정부, 민간, 문화 등이 과학기술에 미치는 영향에 대하여 알아본다.

1) 사회체제의 영향

기술의 전문적인 가치는 공개된 지식의 공유에서 나타나는 이점을 포함하고 있다는 점에서 과학과 매우 비슷하다. 그러나 기술의 경제적인 가치 때문에 때때로 기술 혁신에 관련이 있는 과학과 공학의 개방성에 제약이 따른다.

시간과 돈의 엄청난 투자와 상업적인 위험은 종종 새로운 기술을 개발하여 그것을 시장에 도입하도록 요구한다. 그 투자는 만약 경쟁자들이 비슷한 투자를 하지 않고 새로운 기술에 접근한다면 매우 위태롭게 될 수 있다. 그러한 이유로 회사들은 종종 과학지식을 공유하는 것을 꺼린다. 그러나 과학적, 기술적인 지식은 매우 오랫동안 비밀로 남아있기는 힘들 것이다. 종종 대부분의 비밀유지는 지식의 완전한 통제라는 점에서가 아니라 시간적인 관점에서 볼 때 남들보다 앞선 출발이라는 점에서만 이점이 있다.

특허법은 개인과 회사들이 그들이 개발한 모든 새로운 기술의 사용을 조절할 수 있게 함으로써 개방성을 촉진시킨다. 그러나 기술적인 경쟁을 조장하기 위해 한정된 일정기간 동안만 보장해 준다.

과학과 기술 사이의 관계는 너무 밀접하기 때문에 어떤 분야에서는 비밀유지를 위해 불가피하게 일부 과학정보의 자유로운 흐름을 제한한다. 어떤 과학자들과 기술자들은 그들이 과학적인 이상과 타협하는 것을 매우 불쾌하게 생각한다. 그리고 어떤 사람들은 비밀유지를 요구하는 과제의 연구를 거부하기도 한다. 그러나 또 다른 사람들은 그 제한이 적절하다고 본다.

2) 정부, 민간, 문화 등이 과학기술에 미치는 영향

최근에는 우리나라에도 과학기술과 관련된 시민단체가 속속 출현하여 과학기술에 관한 시민참여를 도모하고 있다. 기존의 시민권 개념을 과학기술의 영역에 확장한 "과학기술시민권"(S&T Citizenship)이라 할 수 있다. 그것은 지식 혹은 정보에 대해서 접근할 수 있는 권리, 의사결정이 합의에 기초해야 한다고 주장할 수 있는 권리, 과학기술정책 결정 과정에 참여할 권리, 집단이나 개인들을 위험에 빠지게 할 가능성을 제한시킬 권리 등으로 구성된다.

국가와 문화는 국제간의 경제 체제와 핵전쟁이나 사막화, 산성비와 같은 환경 문제의 공유로 인해 상호 의존도가 점점 증가하고 있다. 또한 국가들은 국제 여행이나 대중 매스컴을 통해서 다른 나라에 관해 더욱 잘 알고 있다. 또, 국가들은 공식 · 비공식적인 다양하고 넓은 범위의 합의를 통해 서로 영향을 주고받는다. 공식적인 것으로는 외교, 군사, 경제적 동맹 그리고 유엔이나 세계은행 등과 같은 세계적인 기구들을 포함한다. 비공식적인 협정들로는 문화의 교류, 관광객 유치, 학생 교류, 국제 무역 그리고 국제사면위원회나, 기아반대 운동 협회, 적십자, 세계 체육기구등과 같은 세계적인 회원을 가진 비정부기구의 활동을 포함하고 있다.

사회, 경제 그리고 생태학적 시스템의 세계적 상호의존성의 증대는 사회 정책 결정의 결과에 대해 예측하는 것을 어렵게 한다. 전 세계의 조그만 변화들은 일부 사람들에게는 이익을 증가시킬 수 있고, 다른 사람들에게는 비용을 증가시킴과 더불어 다른 나라에 영향력이 확대될 수 있다.

3 지구과학의 성격과 구조

가. 지구과학의 성격

우리가 삶을 영위하고 있는 지구는 태양계의 한 행성으로 아주 평범한 천체라 할 수 있다. 이 지구의 과거와 현재, 미래에 대한 체계적인 연구를 위하여 등장한 것이 지구과학이며, 지구과학은 시 · 공간에서 일어나는 자연현상 그 자체를 탐구의 대상으로 하고 이 현상의 시 · 공간적 연속성과 상호 관련성 및 이에 따른 평형의 변화과정을 다룬다. 또한, 지구와 그 주위 및 우주적 환경을 연구대상으로 한다. 이에 포함되는 내용은 지구의 구성 물질, 활동의 과정, 변천의 역사, 우주 내에서의 운동이고, 연구 대상의 공간적 특성에 따라 학문적으로는 지질학, 지구물리학, 해양학, 천문학, 기상학 등으로 나눌 수 있다(김상달, 2004).

자연현상을 다루는 기초과학 분야에는 물리학, 화학, 생물학, 지구과학 등 크게 4분야가 있다. 앞의 3분야에서 취급되는 현상들은 비교적 제한된 시 · 공간에서 발생되는 것이며, 이들의 진화시간은 대부분 인간의 일생에 비해 극히 짧다. 그러나 지구과학에서는 자연 그 자체를 다루기 때문에 자연이 곧 실험실이다. 따라서 지구과학에서 취급하는 공간은 원자의 미시세계에서 우주에 이르는 거시세계까지, 시간은 미시세계의 불안정 척도인 10^{-4}초에서 우주의 나이에 이르기까지 광범위하다. 지구과학은 시공간에서 발생하는 다양한 현상을 연구하는 기초과학이며 종합과학이라고 할 수 있다(이시우, 1985).

나. 지구과학의 내용과 영역

지구과학의 내용은 관점에 따라 크게 두 가지로 달라진다. 첫째, 좁은 의미의 지구과학(Earth Science)은 지구 자체의 이해에 제한된다. 이 경우에는 지구의 생성과 진화라는 측면에서 지구의 이해보다는 지구자원의 이용과 깊이 관련되므로 대체로 지표면으로 연구대상이 국한된다. 반면에 넓은 의미의 지구과학은 지구와 그 주변 환경 및 현상을 연구대상으로 하는 순수 기초과학으로서, 지구를 우주 내의 평범한 한 천체로 보고 지구의 생성과 진화를 다룬다. 초 · 중 · 고등학교와 대학에서 다루는 지구과학은 후자의 순수 기초과학으로서의 지구과학이다. 이러한 지구과학은, 현상의 시 · 공간적 연속성과 이에 따른 종합적 해석을 중요시한다. 인류의 역사와 함께 시작된 지구과학의 학문적 발달과정과 지구과학적 현상의 공간적 특성을 고려하여 지구과학에는 지질학(Geology), 지구물리학(Geophysics), 해양학(Oceanography), 기상학(Meteorology), 천문학(Astronomy) 등 여러 분야의 기초적인 내용이 포함되어 있다.

다. 지구과학의 연구방법

일반적으로 지구과학적 현상은 불안정한 상태에서 안정한 평형상태에 이르는 기간이 수 년에서 수십억 년에 이르며, 주위 현상들 사이에 항상 긴밀한 상호작용이 일어나므로 지구과학적 현상은 장기간에 걸쳐 매우 복잡하고 다양하게 진화한다. 따라서 지구과학에서는 한 가지 현상을 올바르게 이해하려면 이 현상과 관련되는 주위 현상들 사이의 상호작용(즉, 에너지 수지교환) 및 시간에 따른 변화의 이해가 선행되어야 한다. 그러므로 지구과학에서는 한 가지 현상에 대한 정확한 해답보다는 현재와 과거의 관측 사실을 통한 올바른 미래의 예측이 요구된다. 이러한 자연의 탐구방법은 지구과학의 가장 큰 특징으로서 물리학, 화학, 생물학 분야에서 다루는 접근방법과는 근본적으로 다르다. 즉, 지질학, 천문학, 기상학, 해양학, 지구물리학 등의 각 분야는 독립된 학문으로 볼 수도 있지만 실제는 밀접한 상호관련성을 지니고 있으며, 현상의 종합적 해석을 강조한다. 이러한 관련성을 기초로 각 학문영역간의 학제적 접근(interdisciplinary approach)의 중요성이 특히 강조되고 있다.

학제적 접근이란 체제접근(systems approach)에 의한 연구방법으로서 지구과학을 각 학문 분야가 유기적으로 결합된 하나의 체제(system)로 보고 어떤 지구과학적 현상을 설명할 때 지구과학의 각 학문 분야를 관련지어 설명하는 연구방법이다. 이러한 연구방법은 다른 학문 분야에 비해 지구과학에서 중요시되는 연구방법이다. 다음에서 지구과학의 학문적 특성에 따른 탐구방법을 구체적으로 알아본다.

1) 지구과학의 탐구방법과 그 특징

지구과학의 탐구방법은 '논리적 추론 방식에 따른 방법'(logical inference method), '해석학적 방법'(hermenuetic method), 그리고 '역사학적 방법'(historical method)으로 구별할 수 있다(Engelhardt & Zimmermann, 1982; Frodeman, 1995; Ault,1998).

가) 논리적 추론 방식에 따른 방법

논리적 추론 방식에 따른 지구과학의 탐구방법은 '귀납적 방법'(inductive method), '연역적 방법'(deductive method), '귀추적 방법'(abductive method)으로 구분하였다(Engelhardt & Zimmermann, 1982; Kim, 2002; Magnani, 2001). 이 중에서 귀납적 방법은 주어진 현상이나 상황 내에서 관찰한 사실을 정확하게 기술하고, 이러한 관찰 사실들에서 규칙성을 발견하는 과정을 뜻한다. 이러한 추론 과정에서는 대상의 속성과 관계를 확인하고 유사성과 차이점을 발견하는 전략 등이 동원된다. 연역적 방법은 보편적 법칙이나 일반적 주장에서 특수한 법칙과 주장을 도출하는 과정이다.

귀추적 방법은 어떤 현상을 관찰한 다음 관찰 결과를 설명하기 위하여 적절한 사실이나 법칙, 원리 등을 추리해 내고 그로부터 설명적 가설을 도입하거나 새롭게 구성하는 사고 과정을 의미한다.

① 귀납적 방법

주어진 현상이나 상황 내에서 관찰한 사실을 정확하게 기술하고, 관찰 사실들에서 규칙성을 발견하는 과정

예) ㉠ 여러 가지 실험 상황에서 산소가 없고 온도가 1000℃ 일 때 탄소가 다양한 압력 하에 노출되었다.
㉡ 압력이 55kbar를 초과한 모든 실험에서만 다이아몬드가 생성되었다.
㉢ 만일 산소가 없을 때 탄소가 55kbar 이상의 압력과 1000℃ 이상의 온도에 노출된다면, 다이아몬드가 만들어질 것이다.

② 연역적 방법

보편적 법칙이나 일반적 주장에서 특수한 법칙이나 주장을 도출하는 과정

예) ㉠ 55kbar 이상의 압력과 1000℃ 이상의 온도에서 산소가 없을 때에 탄소는 다이아몬드로 바뀐다.
㉡ 어떤 실험에서 탄소에 80kbar의 압력과 1200℃의 온도가 가해진다.
㉢ 이 실험에서는 다이아몬드가 만들어질 것이다.

③ 귀추적 방법

어떤 현상을 설명하기 위하여 특정한 사실이나 원리, 법칙을 추리해 내고 그로부터 설명적 가설을 도입하거나 새롭게 구성하는 과정

예) ㉠ 남아프리카의 화도에서 다이아몬드가 발견되었다.
㉡ 다이아몬드는 오직 탄소로부터 만들어지며 온도가 적어도 1000℃에 달하고 압력이 적어도 55kbar일 때 탄소가 다이아몬드로 합성된다.
㉢ 화도가 형성될 당시 압력이 적어도 55kbar에 이르는 심부에서 형성된 물질들이 위로 옮겨왔을 것이다.

나) 해석학적 방법

해석학적 방법에서는 그 특징을 '순환적 추론'(circular reasoning), '이미 형성된 이해 구조의 역할'(forestructures of understanding), '이해의 역사적 본성'(historical nature of human understanding)으로 구분한다. 순환적 추론은 부분의 의미를 전체에 대한 그것의 관계로부터 이해하며, 전체에 대한 개념을 그것의 부분에 대한 이해로부터 형성하는 사고방식을 뜻한다. 이미 형성된 이해 구조의 역할이란 어떤 이론과 예견, 이미 널리 행해지고 있는 탐구의 관행과 같은 기존의 사고 구조를 가지고 대상에 접근하는 지구과학자들의 연구 경향을 의미한다. 이해의 역사적 본성이란 탐구의 목적, 기본 가정 등과 같은 예단들이 탐구를 통해 발견되는 사실에 영향을 미치고 새로운 연구와 발견을 촉발함으로써 지속적인 효과를 지닌다는 인식을 뜻하는 것으로서, 지구과학 탐구 방법의 해석학적인 특징 중의 중요한 한 가지 요소이다(Frodeman, 1995).

① 순환적 추론

부분의 의미를 전체에 대한 그것의 관계로부터 이해하며, 전체에 대한 개념을 그것의 부분에 대한 이해로부터 형성하는 사고방식

> 예) 개별 지층들에 대한 이해에 기초하여 그것들이 이루고 있는 노두를 이해할 수 있고, 각 층들은 전체 노두에 대한 그들의 관계를 통해서 이해할 수 있다.

② 이미 형성된 이해 구조의 역할

탐구 대상에 관한 선개념과 이론, 수집될 정보와 탐구 결과에 대한 예견, 관행적인 탐구 수행 방법, 사회적 · 정치적 조건 등을 가지고 연구 대상에 접근하는 탐구의 경향

> 예) 지질학자들은 탐구 문제가 무엇이고, 어떤 종류의 정보가 수집되어야 하며, 어떠한 설명이 답으로 제공될 수 있는지에 관한 아이디어를 가지고 있으며, 해머(hammer)의 이용, 0.10%의 염산 용액의 사용과 같이 지질학에서 관행적으로 이루어지고 있는 탐구 행위로부터 연구를 시작한다.

③ 이해의 역사적 성격

탐구의 목적, 기본 가정 등과 같은 예단(prejudgment)들이 탐구를 통해 발

견되는 사실에 영향을 미치고 새로운 연구와 발견을 촉발함으로써 지속적인 효과를 지닌다는 인식

> 예) 과학자들이 어느 특정한 영역을 시간과 자원의 부족 또는 충분한 연구 의지의 결여 등으로 인해 연구하지 않기로 결정하고, 이 결정이 수십 년 동안 거듭되면 그 분야의 과학 지식은 역사적 요소를 지니게 된다.

다) 역사학적 방법

역사학적 방법에서는 지구과학자들이 지구의 역사를 탐구할 때 사용하는 전략이나 과정을 세분하여 제시하였는데, '현대적 동일과정설의 원리 적용'(adhering to the modern principle of uniformitarianism), '단계이론화 과정에서 장소로써 시간을 대체'(place substituting for time in stage theorizing), '잔존물 해석'(relic interpretation), '적절한 분류체계의 구성'(constructing proper taxonomies), '독립된 연구 결과들의 수렴 정도 평가'(evaluating independent lines of inquiry for convergence)등이 그것이다(Ault, 1998). 현대적 동일과정설의 원리 적용이란 '현재는 과거의 열쇠'라는 기본 가정에 기초하여, 현재 발생하고 있는 지구과학적인 과정을 과거 지질시대나 미래의 지구 환경에 적용하는 방식을 의미한다. 단계이론화 과정에서 장소로써 시간을 대체한다는 것은 지구과학에서 다루는 시간 규모에서 발생하는 사건들은 인간의 시간 규모에서는 직접적으로 관측할 수 없다는 사실에 근거하고 있다. 즉, 지구과학에서는 서로 다른 장소에서 발견되는 증거들을 시간적 순서가 있는 것으로 추정하여 지질시대의 사건들이 발생한 단계를 상정한다는 것이다. 지구과학 탐구에서 사용되는 탐구방법으로서 잔존물 해석은 새로운 지구과학적인 증거들이 과거 사건들의 유물 위에 첨가된다는 것을 전제로, 과거 사건의 잔존물에 남아있는 역사적 변화와 새로운 경향성을 해석하고 추론하는 방법을 의미한다. 또, 적절한 분류체계의 구성이란 지구과학의 현상들을 설명하는 데 필요한 인과적 암시를 내포하고 있는 적절한 용어들을 사용하는 것을 뜻하며, 독립된 연구 결과들의 수렴 정도를 평가한다는 것은 동일한 결론에 수렴하는 독립적인 증거들로부터 지구과학적인 문제를 해결하는 방식을 의미한다.

① 현대적 동일과정설의 원리 적용

현재 꾸준히 발생하고 있는 소규모의 변화 과정을 조사하고 그 효과를 지질학적인 사건에 외삽하여 과거나 미래에 대해 추리하고 예견하는 방법

예) 다윈(Darwin)은 라이엘(Lyell)이 암층(rock strata)을 해석하는 데 사용했던 방법을 생물에 적용하여 선택 교배(selective breeding)의 과정으로부터 자연 선택(natural selection)의 결과를 추론하였다.

② 단계 이론화 과정에서 장소로써 시간을 대체

지구과학적 사건들이나 과정들이 발생한 단계를 이론화하는 과정에서 서로 다른 장소의 증거들을 시간적 순서가 있는 것으로 추정하는 방법

예) 서로 다른 장소에서 거초(fringing reef), 보초(barrier reef), 환초(atoll)를 발견하고, 이것들이 서로 다른 지질학적인 시간에 섬들이 서서히 가라앉는 동안 산호가 변화한 순서라고 추정한다.

③ 잔존물 해석

가정된 어떤 지구과학적 단계의 사례가 현존하지 않을 때 과거 사건의 잔존물에 남아 있는 역사적 변화, 새로운 경향성 등을 해석하여 추론하는 방법

예) 달에 운석이 충돌하는 것을 직접 관찰하는 것은 거의 불가능하므로, 달 표면에 남아 있는 운석 구덩이들을 조사하여 달의 지구과학적인 역사를 대략적으로 추정한다.

④ 적절한 분류체계의 구성

지구과학적인 현상들을 설명하는 데 필요한 인과적 암시를 내포하고 있는 적절한 기술적 범주들을 사용하는 방법

예) 판구조론은 오피올라이트(ophiolite), 확장 중심(spreading center), 수렴 경계(convergent boundary), 화산열도(arc volcanics) 등과 같이 인과적 암시를 내포하고 있는 기술적 범주들의 사용에 힘입어 발전하였다.

⑤ 독립된 연구 결과들의 수렴 정도 평가

다양하고 서로 독립된 연구 결과들을 검토하여 공통된 해답에 수렴하는 정도를 사정하는 방법

예) 해저에 나타난 지구자기의 줄무늬, 지구자기의 역전, 자극의 이동 등과 같은 독립된 탐구의 결과들이 대륙이동이라는 공통된 결론에 수렴함으로써 대륙이동설이 널리 받아들여지게 되었다.

4 지구시스템 과학(Earth System Science)

가. 지구시스템(지구계)의 성격

시스템은 '계' 또는 '체제'란 말로 번역될 수 있는데 그 정의는 '설정된 목표를 달성하기 위하여 각 구성요소(하위시스템)들이 유기적으로 결합된 전체 조직'을 의미한다. 예컨대, '대학'이 '학문을 탐구하여 인류사회 발전에 기여할 전문 인력을 양성한다'는 목표를 가지고 있다면 이를 달성하기 위하여 구성요소(하위시스템)인 교수, 학생, 직원, 시설, 설비 등을 갖추어야 하며 이들 요소들이 유기적으로 협력함으로써 대학의 목표가 달성될 수 있다. 따라서 '대학'은 바로 시스템이 될 수 있다. 시스템의 예로 크게는 우주, 항성, 지구에서부터 작게는 국가, 회사, 정당, 학교, 가정, 개인, 교수, 학생 등이 있다.

(지구시스템 과학의 구체적인 내용은 2장의 지구시스템 과학교육에서 상세하게 다룬다.)

지구시스템(Earth System)은 밀접하게 상호작용을 하는 4개의 영역 또는 하위시스템(subsystem)인 암석권, 대기권, 수권, 생물권으로 이루어져있다.

지구시스템은 내부의 물리적 성질에 따라 구분되며 하위시스템은 다시 소규모의 시스템으로 분류할 수 있다. 예컨대 대기권은 대류권, 성층권, 중간권, 열권으로, 암석권은 지각, 맨틀, 외핵, 내핵으로, 생물권은 동물계, 식물계로 구분될 수 있다.

지구시스템은 지구와 상호 작용하는 많은 부분들이 모여 있는 하나의 시스템으로 이해하고 각 시스템들 사이에 일어나는 변화에 초점을 맞추는 것이다. 이것은 지구를 연구하는 목적과 과정을 재 개념화시키고 그 결과로 물리, 화학, 생물학 등과의 조화를 추구하고자 한다.

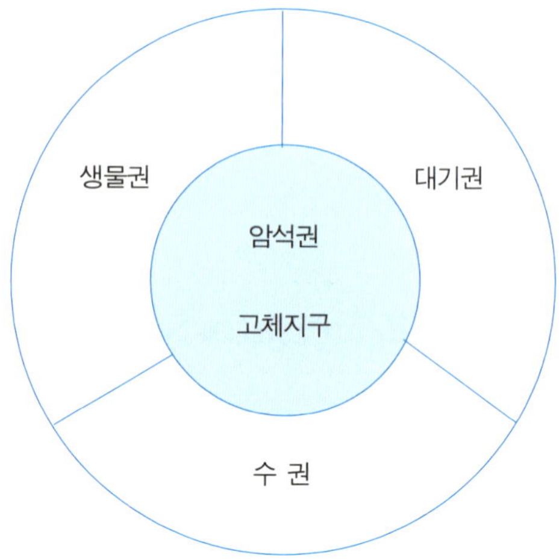

[그림 1-8] 지구시스템의 구조

우주 내의 시스템(만물)은 불평등을 최소화하도록 에너지가 균등하게 분배되면서 시스템 간의 유기적이고 역동적인 상호 수수관계를 통해 시스템 전체가 최소 작용의 원리에 따라 안정된 평형상태로 진행해 간다. 따라서 시스템은 기본적으로 에너지의 평형상태를 유지하고 있으나 시스템의 경계면(interface)을 통한 물질과 에너지의 수수교환에 따라 불안정이 나타나고 서로 간에 영향을 미치면서 끊임없는 상호작용을 통하여 평형상태를 회복하려고 하는데 이 과정에서 변화가 일어난다. 이러한 상호작용은 연속적으로 일어나 다른 시스템과 지구시스템에 영향을 미치기도 한다. 예컨대, 화산폭발로 인한 화산재의 대량분출(암석권)로 태양광선을 차단하여 기후변화(대기권)를 일으켜 저온현상을 유발함으로써 농작물에 피해(생물권)를 초래하는 것이다.

나. 지구시스템 과학의 특성

20세기에 들어와서 지구과학과 우주과학은 비약적인 발전을 이룩해 왔다. 특히 우주과학의 발달에 힘입은 우주탐사선과 인공위성의 발사는 우주에서의 관측을 통하여 여러 가지 최신의 정보를 제공함으로써 새로운 지구과학적 발견을 가능하게 하였다. 이는 우주망원경을 통한 천문학적 발견뿐만 아니라 판구조론에 의한 지각변동의 원인과 과정을 설명하는 지질학적 발견, 지구 대기와 해양의 관측을 통한 기상정보와 해양 정보의 제공 등으로 기상학과 해양학의 발전에 기여하였다.

이러한 발견을 통하여 지구상에서 발생하는 여러 가지 현상들이 상호 관련성을 갖는다는 사실을 이해하게 되었다. 이러한 생각을 기초로 근래에 와서 지구과학적 현상들을 종합적으로 해석하려는 운동이 싹트기 시작하였다.

과거에는 지구를 중심으로 공간적 특성에 따라 지질학(Geology), 지구물리학(Geophysics), 해양학(Oceanography), 기상학(Meteorology), 천문학(Astronomy) 등의 학문분야로 구분하여 지구에 대한 연구가 독립적으로 이루어져 왔고 물리, 화학, 생물학 등도 학문분야별로 연구해 왔다. 그러나 이러한 방법이 과학의 교육과 연구에 부적절함이 밝혀져서 이를 해소하기 위한 새로운 개념의 지구과학이 등장하게 되었다.

미국 과학발전협회(AAAS, 1989), 미국 과학교사협회(NSTA, 1992), 미국 국가연구위원회(NRC, 1992) 등은 21세기와 우주시대의 도래에 대비하기 위한 과학교육과정 재구성 노력을 전개해 왔다. 이 때 워싱턴에서 열린 미국 지구과학교육자 회의(1988)는 토론을 통하여 지구과학 교육과정의 새로운 초점과 철학을 제시하면서 이를 지구시스템 교육(Earth Systems Education)이라 명명하였다. 이것은 지구를 하나의 시스템(계 또는 체제)으로 보고 상위의 지구시스템과 이를 구성하는 하위시스템으로 설정하여 이를 지구시스템 과학(Earth System Science)이라 하고 이를 과학 및 지구과학교육의 새로운 모델로 제시한 것이다.

따라서 지구시스템 과학의 연구는 체제접근에 의한 학제적 접근(interdisciplinary approach)에 의해서 이루어져야 한다.

지구시스템 과학은 지구시스템 교육(Earth Systems Education)을 통하여 과학과목 간의 구분을 완화하고 조화를 이루도록 함으로써 21세기를 살아갈 일반인들이 가져야하는 과학적 소양을 양성하는 것을 목적으로 한다(Mayer and Armstrong, 1990).

다. 지구시스템 과학의 주요내용

미국 지구과학교사 모임인 PLESE(Program for Leadership in Earth

Systems Education, 1990) 기획 위원회(Planning Committee)에서 제시한 지구계 과학의 10가지 주요내용은 다음과 같다.

1. 지구계는 방대한 우주 속 태양계의 작은 일부분이다.
2. 지구계는 물, 땅, 공기 그리고 생물이라는 하위계의 상호 작용에 의해 구성된다.
3. 하위계는 자연의 순환 과정 속에서 계속 변화하고 상호 작용한다.
4. 지구에서 일어나는 과정은 수초부터 수십억 년의 시간까지 다양하다.
5. 지구의 하위계는 오남용, 또는 인간 활동에 의한 변화로 인해 파괴된다.
6. 우리가 하위계에 대한 이해의 폭을 넓히는 것은 우리의 자원을 더 잘 관리할 수 있도록 한다. 인간은 광물이나 물과 같은 지구의 자원을 사용하고 있다.
7. 인간의 활동은 지구의 하위계에 충격을 준다.
8. 하위계에 대한 폭 넓은 이해는 지구에 대한 심미적인 감상을 가능하게 한다.
9. 기술의 발전은 우리가 지구를 이해하는 능력을 증가시켜 왔으며, 앞으로도 그럴 것이다.
10. 지구과학자들은 지구의 하위계에서 일어나는 진화 과정과 기원을 연구하는 사람들이다. 그들은 자원을 찾고, 미래에 가능한 일들을 평가하는데 그들의 지식을 사용한다.

5 지구과학과 인간생활

지구상의 인구는 지난 100년 동안 벌써 3배로 증가되었다. 심지어 지구상의 거의 모든 곳에 존재하고 있는 인구는 수치 그 자체가 나타내는 것보다 훨씬 더 큰 영향을 미쳤다. 우리는 다른 종이 할 수 있는 것보다 훨씬 더 많은 동식물류를 지배할 수 있는 능력과 단순히 미래에 적응하기보다 미래를 계획하는 능력을 발전시켜 왔고, 그 능력을 사용하는 데는 장단점이 있다. 한편, 기술의 발전은 거의 모든 사람들에게 막대한 이익을 가져다주었다. 오늘날 대부분의 사람들이 한때 부유한 사람들만 즐기던 사치품과 교통, 통신, 영양, 건강관리, 오락 등의 서비스를 접할 수 있게 되었다.

다른 한편으로는, 인류가 이렇게 빨리 번창할 수 있도록 해준 기술의 발전은 우리 인류와 지구의 다른 생명체를 새로운 형태의 위험에 처하게 했다. 농업기술의 성장은 인구 급증을 가능하게 했으나 충분한 생산이 계속되는데 필요한 토양과 관개체제에 막대한 부담을 주었다. 항생제는 세균감염을 치료하지만 저항력 있는 세균류의 출현보다 더 빨리 새로운 항생제를 개발해야만 치료를 계속할 수 있을 것이다.

엄청난 양의 화석연료에 접근하고 사용하게 됨에 따라 재생불능 자원에까지 의존하게 되었다. 현재 남아있는 화석연료의 양으로는 지금의 기술이 제공하고 있는 에너지로 살아가는 삶의 방식을 지속할 수 없을 것이며, 대체 기술은 불충분하거나 받아들일 수 없는 위험요소를 드러낼 것이다. 엄청난 채굴과 제조노력으로 상품을 생산하지만 그 노력들은 또한 강, 바다, 토양, 대기를 심각하게 오염시킨다.

이미 대기에 있는 산업화의 부산물들은 해로운 자외선으로부터 지구의 표면을 보호하는 오존층을 파괴할 수도 있고, 열을 가두어 지구의 평균온도를 상승시킬 수 있는 이산화탄소의 축적을 야기할 수도 있다. 대체기술의 다른 재앙들 중에서 핵전쟁의 환경 부산물들은 지구에 존재하는 모든 생명체들의 모습을 결정적으로 변화시킬 수 있다.

다른 종의 관점에서는, 인간 존재가 광대한 초목을 개간함으로써 그들이 이용할 수 있는 면적의 상당량을 줄였고 그들의 식량의 근원을 손상시켰다. 그리고 세계 환경의 많은 부분의 온도와 화학 성분이 바뀜으로써 그들의 서식지가 변화되었고 의도적으로나 또는 우연히 외래종이 유입됨으로써 그들의 생태계를 교란시켰고 그곳에 사는 종의 수를 감소시켰다. 그리고 어떤 경우에는 다른 종을 선택적으로 번식시키고 더 최근에는 유전공학을 이용하여 실제로 어떤 식물들과 동물들의 특성을 바꾸기도 했다.

엄청난 자연대격변을 제외하고 지구상 생명체의 미래를 좌우하는 것은 인간에 의해 주로 결정될 것이다. 인간 존재의 여러 가지 모습을 개선하고 우리의 세계에 새로운 위험을 끌어들이는 곳에서 우리가 가지고 있는 이 같은 지적능력은 생존을 위한 주요한 자원이다.

가. 지구과학과 우주관의 변화

우리는 지구가 우주의 중심에 있다고 느낀다. 이런 지구 중심적 세계관은 르네상스 이전까지 모든 사람이 믿었던 세계관이었다. 즉, 이런 세계관은 간단하고 합리적이며 겉보기에 자명한 것이었다. 더구나, 지구 중심 세계관은 인간의 고유한 역할이 우주의 중심이라고 가르치는 철학적, 종교적 사고 체계를 강화해 주었다.

그러나 지구 중심 세계관은 틀린 것이었다. 지식의 역사상 큰 주제중 하나가 지구 중심 세계관을 버린 것이었다. 그러므로 우주의 질서 속에서 지구가 차지하는 위치를 재평가 하는 방법을 살펴보기로 하자.

1) 초기 그리스와 로마의 우주관

우주에 대한 우리의 생각을 우주론이라 부르는데, 그리스어로는 cosmology 이다. 망원경이 개발되기 이전에, 인간은 우주의 모습을 그려보기 위해 단순히 감각적인 증거에만 의존해야 했다.

옛날 원시인들은 자연스럽게 땅은 움직이지 않고 하늘이 회전한다고 생각하였다. 이후 고대 그리스시대에는 이런 생각에 철학적 해석과 기하학적 설명이 추가되었고, 중세 봉건시대에는 신학적 권위가 주어졌다. 그리스인의 사상은 우주를 전지전능한 자가 만들어낸 것이라 믿었으며, 완전하기 때문에 천체는 둥글고, 고귀하기 때문에 지구는 중심을 차지한다는 이 사조는 피타고라스나 플라톤을 잇는 사조로 주류를 이루었으며 지구 중심설은 여기에서 뿌리를 내린다.

2) 프톨레미의 우주관

고대 최후의 위대한 천문학자는 클라우디우스 프톨레미(Claudius Ptolemy) 였는데 과거의 천문학적 성과를 모두 집대성하여 코페르니쿠스 시대까지 수천 년 동안 견뎌낸 우주 모형을 완성하였다. 그러나 이는 이전부터 내려오는 지구를 중심으로 한 천동설을 구체화한 것인데 그의 우주관은 지구를 중심으로 달, 수성, 금성, 태양, 화성, 목성, 토성이 나열되어서 회전하고 있으며 나머지는 별들은 고정된 채로 있으며, 각각의 행성은 주전원을 따라 돌고 있다는 것이다. 이런 프톨레마이오스체계(Ptolemaic system)는 1543년에 코페르니쿠스가 이 우주관에 의문을 가지고 새로운 지동설(heliocentric theory)을 주장하기 전까지 매우 확고하게 자리매김하였다.

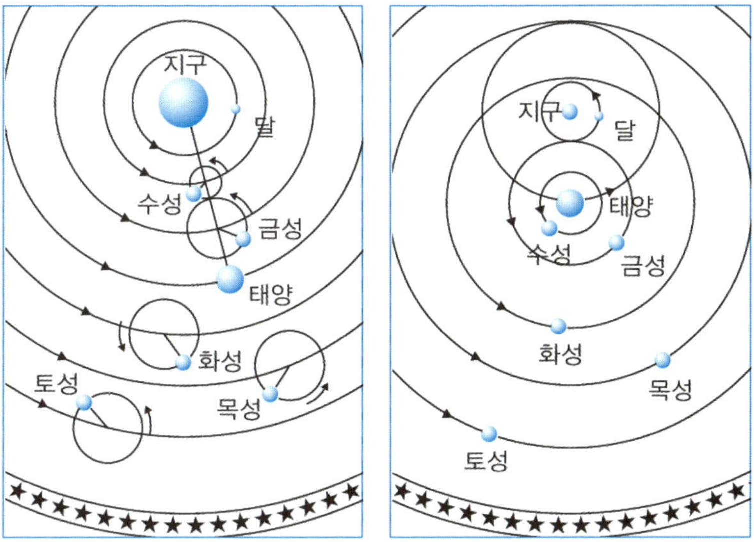

[그림 1-9] 초기 우주관(천동설과 수정천동설)

3) 지동설의 탄생

16세기 폴란드 성직자인 니콜라우스 코페르니쿠스(Nicolaus Copernicus)는 행성 운동에 대한 기존의 이론들을 비판적으로 재평가하여 지구가 태양계의 행성 하나에 불과하고 모든 행성들은 태양을 중심으로 원 운동을 한다고 결론지었다. 그는 행성들을 태양에서 가장 가까운 순으로 올바르게 나열하였으나 지구가 태양을 돌고 있다는 사실을 증명할 수는 없었다.

지동설은 태양이 우주 혹은 태양계의 중심에 있고 나머지 행성들이 그 주위를 공전한다는 우주관으로 코페르니쿠스가 지동설을 주장한 이후로 티코 브라헤(Tycho Brahe), 갈릴레오 갈릴레이, 케플러와 뉴턴 같은 학자들이 지동설로 설명이 힘들었던 문제들을 하나씩 설명해 나갔다. 이로 인해 과학적으로 우주관에 대해 접근할 수 있는 터가 마련되었고, 과학적 이론이 점점 자리를 잡아 지동설이 옳음을 증명해내게 되었다.

4) 현대의 우주관과 지구

인류는 우주가 어떻게 형성되고 어떻게 운동하게 되었는지, 그리고 어디에서 우주의 구조에 맞추어지게 되었는지를 알아내려는 시도에 상당한 관심을 기울여 왔다.

우주의 구조를 이해하기 위한 노력은 불완전한 것이긴 하지만 커다란 발전을 이루어 왔다. 우주는 너무 거대하여 도달하기 힘든 거리를 가지고 있으며 또한 너무 작아서 볼 수 없고, 셀 수도 없는 입자들로 구성되어 있다. 이러한 요소들이 어떻게 상호간 영향을 미치며 균형을 이루며 구성되는가에 대해 설명하는 것은 현대 과학의 중요한 과제이다. 여기서는 우주론의 핵심이라고 할 수 있는 태양계와 지구를 중심으로 우주의 전체적 구조와 물리적 법칙에 관한 기본적인 내용을 중심으로 알아본다.

가) 우주(the universe)

우주는 인간의 사고 규모에 비하면 너무나 크고 나이가 많다. 지구는 우주공간과 비교하면 단지 작은 조각에 불과하며 우주의 역사에서 대략 3분의 1에 해당하는 존재이다.

태양은 중간크기의 별로서 우리 은하계 나선팔의 가장자리 근처에서 회전하고 있다. 우리 은하는 1000억 개 이상의 별들로 구성되어 있으며, 우주는 1000억 개 이상의 은하로 구성되어 있다. 가장 빠른 로켓을 사용한다고 하더라도 태양과 가장 가까이 있는 별인 α-센타우리에 도착하는 데에는 수 천 년이 걸린다. 심지어 가장 가까운 별로부터 오는 빛도 지구에 도달하는데 4.3년이나 걸린다. 그리고 가장 멀리 있는 은하로부터 지구에 빛이 도달하려면 우주가 생성된 후 얼마 되지 않은 시간에 그 빛이 떠나야한다. 그것은 우리가 그 별을 관찰하고 있을 때는 그 별의 과거를 관찰하고 있다는 증거이다.

우주에는 태양보다 훨씬 더 젊은 별과 늙은 별, 크기가 작은 별과 큰 별, 온도가 높은 별과 낮은 별들 등 여러 다른 종류의 별들이 있다.

그것들의 대부분은 외관상 보기에 태양처럼 고립된 하나의 별이 아니라 공통 질량 중심 주위를 회전하는 2개 또는 그 이상의 별들로 구성되어 있다. 또한 우리 은하와 크기, 형태, 운동방향이 다른 은하들과 은하들의 모임인 은하단들이 존재한다. 이러한 다양성에도 불구하고, 그들은 태양계와 우리 은하에서 나타나는 것과 같은 형태의 에너지와 힘, 원소들로 구성되어 있다. 그리고 그것들은 같은 물리학적 원리에 따라 운동한다.

전체적으로 알려진 바와 같이 우주는 100억년 보다 훨씬 더 이전에 뜨겁고, 밀도가 큰 무질서한 질량을 가진 하나의 존재에서 폭발적으로 팽창하기 시작하였다. 별들은 수소와 헬륨과 같은 가벼운 원소들의 성운으로부터 결합하여 중력 수축 에너지에 의해 온도가 증가하게 되었고, 뜨겁고 밀도가 큰 핵으로 무거운 원소들이 모이게 되고, 가벼운 원소들의 핵융합으로부터 에너지가 방출되면서 형성되기 시작하였다.

나) 태양계의 생성과 진화

별이 형성되고 나서 수십억 년 동안 그것을 구성하던 물질과 에너지의 형태가 변화하면서 흩어지게 된다. 태양계는 약 50억 년 전에 별의 폭발 잔해물인 가스와 티끌의 거대 성운에서 응집되었다.

생물체를 포함한 지구상의 모든 것은 이 물질들로 구성된다. 지구와 다른 행성들이 형성될 때, 수성, 금성, 지구, 화성처럼 태양에 가까운 행성들의 경우, 무거운 원소들은 행성의 중심으로 가라앉았고, 원시 태양의 복사에너지에 의해 가벼운 원소들은 거의 흩어지거나 증발되었다. 목성, 토성, 천왕성, 해왕성처럼 바깥쪽 행성들의 경우, 가벼운 원소들이 두꺼운 기체 상태의 대기나 얼어있는 상태로 행성을 둘러싸고 있다.

전체적으로 크기와 구성 물질, 표면의 특징이 아주 다른 8개의 행성이 거의 원에 가까운 타원 궤도로 태양 주위를 공전하고 있다. 행성 주위에는 아주 다양한 위성들이 궤도를 그리며 돌고 있다. 행성과 그들의 위성에 나타나는 특징들은 지구에서 발생하는 지진, 용암류, 침식과 유사한 생성 과정의 증거를 보여주기도 한다.

태양 둘레를 돌고 있는 암석과 얼음으로 된 작은 천체들도 많이 존재한다. 태양 둘레를 돌면서 지구를 향해 돌진하는 천체들은 대기로 돌입할 때의 마찰로 대부분은 빛을 내고 붕괴하지만 일부는 지면에 충돌하기도 한다.

우리가 혜성으로 알고 있는 얼음과 먼지가 혼합된 암석 덩어리는 이심률이 아주 긴 타원궤도를 가지고 있으며, 주기적으로 태양에 매우 가까이 다가와서 혜성 표면 물질이 태양 복사에너지에 의해 증발되어 긴 광채를 내는 꼬리를 형성한다.

[그림 1-10] 태양계 새 모델

태양계와 우주에 관한 지식은 직접 관찰을 통하여 일부분만 얻을 수 있고, 거의 대부분은 통찰력을 넓히고 보완하기 위해 개발된 도구의 사용을 통해 얻어진다. 이들 도구들에는 우주로부터 오는 정보를 얻기 위한 고감도의 전파망원경과 X선 망원경, 중력계나 원자 핵 반응, 더욱더 복잡한 계산을 맡을 수 있는 슈퍼컴퓨터, 행성으로부터 정밀한 사진과 자료를 보내오는 우주 탐사선, 거대 입자가속기 등이 있다.

우주에 대해 우리가 알고 있고, 믿고 있는 지식의 대부분은 이런 도구들을 사용하여 매우 작은 일부분의 우주에 대한 정보를 기초로 추론되었다고 할 수 있다.

항성에 대해 우리가 알고 있는 지식은 항성으로부터 도달하는 빛의 분석에 근거한다. 지구내부에 대해 우리가 알고 있는 것은 지표면이나 상공을 지나는 인공위성으로부터 측정한 자료에 근거한다. 태양과 행성들의 진화에 대해 우리가 알고 있는 것은 몇 개의 표본 별들의 복사에너지, 행성들의 시각적 특징과 암석, 운석, 달과 화성에서 채취한 물질 표본과 그것들에 관한 사진들의 연구로부터 얻어진다.

다) 지구

우주에 태양계와 유사한 행성계가 존재한다는 주장이 있지만 태양계는 그 존재가 정확하게 알려진 유일한 행성계로서 태양으로부터 세 번째에 위치한 지구라는 작은 행성에 우리가 살고 있다. 모든 행성과 별들처럼 지구의 모양은 중심을 향하는 중력효과 때문에 거의 구형의 형태를 가진다. 지구는 여러 가지 기체로 이루어져 있으며 크기가 큰 외행성들과는 달리 거의 암석으로 구성되어 있으며 표면의 약 3/4은 비교적 얇은 해수층으로 덮여 있다. 또한 행성 전체가 얇은 대기층으로 덮여 있으며, 해수면의 주기적인 상하운동인 조석현상은 달과 태양의 인력에 의해 해안선을 기준으로 하루에 약 두 번씩 일어난다. 태양계 안의 모든 행성과 위성들 중에서 오직 우리가 살고 있는 지구에만 생명체가 존재한다고 추정된다.

지구의 인력은 대기를 붙잡고 있기에 충분하며, 얇게 둘러싼 기체들은 지표면의 물리적 상태 변화와 식물 진화의 결과로 형성되었고, 그것은 지구 생태계에 필수적인 요소이다. 대기 중에서 자연적으로 구성된 기체들의 농도가 변하거나, 새로운 성분이 추가되는 것은 지구의 생태계에 심각한 영향을 미칠 수 있다.

태양과 지구의 거리는 생명의 존재를 가능하게 할 정도로 충분한 에너지가 행성에 도달하도록 하며 이것은 물이 증발하거나 또는 생명에 필요한 대기가 형성되기에 적합하다. 다른 행성들과 달리 지구상에서 물은 액체, 고체, 기체 형태로 존재한다. 반면 다른 행성은 태양에 가까워서 매우 뜨겁고 너무 멀어서 매우 차갑다.

태양과 달의 위치에 따라 지구의 운동과 위치는 큰 영향을 받는다. 일 년 동안 태양 주위를 도는 지구의 공전은 자전축의 경사 때문에 지표면에 도달하는 태양광선의 양을 변화시키고 이로 인한 지구 표면의 부등가열은 계절의 변화를 만든다.

하루를 주기로 자전축을 중심으로 회전하는 지구의 자전은 밤낮을 만들고 지구에서 관찰하면 그것은 태양, 행성, 항성 그리고 달이 지구 주위를 도는 것처럼 보이게 한다. 27.3일을 주기로 지구 주위를 도는 달과 지구 운동의 조합은 태양빛이 비치는 각도에 따라 달의 위상 변화가 일어나게 한다.

지구는 온도, 강수량, 습도, 바람, 기압 그리고 그 밖의 대기 현상들의 조건에 따라 다양한 기후 형태를 가진다. 이 기후 형태들은 많은 요소들의 상호작용의 결과이다.

지구의 기본적인 에너지 원천은 태양 복사에 의한 대륙과 해양, 대기의 가열이며 이 때 대륙과 해양의 계면에서의 열에너지 이동은 대기와 해양 양쪽에 온도가 다른 층을 형성한다. 이 층은 상승과 하강에 의하여 혼합되면서 열에너지를 이동시키는 바람과 해류를 형성한다. 지구의 자전은 바람과 해류 방향을 바뀌게 하며 대륙의 모양 때문에 더욱 더 편향되게 된다. 대기의 안팎에서의 물의 순환은 지표면에서 증발, 상승과 냉각, 구름에서의 응결을 일으키고 눈과 비로 되어 다시 표면으로 낙하하고 강과 호수 그리고 암석의 투수층에 모여 기후 형태를 결정하는 중요한 요소가 된다.

또 지구 표면의 많은 부분은 남극대륙처럼 두꺼운 얼음으로 덮여 있고 그것은 세계적인 기후변화를 유발하며 대기 및 해양과 상호작용을 한다. 수 세기에 걸친 빙하의 전진과 후퇴 또는 단기간의 연속된 거대한 화산 폭발과 같은 주로 지질학적인 변화의 영향으로 지구의 기후는 급격히 변화해 왔고 앞으로도 계속 변화할 것으로 예상된다.

비록 대기 조성이나 해수 온도 변화와 같은 것들은 상대적으로 작은 변화들이지만 만약 오랫동안 지속된다면 기후에 광범위한 영향을 미칠 것이다.

지구는 인간의 삶에 대단히 중요한 자원을 가지고 있다. 어떤 것은 즉시 재생될 수 있고, 어떤 것은 엄청난 비용을 지불해야만 재생될 수 있고 어떤 것은 전혀 재생될 수 없다. 지구는 매우 다양한 광물을 포함하고 있는데, 광물의 특성은 구성 원소들뿐만 아니라 그것들이 생성된 기원에 따라 다르다. 광물의 매장량은 극히 소량에서 무한정인 것까지 다양하다. 그러나 매장량보다 자연으로부터 그것들을 채굴하는 어려움이 더 중요한 문제이다.

오염된 공기와 물을 정화하고 파괴된 숲과 어장 또는 무분별하게 다루어진 농경지의 침식을 막고 복구하는데 막대한 비용이 든다. 해양과 대기가 매우 크고 자연적으로 물질을 재순환할 수 있는 거대한 능력을 가진다 할지라도 한계가 있다.

라) 지표의 형성 과정

지층들의 무게에 의해 높은 압력을 받고 있는 지구내부는 고온이고 지각보다 밀도가 높다. 이로 인한 지구내부에너지는 지표가 끊임없이 변하는 원인이 된다.

대륙과 해양저를 포함하는 암석권(판)은 플라스틱 상태인 연약권 위에 떠 있는 여러 개의 조각들로 이루어져 있다. 각각의 판들은 이 연약권 위에서, 충돌과 발산을 하면서 1년에 1인치 내외를 이동한다.

판이 충돌하는 곳에서는 로키산맥이나 히말라야산맥과 같은 습곡산맥을 이룰 수 있고 어떤 경우는 하나의 판이 다른 판 아래로 미끄러져 들어가서 깊은 골짜기를 만들 수도 있다. 충돌하는 판의 경계부를 따라 발생하는 지진은 지표

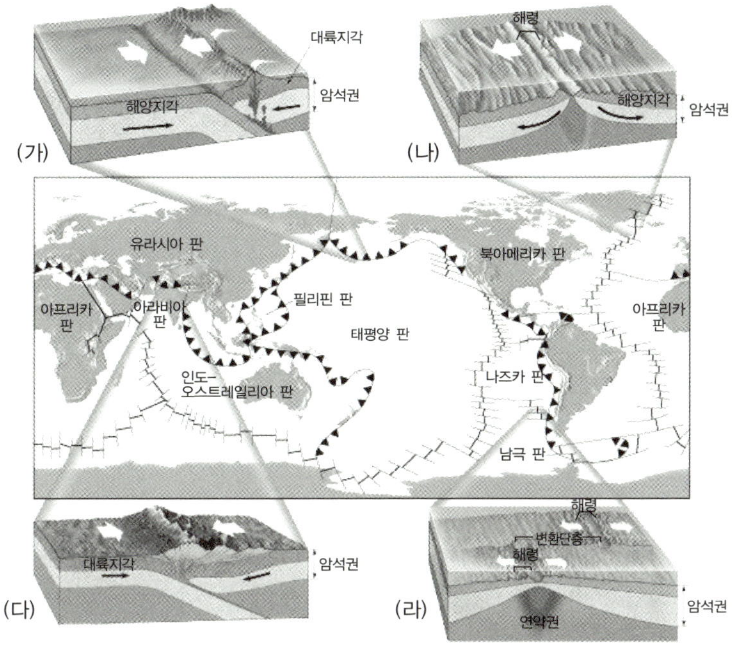

[그림 1-11] 판의 여러 경계들

를 흔들어 파괴시키고, 화산폭발은 지각 아래에서 용암을 분출하여 높은 산을 만들기도 한다.

판이 분리되는 곳에서는 열곡을 만들기도 하고. 이 때 분출되는 용암은 더 넓은 해양저를 만든다. 이 대양 가운데의 분리대를 따라 발생하는 화산활동은 육지에서 솟아오르는 것 보다 더 높은 해양저 산맥을 만들 수도 있다. 때때로 해수면 위로 노출되어 대양의 중앙에 하와이 같은 섬들을 만들기도 한다.

파도, 바람, 유수, 빙하는 지표면에 특이한 지형을 만들어 낸다. 유수나 빙하는 토양을 운반하고 암석을 풍화시켜 결국 해양에 퇴적물로 퇴적시키거나 용해된 상태로 있게 한다. 이러한 현상은 매우 빨리 일어나기도 하고 매우 느리게 일어나기도 한다. 예를 들면, 오늘날 지표에 있는 여러 지형은 백 만년 이상에 걸쳐 북반구의 대부분을 가로지른 빙하의 이동에 의한 것으로 추정할 수 있다.

이와 반대로 파도가 해안을 침식하고, 바람이 표면물질을 이동시켜 다른 곳에 퇴적시키는 것처럼 해안은 하룻밤 사이에 변할 수 있다.

탄소, 산소, 질소, 황과 같은 원소들은 그들의 위치와 화학적 결합을 바꾸면서 육지, 해양, 대기 사이를 서서히 순환한다. 광물은 지표, 해양, 지각 아래 고온고압 층에서 만들어지고 용해되고 재생성 된다.

모래와 죽은 생물체로 구성된 퇴적물들은 서서히 침전하면서 용해된 광물과 결합하여 굳어지고, 결국 다시 딱딱한 암석으로 변하게 된다. 깊은 곳에 퇴적된 퇴적암은 열과 압력에 의해 용융되고 재결정되어 변성암으로 변하게 된다. 매장된 암석층은 지표면으로 융기하여 습곡산맥이 될 것이다.

지형, 기후, 지표의 자원은 사람이 살아가는 장소와 방법 그리고 인류역사를 전개하는 방법에 영향을 준다. 동시에 인간 활동은 지표, 해양, 대기를 변화시킨다. 예를 들면, 지표를 둘러싸고 있는 많은 숲이 감소하면 대기 중의 이산화탄소를 급격히 증가시키고, 또한 대기와 지표의 평균온도를 상승시킬 것이다.

인간 활동에 의해 생기는 가스와 여러 물질들은 대기와 화학적으로 작용해 스모그, 산성비, 그리고 대기에 유입되는 해로운 자외선의 증가와 같은 좋지 않은 효과를 일으킨다. 대규모 농업은 식물이 자랄 수 있는 땅과 표토를 제거해서 지구상의 일부 지역을 실제 사막화시키고 있다.

나. 지구환경 변화와 지구적 문제

지구의 환경은 커다란 변화를 경험하고 있다. 지구환경 변화가 지구에 미치는 영향중에서 대표적인 것이 온실효과, 지구온난화, 오존층 파괴, 대기 및 해양오염이라고 할 수 있다. 여기서는 이들의 원인과 대처 방안에 대하여 알아본다.

1) 변화하는 지구 환경

가) 지표면의 온도상승

지구온난화를 유발하는 대기 중 온실가스(이산화탄소, 메탄, 일산화질소 등)는 산업혁명 이래 화석 연료(석탄, 석유, 가스)의 연소, 산림 파괴 등 인간의 여러 활동에 기인하여 크게 증가 하였으며, 이 증가 속도는 최근 2만년 동안

전례가 없는 속도인 것으로 나타나고 있다. 온실효과로 인하여 지구표면온도는 20세기 동안 0.2∼0.6℃ 상승하였으며, 북반구에서 온도 상승이 더욱 크게 일어나고 있으며 해양보다 육지 쪽에서 더 높은 온도 상승이 이루어지고 있다.

나) 해수면 상승

지구온도 상승과 더불어 해수면도 20세기 동안 10 ∼ 20cm 상승하였다. 해수면 상승과 관련하여 극지방을 제외한 전 세계의 빙하가 감소하는 현상이 관측되고 있으며, 강수의 유형도 폭우 형태로 내리고 있는 것이 관측되고 있다. 즉 세계의 많은 지역에서 기상이변 발생률이 크게 증가하고 있으며, 극심한 가뭄과 홍수를 유발하는 엘니뇨현상도 그 크기나, 발생 빈도 및 지속성이 1970년대 중반 이후 증가한 것으로 나타나고 있다.

2) 지구환경의 변화 요인

가) 자연적인 요인

기후변화는 외적으로 야기된 변화뿐만 아니라 기후시스템 요소의 변화와 요소 간의 상호 작용에 의해서 발생한다. 외적 요소에 의한 기후변화의 대표적인 예로는 화산분출에 의한 성층권의 에어로졸 증가, 태양 활동의 변화, 태양과 지구의 천문학적인 상대위치 변화 등이 있다. 외적 요인 없이도 기후시스템은 자연적으로 변할 수 있다. 이는 기후시스템의 5가지 주요 구성요소, 대기권, 수권, 설빙권, 암권, 생물권 각 요소들이 각기 상호 작용하여 끊임없이 변화하기 때문이다.

나) 인위적인 요인

인간 활동이 대규모적으로 기후에 영향을 미치기 시작한 것은 산업 혁명 초기인 18세기 중엽부터이다. 인간 활동, 특히 공장이나 가정에서의 화석연료 연소와 생물체의 연소 등은 대기 구성 성분에 영향을 주는 온실가스와 에어로졸을 생산하여 온실가스를 증가시키고 대기 중 에어로졸에 의해 태양 복사에너지 반사와 구름의 광학적 성질변화(산란효과에 의한 지구 냉각화)를 일으키고 있다.

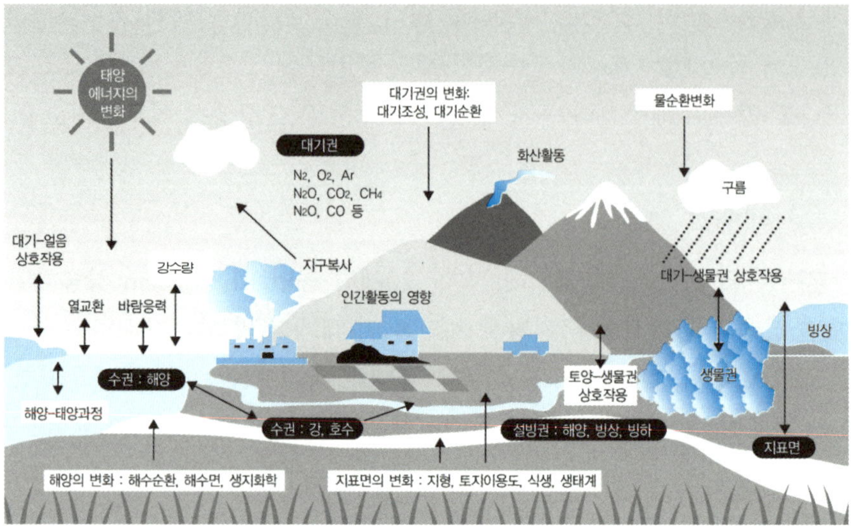

[그림 1-12] 기후 시스템

또한 CFCs 및 기타 불소 화합물, 브롬 합성물 등의 방출은 복사강제력에 영향을 주고 성층권의 오존층도 감소시킨다. 또한 도시화와 무리한 토지개발이나 산림벌채 등으로 인한 토지 이용의 변화는 지구 표면의 물리적, 생물학적 특성에 영향을 준다.

3) 지구온난화

지구온난화는 화석 연료의 연소에서 발생하는 이산화탄소, 축산폐수 등에서 발생하는 메탄, 과용되는 질소 비료의 여분이 분해되면서 발생하는 아산화질소 등 소위 온실가스들이 대기로 들어가 잔류하면서 그들의 온실효과로 대류권 기온이 상승하는 현상이다.

지구온난화가 진행됨에 따라 20세기에 지구 평균기온은 0.6℃가 상승하였고, 해수면의 상승과 폭우 및 폭설 등의 기상이변을 가져오며, 육상 및 해양 생태계의 변화 및 인류 건강에 직 · 간접적인 영향을 끼치고 있다. 대기 중 온실가스 농도를 낮추기 위한 국제적인 노력이 없을 경우 21세기 동안 대기온도는 지속적으로 증가할 것으로 전망되고 있다.

가) 온실효과

우리가 살고 있는 지구는 대기권, 수권, 설빙권, 생물권, 지권 등으로 구성되어 있으며, 각 권역의 내부 혹은 권역 간 복잡한 물리과정이 서로 얽혀 현재의 기후를 유지하고 있다.

기후 시스템을 움직이는 에너지의 대부분(99.98%)은 태양에서 공급되며, 기후 시스템 속에서 여러 형태의 에너지로 변하고 최종적으로 지구 장파복사 형태로 우주로 방출되게 된다. 이산화탄소와 같은 온실가스는 태양으로부터 지구에 들어오는 짧은 파장의 태양 복사에너지는 통과시키는 반면 지구로부터 나가려는 긴 파장의 복사에너지는 흡수하므로 지표면을 보온하는 역할을 하여 지구 대기의 온도를 상승시키는 작용을 하는데 이것이 바로 온실효과이다.

온실효과는 지구를 항상 일정한 온도를 유지시켜 주는 매우 중요한 현상이지만 지구온난화의 원인이 되기도 한다.

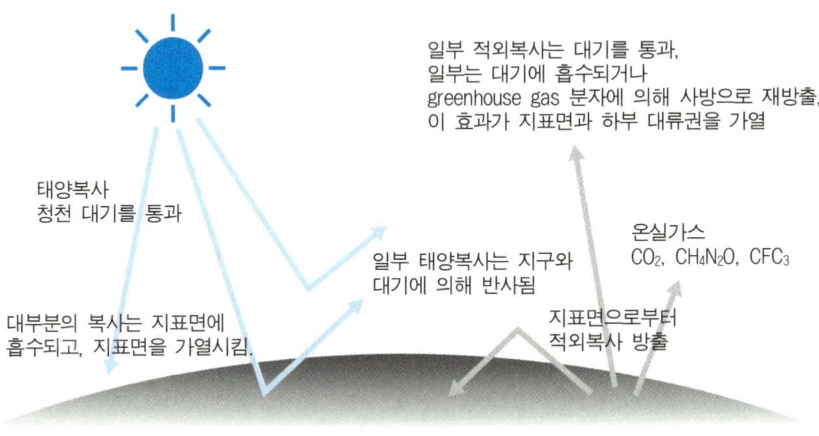

[그림 1-13] 지구온난화(기상청)

나) 지구온난화의 원인

지구온난화의 직접적인 원인은 이산화탄소와 같은 온실기체가 대기 중으로 배출됨으로써 일어나는 온실효과 때문이다. 대기 중의 열을 흡수하여 저장함으로써 온실효과를 일으키는 기체는 자연 상태의 수증기 외에 이산화탄소뿐만 아니라 메탄(CH_4), 프레온 가스(CFCs), 및 이산화질소(NO_2) 등이다. 온

〈표 1-4〉 온실가스별 온난화지수(GWP)

온실가스	지 수
이산화탄소	1
메탄	21
이산화질소	310
수소불화탄소	150~11,700
과불화탄소	6,500~9,200
6불화황	23,900

실가스 별로 지구온난화에 기여하는 정도가 다르며, 일반적으로 이산화탄소를 기준으로 각 가스별 기여 정도를 명시한 것을 지구온난화 지수(GWP, Global Warming Potentials)라 한다.

다) 지구온난화의 대응 방안

1988년에 구성된 기구인 '기후변화에 관한 정부간 패널(IPCC ; Intergovernmental Panel on Climate Change)'이 탄산가스가 지구온난화의 주범이라고 공식 선언한 이래, 1992년 브라질의 리우데자네이루에서 열린 유엔환경개발회의(UNCED)에서 지구온난화를 방지하기 위해 우리나라를 포함한 전 세계 156개국이 '기후변화방지협약'에 서명하였다.

지구온난화에 대한 효율적인 대응방안으로는 온실가스 대부분이 에너지 사용에 따라 발생하기 때문에, 에너지 사용량을 줄이기 위한 에너지절약 및 이용효율 향상이 기본적 대응방안이다. 또한, 이산화탄소 발생량이 많은 석유, 석탄으로부터 LNG, 원자력, 태양열, 수력 등 이산화탄소 발생량이 적거나 없는 연료로의 대체와 에너지기술개발이 중요하다. 이 외에도 폐기물 발생량 억제 및 재활용, 산림녹화 및 보존 등이 있다.

4) 오존층 파괴

가) 오존층

보통 대기의 구조는 대기의 수직 온도 분포에 따라 대류권(troposphere),

성층권(stratosphere), 중간권(mesosphere) 그리고 열권(thermosphere) 등으로 나누어진다. 대류권은 지표면으로부터 약 10∼15km 고도에 걸쳐 위치하며 고도가 상승할수록 평균 6.5℃/km의 비율로 기온이 하강하여 대류권 상층부(계절별, 위도별 차이는 있으나 평균 11km 고도)에서 약 -56℃(217K)의 기온을 나타낸다. 이와 같이 고도가 상승할수록 기온이 낮아져 불안정한 대기층을 이루어 대류 운동이 활발하게 일어나는 기층을 대류권이라 한다. 이러한 대류권의 상층부로부터 약 50km 고도까지는 기온이 계속 상승하여 약 50km 고도에서 0℃(273K)의 기온을 나타내는 안정한 대기층으로 주로 분자 확산에 의해 기체의 이동이 이루어지는데 이 층을 성층권이라 한다. 대기 중에 포함되어 있는 오존전량(total ozone)을 지상 기압으로 압축시켜 깊이로 환산하면 약 0.3cm에 불과한 양이나, 이 양의 약 90%는 성층권에 포함되어 있고 나머지 10%는 대류권에 포함되어 있다. 특히 성층권 내에서도 25km 부근에 오존이 밀집되어 있는데 이 층을 오존층(ozone layer)이라 한다. 이러한 성층권의 오존층은 산소분자가 태양으로부터 방출되는 강력한 자외선을 받아 두 개의 산소원자로 분해되면서 발생된 산소원자가 다시 산소분자와 결합하여 생성된다. 이러한 오존층의 중요성은 태양으로부터 방출되는 자외선을 흡수하므로 지구의 생명체를 자외선의 피해로부터 보호해 준다는 점에 있다. 따라서 이 오존층이란 보호막이 걷히면 "지구의 생물은 마치 철판구이 위에 올라 있는 바닷가재의 신세"인 것이다. 그런 까닭에 오존층은 생물학적 측면에서 중요한 역할을 하고 있다.

나) 오존층 파괴

오존층 파괴는 프레온가스 등에서 나오는 화학물질이 오존의 산소 결합고리를 끊어 성층권의 오존층을 파괴하는 현상을 말한다. 오존층 파괴 현상은 1985년 영국의 남극조사팀에 의해 처음 발견되었다. 지난 10년간 남극대륙 상공의 오존층은 절반 이상 파괴되었는데 이는 남한 면적의 323배에 달한다. 북반구 지역에서도 오존층이 3% 정도 얇아진 것으로 관측되었다.

오존층을 파괴하는 대표적인 물질에는 냉장고의 냉매와 스프레이 등에 쓰이는 프레온가스, 소화기 등에 쓰이는 할론가스와 같은 합성화학물질과 일산화탄소, 이산화질소 등과 같은 화학물질이 있다. 오존(O_3)은 산화력이 강해 공기정화, 표백, 음료수의 살균 등에 이용한다. 하지만 지상의 오존은 오염물질과 반응하여 유해 화합물을 만든다. 이 유해화합물은 눈을 자극하고 시야거리를 짧게 하며, 농작물에 피해를 주고, 급속하게 고무를 부식시키기도 한다. 오존은 광화학스모그 발생시 형성되는 대표적인 오염물질이다. 광화학스모그에 의해 오존이 지상에서 발생될 경우 인체에 직접 피해를 주게 된다. 그러나 지상에서 15～35km 높이에 있는 성층권의 오존층은 태양에서 방출되는 인체에 해로운 UV-B라는 자외선을 차단하고 생물체에 덜 해로운 태양 광선만을 선택적으로 투과시키는 천연여과장치 역할을 한다.

다) 오존층 파괴의 영향과 대책

성층권의 오존층 파괴 문제는 지상 10～30km 상공에 만들어져 있는 오존층에서의 문제이고, 대도시 대기의 오존 문제는 호흡을 통하여 들이마시고 내쉬는 일상적인 주변 공기에서의 문제이다. 상층에 존재하는 오존층에는 가능한 많은 양의 오존이 존재하여 우리에게 유해한 자외선을 차단하여 생물들을 보호하는 역할을 해야 하며, 우리가 숨 쉬는 공기 중에는 건강을 해치는 일이 없을 정도의 작은 농도가 유지되어야 한다. 그런데 현재 우리가 당면하고 있는 오존의 문제는 오존이 있어야 할 곳에서는 그 양이 줄어들고 있고, 없어야 할 곳에서는 인간과 생태계 전반에 유해한 영향을 줄 정도로 그 양이 높게 나타난다는 것이다. 이러한 오존에 관련된 문제는 지구온난화와 더불어 오늘날 인류의 미래에 심각한 위협이 되고 있는 전 지구적 환경 문제 중의 하나로 인식되고 있다. 특히 성층권 오존층의 파괴는 전 지구적인 현상이므로 이에 대한 전 세계적인 국제 협력 및 노력들이 요청된다. 그 일환으로 1985년 국제연합환경계획(UNEP)는 비엔나에서 '오존층 보호를 위한 비엔나협약'을 채택했다. 그 후 캐나다 몬트리올에서 '오존층 파괴물질에 대한 몬트리올 의정서'가 채택되었으며 국제적이 해결노력은 지속되고 있다.

5) 해양오염

가) 해양오염

해양오염이란 물과 함께 바다로 흘러든 물질이 퇴적되어 사람이나 생물들에게 피해를 주는 것이다. 해양에 배출, 투기된 물질이 바닷물을 오염시키는 것을 말한다.

해양오염의 특징은 처음에는 연안 해역이나 외해의 일부 해역에서 일어난 국지적 오염이라 해도 해류에 의해 확산되며, 해양의 전역으로 퍼진다는 점이다. 해양 오염의 최대 문제점은 그곳에 생물이 살고 있다는 점, 해양생물의 오염이 인간의 식생활과 깊은 관련이 있다는 점이다.

나) 해양오염의 원인

해양오염의 원인은 대부분 육지에서 발생한 오염물질이 바다에 유입되어 일어나는 오염(육상기인오염)으로 바다오염의 약 80%를 차지한다.

① 생활하수를 바다에 방류하여 일어나는 해양오염

생활하수의 주 오염물질은 음식찌꺼기, 합성세제, 분뇨 등이다. 생활하수 중 부엌에서 나오는 하수는 36%, 화장실이 30%, 목욕탕이 23%, 세탁이 11%를 차지하는데, 부엌에서 나오는 음식찌꺼기가 가장 많은 유기물을 포함하고 있다. 이 유기물이 분해되어 다량의 질소와 인이 해양으로 배출되는 경우 해양 생태계의 영양염 농도를 과다하게 증가시켜 부영양화를 일으킨다.

② 농 · 축산폐수로 인한 해양오염

농경활동으로 인한 오염은 살충제, 살균제, 제초제, 착색제, 방부제, 항생제, 낙과방지제, 생장조절제, 훈증제 등 400여 종의 각종 농약이 바다에 유입되어 일어나는 오염과 가축사육으로 인한 오염은 주로 가축분뇨에 포함되어 있는 인과 질소 등이 바다에 유입되어 일어나는 오염이 대부분이다.

③ 산업폐수로 인한 해양오염

산업활동으로 인해 방출되는 폐수는 생활하수나 농 · 축산폐수에 비해 생화학적 산소요구량(BOD: Biochemical Oxygen Demand)과 부유물질농도가 높을 수 있으며, 고농도의 독성물질을 포함하기 때문에 생물체를 치사시킬 확률이 크다. 산업폐수 배출업소는 전국에서 경기도가 가장 많고, 폐수 방류량은 경남이 가장 많다.

④ 중금속 및 유기성 독성 물질의 바다 유입에 의한 해양오염

중금속은 비중이 4 이상 되는 금속으로서 주로 산업폐수에 포함되어 바다로 배출되는데, 미생물에 의해 분해가 되지 않고 환경과 생물체 내에 계속적으로 축적된다. 수은, 카드뮴, 납, 구리, 망간, 아연, 크롬, 비소, 니켈, 코발트, 바나듐 등이 이에 해당하는데, 이중 수은과 카드뮴 중독이 가장 잘 알려져 있다.

⑤ 폐기물과 쓰레기로 인한 해양오염

육지에서 발생된 폐기물 중 비교적 무해하고, 육지에서 처리하기 곤란하며, 처리비용이 많이 드는 것들은 지정된 해역에 배출되고 있다. 배출허용 폐기물은 분뇨 및 정화조 오니, 수산물 가공 잔재물, 음·식료품 제조시설 및 판매장에서 발생되는 폐수, 생물학적 하수처리 찌꺼기, 폐산. 폐 알칼리 등이다.

다. 자연재해 예방과 대비

자연재해는 이상 자연현상에 의해 발생되는 재해로 지각변동에 의한 재해(화산, 지진), 이상기상에 의한 재해(홍수, 태풍, 엘니뇨, 라니냐), 해안 지방에서 발생하는 재해(쓰나미)로 구분된다.

1) 지진

가) 지진의 개념

암석이 주변으로부터 힘을 받으면 변형이 일어나고, 이것이 일정한 한계에 도달하면 암석이 끊어지면서 단층이 생기고 축적된 에너지가 순간적으로 방출된다. 이때 방출되는 에너지가 암석을 진동하여 퍼져 나가는 현상을 지진이라고 한다. 자연 상태에서 지진은 대규모의 단층 작용이나 화산 활동, 지하 동굴의 함몰 등에 의해 발생한다.

나) 지진의 발생원인

암석권(lithosphere)은 지표에서 100km 정도 두께의 딱딱한 층이며 그 밑에는 암석권에 비해 덜 딱딱하고 온도도 높아 쉽게 변형될 수 있는 층이 존재하는데(상부맨틀) 지진이 일어날 수 있는 깊이의 한계는 여기까지로 지표로부터 약 700km의 깊이이다. 지진발생의 원인에 대한 학설은 여러 가지가 있으나 대표적 학설은 다음과 같다.

① **탄성반발설**(Elastic rebound theory)

이 이론은 1906년 캘리포니아 대지진이 발생했을 때, H. F. Reid가 산안드레아스 단층을 조사하여 San Francisco 지진의 원인을 규명한 것이다. 이것은 지면에 기존의 단층이 존재한다고 가정하고 이 단층에 가해지고 있는 힘(탄성력)에 어느 부분이 견딜 수 없게 되는 순간 급격한 파괴를 일으켜 지진이 발생한다는 것이다.

② **판구조론**(板構造論, plate tectonics)

1912년 독일의 지질학자인 알프레드 베게너는 현재 지구의 지각은 약 2억 년 전에 판게아라는 하나의 초대륙으로부터 갈라져 나왔다는 가설을 제시하였다. 이러한 대륙이동설이 원동력이 되어 등장한 것이 판구조론이다.

1968년에 발표된 판구조론은 지구상에서 발생하는 화산과 지진 등 지각 변동에 관련된 그 동안의 의문들을 해소할 수 있는 혁명적 이론으로 지구과학의 가장 성공적인 이론 중의 하나로 알려지고 있다.

다) 지진의 종류

지진은 발생원인에 따라 단층을 따라 발생하는 단층지진과 화산 활동에 의한 화산지진, 맨틀의 대류 속도 때문에 생기는 맨틀 내의 지진과 그 밖에 함락지진과 인공지진 등으로 구분 할 수 있다. 또한 지진은 지진이 발생한 깊이에 따라 천발지진(지하 70km내), 중발지진(지하 70～300km), 심발지진(지하

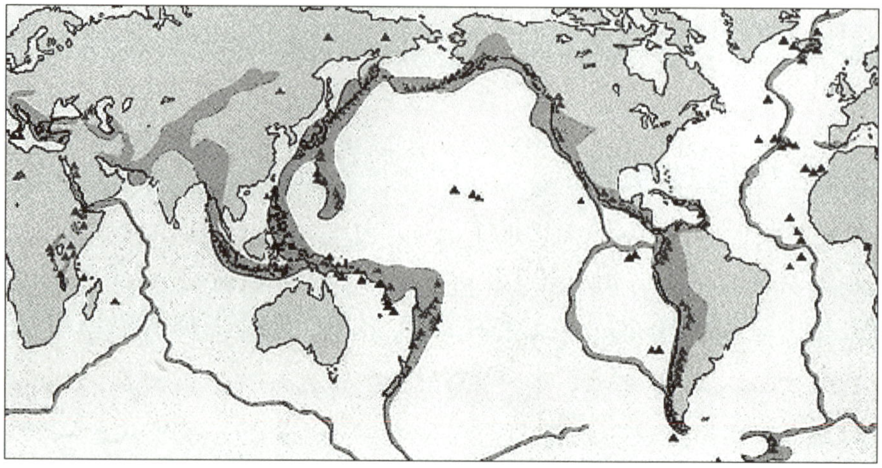

[그림 1-14] 지진대와 화산대 (▲ 화산, ■ 지진대)

300～700km) 등으로 구분할 수 있다. 이 중의 대부분의 지진은 천발지진으로 진원의 깊이가 얕을수록 피해가 클 수 있다.

라) 지진대와 화산대

지구내부에서는 매일 1000～5000회 정도의 크고 작은 지진이 일어나고 있다. 이러한 지진은 세계 전 지역에서 골고루 발생하지 않고 어느 일정한 지역에서 집중적으로 발생하고 있다.

이와 같이 지진이 많이 발생하는 지대를 지진대라고 하며, 태평양 주변지역과 히말라야 산맥에서 알프스 산맥을 지나는 지역, 대양 내의 해구 등이 여기에 속하며 지판과 지판의 경계부에 해당한다. 한편, 지진이 발생한 곳을 진원이라 하고, 진원 바로 위에 있는 지표면을 진앙이라 하며 [그림 1-14]는 지진대와 화산대를 나타낸다.

마) 지진의 규모와 진도

빈발하는 지진에 관심을 가지면서 많은 사람들이 지진의 규모(리히터 규모)와 진도를 혼동하는 경향이 있다. 지진의 규모는 지진의 절대적 강도로 지역에 관계없이 똑같지만, 진도는 지진 때문에 사람이 느끼는 진동이나 건물이 피해를 입은 정도를 수치화한 것으로 지역에 따라 달라진다. 즉, '규모 3'과

'진도 3'은 전혀 다른 의미란 말이다. 규모 6의 지진이 서울 도심 한복판에서 일어났다고 가정할 때, 이 지진이 지하 10km 이내에서 발생했다면 땅이 갈라지고 저층 건물은 무너질 가능성이 크다. 또 고층 건물 안에 있던 사람들은 피할 여유가 없을 뿐 아니라 문이 틀어져 갇히는 상황이 발생한다. 이는 진도 8 정도의 상황이다.

반면 같은 지진이 지하 100km 깊이에서 발생했다면 건물이 흔들리고 사람들은 가벼운 진동을 느끼며 아무런 피해도 없을 것이다. 진도 3, 4의 상황이다. <표 1-5>의 리히터 규모는 1936년 미국의 지진학자 리히터 박사가 캘리포니아 지진 자료를 바탕으로 지진이 일어났을 때 나오는 에너지의 크기를 수치화한 것이다.

〈표 1-5〉 세계의 주요 지진의 규모와 피해(수치는 리히터 규모)

발생일	장소	규모	피해상황
2005년 10월 8일	파키스탄 북동부	7.6	1만 8000명 이상 사망
2005년 3월 28일	인도네시아 수마트라섬	8.7	1300여 명 사망
2004년 12월 26일	인도네시아 수마트라섬	9.0	쓰나미 발생 23만 2000여명 사망
2003년 12월 26일	이란 남동부	6.5	2만 6000여 명 사망
1995년 1월 17일	일본 고베	7.2	6400여 명 사망
1993년 9월 30일	인도 마하라슈트라죠	6.0	1만여 명 사망
1990년 6월 21일	이란 북부	7.3~7.7	5만여 명 사망
1988년 12월 7일	아르메니아 북서부	6.9	2만 5000여 명 사망
1976년 7월 28일	중국 탕산	7.8~8.2	사망자 공식집계 24만 2000여 명
1960년 2월 29일	모로코 남서부	5.7	1만 2000여 명 사망
1935년 5월 31일	인도 퀘타주	7.5	2만 5000-5만여 명 사망
1923년 9월 1일	일본 간토	8.3	14만여 명 사망

거리에 따라 지진 에너지가 어떻게 감소하는지를 감안하면 어디서나 지진파의 진폭으로부터 동일한 규모를 알아낼 수 있다. 하지만 진도는 지진 발생 지점으로부터의 거리나 관측지점의 지질 특성에 따라 다르다. 서울과 부산에서 다르고 암반과 토양에서 다르다. 심지어 사람이 느끼는 진동은 1층과 맨 꼭

대기 층에서 다르다. 또 우리나라는 12단계의 MM 진도를 쓰고 일본은 10단계의 JMA 진도를 사용한다.

바) 지진으로 인한 재해

지진은 여러 면에서 재해의 원인이 된다. 지반의 진동은 구조물들을 흔들고, 응력은 그것들을 파괴점에 이르게 하여 붕괴시킨다.

어떤 종류의 토양은 지진의 충격을 반복해서 받으면, 자체의 강성을 상실하여 유화되기도 하는데, 액화된 토양은 건물이나 다리, 기타 지상의 모든 것을 휩쓸고 지나간다. 바다에서 일어난 지진은 흔히 해일이라 하여 무서운 파도를 일으키는데, 시속 80km 이상의 속도로 대양을 통과하면서 약 20m 높이의 물 벽으로 해안 지역을 강타한다. 산사태와 화재는 지진과 함께 발생하면서 많은 사상자를 낸다.

2) 이상기상

가) 이상기상의 정의

이상기상이란 일반적으로 과거에 경험한 기상상태로부터 크게 차이가 나는 기상현상을 의미하나 이상기상의 정의는 주관성이 어느 정도 포함되게 되고 상황에 따라 적절하게 사용되고 있는 것이 현재의 실정이다. 그러나 세계기상기구(WMO)에서는 다음과 같이 정의하고 있다.

기온과 강수량을 대상으로 정량적 통계분석에 의한 이상기상의 발생 수와 변화를 취급하는 경우에는 월평균기온이나 월강수량이 30년에 1회 정도의 확률로 발생하는 기상현상을 "이상기상"이라고 정의하였다. 또한, 월평균기온이 정규분포인 경우 평균값으로부터 편차가 표준편차의 2배 이상 차이가 있을 때를 "이상 고온" 또는 "이상 저온"이라 하고 월평균강수량이 과거 30년간의 어떤 값보다 많은 때를 "이상 다우", 적을 때를 "이상 과우"라고 하고 있다.

나) 세계의 이상기상 발생현황

1980년대 들어 세계 각지에서 이상기상이 빈발, 각국의 사회 및 경제활동에 큰 영향을 주고 있음이 확인되어 "기후 SYSTEM 감시계획"을 발족할 것을 1980년 제네바에서 개최된 세계기상기구(WMO) 회의 때 결의하고 이를 기초로 1984년 "세계기후 SYSTEM 감시계획"이 발족되었다. 이 계획에 의해 세계적 또는 지역적으로 대규모적인 이상기상현상의 실태를 정보로 수집해서 관련 국제기관이나 각국에 이 정보를 정기적으로 제공하게 됨으로써 최근의 이상기상 발생정보가 세계인들에게 점차 알려지게 되었다.

1930년부터 10년 단위로 1980년대까지 이상기상의 발생 수는 전 지구적 평균으로 볼 때 강수량(이상다우 또는 이상과우)에서는 큰 변화가 없으나 1980년대 들어 이상고온은 증가하고, 이상저온은 감소하고 있다. 지역별로 보면 1980년대에는 남・북미, 아프리카, 남아시아, 오세아니아에서는 이상고온의 발생수가 이상저온 발생수보다 상회하고 있으나, 유럽, 구소련, 북아시아에서는 이상고온보다 이상저온의 발생이 많았다.

한편 1980년대에 남미, 아프리카, 남아시아에서는 이상다우가 이상과우보다 많이 발생하였고, 북미, 유럽, 구소련, 북아시아에서는 이상과우의 발생이 이상다우보다 많았다.

다) 이상기상의 원인

① 자연적 원인

㉠ 대기 대순환의 변화: 상층 편서풍 파동의 진폭이 보통 때보다 매우 커진 상태로 오랫동안 머물러 있으면 북쪽으로부터 찬 공기가 내려온 곳에서는 이상저온이, 남쪽으로부터 따뜻한 공기가 올라온 곳에서는 이상고온이 나타난다. 또한 이것은 지상의 저기압과 고기압의 이동에도 영향을 주어 거의 움직이지 않고 며칠간 같은 상태를 유지하면서 지상에 가뭄이나 홍수를 일으키기도 한다.

㉡ 해수면 온도 변화: 엘니뇨 현상과 같이 해수면의 온도가 평년보다 높아지면 대기가 해수면으로부터 받은 열에너지가 많아져 대기 순환 운동이 활발하게 일어나므로 이상기상이 나타날 수 있다.

㉢ 태양 활동의 변화에 따른 태양 복사 에너지량의 변화, 화산 활동에 의

한 일사량의 감소 등으로 이상기상이 나타날 수 있다.

② 인위적 원인

㉠ 화석 연료의 사용 증가: 대기 중 이산화탄소와 수증기가 증가하면 온실효과가 증대되어 이상기상이 나타날 수 있다.

㉡ 인간 활동에 의한 삼림파괴, 오염물질의 배출 등도 이상기상의 원인이 될 수 있다.

3) 엘니뇨(El Nino)와 라니냐(La Nina)

가) 엘니뇨

① 발생원인

엘니뇨(El Nino)란 스페인어의 '아기 예수', '남자 아이'란 뜻이며, 2년 내지 10년 마다 주기적으로 남미의 페루연안(동태평양)의 수온이 평소보다 높아지는 현상이다. 이 현상은 주로 연말에 시작되어 수개월 이상 지속되며, 이 때에는 무역풍이 약화되어 페루 연안 및 적도 부근의 용승현상이 사라진다. 따라서 수온이 상승하게 되고 찬물에 포함되어 있는 풍부한 영양염이 없어지기 때문에 이곳의 멸치 어획량이 급격히 감소하게 된다.

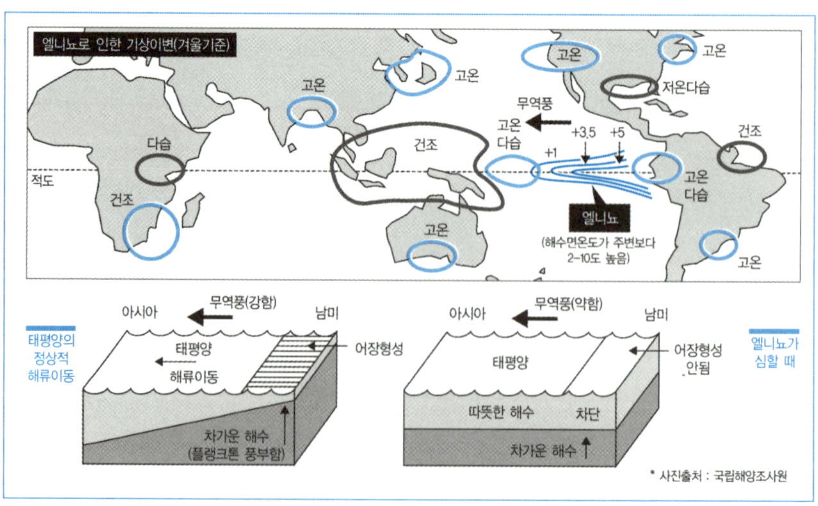

[그림 1-15] 엘니뇨 발생 모식도

엘니뇨가 생기는 원인은 단순히 페루연안의 무역풍이 약화되기 때문만이 아니라 열대 태평양 전체에서 대기와 상호작용하여 서태평양의 따뜻한 물이 페루연안(동태평양)까지 이동하는 데에 있으며, 이로 인해 고기압과 저기압의 중심위치가 바뀌어 대기 순환의 형태가 달라지므로 기상이변이 발생한다. 따라서 열대 및 아열대 지방의 홍수나 가뭄 현상에 직접적인 영향을 주며, 습도 변화에 따른 산불 확대의 원인이 되기도 한다. 이러한 기상변화는 강수량 변화에도 영향을 주어 농작물이나 토양에 이익 또는 손해를 주기도 한다.

㉠ 남방진동(southern oscillation)

1923년 영국의 워커는 동태평양에서 기압이 상승하거나 하강하면, 반대로 서태평양에서는 기압이 하강하거나 상승한다는 것을 밝혀내고, 이러한 현상이 인도양과 남반구의 적도 태평양 사이에서 일어나며 시소와 같은 상관성을 지닌다하여 남방진동이라고 하였다. 남방진동지수가 클 때는 기압의 동서 차이가 큰 경우로, 태평양의 동쪽에 고기압이 존재하고 서쪽에 저기압이 존재하여 갈라파고스에서부터 인도네시아에 이르는 적도 태평양 전 지역에 무역풍이 강하게 불고, 반대로 남방 진동 지수가 작을 때는 기압의 동서 차이가 작은 경우로, 이때는 무역풍이 약해진다는 사실이 밝혀졌다. 엘니뇨 현상은 이러한 남반진동지수가 작을 때, 즉 무역풍이 약화될 때 일어나는 현상으로 인식된다.

② 엘니뇨의 영향

엘니뇨 발생 시기에 나타나는 변화는 비단 열대 태평양에만 국한된 것이 아닌 전 지구에 걸쳐 나타난다. 열대 서태평양의 따뜻한 물이 동쪽으로 이동함에 따라 서태평양의 대류운동이 약화되고 중앙태평양에서 증가하여 계절에 관계없이 인도네시아와 필리핀, 북부 오스트레일리아의 강수가 감소하고 적도지역 중앙태평양의 강수는 증가한다.

변화된 수온이 생물권에 큰 영향을 미쳤던 가장 대표적인 예가 세계 5대 어장 중의 하나인 페루 앞바다의 멸치어장이 파괴된 일이다. 또한, 북동태평양의 연어가 회귀하는 경로도 엘니뇨 발생 시기에 북상하는 경향을 나타낸다. 이러한 변화는 주변의 생태계를 파괴하게 된다. 그리고 페루 연안에서는 평소 흐르던 한류(페루해류)가 사라져 유기물질의 공급이 없어지고 그에 따라 한류 속의 풍부한 물고기도 사라졌으며, 물고기를 잡아먹고 살던 수백만 마리의 새들도 굶어 죽거나 사라졌던 것이다. 이와 같이 엘니뇨 현상에 따른 이변은 전 지구의 1/3 이상의 지역에서 발생하며, 생물, 경제, 날씨 등에 큰 영향을 미치고 있다. 연도별 엘니뇨로 인한 피해 사례를 보면 다음과 같다.

㉠ 페루의 '안초비' 사건(1972~1973)

1972년의 엘니뇨는 당시 전 세계에 '안초비 파동'을 몰고 왔다. 안초비는 페루 해안에서 잡히는 정어리의 일종으로 가축사료로 쓰이는 물고기다. 당시 페루해안은 엘니뇨의 발생으로 해양 생태계에 혼란이 일어나면서 안초비가 자취를 감추었다.

당시 세계 안초비 생산량의 60%를 차지하던 페루 경제가 흔들린 것은 물론이고 안초비 대신 다른 곡물이 사료로 대체됨으로써 국제 곡물가격이 급등하는 결과를 초래했다. 한국에서도 '콩' 값 파동이 있었다.

㉡ 홍수와 가뭄, 농산물 생산량 감소(1992~1993)

1982년 12월에서 1983년에 걸쳐 금세기 최대 규모라고 일컫는 엘니뇨 현상이 나타났는데, 해수의 온도가 평소보다 5~6℃나 상승했다고 한다. 그 결과 전 세계적으로 2천 여 명의 목숨을 앗아갔고, 2백50억 달러에 이르는 막대한 재산피해를 냈다.

페루와 에콰도르에는 평소보다 40배에 가까운 폭우가 내렸고, 적도 부근의 서태평양 지역인 필리핀, 인도네시아, 호주 등은 예년에 비해 훨씬 적은 양의 비가 내려 가뭄을 겪어야 했다.

북미지역의 태평양 연안에는 북반구 사상 최대의 파도가 밀려와 캘리포니아에서만 14명이 숨지고 1만 5천여 명이 긴급 대피했으며, 2억 6천 5백만 달러의 재산피해를 냈다. 그리고 캘리포니아에서는 노아의 방주를 연상시키는 엄청난 폭우로 25명이 목숨을 잃었으며 아프리카에서는 엄청난 가뭄 때문에 수많은 사람들이 굶어 죽었고, 중남미 지역도 폭우, 홍수나 극심한 가뭄으로 인적으로나 물적으로 큰 피해를 입었다.

동남아시아의 필리핀에서는 농산물의 생산량 감소를 포함해서 총 1억 5천 8백만 달러에 상당하는 피해를 입었고 미국은 전국의 옥수수 수확량이 30% 이상 줄었다.

㉢ 인도네시아 산불(1997~1998)

인도네시아는 엘니뇨의 가장 큰 피해국 가운데 하나였다. 지난 82년부터

97년까지 7차례에 걸친 큰 산불은 어김없이 엘니뇨가 발생한 해에 일어났으며 1998년의 큰 산불도 엘니뇨와 밀접한 관련이 있다는 것이 학계의 정설이다. 엘리뇨가 발생하지 않을 때는 열대성 강우가 자주 내려 불이 나더라도 금방 꺼지기 때문이다. 그러나 1998년에는 엘니뇨현상으로 더운 해수를 따라 강우대가 동태평양으로 옮겨가는 바람에 지속적인 가뭄을 맞게 되었고 꺼지지 않는 불길은 3개월째 이어지면서 말레이시아 등 인근 국가에까지 연무현상을 불러왔다.

엘니뇨에 대한 정확한 인식 부족으로 초래된 인재인 셈이다. 이 때문에 30만ha의 열대우림이 파괴되고 1999년까지 국민 2000만 명이 호흡기 및 눈 질환에 시달렸다. 뿐만 아니라 세계 3위인 커피와 코코아의 생산량도 가뭄으로 각각 25%와 10% 가량 줄어 세계 곡물가격에 영향을 주었으며 생고무와 목재 수급에도 큰 차질을 빚었다.

㉣ 식량위기

1998년 엘니뇨는 미국, 오스트레일리아 등 태평양연안 농업국가들의 수확량에도 큰 피해를 입혔다. 오스트레일리아의 경우 전 국토의 65% 가량이 극심한 가뭄에 시달렸는데, 96~97년 대풍작을 기록했던 소맥 생산이 97~98년에는 30% 이상 감소하였다.

97년 세계 곡물생산은 옥수수 생산량이 △남아프리카 12% △타이 8% △필리핀 7%씩 감소하였다. 인도네시아처럼 파푸아뉴기니의 커피 생산량도 절반수준으로 감소하였다.

㉤ 이상기후

LA지역은 '97년 9월 5일까지 1백 98일 동안 비가 내리지 않아서 70년 만에 비가 연속으로 내리지 않은 날의 최장기록을 세웠으며, 샌프란시스코의 금문교 주변도 수온이 기록적으로 상승해서 이 지역에서는 볼 수 없었던 열대어등이 몰려들었다.

나) 라니냐

라니냐(La Nina)는 스페인어로 '여자아이'란 뜻인데 무역풍이 평년보다 강해져서 열대 서태평양의 수온은 높아지고 동태평양은 수온이 낮아지는 현상이다. 라니냐의 성장기 동안에는 열대 동태평양의 온수층이 비정상적으로

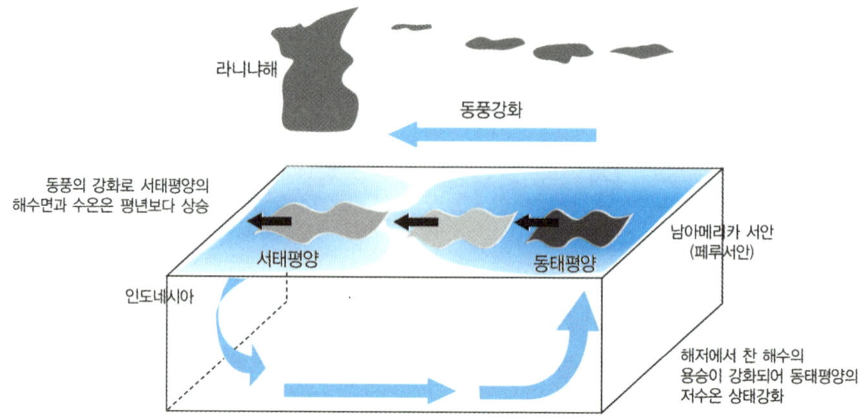

* 사진출처: 국립해양조사원

[그림 1-16] 라니냐 발생 모식도

얕아지고, 이로 인해 수온 약층의 깊이 또한 얕아지게 된다. 매우 강한 라니냐 기간에는 수온 약층이 실제로 해양의 표면에 가깝게 된다. 따라서 혼합층이 얕아져 영양이 풍부한 물이 해수면 가까이 올라와 이 지역의 해양 생물에게 좋은 환경을 제공하게 된다.

이와 더불어, 해수면 고도는 동태평양에서 정상상태보다 낮아지며, 전 유역에 걸쳐 해양 표면 고도의 기울기를 증가시키는 결과를 가져온다. 라니냐의 영향은 엘니뇨가 발생할 때 고온현상이 나타나는 것과 정반대다. 북미지역의 경우도 엘니뇨 때 고온현상이 나타나던 지역에서 저온 현상이 나타나고 홍수가 나타나던 지역에는 가뭄이 나타나는 경향이 있다.

다) 대처방안

선진국들은 엘니뇨의 발달을 미리 예측하여 경각심을 일깨우고 예기치 않은 자연재해를 줄이기 위하여 농업. 수산업을 비롯한 각종 산업에 홍보를 게을리 하지 않고, 엘니뇨 비상사태를 선포하는 등 대비에 만전을 기하고 있다. 산불 등에 의한 생태계의 파괴는 회복하는데 최소 50년 이상이 걸린다고 한다. 인도네시아와 같은 실수를 되풀이하지 않기 위하여 우리나라도 미국 국제 기후 예측연구소 등과 연계해 대책을 마련하고 있다.

4) 쓰나미(tsunami, 지진해일, seismic sea waves)

쓰나미(tsunami)라는 일본어는 항구나 만에서 발생하는 큰 파도를 의미한다. 또한 대부분이 해양저에서 발생하는 지진에 의해서 발생하기 때문에 해양 지진파(지진해일, seismic sea waves)라고도 불린다. 해저 단층대를 따라 해수가 급격하게 이동할 때 형성되는 긴 파장의 천해파인 쓰나미는 해저에서 발생하는 지진뿐만 아니라 화산분출, 산사태, 낙석(암석낙하), 화산의 측면붕괴 등에 의해 발생한다.

가) 지진해일의 발생

지진해일은 대양저 단층에서 지각과 함께 해수가 요동할 때 일어난다. 해저 단층에 의하여 들어올려진 해수면은 해파의 마루가 되고, 마루가 중력으로 다시 아래로 끌어당겨질 때는 해수의 관성으로 원래의 위치보다 더 아래로 내려가 해파의 골을 이루게 된다. 이렇게 진동하는 해수면은 진앙으로부터 사방으로 퍼져나가는 진행파를 형성하는데, 이때 해수면 변동에 의해 지진해일이 발생하게 된다.

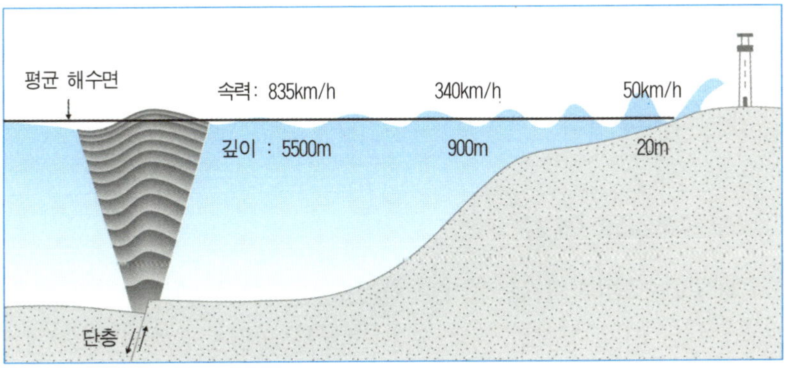

[그림 1-17] 쓰나미의 모식도

나) 지진해일의 진행

지진해일이 처음 발생했을 때는 물결의 높이가 높지 않고, 그 주기도 5~20분으로 비교적 길기 때문에 바다에서 지진해일이 선박 아래를 통과해도 거의 느끼지 못한다. 그러나 지진해일이 해안으로 접근하면 상황이 달라지는데, 주기는 그대로이지만 진행 속도는 감소하고 물결의 높이는 매우 높아진다. 지진해일의 마루가 해안으로 접근할 때는 크고 빠른 밀물이 밀려오는 것처럼 보이게 된다.

다) 지진해일 대처방안

① 심한 지면진동을 느끼면 가까운 곳에서 큰 지진이 난 것이므로 해안지역 주민은 즉시 높은 지대로 대피해야 한다.

② 지진해일 특보가 발표되면 수영, 낚시, 야영 등을 즉시 중지하고, 안내에 따라 안전조치를 취해야 한다.

③ 지진해일은 약 10분 간격으로 반복되며 제 3파나 제 4파(30분쯤)에서 최대가 되는 경우가 많고 이러한 상태가 3~4시간 지난 뒤 점점 약해지면서 하루 정도 지속되는 점에 유의한다.

④ 지진해일시 먼 바다에서 조업 중인 선박은 해일경보가 해제될 때까지 항구 밖에서 대기하고, 시간 여유가 있을 경우 항구 안의 선박도 먼 바다로 대피하는 것이 보다 안전하다.

⑤ 첫 파도가 지나간 후 해안가에 다시 나가서는 안된다. 첫 파도가 지나간 후 바닷물이 1km 이상까지 후퇴하지만 다음 몇 시간 동안 파도들이 종종 더욱 큰 높이로 들이닥친다. 따라서 공식적인 경보해제가 있을 때까지 기다려야 한다.

라) 지진해일의 예보

지진해일은 조석과 같은 주기적 현상이 아니므로 예측하기가 매우 어렵다. 그러나 어느 정도 정확한 예보 또는 경보를 내림으로써 피해를 최소화할 수 있다. 지진해일은 지진파가 해일보다 수십 배 빠르므로 지진 관측과 동시에 경보를 내려 어선과 주민을 대피시키도록 해야 한다.

마) 지진해일 피해 사례

근래의 쓰나미 발생지역과 그 피해 규모는 <표 1-6>과 같다.

〈표 1-6〉 쓰나미 발생지역과 그 피해 규모

발생 년도	발생지역	원인	쓰나미 도달지역	파고 (m)	사망자 수
2004	수마트라	북서 수마트라 해안의 지진	수마트라, 태국, 스리랑카, 인도, 소말리아	10이상	283,000이상
1998	파푸아뉴기니	지진에 의한 해저사면 붕괴	파푸아뉴기니 북쪽 해안마을	12	2,134
1993	일본, 홋카이도	지진	일본, 오쿠쉬리	11	200
1992	인도네시아	지진(규모 7.5)	인도네시아의 플로에스 섬	26	1,000이상
1992	니카라과	지진	메시채파	10	150

5) 화산

가) 화산활동의 개념

화산활동은 지구내부에너지가 지표 밖으로 나오는 자연현상 중 하나이다. 화산활동은 고체, 액체 및 기체로 되어 있는 고온의 마그마가 지구 심부에서 지표 밖으로 나오는 모든 현상을 말한다. 화산이 활동할 때에는 고온의 가스나 용암 뿐만 아니라, 고체 상태의 막대한 양의 화산쇄설물을 분출한다. 지구가 탄생한 후 지표에서는 끊임없이 화산활동이 있어 왔으며, 화산활동은 지구내부에서 많은 물질을 지표로 운반하여 지표를 빠른 시간에 변화시키는 위력을 가지고 있다.

나) 화산 활동의 형식

화산이 활동할 때 고체, 액체, 기체의 물질이 뿜어 나오는 양과 비율, 그리고 분출하는 물질의 화학성분이 화산마다 다르다. 따라서 화산마다 활동할 때의 형식이 다르게 된다. 이렇게 화산활동의 형식이 다르게 되는 까닭은 화산이 위치하는 지리적 위치, 마그마의 생성 깊이, 생성된 마그마의 성분 그리고 마그마가 지표 가까이로 올라오면서 거친 여러 과정에 따라 달라지게 된다.

다) 화산 작용과 인간 생활

지난 500여 년 동안 화산폭발로 인하여 약 20만 명의 인명이 희생되었다. 1980년에 활동한 세인트헬렌스 화산 폭발로 그 곳이 인구밀도가 작은 지역임에도 불구하고, 60명 이상의 희생자가 발생하였다.

화산이 폭발하면 용암류, 열운, 지진해파, 화산재와 눈 녹은 물로 범벅이 된 진흙탕, 화산가스 등에 의해 순식간에 큰 피해를 입게 된다.

화산은 인류에게 피해를 주는 면도 있지만, 우리 생활에 도움을 주는 면도 있다. 대기와 해수는 오래 전의 화산작용으로 형성된 것이며 화산물질로 이루어진 토양은 비옥하여 농작물의 생산력을 높인다. 한편 중요한 화학 공업의 원료나 그 밖의 물질을 화산 분출물에서 얻을 수 있으며, 화산활동과 관계된 열에너지는 동력원으로 개발 가치가 있다. 화산활동은 지구 내부 에너지가 지표에 나오는 자연활동의 하나로서 인류가 그 활동을 예측할 수 있다면 피해를 최대한 줄여 가면서 지구 물질과 에너지를 생활에 최대한 활용할 수 있을 것이다.

라) 화산활동 예보

화산성 지진의 지진계 기록은 지하에서 마그마의 운동을 추정하고 마그마가 분화할 가능성을 예측하는 데 사용되고 있다.

보통의 접안렌즈 대신에 온도계가 장착된 망원경은 상당히 떨어져 있는 물체의 온도를 놀라울 정도로 정확하게 측정할 수 있다. 그것들은 분화된 증기와 화산의 표면온도를 측정하는데 사용될 수 있다. 하지만 분화를 예측하는데 있어 그 장치의 유용성은 제한적인데, 그 이유는 측정된 온도의 변화가 화산성 원인의 결과인지 떨어지면서 냉각하는 암석과 같은 외부적 요인인지 알기가 어렵기 때문이다.

현대 기계들(경사계)은 레이저를 이용하여 고도와 거리의 변화를 측정한다. 그 기계들은 용암이 상승할 때 화산의 정상이 부풀어 오르고, 분화했을 때 수축하는 것을 보여준다.

활동적인 화산에 대한 자기장의 측정은 화산에서 마그마가 얼마나 높이 상승했는지를 보여준다. 대부분 화산암은 약하게 자기를 띤다. 온도의 상승은 모든 자기력을 약하게 해서 고온에서는 완전하게 자기적 성질을 잃는다. 따라서 분화 전, 몇 달 동안 용암이 상승할 때 화산 근처의 지자기장이 비규칙성을 띤다.

지표로 상승할 때 마그마는 증기와 다른 기체들을 방출한다. 몇몇 화산에서 마그마 상승은 황 또는 염소에 대한 황 비율의 갑작스러운 증가에 의해 특징지어진다. 지질학자들은 화산분기공 기체들을 수집 · 분석해서 이 불길한 조짐을 감시한다.

6) 우주재해

가) 우주재해의 개념

우주재해의 요인으로는 유성과 운석, 혜성에 의한 것이 있다.

유성은 태양계 안에 떠돌아다니고 있는 먼지와 같은 입자들이 대기층 속으로 날아들어 올 때 공기와의 마찰 때문에 빛을 내는 것으로 우리 눈에는 별이 떨어지는 것처럼 보인다. 유성 중에서 큰 것은 대기 중으로 통과하는 동안 다 타지 않고 지상에 도달하는데 이것을 운석이라 한다.

혜성은 그 형태가 보통의 별과 달리 긴 꼬리를 가지고 있다. 지구에서 수천문단위의 거리에서 혜성이 처음 나타날 때 보통 그 형태는 흐릿한 둥근 덩어리로 관측되는데 태양에 가까워짐에 따라 꼬리가 형성되며, 태양의 반대쪽으로 뻗게 된다. 이것은 태양의 복사압과 태양풍의 압력으로 인하여 생기는 것이다.

나) 혜성과 충돌

지구가 혜성의 고체핵과 충돌할 확률은 매우 적고 또 충돌이 남긴 자국이 지각에서 발견된 일도 없었다. 그러나 1994년 7월 16일에 혜성 슈메이커-레비(Shoemaker-Levy) 9가 목성에 충돌함으로써 전 세계를 깜짝 놀라게 했다. 한편 혜성이 쪼개져서 그 궤도에 흩어진 입자들이 지구와 충돌한 기록은 많이 있다. 이것은 유성우로 알려져 있다. 특히 1883년 11월에 일어난 유성우에서는 1시간에 20만개나 되는 별똥을 볼 수 있었다고 한다. 혜성의 궤도가 지구의 궤도와 만나는 경우에 혜성이 뿌리고 간 입자들은 매년 지구가 이 교점을 지나는 같은 시기에 유성우를 나타낸다.

다) 우주재해의 예방

우주과학자들은 소행성의 지구로의 접근 시 핵폭탄으로 이 소행성을 폭발시키자는 것과 이 소행성에 로켓엔진을 부착하여 이 물체의 지구로 향한 운행방향을 변경시키자는 방안 등이 제시되었다.

그러나 첫 번째 방안의 경우, 소행성의 폭발에 의해 생성된 수많은 작은 조각들이 지구에 떨어지는 결과가 초래되므로 그리 좋은 방안이 못 된다. 소행성의 한쪽 면에 폭발물을 부착하여 폭발시킬 경우, 이 폭발에 의해 소행성이 부서지기보다는 소행성의 운행방향이 변경되는 효과가 나타날 것으로 예상된다.

또 하나의 방안은 소행성의 한쪽 면에서 복사되는 열의 양을 변화시켜 운행방향을 변경시키는 것이다. 예를 들면, 소행성의 한쪽 면을 백색 페인트로 칠하는 것이다. 이 방법에 의한 효과는 미미할 것이나 장시간에 걸쳐 작용한다면 소행성의 운행궤도가 지구와의 충돌을 가까스로 벗어날 정도의 효과가 있을 수 있다.

미 항공우주국(NASA)에서는 지구에 근접할 수 있는 직경 1km 이상의 외계물체들에 대한 목록을 작성하였다. 캘리포니아 페사디나의 제트 추진연구소에서는 직경 10m 내지 20m 정도까지의 외계 물체를 탐지할 수 있다.

7) 홍수

가) 홍수의 개념

강수량의 평탄치 않은 연중 분포로 인해 많은 하천들이 계절적으로 홍수를 겪는다. 홍수는 하천의 유량이 너무 커서 하도의 수용능력을 초과할 때, 하천이 제방을 넘쳐 발생한다. 홍수의 피해를 입은 사람들은 격노한 하천이 그들에게 가한 피해에 대해 놀라기도 하고 심지어 분노하기도 한다. 하지만 지질학자들은 홍수를 정상적이고 당연한 사건으로 간주하는 경향이 있다. 왜냐하면 지질학적 기록에 따르면 홍수는 땅위에 비가 내리는 것과 마찬가지로 항상 일어나는 현상이기 때문이다.

홍수는 모든 지질학적 위험 중에서 가장 일반적이고 파괴적이다. 그럼에도 불구하고 홍수는 단순히 하천의 자연행태 중의 일부에 지나지 않는다.

나) 홍수의 원인

강은 날씨 때문에 범람한다. 봄철에 빠르게 녹아내리는 눈, 그리고 넓은 지역에 걸쳐 많은 비를 내리는 폭풍들이 대부분의 홍수를 일으킨다.

하천에 대한 인간의 간섭은 홍수를 야기하거나 악화시킬 수 있다. 전원적인 경관을 도시적으로 변형시키는 것이 하나의 예이다. 도로 포장과 폭풍을 대비한 하수관 시설 등은 방류량을 증가시키고 그 물이 가까운 강으로 빠르게 유입되도록 한다. 두 번째 예는 댐의 붕괴이다. 1889년 Little Conemaugh강에서 일어난 댐의 붕괴는 펜실베니아 주의 존스타운을 황폐화시키며 3,000여명의 목숨을 앗아간 홍수를 일으켰다. 1997년 이 댐은 두 번째로 다시 붕괴되었으며 77명의 사망자를 발생시켰다.

다) 홍수 조절

홍수의 재앙을 제거하거나 줄이기 위해 몇 가지 대책이 마련되었다. 이러한 토목학적 예방으로는 인공 제방의 축조, 홍수 조절 댐의 건설, 수로건설 등이 있다.

① 인공제방

인공제방은 수로에 수용할 있는 물의 양을 증가시키기 위하여 강둑에 흙으로 쌓아올린 둔덕이다. 이것은 가장 일반적으로 하천을 봉쇄하는 구조이며 옛날부터 현재까지 계속 사용되고 있다.

② 홍수 조절 댐

홍수 조절 댐은 홍수의 물을 저장했다가 천천히 방류하기 위해 건설된다. 이것은 보다 긴 시간에 걸쳐 방류함으로써 홍수의 절정을 낮춘다. 1920년 이래 수천 개의 댐이 미국 전역의 모든 주요 강에 건설되었다. 많은 댐들은 홍수

조절 이외에 관개 농업 용수 공급, 전력 생산 등 중요한 기능을 갖는다. 또한 많은 저수지들은 주요한 휴가시설이다.

③ 수로 건설

수로 건설은 하천이 범람 수위에 도달하는 것을 막기 위해 유속을 증가시키도록 하는 수로 변경을 포함한다. 이는 단순히 수로의 장애물들을 제거하는 것 뿐만 아니라 수로를 준설하여 넓고 깊게 만드는 작업 등을 포함한다.

보다 근본적인 개조는 인공 차수를 만들어 수로를 곧게 하는 것이다. 이러한 생각은 수로를 짧게 함으로써 경사도를 증가시키고 결과적으로 유속을 증가시키겠다는 것이다. 유속을 증가시킴으로써 홍수에 수반되는 많은 유량이 더 빠르게 분산되도록 할 수 있다.

④ 비구조적 접근

이제까지 소개된 모든 홍수 조절 장치들은 강을 "통제"하는 목적을 지닌 구조적 해결책이었다. 이러한 방법들은 비용이 많이 들고 종종 범람원에 거주하는 사람들에게 안전에 대한 그릇된 인식을 주기도 한다.

오늘날 많은 과학자들과 공학자들은 홍수조절에 대한 비구조적 접근을 추천한다. 그들은 인공제방, 댐, 수로 건설 등에 대한 대안으로 범람원에 대한 합리적인 관리를 제안한다. 위험이 큰 지역을 결정함으로써 개발을 최소화하고 보다 적절한 토지 이용을 촉진하는 방향으로 합당한 지역 규제가 이루어질 수 있다.

8) 황사

가) 황사의 개념

바람에 의하여 하늘 높이 올라간 미세한 모래먼지가 대기 중에 퍼져서 하늘을 덮었다가 서서히 떨어지는 현상 또는 모래흙을 말한다. 일제 강점기부터 (1910년 이후)'황사(黃砂)'라 부르고 있다.'흙이 비처럼 떨어진다'하여 우리나라에서는 예로부터 우토(雨土), 토우(土雨)라 적었으며, '흙비'라 불렀다.

황사발원지에서는 우리나라에서 보이는 안개처럼 뿌연 먼지가 아니라 무시무시한 바람과 함께 나타나는 모래폭풍이다. 이 모래폭풍은 갑자기 나타나 1km 밖을 안 보이게 한다. 시정이 10km이 내인 먼지현상은 '양사(揚沙)'라 부른다. 우리나라와 일본에서 볼 수 있는 황사현상은 중국에서 '부진(浮塵)'이라 부른다. 중국북경에서는 이런 모래 폭풍이 최근 50년간 감소하는 추세였으나 2000년부터는 다시 증가하고 있다.

황사현상은 그 기원이 지질시대로 거슬러 올라가는 매우 오래된 현상이다. 뢰스는 바람에 의해 침적한 모래와 진흙이 섞인 점토를 말하는데 현재 전세계 지표면의 10% 정도가 뢰스지대를 이루고 그 중 가장 두텁고 넓은 지역이 중국의 텐겔, 올도스 사막의 동남쪽 황토고원으로 오늘날 황사가 발원되는 지역과 일치하고 있다. 뢰스는 신생대 제4기 경(약 1백80만년 전)에 형성된 것으로 바람에 의한 토양의 이동과 퇴적의 역사는 매우 오래 되었다.

나) 황사의 발원지

황사발원지의 토양을 크게 나누면 모래, 황토, 고비로 분류하는데, 물론 이것은 토양학적이라기보다는 바람에 의해 불려 올라가는 지표조건을 우선으로 보았을 때의 구분이다. 실제로는 사막과 건조지역의 토양은 매우 복잡하며, 둥근 황토산이 웅장하게 굽이치는가 하면, 어디 몸을 숨길 데라곤 찾기 힘든 평탄한 고비사막이 있고, 계단식 밭과 깎아지른 협곡이 나타나고, 도로 주변에 포플러 나무가 있기도 하여 지형과 식생이 매우 다양하다.

황사발원지의 면적은 사막이 48만km^2, 황토고원 30만km^2에 인근 모래땅까지 합하면 한반도 면적의 약 4배나 된다. 이 황사발원지는 가깝게는 만주지역(거리 약 5백km)에서부터 멀리는 타클라마칸 사막(거리 약 5천km)까지 분포하므로 발원지와 상층바람의 속도에 따라 우리나라에 도달하는 시간이 달라진다.

다) 황사의 부유조건

보통 지름이 20㎛보다 큰 입자는 강풍에 의해 움직이다가 조금 상승한 후 부근에 떨어지지만, 더 작은 입자는 쉽게 떠올라 대기 상층까지 올라간다. 이렇게 모래 먼지가 공중으로 잘 부유하는 조건은

① 강풍이 불 것

② 건조한 흙먼지가 많을 것

③ 대기가 불안정하도록 햇빛이 강하게 비칠 것

강풍이 불면 모래알은 움직이거나 구르다가 부력을 받아 조금씩 도약한다. 햇빛이 지표면을 강하게 가열한 상태이면 대류가 생겨 모래흙이 부력을 받아 공중에 떠오르며, 상공에 강한 바람이 불면 부유된 모래흙이 우리나라 쪽으로 멀리 날아올 수 있게 된다. 우리나라에 떨어지는 황사는 약 1 ~ 5일 전에 황사발원지에서 떠오른 것이다.

라) 황사 대비

중국에서는 모래폭풍에 대한 예보를 2001년 3월부터 실시하고 있으며, 우리나라에서는 정성적인 황사예보를 실시해 온 것은 수십 년이 지났으나, 2002년 4월 10일부터 기상청에서 정량적인 예보인 황사특보를 실시하게 됨에 따라 정량적인 예보를 위한 현업용 황사예보 수치모델을 구축하고, 황사발원지 현지 기상 및 먼지량 정보의 획득을 위해 주력하고 있다.

9) 사태

가) 사태의 개념

사태는 암석과 토사가 사면 아래로 이동하는 현상으로 중력의 직접적인 영향으로 인해 발생한다. 사태는 운반 매체를 필요로 하지 않기 때문에 이것은 침식작용과는 전혀 다르다.

나) 사태를 조정하는 힘

사태를 조정하는 힘은 사실상 중력임에도 불구하고 다른 많은 요인들이 물질을 사면 아래로 이동시키는데 중요한 역할을 할 수 있다. 그 중 하나가 물이다. 퇴적물 안의 빈 공간이 물로 채워질 때, 입자들 사이의 응집력은 파괴된다. 이 경우 중력에 의해 물질들이 이동되기 쉬워진다.

사면이 급격히 가파르게 되는 것 또한 많은 물질의 이동을 유발하는 요인

중의 하나이다. 헐겁고 평온하게 놓인 입자들은 물질들이 안정하게 놓여있을 수 있는 최대한의 각도인 안식각을 갖는다. 만일 각도가 증가되면 암석 쇄설물들은 사면 아래로 이동함으로써 안식각에 맞게 각도를 조정할 것이다. 종종 사람들의 활동에 의해 급한 경사를 가진 불안정한 사면이 만들어지기도 하며 이로 인해 사태, 붕락, 흐름 등이 나타난다.

다) 사태 예방 방법

특별히 위험한 지역이라고 판단될 경우 공원, 골프장, 농지 등으로 활용한다. 건축을 하지 말고 위험지역에 있는 건물은 정부에서 매입하여 철거한다. 개발이 꼭 필요한 경우 토석류 흐름 방향으로 건물을 평행하게 입지하게 하여 건물의 피해를 줄인다. 개발을 제한하면서 토석류 방어벽을 설치한다. 상류부에 침사지 형태의 퇴적지역을 만들어 하류부로 이동하는 토석류의 양을 최소화한다. 퇴적된 토사는 반드시 제거하여야 한다. 사방댐을 건설하여 토석류 속도를 줄인다. 이러한 구조물들은 빠르게 움직이는 토석류의 관성 충격력을 견딜 수 있게 축조되어야 한다. 물은 빠져나가고 토석류 재료는 걸러낼 수 있는 스크린 형태의 구조물을 토석류 이동경로 상류에 설치한다. 토석류 발생이 유발되는 각종 기준값들을 측정하여 경보 시스템을 설치한다.

라. 지구자원의 탐사 및 활용

지구에는 여러 종류의 자연자원이 존재하며 이의 탐사 및 활용을 위해 지구상의 에너지 자원, 광물 자원, 수자원 등의 탐사와 활용에 관하여 알아본다.

1) 지구의 에너지 자원

가) 에너지의 개념

1973년 1차 석유 파동 이후 사회적으로 에너지란 용어는 추상적인 개념으로 급속히 일반화되었다. 에너지란 물리학에서 나온 개념으로서 '일하는 능력'으로 정의된다. 에너지는 운동에너지, 위치에너지, 열에너지, 전기에너지와 화학에너지 등의 여러 형태로 구분될 수 있으며, 서로 간의 변환이 가능한 성질을 가진다. 경제학적 측면에서 에너지는 '거의 모든' 경제 활동의 필수재로 규정되고 있다. 여기서 '거의 모든'이라 규정한 것은 중요한 경제 활동의 규모를 가지면서도 에너지의 입력이 상대적으로 극히 적은 경우가 있기 때문이다. 예를 들면, 금융 산업, 서비스 산업 등이 여기에 속한다. 이처럼 에너지란 개념에 따른 에너지 자원은 여러 가지로 다양하게 들 수 있지만 주요 에너지 자원을 몇 가지로 나열하면, 석유, 천연가스, 석탄, 핵에너지 등이 있다.

나) 에너지 자원의 고갈

아래 표에 나와 있는 세계 주요 에너지 자원의 매장량과 생산량, 가채 년수를 보면 에너지 자원이 얼마 되지 않아 고갈될 것이라는 것을 예측할 수 있다.

〈표 1-7〉 세계 주요 에너지 자원의 매장량과 생산량(1993년 기준)

	석 유	천 연 가 스	석 탄
최종 자원량	1.8～3.2조 배럴	195～340조 m^3	10조 톤
세계 매장량 (R)	10,090억 배럴 (1,367억 TOE)	142조 m^3	1.039조 톤
세계 생산량 (P)	6,508만 배럴/일 (31.65억 TOE)	18.88억 TOE	21.33억 TOE
가채년수 (R/P)	43.1년(1993년)	64.9년(1993년)	236년(1993년)

다) 에너지 자원의 탐사

에너지 자원의 탐사는 크게 4가지 순서로 진행된다. 석유 자원 공급 시스템의 경우를 예로 들어 살펴보면, 첫 번째는 지질 조사이다. 지질조사는 조사대상지역에서 지표 부근은 암석 분포, 지질구조, 퇴적환경 등에 의한 자료마련, 대상 지역의 원암에 대한 지구화학적 연구를 통한 석유 부존성을 예측한다. 일반적으로 석유나 천연가스의 부존 구조는 근원암, 저류암, 덮개암, 트랩이 필요하다. 두 번째로 물리 탐사이다. 지하 매질의 물리적인 특성에 의한 반응을 측정하여 이를 규명하는 물리탐사는 일종의 지하정보공학이라고 할 수 있다. 물리 탐사의 종류에는 중력탐사, 자력탐사, 탄성파탐사 등이 있다. 중력탐사나 자력탐사도 에너지 탐사에 많이 이용되고 있으나 최근 탄성파 탐사를 주로 이용하는데 탄성파 탐사는 지표, 또는 해면부근에서 발생시킨 탄성파가 지하 지층의 경계면에서 반사하여 돌아오는 시간과 그 진폭을 측정한다. 측정된 자료를 전산처리한 후 자원 탐사에 이용되는 더욱 세밀한 정보를 얻고 있다. 세 번째는 시추탐사가 있다. 시추탐사란 시추공에서 나오는 암석 시료 등을 분석하여 자원의 부존 함유율과 특성을 규명하는 물리 검층을 한다. 마지막으로 평가정 시추탐사가 있다. 시추 탐사까지 끝난 상태에서 개발 가능성이 일차적으로 인정된 경우 평가정 시추 탐사를 한다. 이는 앞서 뚫은 시추공의 저류층 자료와 정밀 물리탐사의 해석도면을 기준으로 추가로 몇 개의 시추공 위치를 선정하여 실시하게 된다.

라) 에너지 자원의 활용

① 석유의 이용

원유의 정제 공정으로부터 산출된 제품은 여러 종류로 분리되고 그 용도에 따라 다목적으로 사용된다. 이 중에서 연료로서 이용되는 제품은 LPG, 휘발유(gasoline), 제트유(aviation turbine oil), 등유(kerosene), 경유(diesel oil)와 중유(heavy fuel oil)이다.

② 천연 가스의 이용

인류 사회에서 경제 발전이 진행됨에 따라 에너지 자원의 이용 양상은 원료 중의 수소 대 탄소의 비(H/C)가 증대되는 방향 즉, 환경에 대한 부담을 감소시키는 방향으로 진행되고 있다. 특히 우리나라의 장래 에너지를 생각할 때, 안전 공급과 에너지의 질 등이라는 관점에서 LNG는 21C의 에너지로서 수요 증가를 기대하는 우수한 자원이라 볼 수 있다.

③ 석탄의 이용

석탄은 화석 연료로 이용되기에 앞서 선탄 공정을 통하여 불순물인 회분과 환경오염의 원인이 되는 유황 성분 등을 감소시키는 기술을 적용하게 된다.

④ 핵연료의 이용

원자력 발전의 핵연료는 우라늄 광산에서 생산된 우라늄 광맥을 정련, 전환, 농축, 성형 가공함으로써 최종적으로 연료 집합체로 만들어진다. 현재 원자력의 평화 이용은 주로 원자력 발전을 의미하며 원자력 발전의 공급 안정성, 경제성 및 환경면에서 화력 발전에 비하여 우수한 점이 많으며, 따라서 전력 에너지에서의 위치는 계속 그 비중이 증가될 것으로 본다.

⑤ 대체 에너지의 이용

현재까지 사용되어 왔던 에너지는 환경과 관련하여 많은 문제점을 가지고 있다. 따라서 현재는 이러한 에너지를 대체 할 수 있는 대체 에너지에 대한 연구가 많이 이루어지고 있다. 첫 번째로 태양 에너지이다. 태양에너지는 태양열 시스템, 태양열 발전을 이용하여 난방과 전기 에너지를 생산하는 것으로 현재까지 많은 연구가 되고 있다. 두 번째로 수력(해양 에너지)이다. 이는 수력 발전, 조력 에너지 등으로 이용되고 있다. 세 번째는 지열(geothermal)을 활용하는 것이다. 지구내부로 갈수록 지열이 상승하고 이러한 지열을 이용하는 방법에 대한 연구이다. 네 번째는 풍력 에너지의 활용이다. 다섯 번째는 바이오메스(biomass) 에너지의 활용이다. 바이오메스란 식물체 또는 동물체의 양을 가리키는 것으로서 바이오메스 에너지는 이 유기체가 지니고 있는 에너지 자체와 이의 유용에너지로의 변환 및 이용 등을 가리키는 포괄적인 용어이다.

2) 수자원

가) 수자원 문제 :담수 자원의 고갈

수자원 문제는 크게 3가지로 나눌 수 있다. 첫 번째는 너무 많은 물에 의한 문제이다. 즉 홍수에 의한 피해를 의미한다. 두 번째 너무 적은물이다. 표면수의 지나친 인양, 대수층의 고갈, 관개된 토양의 염분화 문제 등이 있다. 세 번째 지구적인 물 문제가 있다. 세계적으로 인구 팽창과 1인당 물 사용량의 증가로 담수 사용이 증가하고 있다. 싸이언스지에 발표된 1996년의 한 보고서에서는 인간이 강과 하천의 모든 담수를 54% 사용하고 있는 것으로 추정되며 현재의 증가 추세처럼 지속적으로 증가한다면 머지않아 담수가 동이 날 것으로 예측하고 있다.

나) 수자원의 탐사 및 이용

인간이 지구에 출현한 이후 토지와 물을 시스템으로 하여 촌락과 도시를 만들고 생산과 생활의 기반을 정비하여 왔다.

하지만 대부분의 담수가 빙하나 수증기 토양 속에 포함되어 사용할 수 없는 상태로 되어 있다. 사용할 수 있는 수자원의 종류로는 첫 번째, 표면수가 있다. 표면수는 하천, 강, 호수, 연못, 저수지, 습지에 있는 물로써 이는 강수에 의한 재생이 가능 자원으로 생각되고 있다. 두 번째, 지하수가 있다. 지하수는 대수층에 물이 포화된 지역을 말하는 것으로 지하수의 축적이 수백 ~ 수천 년이 걸리며 아주 작은 부분만이 강수의 침투에 의해 대체 되므로 재생 불가능한 자원으로 인식되고 있다.

따라서 이러한 수자원의 이용에 앞서 물 관리와 보존이 중요한다. 담수의 안정적인 보급을 위해 우선 홍수 대비와 물 저장을 위한 댐과 저수지가 있다. 풍부한 물 공급 지역에서 특정지역으로 물을 전환하는 물 전환 계획이란 것도 있는데 이는 대수층체계에서 펌프질로 가능하게 인식되고 있으나 여기에 대한 찬반론은 많이 일고 있다. 다음으로 탈염화의 방법이 있는데 소금물을 가열

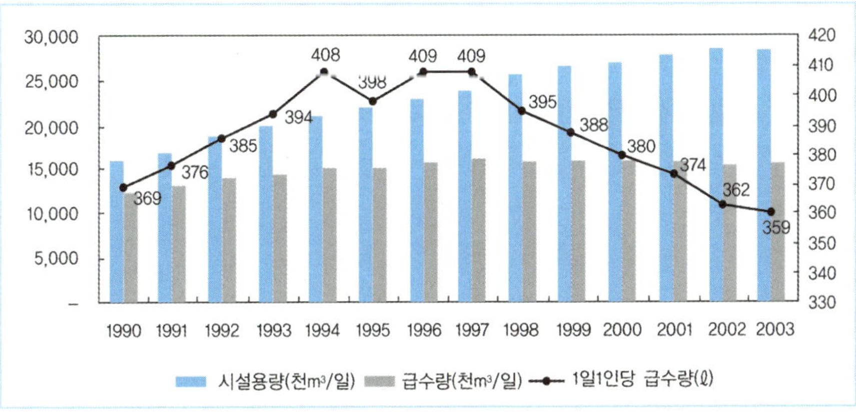

[그림 1-18] 1인당 1일 물 사용량 추세

하였을 때 나오는 수증기를 압축시켜서 담수로 이용하는 증류의 방법, 물에는 침투하고 소금에는 침투하지 않는 막으로 소금물을 강제로 통과시키는 역삼투의 방법, 빙산을 각빙으로 운반하여 녹여 사용하는 빙산의 추수가 있다. 또한 물의 보존을 위하여 추진되는 여러 가지 과제로는 농업 용수를 줄이는 방법의 일환으로 미세 관개를 권장하고 있는데, 이는 식물 뿌리 근처에만 수분을 공급함으로써 농업수를 감축 시키는 방법이다. 이 이외에도 산업폐수 감축, 도시 폐수 감축 등을 통하여 담수 고갈에 대비하고 있다.

3) 광물 자원

가) 주요 광물의 고갈

1970년대에 중요한 광물 사용의 확대 수요와 그에 따른 부족에 대한 예상이 많이 이루어졌다. 하지만 구체화되지 않았는데 그 이유는 첫째, 브라질과 호주의 철과 알루미늄 매장량과 같은 주요한 매장량의 새로운 발견이 최근 수십 년간에 발생했고 둘째, 여러 제품 속의 금속이 플라스틱 등 다른 물질로 대체되었으며 셋째, 세계적인 경제적 부진이 광물의 저소비를 가져왔다. 하지만, 미래에 대한 광물 자원의 예상을 살펴보면 그리 밝지 만은 않다. 이유는 첫째, 광물 보유량의 새로운 발견이 있거나 광물을 위한 대체를 더 이상 아는 것이 불가능하다. 둘째, 새로운 기술적 발전이 저급 광맥에서 광물을 추출하는 것을 경제적으로 만들고 있다는 것을 아는 것이 불가능하다.

나) 광물 자원의 탐사

광물 자원은 탐사는 3단계로 이루어지고 있다. 첫 번째, 공중 위성사진, 지구의 자장, 인력을 측정하는 비행기나 인공위성, 지진파 등을 이용하여 광물이 매장되어 있는 곳을 발견하는 광물 매장량의 발견 단계이다. 다음으로, 광물 추출과정으로 표면 근처에서 광물을 추출하는 표면채광(surface mining)과 지하에서 행해지는 표면하의 채광(subsurface mining)으로 나누어져서 진행된다. 마지막으로 융해된 금속에서 불순물을 분리하는 광물 공정을 들 수 있다.

마. 국제질서의 변화와 지구과학

국제 무역 정치 질서의 변화에 적응하기 위한 지구과학 관련 과제들 중 국제기후 협약과 기후 모델링 등에 대하여 알아본다.

1) 국제 기후 협약과 기후 모델링

기존의 국제관습법은 대기오염 행위를 국제법 위반으로 간주하여 금지하고 있다. 그러나 온실효과 기체의 방출로 인한 기후변화를 예방하거나 국제적 방출기준을 채택하도록 각 국가들을 강제하지는 못하고 있다.

따라서 효율적인 대기오염방지를 위해서는 전 지구적 차원의 협약을 만들어 상세한 국제기준을 설정하고 이를 규제, 감독할 것이 요구되었으며, 그 결과 만들어진 것이 1992년에 채택된 기후변화협약이다.

기후변화협약은 1979년과 1990년에 열린 제 1, 2차 세계기후회의를 통해 추진이 되었으며 이들 회의에서는 인간 활동에 의해 기후변화가 초래될 가능성과 그로 인하여 발생될 악영향을 방지하기 위한 조치의 필요성을 인정하고, 기후변화방지를 위한 기후협약을 채택하기로 합의를 하였다. 1988년 유엔환경계획과 세계기상기구가 공동으로 주관하여 설립한 '기후변화에 관한 정부간 패널(IPCC)'이 기후협약의 협상을 적극 주도하였다.

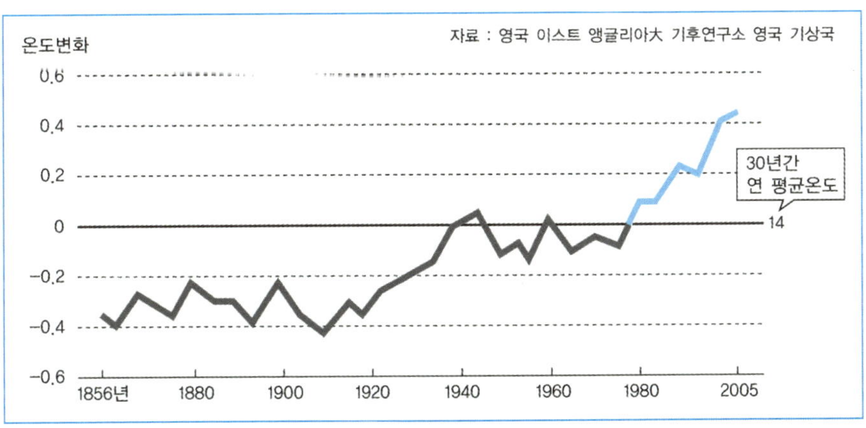

[그림 1-19] 지구표면 평균온도 변화

2) 기후변화협약의 주요 내용

기후변화협약은 모두 26개 조항으로 구성되어 있으며 기후변화협약의 목적은 대기 중의 온실효과기체를 기후에 위험한 영향을 미치지 않는 수준으로 안정화하는 데 있다. 이러한 수준은 생태계가 기후변화에 자연스럽게 적응되고, 식량생산이 위협받지 않으며, 지속가능한 개발이 가능하도록 충분한 시간적 범위 내에서 달성되도록 하고 있다.

기본원칙으로서 차별적 책임론, 국가별 특수성 고려, 예방조치 원칙, 개발권, 자유무역원칙의 5가지를 들고 있다. 차별적 책임론이란 선진국과 개도국이 기후변화에 대해 공동의 책임을 지는 동시에 차별적인 책임을 진다는 것이며, 국가별 특수성 고려의 원칙은 특히 개도국의 특수한 여건과 필요를 고려해야 한다는 것으로서, 이 경우도 차별적 책임론과 같은 맥락으로 이해할 수 있다. 예방조치의 원칙이란 기후변화로 인한 피해가 발생하기 전이라도 예방적 차원에서 이를 방지할 필요가 있다는 원칙으로서, 과학적 불확실성이 기후변화방지에 필요한 조치를 지연시킬 수 없다는 이유에 근거한다. 개발권은 각국의 기후변화방지 정책이 국내의 구체적 여건에 따라 이루어져야 하며, 국가개발정책과 통합되어 추진되는 한편, 경제성장도 중요한 요소로 고려한다는 것이다. 이와 같이 각 국가의 구체적 여건과 경제성장을 고려한 개발권을 기본원칙의 하나로 제시함으로서, 기후변화협약은 온실효과기체의 국제적 방출기준을 설정하지 않고 각 국가의 개별적인 환경정책에 임의적으로 위임하고 있다. 이것은 환경과 경제의 결합으로서 각 국가들 사이의 타협에 의한 결과이며, 이로 인하여 기후협약의 규제적 성격이 현저히 약화되었다고 볼 수 있다.

마지막으로 이 협약은 자유무역의 원칙을 들고 있으며, 이는 기후변화방지를 구실로 자의적인 차별조치 또는 위장된 무역규제를 하지 못하도록 금지하는 것이다. 몬트리올 의정서에서 비당사국에 대한 무역규제를 중요시 하고 있는 것과 달리, 차별적인 무역규제로 인한 부작용을 최소화하려는 의도를 엿볼 수 있다. 이는 환경보전을 이유로 무역장벽을 구축하려는 선진국들의 입장을 개도국들이 끝까지 저지하였기 때문에 가능하였다.

제 2 장

교과교육학과 지구과학교육

1 교과교육학의 성격과 구조

가. 교과의 성격과 형식

1) 교과의 성격

교육이 언제부터 인간의 역사 속에 자리 잡게 되었는지 그 시기를 정확히 말할 수는 없지만, 교육이 처음 시작될 때 교육을 통해 전달하고자 하는 내용은, 비록 그 본질에 차이가 없다고 하더라도, 오늘날 우리가 학교에서 가르치고 배우는 교과와는 상당히 다른 모습을 띠고 있었다. 교육내용이 오늘날의 교과의 모습으로 분류되고 체계화된 것은 역사적으로 많은 시간이 경과된 이후에 비로소 가능한 것이었다. 교육내용이 현재와 같은 모습으로 조직되려면 초기의 교육내용들이 새로운 시각에서 검토되거나 새로운 사태에 적용되고, 그와 같은 경험들이 점차 분화되고 축적될 필요가 있었다. 인간의 성찰이 그를 둘러싸고 있는 삶과 세계뿐만 아니라 그 소산을 전달하는 교육활동 자체로까지 확대된 것은 보다 뒤늦게 나타난 현상이라고 할 수 있다. 물론, 자기 성찰의 세부 사항들을 타인이나 후세에게 가르치는 동안에도 사람들은 끊임없이 그 의미를 검토해 왔다고 말할 수 있다. 그러나 교육을 통해서 가르치는 교육 내용의 의미를 일반적인 수준에서 검토하기 위해서는 교육내용의 세부 사항들과 그것들을 가르치고 전달하는 경험 또한 상당히 분화되고 축적될 필요가 있다. 이러한 필요성에 의하여 생성된 교과는 여러 가지 의미를 내포하고 있다. 여기서 교과의 여러 측면을 살펴보면 다음과 같다. 전통적 방식 즉, 학문적 분류에 의한 교과의 체계가 마치 인간의 균형적 성장을 방해하고 지식을 편협되게 하며, 생활과 교육을 분리시키는 역기능을 한다고 생각하는 사람도 있다. 그러나 그렇게만 말할 수는 없다. 왜냐하면, 학문 자체가 가지고 있는 역사적 의미와 경험적 성격을 도외시할 필요가 없기 때문이다. 물론 과거의 교육이 단편적 지식의 암기를 강행하고 지식을 우리의 생생한 경험으로부터 분리된 것으로 다루었던 것이 사실이다. 그리고 이러한 현상은 지금도 남아있다. 그러나 이러한 교육은 지식의 성격과 방법에 대한 이해의 편협성에서 온 것이지, 지식 혹은 학문 그 자체가 가지고 있는 본래의 속성으로 인한 것은 아니다. 학문적 분류에 의하지 않은 다른 대안적 교과나 활동도 편협 되거나 경직된다면 더 심각한 문제를 야기 시킬 수 있다. 그러나 학문분류에 의한 교과의 체계가 과연 교육의 목적을 실현하는 가장 좋은 방법이냐는 논의의 여지가 있고, 낭만주의적 성향을 지닌 교육과정 이론가들도 계속해서 전통적 체계에 대한 저항적 태도를 유지하고 있다. 그리고 실제로 학문 중심적 교과체제 그 자체도 그것의 본래적 의미를 잃고 있는 것이 사실이다. 교과가 반드시 학문분류의 체계와 일관되게 설정되어야 할 이유는 없다. 교과는 그 자체의 내적 논리만으로 존재한다기보다는 교육의 대상과 방법, 그리고 필요에 따라서 다양하게 성립된다. "교과"라는 말은 어떤 고정된 실체의 이름이 아니라, 각급 학교의 교육과정에서 수업과 학습을 위한 활동영역의 단위를 가리키는 말이다. 사회적 측면에서 볼 때, 교과는 그 사회의 구성원들이 입문해야 하는 문화적 범주의 체계이다. 그러므로 그 범주들이 반드시 학문적 분류에 의해서 폐쇄되어 있어야 할 이유가 없다. 그 범주들이 어떤 원리 혹은 기준에 의해서 설정되어야 하는가는 여러 가지의 관점이 있을 수 있고, 실체적으로 어느 관점을 채택할 것인가는 교육을 계획하고 운영하는 공동체가 처한 여건과 선택한 목표에 따라서 행사될 성질의 것이다. 여기서 교과의 설정을 위한 교육적 상황의 기본 요소를 살펴보면 1) 교육받는 대상, 2) 교육적 가치를 지닌 내용 체계, 3) 대상과 내용의 관계 등으로 구분할 수 있다.

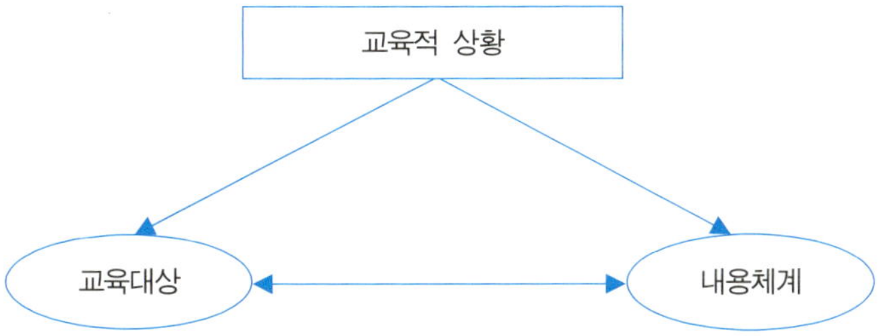

[그림 2-1] 교과 설정을 위한 교육적 상황의 요소

2) 교과의 형식

교육내용과 관련하여 사용되는 「형식」이라는 말은, 교육을 통해서 가르치는 교육내용은 각각의 개별적인 내용들과는 다른 차원에서 그 의미가 규정될 수 있으며 「형식」이라는 말이 구체적으로 무엇을 의미하든지 간에 형식이라는 말로 규정되는 교육내용의 특이한 측면 또는 차원이 교육에서 특별히 존중되지 않으면 안 된다는 생각을 드러내고 있다. 철학 분야의 경우와 마찬가지로, 교육에서 「형식」이라는 말이 중요하게 부각되기 시작한 것은 바로 교육내용의 세부사항과 그것을 가르쳐 온 교육적 경험의 분화와 축적뿐만 아니라 동시에 교육내용 자체를 대상으로 한 체계적인 이해, 즉 교육과정 「이론」의 출현을 알리는 하나의 지표였다. 교과의 의미를 어느 관점에서 규정하든지 간에, 교과의 내용과 형식에 관한 논의는 교과에 관한 기술이나 설명뿐 아니라 교과의 정당화나 처방에 관한 관심과 복잡하게 연결되어 있다. 여기서는 교과의 내용과 형식이 각각 무엇을 의미하며, 양자의 관계에 관한 논의가 교육에서 심각한 의미를 가지는 이유가 무엇인가를 간략하게 검토한다.

교과의 내용과 형식을 말할 때, 우리가 사용하는 「내용」과 「형식」이라는 말은 우선 상호 대비되는 의미로 사용될 뿐만 아니라 양자의 대비 관계는 관점에 따라 전혀 다른 방식으로 파악될 가능성이 있다. 우선 한 관점에서 보면, 「내용」은 알맹이, 즉 속에 들어있는 것을 의미한다면 「형식」은 그 거죽에 있는 것, 즉 껍데기를 의미한다. 보통의 경우에 형식과 내용은 분리되지 않는다. 형식은 내용과의 대비에 의하여 성립하는 만큼, 껍데기가 있으면 그것은 무엇인가의 껍데기이며 그것이 껍데기인 것은 그 속에 무엇인가 알맹이가 있기 때문이다. 이와 같이 형식과 내용은 분리될 수 없지만, 그럼에도 불구하고 우리는 때로 「머릿속으로」 형식과 내용을 분리하여 생각한다. 예컨대 어떤 사람을 가리켜 「형식만 따진다.」고 말하는 경우 그 사람의 행동 중에서 「형식」에 해당하는 것과 「내용」에 해당하는 것을 머릿속으로 분리하면서, 그 사람은 알맹이 없는 겉치레만 한다는 것을 말하고자 한다(이홍우, 1995).

플라톤은 불가시적인, 영원불변의 세계를 「형식」이라고 규정하고, 우리의 육안에 보이는 가시적인 현상은 불가시적인 실재, 즉 형식을 구체적으로 드러내는 수단으로서 존재하며, 가시적인 현상을 인식할 수 있는 것도 바로 불가시적인 실재 때문에 가능하다고 생각하였다. 이와 같은 플라톤의 형식의 개념에 비추어 교과를 설명하면, 교과 또한 우리의 육안으로 파악될 수 있는 교과의 세부 사항들과 그 이면에 들어있는 실재에 해당되는 요소로 구분할 수 있다. 이와 같은 구분이 가능하다면 교과의 내용과 형식 중에서 전자는 각각 교과를 구성하고 있는 개별적이고도 세부적인 내용을 가리키는 반면, 후자는 그 이면에 깃들어 있는 요소, 또는 특별한 경로를 거치지 않고서는 파악할 수 없는 일반적인 교과의 의미를 지칭하는 것으로 간주될 수 있다. 이렇게 되면, 교과의 형식은 앞에서 말한 껍데기와는 정반대로, 가장 내면적인, 가장 순수한 대상을 가리키는 것이며, 거기에 비하여 내용은 오히려 겉으로 드러나는 것, 덜 순수한 것으로 된다. 당장 문제로 대두되는 것은 교과의 내용과 형식의 관계를 파악하는 위의 두 가지 관점이 적어도 표면상으로는 서로 양립될 수 없다는 사실이다. 그러나 교과의 내용과 형식 중에서 어떤 것을 알맹이로 보고 어떤 것을 껍데기로 보든지 간에 교과의 내용과 형식의 관계를 파악하는 상이한 두 관점은 결코 모순이 아니며, 바로 그 점에서 양자는 양립할 수 있다. 이와 같은 사실은 각각의 관점이 자신의 논의를 통하여 부각시키려는 내용이 무엇인가를 세밀히 분석해 보면 보다 분명하게 드러난다.

따라서 교과의 내용과 형식의 관계에 관한 논의는 요컨대 양자의 관계에 관한 상반된 주장, 즉 '형식보다는 내용이 중요하다' 와 '내용보다는 형식이 중요하다' 는 주장을 교육과정이론에서 각각 어떻게 취급해야 하는가 하는 문제로 요약될 수 있다. 이 질문에 대해서 우리가 할 수 있는 대답은 한 가지로 귀결된다. 그것은 곧 교과의 내용과 형식은 똑같이 중요하다는 것이다. 그러나 한 가지 주의해야 할 것은, 교과의 내용과 형식이 똑같이 중요하다고 말할 때 여기서 강조하는 것은 내용과 형식은 별개의 실제로 존재하는 것으로서 동시에 중요하다는 것을 말하는 것이 아니라는 사실이다. 그 말이 강조하는 것은 내용과 형식이 각각 교과의 상이한 측면을 지적하는 것으로서 개념상 구분된다는 사실을 올바로 존중해야 한다는 점이다. 교과의 내용과 형식이 사실상 분리되지 않고 개념상으로만 구분된다는 것은 교과를 가르치는 동안 내용만을 가르치거나 아니면 형식만을 가르치는 일은 사실상 불가능하다는 뜻이다.

〈표 2-1〉 교과 내용과 형식

교과 내용과 형식 -'처방'차원	Platon의 형식에 따른 교과 내용과 형식 -'이해'차원
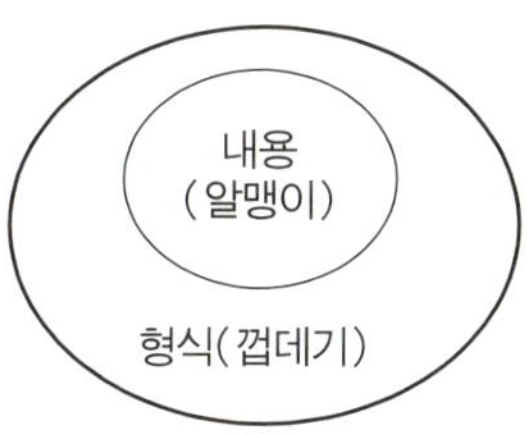	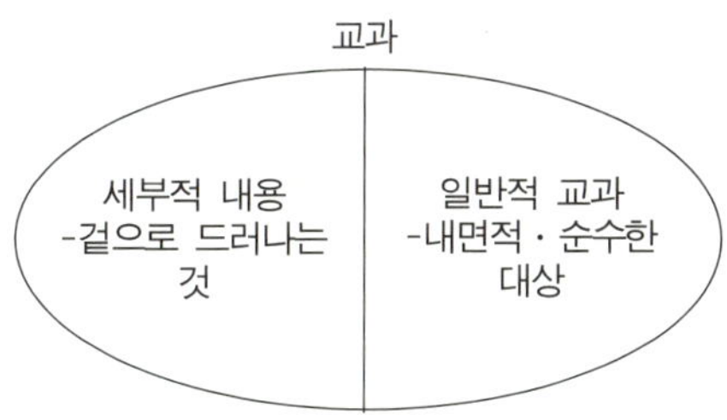
형식보다 내용이 중요하다.	내용보다 형식이 중요하다.

나. 교과교육학의 역할과 기능

1) 교과교육학의 역할과 의의

교사 양성 과정에서 교과교육학의 역할과 의의를 요약하면 다음과 같다.

첫째, 교사의 전문성은 교육의 현장에서 전문적 직업인으로 하는 일이 그러한 자격증을 소유하지 못한 사람들이 할 수 없는 일을 하고 있을 때 비로소 실질적으로 인정되는 것이라고 할 수 있다.

둘째, 교육의 방법은 내용과 무관하게 활용될 수 없으며, 내용이 없는 방법적 기술은 공허한 것이다. 따라서 우리가 교과를 가르친다는 것은, 그것의 포괄적이고 전체적인 의미로 볼 때, 조직된 지식을 전달하는 단순한 기능적 행위가 아니라, ① 그 교과를 통하여 세계를 보게 하며, ② 그 교과와 더불어 삶의 의미와 가치에 접근하게 하며, ③ 그 교과에 의해서 삶의 원리를 제공하는 것까지를 포함하는 예술적 활동이다. 이러한 포괄적인 교과교육의 개념은 교과의 지식만이 아니라, 교과에 관한 포괄적이고 체계적인 지식을 소유할 것과, 교육 일반에 대한 균형 있는 이해에 도달해 있기를 요구한다. 그러므로 이러한 포괄적 의미의 교과교육을 감당할 수 있게 하기 위해서는 교과내용 그 자체만이나 그러한 지식을 가르치는 단조로운 기능적 기술만으로는 결코 충분하지가 않다.

한 교과의 교육을 담당하는 교사는 적어도 그 교과의 세계에서는 학생에 대하여 삶 전체를 함께 하는 동반자의 위치에 있어야 한다. 교사가 되게 하는 길은 그러한 동반자로서의 자격을 구비하는 과정이며, 그 과정은 교과와 교육의 세계를 포괄적이고 균형 있게 연결 짓는 활동으로 조직되어야 한다.

2) 교과교육학과 교사교육

Shulman(1987)은 유능한 자질 있는 교사가 반드시 갖추어야 할 지식의 범주를 7가지로 설정하였다. 즉, 그는 다음과 같은 7가지의 지식을 새로운 개혁을 위한 지식과 교수(teaching) 중에서 교사가 갖추어야 할 최소한의 지식이라고 하였다. 이들은 교과내용 지식, 일반적인 교수방법 지식, 교육과정 지식, 교과교육학 지식, 학습자에 관한 지식, 교육적 상황에 관한 지식, 교육 목적과 가치에 대한 철학적 역사적 배경에 관한 지식이다. 이 중에서도 교과교육학 지식이 교수를 위한 독특한 지식체(distinctive bodies of knowledge)이기 때문에 특별한 관심을 가져야 한다고 하였다. 특히 그는 교과 내용 지식의 중요성을 간과하고, 일반적인 교수 방법 지식을 강조해 온 기존의 교사 교육체제를 비판하면서, 7가지 지식들 중에서 교과교육학 지식이 특정한 교수 상황에서 교과내용 지식과 일반적인 교수방법 지식의 독특하고 특별한 합성체로 나타나는 교사 전문성의 요체가 되어야 한다고 역설하였다.

[그림 2-2]에 나타난 바와 같이 유능한 교사는 교과내용 지식과 교과교육학 지식을 균형 있게 갖추어서 이를 내면화함으로써 가능하다고 볼 수 있다.

따라서 교과교육학의 성격과 그 특성을 고려할 때 우수 교사의 양성을 위하여 다음과 같은 측면에서 그 정체성을 강화할 필요가 있다.

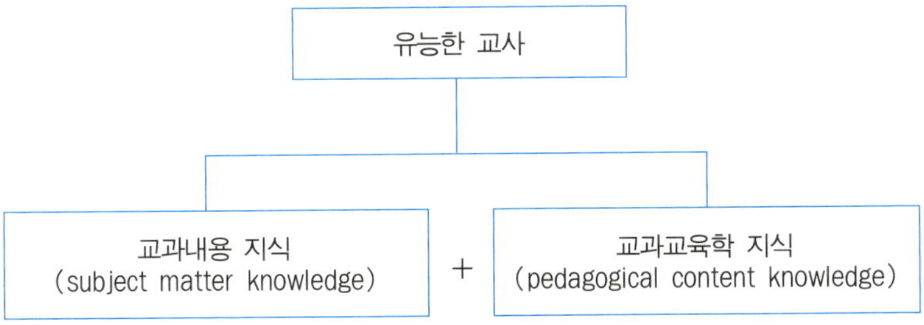

[그림 2-2] 유능한 교사의 조건

첫째, 중등학교 교사양성을 목적으로 하는 직전교육(職前敎育)으로서의 사범교육이 지니는 특수성과 그것 때문에 파생되는 역할갈등에서 비롯되는 압력을 지적할 수 있다. 교사직은 대학에 존치되어 있는 어떠한 학과이건 그 분야를 전공하고 졸업하기만 하면 가르칠 수 있는 직업이라는 전통적이고 보수적인 관념이 지배적이었던 과거의 사고에서, 가르치는 일은 가르치는 일을 위해 마련해 놓은 특정한 구조화된 교육프로그램을 체계적으로 교육받고, 거기에서 성공적인 성취를 보인자만이 성공적인 교사가 될 수 있다는 교직의 정체성과 전문성을 요구하는 시각으로의 전환이 강력한 압력으로 등장하고 있다.

둘째, 한국의 현대 사회가 교직에 요구하는 압력을 수렴해야 할 상황적 조건을 고려해야 한다. 각종 전문직이 분화되고, 특성화되고, 전문화되는 것과 비례하여 교직에 요구하는 압력도 교직교육의 내용과 방법이 특성화되고 전문화될 것을 요구하고 있다. 특수한 전문 직종의 역할 수행은 그에 상응하는 독특한 교육을 통해서만이 가능하며, 이러한 교육을 받은 자와 받지 아니한 자 사이에 역할 수행에서의 차이가 분명히 존재하기를 기대한다. 이러한 점들을 고려할 때 교사양성과정에서의 교과교육학은 교직의 전문성을 특징짓는 중요한 교과라고 할 수 있을 것이다. 따라서 이론과 실제에서 이를 내실 있게 운영할 수 있도록 해야 할 것이다.

2 과학교육학의 성격과 구조

가. 과학 교과의 성격

물리, 화학, 생물, 지구과학을 포함하는 자연과학 교과는 다른 교과와는 달리 자연 현상을 다룬다는 점이 가장 큰 특징이라고 할 수 있다. 자연과학의 특징을 이해하기 위해서 사회 교과와 비교하여 보기로 하자. 사회 현상과 자연 현상의 차이라고 하면 사회는 인간의 생활이나 제도가 그 대상인 반면 과학은 인간의 행위와는 별개인 자연이 그 대상이다. 사회 현상은 인간의 행위에 의해서 달라질 수 있으며, 인간의 행위는 객관화시키기 어려운 점이 있다. 반면 자연 현상은 인간의 행위에 의해서 영향을 거의 받지 않기 때문에 상대적으로 그 객관성이 매우 높다는 점이 그 특징이다. 자연 현상은 다른 현상과는 달리 같은 조건에서 같은 반응을 한다. 인간의 행동은 같은 조건이라고 하여도 같은 반응을 보인다는 보장을 할 수 없다. 그러나 물체가 낙하하는 현상은 시간과 장소를 불문하고 일어난다. 경제 이론에 밝은 사람이라고 하여도 주식 투자자들이 내일의 주가를 아는 것이 거의 불가능하지만 초보적인 과학 지식을 가진 사람이라도 총알이 어디에 떨어지는지 계산할 수 있다. 그렇기 때문에 자연과학은 다른 교과에 비하여 객관성과 신뢰도가 높은 내용으로 구성되어 있다고 할 수 있다. 자연 과학의 중요한 특징은 그 탐구의 방법에서도 찾을 수 있다. 모든 교과의 교육이 모두 탐구의 방법을 통하여 교육되는 것은 아니다. 인문 교과나 예술, 체육 등의 교과는 탐구보다는 기술적인 면이나, 일반화할 수 없는 독창적인 어떤 재능을 중요시한다. 그러나 자연과학은 자연현상을 탐구함으로서 지식을 얻기 때문에 과학 교육에서는 과학적인 지식과 함께 탐구의 방법을 중요시하게 된다. 물론 탐구 활동이 과학의 전유물은 아니다. 다른 교과 예컨대 사회교과의 경우도 탐구가 매우 중요한 교과 목표이다. 그러나 사회 교과에서 탐구의 대상으로 하는 사회 현상과 자연 과학의 탐구 대상인 자연은 매우 다르다. 사회 현상을 탐구하는 경우에 어려운 점은 변인의 확인과 그 통제가 어렵다는 점이다. 예컨대, 경제 문제에서 생산량과 가격과의 관계를 연구한다고 할 때, 생산량을 통제하면서 가격의 변화를 관찰하여야 한다. 그러나 그 생산 품목이 인간의 생존과 관계되는 것이라면 그 통제는 큰 제한을 받게 되므로 통제가 불가능하다. 반면, 자연 현상인 경우에는 대부분 이러한 제한 없이 엄격한 통제가 가능하다. 그러나 지구과학적 현상은 많은 부분에서 거시적인 자연 현상이며 인간의 생활과 관계가 되기 때문에 통제에 제한을 받을 수 있지만 자연을 탐구함에 있어서 거시적 상황이 아니라 미시적 자연 현상인 경우에는 통제에 제한을 받지 않는다. 다음으로 자연 과학의 이론은 비교적 반증 가능하다는 점이다. 인문 과학이나 사회 과학의 많은 주장과 이론들은 그 옳고 그름을 분명하게 알기가 어렵다. 왜냐하면 사용하는 용어들이 조작적으로 정의되지 않는 것이 많기 때문이다. 예컨대, '사랑', '행복' 등의 용어는 매우 주관적이어서 이러한 용어들로 구성된 이론들도 모호할 수밖에 없다. 반면, 과학에서 사용하는 용어는 모두 조작적인 정의가 가능한 것이므로 이러한 용어로 구성된 법칙이나 이론은 관측 가능한 예측을 유도한다. 그리고 그 예측은 자연 현상이므로 실험에 의해서 확인이 가능하다. 따라서 자연 과학을 하는 과정에서 속임수라든가 술수는 있을 수 없는 것이다. 자연 과학의 이론은 반증이 가능하기 때문에 두 가지 상반된 이론이 공존하는 경우는 드물다. 물론 자연 과학에서도 아직 이론이 제대로 정립되지 않은 분야에서는 상반된 이론의 공존이 가능하나 대부분 학교 교육에서 다루는 내용은 쉽게 그 증거를 자연 현상에서 찾을 수 있는 것들이다. 자연 과학의 다른 특징은 그 지식 체계의 논리적 완벽성에서도 찾을 수 있다. 자연 과학은 관찰 사실들로부터 개념과 법칙을 얻고 이 법칙들이 서로 인과적인 관계로 구성되어 있다. 즉, 학문의 내적 논리적 체계가 잘 짜여져 있다는 것이다. 그렇다고 자연과학의 이론적 체계가 논리적으로 완전하다는 것을 의미하는 것은 아니다. 자연 과학에도 검증되지 않은 가설이나 가정이 없는 것은 아니다. 그러나 다른 교과에 비하여 상대적으로 완벽하다는 점이다. 지금까지 자연과학이 다른 교과에 비하여 객관성, 반증 가능성, 탐구적인 방법, 그리고 그 내용의 내적 타당성에 있어서 뛰어나다는 점을 지적하였다. 이를 표로 나타내면 <표 2-2>와 같다.

그러나 과학 교과의 이러한 객관성, 완벽성, 반증 가능성 때문에 과학 교육에서 과학적 탐구의 창의성이 저해될 수 있는 우려가 있다는 점을 간과해서는 안 된다. 과학의 탐구 정신은 어떠한 권위에도 예속됨이 없이 자유로운 상태에서 나온다. 그럼에도 불구하고 과학을 공부하는 학생들은 기존 이론들

〈표 2-2〉 자연과학과 사회과학의 비교

	자연과학	사회과학
대상	인간의 행위와는 별개인 자연 현상을 다룸-객관성	인간의 생활이나 제도 등의 사회현상
탐구의 방법	자연현상을 탐구함으로서 지식을 얻기 때문에 과학교육에서는 과학지식과 함께 탐구의 방법을 중요시-통제가능성	탐구보다는 기술적인 면이나, 일반화할 수 없는 독창적인 재능을 중요시
반증 가능성	용어들이 조작적인 정의가 가능하여 관측 가능한 예측을 유도한다.-실험에 의해 확인 가능	용어들이 조작적으로 정의되지 않아 이론들의 옳고 그름을 분명하게 알기 어렵다.
내적 타당성	관찰 사실들로부터 개념과 법칙을 얻고 이 법칙들이 서로 인과적인 관계로 구성되어 있다-기존 이론에 압도되어 새로운 생각 전개가 어렵다.	

의 지식체계의 완벽성에 압도되어 자기의 생각을 전개하기를 꺼려하는 경향이 있다. 따라서 과학을 지도함에 있어서 이점에 특히 유의하여 자유로운 탐구의 환경을 조성하는 데 노력을 해야 한다.

나. 과학교육학의 성격

과학교육학은 자연과학, 인문·사회과학, 교육학을 근거로 하여 과학의 목표, 내용 및 방법을 분명히 하고 교수-학습과정의 이론적, 실천적 연구를 하는 과학이라고 할 수 있다. 그러므로 과학교육은 자연과학과 교육학을 기초로 하는 응용과학이며 이론과 실천을 연결하는 과학이라 할 수 있다. 과학교육학이 단순히 교수기술이라는 의미뿐만 아니라 공학과 물리학의 관계와 같은 것으로 공학이 구체적으로 목표에 집중해서 이론을 구성해 가는 바와 같이 과학교육학은 구체적으로 자연과학이라는 내용에 대해 교육학의 이론을 적용하여 가는 것이다. 과학은 기술의 기초이지만 기술의 발달에 의해 과학이 진보한 것과 같이, 과학교육학은 교육학의 기초이론에 의존하는 것만이 아니라 과학교육학의 진보가 기초이론의 발전에 기여하는 것도 적지 않다. 따라서 교육학과 상호의존적 관계에 있다고 할 수 있다.

1) 과학교육학 지식의 본질

어떤 과학적 개념을 학생들에게 학습시키기 위해서 교사는 무엇을 어떻게 하여야 하는가? 학생들의 학습을 돕기 위한 학습 기자재에는 어떤 것들이 있는가? 학생들은 학습하려고 하는 것에 대해 기존에 이미 알고 있는 것이 무엇이며 그들은 무엇을 어려워하는가? 교사는 어떻게 학생들이 학습한 것을 가장 타당하고 신뢰롭게 평가할 수 있는가? 이런 질문들이 대부분 교사들에게 있어서 가장 흔한 것이고 또한 이런 것들이 교사가 교과 내용 전문가와 구분되는 결정적인 속성이다. 이와 같은 지식을 우리는 흔히 교사의 교과교육학 지식이라고 한다(Magnusson et al., 1999). 지금까지의 여러 연구 중에서 일반적인 교과교육학 지식에 대한 가장 광범위한 연구는 Ashton(1990)이 편집한 Journal of Teacher Education의 Theme: Pedagogical content knowledge이다. 여기서는 여러 교과와 분야에 걸쳐서 교과교육학 지식의 본질과 연구 방법을 광범위하게 다루고 있다. 이를 계기로 교과교육학 지식의 본질을 재조명하고 각 교과에서 이들이 어떻게 발전하는가에 대한 연구의 기초가 되었다. 위와 같은 여러 연구자들의 입장을 분석 · 종합하여 과학교육학 지식의 본질에 대한 평가를 하면 다음과 같다.

첫째, 과학 교과교육학 지식은 교사 개인이 특정한 과학 수업 상황 속에서 과학 교과를 가르치는데 사용하는 과학의 내용 지식과 과학교수방법 지식의 합성체를 의미하는 것이다.

둘째, 과학 교과교육학 지식은 교사 자신이 가지고 있는 교수를 위한 독특한 지식체로서 과학 교사 전문성의 요체가 되며, 자질 있는 과학 교사가 갖추어야 할 가장 핵심적이고 필수적인 사항이나.

셋째, 과학교과교육학 지식은 어떤 특수 상황에서 특수한 내용을 어떻게 가르치느냐에 관한 지식으로서 이것은 각 교사마다 독특하게 구성된 지식체계에 따라 달라진다.

2) 과학교육학 지식의 구성요소

과학교수 학습에서의 과학 교과교육학 지식의 구성요소들에 대해서

Grossman (1990)과 Tamir(1988)의 연구에 근거를 두고 Magnusson, Krajcik & Borko(1999)는 과학 교수 학습에서 과학 교과교육학 지식이 다음과 같이 5가지 요소로 구성되어 있다고 개념화했다. 즉 과학 교수에 대한 지향, 과학 교육과정에 대한 지식과 신념, 특수한 과학 주제에 대한 학생들의 이해에 관한 지식과 신념, 과학에서 평가에 관한 지식과 신념, 과학 교수를 위한 수업전략에 관한 지식과 신념으로서 [그림 2-6]에 나타나 있다. [그림 2-6]은 과학 교과교육학 지식에 대한 2개의 중요한 아이디어를 제시해 준다.

첫째, 그림에 나타난 각각의 요소들은 과학교수에 사용되어지는 여러 가지의 서로 다른 과목 한정적인 과학 교과교육학 지식이 존재한다는 것을 암시해준다. 각각의 요소들에서 교사들은 주제에 따라서 특별한 과학 교과교육학 지식을 가져야한다. 효율적인 교사는 과학 교과교육학 지식의 모든 분야에 관

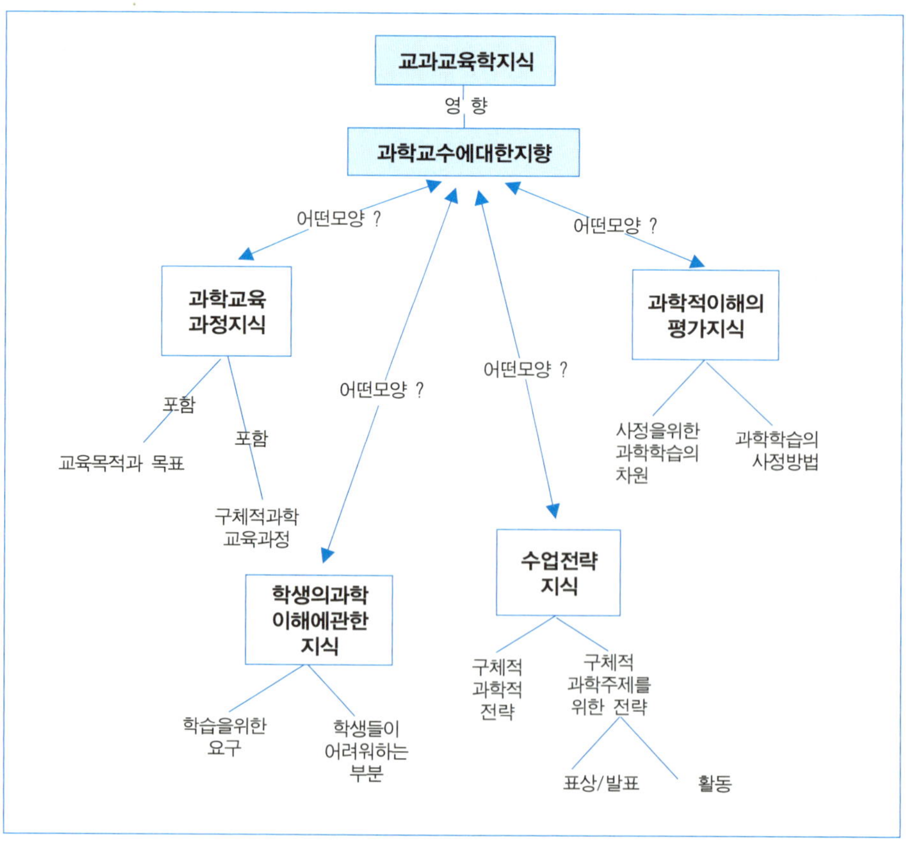

[그림 2-3] 과학교수-학습을 위한 과학교육학의 구성요소(Magnusson,1999)

하여 지식을 개발할 필요성이 있고 특히 그들이 가르치고 있는 분야에 대한 주제에 대해서는 더욱 그렇다.

둘째, 과학 교과교육학 지식을 하나의 구인으로 보기 때문에 이를 구성하는 여러 요소들은 과학 교과교육학 지식을 위한 하나의 부분으로서의 역할과 기능을 한다. 따라서 각 요소들 간의 일관성이나 지식의 양에 차이가 나면 과학 교과교육학 지식을 사용하고 발달시키는데 문제가 생긴다.

[그림 2-3]의 각각의 구성요소를 잘 나타내 주는 예와 개념적인 기술을 하면 다음과 같다.

가) 과학 교수에 대한 지향

과학 교과교육학 지식의 구성요소로서 과학 교수에 대한 지향은 어떤 한 학년에서 과학 교수를 위한 목적과 목표에 대한 교사가 가지고 있는 자기만의 고유하고 독특한 지식과 신념을 말한다. 과학교육 연구에서 이 요소는 과학 교수 학습에 대한 지향으로 제시하여(Anderson & Smith, 1987) 과학 학습까지 범위를 확대하기도 했으나 여기서는 Grossman(1990)의 연구와 같이 교수로 한정하여 이해하는 것이 더 좋다고 생각한다. 지향이라는 것은 과학 교수를 보는 일반적인 관점이나 개념화를 말한다. 이 요소의 중요성은 이와 관련된 지식과 신념이 학생들의 학습 평가, 교과서나 교수 자료 사용, 숙제의 내용과 같은 일상적인 것들에 대해 교사가 교수 결정을 하는데 개념적인 지도(conceptual map)를 제공해 주기 때문이다(Borko & Putnam, 1996).

나) 과학 교육과정에 대한 지식

과학 교과교육학 지식의 구성요소로서 과학 교육과정에 대한 지식은 두 가지 범주로 구성되어 있다. 교육 목적과 목표에 대한 지식과 특수한 교육과정 프로그램이나 교육 기자재에 대한 지식이다.

교육 목적과 목표에 대한 지식은 교사들이 가르치는 과목에 대한 목적과 목표에 대한 지식뿐만 아니라 이들의 선후 학년에 대한 지식의 관련성을 포함한다. 이에 관련된 예는 국가 혹은 지방 차원의 과학 교육과정과 교수에 대한 문서들이 있다. 이런 것들은 위임된 교육 목적과 목표를 구현하기 위해서 어떤 과학 개념과 프로그램이 적절한지를 알게 해 주는데 도움을 준다. 효율적인 과학 교사들은 과학 교육과정에 대한 기본적인 지식과 신념이 있어야 한다.

특수한 교육과정 프로그램에 관한 지식은 과학에서 특별한 영역이나 주제와 관련하여 어떤 프로그램이나 교육 기자재가 요구되는지에 관한 지식이다. 이런 것들은 지난 30~40년 동안 여러 학교 수준에서 개발되어 왔다. 결과적으로 각각의 학교 수준과 과목에서 전형적인 여러 개의 프로그램이 개발되었는데 교사는 이런 것들에 관한 기본적인 지식과 신념을 갖고 있어야 한다. 예를 들면 화학 교사는 1960년대에 개발된 CHEM Study나 CBA(Chemical Bond Approach)와 1970년대에 개발된 IAC(Interdisciplinary Approach to Chemistry), 1980년대에 개발된 CHEMCOM(Chemistry in Community)같은 프로그램을 알아야 한다. 이와 유사하게 초등학교 교사는 1960년대에 개발된 ESS(Elementary Science Study), SCIS(Science Curriculum Improvement Study), SAPA(Asience A Process Approach)와 1980년대에 개발된 GEMS(Great Explorations in Math and Science)등에 대해서 알아야 한다. 이와 같은 프로그램들에 대한 교사의 지식은 그 교육과정에 대한 일반적인 학습 목적뿐만 아니라 그 목적에 부합되는 활동과 교수 기자재 등에 대한 지식을 포함한다.

다) 학생들의 과학 이해에 대한 지식

과학 교과교육학 지식의 구성요소로서 학생들의 과학 이해에 대한 지식은 학생들의 특수한 과학적 지식의 발달을 돕기 위해서 교사가 가져야 할 지식이다. 이것은 과학 개념 학습에 요구되는 지식과 학생들이 어려움을 느끼는 분야에 관한 지식의 두 가지 범주로 구성되어 있다. 온도에 대한 것을 가르치려고 할 때, 온도계 읽는 법, 온도 데이터의 수집 및 해석에 필요한 기능과 지식을 어떻게 발달시킬 것인가에 대한 지식을 반드시 알아야 한다. 또한 교사는 학생들의 발달 수준이나 능력 수준, 학습 양태가 다르기 때문에 특별한 과학적 이해를 발달시키는데 이들이 각각 어떻게 다르게 접근해야 하는지도 알아야 한다. 화학 분야에서 분자 수준의 현상을 학생들에게 이해하게 하는데 도움을 주는 교사의 교과교육학 지식의 한 예를 들면, 여러 가지의 다양한 예와 표상이 제시될 수 있지만 어떤 특별한 표상과 예가 그 다른 어떤 것들보다도 학생들이 쉽게 이해할 수 있다는 것을 알아야 한다. 어떤 아이들은 이런 것이 또 다른 아이들은 저런 것이 훨씬 효과적이라는 것을 알아야 한다. 효율적인 교사는 학생들의 서로 다른 다양한 요구를 알고 각각의 경우에 적절한 접근 방법을 제공할 수 있어야 한다. 학생들이 어려움을 느끼는 분야에 관한 지식은 학생들이 학습하기 어렵다고 느끼는 과학적 개념이나 주제에 관한 교사의 지식을 말한다. 학생들이 과학을 학습하는데 어려움을 느끼는 원인은 여러 가지가 있고 교사는 각각의 어려움의 전형(type)을 알아야 한다. 어떤 과학적 주제는 개념이 매우 추상적이거나 혹은 학생들의 보통의 경험과는 잘 연관이 되지 않기 때문에 어렵게 느낀다. 교사는 어떤 주제와 개념들이 이 부류에 속하는지를 알아야 한다. 그리고 다른 학습 곤란의 원인은 수업이 문제 해결에 핵심을 두었을 때, 그 문제를 해결하기 위한 효율적인 전략과 방법을 잘 모르기 때문에 어려움을 느낀다. 또 학생들이 학습 곤란을 느끼는 원인은 학습하려고 하는 과학적 주제나 개념이 학생들이 가지고 있는 기존의 선행지식과 대치가 될 때이다. 흔히 이런 것들이 오개념(misconceptions: 구성주의적 학습관에서 보면 적절치 못한 용어로서 preconceptions, naive beliefs, naive conceptions, alternative conceptions, spontaneous reasoning, intuitive conceptions, children's ideas, prescientific conceptions, prior knowledges, existing conceptions, personal constructs 등의 어느 하나가 적절함)이라고 알려진 것들이다. 학생들이 가지고 있는 전형적인 이런 오개념은 쉽게 치유되지 않는다는 것이 일반적인 오개념에 대한 많은 연구결과의 공통점이다(Driver & Easley, 1978; Confrey, 1990; Wandersee et al., 1994). 따라서 교사는 과학의 많은 부분에 있어서 학생들이 흔히 가지고 있는 오개념에 대한 지식과 그것을 치유하고 극복할 수 있는 방법을 알아야 한다.

라) 과학에서 평가에 관한 지식

과학 교과교육학 지식의 구성요소로서 과학 평가에 관한 지식에 대하여 타미르(Tamir, 1988)는 두 가지 범주를 제시하였다. 즉, 평가하는데 중요한 과학 학습 차원에 관한 지식과 평가하는 방법에 관한 지식은 어떤 특별한 단원 내에서 평가하는데 중요한 학생들의 학습에 대한 교사의 지식을 의미한다. 만약 학교 과학교육의 중요한 목적이 과학적 소양인 양성을 목적으로 한다면 교사의 지식은 과학적 소양에 기초를 둔 차원이어야 한다. 한 예로서 미국 국가교육발전위원회(NAEP; National Assessment of Education Progress)의 1990년 학생들의 과학적 소양을 위한 평가를 위해 간학문적인 소재, 과학의 본성, 과학적 탐구가 과학 학습평가의 중요한 차원이었다. 평가하는 방법에 관한 지식은 어떤 특별한 한 단원을 평가하는데 중요한 방법에 대한 교사의 지식을 의미한다. 학생들의 과학 학습을 평가하는 방법에는 여러 가지가 있다. 예를 들어 학생들의 개념적 이해는 지필 평가로 하고 과학적 탐구에 대한 평가는 실제적인 실험 등으로 하는 것이 좋다. 수행평가와 포트폴리오 등도 또 다른 좋은 방법이다.

마) 과학 교수를 위한 수업전략에 관한 지식

과학 교과교육학 지식의 구성요소는 두 가지 범주로 구성되어 있다. 즉, 과목 한정적인 교수 전략(Knowledge of subject-specific strategies)과 주제 한정적인 교수 전략(Knowledge of topic-specific strategies)이다. 과목 한정적인 교수 전략은 적용 범위가 더 넓다. 예를 들면 국어나 사회 과목과 같은 다른 과목과 확연히 구별되는 것으로서 과학을 가르치는데 특수하고 독특한 것을 말한다. 주제 한정적인 교수 전략은 과학 영역 내에서 특별한 주제 예를 들면 전기와 자기, 날씨의 변화, 물질의 상태는 각각의 주제에 대하여 서로 다른 독특한 교수 전략이 적용되는 것이다. 과목 한정적인 교수 전략은 과학 수업에서의 전적이고 일반적인 접근을 말한다. 이에 대한 교사의 지식은 교과교육학 지식의 과학 교수에 대한 지향과 관련되어 있다. 많은 과목 한정적인 교수 전략이 과학교육에서 개발되었고, 대부분 3개 혹은 4단계의 교수 계열을 가지고 있다. 과목 한정적인 교수 전략으로 잘 알려진 것으로서 학습 순환(learning cycle: 순환 학습이라고 번역. 권성기, 임청환 역(2000))을 들 수 있으며 탐색, 용어 도입, 개념 적용(Karplus & Thier, 1967; Lawson et al., 1989)의 3단계로 되어 있다. 이것은 발견 수업과 탐구 지향적인 수업을 위해서 사용되어 왔을 뿐만 아니라 개념 변화 지향적인 수업에도 사용되어 왔다. 좀 더 최근에 개발된 전략들(예를 들면 발생학습 모델, 개념 변화 전략, 안내된 탐구)은 개념 변화를 지지하기 위해서 고안된 단계들이 추가되었는데 예를 들면 학생들의 선개념 이끌어내기, 인지 갈등을 일으키기 등이 추가된 전략들이다. 주제 한정적인 교수 전략은 학생들이 특별한 과학 개념을 이해하는데 도움을 주는 교사의 특별한 전략에 관한 지식이다. 여기에는 두 가지 범주: 표상(representation)과 활동(activity)이 있다. 비록 두 가지가 상호 배타적이지는 않지만 이들을 구분하는 것이 개념적으로 유용하다. 표상에는 예시, 예, 모형, 유추 등이 있다. 효율적인 교사는 어떤 상황에서 어떤 것이 좋은지를 판단할 수 있어야 한다. 주제 한정적인 활동은 학생들이 특별한 개념이나 관련성을 이해하는데 도움을 준다. 예를 들면 문제, 시범실험, 시뮬레이션, 탐구, 혹은 실험들이 이에 속한다.

여러 연구자들의 입장을 분석 · 종합하여 과학 교과교육학 지식의 구성요소를 개념 규정하면, Grossman(1990)과 Tamir(1988)의 연구를 발전시킨 Magnusson et al.,(1999)의 연구 결과대로 5가지로 개념 규정을 하는 것이 타당하리라 판단된다. 즉 과학 교수에 대한 지향, 과학 교육과정에 대한 지식과 신념, 특수한 과학 주제에 대한 학생들의 이해에 관한 지식과 신념, 과학에서 평가에 관한 지식과 신념, 과학 교수를 위한 수업전략에 관한 지식과 신념이다.

3 지구과학교육학의 성격과 구조

가. 지구과학교육의 특성

지구과학의 성격을 고려한 지구과학교육의 특성을 요약하면 다음과 같다.

1) 탐구로서의 과학 : 다른 과학 분야와 마찬가지로 지구과학은 탐구로서의 과학으로 그 특징이 있으며, 특히 실험실에서 재생할 수 없는 것이 많아 자연 상태 그대로가 바로 탐구의 장이 되기도 한다.
2) 학문적 특성 : 지구과학의 다양한 탐구방법을 통하여 자연현상의 인과관계, 역사성, 지역성, 공간성, 시간성 등을 추구하여 올바른 자연관과 우주관을 확립할 수 있다.
3) 과학사적 특성 : 지구과학의 과학사적 지식을 효과적으로 학습할 수 있다.
4) 사회적 성격 : 지구과학은 사회문제로 제기된 이슈들에 대해 교육을 통

해서 해결을 모색할 수 있는 특성이 있다.

5) 순환 과정과 주기적 현상 : 순환 과정과 주기적 현상의 과학적 의미를 학습하고 자연 현상의 변화를 예측할 수 있는 특성이 있다.
6) 환경 과학적 특성 : 자원 개발, 환경 보호, 환경오염 등을 학문적 또는 역사적으로 파악하고 적절히 대처할 수 있도록 지도할 수 있는 특성이 있다.
7) 지구와 우주에서 에너지의 흐름과 평형 : 에너지 분포는 평형 상태에 이르려는 경향을 가지며 이러한 에너지의 평형 개념을 지도하는 특성이 있다.
8) 종합과학적 특성 : 지구과학은 지구와 우주에서 일어나는 여러 가지 현상의 인과 관계, 물질의 구조와 특성, 성인, 역사 등을 다양한 탐구방법으로 다룬다. 지구과학은 탐구대상과 탐구방법이 다양하기 때문에 앞으로 과학을 학습할 기회가 없는 학생들에게 적합한 과학 과목일 뿐 아니라, 장차 과학계로 진출할 학생들에게도 적합한 과목이다.

특히 고등학교 지구과학교육은 시민으로서의 교양 교육과 직업인으로서의 전문 교육을 함께 고려해야 하며 일상생활에 이를 활용할 줄 아는 과학적 교양을 가지며 또한 국가 사회에 기여할 수 있도록 해야 한다. 특히 학문적 입장에서 지적 호기심과 창조력을 끊임없이 발휘하여 인류의 중요한 문화유산인 과학을 끊임없이 계승 발전시켜야 한다. 그러기 위하여 지구과학의 지식 습득, 지구과학적 과정과 방법의 습득 능력과 기능 제고 및 이들의 적용, 지구과학-기술-사회의 인식을 목표로 이와 관련된 과학 내용을 제공해야 한다. 지구과학은 위와 같이 과학의 본질 및 과학 교육의 목적과 부합될 뿐 아니라 특히 자연 상태 그대로의 탐구, 자연 현상의 인간관계, 지역성, 공간성, 시간성 등의 학문적 특성, 과학사적 특성, 사회적 성격을 갖는 특성, 환경 과학적 특성, 종합과학적인 특성 등을 가지고 있다(이규석, 1992).

나. 지구과학교육의 의의

우주시대에 접어든 오늘날 우리나라 과학교육의 문제점 중 하나는 지나치게 수학교육을 강조한 탓으로, 과학에서도 1 아니면 2라는 식의 정확한 해답을 요구하며 또 현상과 현상사이의 상호관계를 깊이 다루지 않고, 한 가지 현상을 시간과 공간적으로 비교적 독립된 정적 상태로 간단히 다루기 때문에 해답에 이르는 접근 방법이 극히 단순하게 되었다. 그 결과 과학적 탐구 과정에서 중요한 분석·종합하는 논리적 사고력 배양이 소홀하게 되었다. 이러한 관점에서 볼 때 지구과학교육은 타 과학 교과에 비해 다양한 자연 현상을 관찰하고 분석·종합하는 능력배양과 논리적 사고훈련을 효율적으로 수행하며, 또 현상에 관련된 가치 있는 의문을 제기할 수 있는 능력을 기르는데 매우 효과적이다. 이러한 측면에서 지구과학의 교육적 의의는, 지구과학적 현상과 사실을 이해함으로써 자연의 질서와 균형을 이해하고, 이를 통하여 자연계 내에서의 인간의 영속적 생존을 가능케 하는 것이라 볼 수 있다.

다. 지구과학과 교육목표

지구과학교육의 목표는 교육의 전체 과정을 방향 지우고 규제하는 역할을 한다. 이것 없이는 교사가 무엇을 가르쳐야 할지 어떤 교육과정을 채택해야 할지 어떤 수업자료를 투입해야 할지, 어떤 준거에 의하여 학생의 성적을 평가해야 하는지에 관한 기준점이 존재하지 않는다. 이 장에서는 지구과학 과목의 교수 행위 결과로서 학생이 알아야 하고 할 수 있어야 하는 것이 무엇인가 하는 개념과 관련된 교수목표의 진술방식과 그 예를 제시하고자 한다.

1) 교육목표 진술방식

교육목표는 학습 지도의 지침이 되고 평가의 기준이 될 수 있도록 가급적 명세적으로 진술하는 것이 바람직하다. 교육목표를 진술하는 방식은 교육목표의 유형과 수준에 따라서 약간씩 다를 수 있고, 교육 내용과 학습 지도에 사용되는 교수모형에 따라서도 약간씩 다를 수 있다. 또한 학자들의 견해에 따라 그들이 제안한 교육목표의 진술 방식도 서로 다르다.

가) Tyler의 진술 방식

타일러 (Tyler, 1950)에 의하면, 바람직하고 실현 가능성이 있는 교육목표가 되기 위해서는 교육목표의 진술이 교사 위주로 할 것이 아니라 학습자의 차원에서 진술되어야하며, 목표 속에는 반드시 학습내용 또는 학습자료와 함께 종착점이 명시되어야한 다는 것이다. 즉, 교육목표의 진술은 교사의 행동이 아니라 학습자의 행동으로 진술하되, 학생에게 길러줘야 할 행동의 종류와 그러한 행동이 작용되는 내용영역의 두 측면 을 함께 표시하는 것이 가장 유용한 형식이라 하였다. 다음에 예시한 것과 같이 '내용 + 행동'의 형식으로 명확하게 진술하는 것이 바람직하다는 주장이다.

(예) 기권, 수권, 암권, 생물권의 구조와 특성을 전 지구적 관점에서 설명할 수 있다.
(내 용) (행 동)

나) Mager의 진술 방식

메이거(Mager, 1962)의 교육목표 진술 방식은 조작주의적인 방법을 이용하고 있다는데 특징이 있다. 그에 의하면, 수업목표는 성공적으로 수업을 마친 학생들이 보여주어야 할 관찰 가능한 행위 동사로 명시되어야 한다는 것이다. 그리고 수업목표는 ①종착 행동, ②종착 행동이 나타나는 상황이나 조건, ③그 종착 행동이 성공적인 것인지 아닌지를 평가할 수 있는 수락 기준 또는 준거가 명시되어야 한다는 것이다. 이와 같이 세 가지 요소를 포함시켜 수업목표를 진술하면 가르치고 배워야할 내용과 행동이 아주 명백해지고 누구에게나 동일한 의미로 이해됨으로서 학습 지도와 학습 성과의 평가가 용이하게 된다. 다음은 메이거(Mager)가 주장하는 방식으로 진술된 수업목표의 한 예이다.

(예) 다양한 암석들이 주어지면 학생들은 오류없이 각 암석들의 특정을 찾아내어 분류할 수 있다.
(조 건) (준 거) (종착점 행동)

위의 예에서처럼 목표 진술에 포함되어야할 세 가지 요소에 관하여 살펴보면 다음과 같다. 목표 진술의 제1요소는 '종착점 행동'을 구체적인 행위 동사로 표현하는 것이다. 종착점 행동이란 수업이 끝났을 때에 한 수업목표에 성공적으로 도달한 학습자가 나타내는 행동을 말한다. 메이거(Mager)에 의하면,

종착점 행동은 반드시 관찰될 수 있고 측정 가능한 외현적 행동으로 표현되어야 한다는 것이다. '안다, 이해한다, 인식한다'처럼 다의적인 해석이 가능한 내현적 행동동사보다는 '구별한다, 열거한다, 지적한다'처럼 일의적으로 해석되고 관찰 가능한 외현적 행동 동사를 사용하여 표현되어야 한다는 것이다. 목표 진술의 제 2 요소는 '종착점 행동이 나타나는 상황이나 조건'을 제시하는 것이다. 종착점 행동이 분명히 표현되었다고 하더라도 그러한 종착점 행동이 나타나는 상황이나 조건이 명확히 표시되지 않으면 한 수업목표의 진술이 완벽하게 되었다고 볼 수 없는 것이다. 그러므로 목표 진술에서는 어떤 상황에서 그와 같은 행동이 나타나기를 기대하는가의 조건 제시가 있어야 한다. 목표 진술의 제 3 요소는 '종착 행동의 달성 여부를 판단할 수 있는 수락 기준 또는 준거'를 제시하는 것이다. 어느 수준의 행동을 성공적인 학습의 성과로 보느냐하는 최소한의 기준이 명시되지 않은 채 단순히 종착 행동만 표시된 수업목표는 여전히 다의적인 해석이 가능하기 때문에 준거 제시는 목표 진술의 중요한 요소가 되는 것이다. 준거를 제시하는 방법에는 시간적 제한을 두는 방법, 최소한으로 요구되는 정답의 수 또는 비율을 명시한 방법 등이 있다. 이와 같이 메이거(Mager)의 방식에 따라 진술된 교육목표는 그 내용과 의미가 매우 구체적이고 명확하다는 장점이 있지만, 반면에 목표를 지나치게 세분화시켜 그 적용범위가 극히 하위 수준의 행동에만 치중되고 보다 중요한 상위 수준의 교육목표는 간과하기 쉽다는 점, 목표 달성의 수락 기준이나 준거를 객관적으로 타당하게 설정하기 어렵다는 점 등이 지적되고 있다.

다) Gronlund의 진술 방식

Gronlund(1971)에 의하면, 교육목표는 수업 내용을 분명히 전달할 수 있을 만큼 자세하고 구체적으로 진술해야 하는 동시에, 전반적인 교육의 방향을 제시 할 수 있을 만큼 어느 정도 일반적으로 진술할 필요가 있다는 것이다. 따라서 그는 다음과 같이 두 단계로 나누어 교육목표를 진술하는 것이 바람직하다고 주장한다. 즉, 첫째는 의도된 학습 결과로서의 일반적 수업목표를 진술하는 것이고, 둘째는 그러한 목표를 달성하였을 때 학생이 보이는 구체적이고 관찰할 수 있는 행동 유형으로 명세적 수업목표를 진술하는 것이다.

일반적 수업목표는 일단의 구체적 학습 결과들을 포함할 수 있도록 '안다, 이해한다, 적용한다, 감상한다, 평가한다'와 같이 내재적 행동으로 진술하는 것이 편리하다. 한 교과목이나 한 교육 프로그램에 일반적인 수업목표를 대략 8~12개정도 설정하면 적절한 것으로 판단된다. 한편, 구체적인 학습결과로서의 명세적 수업목표는 반드시 관찰 가능한 행동 동사로 진술할 것을 제안하고 있다. 그론룬드(Gronlund)는 일반적 수업목표에 대한 명세적 수업목표를 진술할 때 다음과 같은 사항에 유의해야 한다고 말하였다. 우선 특정한 일반적 수업목표에 포함되어 있는 구체적인 학습결과를 모두 망라하기란 불가능하므로, 가급적 학습 결과의 대표적인 표본이 될 수 있도록 명세적 수업목표를 진술해야 한다는 것이다. 하나의 일반적 수업목표에 대하여 대개 4~5개의 명세적 수업목표를 진술하면 적당하다고 본다. 또한 너무 구체적인 교과내용을 수업목표의 진술에 포함시키지 말고 다소 융통성 있게 탈 내용적으로 진술하는 것이 바람직하다는 점이다. 그리고 비판적인 사고력이나 문제 해결력과 같은 고등정신 기능 또는 정의적 학습결과에 대한 수업목표들을 단지 구체적인 행위 동사로 정의하기 어렵다는 이유 때문에 목표 진술에서 제외시켜서는 안 된다는 점을 지적하고 있다.

이상에서 살펴 본 바와 같이 이들의 주장과 제안이 지구과학 학습평가를 위한 행동요소의 상세화가 과학교육목표 설정에 주는 시사점을 간추려 보면 다음과 같다.

① 교육목표는 교사의 행동이 아닌 학생의 행동으로 진술되어야 한다는 점이다.

② 교육목표는 수업의 진행과정에서 나타나는 학생의 행동이 아니라 수업을 성공적으로 끝마쳤을 때에 나타날 수 있는 학생의 변화된 행동 즉 종착점 행동으로 진술해야 한다는 점이다.

③ 교육목표는 학습 내용과 학생의 행동수준이 함께 진술되어야 한다는 점이다.

④ 교육목표는 일반적 수업목표와 명세적 수업목표의 두 수준으로 나누어 진술하는 것이 바람직하다는 것이다.

⑤ 일반적 수업목표는 그 포괄성이나 일반성을 유지하기 위하여 '안다, 이해한다, 적용한다, 감상한다, 평가한다' 등의 암시적 동사를 이용하

여 학생의 내재적 행동으로 진술하는 것이 적당하다는 점이다.

⑥ 명세적 수업목표는 반드시 학생의 외현적 행동을 관찰하고 측정할 수 있도록 '쓴다, 찾아낸다, 확인한다, 구별한다, 지적한다, 열거한다' 등의 명시적 행위동사로 진술되어야한다는 점이다.

2) 지구과학과 교육목표 진술의 예

이 장에서는 심화과정의 교수-학습목표를 단원별, 장별, 차시별로 구분하고 하위목표로 갈수록 더욱 상세화시켜 제시하였는데, 이는 심화과정의 목표 속에는 지구과학 I 지구과학 II 의 내용을 모두 포함하고 있기 때문이다. 본 교재에서 제시한 교수-학습 목표가 완전무결한 것은 아닐지라도 지구과학교육에 대한 교수-학습 활동의 도착점 행동인 구체적 목표 구현과 평가에 많은 도움을 주리라 생각한다.

단원 1. 행성으로서의 지구

1. 단원목표
   1) 지구의 모양과 크기를 측정하는 기본 원리를 인식할 수 있다.
   2) 지구의 질량과 밀도를 측정할 수 있는 방법을 알아 지구의 내부 구조를 이해할 수 있다.
   3) 지구의 역장이 생기는 원인을 알아 각 장의 측정 방법 및 측정치를 지구 내부 탐사에 응용 할 수 있다.
   4) 지구의 각 권의 특정을 알아 구성 물질의 분포 상태를 설명할 수 있다
   5) 지구는 자전과 공전, 세차운동을 하고 있으며 이러한 운동이 시간의 측정 단위로 이용될 수 있음을 이해할 수 있다.

11. 지구의 구조
   (1) 지구의 형태는 구에 가까운 타원체임을 인식한다.
   (2) 지구의 크기, 질량, 밀도의 측정 방법을 알 수 있다.
   (3) 지구의 층상 구조를 알고 각 층의 화학 조성과 상태 변화를 고찰한다.
   (4) 지구의 만유인력, 구심력, 중력의 관계를 이해한다.

111. 지구의 모양과 크기

1111. 지구 형태는 구에 가까운 타원체임을 알 수 있다.

1112. 지오이드를 이해하여 지구 타원체와 구별할 수 있다.

1113. 지구의 크기를 측정할 수 있다.

112. 지구의 질량과 밀도
1121. 지구의 질량 측정 방법을 알 수 있다
1122. 지구의 평균 밀도를 구할 수 있고 이로써 지구 내부의 밀도 분포를 설명할 수 있다

113. 지구의 구조
1131. 지구의 구조를 알고 각 권에서 일어나는 변화의 유사성을 기술할 수 있다.
1132. 지각 평형설로 지각의 구조를 이해할 수 있다.
1133. 지진파의 성질로 지구내부의 층상구조를 알 수 있고 지각의 두께를 계산할 수 있다.

114. 지구의 역장
1141. 만유인력, 구심력, 중력 관계를 알 수 있다.
1142. 지구자기의 3 요소를 이해하여 지구자기와 관련지어 설명할 수 있다.
1143. 태양풍, 반알렌대, 오로라현상을 지구자기와 관련지어 설명할 수 있다.

12. 지구의 구성 물질
(1) 지구의 물질을 성질에 따라 구분할 수 있다.
(2) 지구의 각 권에서 일어나는 변화의 유사성과 차이점을 알 수 있다.
(3) 원자, 동위원소, 이온 분자, 원소, 화합물, 광물, 암석들 사이의 관계를 파악할 수 있다.
(4) 환경 변화와 관련시켜 광물 변화를 이해할 수 있다.
(5) 원자 구조로 광물의 특성을 설명할 수 있다.

121. 대기권 및 수권의 구성 물질
1211. 지구 대기의 성분을 설명할 수 있다.
1212. 해수와 육수의 구성 성분이 다른 이유를 알 수 있다.

122. 지각과 지구 내부의 구성 물질
1221. 지각을 구성하고 있는 물질의 화학 조성을 알 수 있다.
1222. 원자, 동위원소, 이온, 분자, 원소, 화합물, 광물, 암석들의 관계를 파악할 수 있다.
1223. 원자의 구조를 알아 광물의 형태와 결정 구조를 알 수 있다.
1224. 지구 내부를 구성하고 있는 물질의 성분을 알 수 있다.

13.지구의 운동
(1) 천구를 이해하여 천구상의 천체의 위치를 좌표계를 써서 나타낼 수 있다.

(2) 좌표계의 이용도에 따라 적용할 수 있다.
(3) 지구가 운동하고 있다는 사실을 증거를 들어 설명할 수 있다.
(4) 항성년과 회귀년의 구별이 생기는 이치를 세차운동으로 설명할 수 있다.
(5) 태양력과 태음력의 원리와 이들의 장단점을 말할 수 있다.
(6) 지구상의 위치를 나타내는 경・위도를 측정할 수 있다.

131. 천구와 천체의 위치 표시
1311. 천구와 천체의 일주운동을 설명할 수 있다.
1312. 천구상의 천체 위치 표시법을 인식하고 좌표계 사용상의 장단점을 비교 설명할 수 있다.
1313. 천구상의 위치 관계를 기하학적으로 도시하면서 설명할 수 있다.

132. 지구의 자전
1321. 천구의 일주운동의 원인을 알 수 있다.
1322. 주극성, 출몰성, 전몰성의 범위를 구할 수 있다.
1323. 지구자전의 증거를 들어 기술할 수 있다.

133. 지구의 공전과 세차운동
1331. 지구의 공전에 대한 증거와 현상을 비교 설명 할 수 있다.
1332. 지구의 연주 운동과 공전 관계를 설명할 수 있다.
1333. 세차운동의 원인과 그로 인한 결과를 알 수 있다.

134. 시각. 위치. 책력
1341 역법과 시법의 기본단위가 사용되는 이유를 알 수 있다.
1342. 태양력과 태음력을 이해하여 그 조정방법을 기술할 수 있다.
1343. 경도와 위도를 구하는 방법을 이해할 수 있다.

라. 지구과학교육학의 성격

지구과학교육학이란 무엇인가? 과연 이러한 질문을 받을 때 어떻게 답변을 할 수 있겠는가. 사실 지구과학이나 교육에 관련하여 일하는 많은 사람들이 지구과학이나 지구과학 교육학의 의의나 그 목적을 충분히 이해하고 또는 구별하는데 혼돈을 일으키는 것 같다. 따라서 여기에서는 지구과학교육학에 대한 이론적 배경, 학문적 성격, 구조적 모델, 실제 등에 대하여 순서적으로 고찰하여 보기로 하겠다.

1) 지구과학교육학의 이론적 배경

앞에서 언급한 "지구과학교육학이란 무엇인가?"의 질문은 우선 먼저 지구과학과 지구과학교육 그리고 지구과학교육학의 정의가 선행되어야 한다. 대부분 지구과학교육과 지구과학교육학을 혼돈하여 사용하며 그 개념을 구별하지 못하는 것 같다. 이의 구별은 지구과학교육에 관련되는 교육자들에게 기본적으로 중요한 의미를 내포하고 있다.

지구과학이란 "우리가 살고 있는 지구 및 그 주변 환경을 대상으로 자연현상을 연구하는 종합과학이며 실생활과 밀접히 연관되는 자연과학이다"라는 학문적 정의는 많은 학자에 의해 이미 사용되어 왔다. 그러나 지구과학교육학의 정의는 아직 뚜렷이 명시되어 있지 않다. 다만 지구과학교사용 지도서에 지구과학교육의 의의로 과학사적 의의, 사회적 의의, 환경 과학적 의의, 종합과학적 의의 등 지구과학교육의 특성과 의의에 대해 기술되어 있다. 이는 엄밀히 지구과학교육학의 정의라고 볼 수 없으며, 다만 지구과학의 학문적 특성에 매우 가깝다고 생각된다. 그렇다면 지구과학교육학이란 무엇이며 어떻게 정의할 수 있을까? 지구과학교육학의 정의는 다음과 같이 논의되고 있다. 지구과학 교육학이란 지구과학을 가르치는 것 자체가 지구과학교육학이다. 또는 지구과학의 내용을 배우고 학습하는 행위이다. 그러면 여기서 언급해야 할 사항은 만약 천문학, 기상학, 해양학, 지질학 등의 학문적 범주로 구성된 지구과학은 천문학을 가르치면 천문교육이요, 기상학을 가르치면 기상교육이고, 지질학을 가르치면 지질교육이 되는 셈이다. 물론 가르치고 배우는 것 자체가 교육임에 틀림없다. 그러나 이러한 정의는 넓은 의미나 지구과학과 연관적으로 해석할 때 포함될 수도 있겠다.

지구과학교육학의 정의에 대한 이해를 돕기 위해 하나의 예를 들어 설명하여 보겠다. 생물학교육과 생물교육학의 구별은 어떻게 하나? 또는 물리학교육과 물리교육학은 같은 의미로 사용되어지나? 과연 두 가지의 의미에는 차이가 없는가? 분명 그 두 가지 의미에는 차이가 있다고 말할 수 있다. 생물교육은 교과 내용학을 가르치고 배우는 학습 활동을 말한다. 그러나 생물교육학은 이와는 달리 교과교육학(Subject Lesson Education or Subject Matter Education)을 의미한다. 마찬가지로 물리학교육이나 물리교육학도 같은 맥락에서 정의되어진다. 그러면 여기서 교과교육학의 의미를 이해할 수 있어야 하겠다. 교과교육학이란 교과내용을 어떻게 하면 효과적으로 잘 가르칠 수 있는가를 연구하는 학문이다(Collette and Chiappetta, 1984). 무엇을 얼마나 많이 그리고 깊이 가르치는 데 초점이 있는 것이 아니라 어떠한 방법으로 어떻게 가르치고 얼마나 잘 배웠는가를 평가하고 연구하는 응용학문이다. 이는 지구과학교육과 지구과학교육학에서 똑같은 관점으로 해석하고 정의될 수 있다. 지구과학교육은 지구과학의 교과내용을 가르치는 활동이며 무엇을 얼마나 가르치느냐에 주안점을 두는 학문임에 반하여, 지구과학교육학은 어떻게 가르치고 평가하여야 하는가를 연구하는 즉 과정과 방법론에 주안점을 두는 학문이다.

이런 관점에서 본다면 분명히 지구과학교육학은 지구과학이나 지구과학교육과 구별되며, 이의 혼돈된 개념의 이해는 지구과학을 배우고 가르치는 교육목적에 일치하지 못하는 결과를 초래할 수 있다고 생각된다. 이렇게 지구과학교육과 지구과학교육학의 정의는 구별될 수 있으나 사실 대부분 혼돈되어 사용되고 있음을 알 수 있다.

교과교육학의 측면에서 "지구과학교육"이란 용어는 정확한 표현이 될 수 없다. 이는 지구과학교육학을 의미해야 한다. 교과교육학을 가르치는 지구과학교육의 용어는 지구과학을 가르치는 교육활동이며 지구과학교육학의 의미로 이해되어서는 안 된다. 그러나 현재 구별 없이 지구과학교육이라는 용어로 흔히 사용되고 있다. 이러한 지구과학교육학에 포함된 명제들은 다음과 같이 구분할 수 있다.

가) 지구과학 교과를 성립시키는 내용적 명제들 : 천문학, 기상학, 해양학, 지질학, 지구물리 등 지구과학의 내용을 포함하는 명제들이다.
나) 지구과학 교과에 관한 내용으로 설명적 명제들 : 지구과학의 역사, 지구과학 발달의 사회・문화적 배경, 지구과학적 사고의 성장 등과 같은 지식은 지구과학 그 자체의 내용이 아니며, 지구과학의 내적 구조와 성격에 관한 이해와는 다르지만 지구과학에 관한 일종의 이해 형식이기도 하다.
다) 교과를 가르치는 행위에 논리적으로 직결된 교육적 명제들 : 지구과학교육의 목적, 내용, 방법 등에 관한 명제들이다.

따라서 지구과학 교과내용 전문가들은 위에서 언급한 내용적 명제들을 전문적으로 연구하는 집단이며 교과의 학문적 진리를 규명하는 사람들이다.

반면에 지구과학 교과교육학자들은 내용적 명제들에 대한 포괄적 이해에 기초하되 교과에 관한 즉, 연구 철학적 분석, 역사적 설명, 사회과학적 탐구 등과 교과교육의 원리를 개발하는데 종사하는 사람들이다.

교과교육학자들은 학문적 진리를 규명하는 일보다 학문적 지식의 이해와 학문적 사고의 능력이라는 가치를 창조하는 이론과 원리의 개발에 일차적인 역할을 수행하여야 한다. 또한 지구과학 담당교사는 교과교육학자들에 의해서 개발되는 지식을 검토하고 교과교육의 원리와 기술을 획득하여 교과내용 지식의 이해와 학문적 사고의 능력을 기르는 활동에 직접적으로 종사한다. 그리고 지구과학 교과교육학은 그 성격상 기초학문이라기보다는 응용학문이다. 즉, 객관적으로 존재하는 사실의 세계를 설명하는 학문일 수도 있고, 가치의 창조 혹은 실현을 특징으로 하는 학문일 수도 있다. 지구과학 교과교육학은 그 성격에 있어서 후자의 분류에 속한다. 또한 지구과학 교과교육학은 종합학문이며 실천원리의 학문이다.

2) 지구과학교육학의 학문적 성격

여기에서는 교과교육학으로서의 학문적 성격에 대하여 논의하여 보겠다. 교원양성대학에서 교육과정상 예비교사들에게 이수되어야 하는 영역은 크게 세 가지로 나누어진다. 그 첫째는 교육학 영역이다. 교사가 되기 위해서는 모든 사범계대학이나 교원양성대학에서 예비교사들에게 교육과정상 교직과목으로 교육학을 필히 이수하게 되어 있다.

교육학은 교육에 관한 다양한 이론을 연구하는 학문이며 올바른 교육을 실현하는 데 그 목적을 두고 있다. 두 번째로 교과내용학 영역이다. 이는 학생의 자연과학의 전공내용을 의미하며 자연물이나 자연현상이 연구의 대상이 된다. 여기에서는 지구과학을 하나의 예로 들 수 있으며 예비교사들에게 자연과학 내용을 교육시키는 분야이다.

교과내용학에 대한 깊은 배경지식이 없이는 훌륭한 교사가 될 수 없음은 주지의 사실이다. 셋째로 교과교육학 영역이다. 이는 지구과학교육학을 의미하며 이는 과학 지식과 과학의 방법론적 이해가 필수이며, 여기에 교과교육학의 특성요소로 개념(concept)적 요소와 과정(process)적 요소를 통해 맥락

〈표 2-3〉 학문의 성격상 추구되는 방향

지구과학	지구과학 교과교육학
타당도(validity)	타당화(validation)
실 험(experiment)	실험화(experimentation)
방 법(method)	방법론(methodology)
검 증(test)	검증화(testing)
사물 또는 현상(things or phenomina)	학생(students)

(context)적 관계를 추구하여 교육학의 이론과 실제가 가미되어야하는 응용과학이라 말할 수 있다. 다른 한편으로 지구과학과 지구과학교육학을 <표 2-3>에서와 같이 학문의 성격상 추구하는 방향으로 살펴보면 차이점을 알 수 있다.

여기에서 지구과학은 그 특성상 자연과학으로 사물 또는 현상에 대하여 실험을 통해 그 결과나 현상의 타당도를 검증한다. 그러나 지구과학교육학은 실험화 과정을 통해 인간을 대상으로 다양한 방법론에 입각하여 어떤 준거에 비추어 타당도에 접근하기 위한 타당화만이 논리적으로 가능하다. 이는 사물이나 자연현상은 실험을 통해 검증되지만 사고과정이나 의식, 개념이 끊임없이 바뀌고 복잡한 사람을 대상으로 한 지구과학교육학에서는 실험의 증거나 결과를 증명해 내기란 어려운 일이다. 다시 말하면 사물이나 자연현상을 대상으로 하는 지구과학은 어떤 변인들, 예컨대 온도나 압력 등을 고정시키거나 통제하여 실험을 할 수 있다.

그러나 지구과학교육학에서는 사고나 개념, 성격, 지능 등 다양하고 복잡한 변인을 통제하거나 고정시켜 실험하기란 실로 불가능하다. 따라서 실험 및 통제집단을 비교하거나 변인을 통제한 상황에서 실험화를 통한 다양한 방법을 체계적으로 취급하는 방법론의 수행이 추구되며 의미 있는 결과가 논리적으로 존재하는지를 해석하고 평가한다(Cook & Campbell, 1979). <표 2-3>에서 학문의 성격상 추구되는 방향이 절대적인 구분이라고 단언할 수 없으며 이는 단지 상대적 관점에서 구분된 것이다.

3) 지구과학교육학의 구조적 모델

지구과학교육학의 개념적 구조를 체계적으로 기술하기 위해서는 <표 2-4>에서 볼 수 있는 바와 같이 지구과학교육학의 10개영역을 구체화시켜 각 영역별 준거와 주요내용을 토대로 지구과학교육학의 개념적 구조를 나타내면 다음과 같다.

〈표 2-4〉 지구과학교육학의 영역

지구과학 교과 내용학	지구과학교육학
천문학 기상학 해양학 지질학 지구물리학	지구과학교육사
	지구과학교육 목표론
	지구과학 지식 구조론
	지구과학 학습론
	지구과학 지도론
	지구과학 교재론
	지구과학교육 평가론
	지구과학교육 연구
	지구과학교육 정책론
	지구과학교육 실습

가) 지구과학교육사

지구과학과 지구과학교육학에 대한 역사적 접근은 지구과학교육의 시대적 흐름을 이해하고 미래를 위한 지구과학교육의 역할과 기능을 조명해 볼 수 있는 좋은 기회를 제공해 준다. 지구과학교육사의 내용구조는 다음과 같이 나타낼 수 있다.

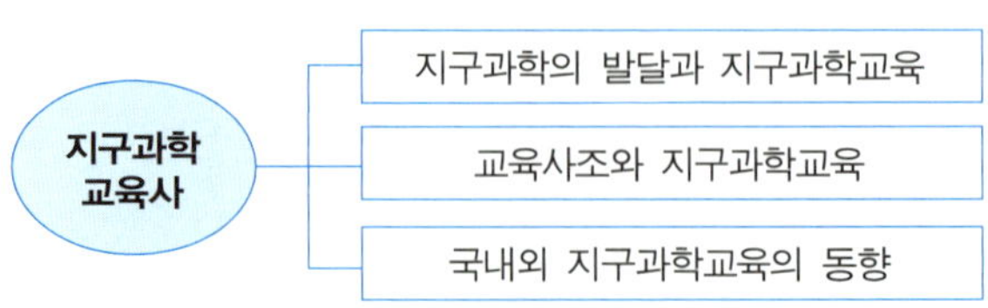

[그림 2-4] 지구과학교육사의 내용구조

나) 지구과학교육 목표론

지구과학 지식의 꾸준한 증가, 특히 20세기에 들어서면서 폭발적인 증가는 학생들에게 무엇을 가르쳐야 하는가, 어떠한 기준에 의해 가르칠 내용을 선택할 것인가 등의 질문을 더욱 심각하게 던져주고 있다. 이러한 질문에 해답을 추구하려는 노력이 바로 지구과학교육 목표론의 관심 분야이다. 지구과학교육 목표를 어떻게 설정하였는가는 차후의 지구과학 교과서 및 기타 교재 개발, 학습지도의 방법 및 결과의 평가에 절대적인 영향을 미치게 되므로 교육목표의 설정은 지구과학교육 목표론의 이론과 실제에 근거하여 신중히 이루어져야 할 것이다. 이러한 지구과학교육 목표론의 주요 내용 구조는 다음과 같이 나타낼 수 있다.

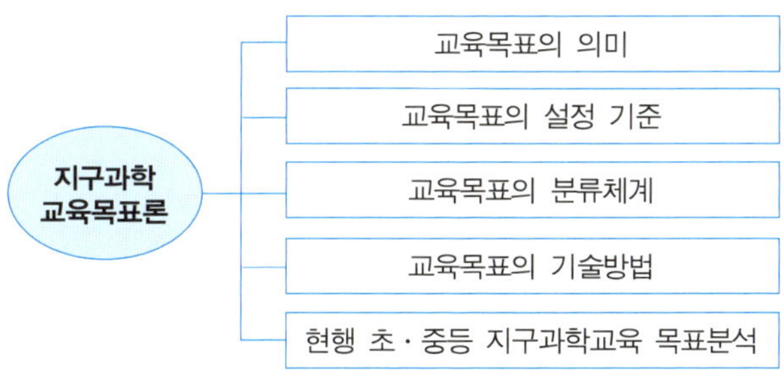

[그림 2-5] 지구과학교육 목표론의 내용구조

다) 지구과학 지식 구조론

지구과학을 잘 가르치기 위해서는 지구과학 자체에 대한 깊은 이해가 필요하고, 이는 지구과학 지식의 단편적 암기보다는 체계적인 지식의 습득을 요구한다. 그러므로 지구과학의 영역과 범주, 지구과학의 개념체계, 지구과학 학습 내용의 조직 방법 등에 대한 학습을 통하여 지구과학 및 지구과학 교과의 지식 구조를 이해하는 것이 유능한 지구과학 교사가 되기 위한 필요조건이라고 말할 수 있다. 지구과학 지식 구조론의 내용 구조는 다음과 같이 나타낼 수 있다.

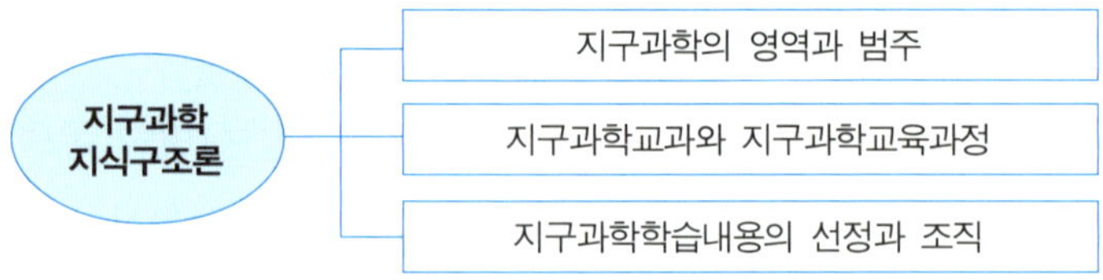

[그림 2-6] 지구과학 지식구조론의 내용구조

라) 지구과학 학습론

유능한 지구과학 교사가 되기 위해서는 학습자의 심리상태, 인지구조와 학습현상 등 학습자 변인에 대한 이해가 필요하다. 이에 대한 이해와 교육활동에 적용이 없다면 교육은 학습자의 관심과 능력을 무시한 일방적이고 비효율적인 것이 될 것이다. 지구과학 학습론의 내용 구조는 다음과 같이 나타낼 수 있다.

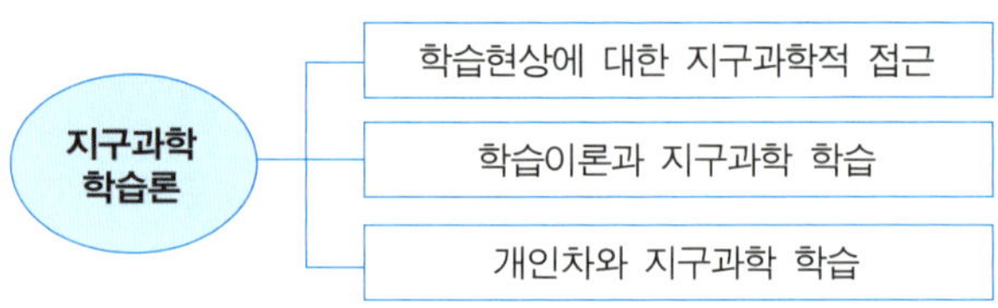

[그림 2-7] 지구과학 학습론의 내용구조

마) 지구과학 지도론

지구과학 지도론은 학습 현상에 대한 이해를 기초로 효율적인 학습 지도 방법을 모색하는 데 도움을 준다. 지구과학을 잘 가르치기 위해서는 학습자와 학습 현상에 대한 이해만으로는 부족하고 특정한 교육목표와 교육 환경에 부합하는 학습 지도방법을 개발 혹은 선택하고 적용할 수 있어야 한다. 지구과학 지도론의 내용 구조는 다음과 같이 나타낼 수 있다.

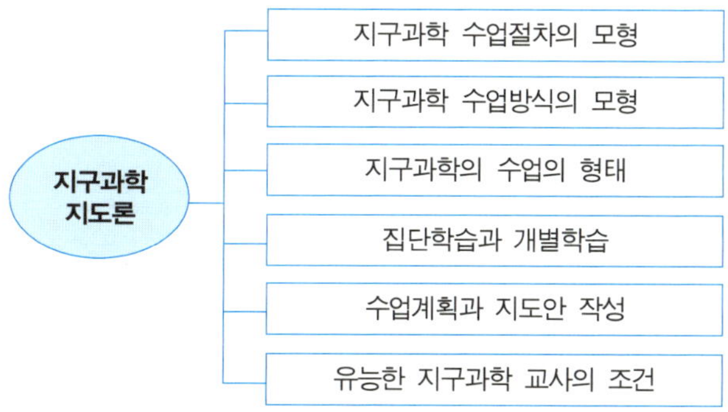

[그림 2-8] 지구과학 지도론의 내용구조

바) 지구과학 교재론

지구과학교육의 매체로 사용되는 지구과학교육의 시설과 교재는 학생들의 학습 성취도에 직접적 영향을 줌으로 지구과학 교사는 이에 대한 올바른 이해와 적절한 활용방법을 숙달해야 할 것이다. 지구과학 교재론의 내용구조는 다음과 같이 나타낼 수 있다.

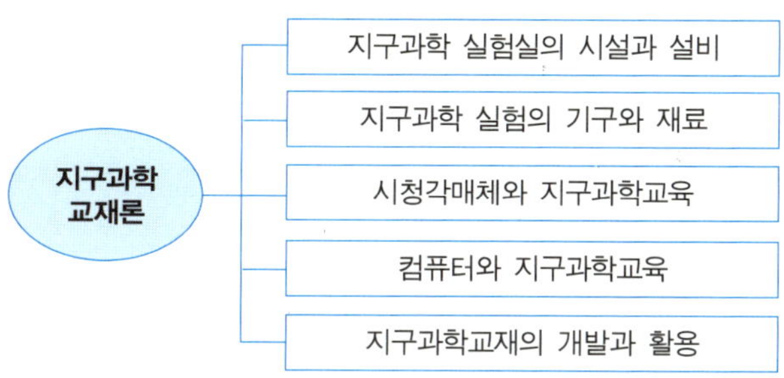

[그림 2-9] 지구과학 교재론의 내용구조

사) 지구과학교육 평가론

지구과학 학습 목표의 달성 정도, 즉 학생들의 학습 성취도에 대한 평가 결과는 지구과학교육의 성패를 가름하는 척도가 될 뿐만 아니라, 지구과학교육의 계획과 향상에 이용될 수 있다. 이러한 중요한 기능을 가진 지구과학교육 평가에 대해 지구과학 교사는 그 이론과 원리 및 적용 방법을 숙달하고 있어야 할 것이다. 지구과학교육 평가론의 내용 구조는 다음과 같이 나타낼 수 있다.

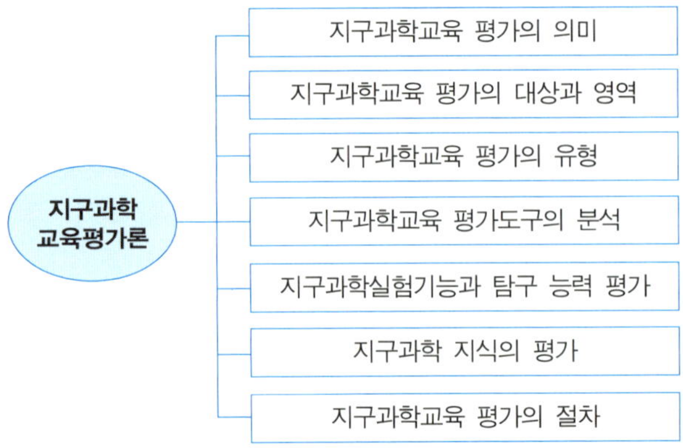

[그림 2-10] 지구과학교육 평가론의 내용구조

아) 지구과학교육 연구

지구과학교육의 향상을 위해서는 지구과학교육의 문제점을 찾아내고 개선 방안 혹은 해결책을 모색하는 노력이 부단히 계속되어야 하며, 이를 위해서는 지구과학 교사도 지구과학교육의 연구 방법을 숙지하고 실제 연구 수행 능력을 갖추어야 할 것이다. 지구과학교육 연구의 내용 구조는 다음과 같이 나타낼 수 있다.

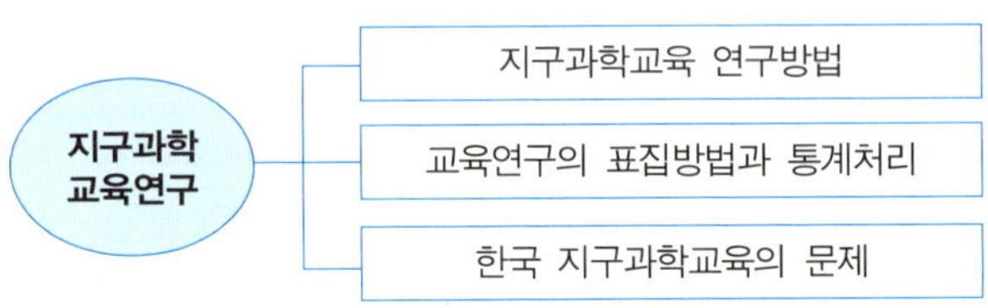

[그림 2-11] 지구과학교육 연구의 내용구조

자) 지구과학교육 정책론

지구과학교육을 위한 행정 및 재정 지원 체제는 지구과학교육의 제반 활동에 직접 혹은 간접적으로 영향을 주고 있다. 지구과학교육의 향상을 위해서는 지구과학교육 연구도 중요하지만 행정 및 재정적 뒷받침이 없다면 연구 결과가 제시하는 개선 방안이 하나의 공론에 그치고 말 것이다. 지구과학교육 정책론의 내용 구조는 다음과 같이 나타낼 수 있다.

[그림 2-12] 지구과학교육 정책론의 내용구조

차) 지구과학교육 실습

지구과학교육학의 이론과 원리를 현장에 적용하고 숙달하는 과정은 지구과학 교사가 되기 위해서 필수적인 과정이다. 이 과정을 통하여 지구과학교육학의 이론과 원리가 수정 보완되고, 제한점과 적용 범위가 재인식되며, 이론과 실제의 차이가 축소될 수도 있다. 지구과학교육 실습의 내용 구조는 다음과 같이 나타낼 수 있다.

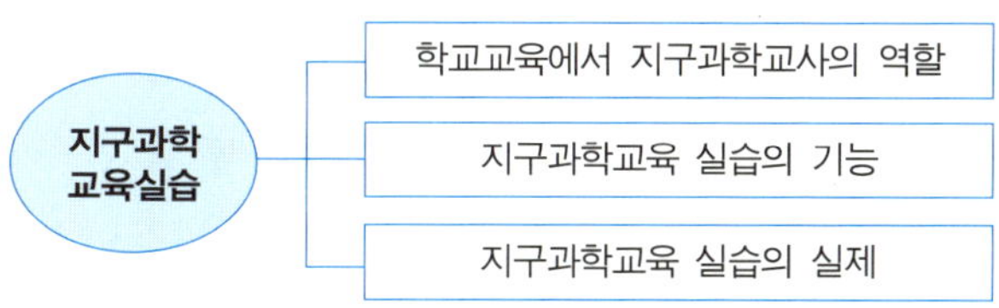

[그림 2-13] 지구과학교육 실습의 내용구조

이상과 같이 지구과학교육학의 영역과 범주를 논의하고, 그 내용의 개념적 구조를 체계적으로 기술하였다. 지구과학교육학을 10개의 영역으로 나누어 기술하였는데 각 영역은 그 중요도와 내용의 분량에 있어 동일한 것은 아니다. 그러나 지구과학 교사로서의 자질을 구비하기 위해서는 모든 영역에 대한 균형 있는 지식과 능력의 숙달이 요구된다.

마. 지구과학교육학의 전망

지금까지 교과교육학으로서의 지구과학교육과 그 구조적 모델에 대하여 살펴보았다. 지구과학교육학은 대부분 사범계 대학의 지구과학교육학과에서 교사를 양성하기 위해 교육되어져야 하나 실제로 그 교과운영 실태는 미흡한 것으로 추측된다. 그 이유는 전문 지구과학 교과교육학자의 부재가 가장 큰 원인 중의 하나라고 생각된다. 사실 지구과학교육학과는 우리의 교육제도에만 존재하는 실정이고 일반적으로 미국 등 외국에는 지구과학교육학과가 없다. 미국, 영국 등 외국에서는 대개 지구과학과(Department of Earth Science)가 있으나 이는 일반대학 또는 자연대학에 설치 운영되며, 교사 양성이 목적이 아닌 자연과학자 또는 지구과학자(Earth Scientist)의 양성을 목표로 하고 있다. 외국에서의 지구과학 교사나 지구과학 교육자(Earth Science Educator)의 양성은 미국의 경우, 모든 주가 동일하지는 않으나, 일반적으로 과학교육학과(Department of Science Education)나 중등교육학과(Department of Secondary Curriculum & Instruction)에서 배출되고 있다. 이들 학과에서는 순수 교과교육학만 이수하며 교과내용학(지구과학)은 관련되는 전공학과에서 이수하도록 되어 있다. 앞에서 언급한대로 사범대학이나 교사양성대학에서 분명히 그 양성 목표가 일반대나 자연대와는 다르다. 따라서 지구과학교육학과와 지구과학과는 엄밀히 차이가 있다. 지구과학교육학과는 지구과학 교과교육자 양성에 그 목표가 있다. 즉 교과내용학, 교육학, 교과교육학의 영역이 균형 있게 운영되어야 한다. 그러나 현재의 실정은 교과내용학 중심으로 교육과정이 운영되며 교과교육학의 영역이 부재된 상태이다. 다시 말하면 지구과학교육학과는 천문, 기상, 해양, 지질 등의 교과 내용영역에 따라 각 분야별로 혼합, 운영되며 통합적 지구과학교육학을 소홀히 되고 있다. 이는 자칫 나무는 보면서 숲은 보지 못하는 결과를 초래하는 우려가 있다.

결론적으로 말하면 지구과학과와 지구과학교육학과는 그 목표상 분명히 다르다는 것을 지적해 두지 않을 수 없다. 따라서 사범계 대학의 지구과학교육학과에서 지구과학 교과교육학을 담당할 전문 교육자의 역할이 증대되어야 할 것으로 생각된다. 이를 위해서는 국가적 차원에서 지구과학 교과교육학자 양성에 많은 지원과 노력이 따라야 하겠다.

4 과학적 소양과 지구과학교육

가. 과학적 소양의 필요성

우리 인간은 주어진 환경에 순응하고 적응하면서 지금까지 진화해 왔다. 이러한 우주론적 원리는 인간이 자연의 섭리를 따르고 있다는 뜻이다. 물론 인간이 환경을 변화시키고 또 환경이 인간의 사고와 행위를 변화시켜 오는 것도 사실이다. 그러나 궁극적으로는 인간이 자연의 섭리를 따르는 것이지 자연이 인간의 의지작용을 따르는 것은 결코 아니다.

이러한 측면을 고려하여 우리나라의 7차 과학과 교육과정을 개정하면서 국민 공통 기본 과정을 마친 모든 시민들이 일정한 수준의 과학적 소양을 지니기를 기대하고 있다. 그러나 현실은 과학적 소양에 대한 이해가 매우 부족한 실정이다.

1996년에 미국의 국가연구위원회(NRC)가 과학교육의 국가적 표준인 '국가과학교육기준'을 발표하였다. 여기에서도 프로젝트 2061에서 제시한 과학적 소양을 국가 과학 목표로 설정하였으며 과학적 소양의 필요성을 다음과 같이 제시하였다.

일상생활에서 부딪히는 수많은 각종 일들에 대한 의사결정을 위해서는 과학적 정보를 사용할 필요가 있으며, 과학과 기술이 관련된 중요한 논쟁들에 대해서 다른 사람들과 이야기하고 함께 토론하는 일에도 지적으로 참여할 수 있어야 한다. 또한, 사람들은 누구나 자연 세계를 이해하고 배우면서 느낄 수 있는 즐거움과 개인적 성취감을 누릴 권리가 있다.

직장생활에서도 선진기술을 필요로 하는 일들이 많아지고 있는데, 여기에는 학식, 합리적 사고, 창의적 생각 그리고 스스로 의사를 결정하며, 문제를 해결하는 능력을 갖춘 사람이 우선적으로 필요하다. 과학과 과학의 과정에 대한 이해는 바로 이러한 능력들과 직결된다. 이러한 과학에 대한 이해는 개인의 성취감과 즐거움을 가져다주는 것이기 때문에 이것은 모든 사람들이 함께 누려야할 혜택이다. 아울러 우리들의 일상생활에서 합리적 의사결정과 문제해결을 위하여 과학적 정보와 사고방식을 필요로 하는 문제들이 점점 늘어나고 있다.

나. 과학적 소양의 정의

미국 국가연구위원회는 과학적 소양을 '개인적인 의사결정, 사회적 문화적 사건에의 참여, 경제적 생산성을 위해 필요한 과학적 개념과 과정에 대한 지식과 이해'로 정의한다(NRC, 1997). 이 과학적 소양은 서로 다른 형태와 단계로 설명될 수 있다. Bybee(1997)는 과학적 소양의 체계를 5단계로 구분하여 과학교육을 통해 학생들이 성취할 수 있는 척도를 다음과 같이 제시하였다.

제1단계-과학적 소양의 문맹(Illiteracy): 연령, 성장단계, 성장장애 등으로 과학관련 질문이나 내용을 과학영역과 관련시킬 수 있는 능력이 없는 사람을 말한다.

제2단계-명목상 과학적 소양(Nominal Scientific Literacy): 이 단계는 단순히 과학적 용어, 질문, 주제가 과학과 관련된다는 사실만을 인지하는 낮은 수준의 과학적 소양을 지니고 있음을 의미한다. 과학적 현상을 최소한으로 인지하는 수준이며, 인지심리학자들은 이를 오개념으로 간주하기도 한다. 이해수준이 매우 부족하여 이해한 내용들을 서로 연결할 수 없다.

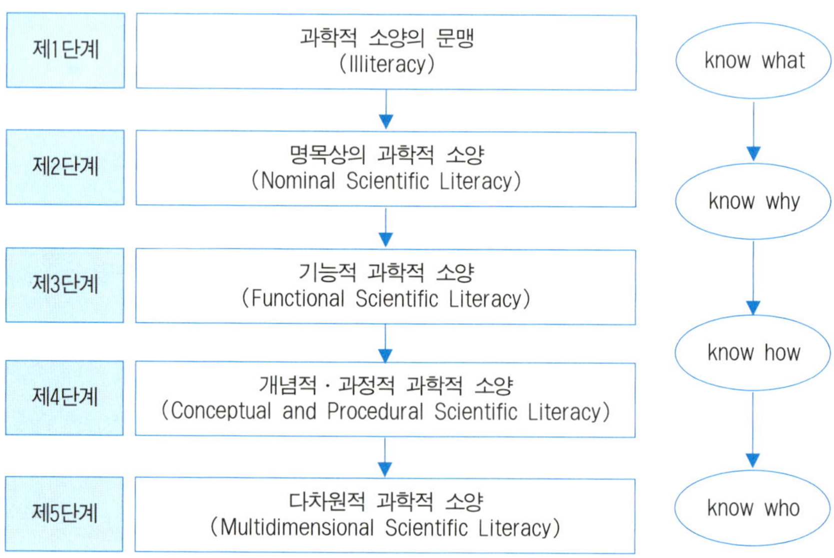

[그림 2-14] 과학적 소양의 단계별 구조

제3단계-기능적 과학적 소양(Functional Scientific Literacy): 한정된 특정 상황에서만 과학용어를 사용할 수 있는 수준을 의미한다. 예로서, 신문기사를 읽고 과학용어를 정의하거나 TV프로그램을 시청하는 정도로 과학 개념에 대한 이해수준은 일련의 용어를 암기하는 차원이다. 지구과학의 판구조론은 지구는 여러 개의 판으로 구성되고 이들은 상호작용을 통하여 여러 가지 변화를 유발한다는 정도의 이해로 그칠 따름이다.

제4단계-개념적 · 과정적 과학적 소양(Conceptual and Procedural Scientific Literacy): 하나의 과학개념을 학문으로서의 총체적인 의미와 탐구 과정의 방법으로 이해하는 수준이다. 예로서, 지구과학의 판구조론의 개념을 판의 성질, 판의 운동, 판의 운동에너지, 맨틀의 대류, 판의 경계에서의 상호작용 등이 통합적 개념체계로 이해한다. 개념을 실제적으로 이해하고 있는 수준으로 이 개념을 과학실험에 적용하여, 관찰하고 가설을 세우며, 실험상의 적용 가능 범위와 한계, 최적치를 이해하고 있다.

제5단계-다차원적 과학적 소양(Multidimensional Scientific Literacy): 주어진 각각의 맥락에서 과학의 개념을 통합적으로 이해할 수 있는 단계이다. 철학적, 역사적, 사회적 영역을 이해하는 것을 포함한다. 문화적 측면에서 과학을 이해하고 체험할 수 있으며, 과학의 다른 영역, 과학과 기술을 사회문제나 사회의 발전방향으로 연결시킬 수 있는 수준이다. 예를 들어 판구조론에 의한 여러 가지 지질현상을 이해하고 이들이 미치는 영향을 종합적으로 분석하며 이에 따른 문제 해결을 위하여 과학과 기술, 사회를 관련지을 수 있는 단계를 의미한다.

위의 5단계에 비추어 볼 때, 21세기 과학교육을 통해 성취해야 할 궁극적인 목표는 제 5단계의 다차원적 과학적 소양임을 단정할 수 있다. 단계별 특징에 따른 과학적 소양은 과학의 정보와 사실의 'know what'의 수준에서 벗어나 과학의 과정과 과학적 방법 및 태도를 내포하는 'know why'와 'know how'를 포함하고, 나아가 'know who'의 총체적인 개념의 상위 단계를 추구함을 알 수 있다.

다. 과학적 소양인의 특성

미국 국가연구위원회는 과학적 소양을 갖춘 사람을 과학적 소양인라고 부르고 있다(NRC, 1997). 일반적으로 "과학적 소양을 갖춘 사람이란 과학과 기술이 개인 생활에 어떻게 영향을 주는 지를 이해하는 사람"이다. 이러한 점들을 고려하여 NSTA는 과학적 소양을 갖춘 인간이 지녀야할 특성 13가지를 다음과 같이 열거한다.

① 과학개념, 탐구 과정 기능, 가치를 일상생활의 책임감 있는 의사 결정에 이용한다.
② 과학, 기술이 사회에 미치는 영향과 사회가 과학과 기술에 미치는 영향을 이해한다.
③ 사회는 여러 가지 지원을 통해서 과학과 기술을 통제함을 이해한다.
④ 과학과 기술이 인류의 복지 증진에 기여하는 유용함은 물론 그 제한점도 인식한다.
⑤ 과학의 주요 개념, 가설 및 이론을 알고, 이것들을 사용할 수 있다.
⑥ 과학과 기술이 제공하는 지식 자극을 인식한다.
⑦ 과학지식의 생성은 탐구 과정과 개념적 이론에 의존함을 이해한다.
⑧ 과학적 증거와 개인적 견해를 구별한다.
⑨ 과학본질을 인식하고, 과학적 지식은 잠정적, 증거축적에 따라 변한다는 것을 이해한다.
⑩ 기술의 응용과 이에 따른 의사 결정을 이해한다.
⑪ 과학 연구의 가치와 기술 발달을 인식할 수 있는 풍부한 지식과 경험을 가진다.
⑫ 과학 교육의 결과로서 보다 심오하고 멋진 세계관을 가진다.
⑬ 믿을 만한 과학적 및 기술적 정보원을 알며, 이러한 정보원을 의사 결정 과정에 활용한다. 등이다.

라. 과학적 소양을 위한 STS 교육

1) 과학적 소양 교육의 시작

과학적 소양이라는 용어는 Wilkinson(1947)이 '모든 이를 위한 과학(Science for all)'이라는 강의에서 처음 사용하였고, Hurd(1958)에 의해 과학교육 목표에 과학적 소양이 처음 도입되었으며 그는 과학적 소양을 과학의 이해와 이를 사회경험에 적용하는 것으로 설명하였다.

Pella(1967)는 과학적 소양을 사회와 관련시켜 과학과 사회의 상호작용 및 과학적 방법을 이해하고, 과학의 기초적 개념과 개념체계를 알며 과학과 기술의 차이를 이해하는 것으로 정의하였다. 즉, 초기에 과학적 소양은 과학 관련 지식과 정보를 이해하고 관심을 갖는 것 정도로 인식되었으나 점차적으로 사회와의 연관성이 강조되었다.

Roy(1984)는 "STS는 과학과 기술과 사회에 대한 공통적이고 통합적인 교육이다. 전통적인 교육은 학문을 분리한 측면에서 다루지만 STS는 과학과 기술과 사회를 통합적인 측면에서 다룬다. 그러므로 STS교육은 현대 과학기술 사회에서 학생들이 '과학적 기술적 소양'을 갖추는데 유의미한 방법이다." 라는 말로 STS교육을 표현했다.

Hofstein(1988)은 "STS는 일반적으로 과학을 기술적 사회적인 환경 하에서 가르치는 것을 의미한다. 학생들은 자연(science content)에 대해서 '인간이 만든 기술 세계(technology)'와 '학생이 일상생활에서 경험하는 사회 세계(society)'를 통합하여 이해하려는 경향을 가진다. STS교육은 바로 학습의 이러한 측면인 과학-기술-사회의 상호 관련성을 학습한다"로 STS교육을 정의했다.

미국 과학교사협회는 NSTA Position Statement(NSTA,1982)에서 STS를 "인간의 경험적인 맥락에서 과학을 가르치고 배우는 것"이라고 정하였다. NSTA(1990)는 1982년에 발표했던 내용을 더 구체화시켜 1990년에 새로운 의견서를 발표했다. 이 의견서에는 STS교육의 목적이 "과학적으로 교양 있는 시민을 길러 내는 것"이라고 제시되어 있다.

과학과 기술에 관한 사회적 관심과 S-T-S교육의 등장으로 인해 학교 과학교육의 목적(aims)은 사회적 문제(논제, issues)를 더 잘 이해하며, 지성적으로 균형 잡힌 방식으로 사회 논쟁에 참여할 수 있는 능력 배양으로 확대되었다 (Eijkelhof et al., 1988).

2) 과학교육 목표로의 정착

오늘날 개인적으로나 사회적으로 우리 모두에게는 과학적 소양이 필요하다. 과학적 탐구의 산물로 가득 찬 현대 문명 생활에서 과학적 소양은 모든 사람들에게 필수 조건이 되고 있다. 따라서 세계 각국은 과학기술적 소양을 지닌 인력을 확보하기 위해 많은 노력을 하고 있다. 이러한 세계적인 추세에 발맞추기 위해서는 전 국민이 과학적 소양을 함양할 필요가 있다. 따라서 세계 각국은 과학교육의 목표로서 과학적 소양을 갖춘 시민이라는 이상을 구체적으로 제시하고 있다.

1971년 미국 과학교사협회(NSTA)는 과학적 소양을 과학교육 목표로 제시하며 과학적 소양을 다음과 같이 설명하였다.

> 과학적 소양을 가진 사람은 다른 사람들이나 주위환경과의 상호 작용에서 일어나는 의사 결정에서 과학의 개념, 과학의 과정, 기술, 그리고 가치를 사용하며, 사회 · 경제적 발달, 과학, 기술 및 사회의 다른 여러 측면들 간의 상호 관련성을 이해한다(NSTA, 1971).

1982년 미국 과학교사협회는 과학교육 목표로 과학적 소양을 강조하면서 STS를 과학적 소양 교육의 중심에 두었다. 미국 과학교사협회가 제시한 과학적 소양인은 다음과 같다(NSTA, 1982).

> - 과학, 기술, 사회가 서로 어떻게 영향을 미치고 있는가에 대하여 이해한다.
> - 일상생활의 의사결정에 있어 과학적 지식을 사용할 줄 안다.
> - 사실, 개념, 개념 조직, 그리고 논리적 학습을 가능하게 하는 탐구 과정 기능 등에 근거한 상당한 지식을 가지고 있다.
> - 사회 속에서의 과학과 기술의 가치를 평가함과 동시에 그것들의 한계를 인정한다.

그러나 그 당시 위에서 언급한 과학적 소양의 요소들이 학교 교육과정에 제대로 반영되지 못하였다. 1983년 미국은 교육개혁을 위한 보고서 '위기에 처한 국가(The Nation at Risk)'를 발표하여 현 과학교육의 문제점을 지적하면서 '과학적 소양'에 대한 요구가 더욱 증대되었고, 미국과학진흥협회(AAAS)는 과학교육개혁을 위하여 1985년에 '프로젝트 2061(project 2061)'이라는 연구단을 구성하였다.

1989년 출간된 연구 보고서 '모든 미국인을 위한 과학(Science for All American) (AAAS, 1989)'에서는 과학적 소양을 학교 과학교육의 목적으로 설정하고 이를 다음과 같이 설명하였다.

- 과학의 주요한 개념과 원리를 이해한다.
- 과학적으로 사고할 수 있는 능력을 개발한다.
- 상호 작용하는 방식을 이해한다.
- 자연세계와 친숙해지고 그에 나타나는 통일성을 인식한다.
- 과학 · 수학 · 기술이 인간의 산물이며 이의 장점과 한계를 인식한다.
- 과학지식과 사고방식을 개인 및 사회생활 발전의 목적으로 사용한다.

3) 과학적 소양을 위한 접근 방법

과학적 소양을 위한 STS교육에서 학자들은 기술, 사회 간의 상호관계를 학문적으로 연구하며 이들의 상호관계를 두 가지 측면에서 개념화 하였다(Spiegel-Rosing, 1977). 즉, 과학 정책 연구(science policy studies)와 과학 사회학(the social studies of science)이다.

이 두 가지 연구 측면은 S-T-S교육에 적용함으로써 STS 교육 연구의 두 가지 접근 방법으로 되었다. 하나는 사회적 문제 중심(Social Issues Approach)이고 또 하나는 과학의 사회적 요소 중심(Social Aspects of Science Approach)이다(Rosenthal, 1989).

가) 사회문제 접근 방법

현대 생활은 과학적/기술적 차원의 사회적 논제(issues)로 가득 차 있다. 상황(situation)이란 어떤 사건이나 인물의 상태가 과학과 기술의 영향으로 위험에 처했을 때 발생한다. 이런 상황은 매우 특별한 문제를 유발하며, 이런 문제에 대한 해결책이 합의되지 않을 때 논제(issues)가 발생하게 된다.

과학, 기술, 사회간의 상호작용에 대한 연구 중 과학 정책 연구(science policy studies)는 우리 사회에서 현재 발생하는 문제(issues)를 주로 다루며 자원 관리, 에너지 보존, 인구 증가와 같은 주제들이 포함된다. 이러한 사회적 논제에 근거를 둔 S-T-S교육 연구 방법은 과학, 기술, 사회에서의 특별한 주제나 문제를 다루게 된다.

S-T-S과정에서 교사와 학생이 함께 생각해야 할 부분이 바로 현대 사회의 논쟁 여지가 되고 있는 주제 선정이라 할 수 있다. NSTA의 Project Synthesis

에서는 조직화된 S-T-S과정이 거의 없다는 판단하에 다음과 같은 8가지의 가능한 주제 영역을 제시하고 있다(Harms & Yager,1981).

- 에너지(Energy)
- 인구(Population)
- 인간공학(Human Engineering)
- 환경문제(Environment Quality)
- 천연자원의 이용(Utilization of Natural Resources)
- 국방 및 우주개발(National Defence and Space)
- 과학 사회학(Sociology of Science)
- 기술개발의 효과(Effects of Technological Development)

나) 과학 사회학적 접근 방법

이 방법은 과학의 사회학적 측면에서 과학-기술-사회에 접근한다. 과학의 사회적 요소로서 철학적,사회학적,역사적,정치적,경제적,인간적 요소들이 거론된다. 대부분의 STS 과정을 살펴보면 그것이 비록 특별한 사회 논제를 교수-학습에 이용하는 경향이 있을지라도 과학의 사회적 측면 즉, 과학사회학에 일치하는 광의의 목적을 진술하고 있음을 알 수 있다.

과학-기술-사회 간의 상호관계 연구방법 중, 과학사회학(the social studies of science)이란 다른 분야의 관점에서 과학을 어떻게 보느냐 하는 것으로 과학 철학, 과학사 등을 들 수 있다. 이러한 과학의 사회적 측면을 과학, 기술, 사회간의 상호작용 연구에 이용하는 방법이 또 하나의 S-T-S교육 연구 접근 방법이다.

Hurd와 Gallagher (klopfer,1968)는 "과학의 사회적 측면과 관련된 목표"의 4가지 주요 목록으로 과학의 사회-역사적 발전, 현대 과학 정신, 과학의 사회적 문화적 관계, 과학의 사회적 책임감을 제시했다. 과학의 사회적 측면은 Ogden과 Jackson(1978)의 "문화적 인식 목표들"과 유사하며 여기서는 "문화적 인식 목표들"에 Rosenthal(1989)이 과학의 역사적 측면을 하나 더 부가한 전체 6가지의 목록을 제시한다<표 2-5>.

〈표 2-5〉 과학의 사회적 측면

목 록	관 련 분 야
철 학 (philosophical)	과학 철학(특히 인식론과 도덕학); 사회가 철학에 영향을 미치는 방법; 과학적 발견이 사회에 주는 충격 ; 과학자의 사회적 책임
사 회 학 (sociological)	과학적 지역사회의 사회학; 사회에 대한 과학과 기술의 영향; 과학적 기술적 진보에 미치는 사회의 영향력 ; 사회문제를 해결하기 위한 과학과 기술사용의 가능성과 한계
역 사 (historical)	과학과 기술학의 역사; 과학과 기술이 역사의 흐름에 어떤 영향을 주었는가? ; 과학과 기술의 향상에 대한 역사적 사건의 효과
정 치 (political)	과학, 기술, 대중, 정부와 법 체제간의 상호작용; 과학과 기술에 관한 결정; 과학과 기술의 정치적 선용과 남용; 과학, 기술, 국가 방위; 국제 정치
경 제 (economic)	경제 조건과 과학과 기술의 상호작용; 경제발전에 대한 과학과 기술의 공헌 ; 과학과 기술에 영향을 주는 경제적 요인; 과학, 기술, 산업; 소비주의 ; 과학과 기술의 고용 효과
인 간 (humanistic)	과학과 기술의 미적, 창조적, 문화적 측면; 문학과 예술에 대한 과학과 기술의 영향; 과학과 기술에 대한 인간성의 효과

위의 두 가지 접근 방법은 S-T-S과정에서 병행되고 있다. Yager(1986)에 의하면, S-T-S프로그램은 문제(problems), 즉 사회 논제(issues)를 근거로 조직화되는 공통적 특성을 갖는다고 할 수 있다. S-T-S과정과 전통적 과학 과정을 결합하는 S-T-S모듈(module)의 대부분은 주로 사회 논제 접근 방법을 이용하고 있으며, 과학의 사회적 측면 접근 방법은 S-T-S교육 목적에서 자주 거론되고 있다(Miller, 1984).

마. 지구과학적 소양

오늘날 과학적 소양과 함께 지구과학적 소양은 현대를 살아가는 지구촌 시대의 시민들에게 매우 중요하다. 우리나라에서는 7차 과학과 교육과정을 개정하면서 국민 공통 기본 과정을 마친 모든 시민들이 일정한 수준의 과학적 소양과 지구과학적 소양을 지니기를 기대하고 있다. 그러나 지구과학적 소양에 대하여 우리나라에서는 아직 생소한 개념으로 이해가 부족한 실정이다. 여기서 지구과학적 소양에 대하여 미국의 지구시스템 교육 목표와 내용을 중심으로 알아본다.

1) 지구과학적 소양의 성격

지구과학 지식의 발달과 현대사회의 관련성, 지구과학과 인간생활과의 관련 등의 내용에서 보듯이 중등학교에서의 지구과학교육은 지구과학자나 지구과학교육 전문가의 양성이 아니라 현대 사회를 살아가는 학생들에게 과학적 소양을 길러주는 것이 중요하다고 할 수 있다.

또한 지구과학의 학문적 특성을 고려할 때 과학적 소양의 함양에 적절한 과목이라고 할 수 있을 것이다.

오늘날 자연환경의 심각한 오염과 파괴 등은 지구를 여러 종류의 재앙으로 신음하도록 하고 있다. 이런 현상은 46억 년의 지구역사를 1년으로 볼 때 지금으로부터 불과 3초의 지극히 짧은 시간 내에 일어난 물질문명의 고속 성장에 기인한다. 이것은 영국의 고전경험론의 창시자 베이컨(F. Bacon)이 "방황하고 있는 자연을 사냥해서 노예로 만들어 인간의 가치에 봉사하도록 만들어야 한다"는 자연정복의 기치아래 무절제한 과학문명이 만들어낸 인간의 업보이다. 진실로 인간의 삶의 가치를 고양시키고자 한다면 현대 물질문명이 인간의 삶에 끼친 영향을 냉철하게 평가하고 또한 오늘날의 우리 문화가 어떤 방향으로 진행되고 있는가를 살펴보는 것이 중요하다고 할 수 있다. 이러한 지구적 재앙에 대비하는 통합과학 교육 운동이 미국에서 시작된 지구시스템 교육이다.

지구시스템 교육의 주요한 역할로서 '지구적 소양(Earth Literacy)'의 함양을 들고 그 구체적인 내용으로 첫째, 자연에 대한 이해, 둘째, 현대 사회에서 기술 공학의 역할 이해, 셋째, 지구환경의 복잡한 상호 작용 이해, 넷째, 인간과 지구에 대한 이해 향상에 기여 등을 들고 있다.

지구적 소양(Earth Literacy)이란 과연 무엇인가? 이것은 지구과학적 소양으로도 부를 수 있는데 그 의미는 '지구를 하나의 시스템(계 또는 체제)으로 보고 상위의 지구시스템과 이를 구성하는 하위시스템 즉, 암석권, 수권, 기권, 생물권으로 설정하여 이들 시스템이 끊임없이 상호작용을 통하여 변화해 간다'는 지구시스템 과학(Earth System Science)의 측면에서 지구를 이해하는 것이라고 볼 수 있다. 특히 앞 절에서 살펴 본 지구과학의 발달과 현대사회의 관계에서 보면 지구과학의 발달은 우리 인간의 생활에 혁명적 변화를 초래했다. 천동설에서 지동설에 이르기까지의 우주관의 변화, 온실효과, 지구 온난화, 오존층의 파괴, 대기 및 해양의 오염 등의 지구환경 변화, 이상기상, 엘니뇨와 라니냐, 지진, 화산, 해일, 홍수, 황사, 산사태, 우주재해 등의 자연재해, 에너지 자원, 광물자원, 수자원 등의 자원고갈과 자원의 탐사 활동, 오염물질 배출 규제를 목적으로 하는 국제 기후 협약 등으로 인한 국제 정치무역 질서의 변화 등은 지구과학 관련 과제들로써 이에 대한 이해와 대처를 위해서는 지구과학적 연구가 필수적이다. 따라서 지구적 소양을 지닌 사람은 정책적, 경제적 의사결정을 해야 할 때 그것이 지구계와 각 하위계, 나아가 지구의 미래에 미치는 영향에 대해 먼저 고려하게 될 것이다. 이러한 의사결정 능력을 갖춘 사람이 지구과학적 소양을 갖춘 사람이라고 할 수 있을 것이다.

5 지구시스템 교육(Earth System Education)

가. 지구시스템 교육의 기초

현재의 과학 교육은 과학의 각 교과 사이의 구분을 강조하지 않는 쪽으로 새로운 움직임이 강하게 나타나고 있다. 따라서 독특한 학문체계와 내용을 갖고 있는 각각의 과목들을 통합하려면 각 과목들을 하나로 묶을 수 있는 공통 주제가 필요하다. 물리, 화학, 생물, 지구과학을 거시적 관점에서 지구계(Earth Systems)로 통합하려는 새로운 통합 교육과정이 ESE이다. 계(system)란 일반적으로 서로 상호작용을 하는 다양한 요소로 구성된 전체를 말한다. 지구도 대기, 물, 지각, 생물 등의 여러 요소들로 구성된 거대한 계로 하나의 유기체처럼 거동하고 있으므로 지구계로 간주할 수 있다. ESE는 학교 내에서 우리를 둘러싸고 있고 우리의 생활을 유지시켜 주는 지구계에 대한 시민의 이해를 증진시키고 지구의 가치를 인식시키기 위하여 고안된 보다 효과적인 프로그램이다. ESE는 지난 10년 이상 많은 과학자들과 과학교육자들이 과학교육과정의 재구성을 위한 많은 노력에서 태동하였다.

ESE는 모든 과학 교과에 초점을 맞추며, 행성으로서 지구를 새로운 과학

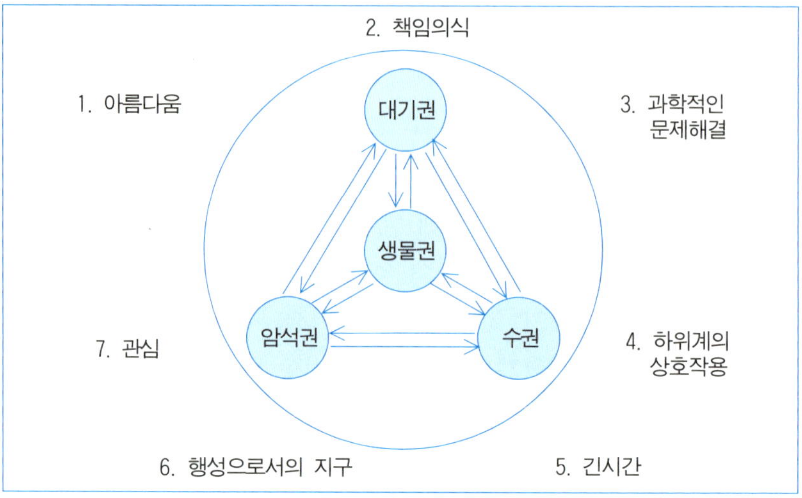

[그림 2-15] ESE의 모델

교육과정의 중심에 위치하게 한다. [그림 2-15]에서와 같이 지구는 네 개의 하위계 (대기권, 생물권, 수권, 암석권)로 구성된다. 이들은 유기적으로 연결되어 있고, 상호작용을 하며 서로 영향을 미친다. 이러한 인식으로부터 7개의 지구계 이해(Earth Systems Under-standings)의 틀이 형성된다.

자연 현상의 과정을 이해하는 데 필요한 기초 개념들은 지구의 하위계에서 다룬다. 예를 들어 '밀도'의 개념은 날씨와 기단을 학습할 때 배울 수 있다. 이것은 다시 해류를 배울 때 연결되며 지진과 화산활동을 설명하기 위한 판구조론과 관련된다. ESE는 우리의 환경 내에서 작용하는 과정들의 이해를 돕는 데 초점을 맞춘다. 또한 현재 세계가 직면하고 있는 많은 사회적 문제들을 연구하고 해결하는 데 매우 유용한 과학적 사고와 문제해결 과정을 사용한다. 이것은 과학적 소양에 대한 새로운 정의를 나타낸다.

모든 나라의 어린이들은 환경의 일부분으로서 날씨, 강물, 암석을 경험한다. 그들은 일출의 아름다움, 폭풍의 힘, 새의 노랫소리, 산의 평온, 흐르는 강소리, 가을날 낙엽 지는 숲의 아름다움을 관찰한다. 학생들의 자연 환경인 지구계는 모든 문화에 공통적인 주제이다. 그래서 그것은 관심과 범위에 있어 국제적인 통합된 과학교육과정에 기초를 제공한다.

지구계는 항상 변화하며, 그 변화는 두 가지 시간 규모로 일어난다[그림 2-16]. 하나는 수백 만년 규모로 판구조론과 생물의 진화와 같은 과정이고,

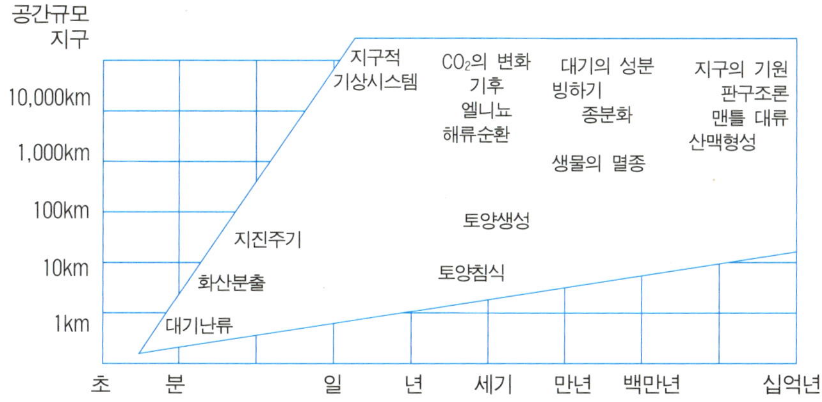

[그림 2-16] 지구계 과정들

다른 하나는 수십 년 또는 수세기의 시간 규모로 지구의 온난화와 산성비로 기술되는 과정이다. 후자의 변화는 인간에 의한 오염의 영향을 받는 것으로 생물권에 큰 영향을 준다. 이들 단기간의 변화에 대한 이해는 후세의 인류 및 생물계의 건강을 위해 필수적이다. 그러므로 미래의 과학교육과정 개발을 위한 중심이 되는 조직의 주제로서 지구계를 설정할 수 있다. 또 하나의 이유는 과학이란 결국 우리 삶의 터전을 이해시키고 우리가 그의 일부로 살아가는 방법의 시도이다. 다시 말하면 지구계를 이해시키려는 시도이다. 결국 ESE는 자연에 대한 이해, 현재 사회에서의 기술 공학의 역할, 다른 지역 사이의 환경의 복잡한 상호작용, 그리고 인간과 지구에 대한 이해를 도울 것이다.

1) 지구에 대한 소양의 필요성

과학적 소양이란 개인이 지극히 개인적인 문제나 문화적 행사에 참여할 때 또는 경제적 산물에 대해 결정을 내려야 할 때 요구되는 과학적 과정과 개념에 대한 지식과 이해를 말한다. 과학적 소양은 개인이 매일의 경험에 대해 의문을 가지고, 발견하고, 의사 결정할 수 있으며, 국가와 지역사회에서 과학기술과 관련된 문제에 대해 판단할 수 있게 한다. 그러므로 과학적 소양을 기르는 것은 과학교육의 중요한 목표가 될 수 밖에 없다. 이러한 과학적 소양의 형성은 과학 학습에 의해서만 이루어지는 것이 아니라 과학과 기술, 사회, 문화 등에 대한 다양한 안목이 조화롭게 균형을 이루었을 때 가능한 것이다.

현대 과학은 자연을 두려워하고 방어해야 할 대상으로 적대시하는 서양적 관점으로부터 발전하였다. 인간은 자연으로부터 자신을 보호하기 위한 수단을 고안해 왔고, 그 결과 과학은 이런 목적의 수단으로 발전하였다. 지구계 교육에서는 이러한 서양 철학에 균형을 맞추기 위해서 인간을 자연의 한 부분으로 간주하는 동양 철학을 접목시키고 있다. 동양 철학은 자연환경에 부정적 영향을 주는 과학의 적대적 요소를 극복하는데 도움이 된다(Mayer, 1997).

오늘날 오존층의 파괴, 지구의 온난화, 전 세계적으로 나타나고 있는 이상기후, 자원의 오남용에 대한 광범위한 인식이 이루어지면서 지구와 그 환경의 보호에 대한 관심이 증폭되어 왔다. 그럼에도 불구하고, 지금도 세계의 어느 곳에서는 지구와 그 환경을 파괴하는 일이 이루어지고 있을 것이며, 인류의 미래는 계속해서 위협받고 있다.

지구가 미래 세대에도 살아갈 수 있고 생산성이 있는 곳이 되게 하기 위해 우리는 지구에 대해 소양을 갖춘 과학자, 공학자, 정치가 및 산업가가 필요하며, 지구계의 하위계 사이의 관계를 이해하여야 한다. 과학자나 공학자에 의해 고무된 기업가가 현재까지 CFC를 계속 사용하고, 화석 연료의 사용을 증가시키고 방치했을 때 어떻게 될까? 만일 기업가나 정치 지도자가 지구에 대한 소양이 있고 종의 다양성과 생물권의 복지 및 미래 인간의 건강과 장기간의 경제적 복지 사이의 관계를 이해한다면, 우리는 단기간의 경제적 정치적 이익을 위해 밀림의 숲을 파괴하지는 않을 것이다. 또한 정치 지도자가 지구에 대한 소양이 있다면 정치가들은 화석 연료에 대한 우리의 의존성을 감소시키고 지구의 온난화와 관련된 장기간의 에너지 정책을 무시하지 않을 것이다. 과학과 산업 및 정치 분야의 지도자들이 그의 지도 활동에 의거해 보면 지구에 대한 소양이 없다는 것이 확인되고 있다.

민주 사회에 살고 있는 우리는 정치가들이 우리의 지구계에 우호적이 되는 정책에 초점을 맞추도록 하기 위해 지구적 소양을 지닌 시민이 되어야 한다. 미래의 과학, 산업, 정치의 지도자들과 시민들에게 지구계에 대한 지식을 보다 효과적으로 가르칠 학교 과학프로그램이 필요하다. 그리고 특히 중등교육과정에서 이러한 지식이 강조되어야 한다. 이것은 중등교육을 받은 학생들이 미래의 지도자가 되었을 때 그들의 정책과 활동에 이러한 지식들이 영향을 끼칠 것이기 때문이다.

나. 지구시스템 교육의 의의

지구시스템 과학은 미국 지구과학교사 모임인 PLESE(1990)에서 명명된 후 과학교육의 새로운 모델로 등장하게 되었다. 이후 과학자들과 과학교육자들의 과학교육과정 재구성 노력의 결과로 탄생하게 된 지구시스템 교육과정은 물리, 화학, 생물, 지구과학을 거시적 관점에서 지구계로 통합하려는 새로운 교육과정이다.

지구시스템 교육은 지구계 과학을 교육에 적용한 것으로 지구계에 대한 전체적인 시각과 이해를 강조하고 있다. 여기서 지구시스템 교육의 의의에 대하여 알아보면 다음과 같다.

첫째, 지구적 소양을 양성한다. 오늘날 과학적 소양과 함께 지구적 소양은 현대를 살아가는 지구촌 시대의 시민들에게 매우 중요하다. 이러한 때에 지구시스템 교육은 학교 현장에서 지구적 소양을 양성하는 주도적 역할을 할 것이다.

지구적 소양은 우리나라에서는 아직 생소한 개념이지만 21세기를 살아가는 시민들이 지녀야 할 기본적인 소양으로서 과학적 소양과 마찬가지로 반드시 필요한 것이다. 우리나라에서는 7차 과학과 교육과정을 개정하면서 국민 공통 기본 과정을 마친 모든 시민들이 일정한 수준의 과학적 소양을 지니기를 기대하고 있다. 그러나 아직까지 지구적 소양에 대한 인식은 부족하다고 생각된다.

둘째, 학생들의 과학적 탐구방법을 분절적인 사고에서 전체적인 사고로 전환시킨다. 학생들이 학교에서 배우게 되는 모든 활동 중심 과학 교육과정은 학생들에게 자료를 수집하고, 실험하고, 해석하는 것을 강조하는데, 이것은 경우에 따라서는 과학자들이 하는 탐구 활동을 실현해 보는 것이 될 수도 있지만, 학생들에게 과학이라는 것은 분석적인 사고를 통하여 정해진 방법대로 자연을 연구하는 것이라는 편협한 사고를 갖게 할 수도 있다.

자연을 연구하는데 있어서 역사적이고 기술적인(descriptive) 방법은 우리가 살고 있는 우주와 지구에 대한 보다 강력한 사고를 제공한다. 코페르니쿠스가 지동설을 발표하고 다윈이 진화론을 제창했다는 것을 부정하는 사람은 없다. 실제로 거기에는 어떠한 정해진 방법은 없었다. 과학 법칙은 실제 세계의 정보를 수집하고, 그 자료를 해석하고 분석하여, 세계를 움직이는 방법을 알게 되는 것이다. 실험을 하는 것은 자료를 얻는 하나의 방법일 뿐이다. 그러나 학생들은 과학이란 실험일 뿐이라고 믿는다. 학생들이 학교 수업에서 자연의 실제 현상을 장기간 관찰하고, 자료를 수집한다는 것은 매우 어려운 일이다.

그러나 오늘날에는 정보와 기술의 발달로 인하여 학생들이 여러 가지 정보를 인터넷이나 데이터베이스를 이용하여 얻을 수 있게 되었다. 이제 학생들은 과학자들이 사용하는 자료를 갖고 과학자들과 같은 방법으로 자료를 조작할 수 있게 되었다. 이러한 자료는 과학 수업에서 사용하도록 개발될 필요가 있다.

지구시스템 교육은 실험적 방법 외에 역사적이고, 기술적인 여러 방법들을 제시하고 있으며 그로 인하여 학생들에게 자연을 탐구하는 보다 전체적인 접근법을 제공한다. 지구시스템 교육에서는 지구계를 구성하는 하위계들을 분석하고 그들 각각을 연구하는 것이 아니라, 그것들은 전체를 이루는 부분이고 상호 의존적이며 끊임없이 상호 작용하는 커다란 계로 바라보는 거시적인 관점을 갖게 한다. 따라서 지구시스템 교육을 받은 학생들은 자연을 전체적인 관점에서 바라보게 되고 그 안에서 여러 가지 사실과 법칙들을 발견하게 될 것이다.

셋째, 지구시스템 교육은 훌륭한 통합의 주제를 제공한다. 근본적으로 과학의 연구 대상인 자연은 통합적인 것이다. 따라서 자연을 연구하는 과학도 통합적인 시각을 갖는 것이 바람직하다. 과학자들은 전통적인 과학의 영역을 고수하는 것에 한계를 느끼고, 과학을 각 영역에 묶어두는 것이 불필요함을 역설하였다(Mayer & Richmond, 1977). 미국을 비롯하여 전 세계적으로 과학교육과정을 위한 새로운 노력으로 과학 과목을 통합하려는 움직임이 강하게 나타나고 있다. 이것은 Project 2061의 목적에도 명확하게 나타나 있다(AAAS, 1989).

지구시스템 교육에서는 통합의 주제로서 지구계를 제시하고 있다. 과학은 근본적으로 지구에 대한 연구이다. 과학적 소양을 지닌 시민들이 과학에 대해 이해해야 하는 것으로서 물리, 화학, 생물, 지구과학에서 다루는 거의 대부분의 내용들은 지구에 속해 있는 사물과 현상에 대한 것이다. 그러므로 지구를 통합의 주제로 삼는 것은 매우 자연스러운 일이라고 할 수 있다. 이는 지구과학이 통합의 중심에 있고자 하는 것은 아니다. 통합 교육과정을 구성하고자 하는 많은 노력이 있었지만 그 결실을 보지 못했던 것은 통합의 과정에서 우위를 차지하고자 하는 교과간의 갈등과 여러 과학 과목을 원만하게 통합할 수 있는 개념적 주제의 부족에 기인한 것이라고 생각된다. 새로운 통합의 노력에 있어서 통합의 주제는 바로 지구계이다. 그것이 지구시스템 교육의 가장 큰 의미이다(Mayer, 1989).

다. 지구시스템 교육의 목표

미국 지구과학교사 모임인 PLESE(1990)에서 제시하고 있는 지구시스템 교육의 개념적 틀(Framework for Earth Systems Education)은 7가지 목표로 구성되어 있다. 이것은 각 영역에서 지구시스템 교육을 실현시키기 위한 내용을 선택하여, 교육과정 지침서를 구성하기 위한 기초를 제공하였다(Mayer, 1991b). 여기서 지구시스템 교육의 개념적 틀로써 지구시스템 교육의 목표를 알아보면 다음과 같다.

목표 1 : 지구는 유일하며, 아름답고 매우 가치 있는 행성이다.

- 지구의 아름다움과 가치는 문학과 예술을 통해 표현되어 왔다.
- 지구에 대한 인간의 이해는 지구의 하위계를 더 잘 이해함으로써 달성된다.
- 지구의 하위계에 대한 책임 있는 행동과 관리를 통해 지구에 대한 이해를 명백히 한다.

– 인간의 심미적 기능 강조

목표 2 : 인간의 활동은 집단적이거나 개인적이거나 그리고 의식적이거나, 무의식적이거나 지구에 심각한 영향을 준다.

- 지구는 상처 입기 쉽고, 자원은 제한되어 있으며 과 · 오용되기 쉽다.
- 인구의 계속적인 증가는 천연자원의 고갈과 환경 파괴를 가속화한다.
- 천연자원의 사용을 생각할 때 인간은 우선 생활양식을 제고해야 하고, 소비를 줄이고, 자원을 재활용해야 한다.
- 산업화의 부산물들은 공기, 토양, 물을 오염시키고, 오염의 근원 뿐 아니라 전체적으로 영향을 줄 수 있다.
- 우리가 지구를 이해할수록 우리의 자원을 더 잘 관리할 수 있고, 세계적인 환경 파괴를 줄일 수 있다.

– 책임 의식을 강조

목표 3 : 과학적 사고와 기술 개발은 지구와 우주를 이해하는 능력을 발달시킨다.

- 지구와 우주 과학분야의 과학자들뿐 아니라 생물학자, 화학자, 물리학자는 지구계의 연구에 다양한 방법을 사용한다.
- 직접 관찰, 간단한 도구, 현대 과학기술은 지구계의 변화를 기술, 설명, 예측하는 모델과 이론을 만들고, 검증하고, 수정하기 위해 사용된다.
- 역사적, 서술적, 경험적 연구는 지구와 우주에 대한 중요한 연구 방법이다.
- 과학적 연구는 기술의 발달을 선도할 수 있다.
- 기술이 우리의 모든 문제를 해결할 것이라고 기대할 수는 없다.
- 기술의 사용은 의도하지 않은 결과를 나타낼 수도 있다.

– 과학적 문제 해결에 관련된 것

목표 4 : 지구계는 상호 작용하는 기권, 수권, 암권, 생물권 등의 하위계로 구성되어 있다.

- 하위계들은 자연적 과정과 순환을 통해 끊임없이 변화하고 있다.
- 힘, 운동, 에너지 전환은 하위계 내, 또는 하위계 사이에 상호 작용하게 한다.
- 태양은 지구 표면 근처에서 하위계가 상호 작용하게 하는 중요한 에너지 근원이다.
- 지구계의 각 성분은 하위계의 상호 작용에 의해 변화될 수 있는 특징적인 성질, 구조, 구성을 가진다.
- 판구조론은 내부의 힘과 에너지가 어떻게 지구 내부와 지구 표면에서 계속적인 변화를 일으키는지를 설명한다.
- 풍화, 침식, 퇴적은 지구 표면의 모양을 계속적으로 바꾼다.
- 생명의 존재는 다른 계의 특성에 영향을 준다.

– 하위계간의 상호 작용에 대한 것

목표 5 : 지구의 나이는 40억년 이상이며, 그 하위계는 끊임없이 진화한다.

- 지구에서 일어나는 순환 과정은 짧게는 수초에서 길게는 몇 십억 년의 시간 간격을 두고 일어난다.
- 지구를 구성하는 물질은 여러 번 재순환되어 왔다.
- 화석은 지질시대 동안 생명이 지구와 상호작용하여 진화되어 온 증거를 제공한다.
- 진화는 생명이 어떻게 변해 왔는지를 설명해 주는 이론이다.

– 시간에 대한 개념 강조

목표 6 : 지구는 광활하고 오랜 역사를 지닌 우주 내 태양계의 작은 하위계이다.

- 생명체를 포함한 우주의 모든 물질은 같은 원소로 이루어져 있고, 같은 물리적 원리에 따라 운동한다.
- 지구를 포함한 우주 내의 모든 물체는 태양계와 우주에 작용하는 힘의 영향을 받는다.

- 지구를 포함한 태양계의 8개의 행성은 거의 원에 가까운 타원 궤도로 태양 주위를 공전한다.
- 지구는 태양계에서 태양으로부터 세 번째에 있는 작은 행성이다.
- 태양과 달에 대한 지구의 위치와 운동은 계절, 기후, 조석 변화를 결정한다.
- 지구의 자전에 의해 낮과 밤이 결정된다.

– 지구계도 태양계에 속해 있는 하나의 하위계

목표 7 : 많은 사람들이 지구의 기원 및 진화의 연구에 관심을 갖고 있고, 이와 관 련된 직업을 가지고 있다.

- 지구를 연구하는 교사, 과학자, 기술자는 사업, 산업, 정부 기관, 공・사 기관, 또는 독립적 계약자로 고용되어 있다.
- 지구를 연구하는 과학 분야에서의 활동은 현장에서 표본과 자료를 수집하는 것과 실험실에서 분석・실험하는 것을 포함한다.
- 세계 각 처에서 온 과학자들은 의사전달에 있어 말, 글, 통신을 사용해 협력하고 공동 연구한다.
- 지구를 연구하는 과학자와 기술자는 지구계에서 자원의 위치를 찾고, 변화를 예상하는데 자신의 전문적 지식을 사용한다.
- 많은 사람들은 지구의 과정과 물질에 관련된 직업을 원한다.

– 직업과 관련하여 학생들의 흥미와 직접적인 관심 유도(Mayer, 1992)

목표 1은 문학, 음악, 미술과 관련된 지구의 심미적 가치를 강조하는 것이다(Mayer, 1989). 지구계에 대한 학생들의 느낌과 그들이 그것을 경험하고 해석하는 방법에 초점을 맞춤으로써 학생들은 지구에 대해 체계적으로 연구할 수 있게 될 것이다. 또한 학생들은 흥미와 재능의 장으로 이끌어지며, 우뇌와 좌뇌를 동시에 사용하게 될 것이다. 지구에 대한 심미적 감상을 포함하는 창조적 활동 프로그램과 다양한 기술은 학생들을 자연스럽게 지구계에 대한 책임 의식으로 이끌 것이다.

목표 2는 책임 의식을 강조한 것이다. 지구계에 대한 올바른 인식에 의해 학생들은 그들의 자원에 대해 올바른 책임 의식을 갖게 된다. 카펜터(Carpenter, 1990)는 지구과학의 환경론적 측면이 왜 학생들의 K-12 과학교육 과정에서 중요한 위치를 차지해야 하는지에 대해 강력하게 주장하였다. 학생들은 인간의 활동이 지구계에 어떤 영향을 미치는지 이해하게 되고, 지구계를 보호하기 위하여 우리가 해야 할 것이 무엇인지도 알게 될 것이다.

목표 3은 과학적 문제 해결에 관련된 것이다. 지구계에서 일어나는 여러 가지 현상을 설명하기 위하여 다양한 방법이 사용되고, 여러 가지 모델과 이론이 만들어지고 검증될 것이다. 지구계의 전체적인 이해를 위해서는 거시적인 관점에서 지구계에서 일어나는 현상들과 그 관계를 연구해야 할 것이며, 반면에 각 하위계 안에서 일어나는 여러 가지 물리, 화학, 생물, 지구과학적 현상들은 분석적이고 귀납적인 방법에 의해 연구될 필요가 있다. 따라서 지구계 교육은 분석적인 연구 방법과 전체론적인 연구 방법이 균형을 이루도록 해야한다.

목표 4는 하위계 사이의 상호작용에 대한 것이다. 지구계 교육에서 지구계를 구성하는 하위계간의 상호작용과 그 결과에 대해 강조하고 있다. 학생들은 각 하위계의 특징과 변화에 대해 알게 되고, 그 안에서 자신의 역할에 대해 느끼게 될 것이다. 그러므로 목표 2와 4는 서로 관련되어 있음을 알 수 있다.

목표 5는 지구계가 그동안 지나온 긴 시간에 대한 개념을 강조한다. 지구계와 그 하위계들은 매우 긴 시간 동안 서로 상호작용 하여 오늘날의 모습을 지니게 되었고 그것은 앞으로도 계속 될 것이다.

목표 6에서는 지구계도 태양계에 속해 있는 하나의 하위계라는 사실을 설명하고 있다. 이는 학생들의 관심을 지구로부터 벗어나 거대한 우주에 이르게 한다. 태양계 내에 존재하는 우주의 원리와 규칙을 아는 것은 학생들에게 보다 큰 시야를 갖게 하고 우주의 섭리를 지구계에 적용할 수 있게 할 것이다.

목표 7은 직업과 관련하여 학생들의 흥미와 직접적인 관심에 초점을 두고 있다. 학생들은 지금까지 배워 온 지구계와 각 하위계들에 대해 본인이 직접 참여하고 연구할 수 있는 많은 기회가 있다는 것을 알게 되고 보다 많은 관심을 갖게 될 것이다. 목표 7은 학생들에게 자신의 구체적인 진로에 대해 생각하게 할 것이다.

지구계 교육의 프로그램은 미국 각지에서 선정된 초·중·고등학교에서 수행되었다. 초등학교 프로그램은 알래스카, 콜로라도, 플로리다에서 개발되어 수행되어 왔으며, 중학교 프로그램은 오하이오 중부와 오래곤의 세 지역에서, 고등학교 프로그램은 콜로라도, 오하이오, 뉴욕에서 개발되어 수행되었다. 이러한 노력에 더하여 미국 전역에서 약 200여명의 교사가 국가 과학 재단에서 투자한 지구계 교육 지도성 프로그램에 참여하였으며, 만여 명이 넘는 교사가 지구계 교육과정을 수료하였다(Mayer 등, 1995).

라. 지구시스템 교육의 발달과정

21세기와 우주 시대의 도래를 앞두고 국가 과학 교육과정의 부적절성과 그 전달 방법의 문제점을 인식하고 과학교육과정의 재구성을 위한 많은 연구가 이루어지고 있다. 교육과정의 재정립을 위한 연구 중 가장 대표적인 것은 AAAS(American Association for the Advancement of Science)의 프로젝트 2061과 NSTA(National Science Teachers Association)의 Scope, Sequence and Coordination, NRC(National Research Council)의 National Science Education Standard 이다. 새로운 교육과정의 개발을 위한 연구에서 공통적으로 강조하는 것은 21세기를 살아가기 위해 모든 시민들이 지녀야 하는 과학적 소양의 양성과 과목간의 구분을 완화하고 조화를 이루도록 하는 것이다(Mayer & Armstrong, 1990).

최근 20년 동안에 인공위성에 의해 수집된 자료 및 컴퓨터에 의한 자료로부터 행성 지구에 대한 이해에 있어서 현저한 진전이 있었다. 그 결과 지구과학자들은 여러 하위 교과와 그들의 탐구 형태와의 관계에 대해 재해석하고 있다. 이러한 변화는 지구과학의 연구를 미국 정부기관으로부터 위임받은 과학자 위원회 (위스콘신 대학의 기상학자 브레더튼(Bretherton)이 회장임)에 의해 개발된 '브레더튼(Bretherton) 보고서'에 기록되어 있다(Earth System Science Committee, 1988). 행성으로서 지구의 연구에 대한 과정과 목표의 재개념화를 'Earth System Science'라 한다. ESE는 상호작용하는 많은 부분들이 모여 있는 계로써 지구를 이해하며, 각 부분들 사이에 일어나는 변화에 초점을 맞추어 연구한 과학이다. 이것은 세계의 초・중등 과학교육과정과 과학적 소양의 총체적인 정의에 개념적 기초를 제공한다.

'프로젝트 2061'은 미국의 AAAS에서 추진하고 있는 과제로, 2061이라는 숫자는 헬리 혜성이 다시 지구에 돌아오는 해를 말하며, 이것은 과학교육과정이 60년대의 황금기로 다시 돌아가도록 하기 위하여 붙인 이름으로 과학교육과정을 연구하는 모임이다. 이 교육과정이 기존의 것과 다른 점은 크게 2가지로 첫째, 각 과학 과목과 수학과목간의 구분을 완화하고, 둘째로 학생들에게 많은 내용의 암기보다는 과정을 강조하며 사고 능력을 개발할 수 있도록 하는 것이다. 즉, 프로젝트 2061은 K-12 과학교육과정 내용의 재개념화에 대한 기초를 세우려는 것이 주된 의도이다.

또한, 프로젝트 2061은 과학교육과정을 재구성하려는 의도로 작성된 NSTA의 'Scope, Sequence and Coordination'에 적용되었다. 프로젝트 2061의 Phase I은 브레더튼(Bretherton) 보고서가 출판된 비슷한 시기에 개발되었다. 따라서 이 보고서에 참여한 과학자들은 아무도 프로젝트 2061의 Phase I에 포함되지 않았다.

미국의 교육과정을 재구성하려는 노력에서 행성 지구를 무시하고, 분석적이고 환원주의적인 모델을 강조하려는 것이 분명해지자, 지구과학자들과 교육자들은 1988년 4월 워싱턴에서 회의를 열었다. 브레더튼(Bretherton) 보고서에 참여한 과학자들과 교육학자들은 모든 시민이 지구과학 내용 중에서 이해해야 할 것으로 생각되는 4가지 목표 <표 2-6>과 10가지 개념<표 2-7>의 기본틀을 개발하였다.

이 회의 참석자들의 활동 프로그램과 NSTA의 지구과학교육자와 교사들 간의 토론을 통하여 과학교육과정의 새로운 초점과 철학이 제시되었는데, 이를 '지구계 교육(Earth Systems Education)'이라 부른다. 지구계 교육은 과학교육과정의 현대화를 위한 새로운 접근법을 제공한다(Mayer, 1995).

1990년에 국가 과학 재단(National Science Foundation)의 교사 교육 프로그램에서는 오하이오 주립대학에 PLESE(Program for Leadership in Earth Systems Education)의 연구 기금을 지원하였다. 이 프로그램의 목표는 국가 수준의 K-12의 과학교육과정에 지구에 대한 새로운 이해를 다룬 내용을 포함시키는 것이었다. 이 프로그램의 준비를 위해서 10여명의 교사와 교육과정 전문가, 지구과학자들로 구성된 PLESE 기획위원회 (Planning Commitee)는 1990년 5월 지구계 교육의 개념적 틀을 마련하였다.

〈표 2-6〉 지구과학자와 교육학자회의의 4가지 목표

① 과학적 사고 : 모든 시민은 지구과학에 대해 역사적 , 記述的인 및 실험적 과정을 이용한 과학적 탐구로서의 본질을 이해한다.
② 지식: 모든 시민은 지구의 과정과 형상을 기록하고 설명할 수 있으며, 그들의 변화를 예측 할 수 있다.
③ 관리 : 모든 시민은 환경 및 자원 문제에 견문을 가지고 반응할 수 있다.
④ 적용: 모든 시민은 지구에 대하여 심미적인 감상을 개발할 수 있다.

마. 지구계교육 교육과정의 개발 방법

ESE 교육과정은 <표 2-7>과 같이 몇 개의 주제를 중심으로 구성된다. 첫째는 7가지 ESU의 영향을 받는 교육과정의 내용이다. 이 내용들은 지구계 교육의 장기적인 목표가 된다. 따라서 K-12학년까지의 ESE 프로그램의 내용은 7가지 ESU에 속해 있는 특별한 내용의 지식들을 학생들이 습득하도록 설계되어야 한다. 따라서 지구에 대한 이해와 책임 의식을 강조하고 자연 과정의 본성에 대한 광범위한 지식을 포함 한다. 이것 들은 여러 지구계를 공부하는데 사용되는 역사적(historical)이고 기술적인 접근법 (descriptive approaches) 으로써 나타난다.

둘째는 교육과정 내용의 구조와 조직이다. ESE는 전통적인 과학교과에 따라 교육과정을 구성하지 않고, 학생들이 지구에서 일어나는 여러 과정들을 이해하도록 여러 과학 교과에 관련된 정보를 포함하는 간 학문적 (inter-disciplnary) 접근을 강조한다.

〈표 2-7〉 ESE 교육과정의 주제

• 현대 과학의 내용과 과정	• 간학문적인 구조와 조직
• 교육과정의 초점으로서 지구	• 협동학습

셋째는 교육과정의 초점으로서 지구를 사용한다. 결국 과학은 지구와 지구의 환경에 대한 학문이다. 가르칠 내용에 포함될 과학 개념들이나 원칙들을 선택할 때, 이러한 초점을 명심하면 사회적으로 관련된 모든 정보들이 ESE 교

육과정에 포함될 수 있다. 넷째는 교실 내에서 협동적인 학습 분위기를 조성하는 것이다. ESE의 수업은 보통 협동적인 활동을 통해 이루어진다. 교사가 정보를 직접 전달하는 경우는 거의 없으며, 대신에 학생들이 생산적인 그룹 활동에 참여하여, 문제나 지구의 과정에 대한 정보를 나누고 정보를 획득한다.

지구계 교육의 교육과정을 구성하는데 있어서 고려해야 하는 범위(scope)와 계열 (sequence)은 <표 2-8>와 같다.

〈표 2-8〉 Earth System K-12의 범위와 계열

	초등학교		중학교		고등학교
가치	인식 표현 감각	+	명확화 확장 탐구	+	평가 결론짓기
방법	수집 분류 의사소통	+	예측 적용	+	실험 모델화
지역	가정 지역 사회	+	주 국가	+	세계

이 표에서 열거된 가치, 방법 및 지역의 요소들은 그들이 열거된 특별한 학년에만 제한되지 않는다는 것을 이해할 필요가 있다. 대신에 이러한 수준들은 중심적으로 개발되어야 하는 활동을 나타낸다. 예를 들어 세계적인 문제들은 초등학교 수준에서 도입될 수 있지만, 그것들이 관심의 초점이 되어서는 안된다. 모델화는 중학교에 도입될 수 있지만 학생들이 적당한 이론적 지식을 갖고 있는 고등학교에서 집중적으로 다뤄져야 한다. 마찬가지로 저학년 수준에서 다뤄진 것은 고학년에서 계속 사용되고 정교화 된다.

ESE는 7가지의 목표에 기초하고 있으며 이는 교사들이 수권, 암석권, 생물권 및 대기권으로 구성된 활동과 단원을 개발하는데 도움을 준다. 우주는 대기권에 포함되고 빙하는 수권에 포함된다. 교사의 강의나 교수 형태를 지구계화하는 3가지 단계가 설정되어 있는데 이것을 AIR(인식, 연결, 재구성; Awareness, Infusion, Restructuring)이라 한다.

1) 인 식

인식은 ESE의 첫 번째 이해 수준이다. 교사가 ESE의 잠재력을 인식하게 되면, 지구계의 틀이 매일 매일의 교수 상황에 어떻게 적용되는지를 알게 되고, 교육과정이 더욱 큰 힘을 갖기 시작한다. 교사가 자신의 수업에서 사용되는 지구계의 개념과 그의 잠재력을 인식하게 되면서 통합 과학의 중요성이 더욱 명확해진다. ESE의 독특한 구조는 통합 과학을 위한 쉬운 방법을 제공한다. 지구계 인식의 두 번째 수준은 다른 교육자들과 아이디어를 나누는 과정이다. ESE에 관한 출판물과 학습 자료를 다른 교사들과 교환하고, 워크샵에 참여하여 ESE에 관한 정보를 나눈다.

2) 연 결

연결은 교육자가 활동을 기존의 교수 활동에 통합시키는 과정이다. 이러한 과정은 ESE의 인식 단계 다음에 매우 밀접하게 뒤따른다. 교사가 지구계와 7가지의 ESU를 인식하게 되면, 다음으로 이러한 아이디어를 교실 상황에 접목시키는 방법을 연구해야 한다. 이 때 친밀감과 편안함을 느끼는 활동 형태를 이용한다. 다음 목록의 기준들은 ESE에 적절한 활동을 선택하는데 도움이 된다. 지구계 교육의 활동 프로그램은 다음과 같은 조건을 만족하는 것이어야 한다.

- 과학적 정확성, 친숙성
- 학생 중심, 조작적 활동(hands on), 사고활동(minds on)
- 학습 개념과 학년 수준의 적절성
- 시간과 자료 한계에 대한 적절성
- 지리적 실행 가능성, 다른 과학교과와 통합을 위한 적절성
- 평가의 적절성, 예비지식
- 사회적 능력의 지향
- 경험적인 접근, 남녀 평등의 설계
- 다문화적인 적절성
- 학생들이 질문에 답하는 것을 도와주도록 설계되어야 함
- 발달 단계와 의사소통 능력의 적절성

일단 어떤 활동 프로그램이 위의 대부분의 기준을 충족시키는 경우에 그것은 지구계화 될 수 있다. 지구계 교육을 활동 프로그램으로 고취시키는 일은

다음의 과정을 포함 한다.

- 위의 기준에 맞는 활동을 고른다.
- 지구계화를 위하여 활동을 평가한다.
- 선택된 활동과 관련된 지구계 교육의 틀을 위한 질문을 개발한다. 이러한 질문들은 나중에 학생들의 탐구를 안내하게 된다.
- 암석권, 수권, 생물권 및 대기권 사이의 상호작용에 대해 브레인스토밍하게 한다.
- 협동 학습이나 경험적인 학습과 같은 지구계 교육의 학습 과정 요소와 더 많은 하위계와 이해를 포함하는 활동을 만든다.

활동을 지구계화 하는 과정에 있어서 다음과 같은 연결 단계를 사용하는 것이 매우 효과적이다.

1**단계**: 활동평가안내서 [그림 2-17]을 가능한 한 자세하게 만든다. 활동의 목적이 명확해지도록 활동에 대한 간략한 설명을 덧붙인다. ESU와 하위계를 결정한 후, 적어도 한 명의 다른 교사와 활동을 다른 ESU와 하위계에 통합시키기 위한 브레인스토밍을 갖는다. 활동 평가 안내서는 핵심적인 과학 내용과 학생의 활동 평가를 위한 절차도 포함한다.

활동 평가 안내서

1. 활동 제목 : ______________________________

2. 활동에 대한 간단한 설명을 쓴다. 활동의 목적과 목표는 무엇인가?

____

____

3. 활동에 속하는 계에 동그라미를 그린다.

생물권　수권　대기권　암석권

4. 활동에 속해 있는 ESU에 동그라미를 그린다.

1　2　3　4　5　6　7

5. 활동에서 다루지 않는 ESU들을 통합할 수 있는 가능한 활동들에 대해 브레인스토밍 한다.

____

____

핵심적인 과학 내용

____

____

활동에 대한 평가 절차

____

____

[그림 2-17] 활동 평가 안내서

2단계: ESU질문개발양식 [그림 2-18]을 사용하여 교사와 학생에게 도움을 줄 수 있도록 각각의 ESU 활동에 대해 질문을 만든다. 이 양식은 교사에게 7가지 ESU에 대하여 질문을 만들도록 강요하기 위한 목적이 아니라 그보다 활동을 지구계화하기 위해 의도된 것이다.

ESU 질문 개발 양식

활동 제목 : ______________________

활동의 초점적인 질문 : ______________________

목표#1: 지구는 유일하며, 극히 아름답고 매우 가치 있는 행성이다.
질문 : ______________________
질문 : ______________________

목표#2: 인간의 활동은 집단적이거나 개인적이거나, 그리고 의식적인거나 무의식적이거나 행성 지구에 심각한 영향을 준다.
질문 : ______________________
질문 : ______________________

목표#3: 과학적 사고와 기술의 개발은 지구와 우주를 이해하고 탐구하는 능력을 증가시킨다.
질문 : ______________________
질문 : ______________________

목표#4: 지구계는 상호작용 하는 하위계인 물, 육지, 얼음, 공기 및 생물로 구성되었다.
질문 : ______________________
질문 : ______________________

목표#5: 행성지구는 연령이 40억년 이상이며, 그 하위계는 끊임없이 진화한다.
질문 : ______________________
질문 : ______________________

목표#6: 지구는 거대하고 매우 오래된 우주 내에 있는 태양계의 한 작은 하위계이다.
질문 : ______________________
질문 : ______________________

목표#7: 지구의 기원, 과정 및 진화에 대한 연구 경력을 가진 많은 사람이 있다.
질문 : ______________________
질문 : ______________________

[그림 2-18] ESU 질문 개발 양식

3단계: 활동의 상호작용망 [그림 2-19]는 지구의 하위계들 사이의 다양한 상호 작용을 발견하기 쉽도록 고안된 것이다. 상호작용은 활동을 지구계화 하는데 중요한 역할을 한다.

활동의 상호작용 망

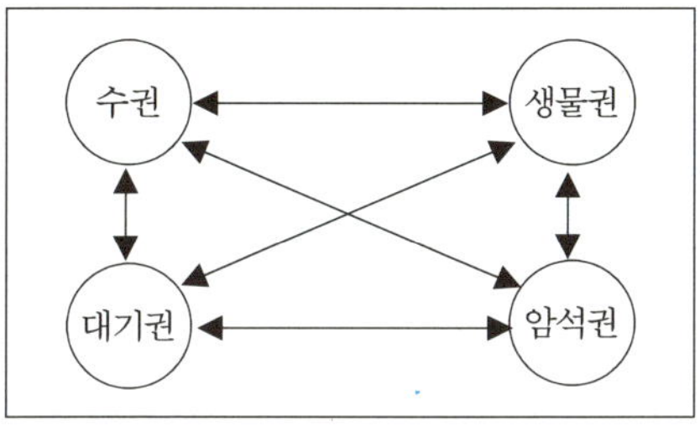

암석권의 생물권에 대한 영향	암석권의 대기권에 대한 영향	암석권의 수권에 대한 영향
1.	1.	1.
2.	2.	2.
3.	3.	3.

수권의 생물권에 대한 영향	수권의 대기권에 대한 영향	수권의 암석권에 대한 영향
1.	1.	1.
2.	2.	2.
3.	3.	3.

생물권의 암석권에 대한 영향	생물권의 대기권에 대한 영향	생물권의 수권에 대한 영향
1.	1.	1.
2.	2.	2.
3.	3.	3.

대기권의 생물권에 대한 영향	대기권의 암석권에 대한 영향	대기권의 수권에 대한 영향
1.	1.	1.
2.	2.	2.
3.	3.	3.

[그림 2-19] 활동의 상호작용 망

4단계: 활동의 평가 양식 [그림 2-20]은 교사가 과학개념, 과학의 과정, 교육목표 및 평가 방법을 고루 평가할 수 있는 간단한 방법이다. 이것은 활동이 개발되고 예비 검사가 이루어진 뒤에 사용된다.

활동의 평가 양식

활동 제목 : ______________________________

활동의 핵심 질문

____

____

과학개념 :

____

____

____

과정 :

_______ 감각 _______ 조사 _______ 의사소통

_______ 자료수집 _______ 예상 _______ 실험

_______ 분류 _______ 적용 _______ 모델화

학습방법 :

_______ 탐구 _______ 야외학습 _______ 다중학습

_______ 통합 _______ 다문화 _______ 협동학습

_______ 기술공학 _______ 교사의조장

장소 :

_______ 지방 _______ 주 _______ 국가 _______ 세계

ESU :

____

과학목표 :

____

____

평가절차 :

____

[그림 2-20] 활동의 평가 양식

3) 재구성

일단 한 개의 활동을 교실 상황에 연결시키는 것을 알게 되면 지구계 교육의 틀에 따라 완전한 단원을 개발할 수 있다. 단원 개발 단계는 다음과 같다.

- 주제를 선정한다.
- 지구의 하위계들간의 상호작용에 대해 브레인스토밍 한다.
- 단원에 포함되는 과학 개념, 내용, 과정에 대해 브레인스토밍 한다.
- 활동 프로그램을 개발한다.
- 개발된 활동 프로그램을 지구계 교육의 틀에 비추어 평가한다.
- 필요할 경우, 활동 프로그램을 실험이나 협동학습의 형태로 변형시킨다.

여러 활동들이 선택되고 지구계화 되면, 전체 단원의 구성은 단원 요약 형식을 사용하여 검사할 수 있다. 전형적인 ESE 단원은 모든 지구의 하위계들과 ESU를포함하는 자료를 가지며, 여러 문화의 문제를 제기해야 하고, 협동학습과 경험학습을 통하여 실현되어야 한다.

바. 지구시스템 교육의 교수 전략

교실에서 ESE를 실행하기 위한 전략은 전통적인 과학교육과정의 패러다임을 버리고, 전통적인 과학교수 전략들이 새로운 시스템에 적합한지 세밀히 조사하여야 한다.

우세한 강의나 교과서로는 ESE를 효과적으로 실행할 수 없다. ESE 수업의 특징은 학습자가 직접적으로 학습에 대한 책임을 갖도록 하는 것이다. 학생들은 수동적으로 지식을 전달받기보다는 능동적으로 활동에 참여한다. 나아가 학생들은 특정한 개념을 다른 학생들에게 가르쳐야 할 책임이 있으며, 그들이 알고 있는 아이디어를 나눔으로써 자신의 것으로 만든다. 이러한 수업은 복잡한 과제의 해결을 위하여 종종 그룹을 지어 협동학습을 하게 된다. 이것은 과학자들이 문제를 해결하기 위해 그들 스스로 연구하고 다른 과학자들과 함께 탐구하는 방법을 모방한 것이다.

학습과정에서 학생들은 저널이나 관련 잡지, 데이터베이스, CD-ROM, 사회 기관 등으로부터 다양한 정보 자료를 이용하게 된다. 교과서는 단지 참고도

서로 활용될 뿐이다. 연습 문제는 정보의 통합이나 상호작용에 관한 증명과 같은 열린 질문들이다. 이러한 상황에서 교사와 학생의 의사소통 능력은 중요하다. 교사가 묻는 질문의 형태는 '무엇' 보다는 '왜', '어떻게'의 질문이 되어야 한다. 학생의 의사소통 능력은 그룹 내에서 대화를 통해 발달된다.

최근의 구성주의는 학생들이 학습할 때 일어나는 과정을 설명하기 위해 사용되고 있다. 구성주의 이론에 따르면 지식은 세계 속에서 학습자의 경험에 기초를 둔 학습자에 의해 구성된다. 학습자가 자연 현상에 대한 자신의 현재 개념에 대해 불만을 느낄 때, 학습자는 자연 현상을 이해하기 위하여 그의 개념을 변화시켜야 한다. 이러한 개념 이해의 변화는 그 학생에 의해서만 이루어질 수 있다. 그러나 개념 변화는 다른 학생들과 상호작용을 하고, 새로운 아이디어를 토론하고, 자료를 탐구하고, 이러한 새로운 지식을 선행지식에 관련시킬 때 촉진된다. 교사는 개념 변화를 촉진시키기 위하여 다양한 교수 전략을 사용할 수 있다. 여기서는 사전 지식을 알아내기 위한 전략과 개념 변화를 촉진시키는 교수 전략에 대하여 알아본다.

1) 사전 지식의 확인

교사가 학생들의 사전 지식을 확인하는 데는 여러 가지 방법이 있다. 이것은 전통적인 지필 평가로부터 교실에서 학생들을 관찰하는 방법 등 다양하다. 이것의 목적은 학생들이 이미 알고 있는 것과 과학적 지식에 대하여 학생들이 지니고 있는 오개념을 파악해 내는데 있다. 예를 들어 어린 학생은 바람이 불 때마다 나뭇잎이 움직이기 때문에 나뭇잎이 바람을 일으킨다고 믿을 수 있다. 또한 팔이나 다리에 있는 혈관의 색깔이 파랗기 때문에 피가 파랗다고 믿을 수 있다.

학생들의 사전 지식을 알아내는 유용한 세 가지 방법은 다음과 같다. 첫째, 학생들을 관찰하고 학생들과 대화하는 방법이다. 학생들을 가르치고 도와줄 때, 유심히 그들의 행동을 관찰한 다음, 그들의 선택이나 행동에 대한 이유를 질문하고, 관찰된 학생의 지식이나 행동을 노트나 체크리스트에 기록한다. 예를 들어 학생들에게 단층의 점토 모형을 만들도록 하면 학생들은 점토를 밀거나 당길 것이다. 한 학생이 모형을 움직일 때, 교사는 건물에 미치는 영향을 물을 수 있고 더 나아가 다른 방법으로 점토 모형을 움직이는 법을 질문할 수 있다. 그렇게 함으로써 교사는 그 학생이 지진의 발생원인을 이해하는지 알 수 있다. 다음 수업에 영향을 줄 수 있는 학생들의 이해는 노트에 기록한다.

둘째, 읽기 지도에서 보통 사용되는 KWL 모델(Ogle, 1986)이다. 이 모델에서는 먼저 학생들이 어떤 특정한 주제를 읽기 전에 그 주제에 대하여 그들이 알고(K) 있는 것을 작성하게 한다. 다음에 학생들이 그 주제에 대하여 알기 원하는(W)것을 확인하고, 다 읽은 후에 학생들이 배운(L) 것을 분석하는 방법이다. 이 방법은 과학 수업에서 학생들의 사전 지식을 알아내고, 교수의 안내 역할을 하는 효과적인 방법이다.

특정한 개념을 가르치기 전에 학생들에게 종이 위에 세 개의 칸을 만들게 한다. 첫 칸의 표제는 '알고 있는 것', 둘째는 '알기 원하는 것', 셋째는 '배운 것'이다. 학생들에게 특정한 주제에 대하여 알고 있는 것과 알기 원하는 것을 적을 시간을 준 다음, 그것을 수집하고 분석하여 사전 지식과 오개념을 알아낸다. 예를 들어 태양계의 행성들에 대해 가르치려고 계획하였으나, 학생들이 행성들에 대해 이미 알고 있다는 것을 발견할 수 있다. 그 결과 교사는 수업을 다른 개념으로 옮겨갈 수 있다. 이에 반하여 대부분의 학생들이 혜성에 대해 알지 못하고 혜성이 지구와 충돌할 가능성에 대해 알고 싶어한다는 것을 발견할 수 있다. 따라서 교사는 학생들의 흥미를 중심으로 수업을 계획할 수 있다. 또한 많은 학생들이 혜성에 대해 오개념을 갖고 있고 지구에 떨어지는 대부분의 혜성이 지표에 도달하기 전에 대기권에서 타 버린다는 것을 알지 못하는 사실을 발견할 수도 있다.

셋째, 개념도를 이용하는 방법이다(Novak & Gowin, 1984). 개념도는 한 개념과 다른 개념들과의 상관관계를 그림으로 나타낸 것이다. 학생들로 하여금 위계에 따른 개념도를 작성하게 함으로서 학생들의 사전 지식을 알아낼 수 있다. 먼저 학생들에게 개념도를 작성하는 방법을 가르치고 연습시켜야 한다. 학생들이 개념도를 작성하는 방법을 배운 뒤에 학생들이 그린 개념도는 학생들의 사전지식을 알아내는데 도움이 된다.

2) 협동학습

협동학습은 학생들의 상호간의 문제나 탐구를 해결하기 위하여 학생들을 그룹으로 편성한다. 그렇게 함으로써 학생들은 다른 학생들과 상호작용을 하게 되고, 아이디어를 토론하고, 아이디어를 검증하며, 타협하게 된다. 그들은 자신의 경험을 다른 사람의 경험과 조화되게 한다. 이러한 상호작용 때문에 협동학습은 학생들의 개념을 변화시키는 가장 효과적인 방법 중의 하나이다.

교실에서의 협동학습은 학생들을 그룹화 하는 것 이상의 많은 것을 포함한다. 학생들은 그룹 내에서 협동하는 데 필요한 모든 기술을 가지고 있지 않으므로 교사는 적당한 방법으로 학생들이 그룹에서 협동할 수 있는 사회적 기능과 문제 해결 능력 및 리더십을 개발할 수 있도록 도와주어야 한다. 이것은 그룹의 모든 학생들이 그룹의 목적에 균등하게 공헌할 수 있도록 학생들에게 특별한 '역할'이 주어지는 것을 의미한다. 그 역할들은 종종 기록자, 검사자, 평가자, 낭독자, 격려자와 같은 다양한 역할들을 포함한다. 이러한 역할들은 과제를 해결하기 위해서는 다른 사람들에 의존해야하는 긍정적인 상호 의존 관계를 제공한다.

협동학습의 이점은 학생들 상호간에 서로 배울 수 있고, 다양한 능력의 학생들과 함께 연구함으로써 학생들의 능력을 개발시키는데 도움을 주며, 과학 학습에 대한 불안감을 제거해 준다. 또한 협동학습은 학생들에게 자신감을 심어 주며, 학습 태도를 향상 시키고, 학습을 강화시킨다(Hassard, 1990; Manning & Lucking, 1992).

마닝과 러킹 (Manning & Lucking, 1992)은 성취도를 향상시키기 위해서는 협동학습에 두 가지 요인이 존재해야 한다고 밝혔다. 첫째로 그룹의 목적이 제시되고 그것에 따라서 팀워크가 상호의존적으로 이루어져야 한다. 둘째, 개인의 책임이 있어야 하고 그것에 의해서 각 학생은 전체 그룹의 학습과 공헌에 책임을 져야 한다.

학생들의 협동학습을 촉진시키는데 필요한 많은 사회적 기능들이 있다. 이러한 기능들에는 지도력, 의사소통 능력, 청취력, 책임, 협동, 타협 등이 포함된다. 학생들에게 협동능력을 개발시켜 주는 것이 왜 중요한가? 실제로 과학자들은 보통 팀으로서 연구과제를 수행한다. 그룹의 문제해결 능력은 이러한 상황에서 필수적이며, 이러한 능력들은 모든 시민들에게 필요한 기본적인 능력이기 때문이다.

협동학습의 수업을 진행하기 위해서는 다른 교수 방법과는 다른 여러 단계들이 필요하다.

① 수업의 목표를 결정하고, 이것을 여러 가지 방법으로 학생들에게 관련시킨다.

② 사용할 협동학습 전략의 형태와 그룹의 크기를 결정한다. 학생들을 그룹 지을 때, 무작위로 선택하거나 의도적으로 여러 능력별로 선발하여 다양한 능력을 지닌 학생들이 그룹에 고루 포함되도록 한다.

③ 그룹에서 각자가 해야할 역할을 할당한다. 각자의 역할을 확실히 하는 것은 중요하며 문제를 해결하거나 목표에 도달하는데 공헌을 한다.

④ 학생들에게 필요하게 될 사회적 기능의 형태를 분석한다. 모델화하고 토론하는 등의 방법을 통하여 학생들에게 사회적 기능을 가르친다.

⑤ 그룹이 잘 운영되기 위한 규칙을 상기시킨다.

⑥ 그룹을 어떻게 평가할 것인지를 결정한다. 목표에 대한 개인의 책임뿐만 아니라 팀의 협동과 성공적인 대인관계 능력도 강조한다.

협동학습에서 그룹을 평가하는 방법은 학생들이 어떻게 서로 함께 활동하느냐가 등급을 결정하는 중요한 요인이 된다. 따라서 학생들은 그들의 과학학습에 대한 공통된 의견을 만들기 위해 토론에 참여하고, 서로 협력함으로써 이익을 얻는다. 협동학습에 관한 연구에 의하면 다른 소수민족이나 장애 학생이 포함되거나 남녀 공학의 협동학습에서는 경쟁학습이나 개별학습에 비해서 문화적인 차이를 이해하게 되고 장애 학생이나 이성에 대해 더 긍정적인 태도를 갖게 한다.

사. 지구시스템 교육의 평가 전략

선다형이나 연결형 검사와 같은 전통적인 평가 방법은 개념의 변화를 정확하게 측정하기 어렵다. 학생들은 시험에 대한 답을 쉽게 기억할 수 있지만 실제로 그들이 답한 것을 이해하지 못한다. 개념 변화를 평가하는 유용한 방법은 다음과 같다.

첫째로 앞에서 언급한 개념도이다. 개념도는 사전 지식을 알아내는 데 이용될 뿐만 아니라 개념 변화를 측정하기 위한 유용한 방법이다. 한 단원이 학습된 후 학생들에게 개념도를 그리게 한다. 개념도의 연결 형태에 따라 점수를 부여한다. 개념도는 학생들이 획득한 지식의 인지 구조를 평가하고 학생들이 어떤 주제에 대하여 얼마나 철저하게 이해하고 있는가를 평가하는데 도움이 된다.

둘째로 학생을 오랜 시간에 걸쳐 연속적으로 평가하는 포트폴리오(portfolo)이다[그림 2-21].

전통적인 평가의 형태는 교사에게 학생들이 알고 있는 것, 할 수 있는 것에 대해서 단지 단편적인 사실만을 제공한다. 교사는 포트폴리오를 학생들이

포트폴리오 평가

학생 : ____________ 날짜 : ____________

5=매우 훌륭함 4=훌륭함 3=보통 2=보통 이하 1= 저조 0= 노력이 전혀 없음

포트폴리오 평가	증거	코드
관찰하는 능력		
측정 능력		
가설과 예상을 세우는 능력		
'지구는 유일하고 매우 아름다운 곳이다'라는 증거를 보임		
'인간의 활동은 지구에 심각한 영향을 미친다'라는 증거를 보임		
'과학과 기술은 지구를 이해하는데 도움을 준다'는 증거를 보임		
'지구는 상호작용 하는 여러 하위계들로 구성된다'라는 증거를 보임		
'지구와 하위계들은 계속 변화하며 진화한다'라는 증거를 보임		
'지구는 거대한 우주 속에 있는 태양계의 부분이다'라는 증거를 보임		
'지구의기원, 과정 및 진화에 대한 연구 경력을 가진 많은 사람이 있다' 라는 증거를 보임		
연구계획:		
노트:		

[그림 2-21] 포트폴리오 평가

자신의 과제를 해결하는 과정에서 얼마나 발전했는지를 알아보기 위하여 사용한다.

포트폴리오 과정은 수집(colection), 숙고(refection), 선택(selecton), 고안(projection)의 네 단계로 구성된다. 수집 단계에서는 학생의 작품 사진, 그림, 작업계획표 등 학생의 모든 부산물을 수집한다. 포트폴리오에는 학생의 작품이나 증거에 대한 다양한 예를 포함하며 전 학년에 걸쳐 수집된다. 숙고와 선택 단계에서는 학생은 교사와 협력하여 중요한 것을 심사숙고한 후 성취정도를 나타내는 작품을 선택한다. 이 두 단계 동안에 학생들은 자기 자신의 학습을 평가하는 데 도움을 주는 약간의 자율권을 갖게 된다. 포트폴리오의 마지막 단계는 고안이다. 여기서 학생들은 포트폴리오를 보거나 읽는 사람에게 의미가 있도록 포트폴리오를 조직한다. 포트폴리오는 학생과 교사 및 학부모에게 학생의 발전 과정을 연속적이며 다양하게 보여준다. 교사들이 포트폴리오 평가를 중히 여기는 이유는 학습의 평가에 대한 책임이 교사 한사람에서 학생과 교사 모두에게로 이동하기 때문이다. 이러한 과정은 학생들로 하여금 반성적인 사고자가 되도록 도와주며, 자신의 능력이 향상되고 있음을 느끼게 하여 그들의 목표를 달성할 수 있게 한다. 또한 다른 학생들과 경쟁하지 않고 자신의 성취만을 나타내기 때문에 학생들이 학습에 가치를 두게 되고 자부심을 보이게 된다. 포트폴리오의 부가적인 이점은 학생, 학부모, 교사 사이에서 형성되는 협력적인 관계이다. 교사들도 포트폴리오 평가를 하게 되면, 교사 자신도 반성적인 사고자가 된다. 교사들은 교육과정에 대하여 더 많이 생각하게 되고 교육과정을 모든 학생에 관련시켜 생각하게 된다. 게다가 숙고와 선택 단계에서 학생과 교사간의 토론은 수업을 향상시킨다. 포트폴리오 평가는 다른 형태의 평가에서는 할 수 없는 여러 가지의 것들이 성취되었음을 부모들에게 알려준다. 예를 들어 한 학생이 먹이사슬 단원 내용의 과학 시험에서 'B' 를 받았다고 하자. 이것은 학부모에게 그 학생이 시험에서 80% 답을 맞췄다는 것 이상을 말해 주지 않는다. 그 학생이 먹이사슬에 흥미가 있는가? 그 학생이 측정된 시험보다도 포식자와 피식자에 대해서 더 많이 배웠는가? 그 학생은 다른 동물들과의 관계를 조사할 수 있는 문제 해결 능력이 발전되었는가? 이러한 형태의 질문에 대해서 전통적인 평가로는 답할 수 없다. 포트폴리오는 학부모에게 학생들의 학습을 이해하는 데 여러 가지의 접근을 제공하고 그들의 자녀들이 시간의 경과에 따라서 향상되고 있음을 알 수 있게 한다. 게다가 부모들은 그들의 자녀들을 학급의 다른 학생들과 비교하지 않고 자녀들의 능력과 비교하게 된다. 이것은 부모들이 자녀의 실패보다 성공에 초점을 갖도록 한다. 결국 포트폴리오 평가는 학생, 교사 및 학부모를 학습의 과정에 끌어들여 학생들이 목표에 도달할 수 있게 한다.

셋째로 학생들이 학습한 과학 개념과 그것을 일상생활의 경험과 관련되도록 일지를 쓰게 하는 것이다. 일지를 쓰는 것은 학생들에게 과학을 그들 자신의 생활 경험과 관련시키도록 도와주고 이론과 경험 사이의 관계를 알 수 있게 한다. 학생들이 그들이 배운 과학에 대해 일지를 쓸 때, 학생들은 그들의 사고 과정을 분명하게 한다. 학생들은 일지를 서로 나누어 봄으로써 언어의 표현력과 언어의 차이를 이해하게 된다. 또한 다른 학생들의 아이디어에서 이익을 얻게 된다. 일지를 사용할 때는 학생들이 그들의 사고를 발전시키고 학습 경험을 역사적이고 문화적인 맥락에서 생각하는 방법을 아는 것이 중요하다.

넷째로, 면접은 학생들에게 그들의 언어로 그들 자신이 경험한 상황 속에서 문제를 질문함으로써 자신감을 불어넣어 주는 평가 전략이다. 교사와 학생 모두 그들의 의견을 나누는 기회를 가짐으로써 학생들은 자신의 의견을 설명하게 되고 그 과정에서 경험을 이해하게 된다.

또한 지식과 기능은 수행평가(performance assessment)로 측정될 수 있다. 수행평가는 학생들에게 지시문과 실험 기구 및 질문을 제시한다. 학생들은 그 지시를 읽고 과제를 완성한 후 질문에 답한다. 예를 들어, 어떤 그룹의 학생들에게 몇 개의 토양 표본과 pH 검사지를 제시한다. 지시 내용은 어떤 농작물은 pH 7과 8사이에서만 성장할 수 있으며, 토양의 pH를 결정하는 데 필요한 것을 가르쳐 준다. 토양의 색깔 비교와 pH 농도를 결정하기 위해 색도표가 제공되고, 학생들에게 어떤 토양 표본에서 그 농작물이 성장하고 생존할 수 있는지를 질문한다. 이 질문을 확장시켜 학생들에게 식물에 부적합한 토양을 식물의 생존에 적합한 토양으로 만들기 위해 학생들이 할 수 있는 것을 질문하면 문제해결 능력을 측정할 수 있다. 이러한 수행평가는 학생들의 지시문을 읽는 능력, 정확히 측정하는 능력, 차트를 읽고 결론을 내리는 능력을 측정한다. 수행평가는 학생들이 추측에 의해 답할 기회를 제한하고 학생들이 무엇을 알고 있는지 실제로 무엇을 할 수 있는지를 잘 가르쳐준다.

아. 지구시스템 교육의 활동프로그램

중학교

활동 1 지구는 여러 개의 하위계들로 구성되었다.

【도입】

이 활동은 학생들에게 변화의 개념과 이것이 전체 지구계에 어떤 영향을 미치는지를 소개하는 것이다. 이 수업의 초점은 지구계 내에서 일어나는 상호작용이다. 학생들에게 지구는 상호작용하는 4개 하위계로 구성되었음을 소개한다.

【수업목표】

① 지구계는 상호작용하는 여러 부분들로 이루어져 있다는 것을 알 수 있다.
② 변화는 지구계 내에서 항상 일어나는 과정임을 알 수 있다.
③ 변화가 지구계 내의 여러 부분들에 영향을 줄 수 있음을 증명할 수 있다.

【과학개념】

① 지구계에서 일어나는 순환은 지표나 지표 근처의 변화를 일으킨다. 이러한 변화는 암석의 침식과 토양의 풍화, 지진이나 판의 이동 등이다. 이러한 변화 중 어떤 것은 태양에너지에 의해서 일어나는 것도 있고 지구 내부 에너지에 의한 것도 있다. 또한 지구계에서의 변화는 태양 둘레를 공전하는 지구의 움직임에 의해 일어나기도 한다.
② 지표에서는 암석권, 수권, 대기권, 생물권의 4개 하위계의 상호작용이 일어나고 있다.

【ESU】

① 지구는 아름답고 가치 있는 유일한 행성이다.
② 지구계는 물, 암석, 공기, 생물의 상호작용을 포함하고 있다.

【질문】

① 예술가들이 지구의 변화에 의해 어떻게 영감을 얻는가?

② 지구계에 다른 요소들은 없는가 ?

③ 이들 요소들은 서로 어떠한 상호작용을 하는가?

④ 지구계의 변화는 지구계의 하위요소에 어떤 영향을 주는가?

⑤ 예술가들은 지구계의 상호작용에 의해 어떤 영감을 얻는가?

【수업】

이 활동에서 학생들은 지구의 하위계에서 일어나는 변화를 다양한 방법을 사용하여 시각적으로 나타내야 한다. 이 활동을 마치기 위해서는 적어도 2시간 이상이 필요하다.

[첫 시간]

3-4명의 학생들이 한 조가 되어 활동한다. 학생들은 지구계와 그 상호작용에 대해 생각나는 대로 쓴다. 그들은 이 과정에서 두 개의 중요한 개념이 있다는 것을 알게 될 것이다. 첫 번째는 지구계는 수많은 상호작용의 과정을 포함하고 있고, 시간과 공간의 규모가 다양한 것들이 서로 연계되어 있다는 것이다. 두 번째는 지구계에서 변화는 끊임없이 일어나며, 이 변화는 시공간적으로 다양하게 일어난다.

[둘째 시간]

학생들은 그룹 활동으로 콜라주(collage)를 완성해야 한다.

【과정】

[1부]

① 학생들을 3-4개의 그룹으로 나눈다. 각각의 그룹에 큰 종이와 색연필을 준다.

② 학생들에게 30초 동안 눈을 감게 하고 그들이 가장 좋아하는 지구에 대한 이미지를 떠올려 보도록 한다. 30초가 지난 후에 학생들에게 하나의 이미지를 선택하게 하고 왜 그것을 선택했는지 어떤 느낌이 드는지를 설명하도록 한다.

③ 그룹의 학생들이 모여 각자의 이미지에 대해 말하고 그 이미지를 나타낼 수 있는 단어를 생각해 내도록 서로 도와준다. 생각해 낸 단어들을 서너 개의 범주로 나누고 이름을 붙인다.
④ 암석권, 수권, 대기권, 생물권의 측면에서 각각의 범주로 나눈 것들에 대해 토론한다.
⑤ 상호작용이라는 단어의 의미에 대해 토론한다. 나아가 변화라는 개념에 대해서도 학생들에게 질문한다.
⑥ 학생들은 자신이 쓴 단어를 지구계의 변화와 상호작용이라는 측면에서 나눈다.
⑦ 이러한 목록들을 모아 반 전체 학생들이 볼 수 있게 한다.

[2부]

① 학생들은 개인별, 그룹별로 콜라주를 만들어야 한다. 이러한 콜라주는 지구계와 지구계를 구성하는 하위계의 상호작용을 보여줄 수 있는 것이어야 한다. 학생들은 그룹별로 지구의 하위계들의 상호작용의 콜라주를 만든다. 과정 1에서 활동한 것을 근거로 하면 콜라주를 만들기가 쉽다.
② 콜라주가 완성되면 학생들은 콜라주에 나타난 변화의 증거에 관하여 확인하고, 토론하고, 기록하여야 한다.
③ 개인별 콜라주가 완성되면 그것을 팀의 나머지 사람들의 콜라주와 통합하여야 한다. [그림 2-22]와 같은 학생용 기록지는 그룹이 상호작용과 변화의 증거를 확인하는데 도움을 준다.

지구계 내의 상호작용

	대기권	암석권	수권	생물권
대기권				
암석권				
수권				
생물권				
변화의 증거				

[그림 2-22] 학생용 기록지

④ 전체 콜라주를 학생들이 모두 잘 볼 수 있는 곳에 놓고 각각의 콜라주가 보여주는 다양한 변화와 상호작용에 대해 토론한다.

학생들에게 그들이 지구계에서 발견할 수 있는 많은 변화들에 대해 개념도를 그리게 한다. 그것은 다음과 같은 질문에 답해야 한다.

① 지구계에서 발견할 수 있는 변화들은 무엇인가?

② 네 개의 하위계에서 발견되는 상호작용은 무엇인가?

활동 2 지구는 얼마나 오래 되었을까?

【도입】

이 활동은 지구계가 얼마나 오랜 시간 서로 상호작용해 왔는지를 학생들이 알 수 있게 한다. 현재 과학자들은 지구가 약 45억 년 전부터 있어 왔다고 믿고 있지만, 지금까지 발견된 가장 오래 된 암석은 약 38억년 정도된 것이다. 이러한 오래된 암석들은 38억 년 전부터 퇴적암이 형성되고 암석의 순환과 물의 순환이 이루어져 왔음을 알 수 있게 한다.

【수업목표】

① 긴 지질학적 시간의 규모에 대해 기술할 수 있다.

② 역사적이고 지질학적이며 생물학적인 사건들을 시간 규모와 연결시킬 수 있다.

【과학개념】

① 지구계의 변화는 수백만 년 동안 계속해서 이루어져 왔다. 퇴적암에 있는 수천 개의 층들은 생명체의 흔적을 포함하고 있어서 매우 훌륭한 증거가 되고 있다.

② 지구계에 일어나는 변화들은 지진이나 화산폭발처럼 갑작스럽게 일어나는 것도 있고 반면에 진화나 대기의 변화처럼 서서히 일어나는 것도 있다.

【ESU】

① 과학적 사고력과 기술 발달은 지구와 우주에 대한 이해와 인식을 증가시킨다.

② 지구의 나이는 약 45억년 이상이고, 그 시간 동안 지구의 하위계들은 진화를 계속해왔다.

【질문】

① 지구의 나이는 몇 살일까?

② 지구의 변화는 얼마 동안 지속되어 왔을까?

【수업도구】

2인 1조, 2000개의 점이 찍혀진 종이 [그림 2-24], 계산기, 역사적 사건 연대 자료

【수업과정】

[1부]

① 학생들이 2인 1조가 되어 활동한다. 학생들은 점이 찍힌 종이와 역사적 사건의 연대를 기록한 자료를 받게 되고 종이에 찍힌 점의 개수는 알려주지 않는다.

② 교사는 2,000개의 점이 찍힌 종이를 TP자료로 제작하여 사용하고, 수업 과정에 대해 학생들에게 설명한다. 종이에 찍힌 점 하나가 1년을 나타냄을 설명하고 첫 번째 점이 현재임을 알게 한다. 뒤로 갈수록 시간을 거슬러 올라가는 것이다.

③ 학생들에게 자신이 태어난 해에 동그라미를 표시하게 하고 1980년도에는 사각을 그린다. 이 해는 헬레나 화산이 폭발한 연대이다.

④ 학생들은 주어진 자료를 보고 여러 가지 역사적 사건을 표시한다.

⑤ 학생들이 1부 과정을 모두 마치도록 도와주고, 이것은 과거 사건을 기록하는 하나의 방법임을 학생들에게 말해준다. 이 방법은 학생들의 과학적 개념의 이해를 돕기 위한 것으로, 긴 시간의 개념을 이해하기 어렵고 시각화하기는 더욱 어렵다. 2부 과정은 학생들의 이러한 개념의 이해를 도와준다.

[2부]

① 2부 과정은 소그룹 활동이나 반 전체 활동으로 할 수 있다. 이 과정을 수행하는 동안 학생들은 한 가지 계산을 하고 나면 그 의미에 대해 토의한다. 학생들로부터 각각의 수학적 계산에 대한 의미를 물어서 답을 끌어내도록 해야 한다.

② 학생들에게 다음 질문으로 넘어가기 전에 그들의 실험보고서를 완성할 시간을 주고 도와준다. 각각의 대답은 정확한 계산을 요구한다. 나중의 질문은 초기의 질문으로부터 연계되어 답할 수 있는 것이다.

③ 지구계 변화의 증거는 지질학적 기록 속에서 찾을 수 있다. 이러한 기록들은 해수면의 변화, 대기의 변화, 생명체의 변화에 관한 것들이다. 또한 지구의 역사를 통해서 대규모의 멸종이 있었다는 사실을 화석을 통해 알 수 있다. 생명체의 대규모 변화는 지질시대를 나누는 근거를 제공한다. [그림 2-23]을 이용하여 지구계에서 일어난 중요한 변화를 나타내기 위하여 얼마나 많은 종이가 필요한지 알아본다.

【질문】

① 종이에 있는 점은 모두 몇 개인가? 이들은 모두 몇 년을 나타내는가?

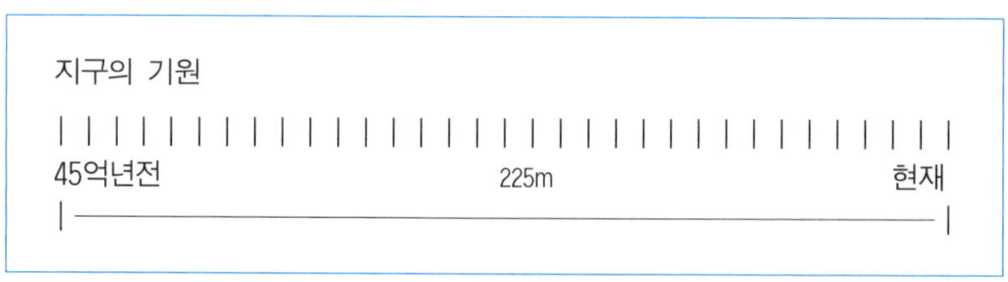

[그림 2-23] 지구의 기원

점의 개수 = (　　) 개

이들은 모두 (　　) 년을 나타낸다.

② 종이 한 묶음은 500장이다. 몇 년을 한 묶음의 종이에 나타낼 수 있는가?

③ 10억년을 나타내려면 종이가 몇 묶음 있어야 하는가?

10억년을 나타내려면 종이가 몇 장 있어야 하는가?

④ 지구의 나이인 45억년을 표시하려면 종이가 몇 묶음이 있어야 하는가?
45억년을 나타내려면 종이가 몇 장 있어야 하는가?
⑤ 종이 한 묶음의 두께를 재어 보자(종이 한 묶음의 두께는 보통 5cm 정도이다). 지구의 나이를 나타낼 수 있는 종이를 쌓으면 높이가 얼마일까? (   )m

(지구의 나이를 나타내는 종이의 두께는 225m이다.)
⑥ 선캄브리아대는 45억년 전에 시작되어 5억 7천만년 전에 끝났다.
선캄브리아대는 지질시대의 몇 %를 차지하는가?
선캄브리아대를 나타내려면 종이가 몇 장 필요한가?
⑦ 고생대는 5억 7천 만년 전에 시작하여 2억 4천 5백만년 전에 끝났다.
고생대가 차지하는 비율은 얼마인가?
[그림 2-23]에 고생대가 시작하는 곳과 끝나는 곳을 표시해 보자.
고생대를 표시하는 데는 종이가 몇 장 필요한가?
⑧ 중생대는 2억 4천 5백만년 전에 시작하여 6천 7백만년 전에 끝났다.
중생대가 차지하는 비율은 얼마인가?
[그림 2-23]에 중생대가 시작하는 곳과 끝나는 곳을 표시해 보자.
중생대를 표시하는 데는 종이가 몇 장 필요한가?
⑨ 신생대는 6천 7백만년 전에 시작하여 지금까지 이어져 오고 있다.
신생대가 차지하는 비율은 얼마인가?
[그림 2-23]에 신생대가 시작하는 곳과 끝나는 곳을 표시해 보자.
신생대를 표시하는 데는 종이가 몇 장 필요한가?

【특이한 점】

① 225m의 종이 중에서 2장이면 기록된 인간의 역사를 다 표시할 수 있다.
② 지금까지 발견된 가장 오래 된 인간의 뼈는 약 2백 5십 만년 전에 나타났다. 이 연대는 1,250장의 종이만 있으면 나타낼 수 있다. 인간이 지구상에 나타난 증거가 있는 연대는 지질시대의 0.0005%에 해당한다.
③ 지구의 역사는 우리가 대라고 부르는 4개의 구간으로 구분할 수 있다. 각각의 대는 기로 세분된다. 지구 역사의 거의 대부분은 선캄브리아대에 해당된다. 이는 지질시대의 87%에 해당하는 것이다.

[그림 2-24] 지질 시대의 길이

6 과학-기술-사회(STS)교육

STS는 과학·기술·사회 (Science, Technology, Society)의 약어로써, 과학을 기술과 사회와의 상호작용 속에서 바라보는 연구 활동과 교육 활동이라고 할 수 있다. 여기서는 과학교육에서 STS운동이 태동하게 된 배경을 개관하고, 지구과학교육에서의 운영 방안을 모색한다.

가. 과학교육과 STS교육

STS에 관여하고 있는 사람들 중에서도 STS가 무엇인가에 대해서는 구체적으로 명확하게 개념이 정립되지는 않았으며, 굳이 정의하려고 하지 않는 것이 실정이다. 예를 들면 코젠(Cozzen, 1990)은 'STS는 학문 분야도 연구 영역도 아니다. 이것은 하나의 운동(movement)이다'라고 서술하고 있다. NASTS (전미 STS학회)의 로고마크는 우산이다. 이것이 상징하는 것은 STS의 우산 아래 여러 가지 흥미, 관심, 의도를 숨기고 있는 과학자, 기술자, 교육자, 철학자, 정책입안자, 경제학자, 정치학자, 종교자, 시민 활동가, 언론가, 공익기관 등이 혼재하고 있다는 것이다.

1) STS교육운동의 태동

STS교육운동이 과학교육 속에서 주장되기 시작한 것은 여러 가지 요인이 있다. 첫째, 60~70년대에 걸쳐 서구 과학교육을 휩쓸었던 과학교육과정 현대화 운동에 대한 반성과 반동이다. 주지하는 바와 같이 스푸트닉 쇼크로 상징되는 서구 여러 나라(특히 미국)의 위기감에 의해 과학기술교육이 중요한 국가전략으로 탈바꿈하였고, 과학기술자 양성이라는 국가 정책의 실현을 향해서 여러 가지 과학기술교육의 교육과정 개발이 전개되었다. 이것이 소위 「과학교육의 현대화운동」이라고 총칭되는 것이다. 이 운동의 특징은 주로 제일선의 과학자·기술자가 그 운동을 선도했다는 점이다. 따라서 교육과정의 목적은 어디까지나 '과학·기술의 생산자로서의 과학기술자'의 양성이었고,

그를 위해 기초 · 기본을 중등교육과 초등교육에 도입하려는 점이었다. 그러나 이를 실천하는 단계에서 많은 문제점이 노출되었다. 우선 이 교육과정을 실천할 수 있는 과학교사가 적었고, 또한 과학기술자가 되지 않을 많은 학생들에게는 그 내용이 전혀 의미가 없는 것이 되어 버렸던 것이다. 이러한 문제점은 이미 70년대 초반에 지적되기 시작했으며, 현대화 교육과정운동은 현장 실천이라는 점에서 서서히 그 막을 내리게 된 것이다.

둘째, 현대 학교 교육에서, 많은 나라에서 학생들이 과학을 경원시하게 되었다는 점이다. 그 원인은 통상적으로 과학교육에서 취급하는 내용이 일상생활에서 동떨어져 있어서 학생들에게 있어서 거의 무의미한 것이 많았다는 것이다. 현상을 개선하기 위한 필요성에 대해서는 많은 관계자들이 인식을 함께 하고 있었다. 그러나 이 운동이 처음으로 표면화된 것은 과학교육과정 현대화 운동의 실패가 널리 인식되고 부터였다. 이리 하여 새로이 '모든 시민을 위한 과학교육(Science for All)'이라는 슬로건이 구미의 과학교육계에 대두하기 시작한 것이다. 앞으로의 사회를 살아나가기 위해서는 과학기술에 대한 기초 지식과 과학기술의 진보의 방향을 신중하게 생각할 수 있는 교양을 가지는 것이 시민으로서 필요조건이 된다는 생각이다.

셋째, 현대사회에서 과학기술의 역할이 점차 커지고, 그에 따라서 종래에는 문제시 되지 않았던 과학기술의 사회에 대한 부정적인 효과가 차례로 부각되기 시작한 것이다. 산성비, 온실효과, 수질오염, 대기오염과 같은 환경오염문제, 식량문제, 인구문제, 에너지 문제 등 지구과학적 소재가 대부분이다. 이러한 사회 문제의 해결에 대해 종래의 과학교육은 아무 대책이 없었다. 따라서 미래 과학교육은 이러한 문제와 대치해 나갈 수 있는 것이 아니면 안 되었다. 이들 문제를 총괄해서 다룰 수 있는 새로운 패러다임이 필요했던 것이다.

2) STS교육 운동의 확장

STS교육은 현대적인 과학기술이 사회 문제화 됨에 따라서, 이에 대응하기 위해 발생한 교육운동이다. 이 운동의 배경에는 이 시기와 거의 나란히 전개된 「과학의 과학(Science of Science)으로 총칭되는 학문영역의 연구의 영향이 있었다는 점에 주목하지 않으면 안된다. 현재의 STS교육운동의 직접적인 기원으로서 크게 2개의 흐름이 있다. 하나는 1970년대 중반에 우선 대학교육 속에서 시작된 운동이다. 또 한 가지는 초 · 중등교육 속에서 시작된 운동이다.

전자는 대학교육에서 시작되었는데, 과학적 소양을 위한 일반교양으로서, 과학자 · 기술자 양성을 위한 기초과목으로서, 과학교사의 기초교양으로서, STS교육운동의 선구적 역할을 하였던 것이다. 그 대부분은 대학교수의 개인적인 강의 노트의 형식이었으나 조직적인 구성으로 이후 STS교육에 커다란 영향을 주었던 것은 영국의 SISCON(Science in a Social Context) 프로젝트이다.

이러한 대학교육 속에서의 STS교육의 확장과 함께 이 운동은 1970년대 후반에서 80년대 초에 걸쳐 중등교육에 파급되어 갔다. 영국의 'Science in Society' 프로젝트, SISCON in schools 프로젝트, 독일의 IPN 물리 프로젝트, 네덜란드의 'Physics in Society' 코스, 미국의 S-STS(Science through Science, Technology & Society) 프로젝트, Iowa Chautauqua 프로젝트, 영국 중등교육을 대상으로 한 SATIS(Science and Technology in Society) 프로젝트 등 대형 프로젝트가 그 이후 계속해서 실시되었다.

현대의 STS교육운동을 더 상세히 살펴보면 「STS에 대한 교육」에는 여러 다른 입장이 존재한다는 것을 알 수 있다. 우선 미국 과학교육의 주도적 연구자 사이에 볼 수 있는 STS교육의 입장이 있다. 그들 주장의 공통점은 「STS를 통한 과학교육(Science through STS)」이다. 즉, 과학과 기술이 사회와의 상호작용을 하는 사례를 소재로 한 '과학교육'을 목적으로 한다. 따라서 그들은 「STS교육」이란 표현을 사용하지 않고 「STS어프로치」라는 표현을 사용한다. 접근하는 대상은 어디까지나 '과학교육' 그 자체인 것이다. 이 「STS를 통한 과학교육」은 종래의 과학교육의 방법에 대한 하나의 대안인 것이다. 이러한 방법을 제창하는 배경에는 종래의 전문과목화 한 물리, 화학, 생물, 지구과학의 구분은 학습자의 요구, 사회의 요구에 응할 수 없는 부분이 존재한다는 인식이 있다. 현대사회의 과학적 기술적 소양은 전문과목화 한 과학에 관한 지식과 이해뿐만이 아니라, 현실 사회생활에서 발생하는 여러 가지 문제를 해결해 나갈 수 있는 실천능력, 의사결정능력이라는 것이다. 그러나 이 입장의 특징은 과학 그 자체를 자성적이고 냉정히 바라본다는 의식은 희박하다. 즉 과학 그 자체는 「선(善)」이라는 점에서 모든 것이 시작한다는 입장을 가지고 있다.

이에 대해서 다른 입장도 있다. 과학과 기술 그 자체의 기본적인 성질까지 거슬러 올라가서 과학과 기술과 사회의 관계를 재정립하려는 특징이 있다. 따라서 STS교육을 과학교육의 방법의 대안으로 보지 않는다. 어디까지나 현대사회에 나타나는 STS문제를 해결하기 위한 민주적 의사결정과정, 민주적 행동과정에 시민이 참가하기 위한 「과학 · 기술에 관한 소양」을 함양하기 위한 교육이라는 입장을 취한다. 즉, 전문 분화한 과학에서 파생한 종래 「과학교육 그 자체」의 하나의 대안으로서의 STS라는 입장이다.

이 STS교육은 근년 자주 접하게 되는 과학 자체에 관한 과학(과학철학, 과학사회학, 과학사, 과학정책학)의 문제의식, 분석시각 및 그 성과를 「과학 · 기술 · 사회의 상호 작용」이라는 형태로 총괄하여 교육내용으로 하는 것이다. 이 방향에 대한 입장은 SISCON in schools의 고교 텍스트에 명확하게 표명되어 있다.

3) STS와 그 상호작용의 실제

우선 STS교육에서 언급되는 과학 · 기술 · 사회 란 무엇인가, 또한 '과학과 기술과 사회의 상호작용'이란 무엇인가를 살펴보자. 로우(Lowe, 1987)는 과학 · 기술 · 사회를 다음과 같이 정의한다. '과학'이란 인간이 그 사회의 가치체계를 따라 실시하는 지식 · 이해를 구하는 하나의 탐구 활동이다. '기술'이란 과학을 위시한 조직화된 지식을 특정 실용적 효과를 위해 응용하는 것이다. '사회'란 과학과 기술이 실시되는 인간 환경을 의미하며, 어느 사회의 특징은 과학과 기술이 어떻게 되는가에 영향을 준다.

기술과 사회의 관계에서 기술이 사회에 영향을 미치는 경우는, 예를 들어 자동화 기술이 보급됨에 따라 종래 노동자의 노동 패턴은 크게 영향을 받게 되었으며, 또한 의료 기술의 진보는 사람들의 의료관이나 건강관에 크게 영향을 주게 되었다. 더욱이 국제적인 물류 시스템의 확립에 의해 해외의 식량과 식료품이 대량으로 유입되어, 우리들 식생활이 크게 변화하고 있다. 이들은 기술이 사회 및 사회생활에 영향을 주는 사례라고 할 수 있다. 반대로 사회가 기술에 영향을 주는 사례는 어떤 것이 있는가? 여기에는 사회 생활상 필요성이 새로운 기술개발을 재촉하는 경우가 포함된다. 예를 들면, 공장 노동자를 단순 노동에서 해방시켜 더 필요한 공정에 돌리기 위한 단순 노동을 할 수 있도록 로봇이 개발된다. 역의 개찰작업에서 역무원을 해방시키기 위해 자동개찰기가 개발된다. 은행의 자동현금지급기, 여러 가지 자동판매기 등이다.

과학과 사회의 관계를 살펴보자. 우선 과학이 사회에 영향을 미치는 경우는 사회의 상식이나 일상 지식의 근저를 뒤흔드는 사례가 포함된다. 천동설에서 지동설에의 변환, 판구조론에 의한 지구에 대한 인식의 변화. 근래에는 인간 신체에 관한 상세한 연구 결과, 장기간 받아 들여졌던 사(死)의 개념 규정에의 회의를 불러일으키는 따위가 포함된다. 반대로 사회가 과학에 영향 주는 것은 특히 연구비의 배분에 의한 과학의 제어라는 형태가 알기 쉽다. 과학연구가 고도화함에 따라 연구를 위해 방대한 자금이 필요하게 되었다. 예를 들면, 암 연구, 우주의 기원연구, 핵융합연구, 해양연구 등, 어느 것도 엄청난 연구비를 필요로 하는 거대 프로젝트이다. 따라서 연구자금의 배분을 통해서 과학연구의 방향에 영향력을 행사하는 것이 사회가 과학에 영향을 미칠 수 있는 최대의 방법이다.

마지막으로 과학과 기술의 관계를 살펴보자. 우선 과학이 기술에 준 영향은 초기 전자기학 분야의 예를 들 수 있다. 에르스테트나 패러데이의 이론적 연구가 각각 전신 기술과 발전기 기술을 초래했던 것이다. 유전자공학이나 핵테크놀로지 등은 각각 관련 과학이론에서 직접적으로 영향을 받아서 발전한 것이다. 반대로 기술이 과학에 영향을 준 예는 증기기관을 들 수 있다. 이 기술의 영향으로 열과 에너지의 관계에 관한 이론적 연구가 진전할 수 있었다. 근년에는 컴퓨터의 진보가 시뮬레이션 계산의 속도를 증가시키고, 결과적으로 우주론의 진보를 초래한 경우나 전자현미경의 진보가 물질의 구조 연구의 진보를 초래한 예를 들 수 있다. 그러나 일반적으로 과학과 기술의 어느 쪽이 어느 쪽에 영향을 주고 있는가가 확실하지 않는 경우가 많다. 어느 자연현상을 이해하려는 과학자는 동시에 조건을 통제한 상태에서 그 현상을 일으키려고 하기 때문이다. 예를 들어, 고온의 플라즈마에 대해 연구하는 플라즈마 물리학자는 플라즈마의 거동을 이해하려고 하는 동시에 핵융합 기술의 본질적인 부분을 개발하려고 하기 때문이다. 또한 유전자공학에 있어서 유전자배열에 대한 이해와, 유용한 물질을 생산하기 위해 DNA 변환 기술의 이용 방법을 개발하는 것은 서로 분리해서 생각할 수 없는 것이다.

이상과 같이 과학과 기술과 사회의 관계에 대해서 간단히 바라보았다. STS교육은 이러한 상호작용을 통해서 현대과학의 본질을 알 수 있다고 보는 것이다.

나. STS교육의 목적과 목표

STS교육의 목적과 목표에 대해서는 많은 연구자들이 언급하고 있지만 총괄적으로 말하기는 곤란하다. 기본적으로 현대 과학기술사회의 건전한 시민으로서의 의사결정능력, 문제해결능력을 함양한다는 점에서 공통점이 있다. <표 2-9>은 치크(Cheek, 1992)가 전형적인 STS교육의 가이드라인과 교육과정에서 취한 15개 목표를 정리한 것을 제시하였다.

〈표 2-9〉 STS교육의 목적과 목표

목표		1	2	3	4	5	6	7	8	9	10	11	12	13	14	15
지식	과학·기술·사회의 상호작용	*	*	*	*	*	*	*	*	*	*	*	*	*	*	*
	과학·기술의 한계성	*		*		*		*				*				*
	과학·기술의 구별	*		*		*	*					*	*			*
	현대 STS 논쟁 문제		*	*	*				*	*			*	*	*	*
	지구규모의 상호의존성				*	*				*				*		*
	STS 주요 개념의 이해	*	*			*			*	*				*		*
	과학적 증거와 개인적 의견			*		*	*	*	*	*	*		*		*	*
	기술의 응용에 관한 이해			*				*		*		*		*	*	*
	수량적 기법의 적절한 이용	*	*	*	*						*	*				*
	STS 논쟁 문제의 해결	*	*			*	*									*
	STS 논쟁 문제의 지속성		*						*	*					*	*
	과학·기술의 철학·사회학			*		*		*	*	*				*		
	탐구의 본질에 관한 이해			*						*						
	사회에 의한 과학·기술 통제			*			*	*	*	*	*	*	*		*	*

목표		1	2	3	4	5	6	7	8	9	10	11	12	13	14	15
기능	STS 논쟁의 의사 전달 기능		*	*		*							*	*	*	*
	과학적 · 인지적 탐구 능력	*	*	*				*	*		*	*		*	*	*
	의사결정 · 문제해결 기능	*	*	*	*		*	*	*		*	*	*	*	*	*
	비판적 사고 기능		*	*		*				*	*	*		*	*	*
	집단활동을 위한 제기능		*												*	*
	집단 활동시 지도력 발휘		*													
	의견대립시 대처와 교섭		*													
	현실적 기술 이용의 기능						*									*
윤리 가치	세계 · 과학 · 기술에 대한 평가					*		*	*	*		*		*		
	민주주의에 대한 가치 습득					*			*	*	*	*	*			*
	가치의 중요성에 관한 이해	*	*	*	*	*	*	*	*		*		*	*		*
	자신의 가치의식을 파악		*			*					*		*			*
	특정 STS논쟁의 가치				*	*			*							*
행동	연구의 기획 실행	*								*					*	
	지역사회 · 사회전체의 STS	*	*		*								*		*	

1. Rubba & Wiesenayer(1985) 2. Waks(1987) 3. Aikenhead(1986) 4. Science through Science, Technology & Society Project(1985) 5. Norther Examining Associaton(1988) 6. Ministry of Edu- cation, Province of Britsh Columbia(1986) 7. National Science Teachers Association(1982) 8. Hickman, Patrick, & Bybee(1987) 9. Addinel & Solomon(1983) 10. Natonal Council for the Social Studies(1983) 11 New York State Education Department(1985) 12. Biological Sciences Curriculum Study(1984) 13. Piel(1981 14. Iozzi(1987) 15. Natonal Council for the Social Studies(1990)

다. STS교육의 과학철학적 관점

STS교육이 지향하는 「사회생활에 대응할 수 있는 시민육성을 목표로 하는 과학교육」이라면, 이미 오래 전에 주장되었던 것이 아닌가하는 의문이 제기될 수 있다. 특히 프래그머티즘의 전통을 가지는 미국에서 분명히 그러한 조류가 이전부터 존재하였다. 따라서 이러한 주장에 대해서 반론하기 위해서 STS교육의 배후에 있는 과학관을 두 가지로 나누어서 서술하는 것이 좋겠다.

1) 전통적 과학철학에 기초한 STS교육

전미과학교사협회 (National Science Teachers Association, 1982)는 1982년에 미국 과학교육의 목표에 관한 'position statement'를 공표하였는데, 그 안에 다음과 같이 서술하고 있다.

1980년대의 과학교육의 목표는 과학과 기술과 사회가 어떻게 서로 영향을 주고받는가를 이해하고, 그 지식을 일상생활의 의사결정에 이용할 수 있는 과학적 소양을 구비한 개인을 육성하는 것이다. 과학적 소양을 가진 사람은 여러 사실, 여러 개념, 개념의 체계, 그리고 계속적으로 학습하고 논리적으로 사고할 수 있는 탐구 능력 등의 확고한 지식기반을 가지고 있다. 그러한 사람은 사회의 과학과 기술의 가치를 올바로 평가함과 동시에 그들 한계에 대해서도 잘 이해하고 있다.

이는 분명히 금후 미국의 과학교육은 STS교육을 지향한다는 것을 표명한 것이다. 그러나 이 성명에 숨어있는 과학관이 실은 전통적 과학관인 것이다.

전미과학교사협회(NSTA)에서는 STS교육이란 인간이 경험하는 세계에서 과학을 가르치고 배운다는 입장을 가지고 있다. 그러나 STS교육에는 고유한 개념·방법은 존재하지 않는다고 한다. 여기에 숨어 있는 과학관은 단적으로 말해서 종래의 현대화운동 전성기의 그것과 기본적으로 변화하지 않았다고 할 수 있다. 과학의 가치에 대해서는 일체 의문을 제기하고 있지 않다. 과학적 개념, 과학적 방법이란 것은 현실상황에서 중립적인 것이라는 관점이다. 이 그룹에 있어서 STS교육이란 과학 그 자체의 문제에 대한 회답이 아닌, 과학을 어떠한 문맥으로 교수하는 것이 현재 적절한가라는 문제에 대한 하나의 회답인 것이다.

이러한 사고방식은 미국 STS교육의 저명한 지도자인 바이비(Bybee)에서도 볼 수 있다. 그는 과학, 기술, 사회를 각각 정의하고 있지만, 거기서 과학의 정의를 '자연계 및 인간계를 이해하기 위한 조직적이고 객관적인 탐구, 계속적인 탐구 활동을 통해서 형성된 지식의 총체, 그 특징은 실증적 접근, 일반화된 언명(법칙, 원리, 이론)을 사용하며, 자연현상에 관한 지식을 확증, 반박, 수정하기 위한 검증에 있다'고 말하고 있다(Bybee, 1986). 여기서 '객관적인 탐구 활동으로서의 과학'이라는 견해, '일반화된 언명의 실험에 의한 검증'이라는 견해는 그야말로 '소박한 귀납주의'(Chalmers, 1982)라고 불리는 전통적 과학관 그 자체인 것이다.

2) 상대주의 과학철학에 기초한 STS교육

이에 비해서 동일한 STS교육을 지향하면서도 이와는 다른 과학관에 입각한 것이 있다. 이 STS교육이 배경으로 하는 과학관은 소박한 귀납주의나 논리실증주의가 아닌 신과학철학이라고 불리는 상대주의 과학관이다. 그러면 신과학철학의 과학관은 어떤 것인가? 클레민슨(Cleminson, 1990)은 다음과 같이 서술하고 있다.

가) 과학적 지식은 잠정적이며 결코 진리와 동일시되는 것이 아니다. 그것은 단지 일시적인 지위를 점할 뿐이다.
나) 관찰만을 사용해서 단순한 귀납적 방법으로 만들어내는 과학적 지식은 있을 수 없다. 우리 들은 자신이 이전부터 가지고 있는 지식에서 구성된 이론의 렌즈를 통해서 세계를 바라본다. 관찰과 이론 사이에 선명한 정의나 구분은 불가능하다.
다) 과학의 신지식은 과학적 탐구방법과 결합한 상상력의 창조적 활동에 의해 창안된다. 과학은 그 자체가 개인적이며 매우 인간적인 활동이다.
라) 과학자들은 자신이 그 일부를 구성하는 세계를 연구하는 것이며, 자신과 격리된 세계를 연구하고 있는 것은 아니다.

이는 매우 개괄적인 요약이지만 극히 간단히 이 특징을 말하자면, '객관적이고 가치중립적인 성질을 가진 과학'이란 종래의 과학관을 근본에서부터 부정하는 입장이다. 이는 근년에 과학사, 과학철학, 과학사회학 등 과학 그 자체를 대상으로 하는 여러 연구가 올린 성과에 기초한 입장이다. 과학사의 분야에서는 여러 가지 과학적 발견의 프로세스에 관한 상세한 연구의 결과, 과학적 발견이 반드시 소박한 귀납주의에 기초한 것이 아니라는 것이 밝혀졌으며 (Kuhn, 1970), 과학철학의 분야에서는 예를 들어 과학의 기초라고 여겨지던 관찰 그 자체가 객관성을 가지지 않는다는 것이 밝혀졌다 (Hanson, 1958). 또한 과학사회학의 연구에서는 과학연구라는 영위 자체가 인간이 행하는 여타 영위와 마찬가지로 여러 가지 조직적, 사회적, 경제적인 네트워크 속에서 행위가 일어나며, 결코 연구자의 개인적인 지적 호기심에만 의존하여 실행되는 것이 아님이 밝혀졌다(Ziman, 1978).

새로운 물결이라 불리는 현대의 인식론자들과 의견을 함께 하는 과학사회학자들은 비록 과학지식의 본질에 대해서 다양한 의견을 개진하고 있으나 다음과 같은 몇 가지의 특징에 관한 한 일치된 견해를 표명한다(Ziman, 1978).

첫째, 과학지식은 그 진실성 여부와 상관없이 신뢰성을 갖는다. 과학지식의 신뢰도는 사실을 예측하고 그 사실이 확인되는 정도에 따라 그만큼 더 높아진다.

둘째, 과학지식은 개념들이 서로 강하게 연결되어 체계를 이루고 있기 때문에 한두 가지의 법칙 혹은 이론적 명제나 한두 번의 실험 및 관찰에 의해서는 그 체계의 타당성이 판명되지 않는다. 과학지식은 상호간에 연결되는 개념적 구성요소의 수가 늘어남에 따라 진보되며 진보된 과학지식일수록 한층 더 확립된 과학지식 체계라고 볼 수 있다.

셋째, 성숙된 과학지식은 스스로 자기모순을 밝혀낸다. 이 속성은 위에서 기술한 둘째의 특징과 관련되어 있으며 과학지식은 여러 가지의 개념적 구성요소가 잘못 연결되면 그 스스로 논리적 모순을 드러내고 그 모순을 해결하기 위한 과학자들의 연구를 자극하는 특징을 지닌다.

넷째, 모든 과학지식은 원칙적으로 교정이 가능한 상태에 있다. 과학지식은 그것을 구성하는 핵심적 개념이나 이론이 대치됨으로써 새로운 과학지식 체계로 진화되거나 새로운 연결에 의해서 끊임없이 변화 · 수정된다.

이러한 지견은 종래의 과학상을 근저로부터 뒤엎는데 충분한 것이었다. 따라서 종래의 '객관적이고 가치중립적인 성질을 가지는 과학'이라는 이미지에 근저를 가지는 과학교육은 그 존재기반이 크게 흔들리게 된 것이다.

지금까지의 과학교육이 주로 실재론, 경험론, 실증주의의 인식론과 그에 바탕을 둔 진보주의 교육사상의 영향을 받았다면, 앞으로의 과학교육은 상대주의 인식론과 관념주의의 형이상학적 신조의 영향을 받을 것으로 생각되며, 많은 부분 STS교육에 의해 구현될 수 있다. 상대주의는 진리란 항상 상대적이어서 객관적으로 판단할 수 있는 기준이 있을 수 없다고 보는 입장으로서 모든 지식은 개인, 사회, 시대 및 장소에 따라 다르다고 주장하는데, 이 견해는 각급 학교 과학교육에 있어서 현재의 인류가 직면한 문제의 시대적 심각성을 강조하는 근거가 되고 있다.

라. STS교육의 심리학적 관점

현재 구성주의 심리학에 기초한 학습론의 중요성이 국내외적으로 강조되고 있으며 과학교육 현장에서는 과거의 어느 학습론보다도 적극적이고 활발하게 적용되고 있는데, 이런 상황도 인식론과 심리학의 관계로부터 비롯되었다(박승재와 조희형, 1994). 전통적 심리학이 지식을 절대적 진리로 보는 논리실증주의와 반증주의에 기초하였음에 비해, 구성주의 심리학은 지식이 구성된다고 가정한 상대주의 인식론에 바탕을 두고 있다. 피아제를 포함한 대다수의 발달 심리학자들과 마찬가지로 구성주의 심리학자들도 학습을 인지구조의 변화로 정의한다. 인지학습론은 과학자가 현재 파지하고 있는 과학 지식의 개념적 안정의 역할을 강조하는 쿤(Kuhn, 1970)과 과학지식의 진화적 발달을 주장하는 라우든(Laudan, 1984, 1990)의 인식론에 기초한다.

구성주의 심리학에 기초한 학습론은 실제의 학습지도 현장에서 과거의 어느 학습론보다 실용적인 효과도 내고 있다(박승재와 조희형, 1994). 지식은 탐구자의 능동적인 참여와 활동을 통해서 구성된다고 주장하는 구성주의의 학습론은 학습자를 학습의 능동적 주체로 보고, 그가 겪은 선행 경험과 사전 지식을 중심으로 가르쳐야 한다는 학생 중심의 학습지도 방법을 제시한다. 구성주의 심리학은 학습자는 학습할 내용과 관련된 개념들 또는 도식을 이미 파지하고 있어서 그 개념들을 적극적으로 이용하여 새로운 상황을 해석하고 이해하며 그 결과를 바탕으로 새로운 지식을 구성한다고 가정하고 있다. 구성주의는 또한 학습자가 자신의 사고와 개념의 발달에 능동적으로 참여하여 스스로 새로운 의미를 구성한다고 주장하는데, 이 주장에 관한한 피아제도 구성주의 심리학자로 포함될 수 있다. 엄밀한 의미의 구성주의 심리학자들은 피아제의 이론과 달리 인지 구조는 사물을 보는 개념틀로서 과학지식의 내용이나 그것이 형성된 상황에 독특한 특성을 지닌다고 주장한다.

구성주의자들은 지식에 대한 다원론적 견해를 받아들여 지식은 어느 것이나 개인적이고 암묵적인 속성을 지닌다고 본다. 그들은 학생들이 개인적 지식을 통해서 지각하거나 인식하고 그것에 의해서 관련 학습내용을 해석하며 이해한다고 주장한다. 그들은 또한 학생들이 가지고 있는 개인적 지식은 대개 개념적 체계이거나 이론적 구조로서 그들의 일상적인 경험을 통해서 얻어진 직관적 관념의 바탕이 되기 때문에 단기간에 이루어지는 한두 차례의 학습지도에 의해서는 쉽사리 변화되지 않는다고 강조한다.

구성주의 심리학은 의사였던 켈리(Kelly, 1977)의 임상적 연구에 의해서 처음으로 이론화되었다. 켈리(Kelly)의 인식론적 견해를 한 마디로 말하자면 구성적 대체설이라고 할 수 있다. 그에 의하면 가장 고도로 발달된 과학적 지식조차도 인간의 재구성물로서 한층 더 나아 보이는 과학적 이론에 비추어 선정하고 검토한 인위적 가설에 지나지 않는다고 한다. 이러한 가설은 자연세계가 표상화된 일종의 자연관 또는 세계관으로서 일명 개인적 구인으로 일컬어지기도 하며, 과학자가 과학적 이론의 타당성을 검증하는 수단이 되고 있다. 켈리(Kelly)는 이와 같은 개인적 구인들로 이루어진 세계관은 개인에 따라서 독특하며 경험을 통해서 새로운 의미가 부여됨으로써 계속 진화된다고 주장한다. 이는 곧 학생들이 과학을 학습하는 과정을 통해서 또는 자연과 일상생활에 대한 능동적인 경험을 통해서 개인적 구인을 획득하고 그것을 바탕으로 자신에게 체계적이고 내적으로 논리적인 개념틀을 구성하게 된다는 것을 의미한다. 현재의 과학교육 연구자들은 켈리가 말하는 개인적 지식을 오인, 대체적 개념틀, 선행개념, 아동과학 등으로 부른다. 개인이 파지하고 있는 지식은 그 자신이 구성한 도식들로 이루어져 있으며 그러한 도식의 발달과 변화가 바로 학습임을 시사한다.

구성주의 심리학자들 중에서도 특별히 과학개념의 학습에 지대한 관심을 가지는 대표적인 연구자는 드라이버(Driver)라 할 수 있다. 그녀는 각급 학교의 과학교육 현장에서 수행된 인지 과학적 연구의 결과와 관념주의 및 상대주의의 인식론을 기초로 구성주의의 심리학적 학습이론을 구성하고, 그에 의거해서 과학학습의 본성을 기술한다. 드라이버(Driver, 1989)에 의하면 학습은 학생들이 능동적으로 의미를 재구성함으로 써 일어나는 개념의 변화로 정의하고, 이중에서도 특별히 대체적 개념체계의 교환에 따른 개념의 변화를 중요시하고 그런 변화를 유발하기 위한 학습지도 전략과 과정을 제시 한다.

길버트(Gilbert et al., 1982) 또한 현대의 인식론과 구성주의 심리학을 수용하고 학습자가 학습에 임하기 전에 이미 파지하고 있는 관련 선행개념을 아동과학(children's science)으로, 과학교사가 가지고 있는 지식체계를 교사과학(teacher's science)으로 정의한 다음, 학습지도를 통해서 학생들의 선행지식이 과학교사의 지식에 의해서 통합되거나 교체되어 과학자들의 과학(scientist's science)이 형성된다고 하였다. 파인스와 웨스트(Pines & West, 1986)는 현대의 인식론과 구성주의 심리학을 받아들이되 어느 구성주의 심리학자들보다도 더 포괄적인 의미로 학습을 정의한다. 그들은 과학지식을 학습자와 환경 사이의 상호작용 과정을 통해서 무의식적으로 획득 되는 자연발생적 지식과 학교의 형식교육을 통해서 얻어지는 형식적 지식으로 구분하고, 그들은 단편적인 과학적 사실, 개념, 법칙 등 보다는 고전역학, 물질관, 생물의 속성 등과 같이 비교적 포괄적이고 일반적인 과학적 개념 및 이론의 변화에 더 관심을 갖고 그런 개념과 이론이 학습되는 상황을 분류하여 제시하였다.

마. 과학의 사회성과 STS교육

과학의 사회적 특성은 과학지식이 절대적 진리가 아니라 사회 · 문화적 영향을 받아 구성되거나 발달된 가설적 개념체계에 불과하다는 것을 보인다. 과학-기술- 사회의 관계 자체가 시대적 상황과 가치관에 따라서 변하며, 과학지식도 그에 따라 변화된다는 것이다. 이는 절대적 진리로 구성된 합리적 체계로서의 과학지식보다는 당대에만 정당하고 실용적 가치가 있는 잠정적이고 가설적인 체계로서의 과학지식이 교수되어야 함을 시사한다. 이는 또한 과학교육과정 내용에 새로운 과학지식은 물론이고 과학의 본성과 과학-기술-사회의 관계도 포함되어야 하며, 그것들은 과학사로부터 선정된 자료와 정보를 이용할 때 더욱 효과적으로 교수될 수 있음을 시사한다(Nadeau & Dessautéls, 1984).

과학의 학습론은 과학지식의 본질에 관한 인식론과 학습의 본성 및 그 과정에 대한 심리학에 그 이론적 배경을 둔다. 상대주의를 비롯한 현대의 인식론은 과학지식의 잠정적 속성을 제시할 뿐만 아니라 과학의 사회적 특징도 강조한다. 오늘날의 교육학계 및 심리학계에서는 관념주의와 상대주의가 각각 실재론과 절대론에 대립되는 신조로 인식되는 경향이 있다. 현대의 상대주의 인식론자들은 과학이 지니는 사회적 특성을 논의함에 있어서 과학 및 과학적 기술과 사회의 밀접한 관계 즉 과학-과학적 기술-사회(STS)의 관계를 특별히 강조한다. 현대의 학습론자들은 학습을 학습자가 능동적으로 의미를 구성함으로써 일어나는 인지구조의 변화로 보는데, 이는 현대의 과학철학자들이 과학지식은 과학자들에 의해서 사회적으로 구성된다는 과학론에 기초한 것이다. 쿤(Kuhn, 1970), 파이어아벤트(Feyerabend, 1975) 등 현대의 상대주의자들은 신념이나 원리의 보편적 타당성을 부정하고 모든 것이 시대와 사회 및 개인에 상대적인 관념에 불과하다고 보았다. 그들은 과학지식의 본성, 진리, 과학의 합리적 특징, 자연 현상 등을 설명하는 형식들이 절대적일 수 없고 문화·사회적 가치에 의해서 결정된다고 주장한다. 이러한 상대주의의 인식론적 견해는 오늘날의 과학철학자와 사회학자 그리고 역사학자 및 과학교육학자들에게 이르기까지 널리 지지되고 있다. 이들은 궁극적 진리란 결코 있을 수 없으며, 과학지식은 언제나 장소, 시간, 개인 및 사회에 독특한 형태로 받아들여진다고 생각한다. 지만(Ziman, 1976, 1978, 1980)이 주장한 과학의 내·외적 사회성은 상대주의의 인식론적 신조와도 부합된다. 과학지식의 사회성은 과학지식이 과학사회를 구성하는 과학자들에 의해서 구성되기 때문에 그 의미도 과학사회의 변화에 따라 아울러 변화되는 속성을 의미한다.

현대의 심리학도 학습이 이루어지는 과정상에 나타나는 사회학적 특성을 특별히 강조한다. 현대의 심리학은 과학지식을 사회적 합의의 산물로, 과학의 과정을 사회적인 합의가 이루어지는 과정으로 가정하는 현대의 인식론과 방법론을 근거로 과학의 학습을 사회적 활동을 통한 의미의 구성으로 해석한다. 과학과 과학적 기술이 사회를 떠나서는 발달되거나 개발될 수 없듯이 과학의 학습도 사회적 특성을 띠는 학습 환경을 벗어나서는 일어날 수 없는 일련의 사회적 과정이라는 것이다. 즉, 학습자가 획득한 지식도 일종의 사회적 과정을 거치면서 구성된 의미의 체계라는 것이다.

과학교육학자들은 이보다 한 걸음 더 나아가서 과학지식이 사회 속에서 형성되고 적용되듯이 학생들의 과학지식도 일련의 사회적 과정을 통해서 이해되고 획득된다고 주장한다. 과학이 정보교환, 견해교환, 의사소통 등 사회적 활동과 절차를 통해서 학습된다는 것이다. 즉 학생들이 토론, 의사교환, 질문 등 사회적 활동을 통해서 과학지식을 이해하고 습득하게 해야 한다고 볼 수 있는데, 이는 STS교육의 방법과 일치하는 것이다. 오로지 피아제 (Piaget)의 지능발달 이론만이 미흡하나마 학습과정에서 나타나는 사회적 특성을 보여주고 있다. 피아제(Piaget)는 그들이 자연, 동료학생, 교사, 부모 등과 상호작용함으로써 평형화 과정을 통해서 발달한다고 주장한다. 그러나 오스벨(Ausubel)도 학습자 개인이 파지한 개념의 중요성만을 강조하고 있으며, 가네(Gagne)는 학습과제의 위계적인 구성만을 강조할 뿐 이들 모두가 학습의 사회적 본성에 대해서는 언급조차하지 않고 있다. 그러나 예외적으로 드라이버(Driver, 1989)는 과학학습과정에 나타나는 사회적 특성을 강조한다. 그녀는 인간이면 누구나 다른 사람들과의 의사소통, 언어사용, 주변 환경과의 상호작용 등을 통해서 세계관을 형성한다고 말한다. 그녀는 또한 인지구조가 개인은 물론 사회와 문화적 상황에 상대적이며, 인간은 자신의 내면화된 인지구조나 도식을 통해서 세계를 이해하기 위해 노력할 뿐만 아니라 그 개념틀을 사회적으로 구성된 보편적인 세계관에 통합하려는 노력을 끊지 않는다고 주장한다. 이 주장은 과학이란 반드시 사회적 상황에서 사회적 활동과 그 과정에 따라 학습 지도되어야 한다는 것을 암시한다.

바. STS교육의 문제점

현대사회에서 일어나는 과학 및 기술과 관련된 사회적 문제들은 대부분 문화적 · 사회적 가치관과 집단 이익이 개재되어 있어서 학문적 접근법만으로는 해결되지 않고, 반드시 의사결정의 과정을 통해 해결된다. 따라서 오늘날의 세계 각국은 STS교육의 중요성을 강조하고 그 목적으로 의사결정력의 함양을 강조한다. 의사결정력은 과학 및 과학적 기술과 관련된 문제에 대해 합리적으로 판단할 수 있는 능력을 의미하기도 하는데, 그런 판단을 내릴 수 있기 위해서는 다음과 같은 점을 특별히 잘 알고 있어야한다. 이는 곧 과학-과학적 기술-사회(STS)의 관계와 그 특성이 과학교육과정의 내용으로 선정되어야 하며 각급 학교 과학 학습지도 자료도 그런 관계로부터 선정된 소재를 이용하여 개발되어야 함을 시사한다. 그러나 많은 수의 과학교사들이 STS의 의미와 그 특성 그리고 STS교육의 속성을 이해하는 데 어려움을 겪거나 잘못 이해하는 경향이 있다. 그들은 특히 STS교육과 실용주의 및 진보주의 교육 사상에 따른 경험중심, 생활중심, 아동중심의 교육을 명확하게 구분하지 못한다. 그들은 또한 STS 학습지도 방법을 탐구중심의 학습지도 전략과 혼동하는 경향을 나타낸다.

그러나 STS가 각급 학교 과학교육 현장에서 언제나 효과를 내는 것은 아니다. 조희형(1995)은 STS를 적용하고 그것을 통해 소기의 과학교육 목적을 달성하기에는 최소한 세 가지의 문제점이 선결되어야 한다고 하였다. 첫째로 과학교사들이 과학의 본성과 교수/학습의 특성에 대한 전통적 관념을 버리고 현대의 인식론적 · 심리학적 견해를 가지도록 해야 한다. 둘째로, 현장의 과학교사들이 쉽게 이용할 수 있는 STS학습지도 방법과 자료를 개발해야 한다. 셋째로 과학교사들이 소신껏 STS를 학습지도할 수 있는 사회적 분위기가 형성되어야 한다. STS를 가르칠 수 있는 상황이 제도적으로 갖추어져 있어야한다.

오늘날의 과학교육계에서는 STS와 과학사의 교육이 과거 어느 때보다도 강조되고 있다. 이 분야가 과학철학과 과학사의 연구에서는 물론이고 과학의 학습론에 관한 연구에서조차 중요시되고 있다. 이러한 관계는 과학적 기술과 그것이 응용되는 사회의 특성을 통해서 과학의 본성이 포괄적으로 이해될 수 있음을 드러낸다. 과학과 과학적 기술이 사회와 밀접한 관계가 있다고 하는 말은 과학교육이 예전과는 다른 목적을 추구해야 함을 시사한다. 과학이 사회적 특징을 가지고 있다고 본다면, 그 목적은 사회에서 형성된 과학지식의 특성과 아울러 그런 과학지식이 이루어지는 사회적 과정을 이해하고 습득하게 하는 데 있다고 볼 수 있다.

사. 지구과학과 STS교육

과학자들에게 가장 중요한 활동은 무엇이며, 그들의 작업 상황은 어떻게 영향을 받느냐에 대한 논의는 STS교육의 중요한 주제 중의 하나이다. 물론 어느 특정 과학의 본성에 대한 견해를 전통적인 것으로 가르치는 것은 현명하지 못하다. 그러나 학교에서는 무시되어 왔지만 역사가와 사회학자들이 정확히 짚고 넘어가야 한다고 지적한 것이 있으며, 이는 지구과학 소재의 STS교육에서도 유효하다. 여기서는 과학에서 사용되는 언어에 대한 논의를 두 가지만 나타내었다(Suton, 1996).

1) 과학적 활동은 인간의 활동이다. 새로운 생각은 인간이 진술한다. '베게너가 처음 제안하기를...'이 아닌 '이것은 이렇게 발견되었다'와 같은 인간성을 배제한 진술을 빈번히 사용함으로써 심각한 오해를 초래할 수 있다.
2) 대부분 새로운 과학적 주장은 어느 정도 시행착오적이고, 잠정적이고, 의견이 분분한 단계를 거친다. 토론과 반복 실험이 계속되는 이 단계에서 과학적 주장은 '받아들여진 것'이 아니다. 과학적 주장이 받아들여지는 것은 과학자집단의 강력한 테스트의 과정을 거친 이후에 '널리 받아들여지고' '공적인 지식'의 일부가 되는 것이며, 이 단계에서 비로소 '발견' 으로 묘사되는 것이다. 학교과학에서 잠정적 단계를 무시하고 단순히 논란 여지가 없는 최종 생산물인 '발견'만을 제시한 이러한 경향은 학생들로 하여금 과학의 전체를 보지 못하게 한다. '이것은 이렇게 발견되었다'와 같은 구절은 학술회의 속기에나 필요한 것이지, 사람들이 동의한 '발견'의 중요한 과정을 얼버무리는 결과를 초래한다.

이러한 지적은 STS교육에서 중요한 과학적 개념 뒤에 숨어 있는 인간의 목소리와 논쟁적 측면이 강조되어야 한다는 것을 의미한다. 이는 기존의 교과서적인 표현과 최첨단 학술지의 서술을 비교해보면 금방 알 수 있다. 보편성을 강조하기 위해 과학적 지식으로부터 개인을 따로 떼어놓는다든지, '객관성'을 위해서는 탈 인간적인 표현이 필요하다는 오래된 신화를 제쳐두더라도, 과학을 더 잘 표현하고, 학생들이 과학적 지식에 참여할 수 있다는 관점을 위해서도 이러한 소재를 통한 STS교육은 매우 중요한 것이다. 이는 틀림없이 과학에서 언어의 역할을 재평가하는 핵심적 문제이다. 과학자들의 언어는 언제나 개인적이고, 인간적이며, 숨쉬는 개성을 분명히 나타낸다. 옛날 과학자들의 문장 속에서 과학에서 언어의 역할을 재평가 할 수 있는 많은 특징을 살펴볼 수 있다. 예를 들면,

1) 옛 과학자가 사용한 문장은 개인적이다. 즉, 여기에 인간의 목소리가 담겨 있다는데 의심의 여지가 없다.
2) 새로운 과학적 개념을 표현하기 위해 다른 분야에서 경험할 수 있는 중요한 이미지나 단어를 사용하여 형상적 비유 (figurative analogy)를 사용하고 있다.
3) 그 접근은 사색적이다. 그러나 동시에 잠정적이다. 때로 변명을 하는데, 이 때 사색은 더욱 깊어진다. 이 조합은 그야말로 강력한 설득의 전략이다.

서튼(Sutton,1996)에 의하면 교과서에서 사용되는 언어는 자연의 실제세계를 '객관적'으로 설명하고 묘사하는 인간과 독립된 매개물로 표현된다. 그러나 언어는 개념을 포착하고, 무엇이 일어나는지 묘사하고, 상황을 해석하기

위한 도구에 지나지 않는다. 이러한 두 가지 견해를 포괄하기 위해 우리는 과학자들의 저술이 처음에 연구자로써 잠정적인 주장에서 시작하여 몇 년 후, 또는 수십 년 후에 공공의 지식으로 교과서에 실리게 되는 과정을 이해해야만 한다. 이 두 단계에서 언어의 기능은 서로 다르다.

개념이 유동적인 동안에는 언어는 매우 역동적이고 유동적인 사고의 도구, 즉 [그림 2-25]의 왼쪽에 나타난 '해석체계로써의 언어(language as an interpretive system)'가 된다. 그런 다음 완성된 지식체가 만들어지고, 그 표현에 의심의 여지가 없어진다. 그 때 단어들은 어떤 물건을 이름 짓는 역할을 하

해석체계(interpretive system)의 언어 (새로운 경험을 알리는 것이 목적)	식별 체계(labelling system)의 언어 (서술 및 보고가 목적)
• 인간의 목소리와 흔적이 남아 있음 "나는 다음과 같이 생각한다….", 또는 "나에게는 …인 것처럼 여겨진다." "나는 지금까지의 생각과는 달리 순환적 운동이 아닐지도 모른다는 생각을 하기 시작하였다." -William Harvey, 혈액에 대해서, 1628 "우리가 염두에 두었던 이중나선이 유전자의 복제 메커니즘을 가능하게 한다는 생각이 언제나 뇌리속을 떠나지 않았다." -James Watson & Francis Crick, DNA에 대해서, 1953	• 인간의 목소리와 흔적이 없음 "구리를 가열하면 검게 된다."; "금속은 음극에서 방전된다."; "일정 기체의 부피는 압력에 반비례한다."; "중력이 미치는 곳에서 행성은 타원운동을 한다."; "공기 분자는 불규칙한 운동을 한다."
• 유비적이고 은유적; "이것은 마치 …", "이것은 …처럼", 또는 "이것은 이렇게 생각할 수 있다." • 처음에 잠정적이고 부정확하다. 그리고 동일한 개념을 포착하는 다른 방법을 유동적으로 추구한다.	• 상상적이기보다 직접적이고 문어(文語)적이다. "이것들은 사실이며 …이것이 그 방법이다." • 한정적이고, 정확하다. 사물을 지칭하는 올바른 단어가 필요하다.
의사전달 과정에서 새로운 견해를 가지고 다른 사람들을 설득하고, 새로운 사고의 공동체를 구축한다.	지식을 전달하고, 정보의 창고에 저장된다.

[그림 2-25] 언어의 두 가지 개념

는 것처럼 보인다. 이 단계의 언어는 그 기원을 알 수 없게 되는데, 이를 '식별 체계로써의 언어(language as a labelling system)'라고 부른다(그림의 오른쪽). 보통은 오른쪽에 제시된 것만으로 과학이 표현되지만, 과학을 올바로 이해하기 위해서는 두 가지 체계를 함께 알아야 한다. 과학자들은 새로운 개념을 제시하는 지점에서 멈추지 않는다. 이러한 매우 인간적인 진술은 세밀하게 조사되고, 검토되는 과정을 거치면서, 개인적 인간의 '목소리'는 점차 사라지게 된다. 형상적인 해석으로 시작하여 우리를 새로운 견해로 설득하려는 시도는 식별언어(단순히 전달되는 문자 그대로의 묘사)로 변환된다. 만약 학생들이 언제나 그러한 전달의 마지막 단계만을 수용하게 된다면, 학생들은 결코 상상력 풍부한 과학자들의 활동적인 해석적 목소리를 '들을' 수 없다.

이것이 바로 학교 과학에 더 많은 과학 학회와 연구 네트워크에 대한 내용(STS적인 요소)을 포함시켜야 하고, 아동들에게 신뢰로운 지식에 대한 합의를 어떻게 구축하는가를 알려야 하는 이유이다. 오늘날의 과학은 그러한 지식의 생산을 위한 준 협력적인 사회적 활동으로 이해된다. 장비를 취급하고 실험을 설계하는 실제적 활동 못지않게 학술회의에 참석하고, 논문을 쓰고, 논평과 저술 활동을 하는 것이 과학의 많은 부분에 해당하는 것이다.

저술은 특히 중요한데, 점차 견고한 출판물이 되면서 인간의 흔적이 옅어지고, '설득'에서 '전달'로 변하게 된다[그림 2-26]. 연구자들은 애초에 그들의 생각이 '과학적 지식'으로 수용되기 전에는 설득을 해야한다는 것을 잘 알고 있으며, 그에 따른 준비를 한다. 생각이 참신하면 할수록 더욱 조심스러워야 하며, 다른 사람들이 실험실에서 재현할 수 있도록 도와야 한다. 종종 격렬한 논쟁이 일어날 수도 있는데, 이는 단순한 인간의 '주장'이 잘 확립된 '사실'로써의 지위를 획득하기 위한 투쟁이다.

이렇게 되면 더 이상 '아무개의' 생각이나 제안이나 해석이 아닌, '아무개의 발견'이 되고, 결국에 가서 '우리 모두가 알고 있는 것'이 된다. 학술지에서 새로운 내용은 여전히 잠정적이지만, 논평이나 연구 핸드북에서 다른 연구자의 주장과 함께 인용되고, 마지막에는 교과서에도 실리게 된다. 연구 공동체에서 받아들여지게 되는 신호는 '이는 이렇게 생각된다'거나 '아무개가 제안하기를'과 같은 구절이 점차 줄어들거나 생략되는 것이다. 바꾸어 말하면, 변환이 계속되는 가운데 , 몇몇 개인의 생각과 주장이 더 큰 공동체의 사고의 구조

과학자들의 최초의 출판물	→	논평이나 연구지침서	→	개념이 광범하게 받아들여지고 교과서에도 실리게 되면	→	지극히 당연하게 여겨지면
주장을 한다.		**잘 알려진 주장**		**수용된 '사실'**		**암묵적 지식**
가능한 많은 증거를 제시		"Alfred Wegener는 대륙이동설을 주장했다." "Holmes는 대륙을 움직이는 힘을 다음과 같이 제안했다." "최근의 연구에 의하면…."		"대륙은 연약권 위에 떠다니면서…." "Holmes는 다음과 같은 사실을 발견했다." "…라는 사실이 발견되었다."		너무도 분명한 사실이어서 전혀 언급할 가치도 없어지며, '모든 사람들이 알고 있는' 사실의 한 부분이 된다.

[그림 2-26] 지식의 지위와 언어의 변화 과정

속에 자리 잡기 시작하고, 누구나 동의하는 공공의 지식으로 변환되어 '사실'의 지위, 또는 '당시의 사실' 또는 최소한 '우리가 알고 있는 바 가장 유용한 이론'의 지위를 얻게 되는 것이다. 이 설명은 잡지 → 연구 설명서 → 교과서 등의 출판물의 계열에 나타나는 강조점을 살펴보면 명확해진다.

지구과학을 하는 학생들은 이러한 대화의 방법을 알고 있어야 하며, 중요한 것은 이들의 지위를 잘못 이해하는 점을 피하기 위해 해석적 기원의 감각을 충분히 가지고 있어야 한다는 것이다. [그림 2-26]에서 나타나는 계열을 아래와 같이 과학의 '상식적' 견해와 대조하였다[그림 2-27].

(가) 상식적 견해(출발점으로써의 사실)

관찰과 실험에 의해 사실을 획득 → 세계에 대한 과학적 지식

(나) 대안적 견해(과학의 마지막 생산물로써의 사실)

인간의 생각, 명상, 그리고 적당한 단어를 선택하기 위한 노력
관찰과 실험에 의한 계속되는 검토 → 주장 → → 사실

[그림 2-27] 과학적 사실에 대한 두 가지 개념

지금까지 지구과학이 인간들의 의사전달의 활동이라는 것을 보여주려고 했다. 연구자들은 개인적으로 그들의 생각과 그 생각을 지지하기 위한 방법을 발견하기 위해 노력한다. 그들은 생각을 나누어 주고 비교하기를 원한다. 그러나 연구자 집단의 사고 과정에 의해 인간적 권위가 손실되고, 동적인 은유가 사라지며, 보편적 서술의 생산 그 자체로써 진리임을 나타낸다.

학교의 언어 정책은 학생들의 읽기, 말하기, 듣기 그리고 쓰기의 경험을 위한 지침을 마련하고 있다. 그러한 정책의 많은 특징은 십여 년 전에 '교육과정의 언어' 운동을 통해서 개관되었다. 예를 들면, 지식의 입회인으로서 교사라기보다는 청중의 역할로서의 쓰기 교육이 포함된다. 오늘날 언어 정책은 좋은 과학을 위한 구성요소이며, 그러한 관점에서 언어정책은 과학자의 언어, 교사의 언어, 그리고 아동의 언어에 대한 중요한 요소가 포함되어야 하는 것이다.

트리플레온과 트리플레온(Triplehorn, D.M. & Triplehorn, J.H., 1993)은 이러한 지구과학의 언어의 변화 과정을 STS의 소재로써 학습에 도입할 때 참조할 수 있는 서적을 제시하였다. 지질학을 학습함에 있어서 교과서만으로는 불충분하며, 따라서 심화 학습에 필요한 40권의 서적들이다<표 2-10>.

이 목록을 작성함에 있어서 미국, 캐나다, 멕시코 소재 대학의 지질학 관련900개 학과의 협력을 얻었다고 한다. 응답자의 연령 분포는 30세~84세이며 평균 연령은 50세, 그리고 89%의 응답자가 남자였다. 응답자의 전공은 고생물학, 층서학, 암석학, 퇴적학을 망라하였다. 물론 이 목록 속에는 영어 이외의 언어로 저작된 것들도 있으며, 많은 지구과학교사들을 위해 하루빨리 우리말로 번역되어야 할 것이 대부분이다. 또한 지질학뿐만 아니라 천문학, 기상학, 해양학에서도 이와 같은 서적 목록의 작성과 번역이 시급할 것이다.

〈표 2-10〉 지질학 관련 심화 학습 자료

연 번	년 도	저 자	제 목
1	1830	Lyell	Principles of Geology
2	1989	Gould	Wonderful Life
3	1859	Darwin	Origin of Species
4	1983	Mcphee	In Suspect Terrain
5	1981	Mcphee	Basin and Range

연 번	년 도	저 자	제 목
6	1912	Wegener	Origins of Continents and Oceans
7	1802	Playfair	Illustrations of the Huttonian theory
8	1986	Mcphee	Rising from the Plains
9	1983	Halam	Great Geological Controversies
10	1989	Mcphee	Control of Nature
11	1945	Holmes	Principles of Physical Geology
12	1987	Gould	Time's Arrow, Time's Cycle
13	1928	Bowen	The Evolution of the Igneous Rocks
14	1963	Albritton	The Fabric of Geology
15	1972	Rudwick	The Meaning of Fossils
16	1962	Kuhn	The Structure of Scientific Revolution
17	1836	Darwin	The Voyage of the Beagle
18	1954	Adams	The Development of the Geological Sciences
19	1875	Powel	Exploration of the Colorado River
20	1775	Huton	Theory of the Earth with Proofs and Illustrations
21	1973	Ager	The Nature of the Stratigraphic Record
22	1556	Agricola	De Re Metallica
23	1897	Geikie	The Founder of Geology
24	1952	Fenton	Giants of Geology
25	1981	Rhode	Language of the Earth
26	1986	Menard	An Ocean of Truth
27	1887	Gilbert	Report on Geology of the Henry Mountains
28	1953	Cloos	Conversations with the Earth
29	1986	Bakker	The Dinosaur Heresies
30	1985	Rudwick	The Great Devonian Controversy
31	1979	Imbrie	Ice Ages, Solving the Mystery
32	1983	Faul	It Began with a Stone
33	1840	Agassiz	Studies on Glaciers
34	1837	Dana	System of Mineralogy

연 번	년 도	저 자	제 목
35	1970	Cloud	Adventures in Earth History
36	1983	Allegro	The Behavior of the Earth
37	1987	Gerick	Chaos, Making of a New Science
38	1957	Eiseley	The Immense Journey
39	1913	Grabau	Principles of Stratigraphy
40	1669	Steno	Prodromos De Solido

아. 지구과학 소재를 이용한 STS수업의 실제

지구과학 소재를 이용하여 STS수업을 실시하기 위해서는 무엇보다 수업 방식이 중요하다. STS수업을 위해 확산적 사고법, 시뮬레이션, 역할 놀이, 실험, 교재작성법, 문헌이용학습, 견학, 자료 분석, 문제해결법 등의 방법이 제안되고 있는데, 여기서는 논쟁 문제 분석법(Issue Analysis Technique)을 소개하고, 수업에서 논의와 토론을 도입하는 방법을 실례를 들어 다루도록 한다.

우선 논의를 원활히 하기 위해서 영국 중등학교용 STS교재 SATIS의 교사용 안내서에는 다음과 같은 지침이 있다.

- 논의는 우선 소집단으로부터 시작하는 것이 효과적이다. 각 집단의 생각을 공유하면서 최종적으로 반 전체가 논의하는 순서로 한다.
- 좌석의 배치가 중요하다. 가능한 한 논의참가자끼리 서로 얼굴이 보이는 위치로 좌석을 배치한다. 가장 좋은 배치는 원형.
- 최초의 자극이 중요하다. 논의의 계기를 신문 기사, 잡지의 사진, 최근의 TV 프로그램 등으로부터 교사가 자연스럽게 유도한다.
- 간단하고, 구체적 입장에서 시작하여 점차 일반적인 관점으로 논의를 넓혀 간다. 처음부터의 추상론은 좋지 않다.

- 논의를 시작하기 전에 약간 구체적인 질문에 관해서 각자 생각을 써 두는 것이 좋다. 부끄러움을 타거나 발표력이 적은 학생들이 생각할 여유를 준다.
- 교사의 역할이 중요하다. 논의를 지배하고 총괄하기 때문이다. 논의가 순조로이 진행될 수 있도록 계속 용기를 주어야 한다.
- 논의를 시작할 때는 정숙한 분위기를 유지해야 한다. 지도자는 열의를 가지고 있어야 하며, 학생들은 논의의 주제를 이해하고 있어야 한다. 논의의 진행을 미리 정하지 않아도 좋다.
- 교사는 학생들의 기분, 특히 문화적 차이나 종교적 신념에 관해서 민감할 필요가 있다.

다음으로 토론에 대해서 살펴보자. 토론은 찬반양론이 있는 문제를 취급하는 경우에 유효하다. 토론이나 논의자는 각 이론에 대해서 나름대로 증거를 준비하여 참가자들을 설득하게 될 것이다.

예를 들어, 시조새의 존재는 공룡과 파충류를 직접적으로 이어주는 증거가 되는지를 가지고 토론과 논의를 할 수 있다. 이는 지금도 첨단 고생물학자들의 논쟁의 주제이기도 하다<표 2-11>.

〈표 2-11〉 시조새를 둘러싼 논쟁

이 론	육식공룡설	조치류설	악어설
이론의 개요	조류의 조상은 육식공룡임. 따라서 시조새는 공룡에서 진화하였다.	공룡과 조류는 조치류라는 공통의 조상에서 분화하였음. 따라서 시조새는 공룡에서 직접 진화하지 않았다.	조류와 악어는 쇄골의 존재, 털 구조, 아래턱의 관절, 귀의 구조 등에 유사점이 많음.
문제점	조류는 깃털을 가진 항온 동물이지만, 화석상으로 이러한 사실을 확인할 수 없음.	공통의 조상이라고 생각되는 화석이 없음.	해부학적인 증거가 없음.
최근의 발견	몽고에서 쇄골을 가진 오비랩터(Oviraptor)가 발견	·	·

우리나라 사람들은 토론문화에 익숙하지 않기 때문에, 결국에 주장 대 주장이 아닌, 인격 대 인격이라는 모양이 되는 경우도 있다. 이 기법을 사용할 경우에는 찬성, 반대 양파의 팀을 구성하는 것이 바람직하고 효율적이다. 중요한 점은 토론의 장을 마련하기 이전에 충분히 시간을 들여서 찬성, 반대 양쪽이

자료를 수집하고, 논점을 정리해 둘 필요가 있다는 점이다. 또한 토론에 참가하는 학생들도 사전에 해당 문제에 관해서 공부하여 몇몇 질문을 준비해 두는 것이 필요하다. 이러한 활동을 통해서 STS의 커다란 목표 중의 하나인 과학적 지식의 사회 적합의 도출이라는 과정을 습득할 수 있을 것이다. STS의 토론 학습에 이용될 수 있는 지구과학 소재를 열거해 보면 다음 <표 2-12> 과 같다.

〈표 2-12〉 STS의 토론에 이용될 지구과학소재

	관련개념	논쟁점	주도적 이론	대안적 이론
1	판구조론	판을 움직이게 하는 힘	맨틀대류설	판 침강 인장력
2	공룡	공룡의 심폐기능	공룡냉혈설	공룡온혈설
3	인류의 진화	인류의 출현	이브가설	다지역 진화설
4	고생물의 멸종	백악기말 대절멸의 원인	운석충돌설	지각변동설
5	은하계	은하계의 중심	블랙홀	고밀도의 성단
6	지하자원	석유의 기원	유기성인설	심층가스설
7	엘니뇨	엘니뇨 발생 원인	해양발생설	해양-육지 성인설
8	운석의 충돌	중생대말 운석의 낙하	유카탄 반도	동시다발설
9	지자기의 역전	지자기 역전의 원인	다이나모 이론	불명

제 3 장

지구과학교육에서 과학사와 과학철학

1 과학교육에서 과학사

가. 과학교육과 과학사 및 과학철학

과학교육의 측면에서 과학사와 과학철학에 대한 관심이 영국에서는 20세기 초반부터 있었으며, 1980년대 이후 과학사와 과학철학의 측면을 과학교육에 접목하려는 시도가 많이 이루어졌다. 영국의 경우 1986년 영국과학교육협회(ASE : the Association for Science Education)는 과학의 역사적 측면을 통해서 과학을 보다 문화적인 활동으로 나타내고 이를 통해 학교 과학교육을 증진시키기 위한 방안들을 탐색하기 위한 위원회를 구성하였다. 이 위원회의 설립 이후 영국과학교육협회와 영국과학사학회(BSHS : the British Society of History of Science) 사이에 활발한 논의가 진행되었으며, 이후 구체적인 방안과 접근들이 모색되었다.

1980년대 중반 이후 과학교육에서의 과학사와 과학철학에 대한 관심은 특히 STS 운동과 깊은 관계를 맺고 있다. STS 교육이 과학을 과학의 응용인 기술과 과학의 적용 공간인 사회를 통해서 교육하고자 하므로 과학의 본성, 과학적 아이디어의 변천과정, 과학과 사회의 관계 등과 같은 주제가 핵심적인 교육목표가 되었다. 이러한 STS 교육의 맥락에서 대표적인 사례로는 Investigating the Nature of Science(Honey et al., 1990), Exploring the Nature of

Science(Solomon et al., 1991) 등이 있다.

한편 우리나라에서 과학교육과 과학사 및 과학철학을 통합하려던 대표적 사례로는 과학사와 과학교육(양승훈 외, 1996)과 송진웅 등의 연구(Song et al., 1996: 1997)를 들 수 있다.

매튜스(Matthews, 1994)는 과학사 및 과학철학(HPS : History & Philosophy of Science)이 과학교육에 포괄적으로 기여하는 바를 다음과 같이 제시하였다.

- HPS는 과학을 인간화시켜 주고 과학을 개인적, 윤리적, 문화적, 정치적 관심 사항들과 관련 지어준다.
- HPS, 특히 기본적인 논리적 분석적 활동은(예를 들어 이 결론은 전제로부터 이끌어지는가? 그것은 실제로 무엇을 의미하는가?) 학습활동을 보다 도전적으로 만들어주고 합리적이고 비판적인 사고 기능을 증진 시킨다.
- HPS는 과학교과 내용에 대한 보다 철저한 이해에 기여할 것이다. 즉, HPS는 공식과 방정식에 대한 진정한 이해 없이 단순히 이것들을 암송하는 것을 극복하는데 도움을 줄 수 있다.
- HPS는 교사들로 하여금 과학과 지적 사회적 체제 안에서 과학의 위치에 대한 보다 풍부하고 확실한 이해를 갖도록 도와줌으로써 교사 교육에 기여할 수 있다.
- HPS는 과학의 역사적 발달과정과 개념 변화 과정에서의 난점들에 교사의 주의를 환기시킴으로써 학생들이 직면하는 학습의 어려움을 이해할 수 있도록 돕는다. 이러한 이해를 통해 교육과정을 구성하거나 수업을 준비하는 과정에서 도움을 받을 수 있다.

또한 매튜스(Matthews, 1994)는 특히 과학사를 과학교육에 활용할 때의 장점을 다음과 같이 구체적으로 제시하고 있다.

- 과학사는 과학 개념과 과학적 방법을 포괄적으로 이해하는데 도움을 준다.
- 역사적 접근은 학습자 개인 사고의 발전 과정과 과학적 아이디어의 발전 과정을 관련 지어 준다.
- 과학사는 그 자체로서 고유한 가치를 지닌다. 과학혁명, 다윈주의, 페니실린의 발견 등과 같은 과학사의 중요한 내용들은 모든 학생들이 잘 이해하고 있어야 하는 것들이다.
- 과학사는 과학의 본성을 이해하는 데 반드시 필요하다.
- 과학사는 우리 주위에서 흔히 접할 수 있는 과학주의나 독단론 등을 경계하게 해 준다.
- 개별 과학자들의 삶과 그 시대를 살펴봄으로써, 과학사는 과학을 인간 중심의 것으로 만들고 이를 통해 덜 추상적이고 학생들에게는 더욱 매력적인 것으로 만들어준다.
- 과학사는 과학의 학문 분야들이나 각 주제들 간의 관련성을 증진 시키며 과학과 다른 교과와의 연관성도 높여준다. 즉 과학사는 인류가 이룩한 것들의 통합적이고 상호 관련적인 본성을 잘 드러내 준다.

나. 과학교육과 과학사

실제로 과학사와 과학철학을 과학교육에 어떻게 도입할 것인가? Monk & Osborne(1997)은 지금까지의 과학사와 과학철학을 과학교육에 도입하려는 시도들은 지나치게 기존 과학교육의 전통인 개념(내용)학습에서 이탈하였다고 비판하였다. 그들은 과학사와 과학철학을 도입하되 이를 보다 개념(내용) 학습에 초점을 맞춤으로써 교사와 교육과정의 부담을 줄이고 현실적으로 실현 가능한 대안을 제시하려고 노력하였다. 이를 위해 Monk & Osborne (1997)은 <표 3-1>과 같이 6단계로 구성된 수업 모형을 제안하였다.

〈표 3-1〉 Monk & Osborne의 과학사를 도입한 과학수업 단계

단계	교수-학습활동
1. 프리젠테이션	시범실험을 보여주거나 특정 현상에 학생들의 주의를 집중시키고 이에 대한 질문을 던지면서 수업을 시작한다. 여기에서 학생들이 현상에 대한 예상을 미리 해보는 것이 중요하다. White(1988)가 제안하였던 예상-관찰-설명(POE)의 방법이 여기에 해당한다. 특히 이 단계에서 학생들에게 제시되는 문제들은 과거의 과학자들이 실제로 고민하였던 문제로 선택해야 한다. 이를 통해 학생들의 생각과 과거 과학자들의 생각을 비교해 볼 수 있기 때문이다.
2. 표현	질문법, 개념도, 단어 연상법, 그림 그리기, 예시에 대한 토론 등 적절한 방법을 동원하여 현상에 대한 학생들의 생각을 모은다. 또한 이 방법들은 소그룹 활동을 자극하여 이를 통해 학생들의 보다 적극적인 학습활동을 이끌 것이다. 이 단계에서 학생들이 다양한 생각들을 표현하고 이를 비교해 볼 수 있는 기회를 갖도록 하는 것이 중요하다. Nassbaum & Novak(1981)이 제안하였던 수업 브레인스토밍(brainstorming in classroom)이 효과적으로 적용될 수 있다. 그리고 동일한 증거에 대해 다양한 해석이 가능할 수 있다는 철학적인 입장을 견지하는 것이 중요하다. 이를 통해 과학자들이 '과학적 사실'을 단순히 발견하는 것이 아니라 창의적인 상상력을 동원하여 구성해 간다는 것을 느낄 수 있기 때문이다.
3. 과학사 조사	이 단계에서는 교사에 의한 다양한 정보의 제공이 필요하다. 예를 들어 관련 현상에 대한 과거 과학자들의 생각, 당시의 경제적, 사회적, 정치적 상황에 대한 배경 정보, 경쟁이론의 예시, 각 견해를 지지하는 자료와 배경, 역사적 사실들을 정리할 수 있는 연대기 등이 여기에 해당한다. 교사는 이러한 정보들을 언어, 자료, 멀티미디어 등의 다양한 방식으로 제공할 수 있을 것이다. 특히 "새로운 생각을 도입하는 과정에서 그들이 직면하였던 어

단계	교수-학습활동
	려운 점들은 무엇이었는가?"등과 같은 점들이 이야기의 줄거리에 첨가되어야 할 것이다. 그리고 사람들은 왜 그런 생각이 합리적이라고 생각하게 되었으며 또 이를 믿게 되었는가?(예를 들어, 왜 관찰 사실과 일치하지 않는 갈릴레오의 진자 운동에 대한 생각이 받아들여졌는가?) 등의 문제도 반드시 다루어져야 할 것이다.
4. 테스트 고안	앞 단계에서 과거와 현재의 다양한 해석과 관점들이 제시되었다. 이제 학생들에게 어느 입장이 옳다고 생각되는지 물을 수 있을 것이다. 그리고 학생들은 이를 확인할 자신의 실험 활동을 설계하고 이를 발표한다. 물론 교사의 판단에 따라서는 이러한 실험을 실제로 수행하기보다는 다른 활동으로 대체할 수 있을 것이다. 특히 학생들로 하여금 실험적 증거일지라도 이에 대한 다양한 해석과 가설이 가능하며, 여기에는 학생들 자신이 제안한 것들로 포함될 수 있다는 점을 분명하게 한다. 예컨대 1638년 대기압에 대한 토리첼리의 실험은 다양한 해석을 가능하게 하였으며, 이에 대한 그의 해석은 수십 년 동안 많은 사람들에 의해 거부되었다. 이 단계에서 교사는 사람들이 이미 옛날에 이 문제에 대해 생각을 해 보았다는 사실, 과거 이 현상에 관련된 역사적 맥락, 다양한 견해들의 정당성을 점검하는 데 사용할 수 있었던 가용한 실험적 테스트 등을 학생들이 이해할 수 있도록 노력한다.
5. 과학적 개념과 테스트	이 단계는 현대의 과학적 관점을 제시하는 단계로서 짧고 정확하게 할 필요가 있다. 수업의 길이를 고려하여 가능한 한 짧고 간단하게 한다. 특히 교사는 적절한 에피소드를 선택하여 준비된 관찰 가능한 자료들을 빠르게 구하고 또한 학생들이 과학적 견해를 선택할 수 있도록 해야 한다. 그리고 학생들이 과학적 견해는 반드시 옳다는 단순한 견해에서 보다 도구주의적 견해로 바뀔 수 있도록 하는 것이 중요하다.
6. 점검과 평가	이 과정은 증거가 갖는 의미를 생각하는데 매우 중요한 부분이다. 이때 학급 전체의 토론이나 소그룹의 토의에 이은 발표 등의 방법을 사용할 수 있을 것이다. 증거에 대한 검토를 통해 학생들은 과학적 아이디어로 의견이 모아지고 이렇게 되면 이야기의 줄거리는 마무리될 것이다. 물론 학생들은 갈등 해소의 산물이 무엇이었는가 반추해 보고 그 결과인 과학적 개념과 자신들의 생각을 비교해 보는 기회를 가져야 한다. 또한, 이러한 과정을 통해 학생들은 과거의 생각들이 어리석은 것이 아니라는 것도 느끼게 될 것이다. 왜냐하면, 자신도 유사한 생각을 가지고 있다는 것을 알기 때문이다.

한편 송진웅(1996)은 학생들의 과학 오개념을 극복하기 위해 과학사를 도입할 때 교사들이 특히 주의해야 할 점을 다음과 같이 제시하고 있다.

- 일반적으로 과학사의 내용을 과학수업에 적용하기 위해서는 주입식의 수업보다 많은 시간이 필요하다.
- 과학사 내용을 도입할 때, 간혹 학생들이 과거 과학자들의 생각이 어리석은 것으로 생각하는 경향이 있다. 이는 현대적인 관점에서 역사를 판단하는 오류로서, 당시의 지적 수준이나 실험 및 제반 여건들에 비추어 매우 정교하고 많은 노력을 기울여 이루어진 것이라는 사실을 이해시키도록 한다.
- 수업의 진행이 토론을 통해 이루어지는 경우가 많은데, 집단 내의 토론이 활발하게 이루어질 수 있도록 의견이 다른 학생들을 섞어서 집단을 구성하는 것이 중요하다.
- 과학사를 과학교육에 도입하면, 전통적인 학습에서 무시되는 다양한 측면들을 동시에 학습할 수 있는 장점이 있다. 따라서 세계관의 변화, 과학과 종교의 관계, 과학지식의 가변성 등의 역사적, 철학적 측면들이 잘 드러날 수 있는 학습활동을 조직하는 것이 필요하다.
- 학생들의 오개념과 과학사에서 나타난 대표적인 생각들을 비교하기 위해서는 학생들의 자발적인 참여가 매우 중요하다. 따라서 학생들이 자신의 생각을 자유롭게 드러낼 수 있는 수업 분위기를 조성하는 것이 필요하다.

다. 과학사를 활용한 수업 방안

1) 과학사의 명시적 이용(Explicit Use of History of Science)

과학사는 과학교육에 묵시적(implicit)으로 사용될 수도 있고 명시적(explicit)으로 사용될 수도 있다. Leonardo Sanchez와 같은 일부 학자들은 과학사는 교과과정 설계나 실제 수업현장에서 묵시적으로 사용되는 것이 바람직하다고 주장하지만 대부분의 학자들은 과학사가 과학교육에서 명시적으로 도입되어야 한다고 주장한다. 명시적으로 과학사를 포함시킬 수 있는 방식에는 두 가지가 있다. 하나는 첨가하는(add-on) 방식이고, 다른 하나는 통합하는(integrated) 방식이다. 첨가하는 방식은 비역사적인 정식 과학내용을 다 마친 후 역사적 요소들을 추가하는 것이고, 통합하는 방식은 과학사를 과학내용의 학습에 아예 삽입하는 것이다. 과학사를 명시적으로 과학수업에 도입하기 위해서는 수업의 어떤 내용에, 또 어느 단계에서 사용할 것인지 결정하여야 한다. 왜냐하면, 학습내용 중에는 과학사를 사용하기에 적합한 주제가 있는 반면 그렇지 않는 것도 있기 때문이다. 또한, 도입, 전개, 결론 단계에 따라 사용할 수 있는 주제가 다르기 때문이다.

2) 과학사의 묵시적 이용(Implicit Use of History of Science)

과학교육에서 과학사의 주된 역할은 교실 수업에서 명시적으로 이용되는 것이 아니라 교육과정자료나 수업환경 설계에 묵시적으로 이용되는 것이다(Sanchez). 이것은 다음과 같은 가정이 전제되어야 한다.

학습과정에서 이해는 재발견에 의한 발명 또는 재구성이다. 위의 가정을 고려하면, 교육과정 설계자나 교사들의 주된 임무는 학생들에게 우리가 적절하다고 생각하는 것에 근접하게 동화하고 재구성하는 과정에 참여할 수 있는 기회를 제공하는 것이다. 주어진 문제 상황에서 교사가 즉각적으로 성공적 모델을 제시하는 것이 아니라 그럴듯한 반대 주장이나 새로운 문제 상황을 도입함으로써 학생들에 의해 자발적으로 만들어진 모델로부터 시작하여 발전적으로 새 모델을 구성하도록 하는 것이다. 이러한 입장에서 볼 때, 과학사는 과학적 개념이 어떻게 발전해 왔나를 이해시켜 줄뿐만 아니라 학습에서 가장 중요한 것, 학습의 순서 그리고 사용되는 용어에 대한 우리의 규준을 바꿀 수 있게 도와준다. 과학사의 묵시적 이용에서 이름, 장소, 날짜 등의 역사적 나열들은 필요하지 않다. 왜냐하면 주된 목적이 과학사를 가르치는 것이 아니라 과학사를 과학을 가르치는 데 사용하기 때문이다.

2 영역별 지구과학사의 사례

가. 수성론과 화성론 대결의 역사

수성론자와 화성론자의 논쟁은 지질학의 역사에서 가장 격렬한 것으로 알려져 있다. 이 두 학설은 흔히 우주의 체계에 대한 프톨레미(Ptoiemy)의 천동설과 코페르니쿠스(Copernicus)의 지동설에 비견되기도 한다. 18세기 후반에 현무암의 기원을 둘러싸고 암석수성론자와 암석화성론자가 대립하였는데, 이들 두 학파의 역동적 대립은 1770년대부터 거의 50년에 걸쳐 지질학의 세계를 지배하였다. 지각의 변화는 시작도 없고 끝도 없다는 허튼(Hutton, 1726~

1797)의 자연관은 지동설과 마찬가지로 성경의 내용과 정면으로 배치되는 것이었다. 당시의 사회에서 성경(聖經)은 모든 학문의 모태를 이루는 학문적 바탕, 즉 패러다임이었다. 당시의 사람들은 야외의 관찰 사실을 설명하기 위해 지구를 둘러싼 이론을 만들었으나, 그들은 앞선 사람들과 마찬가지로 여전히 사회 속의 압력에 의해 방해를 받고 있었다. 그들의 아이디어는 창조론과 '노아의 방주'로 대표되는 대홍수를 설명하는 전통적인 해석에 따르도록 강요받았던 것이다. 지질학의 역사에서 최초의 패러다임 간의 충돌은 성경을 근본으로 한 암석수성론과 지질학적 증거로 무장한 새로운 패러다임인 암석화성론 간의 필사적인 저항과 끊임없는 과학혁명 기도의 역사이다.

1) 지질학의 과학 이전의 시기

현대의 지질학이 싹트기 훨씬 이전에 그리스의 철학자들은 광물과 보석의 기원, 지진 및 화산 분화, 그리고 암석에 포함된 패류(貝類) 화석 등에 대해서 나름대로의 견해를 내어놓았다. 그러나 그리스와 로마를 거쳐 중세를 지나는 동안에도 확고한 지질학적 패러다임은 출현하지 않았다. 당시의 지질학은 박물학의 한계를 벗어나지 못하는 초보적인 수준이었고, 신화 및 미신에 관련된 것이었다. 쿤(Kuhn)의 말을 빌리자면 전과학의 시기인 것이다.

과학 이전의 시기에는 연구의 기초적인 전제에 대해서 과학자 집단의 합의가 이루어져 있지 않으며, 전통도 확립되어 있지 않았기 때문에 연구자의 수만큼 각종 이론이 난무하는 시기였다. 18세기 중반까지의 지질학의 역사를 살펴보면 그러한 특징을 알 수 있다. 당시에 이미 암석이 층으로 만들어진 특성이 알려져 있었지만 이러한 암석은 지구 전체가 홍수에 의해 뒤덮였기 때문으로 설명되었다. 노아의 방주를 기정사실로 굳게 믿었던 당시의 사람들은 대홍수에 의해 육지의 모든 것이 파괴되고 물속에서 섞이게 되어 가장 무거운 것이 가장 아래층에 가라앉고 매장되어 오늘날 볼 수 있는 지층이 형성된 것이라고 생각하였다. 창조론에 맞추기 위한 전형적인 노력으로 라이트훗(Lighthoot)은 '사람이 B.C. 3928년 9월17일 오전 9시에 창조되었다'고 주장하였으며, 어서(Usser)는 '지구가 B.C. 4004년 10월 22일 밤에 탄생하였다'고 주장하였다. 당시의 사람들에게는 지질학적 타임 스케일의 개념은 상상할 수 없는 것이었다.

뷰퐁(Buffon, 1707~1788)과 같은 물리학자조차 대홍수에 대해서 의문을 제기하지 않았다. 당시 그는 수면이 현재의 수준에서 3500m 높이까지 상승하였다고 믿었는데, 그 높이는 패각 화석이 발견된 최대의 높이였다. 뷰퐁(Buffon)은 대홍수의 수심이 낮아진 메커니즘에 대해서 지각 아래에 있는 구멍을 통해서 물이 빠져나간 것이라고 해석하였다. 뷰퐁(Buffon)은 진실을 위한 연구를 수행하려고 하였으나 창조론의 해석과 상반되는 경우 마음의 갈등을 느꼈다고 한다. 아직 혁명의 기운이 무르익지 않았던 것이다.

한편 프러시아 과학자인 팔라스(Pallas, 1741~1811)는 해수면이 상승하여 가장 높은 산을 제외하고 모든 산들을 덮었다는 뷰퐁(Buffon)의 견해를 부정하였다. 왜냐하면, 해양의 해수면을 하강할 수 있게 할 만큼 많은 물을 통과시킬 수 있는 동굴은 지구 내부에 있을 수 없다고 추론했기 때문이다. 반면에 그는 해수면이 현재의 해수면보다 300m 이상 상승하지 않았으며, 그 이상의 높이에서 발견되는 해양 생물 화석이 포함된 지층은 지구 운동에 의한 융기 때문에 기인한다고 생각하였다. 이것이야말로 지구 역사에 대한 사고의 비약을 의미하는 것이다. 팔라스(Pallas)의 생각은 비통상적 과학에서 종사하는 과학자들의 생각을 나타내는 것으로 과학혁명의 전조를 나타내는 것이었다.

2) 최초의 패러다임 형성

당시의 거의 모든 중요한 발견은 사람들의 여가 선용에서 이루어졌으며, 그들은 이러한 발견을 출판하려고 하지 않았고, 후배를 교육하여 전문가를 배출하려는 노력도 하지 않았다. 그들은 넓은 분야에서 활동하던 사람들이었으며, 지질학 이외에도 많은 관심을 가지고 있었던 것이다. 이 시기에 지질학에 요구되는 것은 지금까지 축적된 지식을 종합할 수 있으며, 새로운 발견을 위한 방법을 제시할 수 있는 탐구자였다.

베르너(Werner, 1749~1817)의 업적 중 하나는 지질학의 연구의 기초에 대해 과학자들이 합의할 수 있는 연구 전통을 확립하였고, 체계적으로 교육을 하였으며, 다른 과학자들이 베르너(Werner)의 패러다임이 정해준 수수께끼 풀이에 전념할 수 있도록 한데 있다. 베르너(Werner)는 대표적인 수성론자로서 주상(柱狀)의 현무암은 용암과는 전혀 관계가 없으며, 대양의 침전에 의해 생성되었다고 일관되게 주장하였다. 수성론의 배경이 되는 사고방식은 18세기 이전까지 유럽을 지배했던 소위 '대홍수설'이다. 무엇보다 성경에 근거한 이 이론은 홍적층을 비롯한 여러 지질학적 현상을 설명하는데 이용되었다.

베르너(Werner)는 라이프찌히 대학에서 공부를 마친 후 후라이베르그 광산 아카데미에 들어가 40년에 걸친 재직 기간 동안에 그의 이론을 심화·확장하고, 수많은 제자를 배출하였다. 쿤(Kuhn)에 의하면 과학에서 교육의 역할은 매우 중요하며, 스승은 제자를 교육함으로써 자신의 패러다임을 전수하게 된다고 한다. 이것이 쿤(Kuhn)이 말하는 정상과학이다. 정상과학자들은 하나의 패러다임이 정해준 잘 정의된 테두리 안에서 자신 있게 연구를 한다. 패러다임은 일련의 명확한 문제와 방법을 과학자에게 제시하여 준다. 베르너(werner)의 주된 관심은 광물과 광맥이었으며, 그는 광물의 종합적인 분류를 도입하였다. 그는 자신의 해박한 지식을 근거로 하여 교육했으며, 그때까지 아무도 이루지 못한 방법을 제시하였고, 세계의 보편적 광물에 이름을 붙이고 동정하였다.

베르너(Werner)는 최초로 광물의 종합적인 분류를 지질학 세계에 남겨주었고, 암석의 순서적인 계열의 중요성을 강조하였다. 베르너(Werner)에 의하면, 화강암, 편마암, 편암 그리고 점판암을 포함한 화학적 침전물이 제일 먼저 제시되었다. 이들은 전지구적인 지층으로써 대양이 지구 전체를 뒤덮었을 때 형성된 원시암(primitive rock)을 포함하고 있다. 그다음으로 그레이와케와 때때로 화석을 포함한 석회암으로 구성된 전이암(transitional rock)이다. 이들 역시 전 지구적 지층으로 분류되는데, 이들은 전 지구적인 대양이 해퇴하면서 나타나기 때문이다. 그다음의 그룹은 사암, 증발암, 석회암과 현무암 등의 성층암(stratified rock)으로 전 지구적이 아닌 국지적인 지층을 포함한다. 이들은 해양의 해수면이 낮아지면서 육지의 넓은 영역에 나타난다. 이들 퇴적암 위에는 자갈과 고화되지 않은 모래가 놓이는데, 이들은 원시암의 분해에 의한 산물이다. 마지막으로 화산암(volcanic rock)이다. 이러한 암석의 분류는 '전지구적 대양(universal ocean)'이라는 개념에 근거하고 있다. 많은 원시암이 심하게 경사진 것은 그들이 전지구적 대양으로부터 지구 핵의 불규칙적인 대양저 위에 퇴적되었기 때문이라고 생각하였다. 베르너(Werner)는 천체가 가까이 지나갈 때 물이 부분적으로 빠져나가 전지구적 대양이 후퇴하게 된다는 견해를 가지고 있었다.

베르너(Werner)는 홀뤠쯔(Flötz) 지층 사이에서 발견된 현무암은 퇴적암이라고 주장하였는데, 그 이유는 현무암 암상은 침전물로써 가장 잘 설명되는 야외 관계를 가지고 있었기 때문이다. 또한 그는 역사에서 가장 최근의 현상인 화산은 석탄층의 연소 결과라고 생각했다. 실제로 베르너(Werner)는 보헤미아(Bohemia)에서 석탄층에 의해 불이 붙어 만들어진 현무암을 닮은 암석에 의해 주변 퇴적물이 구워지는 효과를 오해하고 있었다. 결국 베르너(Werner)에 의하면, 지구의 깊이 패인 계곡, 가장 최근의 지질학적 사건의 산물 등은 대홍수 기간 중 흘러 내려간 물에 의해 형성된 것이다. 베르너(Werner)는 죽을 때까지 쿤(Kuhn)이 이야기한 형태전환은 일으키지 않았고, 모든 것을 성경이라는 상위의 패러다임에 충실했던 것이다.

3) 수성론의 위기

데마래(Desmarest, 1725~1815)는 오베르뉴의 화산 지역에 노출된 현무암층을 추적하여 화산의 화구를 확인하였으며, 더 나아가서 오베르뉴의 현무암이 북부 아일랜드의 자이언트 카우스웨이(Giant's Causeway)의 현무암과 유사하며, 후자 역시 화산 기원임에 틀림없다고 주장하였다. 그는 오베르뉴에서 지층 사이에 협재된 현무암의 노두를 관찰하여, 지질학적 사건의 순서를 밝혔다. 또한 현무암질 용암이 화산에서 분출하여 판상으로 퇴적되었다고 주장하였다. 마지막으로 그곳에서 발견되는 용암류는 강의 침식 활동에 의해 독립된 판상의 암상으로 남게 된 것으로 생각하였다.

베르너(Werner) 등의 수성론자들은 화산이 지하에 퇴적된 석탄의 연소에 의해 활동한다고 하였지만, 데마레(Desmarest)는 오베르뉴에서 발견되는 암석 아래에 석탄을 포함하지 않으며, 용암 바로 아래에는 화강암이 있다는 것을 제시하였다. 그는 용융된 화강암에 의해 발생한 열이 인접한 암석을 녹인다고 믿었다. 데마레(Desmarest)는 현무암의 기원에 대해서 그의 견해를 명확하고 설득력 있게 기록하였지만, 그러한 생각은 수십 년 동안 계속된 당시의 의견에 반하는 것으로써 그의 저술은 크게 주목받지 못하였다. 이는 당시 패러다임을 신봉하는 사람들에게는 이단으로 여겨졌을 것으로, 베게너(Wegener)가 처음 대륙이동설을 주장했을 때 많은 전문 과학자들이 일소에 부쳤던 것과 같다.

쿤(Kuhn)은 패러다임에는 항상 변칙 사례가 존재한다고 하였다. 변칙 사례는 그것이 패러다임의 기본 원리에 결정적인 타격을 주어 정상 과학자 사회의 구성원들이 그것을 해결하려고 끊임없이 노력을 기울였음에도 불구하고 이 노력이 모두 수포로 돌아갔을 때, 그 변칙 사례는 특별히 심각하게 받아들여진다(Chalmers, 1982). 오베르뉴의 현무암은 이 특별한 변칙 사례에 속한다.

수성론을 위협하는 변칙사례와 함께 위기가 차례로 등장하기 시작한다. 돌로미외(Dolomieu, 1750~1801)는 화산 분화가 석탄의 연소와 연관이 있다는 것을 입증할 만한 증거가 없다는 데마레(Desmarest)의 주장에 동의하였다. 그러나 그는 데마레(Desmarest)와는 달리 오베르뉴의 연구에서 용융된 용암을 만들어 낸 열은 화강암에서 유래한 것은 아니라고 확신하였다. 그는 용암의 근원은 화강암 아래의 어떤 장소에 있으며, 화강암을 뚫고 액체 마그마가 상승하여 냉각되고 고화된 것으로 생각하였다. 이는 마그마라는 개념이 만들어지기 바로 전의 화산 활동에 관한 생각이 크게 발전한 단계였던 것이다.

4) 새로운 패러다임의 출현

변칙사례가 패러다임에 대해 심각한 문제를 야기하게 되면 '연구자의 정신적 불안정'이있는 시대가 시작된다. 문제를 해결하려는 시도는 더욱더 격렬해지고, 문제 해결을 위해 패러다임이 제시한 규칙은 점차적으로 느슨해진다. 정상과학자들은 철학적이고 형이상학적인 논쟁을 벌이기 시작하고, 철학적인 논의에 의해, 패러다임의 관점에서 반신반의할 수밖에 없는 입장에 놓이게 되면 그들 자신의 이론적 혁신을 변호하려고 한다(Chalmers, 1982).

지질학의 세계가 베르너(Werner)의 패러다임 아래 놓여 있는 동안에, 지각의 암석에 나타나는 문제를 매우 다른 관점으로 바라보는 사람이 있었다. 허튼(Hutton)은 폭넓은 독서를 통하여 지질학 관한 첨단 연구 결과를 이해하고 있었다. 그는 알프스에 대한 소쉬르의 설명과 오베르뉴 화산 지역의 용암류에 대한 데마레(Desmarest)의 견해, 그리고 베르너(Werner)가 일관되게 제창하였던 견해를 잘 알고 있었다.

그의 '현재는 과거의 열쇠이다'라는 개념은 지구 표면의 변화는 극히 서서히 일어난다는 전제와 연관이 있다. 즉, '지구의 자연적인 작용은 너무 천천히 일어나기 때문에 사람들이 지각할 수 없다'라고 하였다. 허튼(Hutton)은 강, 얼음, 그리고 바다에 의한 풍화와 침식 작용의 매커니즘을 육지에서 쇄설물이 운반되어 해양에서 새로운 퇴적층이 퇴적되는 침식과 퇴적의 연속적인 과정으로 생각하였다. 그는 이를 영원히 계속해서 반복하는 과정으로 보았으며, 거기에는 '시작의 흔적도 없으며, 끝날 전망도 없다'고 보았다. 그는 어떻게 하여 퇴적물이 고화되고, 습곡이 형성되며, 지구 운동에 의해 융기되는가를 기술하였으며, 다음으로 그것이 침식되고, 침강하며, 새로운 층에 의해 부정합으로 덮이게 되는지를 기술하였다. 허튼(Hutton)은 오래된 지층과 새로운 지층이 분리되는 평면에 부정합이라는 명칭을 최초로 붙였다.

허튼(Hutton)은 화성론의 창시자는 아니지만, 화성 활동에 의한 부분을 특별히 강조하였다. 그가 베르너(Werner)의 수성론자들에 반대하여 이들 화성론자들과 연합하는 것은 자연스러운 것이다. 그는 스코틀랜드의 글렌 틸트(Glen Tilt)에서 현무암과 화강암의 화성적 기원을 제시하였고, 화강암 암맥이 심성암으로부터 주위 암석으로 갈라져서 들어간 것으로 기술하였다. 또한 그는 화강암이 더 오래된 암석에 관입된 것으로 보아 당시까지 주장되어온 생각과는 달리 새로 만들어진 암석이 관입한 것이라고 생각하였다. 허튼(Hutton)의 '지구의 이론(Theory of the Earth)'은 베르너(Werner)에 의해 만들어지고 오랫동안 받아들여졌던 이론을 뿌리째 뒤흔드는 것이었다.

5) 두 패러다임간의 충돌

경쟁적인 패러다임이 나타나게 되면 기존 패러다임에 대한 위기의 심각성은 고조되고, 이 위기에 대해 심각하게 고민하던 사람의 마음속에서 새로운 패러다임이나 해결책이 떠오르게 된다(Kuhn, 1970). 새로운 패러다임은 기존의 패러다임과는 전혀 다르며 비교될 수도 없다. 근본의 차이는 본질적인 변화를 수반하며 패러다임이 달라지면 세계를 구성하는 사물도 다른 종류가 된다고 본다.

허튼(Hutton)의 저술이 발표되었지만 다른 사람들로부터 지지를 거의 받지 못하였으며, 수성론자들로부터 계속적인 조소를 받게 되었다. 그들은 허튼(Hutton)의 주장이 아무리 천재적이고 새로운 것이라고 하더라도, 이는 망상적이고 지질학의 현상과 일치하지 않는다고 공언하였다.

허튼(Hutton)의 지지자 중에 최초로 부정합을 확인한 사람은 홀(Hall, 1761～1832)이었다. 홀(Hall)을 의아하게 만든 것은 현무암이 일정 비율의 유리를 포함하는데 비하여, 화강암은 언제나 결정질 조각을 갖는다는 것이다. 그는 주물점에서 유리 제조에 사용하는 물질이 부주의로 천천히 냉각하는 것을 보게 되었는데, 그때 유리가 결여되고 전적으로 결정질 조직을 갖는다는 것을 발견하였다. 이후 그는 여러 가지 실험을 통해 천천히 냉각하면 결정화 작용을 증진한다는 기본적인 지질학적 원리를 얻게 되었다. 그럼에도 아일랜드의 커윈(Kirwin)은 홀(Hall)의 실험이 허튼(Hutton)의 이론을 지지한다는 사실을 비판하면서 받아들이지 못한다고 하였다. 사실상 그는 당시의 많은 광물학자들의 견해를 대변한 것이다. 경쟁적인 패러다임의 지지자가 서로 상대편의 전제를 받아들이지 않게 되면 서로가 서로의 논증에 설득될 필요가 없게 된다. 바로 이러한 이유 때문에 쿤(Kuhn)은 과학 혁명을 정치 혁명에 비교하였다.

허튼(Hutton)의 저술에 대해 친구인 플레이페어가 해설서를 출판한지 2년 후에 제임슨(Jameson, 1774～1854)이 에딘버러 대학교의 자연사 석좌 교수에 취임하면서 수성론과 화성론의 논의는 그 극에 달했다. 제임슨(Jameson)은 베르너(Werner) 아래에서 공부한 수성론자였다. 그는 주변에 열성적 수성론자들을 모았으며, 에딘버러 화성암의 노두를 상용하여 수성론의 진실을 설명하였다. 제임슨(Jameson)과 함께 에딘버러의 노두를 동행한 학자들은 수성론에 대해 의문을 제기하였지만, 그는 미동도 하지 않았다. 커윈(Kirwin) 학파 일원이 아일랜드의 포트러쉬(Portrush) 부근에서 제 3기 현무암의 가장 하부로부터 암모나이트를 발견했다는 수성론을 확증하는 증거도 보고되었다. 훗날 이 회석은 현무암에서 발견된 것이 아니고, 열을 받아 그 위에 놓은 현무암과 모습이 유사하게 변질된 점토에서 발견되었다는 것이 밝혀졌다.

제임슨(Jameson)은 19세기 중엽까지 생존하면서 베르너(Werner)의 견해에 대한 집착을 결코 포기하지 않았다. 그는 베르너(Werner) 자연사 학회(Werner Natural History Society)를 창설하여 베르너(Werner)를 계승하려고 하였다. 그러나 학회지에 논문을 투고한 학자들이 그들 스스로의 야외 조사를 근거로 한 결론을 내리면서 베르너(Werner)의 생각은 점차로 거부되어 간다. 제임슨(Jameson)도 결국은 그 잘못을 고백하였다고 한다. 만일 혁명이 성공하게 되면, 이러한 변화는 점점 퍼져, 오직 몇몇 과학자들을 제외하고는 관련된 과학자 사회 구성원들의 대부분이 혁명을 받아들이게 된다.

1827년에 런던 지질학회 회장이었던 피튼(Fitton, 1780~1861)은 일찍이 1811년 에딘버러 리뷰에서 '진리와 사실이 증명하는 것과는 다른 이론을 끌어냄으로써 베르너(Werner) 학파는 발견의 진행을 방해하였다'고 언급한 바 있으며, 그로부터 16년 후에 그는 런던 지질학회의 회장 연설에서 '베르너(Werner) 학파의 견해는 이제 잊혀지게 되었다'고 선포할 수 있었다.

6) 새로운 패러다임으로의 대체

허튼(Hutton)이 죽은 해에 태어난 라이엘(Lyell, 1797~1875)은 수성론과 화성론의 논쟁을 종식시켰던 인물 중 하나이다. 라이엘(Lyell)은 그의 저서에서 지질학 발전의 역사적 개요를 설명하였으며, 그러한 발전을 수 세기 동안 지연시킨 편견과 신화에 대하여 서술하였다. 그는 현재 지구의 표면에서 볼 수 있는 모든 변화의 과정을 기술하였고, 마지막으로 동물과 식물의 분포와 화석에 의해 밝혀진 생명체의 기나긴 변화 과정에 대하여 언급하였다. 라이엘(Lyell)은 암석을 퇴적암, 화성암, 변성암의 세 가지 그룹으로 분류하여 설명하였고, 퇴적암에 포함된 화석을 가지고 퇴적암 발달의 순서를 나타내었다.

그의 글 속에는 격변설과 수성론의 부정과 함께, 현재는 매우 느리게 일어나는 과거 지질학적 과정의 열쇠임을 강조한 허튼(Hutton)의 강한 영향이 있었다. 지질학적 증거로 라이엘(Lyell)이 선택한 전형적인 판단은 나폴리의 포츠올리에 있는 세라피스 사원의 기둥에 관련지어 바다의 수면 변화를 설명한 것이다. 이 기념물에는 해수면보다 훨씬 높은 위치에 있는 해양성 동물의 보링(boring) 흔적이 있는데, 그는 사원이 지어졌던 땅이 가라앉아서 기둥이 대략 6m 정도의 깊이로 물속에 잠기게 되었고, 그 후에 기둥이 솟아 올라왔기 때문에 오직 기둥의 끝 부분만이 해수면에 잠겨 있었다고 결론지었다. 라이엘(Lyell)은 이탈리아 해안선 주위에 융기된 해빈의 예가 있으나, 다른 지역에는 그러한 증거가 없다는 것을 지적하였다. 그러므로 이것은 포츠올리에서 국지적으로 나타난 현상이었고, 명백히 바다 수면의 상승과 하강이라기보다 지면의 침강이나 상승에 기인한 것이었다.

고생대의 층서를 확립한 세지윅(Sedgwick, 1785～1873)은 초기에 수성론자에 의해 영향을 받았으나 결국에는 이들 생각을 포기하였다. 나중에 그는 '내가 젊었을 때 배웠던 것은 수성론자들의 허튼 소리이며 나는 오랫동안 머릿속에 차 있는 물로 고생하였으나 빛과 열이 그것을 완전히 사라지게 하였다'고 고백한 바 있다.

쿤(Kuhn)의 입장에 따르면 과학자가 패러다임을 바꾸도록 유도하는 데 영향을 미치는 요소들은 심리학적, 사회학적 탐구를 통해 밝혀질 수 있는 문제이다. 허튼(Hutton)의 가장 새로운 생각들은 베르너(Werner)의 생각에 비하여 받아들이기 어려웠을지도 모른다. 그러나 거기에는 또한 정치적인 이유가 있었으며, 당시에는 혁명의 기운이 아직 남아 있었다. 프랑스에서는 볼테르(Voltaire)와 같은 자유로운 사상을 가진 사람들이 교회의 권위를 무시하고, 혁명의 길을 걸었던 것이다. 이와 같은 일이 특히 영국에서 다시 일어나는 것은 허용될 수 없었다. 그리고 결국 플레이훼어의 노력에도 불구하고 라이엘(Lyell)이 허튼(Hutton)을 구출할 때까지 30년 동안이나 허튼(Hutton)의 이론은 사실상 무시된 채 남겨졌던 것이다.

나. 통합적 이론체계로서의 판구조론

쿤(Kuhn)은 과학혁명을 수행하는 사람은 매우 젊은 사람이거나 하나의 학문 분야에서 다른 분야로 관심을 옮긴 범학문적 연구자에 의해 수행된다고 하였다. 그 이유는 그가 정상과학의 교육에 의해 세뇌 받지 않았기 때문에 새로운 시야를 가지고 학문을 바라볼 수 있기 때문이라고 한다(Kuhn, 1970). 현대의 지질학자들은 지표 밑에 기대한 판이 존재한다는 주장을 사실로 받아들이며 그 판의 운동이 관찰 가능한 지각변동을 산출한다고 생각한다. 이런 주장은 40년 전에는 전혀 현실성 없는 생각으로 여겨졌다. 그러나 이러한 개념적 변화는 하루아침에 이루어진 것은 아니다. 지구과학사에서 베게너(Wegener)가 선도한 판구조론의 형성은 쿤(Kuhn)의 과학혁명의 전형적인 예가 된다.

1) 형태전환에 의한 세계관의 변화

딱딱한 대륙은 움직이지 않는다는 것이 당시의 패러다임이었다.

베게너(Wegener)는 베를린에서 목사의 아들로 태어나, 24세인 1904년에 베를린대학에서 천문학을 전공하여 박사 학위를 받았으나, 기상학 분야에 더 많은 관심을 갖고 연구하였으며 기구를 이용하여 기류의 이동 경로를 추적하는데 선구적인 공헌을 이룬 바 있다. 또한, 그는 지구물리학, 기후학, 화산학, 해양학, 수문학, 빙하학 등 지구과학의 전 분야를 공부하여 관심 분야를 확대하기도 하였다.

베게너(Wegener)는 1911년 마르부르그대학 도서관에서 우연히 브라질과 아프리카 사이에 옛날에 육교가 있었음을 내용으로 하는 논문을 발견하였다. 베게너(Wegener)는 대서양 양쪽 대륙에서 동일하게 발견된 동식물 화석의 기재를 다룬 육교설의 증거는 베게너(Wegener)에게 놀라운 것이었다. 이 일은 베게너(Wegener)에게 형태 전환(gestalt switch)의 계기를 마련해 주었다(Kuhn, 1970). 형태전환이란 한 객체가 어떤 때는 이것으로 보이고 또 어떤 때는 저것으로 달리 보이는 시각적 환상이다. 쿤(Kuhn)은 과학혁명이 시각의 급격하고도 근본적인 변화라는 사실을 강조하기 위해서 형태전환에 비유하고, 형태전환이 이루어지면 그에 따라서 자연과 세계에 대해 다른 견해를 가지게 된다고 하였다.

베게너(Wegener)는 이러한 생각과 관련한 지질학과 고생물학 분야의 논문을 종합적으로 분석하였으며, 이것은 바로 20세기 지구과학 혁명을 야기하게 하는 숙명적인 사건으로 이어지게 되었다. 이로부터 불과 몇 달이 지난 후인 1912년 1월 6일 그는 프랑크푸르트에서 개최된 독일 지질협회에서 육교설을 부정하고 대륙의 이동을 설명하는 논문을 발표하였다. 이 논문은 두 개의 학술지에 논문으로 출판되었으나 세인의 주목을 거의 받지 못하였다. 베게너(Wegener)는 1915년 대륙이동설에 관한 논문을 발표하였으며, 이는 다시 1920년, 1922년 그리고 1929년에 각각 보완되어 출판되었다. 이 논문은 여러 언어로 번역되어 출판되었으며 여기서 베게너(Wegener)가 표현한 'Die Verschiebung der Kontinente(대륙의 변이)'는 영어로 'continental displacement (대륙의 변이)' 또는 'continental drift(대륙의 표이)'로 번역되었다.

1923년 1월 런던에서 개최되었던 영국 왕립지리학회에 참가하였던 여러 학자들은 그의 발표 논문에 대하여 철저하게 거부 의사를 표명하였다. 지질학자 레이크(Lake)는 그를 진실을 찾으려고 하지 않는 사람이며 사실을 모르는 맹인으로 취급하였다. 영국의 저명한 천문학자이며 지구물리학자인 제프리(Jeffreys)는 1924년에 출판된 그의 저서에서 베게너(wegener)가 제시한 대륙이동의 지질학적 및 생물학적 증거들을 경멸적으로 비판하였으며, 대륙이동의 최대 약점인 베게너(Wegener)가 대륙이동의 원동력으로 제시한 지구 자전과 중력에너지에 대하여 전혀 불가능하다는 것을 언급하였다. 1928년 11월 뉴욕에서 개최된 미국 석유 지질학자 연합회(AAPG)가 주관한 국제회의에 초청된 베게너(Wegener)는 또 한 번의 심각한 공박을 받게 되었다. 시카고 대학의 챔벌린(Chamberlin)은 베게너(Wegener)의 대륙이동설을 전혀 근거 없는 조잡한 것으로 취급하였으며, 스탠포드 대학의 저명한 고생물학자인 윌리스(Willis)는 '만약 우리들이 베게너(Wegener)의 가설을 믿게 된다면 우리는 지난 70년 동안 배운 것을 잊어야만 되고 모든 것을 새로 시작해야 된다'고 언급한 바 있다.

베게너(Wegener)가 이렇게 곤경을 당하며 그의 대륙이동설이 배척되는 이유에 대하여, 그의 장인인 쾨펜(Köppen)은 베게너(Wegener)가 지질학자도 아니고 고생물학자도 아닐 뿐만 아니라 그의 생각은 오랫동안 쌓아 놓은 모든 지구과학의 기초를 뒤흔드는 것이었기 때문이라고 한 바 있다. 또한 옥스퍼드 대학의 지질학자인 할람은 베게너(Wegener)가 지질학자들의 모임의 회원이 아니었던 것을 이유 중의 하나로 지적하였으며, 그가 독창적인 착상을 하게 된 것은 기존의 지질학적 관념을 세뇌 받을 정규교육을 받지 못했기 때문이라고 주장하였다. 즉 베게너(Wegener)는 패러다임에 얽매이는 정상과학자가 아니었던 것이다.

1930년 베게너(Wegener)는 21명의 과학자와 기술자를 이끈 탐험 대장으로 제3차 그린랜드 탐험에 나서게 되었다. 베게너(Wegener)는 9월 21일 탐험대원들의 캠프를 찾아 나서서, 11월 1일 그의 50회 생일날 아침 간단한 생일 파티를 마친 후 다시 본래의 캠프로 돌아갔으며 그 후 그의 소식은 다시 전해지지 않았다. 이듬해 4월에야 그의 시체는 눈 속에서 발견되었다.

2) 고지자기학과 대륙이동설

현대 지구과학의 서막을 알리는 대륙이동설은 베게너(Wegener)의 죽음과 원동력에 대한 명쾌한 설명의 부족으로 점점 잊혀지게 되었다. 그러나 제2차 세계대전의 혼란이 지난 후 1950년대에 고지자기학이라는 전혀 생각지도 못했던 부분에서 나온 증거로서 대륙이동설은 다시 부활하게 되었다.

캠브리지 대학의 란콘(Rancorn)은 여러 지질 시대에 걸친 유럽의 암석 시료를 얻어 측정한 결과 신생대 제3기 이전에 자극의 위치가 시간에 따라 점진적으로 변하였다는 사실을 발견하였으며, 이러한 자극의 경로는 북미에서의 암석에 대한 측정 자료로부터 구한 것과 위치가 다르기는 하나 대체로 유사한 모습을 이루고 있음을 알게 되었다. 대부분 지구물리학자들이 생각하는 바와 같이 지구의 위치가 거의 변하지 않은 것으로 보면 이러한 사실은 지질 시대에 따른 대륙의 이동에 따라서 나타나는 겉보기 극이동 경로를 나타낸 것이다.

또한, 지금 현재 복각이 60°인 영국에 분포한 중생대 트라이아스기의 지층에서 측정한 고지자기 복각이 30°인 사실은, 영국이 중생대 이후 약 3,000㎞ 북상하였음을 나타낸 것이며, 현재 적도상에 위치한 데칸고원의 현무암에서 측정한 쥐라기의 복각이-64°인 사실은 인도 대륙이 쥐라기 이후 약 7,000㎞ 북상하여 아시아 대륙과 합쳐졌음을 나타내는 것이다.

3) 해저확장설과 대륙이동설

제1차 세계대전이 끝나자 지표의 70% 이상을 차지하는 해양은 전략상 중요한 연구의 대상이 되었다. 1920년대에는 음향측심법(echo-sounding)이 개발되어 해저 지형이 알려지게 되었으며, 1947년에는 대서양의 중앙 해령이 알려지게 되었고, 1953년에는 중앙 해령의 가운데에 열곡이 알려지게 되었다. 이후 대양저 산맥(중앙해령)은 총 연장이 60,000㎞에 이르고, 그 폭은 약 2,000㎞에 이른다는 사실이 밝혀지게 되었다. 이는 면적으로 볼 때 지구 전체 표면적으로 25%를 차지하는 것으로서, 20세기 중반에 우리를 가장 흥분시키는 지구과학의 대발견이었다. 1960년에 프린스턴 대학의 헤스(Hess)는 해저확장설을 내용으로 하는 논문(History of ocean basin)을 집필하여 1962년에 출판하였다.

헤스(Hess)와 같은 내용의 논문이 디츠(Dietz)에 의해 논문으로 발표되었는데 디츠는 '해저확장(saefloor spreading)'이라는 용어를 처음으로 사용하였다.

한편 1950년 후반에 스크립스 해양연구소의 연구자들은 동부 태평양에서 남북 방향으로 연속되는 특이한 자장 이상대(고지자기 줄무늬)가 존재하는 사실을 발견하였으나, 이것이 무엇을 의미하는 지는 오랫동안 수수께끼로 남아 있었고, 유사한 사실들이 여러 해양에서도 관측되었다. 이러한 수수께끼를 풀어낸 사람은 캠브리지 대학에서 매튜스(Matthews)의 지도를 받고 있던 바인(Vine)이라는 대학원 학생이었다. 바인과 매튜스는 1963년 네이쳐(Nature)에 발표된 논문(Magnetic anomalies over ocean ridges)에서 자장 이상대를 해저 확장의 결과로 다음과 같이 설명하였다.

해양저가 확장하고 지자기의 반전이 일어난다면 현무암질 마그마는 해령축에서 상승하여 퀴리 온도 이하에서 냉각하여 암맥으로 변함에 따라 당시 자기장의 방향으로 자화한 후에 그 축으로부터 멀어져 옆으로 확장할 것이다. 이 암맥이 축을 중심으로 갈라지는 과정이 반복되면 해령 축에 평행하여 정상과 역전으로 자화된 물질이 교차하는 일련의 대(帶)가 형성되고, 그 시대는 축으로부터 멀어짐에 따라 점차 오래되게 될 것이다.

바인(Vine)과 매튜스(Matthews)의 가설은 해저확장설의 증거로서, 고지자기 반전의 역사가 알려짐으로써 정량적 해저확장의 정도를 계산할 수 있게 되었으며 지구과학 발전에 획기적인 공헌을 하였다. 토론토 대학의 윌슨(Wilson)은 지각의 운동이 지진과 화산 활동으로 대표되는 호상 열도와 해구, 중앙 해령 및 변환단층으로 집약된다는 사실에 감명을 받았으며, 이들 현상이 가끔 그 연장선상에서 갑자기 끊기는 것이 같다는 점이 특히 흥미로웠다. 윌슨은 1965년 7월 네이처에 발표한 논문(A new class of faults and their bearing on continental drift)에서 특징적인 지질학적 현상들은 지표를 구성하고 있으며 일정하게 움직이는 여러 개의 크고 견고한 판의 망상 조직의 증거로서 설명되어 질 수 있다고 주장하였으며, '변환단층(transform fault)'이라는 개념을 도입하였다.

그는 한 예로서 산 안드레아스 단층이 캘리포니아만에 있는 동태평양 해령의 축과 벤쿠버 섬의 서남부에 있는 후안 데 후카해령을 연결하는 변환단층이라고 설명하였다. 이 새로운 개념은 해령의 떨어짐과 대륙 연변부에서 해양

파쇄대가 자취를 감추는 문제들과 씨름을 하여 온 수많은 해양학자들에 의하여 곧 받아들여졌고 해양저의 비밀은 조금씩 풀려지게 되었다.

4) 새로운 패러다임-판구조론

1967년 1월 미국 워싱턴 디시에서 개최된 미국 지구물리연맹(AGU) 회의에는 해저확장설에 관한 약 70편의 논문이 발표되었으며, 이들은 지구물리 연구 잡지(Journal of Geophysical Research) 1968년 3월호에 출판되었다. 베게너(Wegener)의 대륙이동설과 헤스와 디츠의 해저확장설에 이어진 지구 전체 구조를 설명하려는 여러 학자들의 연구 결과는 판구조론이라는 지구과학의 패러다임을 만들게 되었다.

프린스턴 대학의 지구물리학자인 모건(Morgan)은 그의 논문에서 지구 표면이 새로운 지각이 만들어지는 해령, 지각이 소멸되는 해구 또는 젊은 습곡산맥, 그리고 지각이 형성도 소멸도 안 되는 변환단층을 경계로 하여 6개의 큰 판과 12개의 작은 판으로 구분되어 진다고 하였다. 그는 강체의 성질을 갖는 약 100㎞ 두께의 부분을 구조권(tectosphere)이라고 하였는데, 현재는 암권(lithosphere)으로 더 널리 알려져 있다. 그는 판의 운동에 오일러(Euler)의 정리를 적용하여 확장축으로부터의 거리에 따라 각 판들의 이동 방향과 상대 속도를 계산하였다.

라몬트 연구소의 지진학자인 아이삭스(Isacks), 올리버(Oliver) 및 사이크스(Sykes)는 1968년 9월호 지구물리연구지에 발표한 논문(Seismology and the new global tectonics)에서 판의 운동을 완전하게 지지하는 전 세계적인 지진학적 증거를 제시하였다. 천발지진은 해령과 변환단층에서 특징적으로 발생하는데 반하여 심발지진은 판이 해구로 소멸하는 장소에서만 일어난다. 또한, 지진에 의한 지표 운동의 방향은 판 운동을 수학적으로 예언한 것과 일치하였다. 그들은 1961년과 1967년 사이에 기록된 모든 지진을 지도 상에 옮겨 놓은 환상적인 자료를 제시하였는데, 점으로 표시된 지진들은 변환 단층과 파쇄대 및 해령을 따라 선상으로 분포하며, 해구와 판이 충돌하는 곳에서는 밀집되어 분포하였다. 아이삭스 등은 조산 운동과 습곡 운동으로서의 역동적인 지질학적 과정을 기재하기 위하여 건축자를 뜻하는 그리스어의 '텍톤(tecton)'에서 기원된 '텍토닉스(tectonics)'라는 용어를 도입하였다. 그들은 개념의 범위와 새로움을 강조하기 위하여 '신지구구조론(New Global Tectonics)'이라는 용어를 제안하였으며, 이는 흔히 '판구조론(Plate Tectonics)'이라고 불리고 있다.

대륙이동설로부터 출발하여 해저확장설을 거쳐 발전된 판구조론은 분산된 지질학적 현상을 종합시키고, 지금까지 얻어진 것보다 지구 진화의 양상을 더욱 밀착되고 쉬운 모양으로 보게 공헌하는데 크게 기여하였다. 19세기 초에 허튼(Hutton)의 동일과정설이라는 규범을 받아들이고, 스미스에의 화석에 의한 층서 대비가 지질학을 참된 과학으로 성립하게 한 이래 판구조론은 지구과학에 있어 가장 큰 진보로서의 위치를 굳히게 되었다. 이를 출발시킨 사람으로서 베게너(Wegener)는 금세기 가장 중요한 과학의 선구자 중의 한 사람으로 인정된다.

아직 판구조론은 모든 지질학적 현상을 명확하게 설명해 주는 완성된 이론이 아니다. 특히 지구 활동의 에너지가 어떻게 공급되는가에 대해서 분명하게 설명하지 못한다. 일찍이 판 운동의 원동력은 맨틀 대류로 설명되었다. 더욱 최근에 와서는 판 운동의 원동력이 핵이나 맨틀의 상호작용에서 바라보아야 한다는 플룸 텍토닉스(Plume Tectonics)의 주장이 대두되기도 한다. CT 스캐너의 원리를 응용하여, 지구를 삼차원으로 나타내는 지진파 토모그래피라는 방법에도 많은 기대를 걸고 있다. 베게너(Wegener)의 선구적인 작업에서 시작된 지각에서 지구 심부까지 살아있는 지구 활동에 대한 완전한 설명이 지금 그 "핵심"에 육박하고 있다고 할 수 있을 것이다.

3 과학교육과 과학철학

가. 과학교육에서의 과학철학

과학교육에 과학철학의 내용을 어떻게 도입할 것인가는 매우 어렵고 다양한 해답이 가능한 문제이다. 먼저 이는 어떤 철학의 내용을 올바른 것으로 볼 것인가의 타당성의 문제와 관련되며, 또한 과학철학의 내용을 어떻게 가르칠 것인가의 방법론의 문제와 관련된다.

그렇다면 가장 올바른 과학철학의 내용은 무엇인가? 이 질문에 대한 합의된 해답은 없지만 적어도 이와 관련하여 바람직한 과학철학적 관점이 무엇인가에 대해서는 대체적인 합의된 견해가 존재한다고 볼 수 있으며, 이를 요약하면 다음과 같다.

- 절대적으로 참인 과학적 지식이란 존재하지 않으며, 다만 과학자들이 참에 가까운 지식을 찾기 위해 노력하고 있을 뿐이다.
- 과학이론은 다양한 관찰 사실들의 축적으로부터 귀납적 일반화 과정을 통해서만 이끌어지지 않는다.
- 관찰과 증거는 절대적으로 객관적인 것이 아니며, 관찰자의 경험, 배경 지식, 신념, 기대감 등에 의해 영향을 받는다.
- 과학적 발견으로 이어지는 유일한 논리적 방법이란 없으며, 과학의 각 과정에는 개념적 심리적 사회적 요인들이 작용한다.
- 하나의 과학적 아이디어는 한두 개의 반대 사례로 인해 쉽게 폐기되지 않으며, 그것이 과학 발전을 위해 반드시 바람직한 것도 아니다.
- 과학은 특정 과학자 개인의 능력으로 이루어지는 것이 아니라 오랜 기간 동안의 많은 사람들의 집합적인 노력에 의한 결과물이다.
- 과학적 사실이란 과학자들의 사회적 합의과정을 통해 옳다고 인정한 것으로서, 과학자 사회의 비판적 구조가 그 합리성의 기초가 된다.

한편 과학철학의 내용을 어떻게 가르칠 것인가의 문제는 우선 과학 철학의 내용 자체를 가르칠 것인가 아니면 과학을 가르치면서 과학 철학의 문제를 다룰 것인가의 선택적 문제가 될 것이다. 물론 과학교육의 입장에서는 당연히 후자의 입장을 택할 것이다. 과학교육에서 과학철학을 도입하는 것이 그 자체의 학문적 내용과 구조를 이해하기 위한 것이 아니고, 과학을 보다 올바르게 학습하기 위한 방편일 뿐일 것이다.

그러면 과학을 가르치면서 동시에 과학철학의 문제를 다루기 위해서는 어떻게 해야 하겠는가? 여기에는 크게 두 가지의 방법이 가능한데, 한 가지는 과학적 탐구 활동을 하는 과정에서 과학철학적 문제를 논의하는 방식이며, 다른 한 가지는 과학사적 내용을 여러 가지 방식으로 학습하는 과정에서 과학철학적 문제를 논의하는 방식이다. 이 두 가지 방식은 모두 유용하며 이를 결합하여 사용할 수도 있다. <표 3-2>에 나타난 Investigating the Nature of Science (Honey et al., 1990)도 이러한 방법을 혼합하여 활용하고 있다

〈표 3-2〉 Investigating the Nature of Science의 내용 구성 및 특징

주제	과학의 본성 관련 내용	상황	활동
A. 플라스틱 세상	과학자, 과학적 발전, 발명	물질의 사용, 나일론과 폴리에틸렌	안내된 독서, 토의
B. 증거의 해석	새로운 실험에 대한 사고방식, 실험적 증거에 대한 상이한 해석	말라리아, 흡연, 연소	실험, 소집단 토의
C. 엉뚱한 나무 벗기기	실험적 증거에 대한 상이한 해석	공해의 출처, 영향, 방지	소집단 토의
D. 왜 모형을 사용하는가?	모형을 이용한 새로운 실험의 예측	환경에의 적용	실험, 소집단 토의
E. 식물 과정의 모형화	모형 이용한 새로운 실험 예측, 새로운 모형의 확립을 위한 예측	광합성, 빛과 식물, 헤일즈, 프르스틀리, 하우즈	실험, 시범 실험, 소집단 토의
F. 하늘은 어떻게 움직이는가?	기존 이론의 변화에 대한 평가와 이의 효과	갈릴레오	역할극, 관찰, 토의
G. 과학자	상상력과 과학적 증거	과학자의 관점, 거대 분자의 구조	안내된 독서, 토의
H. 심장에 대한 생각	현대적 이해에 대한 옛말의 과학적 설명의 기여	심장과 순환, 하아비	토의, 실험활동, 시범 실험
I. 화성의 생명체	증거의 사용과 증명의 민감성	화성의 관찰과 탐사	그림, 사진, 자료 등의 해석
J. 예측과 설명	일반화와 예언적 이론	주기율표, 원소의 특성	자료 분석
K. 시험관 에너지	과학적 견해의 차이	상온 핵융합	독서, 현대적 해석, 질문
L. 움직이는 지구	과학적 증거의 불확실성	판구조론	실험활동, 소집단 토의

나. 과학철학의 이해

1) 귀납주의(inductionism)

일반인들이 널리 받아들이고 있는 상식적인 과학관은 다음과 같이 요약할 수 있다:

"과학은 입증된 지식이다. 과학은 객관적인 지식이며 개인적인 편견이 개재되지 않는다. 과학의 이론은 엄격한 실험을 통하여 얻은 것이기 때문에 과학의 이론은 자연에 존재하는 원리이며 믿을 수 있는 지식이다." 과학적 이론은 사실에 바탕을 두고 있으며 사실들로부터 귀납의 방법을 통해서 형성된 것이다. 이와 같이 과학적 이론이 사실에 의한 귀납추론에 바탕을 두었다는 주장을 간략하게 귀납주의라고 부르기로 한다. 이 귀납주의란 어떤 특징이 있으며, 어떤 문제점이 있는가 알아보자.

가) 귀납의 원리

귀납주의에 입각할 때, 과학 이론을 형성하는 귀납과 이론을 통한 설명을 하는 연역의 과정은 다음 [그림 3-1]과 같이 도식화할 수 있다.

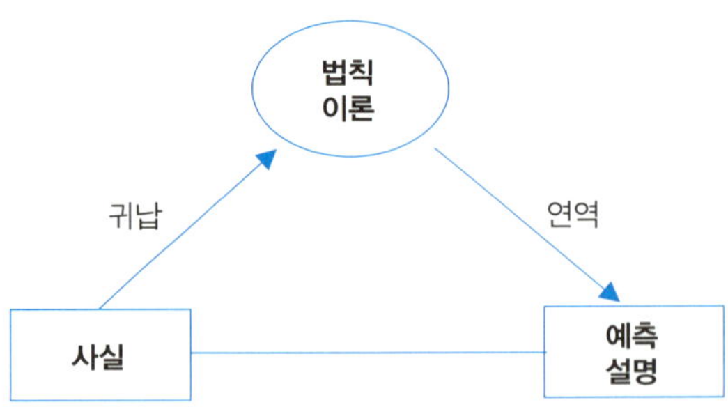

[그림 3-1] 귀납과 연역

과학적 사실은 관찰 언명을 의미한다. 관찰 언명은 시간적으로 공간적으로 제한되어 있기 때문에 특수언명이라고 이름 붙일 수 있을 것이다. 반면에 법칙과 이론은 관찰 언명으로부터 일반화한 것이므로 시간과 공간의 제한이 비교적 적다. 따라서 법칙이나 이론은 보편언명이라고 할 수 있다. 특수 언명인 사실로부터 보편언명인 법칙이나 이론을 끌어내는 귀납의 원리는 다음과 같이 요약할 수 있다.

〈귀납의 원리〉
"많은 수의 A가 다양한 조건의 변화 아래서 관찰되었고, 관찰된 A가 모두 예외 없이 B라는 성질을 가지고 있다면, 모든 A는 B라는 성질을 가지고 있다."

이 귀납의 원리를 자세히 분석하여 보자. 먼저 많은 수의 A가 다양한 조건아래서 관찰되어야 한다. 이것은 일반화가 일어나기 위한 조건이다. 일반화를 하기 위해서는 그것을 뒷받침하는 많은 사실들이 존재해야 한다. 그 사실들이 단지 수적으로 많아서는 안 되고 다양한 조건에서 얻은 사실들이어야 한다는 것이다. 예컨대, "무거운 물체를 공중에서 놓으면 떨어진다."는 보편언명을 얻기 위해서는 수많은 낙하 현상이 관찰되었어야 한다. 그런데 그 관찰 사실이 단지 같은 물체를 여러 번 반복 낙하시킨 것이 아니라 다양한 물체 다양한 장소, 다양한 높이 등의 다양한 조건하에서 같은 현상을 얻어야 한다는 것을 의미한다.

다음으로 "관찰된 A가 모두 예외 없이" B라는 성질을 보여야 한다. 즉, 실험한 모든 경우 물체는 아래로 떨어졌어야 한다. 어느 한 사례라도 물체가 떨어지지 않는 사례가 있어서는 안 된다는 것이다.

마지막으로 위와 같은 조건이 만족되면 "A는 B라는 성질을 가지고 있다."는 보편 언명은 옳다는 것이 귀납의 원리이다.

나) 연역 추론(deductive reasoning)과 과학의 발달

귀납추론에 의해서 얻은 법칙이나 원리는 현상을 예측하고 설명하는 데 사용된다. 보편언명으로부터 특수한 사례를 예측하거나 설명하는 과정을 연역 추론이라고 한다. 다음과 같은 연역 추론의 예를 살펴보자.

1. 모든 물체는 공중에서 놓으면 떨어진다. (보편언명)
2. 이것도 물체이다. (초기 조건)

----

3. 이 물체도 떨어질 것이다.(예측)

1과 2는 전제이고 3은 결론이다. 3인 결론이 참이기 위해서는 전제인 1과

2가 모두 참이어야 한다. 1과 2가 참이면서 3이 거짓인 경우는 있을 수 없다. 1은 보편 언명인 법칙이나 원리이고, 2는 초기 조건이다. 초기 조건은 좀 더 구체적이고 자세하게 제시될 수 있다. 연역 추론을 정리하면 다음과 같이 도식화할 수 있다.

1. 법칙과 이론들
2. 초기 조건들

----

3. 예측과 설명

과학의 발달이 이 귀납과 연역의 과정을 통하여 어떻게 발전하는지 알아보자. 귀납에 의해서 법칙이나 이론이 만들어지고 이 법칙과 이론이 연역 추론을 통하여 예측과 설명을 하게 된다. 이 예측과 설명이 성공을 하면 그 법칙과 이론은 더욱 확고한 기반을 얻는 셈이다. 그러나 만약 연역에 의한 예측이나 설명이 실패를 하면 그 법칙이나 이론은 수정을 요하게 된다. 예컨대, 위의 예에서 떨어지지 않는 물체가 발견이 되면 그 떨어지지 않는 물체는 다른 떨어지는 물체와는 어떤 조건이 다른가를 면밀히 분석을 하게 된다. 이 결과 "공기보다 밀도가 큰 물체는 떨어진다."라는 좀 수정된 보편 언명을 얻게 된다. 이러한 과정을 통하여 과학의 이론은 좀 더 정교해지게 된다. 즉, 과학의 이론이 발달하게 되는 것이다. 따라서 귀납의 원리에 입각하면 과학의 이론은 점진적으로 세련되어 가는 것이지 양자적인 도약을 하는 것은 아니라는 것을 알 수 있다.

다) 귀납주의의 문제

귀납주의는 두 가지 점에서 비판을 받는다. 그 하나는 관찰 언명의 진실성에 관한 것이고 다른 하나는 귀납 추론이 가지고 있는 내적 불완전성이다. 먼저 관찰 언명의 진실성에 관하여 살펴보자.

귀납주의는 과학 이론이 관찰 사실들로부터 귀납을 통하여 얻어진 것이다. 따라서 이론이 참이기 위해서는 일차적으로 그것의 바탕이 되는 관찰 사실이 참이어야 한다. 그러나 관찰 사실은 반드시 참이라고 할 수는 없다. 앞에서 관찰 언명이 반드시 진실한 것은 아니라는 점을 관찰의 이론 의존성을 인간의 지각 기제와 인지구조의 특성에 입각하여 자세히 살펴 본 바 있다. 즉, 관찰은 인간의 오감과 인지구조를 통하여 이루어지기 때문에 오감과 인지구조에 의해서 왜곡이 일어날 수 있기 때문이다. 따라서 이러한 불완전한 관찰 사실에 바탕을 둔 귀납 이론도 완전할 수는 없다는 것이다.

다음으로 귀납추론이 내적으로 완전하지 못하기 때문에 이 논리에 바탕을 두고 만들어진 이론도 완전할 수 없다는 것이다.

앞에서 설명한 귀납의 원리를 다시 음미하여 보자.

"많은 수의 A가 다양한 조건의 변화 아래서 관찰되었고, 관찰된 A가 모두 예외 없이 B라는 성질을 가지고 있다면, 모든 A는 B라는 성질을 가지고 있다."

이 원리를 자세히 보면 "많은 수의 ..., 모든 ..."라는 형식으로 되어 있다. "많은" 사례로부터 "모든" 사례로의 논리적인 비약이 있는 것이다. 이것이 아마도 귀납주의가 가지고 있는 매우 치명적인 논리적인 결함일 것이다.

이 논리의 결함을 설명하기 위해서 러셀의 칠면조 이야기를 인용하여 보자.

어떤 칠면조가 있었다. 이 칠면조는 주인이 모이를 주는 시간을 알지 못하였다. 그래서 새벽 3시에서부터 8시까지 매 10분 간격으로 마당에 나가 보았다. 그랬더니 그 날은 아침 6시에 모이가 나왔다. 그러나 그 칠면조는 그 날은 우연히 6시에 나왔을 것이라고 생각하고 그 다음 날도 3시부터 10분 간격으로 나가 보았다. 그랬더니 또, 6시에 모이가 나왔다. 그래도 칠면조는 2가지 사례로 그것을 일반화하는 것은 무리라고 생각하였다. 그래서 그 후 일주일간을 계속 3시부터 10분 간격으로 나갔더니 매일 6시에 나왔다. 칠면조는 모이 주는 시간이 항상 6시일지도 모른다는 조심스러운 가설을 세웠다. 그래서 그 다음 날은 6시까지 잠을 자고 6시에 나가기로 하였다. 자기의 가설을 검증하기 위해서였다. 그랬더니 역시 6시에 나왔다. 그 후 얼마간 계속적으로 6시에 나오는 경험을 하게 됨으로서 칠면조는 자기의 가설이 옳다는 확신이 서게 되었다. 이제는 마음 놓고 잠을 자다가 6시에만 나가면 되었다. 얼마나 생활이 편리해졌는지 몰랐다. 칠면조는 이론이란 이렇게 믿을 만 하고 편리한 것이구나 하고 감탄을 하였다. 그래서 "6시에 모이가 나온다."는 이론에 대하여 확신을 갖게 되었다. 그러나 칠면조의 이 확신은 크리스마스 날 아침에 여지없이 무너지고 말았다. 왜냐하면 미국 사람들은 크리스마스에 칠면조 고기를 즐기기 때문이다.

이 예화는 아무리 많은 사례가 있다고 하여도 그것으로부터의 일반화는 확정적일 수 없다는 것을 의미한다. 과거 수 억년 동안 해는 동쪽에서 떠올랐다. 그래서 우리는 해는 영원히 동쪽에서 매일 떠오를 것이라고 확신을 하고 있다. 그러나 그것은 인간의 확신일 뿐이지 참이라는 것이 증명된 것은 아니다. 내일 해가 동쪽에서 떠오른다는 것은 증명된 사실이 아니다.

라) 확률론으로의 후퇴

귀납의 원리가 가지고 있는 이러한 문제에 대하여 귀납주의자들은 귀납주의를 더 정교화 시킴으로써 그 문제를 극복하려고 하였다. 그 노력 중의 하나가 귀납주의를 확률론으로 후퇴시키는 것이었다.

앞에서 지적한 것과 같이 "많은" 사례로부터 "모든" 사례로의 논리적인 비약을 피하기 위해서 귀납의 원리를 다음과 같이 약간 수정을 가하였다.

> "많은 수의 A가 다양한 조건의 변화 아래서 관찰되었고, 관찰된 A가 모두 예외 없이 B라는 성질을 가지고 있다면, 아마도 A는 B라는 성질을 가지고 있다."

여기서 달라진 것이라는 것은 마지막 줄에서 "모든"을 "아마도"로 바꾼 것뿐이다. 그것은 A가 B라는 성질을 반드시 갖는 것이 아니라 관찰 사례가 많으면 많을수록 그러할 개연성이 더 높아진다는 것을 의미한다. 그리고 그 개연성은 지지 사례가 많으면 많을수록 더 높아진다는 것을 의미한다.

확률이란 해당 사례를 전체의 사례로 나눈 값이다. 전체 사례는 불변이고 관찰 사례가 많으면 많을수록 그것으로부터 얻은 이론이 참일 확률은 증가하는 것이다. 10가지 사례로부터 일반화하여 얻은 이론보다는 100가지 사례로부터 일반화하여 얻은 이론이 참일 가능성이 더 높은 것이다.

그러나 비록 귀납주의가 확률론으로 후퇴를 한다고 하여도 논리적인 모순이 완전히 해소되는 것은 아니다. 확률론적 귀납주의는 또 다른 문제를 야기시킨다. 그 하나의 문제는 이론의 참을 결정하는 요인이 지지 사례의 수에만 관계되는가 하는 것이다. 예컨대, "모든 물체는 낙하한다."라는 주장을 지지하는 사례로서 쇠로 된 수많은 사례가 있는 경우와 비록 사례의 수는 적지만 다양한 재질로 된 물체를 사용한 사례가 있는 경우 어느 것이 그 이론이 참일 가능성을 높여주는 것인가 하는 문제이다. 말할 것도 없이 같은 재질로 된 물체로만 얻은 결과로부터의 일반화보다는 다양한 재질로 실험한 결과로부터의 일반화가 더 참일 가능성이 높을 것이다. 따라서 단지 사례수의 증가가 이론의 참일 개연성을 높인다고는 말할 수 없다.

다음으로 확률을 계산하기 위해서는 전체의 사례 수를 알아야 한다. 그러나 과학의 어떤 한 이론에 해당하는 전체 사례의 수가 얼마인가? 귀납주의자들은 그 수를 알 수는 없지만 그 수가 있을 것이 아닌가 반문할 것이다. 그들은 그 수를 알지는 못하지만 있는 것은 확실하다고 주장한다. 그러나 그 수가 존재한다고 한다는 것을 인정한다고 하더라도 그 수가 유한하지 않고 무한대이라면 확률 값은 언제나 영이 된다. 그런데, 앞에서 예로든 자유낙하의 사례수가 논리적으로 몇 개이겠는가? 과거에 일어난 자유낙하 사례수가 대단히 많겠지만 그래도 그것은 유한하다. 그러나 자유낙하 사례는 앞으로 영원히 있을 사례까지 포함해야 할 것이다. 이렇게 보면 그 사례 수는 이론적으로 무한대이다. 전체 사례수가 무한대라면 모든 경우 확률은 영일 수 밖에 없다. 그렇게 되면 해당 사례의 수를 증가시키는 것이 그 이론이 참일 개연성을 증가시키는 일은 될 수 없는 것이다.

2) 칼 포퍼의 반증주의(falsificationism)

반증주의는 독일의 철학자 칼 포퍼(Karl R. Popper)에 의해서 제창된 이론이다. 귀납주의는 관찰 사실은 확실하게 참이며 이에 바탕을 한 귀납추론에 의해서 도출된 이론은 참이거나 최소한 개연적인 참이라는 주장을 한다. 그런데 귀납주의가 주장하는 관찰의 진실성은 인정하지만 그로부터 귀납적으로 얻은 이론은 참이라고 주장할 수 없다는 입장이 있다. 이 입장 중의 하나가 반증주의이다. 반증주의 과학이론은 증명할 수 있는 것이 아니라 오직 반증만 가능하다는 것이다. 이 반증주의의 본질과 그 문제점에 대하여 알아보자.

가) 반증주의의 본질

반증주의자들은 과학의 이론이 옳다는 것을 완벽하게 증명할 수는 없지만 그것이 옳지 않다는 것은 완벽하게 증명할 수 있다는 주장을 한다. 앞에서도 지적하였지만 귀납추론은 그 자체적으로 논리적인 불완전함을 내포하고 있다. 귀납의 원리는 “많은 수의 A가 다양한 조건의 변화 아래서 관찰되었고,

관찰된 A가 모두 예외 없이 B라는 성질을 가지고 있다면, 모든 A는 B라는 성질을 가지고 있다."는 것이다. 그런데, 이 논리는 "많은" 사례로부터 "모든" 것에 적용되는 이론을 유도해 내었다는 문제가 있다. 따라서 그것은 내적인 불완전성을 내포하고 있는 것이다.

수많은 까마귀를 관찰하였더니 모두 검었기 때문에 귀납추론을 통하여 "모든 까마귀는 검다."라는 원리가 형성되었다고 하자. 이 원리는 완전히 증명된 것이 아니다. 왜냐하면 아무리 많은 까마귀가 검었다고 하더라도 앞으로 흰 까마귀가 나타나지 않는다는 보장은 없는 것이다. 만약 어느 날 흰 까마귀가 나타난다면 그 이론은 옳지 않은 것이 되고 만다. 즉, "모든 까마귀는 검다."는 이론은 반증이 되는 것이다. 그런데, 반증을 위한 사례는 단 한 개의 사례로 충분하다는 것이다. 검은 까마귀가 아무리 많이 나타나더라도 그것은 이론의 필요조건은 되지만 충분조건은 되지 못한다. 그러나 반증사례는 단 한 개로 충분히 반증이 된다는 것이다.

다음은 유명한 네 카드 문제의 예이다. 이 카드놀이는 반증이 무엇인가에 대한 올바른 이해를 하고 있어야 풀 수 있다.

[문제] 다음 그림과 같은 네 개의 카드에 한 면에는 숫자가 반대편 면에는 알파벳이 적혀 있다. 그런데 다음과 같은 이론의 진위를 판별하기 위해서 가장 효과적으로 카드를 뒤집어 보는 방법은 무엇인가?

[이론] "짝수가 있는 카드 뒷면에는 모음이 있다."

A	D	2	7

이 경우 만약 카드 A를 뒤집어 보는 것은 그 이론의 반증에 아무런 도움이 되지 않는다. 만약 A를 뒤집어서 짝수가 나오면 그런 대로 좋다. 그런데 홀수가 나온다고 하여도 그 이론이 틀렸다고 말할 수는 없다. 왜냐하면 주어진 이론은 짝수 뒤에 모음 나온다고 하였지 홀수 뒤에 모음이 나오면 안 된다고 한 것은 아니기 때문이다. 따라서 카드 A를 뒤집어 보는 것은 아무런 의미가 없다. 그러나 카드 D를 뒤집어 보는 것은 의미 있는 일이다. 만약 뒤집어서 홀수가 나오면 그 이론은 그런대로 좋은 것이다. 그런데 만약, 짝수가 나온다면

주어진 이론은 반증이 되는 것이다. 왜냐하면 짝수 뒤에 자음이 나왔으니 모음이 나온다는 주장은 틀리는 것이다.

다음으로 카드 7을 뒤집어 보는 것은 의미가 없다. 왜냐하면 홀수 뒤에 모음이 나오든지 자음이 나오든지 주어진 이론과는 관계가 없는 것이다. 그러나 카드 2를 뒤집어 보는 것은 의미가 있다. 왜냐하면 만약 뒤집어서 자음이 나온다면 그 이론은 틀린 것이 되기 때문이다. 이와 같이 이론의 증명은 아무리 많은 사례가 나와도 완전히 증명이 되지는 않는다. 그러나 반증은 단 한 가지 사례만으로 충분히 증명이 되는 것이다. 따라서 과학적 이론은 증명은 불가능하고 반증은 가능하다는 것이 반증주의의 주장이며 과학의 발달은 반증을 통해서 이루어진다는 것이 칼 포퍼의 주장이다.

나) 반증 가능성(falsifiability)과 과학적 이론

포퍼는 반증주의를 주장하면서 매우 중요한 개념을 제시하였다. 그것은 바로 반증 가능성이라는 개념인데 과학적 이론을 평가하는 중요한 준거이다. 포퍼에 의하면 이론이 과학적이기 위해서는 그 이론이 반증 가능해야 한다는 것이다. 또한 과학적 이론 중에도 더 좋은 과학적 이론이 있는데 더 좋은 이론이란 반증 가능성이 높은 이론이라는 것이다. 언뜻 듣기에 모순인 것처럼 들리지만 반증 가능성을 이해하는 것이 반증주의를 이해하는 데 매우 중요한 일이다.

다음 주장들은 모두 반증 가능하다.
1. 오늘 일출은 6시 5분에 일어났다.
2. 모든 물체는 열을 받으면 팽창한다.
3. 빛이 평면거울에서 반사할 때, 입사각과 반사각은 같다.
4. 검은 물체가 흰 물체보다 무겁다.

주장 1은 그 시각에 일출을 관찰함으로서 반증을 할 수 있다. 주장 2와 3은 좋은 이론이며 참일 수 있지만 반증 가능하다. 왜냐하면 주장 2는 열을 가하는 데에도 팽창하지 않는 사례가 만약 나타난다면, 그리고 주장 3은 입사각과 반사각이 같지 않은 경우가 나타난다면 반증이 될 것이기 때문이다. 주장 4는 좋은 이론이 되지 못한다. 그러나 반증 가능한 진술이다.

> 다음 주장들은 모두 반증 가능하기 않은 진술들이다.
> 5. 오늘은 해가 동쪽에서 솟거나 솟지 않거나 한다.
> 6. 양성자 한 개로 되어 있는 원자를 수소라고 한다.
> 7. 용감한 자만이 미인을 차지할 수 있다.

주장 5는 오늘 해가 동쪽에서 솟아도 그 주장은 반증이 되지 않고, 솟지 않아도 반증이 되지 않는다. 해가 솟지도 않고 솟지 않지도 않는 현상은 있을 수 없다.

그 주장은 일어날 수 있는 모든 경우를 다 주장하였기 때문에 반증 가능하지 않은 것이다. 주장 6은 수소의 정의이다. 약속에 의해서 정의한 것을 반증하는 방법은 없는 것이다. 주장 7은 모험과 행운이 조작적으로 정의되지 않았기 때문에 반증 가능하지 않다. 만약, 어떤 사람이 "그 사람은 매우 소심하여 여자에게 청혼을 하지도 못하였는데 미인을 얻었다."고 주장한다면 이에 대하여 "그렇지 않다. 비록 그가 청혼을 하지는 않았지만 그 미인이 자기에게 접근하였을 때, 그것을 수용했다는 것은 매우 용기 있는 일이었으며 그는 심적으로 큰 모험을 한 것이다."고 반박할 것이다.

그렇게 되면 그 사례는 반증의 사례가 될 수 없는 것이다. 이 세상의 어떤 행운을 얻은 사람을 예로 들어서 주장 7이 옳지 않다는 것을 주장한다고 하여도 그 주장에 대하여 항상 반박할 수 있는 것이다. 따라서 이러한 주장은 반증 가능하지 않다. 점쟁이들의 주장이 대부분 7과 같은 형식을 취한다.

〈표 3-3〉 과학적 이론과 비과학적 이론

과학적 이론	비과학적 이론
• 반증 가능한 이론	• 반증 불가능한 이론
• 포괄적이고 명확한 이론	• 일어날 수 있는 모든 경우를 다 주장
	• 약속에 의해 정의한 것
• 조작적으로 정의 된 것	• 비조작적으로 정의 된 것

과학적 이론이 되기 위해서는 그 이론이 반증 가능해야 한다. 사회학의 이론이나 심리학의 이론 중에는 반증 가능하지 않은 것이 많이 있다. 공산주의 이론 중에는 "자본주의가 충분히 발전하면 공산주의화 된다."는 주장이 있다.

이 주장도 반증 가능하지 않다. 왜냐하면 자본주의가 충분히 발전하는 상태가 불분명하기 때문이다. 만약 어떤 사람이 "미국은 가장 자본주의적인 나라인데도 공산화되지 않았지만 오히려 자본주의가 발달되지 않은 남미나 아시아에서 공산화가 이루어지지 않았는가?" 고 반문한다면 아마도 마르크스는 "미국은 아직도 자본주의가 충분히 발달하지 않았다."고 대답할 것이다. 따라서 공산주의 이론은 반증 가능하지 않기 때문에 과학적인 이론이 되지 못한다고 포퍼는 주장한다. 심리학에는 "열등감이 성취동기를 부여한다."는 이론이 있다. 예컨대, 어떤 사람이 열심히 공부하여 출세를 하고자 하는 것은 자기의 지위에 대한 열등감 때문이라는 것이다. 이 이론도 반증 불가능하다. 만약 어떤 사람이 물에 빠진 것을 보고 용감히 물에 뛰어 들어가서 구하는 사건이 있었다면 이 이론의 주창자는 이것을 자기 이론을 뒷받침한다고 생각할 것이다. 왜냐하면, 그 사람이 위험을 무릅쓰고 물에 뛰어 듦으로써 자기 자신의 열등감을 극복하려고 했다고 생각하기 때문이다. 그러나 만약 그 사람이 강으로 뛰어 들지 않았다고 해도 역시 그 이론을 지지하는 사건으로 간주한다. 왜냐하면 그 사람은 죽어 가는 사람을 보면서도 태연히 있을 수 있다는 것을 과시함으로서 자기의 열등감을 극복하려고 했다는 것이다. 따라서 어떠한 경우에도 그 이론은 부정되지 않는다. 이 이론도 과학적 이론은 되지 못한다는 것이 포퍼의 주장이다.

다) 반증 가능성의 수준

과학적 이론이 되기 위한 필요조건으로 반증 가능성을 제시하였다. 그렇다면 반증 가능성이 충족되는 과학적 이론 중에서 어떤 이론이 더 좋은 이론이라고 할 수 있는가? 포퍼는 반증 가능성이 높은 이론이 더 좋은 이론이라고 주장한다. 그러면 반증 가능성이 높다는 것은 무엇을 의미하는지 살펴보자.

다음 예를 살펴보자.
(ㄱ) 지구는 태양을 중심으로 궤도 운동을 한다.
(ㄴ) 지구는 태양을 중심으로 타원궤도 운동을 한다.
(ㄷ) 모든 행성은 태양을 중심으로 한 궤도 운동을 한다.
(ㄹ) 모든 행성은 태양을 중심으로 한 타원궤도 운동을 한다.

과학에 관한 지식을 가지고 있는 사람이라면, 이 네 주장 중에서 ㈃이 가장 합당하고 또, 좋은 이론이라는 것을 알 것이다. 그러면 왜 ㈃이 가장 좋은 이론일 수 있는가? 포퍼는 ㈃이 가장 반증 가능성이 높기 때문이라고 주장한다.

어떤 관측 사실이 이 네 주장 중 어느 주장과 맞지 않을 가능성이 가장 높은가? ㈀이 반증될 가능성은 매우 희박하다. 왜냐하면 비록 화성이 태양을 중심으로 운동을 하지 않는 경우가 관찰되었다고 하여도 ㈀은 부정되지 않는다. 왜냐하면㈀은 지구에 대한 것만 주장한 것이기 때문이다. ㈀보다는 ㈁이 반증 가능성이 더 높다. 만약, 어느 날 지구가 태양 주위를 타원이 아닌 원운동을 하는 것이 관측된다면 ㈁은 부정된다. 그러나 ㈀은 원운동이든지 타원 운동이든지 모두 수용하는 이론이기 때문에 부정되지 않는다. ㈀보다는 ㈂이 더 반증 가능성이 높다. 그것은 ㈂은 행성 중 어느 한 행성이라도 태양을 중심으로 한 궤도운동을 하지 않으면 부정되지만 ㈂은 지구가 그렇게 운동하지 않을 때에만 부정되기 때문이다. 같은 이유로 ㈂보다는 ㈃이 더 반증 가능성이 높다.

포퍼는 반증 가능성의 정도를 나타내기 위해서 잠재적 반증 가능자 (potential falsifier)라는 개념을 도입하고 있다. ㈀의 잠재적 가능자는 지구가 직선 운동을 하든가 포물선 운동을 하든가 하는 비궤도 운동을 하거나 지구가 태양을 중심으로 하지 않고 화성을 중심으로 운동을 하는 것 등이 잠재적 반증 가능자이다. 그러나 ㈃을 그것들 뿐만 아니라 다른 어느 한 행성이라도 궤도 운동을 하지 않는 것이 모두 잠재적 반증 가능자이다. 뿐만 아니라 궤도 운동을 하더라도 타원궤도가 아니면 모두 잠재적 반증 가능자가 된다. 이렇게 보면 ㈃의 잠재적 반증 가능자가 다른 주장보다 월등히 많다는 것이다.

포퍼에 의하면 좋은 이론은 잠재적 반증 가능자가 많으면서 아직 까지 반증되지 않고 있는 이론이다. ㈀은 아직까지 반증은 되지 않았지만 ㈃보다 잠재적 반증가능자가 적기 때문에 좋은 이론이 아니다. ㈃은 잠재적 반증 가능자가 많으면서도 아직 반증되지 않았다. 따라서 상당히 좋은 이론이다.

위의 예에서 보면, 반증 가능성이 높다는 것은 다음과 같은 특성이 있음을 알 수 있다.

i) 이론이 포괄적일수록 반증 가능성이 높다.
ii) 이론이 명확할수록 반증 가능성이 높다.

지구에 국한한 이론보다는 모든 행성에 적용되는 이론이 더 포괄적이다. (ㄹ)이 (ㄱ)보다 더 포괄적이기 때문에 (ㄹ)이 반증 가능성이 더 높은 것이다. 뉴턴의 역학과 상대론적인 역학을 비교하면 뉴턴의 역학은 속력이 느린 운동에만 적용되지만 상대론적인 역학은 속력의 제한 없이 적용이 가능하다. 따라서 상대론이 뉴턴의 이론보다 반증 가능성이 더 높은 것이다. (ㄹ)이 (ㄷ)보다 더 명확하게 운동을 기술하고 있다. 타원운동은 일반적인 궤도 운동의 부분 집합이다. 어떤 관측 사실이 부분 집합에서 벗어나는 것이 그 모집합을 벗어나는 것보다 쉽다. 기술한 부분 집합 밖의 모든 사례는 잠재적 반증 가능자의 역할을 하게 된다. 따라서 명확하게 진술하면 할수록 그 해당 집합은 작아지고 잠재적 반증 가능자는 많아지게 된다.

다음 두 측정치를 비교하여 보자.

(a) $v = (2.5 \pm 0.2) \times 10^{-5} m/s$
(b) $v = (2.50 \pm 0.02) \times 10^{-5} m/s$

(a)보다 (b)가 더 정확하게 측정한 값이다. 만약 어떤 사람이 측정하여 2.0×10^{-5}m/s 이라는 값을 얻었다면 두 주장이 모두 부정된다. 그러나 2.55×10^{-5}m/s 라는 값을 얻었다면, 이 값은 (b)를 부정할 수는 있지만 (a)를 부정하지는 못한다. 따라서 (b)가 더 반증 가능성이 높은 것이다.

라) 반증주의와 과학 이론의 발달

포퍼는 반증 가능성이 높은 이론이 좋은 이론이며, 과학의 이론은 반증 가능성이 낮은 이론에서 반증 가능성이 높은 이론으로 발전한다고 주장한다. 반증 가능성이 낮은 이론이 반증 가능성이 높은 이론으로 이행해 가는 과정은 반증을 통해서 이루어진다는 것이다.

반증주의자들은 과학은 문제에서 출발하며, 과학자는 이 문제를 해결하기 위하여 반증 가능한 가설을 제안하게 된다. 이 가설이 반증을 잘 견디어 내면 하나의 이론으로 인정을 받게 된다. 귀납주의자들은 사실에서 출발하지만 반증주의자들은 문제에서 출발한다는 점이 차이가 있다. 시력이 약한 박쥐가 밤에 어떻게 잘 날아다닐 수 있는가? 왜 고도가 높아지면 수은주의 높이가 작아지는가? 마이켈슨이 왜 에테르 속에서의 지구의 속력을 감지하지 못하였는가? 등과 같은 문제는 과학자들이 탐구를 하게 만든 문제이었다. 그런데 이 문제는 또한 과학적인 관찰 사실에 근거한 것이다. 귀납주의자들과의 차이라면 사실이 인간의 인지구조 밖의 것이라면 문제는 인간의 인지구조 속에 있는 것이라는 점일 것이다. 인지구조란 기존의 사실에 대한 연구자의 생각을 의미한다. 즉, 사실로부터 문제를 발견하는 것은 기존의 이론과 그 사실을 관련짓기에 가능한 것이다.

귀납주의자들은 이론에 부합되는 사례들을 많이 찾음으로서 이론이 참일 개연성을 높이는 것이 과학의 발달 과정이라고 생각한 반면, 반증주의자들은 이론에 반하는 사례를 찾음으로서 더 반증 가능성이 높은 이론을 찾아가는 과정이 과학의 발달과정이라고 생각한다. 그렇기 때문에 반증주의자에 의하면 과학자들은 반증을 두려워할 것이 아니라 대담한 이론 즉, 반증 가능성이 있는 이론을 과감히 제안함으로서 반증이라는 검증 과정을 거쳐야 한다고 주장한다. 과학의 이론은 오류의 발견을 통해서 발전한다. 다른 말로 하면 시행착오의 과정을 통해서 과학은 점진적으로 발전한다는 것이다.

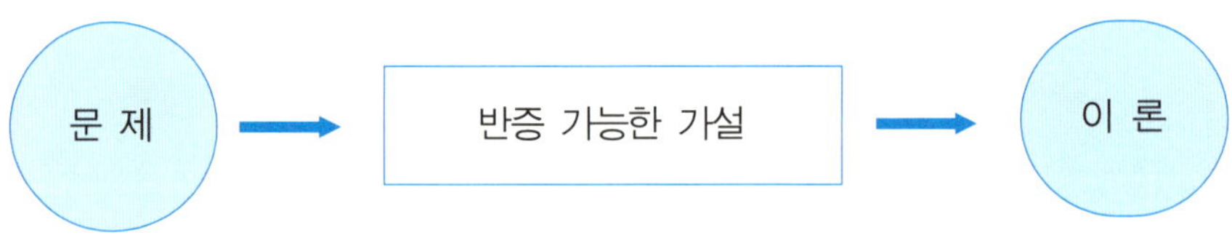

[그림 3-2] 반증주의와 과학 이론의 발달

마) 반증주의의 난점

반증주의자들은 귀납주의자들과는 달리 과학의 발달이 이론을 지지하는 사례들의 축적에 의해서 발달하는 것이 아니라 반증 사례의 발견으로부터 발전한다는 주장을 한다. 그러나 반증주의자들이나 귀납주의자들은 다같이 관찰 사실이 믿을만한 것이라는 데 의견을 일치하고 있다. 비록 반증주의자들은 과학적 탐구의 출발을 사실이 아니라 문제에서부터라고 하지만 문제는 사실의 진실성을 바탕으로 문제를 발견할 수 있기 때문에 사실 자체가 진실성이 없으면 그것으로부터 도출한 문제도 진실성을 상실하게 된다. 따라서 귀납주의에 대한 비판 중에서 사실의 이론 의존성과 관련된 것은 반증주의에도 그대로 적용된다.

또한, 반증은 사실에 의해서 가능하다. 반증이 가능하기 위해서는 반증의 사실이 진실해야 한다. 다음으로 반증주의에서는 반증은 1회만으로 충분하다고 하였다. 그런데 역사적으로 살펴보면 반증이 되는 사례가 나타났음에도 불구하고 그 이론이 즉시 버려진 것이 아닌 경우가 많았다.

천동설로는 내행성인 금성과 수성이 항상 태양과 어떤 거리 내에서 관측된다는 사실을 이해할 수 없었다. 즉, 금성이나 수성이 태양의 반대편에 있을 경우도 있어야 하나 실제로는 항상 비슷한 방향에서만 관측되었다. 이것은 분명히 천동설에 대한 반증 사례이다. 그러나 이 반증 사례로부터 천동설을 포기하지 않고 다른 궁색한 변명으로 계속 천동설을 고수하였던 것이다. 또한, 지동설에 의하면 지구가 태양 주위를 공전하기 때문에 별의 연주시차가 관측되어야 한다. 그러나 그 당시의 관측 기술로는 연주시차를 발견하지 못하였다. 연주시차를 발견 못한 것은 분명히 지동설에 대한 반증 사례이다. 그러나 이러한 반증 사례로 인하여 지동설을 버리지는 않았다. 만약에 한 가지 반증 사례로 인하여 지동설을 포기하였다면 과학의 발달은 그만큼 늦어졌을 것이다. 이상에서 보는 것과 같이 반증사례가 나타난다고 하여 즉시 그 이론을 포기하지 않았다는 것이 역사적인 사실이다. 따라서 반증주의자들이 주장하는 것과 같이 반증 자체가 그렇게 단정적으로 이론을 부정하는 역할을 하는 것은 아니라는 것을 알 수 있다.

3) 토마스 쿤의 과학혁명이론(inductionism)

코페르니쿠스의 태양 중심적 우주관의 혁명은 전통적 과학철학자들에게도 관심의 대상이었지만, 귀납주의자와 반증주의자들의 과학에 대한 설명이 지나치게 단편적이라는 사실 또한 제시해준다. 이론과 개별적 관찰 언명(statement)들 간의 관계에만 주의를 집중함으로써 그들은 주요 과학 이론이 지니고 있는 복합성과 실제로 복잡한 이론이 발생하고 성장하는 과정을 적절한 방법으로 설명하지 못했다(Chalmers, 1982). 과학사의 연구는 이론을 구조로 파악해야 한다는 필요성을 강조하게 된 하나의 계기가 된다. 쿤(Kuhn)은 귀납주의자와 반증주의자들이 제시한 과학에 대한 전통적인 해석이 역사적 증거와 부합하지 않는다는 사실을 지적하였다. 그의 과학관은 과학 진보의 "혁명적인 성격"에 초점을 맞추고 있으며, 과학적인 진보의 계기가 되는 혁명은 하나의 이론 구조의 포기와 그 자리를 양립 불가능한 다른 이론이 대신하는 것으로서 이루어진다. 쿤(Kuhn)의 이론에서 과학자 집단의 사회적 성격이 중요한 역할을 수행하고 있다는 것을 그 특성으로 지적할 수 있다(Chalmers, 1982). 다음은 쿤(Kuhn)의 과학관을 과학적 방법, 과학/비과학 구획의 기준, 과학지식의 변화양상, 과학지식의 인식론적 위치로 나누어 살펴보았다.

가) 과학적 방법

성숙한 과학은 하나의 '패러다임(paradigm)'에 의해 지배된다. 패러다임은 그것이 통제하는 과학 안에서 행해지는 연구의 정당성을 결정해 주는 기준을 제시하며, 패러다임 안에서 연구하는 정상과학자 집단의'수수께끼 풀이(puzzle solving)'활동을 조정 하고 지시한다(Kuhn, 1970). 패러다임은 실체론적 · 방법론적 · 개념적 체계로서 과학사회가 일반적으로 받아들이는 이론적 가정과 법칙, 그리고 그것을 응용하는 기술 및 방법 등으로 구성되어 있다(조희형과 박승재, 1994). 패러다임의 요소들 중에서 명백히 규정된 법칙이나 이론적 가정은 라카토스(Lakatos)의 연구프로그램에 있어서의 견고한 핵을 구성하는 요소와 비교될 수 있다(Lakatos & Musgrave, 1970). '과학혁명의 구조' 초판을 출판한 이후 쿤(Kuhn)은 자신이 '패러다임'이란 용어를 애매하게 사용했다는 것을 인정하고 있다. 1970년판 후기에서 그는 이 용어에 대한 일반적인 의미로 '학문의 바탕(disciplinary matrix)'과 좁은 의미로 사용하는 '범례(examplar)'를 구분하여 부연 설명을 하였지만, 완벽하고 명확한 개념 정의는 불가능하다. 도목수(都木手)가 그의 기술 뒤에 숨어 있는 것이 무엇인가를 완전히 묘사할 수 없는 것과 같이, 과학자도 그가 습득한 방법과 기술을 명확히 설명할 수 없다. 정상과학자들이 지니고 있는 지식은 대부분 폴라니(Polanyi)가 말한 의미에서 암묵적인 것이다.

경쟁적인 패러다임 지지자들 간에 있을 수 있는 논의나 토론의 목적은 강요가 아니라 설득에 있다(Nadeau et al., 1984). 하나의 패러다임을 포기하고 다른 새로운 패러다임을 채택하는 과학 혁명은 과학자 개인에 의해 수행될 뿐 아니라 관련된 과학자 집단 전체에 의해 수행되기도 한다. 새로운 과학자 집단에 가담하지 않은 과학자들은 아마도 철학으로 몸을 숨기게 되거나 어떠한 경우든 그들은 결국 도태하고 만다.

쿤(Kuhn)은 과학의 사회적 측면을 '보이지 않는 대학(invisible colleges)'과 같은 집단이 형성되고 개혁되는 메커니즘으로 보았다. 이 '보이지 않는 대학'은 얻어진 결과를 발표하고 특별한 개인 혹은 팀에 의해 수행된 연구의 가치를 동료끼리 인식하도록 한다. 쿤(Kuhn)은 특별히 인상적이고 전망이 있는 과학적 성취를 공유함으로써 집단이 유대를 갖게 되지만, 이의 계속적인 존재는 젊은이의 마음을 끌고 확장하는 정도에 달려 있다고 보았다. 이는 어느 정도는 학교를 통해서, 더 직접적으로는 대학의 다양한 훈련 프로그램을 통해서, 궁극적으로 교과서에 의해 하나의 과학자 집단이 라이벌에 대해 우위를 점하고, 가능한 한 그들의 방법과 견해의 우위를 보장받게 되는 것이다. 그들은 연구를 위한 적절한 의문점들을 열거하고, 그 중에서 성공적으로 해결된 것들은 수월성의 기준으로 삼는다(Nadeau et al., 1984).

쿤(Kuhn)은 포퍼(Popper)와 자신을 구분시켜 주는 점은 불일치가 아닌 형태전환(gestalt switch)이라고 한다. 이는 포퍼가 과학에서 반증(falsification)이 빈번히 일어난다고 본 반면, 쿤(Kuhn)은 이러한 반증은 과학의 발달에서 대단히 드물게 나타나며, 이런 일들이 일어나는 때는 언제나 관련된 분야에서 위기가 선행되었거나, 현존하고 있는 연구의 규범과 경쟁하는 이론의 출현이 야기되었을 경우라고 하였다. 즉 반증은 비통상적인 탐구(extraodinary research)이며 과학의 전문분야에서 특별한 상황 하에서만 간헐적으로 발생하여 왔다. 그러므로 쿤(Kuhn)의 견해에 의하면 포퍼는 특별한 경우인 혁명적 부분에만 적용되는 것을 가지고서 전체 과학적 과업을 특징지었다고 볼 수 있다. 쿤(Kuhn)에 의하면 전문가들이 훈련되는 것은 정상과학 활동을 위한 것이지 비통상적인 과학활동을 위한 것은 아니다.

나) 과학/비과학 구획의 기준

쿤(Kuhn)에 의하면 어떤 분야가 과학의 자격을 부여받는가, 부여받지 못하는가 하 는 것은 '과학혁명의 구조'에서 그가 제시한 과학에 대한 설명과의 일치 여부에 의해 결정된다. 과학과 과학 아닌 것의 구별과 관련하여 한 연구 분야의 가장 중요한 측면은 그 분야가 어느 정도로 정상과학(normal science)의 전통을 지지할 수 있는가 하는 것이다. 쿤(Kuhn)은 다음과 같이 말한다.

> 과학적 과제를 주의 깊게 관찰해 보면 과학을 다른 활동과 가장 잘 구분시켜 주는 것은 포퍼가 말하는 종류의 테스트는 발생하지도 않는 정상과학에 있다는 점이다. 만약에 하나의 경계 설정에 관한 기준이 존재한다면 그것은 포퍼가 무시한 바로 그 부분에 놓여 있는 것이다 (Kuhn, 1970).

쿤(Kuhn)에 의하면 철학과 사회과학의 대부분을 특징지어 왔던 근본원리들에 대한 주장과 반박, 그리고 논쟁의 전통은 이미 헬레니즘 시대의 수학, 천문학, 통계학, 그리고 광학의 기하학적 부분들에 의해서 이러한 방식의 수수께끼 풀이에 밀려나서 포기되어 버렸다. 그 이후로도 더 많은 수의 다른 과학들도 동일한 변모를 이루었다. 어떤 의미로는 포퍼의 견해에 정면으로 항변하듯, 과학에로의 전환을 특징짓는 것은 비판적 논의에 대한 포기임이 분명하다. 한 분야에서 그러한 전환이 일단 이루어지면 비판적 논의는 오직 그 분야의 기초가 위태롭게 되는 위기의 순간에서만 다시 발생한다. 경쟁적인 이론들 중 하나를 선택해야 하는 처지에서 과학자들이 마치 철학자들처럼 행동하게 되는 경우에만 그렇다(Kuhn, 1970).

즉, 쿤(Kuhn)에 따르면 정상과학의 전통을 지지해 주는 패러다임의 존재 여부에 의해 과학과 비과학은 구별된다. 천문학은 고대에 이미 패러다임을 구성하였으므로 오래 전에 이미 과학이었다. 뉴튼 역학, 파동 광학, 고전적 전자기장 이론은 패러다임을 구성하였기 때문에 과학의 자격을 얻었다. 현대 사회학의 대부분은 아직 패러다임의 단계에 도달하지 못했기 때문에 과학의 자격을 얻지 못하고 있다(Kuhn, 1970). 그러나 쿤(Kuhn)은 '하나의 분야를 과학이라고 명확히 표명할 수 있는 다른 기준을 패러다임 이외에서 찾아내는 것은 힘든 일(Kuhn, 1970)'이라고 하였다. 포퍼(Popper)는 쿤(Kuhn)이 과학에서 비판이 맡고 있는 역할을 지나치게 강조한다는 사실을 들어 쿤(Kuhn)의 구획 기준을 비판해 왔다. 라카토스(Lakatos)는 무엇보다도 그것이 연구프로그램 혹은 패러다임간의 경쟁의 중요성을 간과하고 있다는 점을 들어 쿤(Kuhn)의 기획 기준을 비판하고, 파이어아벤트(Feyerabend)는 쿤(Kuhn)의 구별을 따라가면

조직적인 범죄나 옥스퍼드철학까지도 과학의 자격을 얻게 된다는 사실을 들어 쿤(Kuhn)을 비판하고 있다(Lakatos & Musgrave, 1970).

쿤(Kuhn)에 따르면 비과학적 '전과학(prescience)' 단계에서는 근본적인 것에 대해 전적으로 의견의 일치를 보지 못하여 끊임없이 토론을 계속하게 된다. 따라서 세밀하고 정교한 연구는 행해질 수 없다. 그 분야에 종사하는 연구자의 수만큼 이론의 수가 많고, 모든 이론가들은 항상 무(無)에서 출발해야 하고, 그 자신의 특별한 연구 방식을 정당화시켜야 한다. 쿤(Kuhn)은 뉴튼 이전의 광학 이론을 예로 들고 있다. 고대로부터 뉴튼에 이르기까지 빛의 본질에 대한 이론이 무수히 많이 있었다. 뉴튼이 입자 이론을 제시하고 그 이론을 옹호하기 이전까지는 빛의 본질에 대한 일반적인 합의에 도달하지도 못했고 일반적으로 받아들여질 수 있는 세부적인 이론이 나타나지 않았다. 전과학 단계의 경쟁관계에 있는 이론가들은 근본적인 이론적 가정에 대해 의견의 일치를 보지 못하며 그들의 이론과 관련 있는 관찰 현상에 대해서도 의견의 일치를 보지 못하고 있다.

또한 쿤(Kuhn)은 패러다임의 '불가공약성(incommensurability)'을 내세워 두 패러다임간의 우열은 비교 불가능하다고 설명한다. 한 패러다임의 지지자는 패러다임의 기준과 형이상학적 원리 등이 상이하므로 경쟁 패러다임보다 우수하다는 것을 논리적으로 증명할 수 없다. 쿤(Kuhn)의 입장에 따르면 과학자가 패러다임을 바꾸도록 유도하는 데 영향을 미치는 요소들은 심리학적 사회학적 탐구를 통해 밝혀질 수 있는 문제이다. 과학 이론의 장점을 파악하는 과학자들의 판단에는 다양한 요소가 작용한다. 한 과학자의 개인적인 결정은 그가 여러 요소 중에서 어느 요소에 우선권을 주는가에 달려 있다. 그러한 요소로 단순성, 긴급한 사회적 요구와의 관련성, 특별한 종류의 문제를 해결할 수 있는 능력 등을 꼽을 수 있다.

쿤(Kuhn)은 포퍼(Popper)와 같은 반증주의자들에 비해 과학/비과학을 엄격히 구별하지 않으며, 비과학을 신화라고 쉽게 배척해서는 안된다는 점을 강조한다. 아리스토텔레스의 역학과 플로지스톤(燃素說)을 기초한 자연관이 현재보다 비과학적이며 인간의 어리석음의 산물이라고 결론을 내릴 수는 없다. 시대에 뒤떨어진 생각을 신화적이라고 부르지만, 그 신화는 현재 과학적 지식을 유도하는 방법과 동일한 방법으로 유도되어, 같은 존재이유를 갖는 것이다.

시대에 뒤떨어진 이론이 폐기되었다고 해서 원칙적으로 비과학적인 것은 아니다(Kuhn, 1970).

다) 과학적 지식의 변화 과정

쿤(Kuhn)은 과학의 진보가 누적에 의해 점진적으로 이루어진다는 귀납주의자들의 설명에 대한 대안으로 낡은 이론이 양립 불가능한 새 이론에 의해 거부되고 대치되는 혁명적인 진보를 제시했다. 또한 쿤(Kuhn)은 과학적 탐구의 산물들이 지닌 논리적 구조보다는 과학적 지식이 획득되는 동적(動的)인 과정에 관심을 가지고 있었다. 즉 과학적 지식의 발전에 대한 분석은 반드시 과학이 실제로 행하였던 바를 설명하여야 한다는 주장이다.

쿤(Kuhn)의 패러다임은 그 패러다임 내에서 일하고 있는 과학에 대해 동일하게 설득력 있는 영향을 미치기 때문에 하나의 패러다임에서 다른 하나의 패러다임으로 대체 되는 과정은 혁명적일 수밖에 없다. 쿤(Kuhn)의 과학관은 과학 진보의 혁명적인 성격에 초점을 맞추고 있으며, 과학적인 진보의 계기가 되는 혁명은 하나의 이론 구조의 포기와 그 자리를 양립 불가능한 다른 이론이 대신하는 것으로 이루어진다. 쿤(Kuhn)의 이론에서 과학자 공동체의 사회적 성격이 중요한 역할을 수행하고 있다는 것을 두 번째 특성으로 지적할 수 있다(Chalmers, 1982). 쿤(Kuhn)에 있어서 과학의 진보 는 다음과 같이 요약될 수 있으며, 이 도식은 계속 순환된다.

전과학 → 정상과학 → 위기 → 혁명 → 새로운 정상과학 → 새로운 위기 → ...

성숙한 과학은 하나의 패러다임에 의해 지배된다. 패러다임은 그것이 통제하는 과학 안에서 행해지는 연구의 정당성을 결정해 주는 기준을 제시한다. 또한 패러다임은 특별한 과학자집단이 채택한 일반적인 이론적 가정들과 법칙들 그리고 그것들의 적용에 대한 기술들로 구성되어 있다. 자연과학의 발달 단계를 살펴보자.

자연의 근본에 대한 의견의 일치가 되지 않고 체계화되지 못한 경우를 미성숙한 '전 과학'이라고 한다. 근본적인 이론적 가정에 대해 폭넓은 의견의 일치를 보일 경우 비로소 초기 패러다임의 윤곽이 나타나기 시작한다. 초기 패러다임의 획득은 특별한 과학적 성취를 이룬 집단에 의해 인식되는 것으로, 그들은 새로운 연구 도정을 제시하고 형이상학적이고 도덕적 가치 뿐 만 아니라 일련의 방법론까지 완성하는 것이다. 쿤(Kuhn) 에 의하면 연구의 전통은 우선 명백히 규정된 문제 해결에 의해 '정상과학'이 유지되지만, 이러한 과정 속에서 통상과학자들은 불가피하게 난점에 봉착하며 명백한 반증에 직면하게 된다. 만일 이 '이상(異常, anomalies)'에 대해 속수무책이면 '위기(crisis)'를 초래하게 된다. 완전히 새로운 패러다임이 나타나고 과학자들이 그 패러다임을 믿고 받아들여 드디어 문제를 안고 있던 원래의 패러다임을 버리게 되면 위기는 해결된다. 이 불연속적인 변화가 '과학혁명(scientific revolution)'을 구성한다. 결과적으로 새로운 패러다임이 성립되는 것이다. 이 과학혁명의 도식은 [그림 3-3]과 같다.

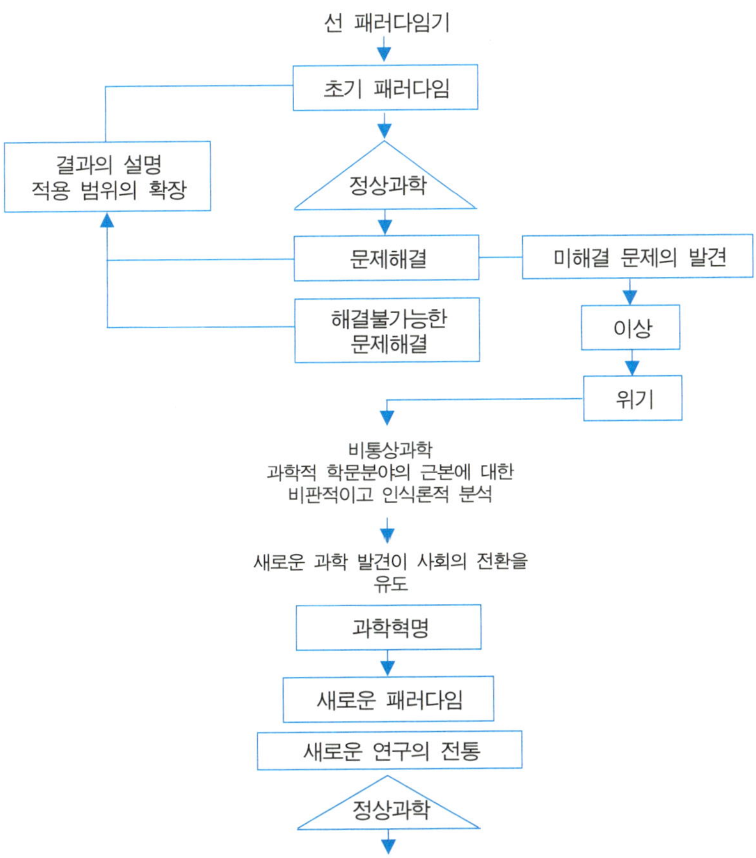

[그림 3-3] 쿤에 의한 자연과학의 발달

정상과학은 패러다임과 자연이 일치하도록 함으로써 패러다임을 정교하게 만들려는 세부적인 시도가 포함된다. 이와 같은 노력을 필요로 하지 않을 정도의 정확하고 완결 된 패러다임은 존재하지 않는다. 문제에 대한 해결이 성공적이지 못할 때, 그것의 원인이 패러다임의 부적합성에 있지 않고 과학자의 실수에 있는 것으로 생각해야 한다. 만일 그가 해결되지 않는 이유를 패러다임에서 찾으려 한다면, 그는 연장을 탓하는 목수와 다를 바가 없다. 해결되지 않는 문제는 패러다임에 대한 반증이 아니라 '변칙 사례'로 간주된다. 쿤(Kuhn)은 모든 패러다임에 변칙 사례가 포함되어 있음을 인정하고 반 증주의자의 변칙을 반증으로 인정해야 한다는 주장을 받아들이지 않는다. 정상과학에 종사하는 과학자들은 그가 활동하고 있는 패러다임에 대해 비판적인 입장을 취해서는 안 된다(Chalmers, 1982).

변칙 사례는 그것이 패러다임의 기본 원리에 결정적인 타격을 주어 정상과학자 집단의 구성원들이 그것을 해결하려고 끊임없는 노력을 기울였음에도 불구하고 이 노력이 모두 수포로 돌아갈 때, 그 변칙 사례는 특별히 심각하게 받아들여진다. 프톨레마이오스의 천문학을 둘러싼 문제는 코페르니쿠스 시대에 달력의 개혁이라고 하는 요구에 비추어 볼 때 절박한 것이었다. 이러한 문제를 해결하려는 시도는 더욱 격렬해지고, 문제 해결을 위해 패러다임이 제시한 규칙은 점차적으로 더 느슨해진다. 쿤(Kuhn)은 위기상황에서 인식론이 그 위력을 발휘한다고 하였다. 정상과학자들은 철학적이고 형이상학적인 논쟁을 벌이기 시작한다(Chalmers, 1982).

그 패러다임의 옹호자가 그것에 대한 자신감을 상실할 정도까지 패러다임이 약화되고 그 토대를 잃게 되면 '혁명'의 여건이 성숙하게 된다. 경쟁적인 패러다임이 나타나게 되면 '위기'의 심각성은 고조된다. 경쟁관계에 있는 패러다임은 다른 종류의 문제에 대해 정당성과 의미를 부여한다. 과학자 개개인이 하나의 패러다임에 쏟던 믿음을 대안적인 패러다임으로 옮기게 되는 변화를 쿤(Kuhn)은 '형태전환(gestalt switch)' 혹은 '종교적 개종'과 연관시키고 있다. 또한 바로 이러한 이유 때문에 쿤(Kuhn)은 과학 혁명을 정치 혁명과 비교하였다. 정치 혁명은 기존의 제도를 폐지하는 방법을 통해 정치적 제도를 바꾸는 것을 목적으로 한다. 결국 경쟁적인 패러다임간의 선택은 양립 불가능한 사회생활 양식간의 선택이며 어느 논의도 논리적 혹은 확률적으로 설득력을 지닌 것이 될 수 없다(Chalmers, 1982).

라) 과학적 지식의 인식론적 위치

쿤(Kuhn)은 1965년에 개최된 국제 과학철학 세미나에서 과학에 관한 포퍼의 견해와 자신의 견해는 거의 일치한다고 주장하였다. 특히 쿤(Kuhn)과 포퍼(Popper)는 과학자들이 관찰된 현상을 설명하고, 어떤 의미건 실재하는 대상들에 입각하여 관찰된 현상들을 설명하는 이론들을 창안하려고 한다는 점에서도 견해가 같다고 하였다. 단지 포퍼(Popper)와 자신을 구분시켜 주는 점이 불일치라기보다는 형태전환이라고 하였다. 즉 똑같은 대상이 전혀 다른 의미의 형태로 지각되고 있다는 것이다.

이렇듯 쿤(Kuhn)은 상대주의의 개념적 세계 안에서 중요한 자리를 차지하고 있음 에도 불구하고 상대주의자라는 레테르를 거부하고 있다. 쿤(Kuhn)은 상대주의의 역설(逆說)을 즉시 알아보았지만, 여기서 의도보다는 결과가 중요하다. 쿤(Kuhn)의 저작들은 틀림없는 상대주의적 함의를 지니고 있으며, 쿤(Kuhn)의 테마들은 상대주의 전통에서 거의 핵심적인 것이 되었다(Laudan, 1990).

쿤(Kuhn)에 의하면 한 이론이 다른 이론과 비교되어 더 나은가 그렇지 못한가 하는 것은 관련된 공동체에 대해 상대적이고, 이러한 기준은 공동체의 문화적 · 역사적 배경에 따라 특징적으로 변화한다고 한다. 또한 그 기준은 '계량적인 예측의 정확성; 전문적인 문제와 일상적인 주제 간의 균형; 해결된 상이한 문제들의 수; 단순성, 범위, 다른 전문 분야들과의 공약성'을 제시하고 있으며 '관련 공동체의 합의'가 최상의 기준이라고 하였다. 쿤(Kuhn)의 이러한 입장은 상대주의가 갖는 특성과 일치한다. 쿤(Kuhn)의 상대주의는 '과학혁명의 구조' 후기 (postscript)의 결론적인 문장에서 강조되고 있다. '언어와 같이 과학에 관한 지식은 본질적으로 어느 한 집단의 공통된 속성이며, 그 이상의 것이 아니다. 그것을 이해하려면 우리들은 과학적 지식을 만들어내고 상용하는 집단의 특성을 알아야 한다(Kuhn, 1970).'

그러나 쿤(Kuhn)은 그가 상대주의자라는 주장을 받아들이지 않는다. '뒤에 나온 과학 이론은 그것들이 적용되는 판이한 상황에서도 문제를 푸는 데 있어 그 이전의 이론보다 더 낫다. 이러한 견해는 상대주의자의 입장이 아니며,

내가 과학의 발전을 철석같이 믿는 사람이라는 것을 나타내 준다.' 쿤(Kuhn)은 어느 의미에서 과학은 진보한다고 주장한다. 그러나 그가 명확하게 정의된 진리를 향해 진보한다는 것을 부정하고 있음은 분명하다.

4) 라카토스의 연구프로그램

라카토스도 쿤과 마찬가지로 포퍼의 반증주의를 개선하고 반증주의가 가지고 있는 난점을 극복하기 위해서 그의 이론을 전개하였다.

라카토스는 과학의 이론은 구조적으로 파악되어야 한다고 주장한다. 과학이론이 단편적인 사실의 발견에 의해서 지지되거나 반증되는 맥락에서는 역사적으로 한 이론이 다른 이론으로 발전되는 현상을 설명할 수 없고 구조적 전체로서 파악할 때에만 이해가 된다는 것이다.

라카토스가 제안한 연구프로그램의 방법론에 대하여 살펴보자.

가) 연구프로그램

라카토스는 정적인 의미가 강한 이론이라는 말 대신에 보다 역동적인 의미가 있는 연구프로그램이라는 개념을 사용한다. 그에 의하면 한 연구프로그램은 핵과 보호대로 이루어져 있다고 하였다. 핵은 어떠한 경우에도 보호되어야 한다.

지동설에서의 핵은 행성은 태양을 중심으로 궤도 운동을 하고 지구는 지구의 한 축을 중심으로 자전을 한다는 것이다. 뉴턴의 운동 법칙의 견고한 핵은 세 가지 운동 법칙으로 구성되어 있다. 행동주의 심리학의 견고한 핵은 인간의 정신 현상은 관찰 가능한 행동으로 표현된다는 것이다. 이 핵은 논리적인 구조를 가지고 있지만 단지 논리적인 구조로 유지되는 것이 아니고 정의적인 특성을 통하여 보호되고 있다. 즉, 그 견고한 핵이 가지고 있는 본질적인 구조는 절대로 옳다는 정의적인 성격을 내포하고 있다.

핵은 보호대라는 장치에 의해서 보호되고 있다. 보호대는 핵이 가지고 있는 본질적인 구조가 관찰되는 사실들에 의해서 반증이 되지 않고 보호되도록 온갖 보조적인 가설과 초기 조건들을 포함한다. 예컨대, 힘을 받지 않는 모든 물체는 등속 직선 운동을 해야 한다. 그러나 현실적으로 물체를 가만히 두면 결국 정지하게 된다. 이러한 현상은 마찰력이라는 개념을 도입함으로 설명이 된다. 즉, 접촉하는 두 물체 사이에 마찰이 있다고 함으로써 뉴턴의 운동 법칙은 새로운 관찰 사실로부터 반증이 되지 않고 보호된다. 이 마찰력 가설이 보호대의 역할을 하게 된다. 또, 행성의 원운동을 하는 현상은 중력이라는 개념을 도입함으로써 뉴턴의 운동 법칙이 보호된다. 조석 현상은 복잡한 초기 조건을 설정함으로써 뉴턴의 운동 법칙으로 설명이 된다.

핵이 보호되는 두 가지 방법을 라카토스는 긍정적인 발견법(positive heuristic)과 부정적 발견법(negative heuristic)이 있다고 하였다. 긍정적 발견법은 이미 알려진 현상을 설명하고 새로운 사실을 예측하는 새로운 가설을 핵에 첨가하는 일이다. 뉴턴의 초기 이론은 태양과 행성이 하나의 점으로 되어 있다고 가정하였다. 그러나 더 정확한 예측을 하기 위해서는 점이 아닌 부피를 가진 물체일 때 결과를 예측할 수 있는 이론으로 발전시켜야 한다. 이와 같이 기존 이론을 좀더 넓은 범위에까지 설명할 수 있도록 수정하는 것이 긍정적 발견법이다.

부정적 발견법은 한 프로그램이 전개 과정 중에 있을 때에는 견고한 핵이 부정되지 않고 그대로 있어야 한다는 요구를 만족시키는 노력이라고 할 수 있다. 비록 한 프로그램의 견고한 핵에 반하는 사례가 나타난다고 하여도 그 사례를 받아들여서는 안 된다는 것이다. 예컨대, 초기에는 뉴턴의 운동 법칙에 위배되는 많은 현상들이 나타났다. 즉, 힘이 작용하지 않을 때, 등속도 운동을 해야 한다는 것과 가속도가 정확히 힘에 비례해야 한다는 것이 관찰 결과와 일치하지는 않았다. 대부분의 경우는 마찰이라는 개념(보호대)을 도입함으로써 해소가 되었다. 그러나 비록 이러한 변명으로 잘 설명이 되지 않는 현상이 나타난다고 하여도 그 현상에 관계되는 미지의 초기 조건들을 상정함으로써 뉴턴의 운동 법칙에 반하는 사례로 인정하지 않았을 것이다. 일단 새 연구프로그램을 받아들이기로 한 이상 연구프로그램의 핵에 대한 반증을 절대 배척한다는 것이 부정적 발견법이다.

나) 발전(progression)과 퇴행(degeneration)

한 연구프로그램은 견고한 핵과 그 보호대로 구성되어 있고, 이 핵은 결코 손상이 되지 않는다. 그렇다고 하여 한 연구프로그램이 영구히 존재한다는 것은 아니다. 언젠가는 새로운 프로그램의 등장으로 소멸하게 될 것이다. 어떻게 한 연구프로그램이 성장하고 소멸하는가를 라카토스는 퇴행과 발전이라는 개념으로 설명하고 있다. 한 연구프로그램이 계속 발전하느냐 소멸하느냐 하는 것은 새로운 관찰 사실들이 얼마나 한 연구프로그램에 의해서 설명이 되느냐에 달려 있다. 새로운 불일치 현상이 발견될 때마다 보호대에 의해서 적절히 대응을 하게 되면 그 이론은 발전적이 되며, 그렇지 못하면 퇴행적이 된다.

한 연구프로그램은 이 발전과 퇴행을 거듭하게 된다. 이러한 과정에서 발전이 퇴행을 압도하면 이 프로그램은 계속 발전적이 되는 것이고 그 반대로 새로운 사실을 보호대가 적절히 대처하지 못하면 그 프로그램은 퇴행적이 되는 것이다.

다) 연구프로그램들 간의 경쟁

쿤의 과학 혁명 이론은 어떤 면에서 급진적이고 단절적인 발달을 주장하는 것이다. 반면 라카토스의 이론은 단절적이라기보다는 점진적이다. 라카토스는 경쟁관계에 있는 둘 이상의 연구프로그램을 가정하고 이 연구프로그램들 간의 경쟁에 의해서 과학이 발전한다고 주장한다. 특히 위기 상황에서는 이러한 연구프로그램이 여럿 등장할 가능성이 큰 것이다. 어떤 연구프로그램이 세력을 잡느냐 하는 것이 어떤 이론으로 발전하느냐를 결정하게 된다. 경쟁관계에 있는 연구프로그램들은 동일한 새로운 사실들 설명함에 있어서 어느 것이 더 효과적이냐에 따라서 더 발전적이냐 퇴행적이냐가 결정된다. 즉, 경쟁관계에 있는 두 프로그램은 모두 새로운 사실들에 대처하는 과정에서 발전과 퇴행을 하게 될 터인데 어느 프로그램이 더 발전적이냐에 따라서 경쟁에서 승리하느냐 패배하느냐가 결정된다.

라카토스에 의하면 과학의 이론은 각각 이러한 연구프로그램들 간의 경쟁에 의해서 점진적으로 한 연구프로그램에서 다른 연구프로그램으로 이행하게 된다는 것이다. 물론 경쟁관계에 있는 두 연구프로그램은 그 핵이 가지고 있는 가정과 정의적 특성이 전혀 다른 것이어야 한다. 두 연구프로그램 중 어느 것이 옳으냐가 관찰된 몇 개의 사실들에 의해서 단정적으로 결정되지 않는다는 점에서 포퍼의 반증주의 입장과는 다르며, 서로 경쟁적인 관계에 있는 두 연구프로그램 사이의 복잡한 역학관계를 상정한 점이 종교적인 개종과 같은 급격한 변혁을 상정한 쿤과도 구별되는 점이라고 하겠다.

제 4 장

교육과정의 변천과 지구과학교육

1 교육사조와 교육과정의 변천

교육사조(trend of education thought)란 교육의 목적과 그 실현을 위한 교육의 원리들을 체계적으로 전개한 교육사상(education thought, 교육철학, 교육관, 교육이론 등)이 한 시대에 세력과 영향력을 유지할 때의 경향을 말한다. 따라서 교육사조는 특정시대를 지배하는 하나의 흐름을 나타낸다.

교육과정(curriculum)은 교육목적 달성을 위해 학교의 계획에 따라 학생들이 갖게 되는 모든 교육내용 및 학습기회 즉, 교육목표의 설정과 교육내용의 선정 및 조직, 그에 따른 학습지도 방안 등을 나타내며 교육사조에 따라 시대적 요구에 맞게 변화해 왔다. 본 절에서는 우리나라의 교육사조별 교육과정의 변천에 대하여 알아본다.

가. 우리나라 교육과정의 시작

우리나라의 근대교육은 1894년 갑오경장 이후부터라고 보는 것이 일반적이나 실제로 정상적인 교육과정의 운영은 해방(1945) 이후로 볼 수 있다. 그러므로 우리나라 교육과정은 1945년 이후부터 생각할 수 있으며 우리나라 근대 교육의 성립에 가장 크게 영향을 미친 나라는 일본을 꼽을 수가 있다. 우선 일본어를 나름대로 구사할 수 있는 상황이기 때문에 해독이 어려운 영어권의 영향을 적게 받았다. 그러므로 1945년 해방되면서부터 형식은 미 군정청의 고문관이었던 앤더슨 대위가 우리나라의 교육을 총괄했지만, 내용상으로 일본의 초・중・고등학교 교육과정의 영향 하에 있었던 것이 사실이다. 그러면서 처음 나온 교수요목을 수정 보완하여 교육과정을 개발하려하다가 6.25 전쟁이 터지면서 그 기간은 미루어져 겨우 1955년에 가서야 교육과정의 틀도 갖추지 못한 교과 과정이라는 이름으로 1차 교육과정이 공포되었다. 물론 그것은 전후에 시대적이고 사회적인 요구에 따라 당장 사회에 나가 적응할 수 있는 기능이나 적응력을 가지고 고등학교라도 졸업하게 하기 위하여 실습이나 기능을 과학과 내용에 삽입하였다. 그 이후 1961년 5.16혁명이 일어나면서 국가적인 요구에 의하여 다시 제 2차 교육과정이 개정되었고, 과학의 혁명이 일어나면서 학문적인 요구에 의하여 3차 교육과정이 이루어졌다. 그러나 지나치게 개념 위주의 지식과 구조화된 학문 중심으로 인하여 많은 학생이 어려움을 겪을 뿐 아니라 실생활과의 연결을 시도하여야 한다는 요구와 비인간화되어 가는 것을 막는다는 필요에 의하여 인간 중심 교육과정이 대두되었다.

나. 우리나라 과학과 교육과정의 사조

우리나라 교육과정의 구분은 교과중심 교육과정기(1945～1963), 경험중심 교육과정기(1963～1973), 학문중심 교육과정기(1973～1981), 인간중심 교육과정기(1981～현재)로 구분할 수 있다. 이를 기준으로 과학 및 지구과학 교육과정의 변천에 대하여 알아본다.

1) **교과중심 교육사조**(1945～1963)

이 시기는 교과 또는 교수요목 위주의 시기이다. 전인 교육의 대상으로서의 학습자의 인간상을 생각하기 이전에 교과의 교수요목만을 우선한 시기로 교육과정 개념도 제대로 정립되지 않았기 때문에 교수요목만이 나타나는 것을 볼 수 있다. 이 시기는 교수요목기와 교과 과정기로 나누어 생각할 수 있다.

해방이 되면서 미 군정청의 학무국은 실제로 우리 교육을 관장하였으나 관계되는 모든 사람은 일제하의 교육을 받은 사람이라 교육 내용은 일본의 영향을 많이 받았다. 교수요목이란 이름으로 교육과정의 일부를 정했는데 초급 중학교의 과학은 물상과 생물을, 고급 중학교는 물리, 화학, 생물을 이수토록 하였다. 1948년 정부 수립과 함께 문교부에 과학교육국이 신설되어 중학교 전 학년에 공히 과학을 필수로 과하는 등 종전의 교육 내용을 대폭 수정하였으나 6.25 전쟁으로 모든 것이 중단되었다(문교부, 1987).

20세기를 접어들면서 현대물리학과 산업기술이 비약적으로 발전하게 되고, 또한 제1차 세계 대전을 거치면서 과학기술은 인간생활에 커다란 영향을 미치게 되었다. 이에 생활주변에는 여러 가지 과학 기술 제품들이 쏟아지게 되면서 소위 생활중심 혹은 아동중심 과학교육의 필요성이 증가하였다. 듀이(J. Dewey)는 이전의 고전주의적 교육에 대해, 첫째, 아동이 보고 느끼고 좋아하는 것과 실제로 가르치는 교육 내용과는 유기적인 관계가 없으며, 둘째, 학습자의 지적 호기심을 유발시키지 못하고, 셋째, 지나치게 형식적인 절차나 논리적인 형식만을 강조하여 아동이 경험을 통해 지식을 얻게 되는 심리적 메커니즘을 무시하고 있다고 비판하였다(박승재 외, 1985).

교육과정 시간 배당 기준령은 1954년 4월에 공포되고 교과 과정이 그 다음 해인 1955년에 공포되었다. 정식으로 교육과정(curriculum)이란 명칭이 붙지 않고 총론과 특활, 기타 전인 교육을 위한 틀이 잡히지 않아 교과과정(course of study)이란 명칭이 붙어 있는 것이 특색이라고 할 수 있다. 이때 과학과 시간 배당은 1학년 4시간, 2학년 3시간, 3학년 2시간으로 되어 있었으며 물상과 생물을 통합하여 과학으로 하였다. 이 교육과정의 특징은 학습자의 생활 경험을 중심으로 한 진보주의 교육 사조에 따랐다.

2) 경험중심 교육사조(1963～1973)

이 시기는 존 듀이의 영향을 받아 생활 중심이나 경험 중심, 그리고 흥미 중심으로 불리는 학습이 지배하던 때이다. 존 듀이의 영향을 받은 제 2차 교육과정은 시기적으로 61년에 일어난 5.16혁명의 영향으로 빈곤 타파, 민족중흥의 국가적인 요구가 팽배하던 시기이다. 그러므로 당시의 개정 취지는 내용 면에서 자주성, 생산성, 유용성을 강조하였고, 조직 면에서는 합리성을, 운영 면에서는 지역성을 강조하였다.

중학교 과학은 1학년 3～4 시간, 2학년 3～4 시간, 3학년 2～4 시간의 폭을 두게 되었다.

고등학교는 이 때부터 문과와 이과가 있었으며, 시간이라는 용어 대신에 단위라는 용어를 사용했다. 과학과라는 교과 속에 물리 Ⅰ.Ⅱ, 화학 Ⅰ.Ⅱ, 생물 Ⅰ.Ⅱ, 지학이 있었다. 물리 Ⅰ, 화학 Ⅰ, 생물 Ⅰ은 모두 6단위이고 물리 Ⅱ, 화학 Ⅱ는 12단위였으며 생물 Ⅱ는 6단위였고 지학은 4단위였다. 문과는 물리 Ⅰ(6), 화학 Ⅰ(6), 생물Ⅰ(6), 지학(4)을 공부하여 모두 22단위 이수하였고, 이과는 물리 Ⅱ(12), 화학 Ⅱ(12), 생물Ⅰ(6), 생물 Ⅱ(6), 지학(4)을 공부하여 모두 40단위 이수하였다. 그러므로 그 당시는 문과와 이과로 나뉘기 전인 고1에서 공통 필수로 생물 Ⅰ을 6단위로 이수하였다. 그리고 지구과학은 '지학'이란 과목 명으로 이제 막 탄생한 과목이라 과학 중에서 적은 단위를 차지하였다.

3) 학문중심 교육사조(1973～1981)

우리나라의 제 3차 교육과정이 이 시기에 해당된다. 1950년대 말 구소련의 스푸트니크 쇼크(Sputnick shock, 1957)에 자극 받아 미국에서 과학교육 개혁운동이 일어났다.

학문중심 과학교육에서는 학생들에게 과학의 핵심적인 기본 개념을 중심으로 논리적이고 체계적인 과학학습을 시킨다는 점과 학생들로 하여금 가능한 실제 과학자들과 유사한 과학학습의 경험을 갖도록 하는 점이 특히 강조되었다. 「과학자로서의 학생」(pupil as a scientist)이라는 이러한 새로운 개념에 가장 큰 영향을 미친 이론은 슈와브(Schwab, 1962)의 탐구(探究, enquiry)론으로서 학문중심 과학교육이 탐구 활동으로 특징지어지는 계기가 되었다. 이러한 과학교육 개혁 운동은 미국의 경우 당시 가장 뛰어난 과학자들이 중심이 되어 중등학교 과학교육에 대한 비판과 재구성이 이루어졌다는 점에서 특징적이었다. 반면 영국의 중심으로 한 유럽에서는 이 시기의 과학교육 개혁에 있어서 현장의 과학교사의 역할이 상대적으로 더 활발하였다.

과학교육 혁신기에는 다양한 종류의 초 · 중등 과학교육 과정들이 활발하게 개발되었는데, 이를 소위 알파벳 프로그램(alphabet program)이라 부른다. 그 예로는 물리 분야의 PSSC(1960)와 HPP(1968), 화학 분야의 CBA(1962a &

1962b)와 CHEM Study (1963), 생물 분야의 BSCS(1963a, 1963b, 1963c), 지구과학 분야의 TSM(SSSP, 1966)와 ESCP(1967), 초등과학 분야의 AAAS(1967), IPS(1967), ESS (EDC,1969), SCIS(1970)등이 미국에서 개발되었으며, 영국에서는 Nuffield Physics /Chemistry/ Biology(1966)등과 Science 5-13(School Council, 1973)및 SCISP(1974)등이 개발되었다(장남기 등, 1987). 한편 이들 프로그램들은 과학의 개념체계(conceptual structure)를 더 강조하는가 혹은 과학의 탐구 과정(enquiry processes)을 더 강조하는가에 따라 각기 다른 특징을 보이고 있다(한종하, 1988참조).

4) 인간 중심 교육사조(1981 ~)

학문 중심 교육과정이 지나치게 기본 개념을 강조하고 개념의 구조화를 중시하다 보니까 과학과 인간, 과학과 사회, 과학과 문화를 소홀히 하여 비인간화되어 가는 경향이 크게 되었다. 뿐만 아니라 베트남 전쟁, 마약 문제, 환경오염 문제가 대두되는 것을 극소화하고 비인간화되어 가는 것을 방지하기 위하여 인간 중심 교육과정이 싹트게 되었다. 그것은 모든 학생을 과학자로 양성하기 위하여 과학을 가르치려는 착각 속에 있다는 반론도 커서 유네스코에서 들고 나온 '모든 이를 위한 과학'(science for all) 내지 '과학적 소양'(scientific literacy)을 포함하는 STS교육 운동이 우리에게 많은 영향을 미쳤다. 그래서 제 5공화국 출범과 함께 시작한 제 4차 교육과정부터 교육목표와 내용의 변화가 부분적으로 있어 왔다.

우리나라의 4차 교육과정 이후 현재의 7차 교육과정에서도 이러한 교육 사조에 따라 교육과정을 구성하고 있다. 이 교육과정의 과학과 교육과정에서는 과학과가 담당할 국가 사회적 요구, 미래 사회에 대한 전망, 과학에 대한 학생들의 심리적 발달 단계 등을 강조하고 있다.

2 교육과정기별 과학 및 지구과학 교육과정 변천

해방 후 우리나라 교육과정은 2007년 7차 교육과정의 개정까지 8차례의 개정이 있었다. 과학 및 지구과학 교육과정의 교육과정기별 변천 내용을 살펴보면 다음과 같다.

가. 교수요목기(1946～1955)

1945년 광복 후 우리나라는 교육 심의회를 발족시켜 교육의 방침을 마련하였다. 이듬해에 '교수요목'이란 이름으로 교과 명, 학년, 총 이수 시간 수 및 내용만을 나열한 간결한 교육과정이 공포되었다. 이 교수요목의 특성은 다음과 같다.

첫째, 교과의 지도 내용을 상세히 제시하고 기초 능력 배양에 주력한다.

둘째, 교과는 분과주의를 택하였으며, 체계적인 지도와 지력 배양에 중점을 둔다.

셋째, 우리나라의 교육 이념인 '홍익인간'의 정신에 입각하여 애국 애족의 교육을 강조하고, 일제 잔재를 정신적인 면에서나 생활적인 면에서 시급히 제거하는 데에 각별히 노력한다.

이 교수요목에서 초급 중학교의 과학은 물상과 생물을, 고급 중학교의 과학은 물리, 화학, 생물을, 농업학교에서는 과학을, 상업학교에서는 이과를 각각 이수시키도록 하였다. 이 때 지구과학은 교과목으로 설정되지 못해 현재의 고등학교에 해당하는 고급 중학교 과목에는 없으나 중학교 과정에서는 지구과학관련 내용이 여러 개 단원으로 설정되어 있다.

즉, 산 · 알칼리, 전기, 식물 동물계 등과 같이 현행 교육과정의 내용과 비슷한 것도 있으며, 전기, 통신, 라디오, 내연기관, 세탁, 가축, 약용식물, 회충, 지혈법 등과 같이 현행 기술 교과에서 다루는 내용처럼 실생활과 관계가 깊은 내용도 포함되어 있음을 알 수 있다.

나. 제1차 교육과정기(1955 ~ 1963)

이 기간에는 '교과과정기'라는 명칭이 처음으로 사용되었다. 1954년 교과과정 공포로부터 1963년 새로운 교육과정이 공포될 때까지의 기간이다.

이 때, 중학교 과학과 시간 배당 기준은 1학년이 주당 4시간, 2학년이 3시간, 3학년이 2시간으로 되어 있으며, 물상과 생물을 통합하여 '과학'으로 통칭하였다.

교육과정은 미국 진보주의의 영향을 받아 생활 경험을 중시한 교육과정이었으며, 체제면에서도 목표와 내용을 별도로 구성하여 교육과정으로서의 체제를 처음으로 갖추게 되었다. 과학과는 그 목표를 일상생활에서 나타나는 문제를 과학적으로 해결하고 합리적인 생활을 도모할 수 있는 과학적인 지식과 태도 및 능력을 체득시키고 습관화하는데 두었다. 즉 초등학교 자연과 교육의 기초 위에서 자연 사물과 현상 및 인체에 관한 과학적 지식을 심화 · 확충하고 기초적인 지식과 원리 법칙을 이해시키며, 과학적인 태도 및 습관을 기르고, 보다 나은 생활을 합리적으로 영위할 수 있는 능력을 기르는데 목표를 두었다. 그 구체적 목표는 다음과 같다.

(1) 과학적 지식
(2) 과학적 능력
(3) 과학적 태도와 습관

이 교육과정에서 과학과의 내용은 학생의 실생활 경험을 중심으로 선정하였으며, 각 학년마다 6개 단원으로 구성하고, 단원에 포함하는 주제는 '계절과 일기는 우리들의 생활에 어떤 영향을 주는가?' 와 같이 의문형으로 제시하였다.

또, 각 단원마다 지도 목표와 지도 내용을 제시하였다. 문장형으로 제시된 각 단원을 간단히 주제로 간추리면 다음과 같다.

〈표 4-1〉 중학교 과학과 단원명

학년	단원명
1학년	① 계절의 일기 ② 물과 공기 ③ 지구 ④ 천체 ⑤ 식물 ⑥ 동물
2학년	① 건강 ② 빛 ③ 불과 연기 ④ 전기 ⑤ 우리의 몸 ⑥ 생물
3학년	① 기계와 연모 ② 천연 자원 ③ 교통 ④ 통신 ⑤ 질병 예방 ⑥ 생물

다. 제2차 교육과정기(1963～1973)

이 기간은 산업화가 빠르게 이루어진 시기로서, 자주성, 생산성, 유용성, 합리성, 지역성을 강조하였고, 기초학력의 충실, 교육과정의 계열성과 일관성 유지, 생활경험 중심의 종합 지도를 강조하였다. 이 때부터 고등학교의 교과단위제를 채택하고, 교과활동, 반공・도덕 생활, 특별활동으로 교육과정을 구성하였다. 중학교의 과학과 시간 배당 시수는 주당 1학년은 3～4시간, 2학년은 3～4시간, 3학년은 2～4시간으로 시간 폭을 두게 하였다. 과학 교육과정은 과학적인 생활 태도 육성에 주력하여 과학기술의 후진성을 극복하는 데에 목표를 두고 과학기술교육을 강조하였다. 이 교육과정이 개편된 후 급속한 경제 건설과 산업 구조의 다원화에 적응하기 위하여 실업 교육의 개선이 긴급하여, 1969년 9월 4일 각급 학교의 교육과정을 부분 개정한 것도 이 교육과정의 특색이라 할 수 있다. 이 교육과정을 요약하면 다음과 같다.

1) 목 표

가) 자연 사물 현상의 기초가 되는 윤리 법칙을 이해하고, 그 응용이 인간 생활의 향상 및 발전에 크게 공헌한 바를 인식하게 한다.

나) 자연 사물 현상을 올바르게 관찰, 실험하고, 그 속에서 문제를 발견하여 과학적으로 계획, 처리할 수 있는 능력과 기계, 기구, 약품 등의 취급 및 동식물의 사육 재배를 합리적으로 하는 기능을 기른다.

다) 자연 과학의 기초 지식과 기능을 일상생활에 활용하는 능력과 미지의 것을 탐구하여 새로운 것을 만들어 내는 태도를 기른다.

라) 자연 사물 현상에 대한 관심을 깊게 하고, 자연 자원을 애호・이용하며, 과학자의 업적을 존중하는 태도를 기른다.

2) 지도 내용

생활 중심 교육과정으로 제1차 교육과정 때의 것을 보완하고, 배열을 달리하였다. 중학교 과학과 단원을 정리하면 다음과 같다.

〈표 4-2〉 중학교 과학과 단원명

학년	단원
1학년	① 물 ② 공기 ③ 불 ④ 지표와 그 변화 ⑤ 주변의 생물 ⑥ 주변의 동물
2학년	①날씨 ②자석과 전기 ③산 · 알칼리 ④식품과 영양 ⑤인체 ⑥힘과 운동
3학년	① 빛 ② 에너지 ③ 교통과 통신 ④ 화학 변화 ⑤ 위생 ⑥ 자원의 개발과 관리 ⑦ 생물의 발달 ⑧ 태양계와 우주

라. 제3차 교육과정기(1973～1981)

우리나라에서 생활중심의 과학교육이 실시되는 동안 미국은 1957년 '스푸트니크' 충격으로 시작된 과학교육 혁신운동이 일어나고 있었다. 이와 같은 새 과학과 교육과정은 종래의 과학에 대한 단편적 지식의 전수를 지양하고, 과학의 지식을 구조화하여 제공하며, 자연을 탐구하는 과학적인 방법을 구사할 수 있는 능력과 태도를 기르는 데 그 목표를 두었다.

이에 따라 생활중심 과학교육에서 완전히 탈피하여 탐구중심, 학문중심 교육과정을 개정 공포하게 되었다. 따라서 생활에 필요한 지식보다 학문으로서 지식의 구조와 과학적 기본개념을 탐구적으로 학습하게 하는데 중점을 두게 되었다. 이러한 세계적 교육사조에 따라 우리나라에서도 탐구과학 교육과정이 탄생하게 되었으며 그 기본방침을 살펴보면 다음과 같다.

첫째, 과학에서 기본이 되는 개념들을 정선하고, 이를 구조화시킨다.

둘째, 과학과의 지도 내용은 물상, 생물, 지구 과학의 3개영역에만 국한한다.

셋째, 과학과 학습에서는 과학적 방법의 훈련을 통하여 과학적인 사고력을 기르는 데 중점을 둔다.

넷째, 학생의 발달 수준에 맞게 목표를 설정하고, 내용을 선정한다.

다섯째, 가능한 한 탐구학습이 될 수 있는 내용을 선정한다.

이에 따라 지금까지의 생활 중심 과학 교육에서 완전히 탈피한 탐구 중심, 학문 중심의 과학과 교육과정을 개정, 공포하게 되었으며, 그 내용을 살펴보면 다음과 같다.

1) 목 표

가) 과학적 기본개념을 체계적로 이해시켜 자연을 과학적으로 고찰할 수 있게 한다.

나) 과학적 탐구방법을 체득시켜, 자연의 규칙성 발견하는 능력과 태도를 기른다.

다) 과학적 개념은 과학자들의 활동에 의하여 이루어졌고, 계속 발전하는 것임을 깨닫게 한다.

라) 자연에 대한 과학적인 탐구 과정에서 흥미와 즐거움을 느껴 계속 학습하려는 의욕을 가지게 한다.

2) 내 용

생활 중심의 교육과정으로부터 탈피하여 새로운 과학과 교육 사상을 받아들여 학문 중심 교육과정의 입장에서 편성되었다. 따라서 생활에 필요한 지식보다는 학문으로서의 교과의 구조와 과학적 기본 개념을 탐구적으로 학습하게 하는 형태를 취하게 되었다.

〈표 4-3〉 중학교 과학과 단원명

학년	단원명
1학년	① 물질의 특성 ② 물질의 분리 ③ 화합물과 원소 ④ 지구의 물질과 지표의 변화 ⑤ 생물의 종류
2학년	① 원자와 분자 ② 열에너지 ③ 전기 에너지 ④ 태양 에너지와 일기 변화 ⑤ 생물과 환경 ⑥ 자연과 인생
3학년	① 물질의 변화 ② 힘과 운동 ③ 에너지의 전환 ④ 태양계와 우주 ⑤ 지각의 변화와 지구의 역사 ⑥ 생명의 연속성 ⑦ 물질 대사

3) 시간 배당

주당 1학년은 4시간, 2학년은 3～4시간, 3학년은 3～4시간으로 2, 3학년은 시간폭을 조절할 수 있도록 하였다.

마. 제4차 교육과정기(1981～1987)

1973년에 개정된 혁신적 학문중심 교육과정을 운영한 결과, 학습내용의 과다, 기초교육의 소홀, 전인교육의 경시 등 여러 가지 문제점이 제기되었고 한편으로 1980년 7월 30일 학교 교육 정상화 조치에 따라 교육과정 개정이 필요하게 되었다.

이 교육과정의 기본방향은 국민정신교육의 체계화, 전인교육의 강화, 기초교육의 강화, 진로지도의 충실화이었다. 과학적 생활을 할 수 있는 인간을 기르는 데에 역점을 두고 과학 기본 개념의 이해, 탐구 능력의 신장, 과학적인 태도 함양을 강조하였다.

과학과 교육과정에서는 총론에 제시한 기본 방향을 바탕으로 구성 하였다. 이 교육과정을 요약하면 다음과 같다.

1) 목 표

일반목표 : 과학의 지식과 방법을 습득하여 과학적 생활을 할 수 있게 한다.

① 자연 현상을 파악하는 데 필요한 기본 개념을 이해하게 한다.

② 자연 현상을 과학적으로 탐구하는 능력을 기른다.

③ 자연의 규칙성에 흥미를 느끼고, 과학의 학습에 의욕을 가지게 한다.

④ 자연현상과 일상생활의 문제를 과학적으로 해결하려는 태도를 가지게 한다.

2) 내 용

〈표 4-4〉 중학교 과학과 단원명

1학년	① 대기와 물 순환 ② 주변 생물 ③ 물질의 특성과 분리 ④ 힘과 운동
2학년	① 지구의 물질과 변화 ② 물질 대사 ③ 물질의 입자 ④ 전기
3학년	① 에너지 ② 물질 변화 ③ 지구와 우주 ④ 생명의 연속성 ⑤ 자연보존

3) 시간 배당

주당 1학년은 4시간, 2학년은 3～4시간, 3학년은 3～4시간으로 제3차 때와 같다.

바. 제5차 교육과정기(1987～1992)

이 교육과정은 학문중심에 대한 비판을 완화하는 방향으로 내용 수준과 배열을 조절하고 실생활 문제를 약간 다루었다. 이 교육과정에서는 교육철학, 학문내용, 교육방법의 적합성을 기하고, 경제 발전과 사회 구조의 변화에 대한 적응을 목표로 하고, 국제 경쟁력 강화, 교육의 질적 고도화를 개정의 중점으로 하였다. 과학교육에서는 자연 현상에 대한 흥미와 호기심을 가지고 과학의 지식과 방법을 습득하여, 과학적으로 사고하고 창의적으로 문제를 해결하는 능력의 육성을 강조하였다.

1) 목 표

일반목표 : 자연 현상에 대한 흥미와 호기심을 가지고 과학의 지식과 방법을 습득하여, 과학적으로 사고하고 창의적으로 문제를 해결하는 능력을 기르게 한다.

① 과학의 사실, 개념 및 원리를 이해하게 하고, 자연 현상을 설명하는 데에 이를 적용하게 한다.

② 자연을 탐구하는 과학적 방법을 습득하게 하고, 문제 해결에 이를 활용하게 한다.

③ 자연 현상과 과학과 학습에 대한 흥미와 호기심을 증진하게 하고 과학적 태도를 기르게 한다.

④ 자연을 탐구하는 데에 필요한 기본적인 실험 및 실습 기능을 기르도록 한다.

⑤ 과학이 기술의 발달과 사회의 발전에 미치는 영향을 인식하게 한다.

2) 내 용

〈표 4-5〉 중학교 과학과 단원명

학년	단원명
1학년	① 대기와 물의 순환 ② 주변의 생물 ③ 물질의 성질 ④ 힘과 운동
2학년	① 물질의 구성 ② 생물체의 구조와 기능 ③ 지각의 변화 ④ 전기
3학년	① 일과 에너지 ② 생명의 연속성 ③ 물질의 변화 ④ 지구와 우주 ⑤ 자연과 자원의 보전

3) 시간 배당

주당 1학년은 4시간, 2학년은 3～4시간, 3학년은 4～5시간으로 제4차 교육과정 때보다 3학년에서 상향조정되었다.

사. 제6차 교육과정기(1992～1997)

이 교육과정에서 건강한 사람, 자주적인 사람, 창의적인 사람, 도덕적인 사람의 인간상을 추구하였다. 제5차 교육과정 평가 결과를 토대로 정한 개정의 중점으로는 교육과정 설정 분권화에 따른 시・도 교육청과 학교 재량권의 확대, 교육과정 구조의 다양화 및 다양한 이수과정과 교과목 개설, 필수 과목 축소와 선택과목의 확대, 교육과정 내용의 적정화를 위한 학습량 및 수준의 조정, 그리고 학습부담의 감소 등을 들 수 있다. 과학 교육과정은 성격, 목표, 내용, 방법, 평가로 구성하였으며, 이를 요약하면 다음과 같다.

1) 목 표

자연 현상의 탐구에 흥미와 호기심을 가지고, 기본적인 탐구방법과 과학 지식을 습득하여 창의적으로 문제를 해결하는 능력을 기르게 한다.

1) 기본적 탐구방법을 습득하여, 실생활 문제 해결에 이를 활용할 수 있게 한다.
2) 탐구 활동을 통하여 기본적인 과학 지식을 이해하고, 자연현상을 설명하는 데에 이를 적용하게 한다.
3) 자연현상과 과학학습에 흥미를 가지고 계속하여 탐구 태도를 기르게 한다.
4) 과학이 기술의 발달과 사회 발전에 미치는 영향을 인식하게 한다.

2) 내 용

〈표 4-6〉 중학교 과학과 단원명

1학년	① 지각 물질과 변화 ② 주변의 생물 ③ 물질의 특성과 분리 ④ 힘과 운동
2학년	① 물질의 구성 ② 생물 구조와 기능 ③ 대기와 물의 순환 ④ 전기와 자기
3학년	① 일과 에너지 ② 물질의 반응 ③ 유전과 진화 ④ 지구와 우주 ⑤ 자연 환경과 우리 생활

아. 제7차 교육과정기(1998～현재)

제7차 교육과정은 1997년 12월 30일 교육부 고시 제 1997-15로 공포되어 현재 적용 되고 있는 교육과정이다. 제7차 교육과정은 지금까지의 교육과정 개정 중에서 가장 큰 변화를 나타낸 교육과정으로 평가할 수 있다. 그 중요 내용은 초 중 고교의 학교 급간을 구분하던 종래의 방식에서 벗어나 1학년에서 10학년까지를 국민공통기본 교육과정으로 정하여 일관성을 유지한 것과 각 교과별로 단계형 및 심화보충형 수준별 교육과정을 운영하도록 규정한 것이다.

제7차 교육과정에서는 저학년에서는 주로 현상 중심의 내용으로 하되 한 개 단원의 크기를 줄이는 대신에 단원의 수를 늘리도록 하고, 고학년으로 올라

갈수록 점차 개념 중심의 내용으로 하면서 단원의 크기를 크게 하고 단원의 수를 적게 하는 방향으로 설정하였다. 즉, 단원의 크기는 작게 하고 단원의 수는 많게 하는 변화가 시도되었다. 초등학교 저학년의 경우를 본다면 제3차 교육과정 때에는 한 학기에 2개 단원으로 구성되었던 것이 제4차 교육과정 때부터 4개의 단원으로, 그리고 제7차 교육과정에서는 8개의 단원으로 구성되었다. 그것은 주의 집중이 어려운 시기에 하나의 단원으로 2개월 정도 지속하는 것이 어렵다는 것에서 출발하여 2주정도 지속하는 것으로 변화한 것이다.

따라서 단원 수는 늘리되 학습의 내용을 축소하여 학습의 부담을 경감한 것과 고등학교 2-3학년 전부 선택과목을 이수하도록 한 것, 그리고 재량활동 시간을 설정하여 학교의 재량의 범위를 넓힌 것 등을 그 특징으로 들 수 있다.

제7차 과학 및 지구과학 교육과정에 대해서는 다음 절에서 다루기로 한다.

3 제7차 교육과정의 현행 및 개정 내용

본 절에서는 현행 제7차 교육과정과 2007년 2월에 개정 고시된 7차 교육과정 개정안의 주요내용과 그 차이점에 대하여 알아본다.

가. 7차 교육과정의 성격

우리나라 교육은 홍익인간의 이념 아래 모든 국민으로 하여금 인격을 도야하고, 자주적 생활능력과 민주시민으로서 필요한 자질을 갖추게 하여 인간다운 삶을 영위하게 하고, 민주 국가의 발전과 인류공영의 이상을 실현하는 데 이바지하게 함을 목적으로 하며 이를 달성하기 위하여 제7차 교육과정은 자율과 창의력에 바탕을 둔 학생 중심 교육과정으로 구성한다. 따라서 제7차 교육과정은 21세기의 세계화 · 정보화 시대를 주도하며 살아갈 자율적이고, 창의적인 한국인을 육성하기 위하여, 다음과 같은 성격을 지닌 교육과정으로 구성한다.

- 국가 수준의 공통성과 함께 지역, 학교, 개인 수준의 다양성을 추구하는 교육과정
- 자율성과 창의성을 신장하기 위한 학생 중심 교육과정
- 교육부, 교육청, 학교, 교원, 학부모, 학생이 함께 실현해 가는 교육과정
- 학교 교육 체제를 교육중심으로 개선하기 위한 교육과정
- 교육의 과정과 결과의 질적 수준을 유지, 관리하기 위한 교육과정

나. 편제와 시간(단위) 배당 기준

1) 편 제

가) 교육과정은 국민 공통 기본 교육과정과 고등학교 선택 중심 교육과정으로 구성한다.

나) 국민 공통 기본 교육과정은 교과, 재량활동, 특별활동으로 편성한다.

(1) 교과는 국어, 도덕, 사회, 수학, 과학, 실과(기술 · 가정), 체육, 음악, 미술, 외국어(영어)로 한다. 다만, 초등학교 1, 2학년의 교과는 국어, 수학, 바른생활, 슬기로운 생활, 즐거운 생활 및 우리들은 1학년으로 한다.

(2) 재량활동은 교과 재량활동과 창의적 재량활동으로 한다.

(3) 특별활동은 자치활동, 적응활동, 계발활동, 봉사활동, 행사활동으로 한다.

다) 고등학교 선택 중심 교육과정은 교과와 특별활동으로 편성한다.

가) 교과는 보통 교과와 전문 교과로 한다.

① 보통 교과는 국어, 도덕, 사회, 수학, 과학, 기술 · 가정, 체육, 음악, 미술, 외국어와 한문, 교련, 교양 선택 과목으로 한다.

② 전문 교과는 농업, 공업, 상업, 수산 · 해운, 가사 · 실업, 과학, 체육, 예술, 외국어, 국제에 관한 교과로 한다.

나) 특별활동은 자치활동, 적응활동, 계발활동, 봉사활동, 행사활동으로 한다.

2) 시간(단위) 배당 교육부 고시 제 1997-15 기준

각 과정별 시간 배당 기준을 국민 공통 기본 교육과정과 고등학교 선택 중심 교육과정 별로 나타내면 아래 표와 같다.

〈국민 공통 기본 교육과정〉

7차 교육과정의 국민 공통 기본 교육과정의 편제와 시수는 다음 <표4-7>과 같다.

〈표 4-7〉 국민 공통 기본 교육과정

<table>
<tr><th colspan="2" rowspan="2">학교
학년
구분</th><th colspan="6">초등학교</th><th colspan="3">중학교</th><th>고등학교</th></tr>
<tr><th>1</th><th>2</th><th>3</th><th>4</th><th>5</th><th>6</th><th>7</th><th>8</th><th>9</th><th>10</th></tr>
<tr><td rowspan="10">교
과</td><td>국어</td><td colspan="2" rowspan="2">국어
210 238</td><td>238</td><td>204</td><td>204</td><td>204</td><td>170</td><td>136</td><td>136</td><td>136(8)</td></tr>
<tr><td>도덕</td><td>34</td><td>34</td><td>34</td><td>34</td><td>68</td><td>68</td><td>34</td><td>34(2)</td></tr>
<tr><td>사회</td><td colspan="2" rowspan="2">수학
120 136</td><td>102</td><td>102</td><td>102</td><td>102</td><td>102</td><td>102</td><td>136</td><td>170(10)
(국사68(4))</td></tr>
<tr><td>수학</td><td>136</td><td>136</td><td>136</td><td>136</td><td>136</td><td>136</td><td>102</td><td>136(8)</td></tr>
<tr><td>과학</td><td colspan="2">바른 생활
60 68</td><td>102</td><td>102</td><td>102</td><td>102</td><td>102</td><td>136</td><td>136</td><td>102(6)</td></tr>
<tr><td>실과</td><td colspan="2" rowspan="2">슬기로운
생활
90 102</td><td>·</td><td>·</td><td>68</td><td>68</td><td>68</td><td colspan="2">기술 · 가정
102 102</td><td>102(6)</td></tr>
<tr><td>체육</td><td>102</td><td>102</td><td>102</td><td>102</td><td>102</td><td>102</td><td>68</td><td>68(4)</td></tr>
<tr><td>음악</td><td colspan="2" rowspan="2">즐거운
생활
180 204</td><td>68</td><td>68</td><td>68</td><td>68</td><td>68</td><td>34</td><td>34</td><td>34(2)</td></tr>
<tr><td>미술</td><td>68</td><td>68</td><td>68</td><td>68</td><td>34</td><td>34</td><td>68</td><td>34(2)</td></tr>
<tr><td>외국어
영어</td><td colspan="2">우리들은
1학년
80</td><td>34</td><td>34</td><td>68</td><td>68</td><td>102</td><td>102</td><td>136</td><td>136(8)</td></tr>
<tr><td colspan="2">재량활동</td><td>60</td><td>68</td><td>68</td><td>68</td><td>68</td><td>68</td><td>136</td><td>136</td><td>136</td><td>204(12)</td></tr>
<tr><td colspan="2">특별활동</td><td>30</td><td>34</td><td>34</td><td>68</td><td>68</td><td>68</td><td>68</td><td>68</td><td>68</td><td>68(4)</td></tr>
<tr><td colspan="2">연간 수업
시간 수</td><td>830</td><td>850</td><td>986</td><td>986</td><td>1,088</td><td>1,088</td><td>1,156</td><td>1,156</td><td>1,156</td><td>1,224(72)</td></tr>
</table>

가) 이 표의 국민 공통 기본 교육 기간에 제시된 시간 수는 34주를 기준으로 한 연간 최소 수업 시간 수이다.

나) 1학년 교과, 재량활동, 특별활동에 배당된 시간 수는 30주를 기준

다) 1시간의 수업은 초등학교 40분, 중학교 45분, 고등학교 50분을 원칙

라) 11, 12학년의 특별활동과 연간 수업 시간 수에 제시된 숫자는 2년 동안 이수하여야 할 단위 수이다.

〈고등학교 선택 중심 교육과정〉

제7차 고등학교 교육과정은 보통 교과와 전문 교과로 구분하며 보통 교과는 국민 공통 기본 교과와 선택 과목으로 구분된다.

〈표 4-8〉 보통 교과

<table>
<tr><th colspan="2" rowspan="2">구 분</th><th rowspan="2">국민 공통
기본 교과</th><th colspan="2">선 택 과 목</th></tr>
<tr><th>일반 선택 과목</th><th>심화 선택 과목</th></tr>
<tr><td rowspan="8">교
과</td><td>국어
도덕</td><td>국어(8)
도덕(2)</td><td rowspan="2">국어 생활(4)
시민 윤리(4)
인간 사회와 환경(4)</td><td rowspan="2">화법(4),독서(8),작문(8),문법(4),문학(8) 윤리와 사상(4), 전통 윤리(4), 한국 지리(8), 세계 지리(8), 경제 지리(6), 한국 근·현대사(8), 세계사(8), 법과 사회(6), 정치(8), 경제(6), 사회·문화(8)</td></tr>
<tr><td>사회</td><td>사회(10)
국사(4)</td></tr>
<tr><td>수학
과학
기술
가정</td><td>수학(8)
과학(6)
기술
가정(6)</td><td>실용 수학(4)
생활과 과학(4)
정보 사회와 컴퓨터(4)</td><td>수학 Ⅰ(8), 수학 Ⅱ(8), 미분과 적분(4) 확률과 통계(4), 이산 수학(4) 물리Ⅰ(4), 화학Ⅰ(4), 생물Ⅰ(4), 지구과학 Ⅰ(4) 물리Ⅱ(6), 화학Ⅱ(6), 생물Ⅱ(6), 지구과학Ⅱ(6) 농업 과학(6), 공업 기술(6), 기업 경영(6) 해양 과학(6), 가정 과학(6)</td></tr>
<tr><td>체육
음악
미술</td><td>체육(4)
음악(2)
미술(2)</td><td>체육과 건강(4)
음악과 생활(4)
미술과 생활(4)</td><td>체육 이론(4), 체육 실기(4 이상)*
음악 이론(4), 음악 실기(4 이상)*
미술 이론(4), 미술 실기(4 이상)*</td></tr>
<tr><td rowspan="2">외국어</td><td>영어(8)</td><td>·</td><td>영어 Ⅰ(8), 영어 Ⅱ(8), 영어 회화(8) 영어 독해(8), 영어 작문(8)</td></tr>
<tr><td>·</td><td>독일어Ⅰ(6), 프랑스어 Ⅰ(6)
스페인어 Ⅰ(6), 중국어 Ⅰ(6)
일본어 Ⅰ(6), 러시아어 Ⅰ(6)
아랍어 Ⅰ(6)</td><td>독일어 Ⅱ(6), 프랑스어 Ⅱ(6)
스페인어 Ⅱ(6), 중국어 Ⅱ(6)
일본어 Ⅱ(6), 러시아어 Ⅱ(6)
아랍어 Ⅱ(6)</td></tr>
<tr><td>한문
교련
교양</td><td>·</td><td>한문(6), 교련(6), 철학(4), 논리학(4), 심리학(4), 교육학(4), 생활 경제(4), 종교(4), 생태와 환경(4),
진로와 직업(4), 기타(4)</td><td>한문 고전(6)</td></tr>
<tr><td>이수
단위</td><td>(56)</td><td>24 이상</td><td>112 이하</td></tr>
<tr><td colspan="2">재량활동</td><td>(12)</td><td colspan="2">·</td></tr>
<tr><td colspan="2">특별활동</td><td>(4)</td><td colspan="2">8</td></tr>
<tr><td colspan="3">총 이수 단위</td><td colspan="2">144</td></tr>
</table>

〈제7차 교육과정 개정안 시간 배당 기준〉

〈국민 공통 기본 교육과정의 편제와 시간 배당 기준〉

〈표 4-9〉 1~10학년 국민 공통 기본 교육과정의 편제 및 시간 배당 기준

구분 \ 학교급 / 학년		초등학교 1	초등학교 2	초등학교 3	초등학교 4	초등학교 5	초등학교 6	중학교 7	중학교 8	중학교 9	고등학교 10
교과	국어	국어 210	국어 238	238	204	204	204	170	136	136	136(8)
	도덕			34	34	34	34	68	68	34	34(2)
	사회 (사회)			102	102	102	102	102	·	68	102(6)
	사회 (역사)								102	68	102(6)
	수학	수학 120	수학 136	136	136	136	136	136	136	102	136(8)
	과학			102	102	102	102	102	136	136	136(8)
	실과 (기술·가정)	바른 생활 60	바른 생활 68			68	68	68	102	102	102(6)
	체육	슬기로운 생활 90	슬기로운 생활 120	102	102	102	102	102	102	68	68(4)
	음악			68	68	68	68	68	34	34	34(2)
	미술	즐거운 생활 180	즐거운 생활 204	68	68	68	68	34	34	68	34(2)
	외국어 (영어)	우리들은 1학년 80		34	34	68	68	102	102	136	136(8)
재량활동		60	68	68	68	68	68	102	102	102	102(6)
특별활동		30	34	34	68	68	68	68	68	68	68(4)
재량활동/특활 소계		90	102	102	136	136	136	170	170	170	170
연간 최소수업 시수		830	850	952	952	1,054	1,054	1,122	1,122	1,122	1,190(70)

〈일반계 고등학교의 선택 중심 교육과정〉

〈표 4-10〉 일반계 고등학교 11, 12학년 선택 과목의 편제와 단위 배당 기준

과목군		11, 12학년 선택 과목
인문 사회	국어 도덕 사회	화법(6), 독서(6), 작문(6), 문법(6), 문학(6), 매체 언어(6) 현대 생활과 윤리(6), 윤리와 사상(6), 전통 윤리(6) 한국 지리(6), 세계 지리(6), 경제 지리(6), 한국 문화사(6), 세계 역사의 이해(6), 동아시아(6), 법과 사회(6), 정치6), 경제(6), 사회·문화(6)
자연 공학	수학 과학 기술 · 가정	수학의 활용(6), 수학I(6), 미적분과 통계 기본(6), 수학II(6), 적분과 통계(6), 기하와 벡터(6) 물리I(6), 화학I(6), 생명 과학I(6), 지구과학I(6) 물리II(6), 화학II(6), 생명과학II(6), 지구과학II(6) 농업 생명 과학(6), 공학 기술(6), 가정 과학(6), 창업과 경영(6), 해양 과학(6), 정보(6)
체육 예술	체육	운동과 건강 생활(4), 스포츠 문화(4), 스포츠 과학(6)
	음악 미술	음악 실기(4), 음악과 사회(4), 음악의 이해(6) 미술과 삶(4), 미술 감상(4), 미술의 창작(6)
외국어	영어	영어I(6), 영어II(6), 실용 영어 회화(6), 심화 영어 회화(6) 영어 독해와 작문(6), 심화 영어 독해와 작문(6)
	제2외국어	독일어I(6), 독일어II(6), 프랑스어I(6), 프랑스어II(6), 스페인어I(6), 스페인어II(6), 중국어I(6), 중국어II(6), 일본어I(6), 일본어II(6), 러시아어I(6), 러시아어II(6), 아랍어I(6), 아랍어II(6)
한문 교양	한문 교양	한문I(6), 한문II(6) 생활과 철학(4), 생활과 논리(4), 생활과 심리(4), 생활과 교육(4), 생활과 종교(4) 생활 경제(4), 안전과 건강(4), 환경(4), 진로와 직업(4)
선택 과목 이수 단위		(132)
특별활동 이수 단위		8
소계		140

가. 일반계 고등학교 11, 12학년 교육과정에서 선택 과목의 편제와 단위 배당 기준은 <표 4-10>과 같다.

나. 보통 교과의 선택 과목 체제는 <표 4-10>에서와 같이 인문 · 사회 과목군(국어, 도덕, 사회), 자연 · 공학 과목군(수학, 과학, 기술 · 가정), 체육 · 예술 과목군(체육, 음악, 미술), 외국어 과목군, 한문 · 교양 과목군의 5개 과목군으로 구성한다.

다. 10학년까지의 국민 공통 기본 교육과정 이수와 11, 12학년 선택 중심 교육과정 이수를 연계하고 학습 경험의 균형을 추구하기 위하여 학생

은 제시된 과목군별로 최소 1과목을 이수하며, 외국어 과목군에서는 제2외국어 과목을 최소 1과목을 이수하도록 한다. 단 학생이 이수하고자 하는 과정과 관련된 과목군의 경우에는 이수를 면제할 수도 있다.

라. 시 · 도 교육청과 단위 학교는 필요시 선택 과목을 지정하여 학생들로 하여금 이수하도록 할 수 있다.

마. 보통 교과의 선택 과목은 기준 단위를 2단위까지 증감 운영할 수 있다. 다만, 기준 단위가 4단위인 과목은 증배 운영만 가능하다.

바. 단위 학교는 필요시 시 · 도 교육감의 승인 하에 11, 12학년에서 이수해야 할 총 교과 이수 단위의 10% 범위 내에서 증배 운영할 수 있다.

사. 선택 과목 개설의 융통성을 제고하기 위하여 단위 학교는 시 · 도교육감의 승인 하에 11, 12학년에서 이수해야 할 총 교과 이수 단위의 10% 범위 내에서 <표 4-10>에 제시된 선택 과목 이외의 과목, 예컨대 전문 교과, 지역사회 학습장 개설 과목, 학교 자체 개설 과목도 개설할 수 있다.

아. 11, 12학년의 선택 중심 교육과정에서는 학생의 진로와 적성, 소질 계발을 위해 다음과 같은 방식으로 과정을 운영할 수 있으며, 자세한 사항은 해당 시 · 도 교육청의 교육과정 편성 · 운영 지침을 따른다.

1) 학교는 과목군 또는 교과를 근간으로 과정을 운영하되, 학교와 학생의 필요에 따라 보다 세분된 과정을 운영할 수도 있다.

2) 학교는 체육 과정, 음악 과정, 미술 과정, 직업 과정 등 소수 학생이 이수하는 과정도 가급적 개설할 수 있도록 노력하며, 이를 위하여 시 · 도교육청에서는 학교간 협력 운영, 타 학교에서의 과목 이수, 교육감이나 학교장이 인정하는 '지역 사회의 학습장'의 활용 등 다양한 방법으로 지원하도록 한다.

3) 과정 선택에 따른 관련 교과 학습의 집중도를 높이기 위하여 학생은 과정과 관련된 선택 과목(영어 포함)을 최소 64단위 이상 이수하도록 한다. 단 체육 과정이나 음악 과정, 미술 과정, 직업 과정 등의 경우에는 각 과정과 관련된 교과의 선택 과목은 최소 32단위 이상 이수하도록 한다.

4) 과정과 관련된 선택 과목의 집중 이수 방안은 다음과 같다. 인문 ·

사회과정은 국어과의 선택 과목에서 택 4, 도덕과와 사회과의 선택 과목에서 택 4~5, 영어과의 선택 과목에서 택 2를 한다. 자연・공학 과정은 수학과의 선택 과목에서 택 4, 과학과의 선택 과목에서 택 4~5, 영어과의 선택 과목에서 택 2를 한다. 체육 과정, 음악 과정, 미술 과정, 직업 과정 등에서는 각 과정과 관련된 교과의 선택 과목을 택 4~5, 영어과의 선택 과목에서 택 2하도록 한다.

〈일반계 고등학교의 전문 교육과정〉

〈표 4-11〉 전문 교과

교 과	과 목			기준 학과
과학에 관한 교과	물리 실험 과학사 고급 수학 고급 지구 과학 현대 과학과 기술 기타	화학 실험 전자 과학 고급 물리 과제 연구 I 원서 강독	생물 실험 컴퓨터과학 I 고급 생물 환경 과학 과학 철학	
이수 단위	82~			

① 전문 교육을 주로 하는 고등학교에서는 위 표에서 필요한 전문 과목을 82단위 이상 이수한다.

② 전문 교육을 주로 하는 고등학교에서는 다음 과목을 필수로 이수한다.

㉮ 농업 계열 : 농업 이해, 농업 기초 기술, 농업 정보 관리

㉯ 공업 계열 : 공업 입문, 기초 제도, 정보 기술 기초

㉰ 상업 계열 : 상업 경제, 회계 원리, 컴퓨터 일반

㉱ 수산・해운 계열 : 해양 일반, 수산・해운 정보 처리, 수산 일반(수산 계열)

㉲ 가사・실업 계열 : 인간 발달, 컴퓨터 일반

㉳ 외국어 계열 : 각 학과 해당 외국어 과목 I 및 청해

㉴ 국제 계열 : 영어 강독, 지역 이해, 한국의 전통 문화

③ 전문 교과의 각 과목에 대한 이수 단위는 시・도 교육감이 정하되, 외국어와 국제에 관한 교과의 각 과목별 이수 단위는 8단위 이하로 배당한다.

④ 국제계열 고등학교에서 이수하는 외국어 과목은 외국어에 관한 교과의 과목에서 선택하여 이수한다.

다. 교육과정 편성 · 운영 지침

1) 국민 공통 기본 교육과정

1학년부터 10학년까지의 10년 동안 국민 공통 기본 교육과정을 편성, 운영한다.

가) 국민 공통 기본 교육과정의 시간 배당 기준에 배당된 각 학년별 교과, 재량활동, 특별활동의 수업 시간 수는 이 기간 동안에 모든 학생들이 필수적으로 이수해야 할 연간 기준 수업 시간 수이다.

나) 국민 공통 기본 교과 중 다음의 교과는 수준별 교육과정을 편성, 운영한다.

① 수학 교과는 1학년부터 10학년까지 10 단계, 영어 교과는 7학년부터 10학년 까지 4단계를 두고, 각 단계별로 학기를 단위로 하는 2개의 하위 단계를 설정하여 단계형 수준별 교육과정을 운영한다.

② 국어 교과는 1학년부터 10학년까지, 사회와 과학 교과는 3학년부터 10학년까지, 영어 교과는 3학년부터 6학년까지 심화 · 보충형 수준별 교육과정을 운영한다.

다) 재량활동에서 교과 재량활동은 중등학교의 선택 과목 학습과 국민 공통 기본 교과의 심화 · 보충 학습을 위한 것이며, 창의적 재량활동은 학교의 독특한 교육적 필요, 학생의 요구 등에 따른 범교과 학습과 자기 주도적 학습을 위한 것이다.

① 초등학교의 재량활동은 학교의 실정에 따라 융통성 있게 배정할 수 있으나, 교과의 심화 · 보충 학습보다는 학생의 자기 주도적 학습 능력을 촉진시키기 위한 창의적 재량활동에 중점을 둔다.

② 중학교의 교과 재량활동의 연간 수업 시간 수는 102시간 이상이며, 한문, 컴퓨터, 환경, 생활 외국어(독일어, 프랑스어, 스페인어, 중국어, 일본어, 러시아어, 아랍어), 기타의 선택 과목 학습 시간에 우선

배정하고, 나머지 시간은 국민 공통 기본 교과의 심화·보충 학습 시간으로 활용한다. 창의적 재량활동에는 연간 35시간 이상을 배정한다.

③ 고등 학교 1학년의 교과 재량활동 연간 이수 단위 수는 10단위이며, 국민 공통 기본 교과의 심화·보충 학습에 4~6단위, 선택 중심 교육과정의 선택 과목에 4~6단위를 배정한다. 다만, 실업계 고등학교의 교과 재량활동은 전문 교과로 대체하여 이수할 수 있다. 창의적 재량활동에는 2단위를 배정한다.

라) 특별활동은 다음과 같이 편성, 운영하다.

① 특별활동에 배당된 시간(단위) 수는 학생의 욕구와 지역 및 학교의 특성을 고려하여 학교 재량으로 배정하되, 영역 간의 균형이 유지될 수 있도록 유의한다.

② 시간(단위)수가 배정되지 않은 활동에는 학교의 실정에 따라 별도의 시간을 확보한다.

③ 특별활동은 학교의 필요에 따라 시간(단위) 배당 기준보다 더 많은 시간을 확보하여 운영할 수 있으며, 다양한 방식으로 시간 운영을 통합하거나 분할하여 융통성 있게 할 수 있다.

2) 고등 학교 선택 중심 교육과정

11, 12학년의 2년 동안에는 선택 중심 교육과정을 편성, 운영한다.

가) 선택 중심 교육과정의 총 이수 단위는 144단위로, 선택 과목에 136 단위, 특별활동에 8단위로 나누어 편성한다.

나) 일반계 고등학교의 교과 편성

① 보통 교과의 선택 과목은 일반 선택 과목과 심화 선택 과목으로 구분한다.

② 일반 선택 과목은 교양 증진 및 실생활과 연관된 과목이며, 심화 선택은 과목은 학생의 진로, 적성과 소질을 계발하는 데 도움이 되는 과목이다.

③ 일반 선택 과목은 학생들의 균형적인 이수를 위하여 ① 인문·사

회 과목군 (국어, 도덕, 사회), ② 과학 · 기술 과목군(수학, 과학, 기술 · 가정), ③ 예 · 체능 과목군(체육, 음악, 미술), ④ 외국어 과목군(외국어), ⑤ 교양 과목군(한문, 교련, 교양) 으로 나눈다. 모든 학생은 교양 과목군에서는 2개 과목 이상, ①~④ 과목군에서는 각각 1과목 이상을 이수한다. 다만, 자신의 진로와 관련하여 집중 이수하고자 하는 심화 선택 과목군의 일반 선택 과목은 이수하지 않을 수도 있다.

④ 심화 선택 과목 중 과목명에 Ⅱ가 있는 과목을 선택하기 위해서는 Ⅰ을 먼저 이수해야 하나, 학교의 실정, 학생의 요구, 교과목의 성격에 따라 이수를 면제하거나 대체할 수 있다.

⑤ 선택 과목에 136단위 중에서 시 · 도 교육청, 단위 학교는 각각 28단위 이상 지정할 수 있다. 학생의 선택 비율은 최대 50 %까지 하되, 지역이나 학교의 실정에 따라 가능한 학교부터 점진적으로 시행하도록 한다.

⑥ 보통 교과의 선택 과목은 기준 단위를 2단위까지 증감 운영할 수 있다. 다만, 이수 단위가 4단위인 과목은 증배 운영만 가능하다.

⑦ 교양 교과에서 일반 선택 과목의 기타(4)는 관련 전문 교과의 과목 중에서 선택하거나, 새로운 과목을 신설하여 이수할 수 있다.

다) 실업계와 기타계 고등학교의 교과 편성 · 운영

① 국민 공통 기본 교과에 배당된 56단위는 필수적으로 이수하도록 하고, 이를 포함하여 보통 교과를 82단위 이상 이수하도록 한다.

② 선택 과목 중에서 전문 교과의 기초가 되는 과목을 선택하여 이수할 경우, 이를 해당 국민 공통 기본 교과의 이수로 간주할 수 있다.

③ 교원 및 시설 여건과 학생들의 요구를 반영하여 11학년에서도 국민 공통 기본 교과의 일부를 편성할 수 있다.

④ 보통 교과의 선택 과목은 기준 단위를 2~4단위까지 증감 운영할 수 있다.

⑤ 내용이 유사하거나 관련되는 보통 교과의 선택 과목과 전문 교과는 교체하여 편성, 운영할 수 있다.

⑥ 전문 교과는 필요한 경우 다른 계열 전문 과목을 선택하여 편성, 운

영할 수 있다.

⑦ 특성화 고등학교, '2 · 1' 체제를 운영하는 공업 계열 고등학교 등과 같이, 전문 교육의 강화가 요구되는 학교는 시 · 도 교육감의 승인을 받아 보통 교과 및 전문 교과의 총 이수 단위 수를 조정, 운영할 수 있다.

⑧ 학교는 필요에 따라 시 · 도 교육감의 승인을 받아 총 교과 이수 단위를 10 % 범위 내에서 증배 운영할 수 있다.

⑨ 11, 12학년의 특별활동에 배당된 8단위는 지역 및 학교 실정에 따라, 각 영역별 이수 단위를 학교에서 재량으로 편성한다.

4 제7차 과학 및 지구과학 교육과정

가. 과학과 교육과정의 성격과 특성

과학의 교육과정은 정부수립 후 제7차 교육과정 까지 7번 바뀌었다. 이 작업은 교육과정 개정의 필요성과 당위성 및 철학의 바탕 위에 교과 내용면에서 부분적인 수정을 하였다. 이러한 관점에서 본다면 제3차 교육과정과 제7차 교육과정이 가장 큰 변화를 보여 주었다고 생각된다. 제3차 교육과정은 세계적인 과학 교육 개혁 운동의 일환으로 이루어진 것이므로 기본 개념의 이해와 탐구 과정의 강조라는 점이 종전의 교육과정과는 현저한 차이가 있었다.

제7차 교육과정은 기존의 교육 제도를 무시하고 초등학교부터 고등학교 1학년까지 10년간을 하나의 단위로 묶었다는 데 커다란 변화가 있다. 초·중·고 학교급 간을 한 묶음으로 한 것은 우리 교육 사상 커다란 변화이다. 매 교육과정 때마다 어려운 개념을 쉬운 개념으로, 그리고 탐구 과정을 중요시하려고 노력하였다.

다시 말하여 7학년에서는 관찰하고 분류하며 추리하고 가설을 설정하는 탐구 과정 요소를 활용할 수 있고, 또 다른 단원에서는 실험 결과 얻은 자료로부터 자료 해석을 할 수도 있고 예상을 설정할 수도 있다. 국민 공통 기본 교육과정의 '과학'은 3학년부터 10학년 학생을 대상으로 하는 과목이다. 그러므로 '과학'은 국민의 기본적인 과학적 소양을 기르기 위하여 자연을 과학적으로 탐구하는 능력과 과학의 기본 개념을 습득하고, 과학적인 태도를 함양하기 위한 과목이다. 10년간의 국민 공통 기본 교육과정의 '과학'은 종래의 초 · 중 · 고의 학교급별 구분을 없애고 3학년에서 10학년까지 연계성 있는 교육과정으로 구성되어 있다.

제6차 교육과정의 체제하에서 교육과정의 내용, 방법 등 체제상의 가장 큰 비약은 초등학교 6학년에서 중학교 1학년, 그리고 중학교 3학년에서 고등학교 1학년으로의 진급에서 나타난다. 학생의 입장에서 보면, 1년의 차이임에도 불구하고 교육과정은 너무나 급격한 변화를 보이기 때문에 적응에 상당한 어려움이 있어 왔다. 이러한 점을 감안하여, 제7차 교육과정에서는 학교급 간의 이동에 있어서 비약을 완화시키고 연속적인 변화를 주는 데 주안점을 두고 있다. 따라서 제7차 교육과정에서는 초 · 중 · 고의 구분을 없애는 대신에 다음과 같이 3단계로 구분하였다.

〈표 4-12〉 7차 교육과정 학년별 구분

	3~5 학년	6~7 학년	8~10 학년
단원의 성격	현상 중심	현상 및 개념 중심	개념 중심
단원의 크기	6차시/단원	8차시/단원	17차시/단원
단원의 수	16	12	8(6)
주당수업시수	3시간	3시간	4시간(3시간)

*( )는 10학년에 해당함.

이러한 구분은 지금과 같이 초등학교 6학년과 7학년인 중학교 1학년 사이의 간극을 줄이는 데 기여할 것이며, 내용이 현상 중심 및 활동 중심에서 개념 중심으로의 점진적인 이행이 이루어질 수 있도록 하는 데 그 목적이 있다. 또, 고등학교 1학년 과정은 중학교 과정에서 배운 내용을 토대로 또는 그 연장선상에서 학습할 수 있도록 하고 있다. 즉, 갑작스런 개념의 증폭이 없도록 하고 그 완충 역할을 할 수 있도록 6학년과 7학년의 격차를 최소화한다.

제7차 교육과정의 국민 공통 기본 교육과정의 '과학'에서는 학생들의 인지 발달 수준에 따라 저학년은 단원명을 현상 중심 및 활동 중심으로 하고 단원 수를 많게 하였다. 그리고 고학년으로 올라갈수록 단원명을 개념 중심으로 하고, 단원의 수를 줄임으로써 개념의 체계를 학습할 수 있게 하였다. 다시 말하면, '과학'의 학습은 저학년에서는 자연 현상을 관찰하는 활동과 자연에 대한 체험을 넓히는 활동을 통하여 자연에 친숙하게 하고, 학년이 올라감에 따라 점차적으로 과학의 개념 학습에 치중하도록 한다. 또, 환경과 일상생활 문제를 학습의 소재로 활용하고, 탐구 활동을 통하여 생활 주변에서 일어나는 문제를 스스로 발견하고 해결하려는 태도를 기르도록 한다.

심화 · 보충 과정의 학습은 학생의 능력과 요구에 의해 선택적인 활동 중심으로 실시하며, 학생 개개인의 자기 주도적인 학습 능력을 향상시키고, 과학적인 재능을 발현할 수 있는 기회를 제공하도록 하고 있다. 제 7차 교육과정은 크게 지식과 탐구로 구분하였다. 지식에는 에너지, 물질, 생명, 지구의 네 분야를 설정하고, 3학년에서 10학년에 이르기까지 연계성이 있도록 구성하였다.

탐구는 탐구 과정과 탐구 활동으로 구분하였으며, 탐구 과정은 다시 관찰, 분류, 측정, 추리, 예상 등 기초 탐구와 문제 발견, 가설 설정, 자료 변환, 자료 해석, 변인 조절, 결론 도출, 일반화 등 통합 탐구로 구분하였다. 그리고 토의, 조사, 발표, 견학 등은 탐구 활동으로 구분하고, 학년에 증가함에 따라 심화 발전하도록 구성하였다.

지식과 탐구에서 분야를 세분화하여 설정한 것은 전 과정에 걸쳐서 중요한 요소가 누락됨이 없이 내용의 연계성을 유지하도록 하기 위함이다. 따라서 각 분야는 다시 세분화된 영역을 설정하고, 각 분야에서 설정한 영역이 전 과정에 걸쳐서 연계성을 유지하도록 하고 있다. 국민공통 기본교육과정에서 과학과목은 심화 · 보충형 수준별 교육과정을 실시하도록 되어 있는데, 심화 · 보충형 수준별 교육 과정은 기본(공통) 과정을 중심으로 운영하되, 심화 과정과 보충 과정도 함께 운영하도록 하고 있다,

필요한 경우에는 별도의 시간을 확보하여 보충 과정과 심화 과정을 지도할 수 있도록 하였다. 자기 주도적인 개별화 학습이 가능하도록 심화 과정과 보충 과정을 편성하되 심화 · 보충 과정은 중학교에서는 학교의 실정에 따라 다양하게 편성하도록 되어 있다.

중학교 2, 3학년 과정은 개념 중심으로 내용을 다루며, 각 학년에서 에너

지, 물질, 생명, 지구 각 영역에서 2개씩 총 8개의 단원을 다루고 있으며, 각 주제에 할당된 시간은 17시간이다. 또, 중학교 1학년부터는 각 단원에 심화 학습을 할 수 있는 소재 또는 주제를 제시하여 학생들의 학습의 폭 또는 깊이를 더할 수 있도록 구성되어 있다. 중학교 1학년은 교육과정에 제시된 시간은 단원별로 8~9시간이므로 7시간은 기본(공통) 과정을 운영하고 1~2시간을 심화·보충 시간으로 운영하도록 하고 있다. 중학교 2학년과 3학년은 단원별로 17시간이 배당되어 기본 과정에 13~15시간, 심화·보충 과정에 2~4시간을 배당하여 활용하도록 하고 있다.

기본적으로 건전한 민주 시민을 키우기 위한 제도상의 변화가 국민 공통 기본 교육과정의 체제의 도입이다. 이 체제하에서 고등학교 1학년까지 공통 필수 과목 이수를 중심으로 운영하고 고등학교 2, 3학년에서 다양한 선택 과목을 이수하여 전공 선택의 기회를 폭넓게 해 준 것이 큰 변화이다. 이러한 욕구를 충족시켜 주기 위하여 국민 공통 기본 교육과정에서 심화보충형 교육과정을 도입하였으며, 심화 과정을 통하여 좀더 수월한 학생의 욕구를 충족하여 줄뿐만 아니라 보충 과정을 통하여 지진한 학생들의 부족한 학습을 보충하여 줄 기회도 가지게 된다. 그리하여 현재와 같이 교실 현장에서 과목마다 학습 격차가 있는 학생들의 학습 수준을 고르게 해 줄 기회를 가지도록 한다.

〈표 4-13〉 학년에 따른 탐구 유형의 심화 발전

탐구		학년 / 탐구 요소	3~5	6~7	8~10
탐구 과정	기초 탐구	관찰, 분류, 측정, 예상, 추리 등	○ ○ ○	○ ○ ○	○ ○ ○
	통합 탐구	문제 인식, 가설 설정, 변인 통제, 자료 변환, 자료 해석, 결론 도출, 일반화 등	○	○ ○	○ ○ ○
탐구 활동		토의, 실험, 조사, 견학, 과제 연구 등	○ ○ ○	○ ○ ○	○ ○ ○

*○: 학습 활동시 활용 빈도

제6차 교육과정은 인간 중심 교육과정과 STS와 SATIS의 영향을 받은 통합 교육과정이다. 제7차 교육과정에서도 제6차 교육과정의 기본 방향을 그대로 받아들이고 있다. 이러한 측면에서 특히 제7차 교육과정의 국민 공통 기본

교육과정인 '과학'에서는 과학 · 기술 · 사회의 관련성을 강조하고 있다. 과학을 생활 속에서 찾고 사회 속에 과학을 연관 짓고 기술 속에 과학이 내재되어 있다는 것을 강조하는 것은 의미 있는 일이다. 그렇게 함으로써 과학이 과학자들만의 전유물이 아니고 우리도 할 수 있으며 어려운 내용이 아니고 우리가 쉽게 해결할 수 있는 주변의 일이라는 것을 알게 된다. 어렵고 힘들고 남의 일만 같이 느끼는 과학을 우리 곁에 있고 재미있으며, 나도 할 수 있다는 자신감을 가지도록 하는 것은 STS적인 도입이 시도하는 커다란 과제이다.

나. 제7차 교육과정-과학(필수)

국민 공통기본 교육과정의 3-10학년'과학'교육과정의 주요 내용을 요약하면 다음과 같다.

1) 성격

국민 공통 기본 교육과정의 '과학'은 3학년부터 10학년까지 모든 학생들이 학습하는 필수교과로서 과학의 기본 개념을 이해하고 과학적 탐구 능력과 태도를 함양하여 일상생활의 문제를 창의적이고 합리적으로 해결하는 데 필요한 과학적 소양을 기르기 위한 교과이다.

'과학'은 초등학교 1, 2학년의 슬기로운 생활과 고등학교 2, 3학년의 물리 I, 화학 I, 생물 I, 지구과학 I, 물리 II, 화학 II, 생물 II, 지구과학 II 과목과 긴밀한 연계를 가지도록 구성한다.

'과학'의 내용은 운동과 에너지, 물질, 생명, 지구와 우주 영역으로 구성하되, 기본 개념과 탐구 과정이 학년과 영역 간에 연계되도록 한다. 또한 학생들의 과학에 대한 흥미를 제공하고 창의력을 신장시킬 수 있도록 학생 스스로 관심 있는 주제를 선정하여 탐구할 수 있는 '자유 탐구'를 포함하여 구성한다.

'과학'에서는 학생 수준에 따라 관찰, 실험, 조사, 토론 등 다양한 탐구 활동 중심의 학습이 이루어지도록 한다. 그리고 개별 활동뿐만 아니라 모둠 활동을 통해 비판성, 개방성, 정직성, 객관성, 협동성 등 과학적 태도와 의사소통 능력을 기르도록 한다. 또한 단편적인 지식의 획득보다는 기본 개념의 통합적인 이해를 토대로 일상생활의 문제를 과학적으로 해결하는 능력을 함양하도록 한다.

'과학'의 주요 개념은 학습자의 경험과 밀접한 관련이 있는 상황에서 지도하고, 학습한 지식과 탐구방법을 일상생활이나 사회문제 해결에 적용할 수 있는 기회를 제공함으로써 과학의 가치뿐 아니라 과학, 기술, 사회의 상호 관계를 인식할 수 있도록 한다.

2) 목표

자연 현상과 사물에 대하여 흥미와 호기심을 가지고 탐구하여, 과학의 기본 개념을 이해하고 과학적 사고력과 창의적 문제 해결력을 길러, 일상생활의 문제를 창의적이고 과학적으로 해결하는 데 필요한 과학적 소양을 기른다.

가) 과학의 기본개념을 이해하고, 자연탐구와 일상생활 문제 해결에 이를 적용한다.
나) 자연을 과학적으로 탐구하는 탐구 능력을 기르고, 일상생활에 겪는 문제해결에 이를 활용한다.
다) 자연 현상과 과학 학습에 대한 흥미와 호기심을 기르고, 일상생활의 문제를 과학적으로 해결하려는 태도를 함양한다.
라) 과학, 기술, 사회의 상호 관계를 인식한다.

3) 초 중 고등학교 과학과 및 지구과학 교육과정 편제

해방이후 고등학교 과학과 과목 편제 및 단위수의 변천 사항을 간단히 요약하여 표로 정리하면 <표 4-14>와 같다.

<표 4-14>에서 알 수 있는 바와 같이 고등학교 과학과목은 선택과 필수가 반복되어왔고, 이제는 10학년의 과학만이 필수이고, 다른 과목들은 학습자의 선택에 의하여 학습할 수 있도록 교육과정이 개정되었다. 그리고 현행의 7차 교육과정에 대한 2007년도 개정안은 '과학'을 4단위에서 8단위로, 지구과학 Ⅰ 4단위, Ⅱ 8단위에서 Ⅰ과 Ⅱ 둘다 6단위로 개편하기로 하였다. 7차 과학과 교육과정의 초 · 중 · 고등학교에서의 과학의 편제는 <표 4-15>와 같다.

〈표 4-14〉 고등학교 과학과 편제와 단위수의 변천

<table>
<tr><th rowspan="2">교과명</th><th colspan="2">제1차</th><th colspan="2">제2차</th><th colspan="2">제3차</th><th colspan="2">제4차</th><th colspan="2">제5차</th><th colspan="2">제6차</th><th colspan="2">제7차</th><th colspan="2">7차 개정</th></tr>
<tr><th>편제</th><th>단위</th><th>편제</th><th>단위</th><th>편제</th><th>단위</th><th>편제</th><th>단위</th><th>편제</th><th>단위</th><th>편제</th><th>단위</th><th>편제</th><th>단위</th><th>편제</th><th>단위</th></tr>
<tr><td>물리</td><td rowspan="4">택2</td><td>8</td><td>Ⅰ문
Ⅱ자</td><td>6
12</td><td rowspan="4">문: 택2
자: 전부 이수</td><td>8-10</td><td>Ⅰ공
Ⅱ자</td><td>4-6
4</td><td rowspan="4">과학Ⅰ, 과학Ⅱ, 물리, 화학, 생물, 지구과학</td><td rowspan="4">10(공통)
8(인,자)
8자
8자
6택 1자
6택 1자</td><td rowspan="4">공통과학, 물리, 화학, 생물, 지구과학, 각 Ⅰ, Ⅱ</td><td rowspan="4">8
Ⅰ 4
Ⅱ 8</td><td>과학,</td><td>6</td><td>과학,</td><td>8</td></tr>
<tr><td>화학</td><td>8</td><td>Ⅰ문
Ⅱ자</td><td>6
12</td><td>8-10</td><td>Ⅰ공
Ⅱ자</td><td>4-6
4</td><td>생활과 과학,</td><td>4</td><td>생활과 과학,</td><td>4</td></tr>
<tr><td>생물</td><td>8</td><td>Ⅰ문
Ⅱ자</td><td>6
12</td><td>8-10</td><td>Ⅰ공
Ⅱ자</td><td>4-6
4</td><td rowspan="2">물리, 화학, 생물, 지구과학, 각 Ⅰ, Ⅱ</td><td rowspan="2">Ⅰ 4
Ⅱ 6</td><td rowspan="2">물리, 화학, 생물, 지구과학, 각 Ⅰ, Ⅱ</td><td rowspan="2">Ⅰ 6
Ⅱ 6</td></tr>
<tr><td>지구과학</td><td>8</td><td>공통필수</td><td>4</td><td>8-10</td><td>Ⅰ공
Ⅱ자</td><td>4-6
4</td></tr>
</table>

〈표 4-15〉 과학과 편제(개정)

학교급	초등학교				중학교*			고등학교*		
학년	3	4	5	6	7	8	9	10	11	12
시간(단위)	3	3	3	3	3	4	4	8	물리 I(6) 화학 I(6) 생물 I(6) 지구과학 I(6)	물리 II(6) 화학 II(6) 생물 II(6) 지구과학 II(6)

4) 3-10학년 과학과 교육과정의 내용체계

〈표 4-16〉 과학과 내용 체계

영역＼학년	3	4	5	6	7	8	9	10
운동과 에너지	• 자석의 성질 • 빛의 직진	• 무게 • 열전달	• 물체의 속력 • 전기 회로	• 빛 • 에너지 • 자기장	• 힘과 운동 • 정전기	• 열에너지 • 빛과 파동	• 일과 에너지 • 전기	• 물체의 운동 • 전기와 자기
물질	• 물체와 물질 • 고체 · 액체 · 기체 • 혼합물 분리	• 물의 상태 변화	• 용해와 용액	• 산과 염기 • 여러 가지 기체 • 연소와 소화	• 물질의 세 가지 상태 • 입자의 운동 • 상태 변화와 에너지	• 물질의 구성 • 우리 주위의 화합물	• 물질의 특성 • 전해질과 이온	• 화학반응에서의 규칙성 • 여러 가지 화학반응

영역＼학년	3	4	5	6	7	8	9	10	
생명	• 동물의 한살이 • 동물의 세계	• 식물의 한살이 • 식물의 세계	• 식물의 구조와 기능 • 작은 생물의 세계 • 우리의 몸	• 생태계와 환경	• 생물의 구성과 다양성 • 식물의 영양	• 소화와 순환 • 호흡과 배설	• 생식과 발생 • 자극과 반응	• 유전과 진화 • 생명 과학과 인간의 미래	• 자연계에서의 에너지
지구와 우주	• 날씨와 우리 생활	• 지층과 화석 • 화산과 지진 • 지표의 변화	• 지구와 달 • 태양계와 별	• 날씨의 변화 • 계절의 변화	• 지각의 물질과 변화 • 지각 변동과 판 구조론	• 태양계 • 별과 우주	• 날씨와 인간 • 해수의 성분과 운동	• 지구계 • 천체의 운동	

다. 제7차 교육과정-지구과학(선택)

제7차 교육과정의 과학과 교과목은 국민공통기본교과인 '과학', 일반선택 과목으로 새로이 시도되는 '생활과 과학', 심화선택과목으로 '물리, 화학, 생물, 지구과학'의 Ⅰ과 Ⅱ로 구성되어 있어 국민공통기본교육과정 이후에는 일반선택과 심화선택을 두어 선택중심으로 교육과정을 운영할 수 있는 것을 그 특징으로 들 수 있다. 제7차 교육과정의 과학과 교과목 학교급별 교과목을 보면 표와 같다.

〈표 4-17〉 제 7차 교육과정의 과학과 교과목

학교급	초등학교	중학교	고등학교		
학 년	3~6	7~9	10	11~12	
과 목	국민공통기본교육과정 '과학'			일반선택	생활과 과학
				심화선택	물리 Ⅰ, Ⅱ, 화학 Ⅰ, Ⅱ, 생물 Ⅰ, Ⅱ, 지구과학 Ⅰ, Ⅱ

1) 10학년 '과학'의 구성

10학년은 '국민공통기본 교육과정의 마지막 학년이며 고등학교'라는 특수한 성격을 갖는다. 또한, 제7차 교육과정의 '공통과학'을 이수하는 학년에 해당한다. 따라서 10학년 과학의 교육과정은 국민공통기본 교육과정의 마지막 학년의 교육과정이라는 의미에서 대단원의 막을 내리면서 어떤 형식으로든지 각 분야별로 전체의 내용을 마무리할 필요가 있다는 점을 고려하여 과학과 교육과정을 개발하였다. 특히, '공통과학'이 강조하는 탐구학습과 환경 친화적인 성격은 새 교육과정의 기본 취지와도 부합되는 것으로써, '공통과학'의 탐구 영역과 환경 영역을 살릴 필요가 있다. 따라서 10학년 과학과 교육과정은 선행되는 학년의 내용 구조인 에너지, 물질, 생명, 지구 등 4개 분야에 '탐구'와 '환경'을 추가하여 교육과정을 구성한다.

2) 선택 과목의 구성

국민공통 기본과정을 마친 11학년부터는 학생들의 희망에 따라 일반 선택 과목과 심화 선택과목을 이수할 수 있다. 일반선택과목은 '생활과 과학'이고 심화선택과목은 물리 I, 화학 I, 생물 I, 지구과학 I, 물리 II, 화학 II, 생물 II, 지구과학 II의 8개 과목이다. 보통 교과의 선택 과목은 기준 단위에서 2단위까지 증감 운영할 수 있으므로 '생활과 과학', 물리 I, 화학 I, 생물 I, 지구과학 I은 6단위까지 증배하여 운영할 수 있고, 물리 II, 화학 II, 생물 II, 지구과학 II는 4단위로 감하여 운영하거나 8단위로 증가시켜 운영할 수 있다. 'II를 선택하기 위해서는 I을 먼저 이수하여야 하나, 학교의 실정, 학생의 요구, 교과목의 성격에 따라 이수를 면제하거나 대체할 수 있다'고 되어 있으므로 이의 적용시 탄력적으로 운영하도록 한다.

3) '생활과 과학'의 성격

생활과 과학은 국민 공통 기본 교육과정의 '과학'을 이수한 학생들이 선택하여 이수하는 일반선택 과목으로서 기준단위는 4단위이다. 이 과목은 생활 속에서 과학적 원리가 이용되는 경우를 제시하여 과학의 유용성 인식, 과학적 생활 영위를 목적으로 하는 교양 과학의 성격을 갖고 있다.

'생활과 과학'은 학생들이 과학에 관심과 흥미를 가질 수 있도록 생활 속에 담긴 과학의 원리와 실생활에 도움을 주는 과학 내용을 중심으로 구성하도록 하였다. 가능하면 실생활과 밀접한 관계를 갖고 있는 소재를 선정하여 일반 시민으로서 과학적 소양을 갖추는데 주안점을 두고 교육과정을 개발하였다.

학습 영역으로는 건강한 생활, 안전한 생활, 쾌적한 생활, 편리한 생활 등 4가지 영역을 선정하였고, 과학이 일상생활과 밀접한 관계가 있음을 깊이 인식하도록 하고 과학을 좋아하지 않는 학생들도 부담 없이 과학에 접할 수 있는 기회를 갖도록 하는데 주안점을 두었다. '생활과 과학'은 과학이 우리 일상생활에 미치는 영향과 과학적 소양을 기르는 것에 주 목적을 두고 개발하였다. 특히 앞으로 이공계에 진학하지 않고 고등학교에서 과학을 학습한 다음 과학 공부를 하지 않는 학생들을 염두에 두고 교육과정을 개발하였다. 따라서 이 과목에서는 과학, 기술 그리고 사회의 관계를 잘 인식할 수 있도록 하는 것이 중요하다고 생각된다.

라. 과목별 내용

1) [고등학교]-[과학]

가) 성격

고등학교 과학과 교육과정은 국민공통기본교육과정의 정신을 살려 국민의 기본적인 과학적 소양을 마무리하도록 교육과정을 개발하였다. 고등학교 1학년은 국민공통기본교육과정의 마지막 과정이므로 그 동안 배운 지식과 탐구 활동을 최종적으로 마무리하고 정리하는 단계이다. 그러므로 과학의 가장 기본적인 개념 즉, 에너지, 물질, 생명, 지구에 초점을 맞추었다. 중학교 과학과 교육과정과는 연계성 있게 교육과정을 개발하였으며, 탐구와 환경을 강조하였다. 에너지, 물질, 생명, 지구의 지식 분야에 탐구와 환경을 포함한 총 6개로 나누고, 에너지 분야는 힘과 에너지, 전기에너지, 파동에너지, 에너지 전환으로, 물질 분야는 전해질과 이온, 산과 염기의 반응, 반응 속도로, 생명 분야는 물질 대사, 자극과 반응, 생식으로, 지구 분야는 지구의 변동, 대기와 해양, 태양계와 은하의 영역으로 나누었다. 탐구와 환경은 별도의 단원으로 구성할 수도 있으나 에너지, 물질, 생명, 지구 분야 학습에 적절하게 포함시켜 지도할 수도 있다. 제7차 교육과정의 과학 10학년은 제6차 교육과정의 공통과학보다 주당 1시간이 축소되었고 심화 · 보충과정을 운영하여야 한다. 따라서 제7차 과학과 교육과정에서는 학습 내용을 종전보다 30% 정도 줄이는 방향으로 조정하였다. 새 과학과 교육과정의 가장 큰 특징은 국민공통기본교육과정에 편입된 점과 심화 · 보충형으로 구성된 점이다. 기본과정은 모든 학생들이 공통적으로 학습해야 할 기본 필수 내용으로 구성하고, 심화 · 보충과정은 기본과정에 근거해서 학생의 능력에 따라 자기 주도적인 학습이 가능하도록 심화과정과 보충과정을 운영하여야 한다. 심화과정은 기본과정에서 성취도가 높은 학생들을 대상으로 하여 추가된 과제학습이나 활동을 통해 기본학습을 심화할 수 있도록 하며 앞으로 학습하게 될 교육과정에 있는 내용은 배제하도록 하였다. 반면에 기본과정의 성취기준에 도달하지 못한 학생의 수준이 매우 다양하여 교육과정에 일괄적인 보충과정을 제시하지는 않기로 하였다. 따라서 교육과정 상에는 기본과정과 심화과정만을 제시하였다. 그러나 교과서를 편찬할 때에는 보충과정을 넣어 개발함으로써 실제 수업에서 충실히 운영할 수 있도록 하고 있다. 심화과정은 분야에 따라 3～4개씩 제시하였다.

각 학교는 국가수준의 교육과정과 시 · 도 교육청의 교육과정 편성 · 운영 지침을 바탕으로 학교 실정에 알맞은 학교 교육과정을 편성, 운영하되 심화 · 보충형 수준별 교육과정의 구체적 운영 방안을 강구하여야 한다. 심화 · 보충형 교육과정은 자기 주도적인 개별화 학습이 가능하도록 심화과정과 보충과정을 편성하여 학생의 능력과 요구에 따라 다양한 선택 활동 중심으로 실시한다. 새 교육과정의 과학과 편제표에 제시된 교과별 연간 수업 시수는 기본(공통) 과정을 중심으로 운영하되, 심화 과정과 보충 과정도 함께 운영하도록 하고 있다. 필요한 경우에는 별도의 시간(교과재량활동, 특별보충과정)을 확보하여 보충 과정과 심화 과정을 지도할 수 있도록 하였다. 심화 · 보충 과정은 학교의 실정에 따라 다양하게 편성하도록 되어 있으나 학급 편성 방법은 수준별 이동반 편성뿐 만 아니라 학급 내 이질집단 편성, 학급 내 수준별 집단 편성 등 매우 다양하므로 어떤 학급 편성이 단위 학습 목표를 달성하는데 가장 효율적이고 교육적인지 계속적인 연구가 필요하다.

학습 활동 측면에서는 종합적인 탐구학습 활동을 강조하였으며, 탐구는 탐구 과정과 탐구 활동으로 구분하였다. 탐구 과정은 다시 관찰, 분류, 측정, 추리, 예상 등의 기초 탐구 과정과 문제 발견, 가설설정, 자료 변환, 자료 해석, 변인 통제, 결론 도출, 일반화 등의 통합 탐구 과정으로 구분하였다. 탐구 활동의 예는 토의, 조사, 발표, 견학 등으로 제시하였다.

나) 목표

국민공통기본교육과정의 마지막 단계에서 달성되어야 할 과학 학습의 최종적인 목표로 과학의 본질적 측면인 기본개념, 탐구 과정, 과학의 호기심 및 과학 학습 동기 유발, 표현력 신장, 탐구 능력 신장, 과학 · 기술 · 사회와의 관계 등 과학적 소양을 설정하여 과학 교과 학습을 통하여 지적, 정의적, 심체적 영역의 조화를 꾀할 수 있도록 하였다.

총괄목표는 고등학교 과학과정을 이수한 후에 학생들이 도달해야 할 종착점이며, 이러한 총괄 목표에 도달하기 위한 과정이 4가지의 항목별 목표이다.

○ **총괄목표**

> 자연 현상과 사물에 대하여 흥미와 · 호기심을 가지고 과학의 지식 체계를 이해하며 탐구방법을 습득하여 올바른 자연관을 가진다.

○ **세부 목표**

과학과의 세부 목표를 인지적 측면, 탐구 과정 측면, 정의적 측면, 과학 · 기술 · 사회와의 관계로 나타내면 다음과 같다.

• **인지적 측면**

> 가. 자연의 탐구를 통하여 과학의 기본개념을 이해하고, 실생활에 이를 적용한다.

고등학교 학생들의 인지 수준은 대부분이 형식적 조작단계에 놓여 있다. 따라서 단원 내용의 조직은 학생의 수준에 따라 구성되어야 하는데, 이를 위해서 구체적인 현상 및 활동 중심의 내용과 개념 중심의 내용이 적절하게 구성되어야 한다. 자연 현상과 사물에 대한 직 · 간접적인 탐구 과정을 다루도록 하되 실생활과 관련시킴으로써, 학생이 이해하고 있는 과학적 원리와 법칙을 일상생활에서 일어나는 생활 문제의 해결에 활용할 수 있는 능력과 과학적으로 해결하려는 태도를 기르는데 그 목적이 있다.

• 탐구 과정 측면

나. 자연을 과학적으로 탐구하는 능력을 기르고, 실생활에 이를 활용한다.

학습 활동이 탐구적으로 이루어지도록 제시하고 있으나, 단원별로 수행해야 할 탐구 요소를 명시하지 않았다. 즉, 제7차 교육과정에서는 단원별로 특정 탐구 활동의 내용을 명시하지 않고 교사가 그 활동에 적절한 탐구 활동을 선정할 수 있도록 열어 놓았다. 또한 탐구 과정의 통합 탐구 수준을 가장 높게 제시하였다. 탐구를 탐구 과정과 탐구 활동으로 구분하고, 탐구 과정을 기초탐구와 통합 탐구로 나누었다. 그리고 탐구 과정은 탐구 활동을 통하여 이루어지도록 하였다.

• 정의적 측면

다. 자연 현상과 과학 학습에 흥미와 호기심을 가지고, 실생활의 문제를 과학적으로 해결하려는 태도를 기른다.

학생들이 받아들일 수 있는 인지 수준에 맞추어 주변 실생활에서 소재 및 주제를 선정하고 내용을 조직함으로써 학생들의 과학에 대한 흥미와 관심을 높이는 데 일차적인 목표를 갖는다. 자신을 둘러싸고 있는 주위 환경에서 발생하는 문제들을 과학적으로 탐구하고 해결하려는 태도를 갖도록 하려면 학생들의 관심과 호기심을 자극할 만한 소재와 내용을 선정하는 것이 중요하다. 문제가 주어졌을 때 그 문제의 해결에 과학적으로 접근하려는 태도를 가지는 것 뿐 만 아니라 이렇게 형성된 과학적 태도를 바탕으로 자연 현상과 사물을 설명하고 문제를 해결하는 능력을 형성하는 것은 중요한 목표이다.

• 과학 · 기술 · 사회와의 관계 측면

라. 과학이 기술의 발달과 사회의 발전에 미치는 영향을 바르게 인식한다.

과학교육사적인 측면에서 본다면 형식주의 교육과정이 오랜 세월동안 지나치게 지식 위주 교육, 형식 위주 교육, 암기 위주 교육을 강조하여 왔다. 이에 대한 반발로 경험주의 교육과정, 흥미 위주 교육과정, 아동 중심 교육과정이 싹트게 되었고, 이에 대한 반발로 학문중심 교육과정이 등장하였다. 학문중심 교육과정은 교육현장에 많은 영향을 미쳤지만, 과학에서 배운 지식이나 기능이 학생의 사회상, 개인적인 관심사, 실제적 적용과 관련되지 않았으므로 학생들이 과학에 관심을 갖도록 동기화시키는데 성공하지 못하였다. 따라서 학문중심 교육과정 위주의 미비점을 보완하고 개인적, 사회・환경적 관심과 과학적 소양을 중시하는 인간중심 교육과정이 나타났다. 이러한 인간중심 교육과정의 바탕 위에 STS를 포함한 것이 통합 교육과정이다. 제7차 교육과정에서는 이러한 기본 방향을 받아들여 '과학'에서는 과학・기술・사회의 상호 관련성을 강조하고 있다.

다) 내용

고등학교 과학의 내용 체계를 표로 나타내면 다음과 같다.

〈표 4-18〉 고등학교 [과학]의 내용체계

<table>
<tr><th>영역</th><th colspan="2">분야</th></tr>
<tr><td rowspan="4">지식</td><td>에너지</td><td rowspan="4">탐구
환경</td></tr>
<tr><td>물질</td></tr>
<tr><td>생명</td></tr>
<tr><td>지구</td></tr>
<tr><td rowspan="2">탐구</td><td>탐구 과정</td><td>・기초탐구 과정-
관찰/분류/측정/추리/예상(5),
・통합탐구 과정-
문제발견/가설설정/자료변환/자료해석/변인통제/결론도출/일반화(7)</td></tr>
<tr><td>탐구 활동</td><td>토의/조사/발표/견학(4)</td></tr>
</table>

2) [고등학교]-[생활과 과학]

가) 성격

제7차 교육과정에서는 '생활과 과학'의 성격을 과목의 목적, 학습 내용, 학습 방법으로 나누어 제시하고 있는데 이를 문단별로 구분하여 해설하면 다음과 같다.

첫 번째 문단은 교과의 성격, 목적 등을 언급하고 있다.

> '생활과 과학'은 국민 공통 기본 교육과정의 '과학'을 이수한 학생이 선택하는 과목이다. '생활과 과학'은 학생이 학습한 '과학' 내용을 바탕으로 생활 속에서 과학적 원리가 삶의 질 향상에 어떻게 기여하는지를 이해하고, 나아가 과학적 원리를 실생활에 적용시킬 수 있는 능력을 함양하기 위한 과목이다.

'생활과 과학'은 초등학교 3학년부터 고등학교 1학년까지 국민 공통 기본 교과로 부과한 '과학'을 이수한 학생들이 선택하게 되는 과목이다. 편제에 보면 고등학교 교육과정에서의 교과는 보통 교과와 전문 교과로 구분되어 있는데, '생활과 과학'은 보통 교과 중 선택 과목에 속해 있으며 선택 과목 중에서도 일반 선택 과목으로 구분되어 있다. 일반 선택 과목은 교양 증진 및 일상생활과 연관된 과목이다(교육부, 1997. 과학과 교육과정. p13). 이 과목의 목적을 과학의 유용성 인식과 이를 바탕으로 과학적 원리를 실생활에 적용시킬 수 있는 능력을 함양하는 것이라고 명시하고 있다.

이것은 매우 중요한 의미를 가진다. 이는 '생활과 과학'의 목적이 '과학'에서 학습한 기본 개념 이상의 새로운 개념을 얻도록 하는 학습보다는 이미 습득한 개념이 어떻게 우리의 삶을 풍요롭게 하는지를 알아 그 유용성을 확인하고 이 개념들을 어떻게 실생활에 활용하여 보다 편리한 삶을 도모할 수 있는지 그 방안을 찾아보게 하는 것이라 할 수 있다. 실제로 실생활에는 복잡하고 어려운 개념보다 단순하고 쉬운 개념이 더욱 유용하게 활용되는 예가 많다. 따라서 '과학'에서 익힌 개념이라 하더라도 얼마나 적절히 활용하는가에 따라 그 가치는 얼마든지 높아질 수 있는 것이다.

두 번째 문단은 '생활과 과학'의 내용 구성에 관한 것이다.

> '생활과 과학'은 건강한 생활, 안전한 생활, 쾌적한 생활, 편리한 생활 등의 영역으로 구성하고, 각 영역에 실생활 속의 소재를 도입하여 학습자가 이미 학습한 과학 지식으로 이해 가능하도록 구성한다.

'생활과 과학'의 내용은 4개의 영역 즉, 건강한 생활, 안전한 생활, 쾌적한 생활, 편리한 생활 등으로 구성하도록 명시하고 있다.

학습 내용은 학생들이 이미 학습한 과학적 개념을 활용하는 과정을 통하여 과학 개념을 실생활에 적용시킬 수 있는 능력을 기르는 데 적합한 것들로 구성되어 있다. 이 내용은 학생의 인지 발달 정도를 고려하여 학습 가능한 것들이며, 흥미를 증진시키고 알고자 하는 욕구를 학습 과정에서 충족시킬 수 있으며 동시에 우리나라의 어느 곳에서나 학습이 가능한 것들이라는 점이다.

그런데 한 가지 유의하여야 할 점은 실생활에서 소재를 끌어올 경우 그 소재에 내재된 모든 원리를 이미 학습한 것만으로 설명하기가 매우 어렵다는 점이다. 예를 들면, 건강한 생활의 경우 교육과정에 제시된 내용으로만 본다면 이 내용을 완전히 이해하기 위해서는 대단히 높은 수준의 과학 지식을 필요로 할 것이라는 점을 쉽게 알아차릴 수 있다. 즉, 생화학이나 생리학적 지식이 없이는 학습이 가능하지 않은 것처럼 보이는 것이다. 그러나 실제 학습에서는 모든 설명을 완전하게 하려하기 보다는 학생들이 이해 가능한 수준의 것만을 추려서 지도할 필요가 있다는 점이다. 충분한 설명을 하기 어려운 내용을 다루는 것이 어떤 면에서는 지적 호기심을 유발시키는 결과도 될 수 있기 때문에 반드시 나쁜 것이라고만 하기는 어렵다.

마지막으로 이 내용은 '과학'과의 학습 연계가 자연스럽고 학교 밖 생활과도 단절되지 않아 학교를 졸업한 후에도 학습한 내용을 실생활에 유용하게 활용할 수 있게 한다는 것이다. 이것은 과학의 가치를 확고하게 인식시킬 수 있는 동인을 제공할 것이기 때문에 평생 학습의 태도를 형성하는 데에도 적절한 것이라 할 수 있다.

셋째 문단은 학습 방법에 관한 것이다.

> '생활과 과학'은 과학적 원리의 발견보다는 과학 탐구의 결과로 얻어진 산물의 이용에 보다 더 큰 비중을 두어 다룬다. 또한, 학생에게 실생활과 관련된 다양한 자료를 조사・수집・분석함으로써, 생활 속에서 마주치는 여러 가지 문제를 과학적으로 이해하고 합리적으로 대처하는 태도를 기르는 데 주안점을 둔다.

'생활과 과학'의 학습은 앞에서 언급한 바와 같이 새로운 개념의 습득에 비중을 두어 다루는 것이 아니라 이미 배운 과학적 원리나 개념이 우리 삶에 어떻게 적용되는지에 초점을 두고 다루도록 하는 것이다. 따라서 이 학습은 자연스럽게 실생활 관련 소재나 자료를 끌어들여 그 속에 들어 있는 과학적 원리가 무엇인지를 알아보게 한다. 이 과정에서 동원되는 주된 학습 방법은 조사와 수집 그리고 분석이 될 것이다. 이러한 방법을 통해 얻어진 결과는 학생의 수준에서 해석되어지는 것이다. 학생이 하는 학습 과정이 상당한 과학적 지식을 가진 교사에게는 어설프게 생각될지 모르지만 나름대로 설명의 근거를 찾고 이를 다른 사람에게 제시한 후 다른 사람이 제시하는 의견을 들어 자기의 생각을 주장하거나 수정해 나가는 것은 교육과정에서 의도하고 있는 자기 주도적 학습 능력을 키워주는 데 바람직한 것일 수 있다.

나) 목표

'생활과 과학'에서 제시하고 있는 목표는 모두 4개로 제시하고 있는데, 거시적인 관점에서 볼 때 인지적 영역과 정의적 영역, 그리고 탐구 영역에 대해 포괄적으로 균형있게 제시하고 있다고 할 수 있다.

가. 생활 속에서 과학적 지식과 원리가 널리 이용되고 있음을 안다.

이 항목은 인지적 목표에 해당하는 것으로 과학과목목표 '가'항과 관련되어 있다.

앞에서 논의한 바와 같이 이 과목은 과학적 원리와 지식이 어떻게 실생활에 활용되고 있는지를 이해하도록 하고 있으므로 목표도 새로운 개념의 이해가 아니라 이미 학습한 원리나 개념이 이용되고 있음을 알도록 하는 것이다. 여기서 안다고 하는 것을 재음미해 볼 필요가 있다. 그러나 여기서 '안다'는 것은 기억 속에서 그 사실을 회상해 내는 수준 이상임을 의미한다. 왜냐 하면 '안다'는 것이 기억과 회상의 수준을 넘어, 학습하고 있는 개념과 다른 개념과의 관계 등을 파악할 때 그 개념이 왜 그 곳에 활용되는 것인지를 이해할 수 있는 것이기 때문이다.

나. 생활 속에서 일어나는 문제를 과학적으로 해결하려는 태도를 기른다.

이 항목은 탐구 능력 영역에 해당되는 것으로 과학 과목 목표 '나', '다'항과 관련된다.

이 목표를 진술 형태로만 보면 정의적 영역에 속하는 것으로 생각될 수도 있다. 그러나 여기에서 의도하고 있는 것은 '과학'에서 기른 탐구 능력을 생활 속에서 일어나는 문제의 해결에 적용하여 그 능력을 내면화시키고, 이를 바탕으로 과학적 태도가 길러지도록 하는 것이라고 해석하는 것이 더 적절하다고 할 수 있을 것이다. 이는 또한 '다', '라'항이 모두 정의적 영역의 목표임을 감안할 때 더 적절한 해석이라고 볼 수 있다. 다른 한편으로 이 목표에서 탐구 능력 신장을 직접적으로 강조하지 않은 것은, 탐구 능력이 과학 지식을 얻어내는 방법에 더 초점을 두는데 비해 이 과목에서는 과학적 지식의 산출보다는 이미 학습한 결과의 활용에 중점을 두고 있기 때문이라고 할 수 있을 것이다.

다. 생활 속에서 일어나는 과학적 현상에 흥미와 호기심을 가진다.

이는 정의적 영역에 해당되는 것으로 과학 과목 목표 '다'항과 관련된다.

흥미와 호기심의 증진은 발전을 위한 바탕이고 평생 학습의 원동력이다. 흥미와 호기심을 가지지 못한 경우에는 매사에 소극적이고 방관자적 태도를 지니게 된다.

자기완성을 위한 노력도 흥미와 호기심에서 비롯되며 자연 현상과 사물에 대한 계속적인 탐구도 흥미와 호기심이 있을 때 가능해진다. 이처럼 흥미와 호기심은 학습에 있어서 매우 중요하다. 흥미와 호기심을 기르는 것이 쉽지는 않지만 자기 발전을 위해서나 과학 학습을 위해서나 평생 학습을 위해서도 매우 중요함을 강조한 목표라 할 것이다.

라. 과학이 우리 생활에 미치는 영향을 바르게 인식한다.

마지막으로 목표 '라'는 정의적 영역에 속하는 것으로 과학 교과 목표 '라'항과 관련된다. 과학은 자연세계를 이해하기 위한 설명 체계로만 존재하지는 않는다. 누구나 알고 있듯이 과학은 삶의 질을 개선하는 데에 크게 이바지해 왔다. 앞으로의 삶이 과학의 발전에 의존하는 경향은 더욱 더 커지게 될 것이다. 이러한 점을 인식하는 것은 우리 삶을 개선하려는 태도에서 무엇보다 중요함을 나타내고 있는 것이라 할 수 있다.

다) 내용체계

'생활과 과학'은 제7차 교육과정에서 처음 도입된 과목으로 생활 속에서 접근할 수 있고, 생활 속에서 활용될 수 있는 과학 내용을 다루도록 되어 있다. 따라서 주제의 선정이나 활동의 전개는 학문 중심이 아닌 생활과 근접된 상황 또는 생활 속에서 발견할 수 있는 것들을 위주로 하도록 한다.

이 과목은 모든 학생들이 선택할 수 있으나 특히 앞으로 자연 과학이나 기술을 전공하지 않을 인문 사회 계열, 예체능 계열, 실업 계열의 학생들이 많이 선택할 것으로 기대되고 있다.

그러므로 다루는 내용도 앞으로 대학에 진학하여 과학 분야를 전공하는 데 필요한 내용보다는 생활을 과학적이고 합리적으로 영위하는 데 필요한 방법과 태도를 기르는 것을 주요 목표로 한다. 따라서 이러한 학생들을 위하여 생활 속에서 과학과 기술의 의미를 이해할 수 있는 활동을 중심으로 구성하였다.

이러한 관점에서 다음과 같이 일상생활과 관련이 깊은 건강한 생활, 안전한 생활, 쾌적한 생활, 편리한 생활의 4가지 주제를 선정하였으며, 주요 교수 · 학습 활동은 토의, 조사, 견학, 실험, 과제 연구 등으로 구성하였다. 특히 '생활과 과학'의 교수 학습은 전통적인 실험실 과학을 추구하지 않고 생활 주변에서 일어나는 현상을 이해할 수 있도록 생활 주변의 자료를 활용한 탐구방법을 강조하였다. 이러한 내용을 정리하면 다음과 같다.

〈표 4-19〉 생활과 과학 내용 체계

영역	주 제	활 동
건강한 생활	운동과 건강, 식품과 건강, 질병과 건강	토의, 조사, 견학, 실험, 과제 연구 등
안전한 생활	전기와 안전, 교통과 안전, 재해와 안전	
쾌적한 생활	깨끗한 환경, 맑은 물, 좋은 환경 등	
편리한 생활	정보 · 통신. 자동화, 신소재, 자원의 활용	

3) [고등학교]-[지구과학 Ⅰ]

가) 성격

'지구과학Ⅰ'은 공통 교육과정의 '과학'을 이수한 학생을 대상으로 하며, (민주) 시민으로서 갖추어야 할 지구과학에 대한 기초 소양을 함양하기 위한 과목이다.

'지구과학Ⅰ'은 학생이 관심과 흥미를 가지고 자기 주도적으로 학습할 수 있도록 지구의 선물, 지구 활동과 자연 재해, 변화하는 지구 환경, 우주 탐사 등의 주제로 내용을 구성한다.

'지구과학 I'에서는 주변 현상과 시 · 공간적으로 밀접하게 관련된 지구와 우주에 관한 현상을 통합적으로 이해하는 데 초점을 맞추며, 지구와 우주 및 주변 환경의 변화에 대한 인간의 탐구 노력과 지식의 발달 과정을 이해하여 올바른 자연관과 우주관을 가지도록 한다.

'지구과학 I'에서는 학습자의 경험과 관련된 주제를 중심으로 지구과학에 대한 흥미와 관심을 유발하여 지구과학의 기본 개념을 지도하고, 관찰, 실험, 조사, 토론 등 다양한 활동을 통하여 탐구 능력을 기르도록 한다.

나) 목 표

'지구 과학 I' 과목에서 달성하여야 할 목표로 4개항을 제시하였다. 고등학교에서 과학 교육의 목표는 초등학교와 중학교의 과학 교육을 통하여 달성한 과학에 대한 관심과 과학적 소양을 더욱 개발하여 실생활에서 만나는 문제를 합리적이고 과학적으로 해결하는 능력을 기르는 데 있다. 이러한 과학의 기본적인 목표를 달성하기 위해 목표를 보다 상세히 설명하면 다음과 같다.

〈총괄목표〉

지구와 우주에 대하여 흥미와 호기심을 가지고 탐구하여 지구과학의 기본 개념을 이해하고 과학적 사고력과 창의적 문제 해결력을 길러, 지구과학과 관련된 문제를 과학적으로 해결하는 데 필요한 과학적 소양을 기른다.

가. 지구와 우주 현상의 탐구를 통하여 지구 과학의 기본 개념을 이해하고, 실생활에 이를 적용한다.

목표 '가'항은 탐구를 통하여 지구와 우주에 관한 기본적인 개념, 원리, 법칙을 이해하도록 강조하고 있다. 과학에서는 사실들이 모여 개념을 이루고, 개념 사이의 관계를 규정하는 원리와 법칙이 있다. 과학에서 중요시하는 것은 단순한 지식의 획득이 아니고 보다 일반적인 개념이나 원리, 법칙 등을 탐구를 통하여 이해하는 것이다. 또, 이러한 기본적인 개념, 원리, 법칙을 이해하는 데에서만 그치는 것이 아니고, 자연 현상을 설명할 수 있으며, 실생활에 적용할 수 있는 정도까지를 목표로 하고 있다.

나. 지구와 우주를 과학적으로 탐구하는 능력을 기르고, 실생활 문제 해결에 이를 활용한다.

목표 '나'항은 과학 교육의 중요한 목표 중의 하나인 '탐구 능력의 신장'을 강조한 것으로 탐구 능력을 신장시켜 일상생활에서 만나는 지구과학적 문제를 논리적, 합리적, 과학적인 방법으로 해결해 나갈 수 있는 활용 능력을 기르는 것을 강조한 것이다. 인간이 살아가는 과정은 일상생활에서 끊임없이 부닥치는 여러 가지 문제를 해결해 나가는 과정이라 할 수 있다. 이와 같은 문제 해결 과정은 사람마다 다르고 상황에 따라 각각 독특한 방식을 취하게 된다. 그러나 사람에 따라 문제 해결 과정이 다르고 독특하더라도 성공적으로 문제를 해결하기 위해서는 무작정 이러한 문제에 부딪치는 것이 아니고, 보다 논리적이고 과학적인 접근이 필요하다. 이러한 논리적이고 과학적인 문제 해결력은 과학 교육에서 중요한 목표로서 강조되어야 하며, 과학 교육을 통하여 효과적으로 체득할 수 있다. 다시 말하자면, 과학의 개념, 원리 ,법칙뿐만 아니라 '학습하는 방법'의 학습이 이루어져 과학 교과에서만이 아니고 다른 교과의 학습에 필요한 기본적인 능력과 일상생활에서 부딪치는 지구과학적인 문제를 과학적으로 해결해 나갈 수 있는 활용 능력의 함양을 강조한 목표라 할 수 있다.

다. 지구와 우주 및 지구 과학 학습에 대한 흥미와 호기심을 가진다.

목표 '다'항은 과학에 대한 흥미, 호기심, 과학적 태도의 함양과 같은 정의적 영역의 목표를 강조한 것이다. 과학에 대한 흥미, 자연 현상에 대한 호기심이 없이는 과학의 개념 획득이나 탐구방법의 체득이 성공적으로 이루어지기 어렵다. 과학 학습에서 학습자의 흥미와 호기심을 불러일으킬 수 있다면 그 학습은 이미 성공한 것이나 다름이 없다. 학습 문제에 대하여 흥미와 호기심이 있다면 그것과 관련된 개념이나 방법이 학습자의 지식의 구조에 변화를 줄 수 있는 의미 있는 학습이 가능하지만, 그 반대의 경우에는 아무리 많은 시간과 노력을 들인다고 하더라도 의미 있는 학습이 일어나지 않을 것이다. 과학적 태도란, 알려고 하고 이해하려는, 모르는 것에 대하여 질문하여 데이터를 모으고 그 뜻을 찾는, 문제 해결에 창의성을 발휘하고 증거를 존중하는, 논리를 존중하고 합리적으로 생각하는, 전제와 결과를 계속 재고하는 개방적 자세를 의미한다. 그러므로 목표 '다'항은 지구와 우주의 자연현상과 지구과학에 대한 흥미, 호기심, 과학적 태도의 함양과 같은 정의적 영역의 목표를 강조한 것이라 할 수 있다.

라. 지구 과학이 기술의 발달과 생활에 미치는 영향을 바르게 인식한다.

목표 '라'항은 과학의 발전이 기술 및 사회 발전에 미치는 영향이 얼마나 큰지를 이해하는 것을 강조한 목표이다. 오늘날, 과학의 발전은 대단히 빠른 속도로 진행되고 있으며, 과학 문명을 기초로 하지 않은 생활은 생각조차 할 수 없게 되었다. 또, 기초과학의 발전이 기술의 발전이나 사회 발전의 원동력이 된다는 것을 부인할 수 없을 것이다. 이러한 면에서 과학 · 기술 · 사회 발전은 상호 긴밀한 연관을 가지고 있고, 기술이나 사회 발전 자체가 과학의 발전을 이끌어 나가는 경우도 흔히 볼 수 있다. 또, 과학 · 기술 · 사회(STS) 관계를 과학교과에서 보다 더 강조하여 다루어야 다는 요구를 제7차 과학과 교육과정에서 수용하고 있다.

다) 내용체계

내용체계에 있어서 3개의 영역설정 근거는 종합적인 측면, 역동성, 시공간성을 준거로 전체적인 관점에서 지구와 우주의 현상을 인식하고자 하는데 있다. 내용체계표는 지구 과학과 교육과정의 내용을 영역별로 체계화하여 표로 제시함으로써 일목요연하게 내용을 파악할 수 있도록 한 것이다. '지구 과학 Ⅰ' 과목의 내용을 체계화할 때에 고려된 기본 원칙은 다음과 같다.

1) 지구 과학의 중요한 내용을 종합적인 입장에서 포괄하도록 하며 전지구적인 관점으로 지식과 탐구를 균형있게 제시한다.
2) 교육 내용의 사회적, 개인적 적합성 제고를 위하여 '지구과학 Ⅰ' 과목은 인문 사회 분야, 자연 분야, 예체능 분야, 외국어 분야, 실업 분야 등에 관한 진로 정보 제공으로 다양한 유형의 개인별 교육과정 선택이 가능하도록 한다. 수요자 중심의 자유로운 과정 선택과 학습자 중심의 융통성, 적합성, 수월성 추구 및 학생의 능력, 흥미, 적성, 진로를 존중하는 교육으로 선택과목 이수 과정에서 개인의 진로 수정이 용이할 수 있도록 구성한다.
3) 주변 자연 현상을 바르게 이해하고, 일상생활을 과학화하는 데 도움이 되는 내용을 포함한다. 오늘날, 신문, 잡지, 방송 등에서 자주 다루어지고 있는 지구 과학 관련 내용을 될 수 있는 대로 포함시켜 학생들의 사회에 나가서도 이러한 내용을 쉽게 이해할 수 있도록 한다.
4) 국민 공통 기본 교과인 '과학' 및 심화 선택인 '지구 과학 Ⅱ' 과목과 연계성 있게 구성한다.
5) 지구 환경을 시스템으로 이해하게 함으로써 환경 문제가 전지구적인 문제임을 인식하는 데 도움이 되게 한다.
6) 과학사적으로 중요한 내용을 포함시켜 과학의 발달 과정, 과학과 사회와의 상호 작용 등을 바르게 이해할 수 있도록 한다.

'지구과학Ⅰ' 과목의 내용 체계는 영역과 그 영역에 따른 내용요소와 탐구로 구성한다. 내용체계표는 다음과 같다.

〈표 4-20〉 현행 지구과학Ⅰ 내용 체계표

영역	내용 요소	탐구
하나뿐인 지구	지구 과학의 성격과 영역, 지구 과학의 역사, 지구의 탐구방법, 기권, 수권, 암권, 생물권, 각 권의 상호 작용, 과거의 지구, 기후 변화, 미래의 지구	실험, 조사, 토의 견학, 과제 연구 등
살아 있는 지구	변동대, 판의 운동, 수증기, 구름, 비, 기압, 기단, 전선, 날씨, 태풍, 해저 지형, 해수의 성질, 우리나라 부근의 해류, 해양 탐사	
신비한 우주	천체 관측 도구, 태양 관측, 천체의 관측, 태양계 탐사 방법, 태양계 탐사 결과, 우주관	

〈7차교육과정 개정 내용 체계〉

영 역	내 용 요 소
지구의 선물	우리 지역 지형의 지질학적 형성 과정, 토양 자원의 중요성과 보존, 지질자원의 개발과 이용, 수자원 분포, 우리나라의 강수패턴과 수자원, 지하수 생성과 오염 방지 대책, 해양 자원과 해양 개발의 필요성, 공간자원
지구 활동과 자연 재해	지진과 화산활동 예측 방법, 지진과 화산의 피해 및 대책, 태풍과 온대저기압의 차이, 태풍의 피해와 대책, (태풍-지진-화산의 순기능과 역기능), 사태, 악기상, 자연재해의 종류
변화하는 지구 환경	대량 멸종의 요인, 지구 근접 천체 관측의 필요성, 고기후 연구, 기후 변화의 원인, 지구 열수지, 지구 온난화, 엘니뇨, 오존홀, 사막화, 황사, 지구 환경 변화의 영향
우주 탐사	광학 망원경, 전파 망원경, 인공위성과 우주 탐사선, 화성 탐사, 보이저호의 태양계 탐사, 우주 공간과 지표면 환경의 차이, 우주배경복사와 암흑물질, 외행성계와 생명체 존재 조건

라) 영역별 성취 기준(개정)

① 지구의 선물

㉠ 우리 지역의 대표적인 지형을 심미적인 관점에서 감상하고, 그 지형이 어떤 지질학적 과정에 의해 형성되었는지 이해한다.

※ 중학교에서 배운 개념(지층과 암석, 지표의 평탄화 과정, 퇴적작용, 화산활동, 변성암 생성 과정 등)을 적용한다는 방향에서 접근한다.

㉡ 자원으로서의 토양의 중요성을 알고, 토양 유실 및 토질 저하 요인과 이에 대한 방지 대책을 제시할 수 있다.

㉢ 지질자원의 개발과 이용에 대한 예와 경제적 가치를 설명할 수 있다.

※ 지질자원에는 지하자원과 관광자원이 포함된다.

㉣ 지구 환경을 구성하는 대기의 역할과 그 중요성을 이해한다.

※ 현장 적합성 검토 의견을 반영하여 대기 관련 진술을 추가하였다.

㉤ 지구에서 현재 물의 분포를 결정하는 요인을 알고, 지구상의 물의 분포를 이해한다.

㉥ 우리나라의 강수패턴과 수자원과의 관계를 설명하고, 우리나라의 1인

당 수자원 양을 다른 나라와 비교하여 설명할 수 있다.

ⓢ 지하수의 생성 과정과 수자원으로서의 지하수의 중요성을 이해하고, 지하수 사용의 문제점과 지하수 오염의 위험성 및 방지 대책을 설명할 수 있다.

ⓞ 해양에서 생산되는 에너지 자원과 광물 자원의 종류와 분포를 설명할 수 있다.

ⓩ 해양 개발의 필요성을 지구 공간 자원의 관점에서 이해한다.

[탐구 활동]

ⓐ 우리 주변의 아름다운 지형의 특징 및 가치 조사하기

ⓑ 세계 여러 나라의 수자원 개발 및 보존 방법을 조사하여 우리나라에서의 적용 가능성 평가하기

ⓒ 토양 오염 및 대처 사례 조사하기

② 지구 활동과 자연 재해

ⓐ 태풍의 발생 과정을 이해하고 온대 저기압과의 차이점을 설명할 수 있다.

ⓑ 태풍의 진로와 소멸 과정을 대기의 운동, 해양 및 육지와의 상호 작용 등과 관련지어 설명할 수 있다.

ⓒ 태풍으로 인한 피해종류와 원인을 알고, 피해를 줄이기 위한 방법을 설명할 수 있다

ⓓ 사태의 원인과 사태의 피해를 줄이기 위한 방법을 열거할 수 있다.

ⓔ 우리나라의 주요 악기상과 그 생성 메커니즘을 설명할 수 있다.

ⓕ 지진과 화산발생을 예고하는 데 이용되는 자연 현상과 과학적 방법을 설명할 수 있다.

ⓢ 지진과 화산으로 인한 각종 피해의 종류를 열거할 수 있다 (예: 쓰나미, mudflow, 화산 분진 등).

ⓞ 지진과 화산피해를 줄이기 위한 방법과 우리나라에서 시행하는 대책을 예시할 수 있다.

[탐구 활동]

㉠ 태풍, 지진 및 화산의 순기능과 역기능 알아보기

㉡ 지구 재난에 관한 '재난 영화'의 과학적 진실과 허구 평가하기

㉢ 우리나라의 자연재해의 종류에 따른 경보 체제와 대피 요령 조사하기

③ 변화하는 지구 환경

㉠ 지구 역사 동안에 있었던 대량 멸종을 초래한 원인에 대한 다양한 가설을 지구 외적 요인과 지구 내적 요인으로 구분 설명할 수 있다.

㉡ 소행성이나 혜성 충돌이 지구 환경 및 생물에 미치는 영향을 이해한다.

㉢ 태양계 내에서 소행성이 분포하는 위치를 알고, 소행성 등 지구 근접 천체 관측의 필요성을 설명할 수 있다.

㉣ 지구의 역사를 통하여 기후가 어떻게 변해왔는지를 알고, 고기후 연구 방법을 설명할 수 있다.

㉤ 기후변화의 원인을 설명하는 여러 가지 가설을 이해한다.

㉥ 지구 온난화를 지구 열수지와 관련지어 이해하고, 엘니뇨, 해수면 상승, 오존홀, 사막화, 황사 등과 같은 현상이 지구 환경에 미치는 영향을 설명할 수 있다.

㉦ 지구 환경 변화의 사회적, 경제적 영향을 알고, 이와 관련된 문제를 해결하기 위한 다양한 노력들을 제시할 수 있다.

[탐구 활동]

㉠ K-T 경계면 지층에 포함된 이리듐(Ir)의 농도로부터 충돌한 소행성의 크기 유추하기(Ir의 우주 분포 농도에 비추어 퇴적층의 두께로부터 소행성의 크기 유추하기)

㉡ 지구 기온 변화 자료 분석을 통하여 지구 온난화 경향 조사하기(단기, 장기 온도 경향 데이터, IR 스펙트럼 자료, 온실 기체 농도 변화 자료 등)

㉢ 관측 자료를 활용하여 한반도의 기후 변화 경향성 파악하기

④ 우주 탐사

㉠ 전자기파의 파장대별로 지상에서 우주를 바라보는 창과 그에 따른 관측 도구 및 관측 결과를 설명할 수 있다.

㉡ 우주 탐사 방법으로서 우주망원경인 인공위성과 우주 탐사선의 기본 원리와 차이점을 알고, 각각을 이용하여 알게 된 탐사 결과를 설명할 수 있다.

㉢ 태양계 탐사 프로젝트 중 화성 탐사와 보이저호의 태양계 탐사 방법을 알고, 우주 탐사에 종합과학 기술이 요구됨을 안다.
※각종 우주 탐사 방법의 자세한 원리나 이론은 다루지 않는다.

㉣ 중력, 기압 등의 측면에서 우주 공간과 지표면 환경을 비교하여, 우주 공간에서 일어날 수 있는 다양한 현상을 설명할 수 있다.

㉤ 우주 배경 복사 등 우주탐사를 통하여 우주의 시작이 있으며 우주가 주로 암흑물질로 이루어져 있음을 설명할 수 있다.

㉥ 외행성계의 존재를 알고, 생명체가 존재할 수 있는 조건을 태양계 행성의 특징과 비교하여 설명할 수 있다.

[탐구 활동]

㉠ (소형) 망원경을 설치하여 천체 관측하기

㉡ (우주 탐사 외에) 지구 탐사에 이용되는 인공위성의 종류와 용도 조사하기

㉢ 우주 정거장에서 이루어지는 연구 주제 및 생활 방식 조사하기

㉣ 우주생명체 탐사(SETI: Search for Extraterrestrial Intelligence) 프로젝트 조사

마) 교수 · 학습 방법

① 학습 지도 계획

• '지구과학 Ⅱ'의 학습 지도에서는 개념 체계 중심으로 접근하며, 지구과학의 최근 연구 동향과 성과 등을 소개하여 진로 탐색에 활용하도록 한다.

- '과학'과 '지구과학 Ⅰ' 및 다른 교과와의 연계성을 고려하여 학습 내용의 중복이나 비약이 없도록 학습 내용의 수준과 학습 지도 시기 등을 조절할 수 있다.
- 학생의 수준과 흥미 등의 특성, 학교와 지역 사회의 특성 등을 고려하여 내용을 재구성하거나 다양한 학습 방법을 활용하여 지도할 수 있다.
- 지구과학 및 과학 관련 사회적 쟁점에 대한 과학 토론을 할 수 있도록 수업을 계획한다.
- 지구과학 내용을 상호 관련시켜서 이들 내용이 통합적으로 이해되도록 한다.
- 과학 학습과 관련된 특별활동, 과학 전시회 등 여러 가지 과학 활동에 학생이 적극 참여할 수 있도록 계획한다.
- 지질 답사나 천체 관측과 같은 야외 활동의 경우 자료 준비, 관찰자, 관찰 내용, 안전 지도 등에 관한 계획을 미리 세워 수업에 차질이 없게 한다.

② 자료 준비 및 활용

- 지역에 따라 자료를 준비하기 어렵거나 탐구 활동이 어려운 내용은 교육과정의 목표에 부합하는 자료나 활동으로 대체할 수 있다.
- 지구과학에 대한 흥미와 호기심을 제공할 수 있도록 생활 주변 및 첨단 과학 관련 소재를 학습 자료로 활용한다.
- 첨단 과학, 과학자, 과학사 등과 관련된 자료를 활용한 과학 글쓰기와 토론을 지도할 수 있도록 과학도서 목록을 준비한다.
- 학생의 이해를 돕거나 흥미를 유발하기 위하여 모형이나 시청각 자료, 소프트웨어, 인터넷 자료 등을 활용할 수 있도록 준비한다.

③ 학습 지도 방법

- 다양한 방법과 소재를 활용하여 학생들의 흥미와 호기심을 유발하고 지구과학의 주요 개념을 다루도록 하며, 흥미로운 주제 탐구를 통해 적성을 발굴하고 과학 분야의 진로를 탐색하게 한다.
- (문제 인식, 탐구 설계 및 수행, 자료 해석, 결론 도출 등의) 탐구 과정을 학습 내용과 적절히 관련시켜 지도함으로써 탐구 능력을 신장시킨다.

• 탐구 활동에서 모둠 학습의 경험을 통해 과학 탐구에서 상호협력이 중요함을 인식시킨다.
• 과학 및 과학과 관련된 사회적 쟁점에 대한 자료를 읽고, 이를 활용한 과학 글쓰기와 토론을 통하여 과학적 사고력과 의사소통 능력을 함양할 수 있도록 지도한다.
• 학습 활동은 가능한 한 학생 중심으로 진행하며, 수업 (과학 학습)에서 의사소통을 할 때에는 자신의 의견을 명확히 표현하고 다른 사람의 의견을 존중하는 태도를 가지게 한다.
• 학생들의 능력과 흥미 등 개인차를 고려하여 지도한다.
• 강의, 토의, 실험, 조사, 견학, 과제 연구 등 다양한 교수・학습 방법을 적절히 활용하여 지도한다.
• 학생의 지적호기심과 동기를 유발할 수 있는 발문을 하고, 개방형 질문을 적극 활용한다.
• 컴퓨터를 활용한 실험과 인터넷과 멀티미디어 등을 적절히 활용한다.
• 첨단 과학, 과학사, 과학과 기술, 과학과 사회, 환경 등에 관련된 서적을 읽도록 권장함으로써 과학 관련 진로를 탐색하게 하고 과학・기술・사회의 상호 관련성을 이해시킨다.

④ 실험・실습 지도

• 실험의 목적과 방법을 이해하고 실험을 수행할 수 있도록 지도한다.
• 실험을 하기 전에 실험실 안전 수칙을 확인하여 실험시 이를 준수하도록 하고, 사고 발생 시 대처 방안을 미리 수립한다. 특히 화학 약품, 파손되기 쉬운 실험 기구, 가열 기구 등을 다룰 때의 주의점을 사전에 지도하여, 사고가 발생하지 않도록 한다.
• 야외 탐구 활동 및 현장 학습 시에는 사전 답사를 실시하거나 관련 자료를 조사하고 안전 지도를 한다.
• 실험 후의 폐기물은 환경오염을 최소화하도록 처리한다.

4) [고등학교]-[지구과학 Ⅱ]

가) 성격

제 7 차 교육과정에서는 고등학교 2, 3학년(11, 12학년)의 학생 선택 중심 교육과정을 도입하여 일반 선택과 심화 선택으로 구분, 다양한 선택 과목을 개설하고, 과정이나 계열의 구분 없이 운영, 학생 선택의 폭을 확대하였다.

'지구 과학 Ⅱ' 과목은 고등학교 2, 3학년(11, 12학년) 학생들의 능력, 흥미, 적성, 진로를 중시한 심화 선택 과목이다. '지구 과학 Ⅱ' 과목은 '지구 과학 Ⅰ' 과목과 연계성 있게 구성되어 있으므로 '지구 과학 Ⅰ' 과목을 선택 이수한 학생들이 선택할 수 있는 교과이다. 교육과정에 나타난 '지구 과학 Ⅱ' 과목의 성격은 세 문단으로 나누어 진술되어 있다.

첫째 문단은 '지구 과학 Ⅱ' 과목의 대상과 목적을 나타내고 있다.

> '지구과학 Ⅱ'는 '지구과학 Ⅰ'을 선택하여 이수한 학생을 대상으로 하여 자연 과학 관련 학업을 계속하거나 그 분야의 직업에 종사하고자 하는 학생을 위한 과목이다.

고등학교의 편제에 있어서 교육과정은 국민 공통 기본 교육과정과 고등학교 선택 중심 교육과정으로 구성한다. 고등학교 1학년(10학년)은 국민 공통 기본 교과인 '과학'을 8단위 이수한다. 2, 3학년(11, 12학년)은 선택 중심 교육과정으로 일반 선택 과목과 심화 선택 과목을 이수할 수 있다. 일반 선택 과목은 교양 증진 및 실생활과 연관된 과목으로 학생들의 균형적인 이수를 위하여 과학 · 기술 과목군(수학, 과학, 기술 · 가정)의 '실용 수학', '생활과 과학', '정보 사회와 컴퓨터' 중에서 1과목 이상을 선택하여야 한다. 다만, 자신의 진로와 관련하여 집중 이수하고자 하는 심화 선택 과목군의 일반 선택 과목은 이수하지 않을 수도 있다. '지구 과학 Ⅱ' 과목은 '지구 과학 Ⅰ'과 같이 심화 선택 과목이지만 '지구 과학 Ⅰ'을 선택하여 이수한 학생을 대상으로 한다.

교육수요자 중심의 교육과정 체제로 인문 사회 분야, 자연 분야, 예체능 분야, 외국어 분야, 실업 분야 등에 관한 진로 정보 제공으로 다양한 유형의 개인별 교육과정이 선택 가능하도록 하며 학교의 분반에 의한 엄격한 과정을 폐지하여 수요자 중심의 자유로운 과정을 선택할 수 있도록 학습자 중심의 융통성, 적합성, 수월성을 추구하여 학생의 능력, 흥미, 적성, 진로를 존중하는 교육이다. 그러므로 선택과목 이수 과정에서 개인의 진로 수정이 용이하다. 따라서 '지구 과학 Ⅱ' 과목은 학생의 능력, 진로를 고려하여 개설된 과학 교과를 이루는 심화 선택 과목 중의 하나로 탐구 활동을 통하여 지구와 우주를 종합적으로 이해하고, 과학적 탐구방법을 습득시키는 과목이다. 이때, 지질, 해양, 기상, 천문은 상호 유기적 관련을 지어서 다루어야 한다. '지구 과학 Ⅱ' 과목은 교양 과학과 전문 교육 준비 측면의 성격을 동시에 가지며, 자연 과학 관련 학업을 계속하거나 그 분야의 직업에 종사하고자 하는 학생을 위한 과목이다.

둘째 문단은 '지구 과학 Ⅱ' 과목의 내용 구성에 관하여 말하고 있다.

> '지구과학 Ⅱ'는 지구와 우주에 관한 현상을 전체적인 관점에서 볼 수 있도록 지구의 물질과 지각 변동, 대기의 운동과 순환, 해류와 해수의 순환, 천체와 우주, 지질 조사와 우리나라 지질의 내용을 체계적으로 구성한다.

'지구 과학 Ⅱ' 과목은 '지구 과학 Ⅰ' 과목을 확대 · 심화한 과목으로서, '지구 과학 Ⅰ' 과목의 내용이 종합적인 입장이라면 '지구 과학 Ⅱ' 과목의 내용은 분석적인 입장에서 체계적으로 구성한 것이다. 내용 구성에 있어서는 학생들이 관심을 가지고 흥미를 느껴서 자기 주도적 학습을 할 수 있도록 탐구 내용에 관한 기본 개념과 과학사 및 과학 · 기술 · 사회 · 환경을 포함한 내용 요소로 구성하며, 탐구로는 실험, 조사, 토의, 견학, 과제 연구 등으로 구성한다. 내용 구성의 연계성 및 학습량의 적정성을 유지할 수 있도록 한다. '지구 과학Ⅱ' 과목은 지구의 물질과 지각 변동, 대기의 운동과 순환, 해류와 해수의 순환, 천체와 우주, 지질조사와 우리나라 지질 등의 5영역으로 구성한다.

셋째 문단은 '지구 과학 Ⅱ' 과목의 학습에 대하여 말하고 있다.

> '지구과학 Ⅱ'의 학습은 공간적으로 상호 밀접히 관련되어 있고, 시간적으로 변화하는 현상을 주로 다루므로 한 현상을 그 주변 현상과 시 · 공간적으로 관련지어 통합적으로 이해하게 한다. 또한, 지구 과학적 지식과 탐구 능력 및 창의성을 지닌 시민으로서, 21세기 과학 기술 정보 사회를 살아가는 데 필요한 올바른 자연관과 우주관을 가지도록 한다.

'지구 과학 Ⅱ' 과목의 학습은 공간적으로 상호 밀접하게 관련되어 있고, 시간적으로 변화하는 현상을 주로 다루므로, 이 과목의 학습에서는 한 현상을 그 주변 현상과 시 · 공간적으로 관련지어 통합적으로 이해하게 하여 올바른 자연관과 우주관을 가지도록 해야 한다. 고등학교 지구 과학 교육은 시민으로서의 교양 교육과 전문 교육을 함께 고려해야 한다. 또, 일상생활에 이를 활용할 줄 아는 과학적 교양을 가지며, 국가와 사회에 기여할 수 있도록 해야 한다. 특히, 학문적 입장에서 지적 호기심과 창의성을 끊임없이 발휘하여 인류의 중요한 문화유산인 과학을 계승, 발전시켜야 한다. 지구 과학은 과학의 본질 및 과학 교육의 목적과 부합될 뿐만 아니라, 특히 자연 상태 그대로의 탐구, 자연현상과 인간과의 관계, 지역성 · 공간성 · 시간성 등의 학문적 특성, 과학사적 특성, 환경과학적 특성, 종합과학적인 특성 등을 가지고 있다. 특히 21세기의 정보화 시대에 지구 환경에 대한 전지구적인 관심은 통신 매체 정보 등을 통하여 스스로 인식할 수 있어야 한다. 내용 구성에 있어서 사회적 관심과 흥미를 일으키기 위하여 과학과 기술 사회 등의 내용을 도입하여 전개하며, 필요한 경우에는 수식을 사용하여 정량적으로 다루고, 탐구적인 학습 방법으로 지구 과학의 개념을 체계적으로 다루도록 한다. '지구 과학 Ⅱ' 과목의 학습을 통해서 주변 환경의 변화 및 지구와 우주에 대한 인간의 탐구 노력과 지식 발달 과정을 이해하게 하여 올바른 자연관과 우주관을 가지도록 한다.

나) 목표

제 7차 교육과정의 심화 선택 과목인 '지구 과학 Ⅱ'에서 달성하여야 할 목표로서 4개항을 제시하였다. 고등학교에서 과학교육 목표는 초등학교와 중학교 과학 교육을 통하여 달성한 과학에 대한 관심과 과학적 소양을 더욱 개발하여 실생활에서 만나는 문제를 합리적이고 과학적으로 해결하는 능력을 기르는 데 있다. 이러한 과학의 기본적인 목표를 달성하기 위한 목표를 보다 상세히 설명하면 다음과 같다.

> 가. 탐구 활동을 통하여 지구와 우주에 관한 개념을 체계적으로 이해하고, 자연 현상을 설명하는데 이를 적용한다.

목표 '가'항은 탐구를 통하여 지구와 우주에 관한 기본적인 개념, 원리, 법칙을 이해하도록 강조하고 있다. 과학에서는 사실들이 모여 개념을 이루고, 개념 사이의 관계를 규정하는 원리와 법칙이 있다. 과학에서 중요시하는 것은 단순한 지식의 획득이 아니고 보다 일반적인 개념이나 원리, 법칙 등을 탐구를 통하여 이해하는 것이다. 또, 이러한 기본적인 개념, 원리, 법칙을 이해하는 데에서만 그치는 것이 아니고, 이를 이용하여 자연 현상을 설명할 수 있으며, 실생활에 적용할 수 있는 정도까지를 목표로 하고 있다.

나. 지구와 우주 현상을 과학적으로 탐구하는 능력을 기르고, 문제 해결에 이를 활용한다.

목표 '나'항은 과학 교육의 중요한 목표 중의 하나인 '탐구 능력의 신장'을 강조한 것으로 탐구 능력을 신장시켜 일상생활에서 만나는 지구과학적 문제를 논리적, 합리적, 과학적인 방법으로 해결해 나갈 수 있는 활용 능력을 기르는 것을 강조한 것이다. 인간이 살아가는 과정은 일상생활에서 끊임없이 만나는 여러 가지 문제를 해결해 나가는 과정이라 할 수 있다. 이와 같은 문제 해결 과정은 사람마다 다르고 상황에 따라 각각 독특한 방식을 취하게 된다.

그러나 사람에 따라 문제 해결 과정이 다르고 독특하더라도 성공적으로 문제를 해결하기 위해서는 무작정 이러한 문제에 부딪치는 것이 아니고, 보다 논리적이고 과학적인 접근이 필요하다. 이러한 논리적이고 과학적인 문제 해결력은 과학 교육에서 중요한 목표로서 강조되어야 하며, 과학 교육을 통하여 효과적으로 체득할 수 있다. 다시말해, 과학의 개념, 원리 ,법칙뿐만 아니라 '학습하는 방법'의 학습이 이루어져 과학 교과에서만이 아니고 다른 교과의 학습에 필요한 기본적인 능력과 일상생활에서 부딪치는 지구과학적인 문제를 과학적으로 해결해 나갈 수 있는 활용 능력의 함양을 강조한 목표라 할 수 있다.

다. 지구와 우주 및 지구 과학 학습에 흥미와 호기심을 가지고, 과학적으로 탐구하려는 태도를 기른다.

목표 '다'항은 과학에 대한 흥미, 호기심, 과학적 태도의 함양과 같은 정의적 영역의 목표를 강조한 것이다. 과학에 대한 흥미, 자연 현상에 대한 호기심이 없이는 과학의 개념 획득이나 탐구방법의 체득이 성공적으로 이루어지기 어렵다.

과학 학습에서 학습자의 흥미와 호기심을 불러일으킬 수 있다면 그 학습은 이미 성공한 것이나 다름이 없다. 학습 문제에 대하여 흥미와 호기심이 있다면 그것과 관련된 개념이나 방법이 학습자의 지식의 구조에 변화를 줄 수 있는 의미 있는 학습이 가능하지만, 그 반대의 경우에는 아무리 많은 시간과 노력을 들인다고 하더라도 의미 있는 학습이 일어나지 않을 것이다.

과학적 태도란, 알려고 하고 이해하려는, 모르는 것에 대하여 질문하여 데이터를 모으고 그 뜻을 찾는, 문제 해결에 창의성을 발휘하고 증거를 존중하는, 논리를 존중하고 합리적으로 생각하는, 전제와 결과를 계속 재고하는 개방적 자세를 의미한다. 그러므로 목표 '다'항은 지구와 우주의 자연현상과 지구과학에 대한 흥미, 호기심, 과학적 태도의 함양과 같은 정의적 영역의 목표를 강조한 것이라 할 수 있다.

라. 지구 과학이 기술의 발달과 사회의 발전에 미치는 영향을 바르게 인식한다.

목표 '라'항은 과학의 발전이 기술 및 사회 발전에 미치는 영향이 얼마나 큰지를 이해하는 것을 강조한 목표이다. 오늘날, 과학의 발전은 대단히 빠른 속도로 진행되고 있으며, 과학 문명을 기초로 하지 않은 생활은 생각조차 할 수 없게 되었다. 또, 기초과학의 발전이 기술의 발전이나 사회 발전의 원동력이 된다는 것을 부인할 수 없을 것이다. 이러한 면에서 과학 · 기술 · 사회 발전은 상호 긴밀한 연관을 가지고 있고, 기술이나 사회 발전 자체가 과학의 발전을 이끌어 나가는 경우도 흔히 볼 수 있다. 또, 과학 · 기술 · 사회(STS) 관계를 과학과에서 보다 더 강조하여 다루어야 한다는 요구를 제7차 과학과 교육과정에서 수용하고 있다.

다) 내용체계

내용체계표는 지구 과학과 교육과정의 내용을 영역별로 체계화하여 제시함으로써 일목요연하게 내용을 파악할 수 있도록 한 것이다. 지구 과학Ⅱ 의 내용을 체계화할 때에 고려된 기본 원칙은 다음과 같다.

① 지식과 탐구를 균형있게 제시한다.
② 교양 지구 과학으로서 중요한 내용을 포괄하도록 한다. 오늘날, 신문, 잡지, 방송 등에서 자주 다루어지고 있는 지구 과학 관련 내용을 될 수 있는 대로 포함시킨다.
③ 주변 자연현상을 바르게 이해, 일상생활을 과학화하는 데 도움이 되는 내용을 포함한다.
④ 진로 선택과 상급 학교에서 지구 과학 관련 전공 교과를 이수하는 데 도움이 되도록 지구 과학의 중요 개념과 탐구방법 및 지구 과학의 특성을 이해하는 데 도움이 되는 내용을 포함하도록 한다.
⑤ 국민 공통 기본 교육과정인 '과학' 및 심화 선택 과목인 '지구 과학 Ⅰ'과 연계성 있게 구성한다.
⑥ 지구 환경을 이해하게 함으로써 환경 문제가 전지구적인 문제임을 인식하는 데 도움이 되게 한다.
⑦ 과학사적으로 중요한 내용을 포함시켜 과학의 발달 과정, 과학과 사회와의 상호 작용 등을 바르게 이해할 수 있도록 한다.
⑧ 우리나라의 지구 과학적 환경을 이해하는 데 도움이 되는 내용 포함시킨다.

영역	내용 요소	탐구
지구의 물질과 지각 변동	지구의 물질, 지구 내부의 구조와 물리적 성질, 지구의 역장, 광물의 성질, 조암 광물, 암석의 특징, 암석의 생성 과정, 지질 구조, 지각 평형, 맨틀 대류, 화산과 지진, 판구조론	실험 조사 토의 견학 과제 연구 등
대기의 운동과 순환	단열 변화, 안정도, 기압, 바람, 태양 복사 에너지, 복사 평형, 대기 대순환, 편서풍 파동	
해류와 해수의 순환	해류의 원인, 수압 경도력과 발생원인, 지형류의 평형, 표층 순환, 심층 순환, 용승과 침강, 해파, 조석, 해일	
천체와 우주	지구의 운동, 행성의 운동, 공전 주기, 케플러 법칙, 별의 물리량, 별의 거리, 별의 분류와 진화, 별의 에너지원, 별의 운동, 허블 법칙, 우주의 나이와 크기, 우주론	
지질조사와 우리나라지질	지층 대비, 지질 시대의 구분, 지질 조사, 지질도, 우리나라 지질, 지하자원	

〈개정내용체계〉

영 역	내 용 요 소
지각의 물질과 지구의 역사	광물의 성질, 조암 광물, 암석의 생성 과정과 특징, 조륙운동과 지각 평형설, 대륙이동설, 판구조론의 정립 과정, 화산과 지진, 조산 운동, 지사학의 주요 원리, 상대 연대와 절대 연대, 지질시대별 환경과 생물, 우리나라의 지체 구조의 특징과 형성 과정
대기의 순환	단열 변화, 대기의 안정도, 지균풍, 지상풍, 경도풍, 바람에 작용하는 힘, 지구 에너지 평형, 대기 대순환, 편서풍 파동
해수의 성질과 운동	해수의 성질, 해류의 원인, 해류에 작용하는 힘, 지형류, 해수의 표층 순환과 심층 순환, 용승과 침강, 해파, 해일의 발생원인
천체와 우주	지평 좌표계와 적도 좌표계, 케플러의 법칙, 별의 물리량과 에너지원, 별까지의 거리, H-R도, 별의 진화, 은하의 구조와 구성 물질, 허블 법칙, 우주의 기원과 진화

라) 영역별 성취 기준(개정)

① 지각의 물질과 지구의 역사

㉠ 광물과 암석

ⓐ 광물의 여러 가지 성질을 조사하고, 조암 광물의 특징을 설명할 수 있다.

ⓑ 화성암, 퇴적암, 변성암의 생성 과정을 알고, 그 특징을 설명할 수 있다.

㉡ 지각 변동

ⓐ 융기와 침강 운동에 의해 나타난 여러 가지 지형적 증거를 통하여 지각의 상하 운동이 있었음을 지각 평형설을 도입하여 설명할 수 있다.

ⓑ 베게너가 대륙이동설을 주장한 이후로부터 오늘날 판구조론이 대두되기까지의 과정과 이론을 뒷받침하였던 여러 가지 증거를 이해한다.

ⓒ 화산, 지진, 조산운동 등의 지각 변동을 판구조론으로 설명할 수 있다.

㉢ 지질 시대와 우리나라의 지질

ⓐ 지사학의 주요 원리를 이해하고, 지층의 상대 연대와 절대 연대를 구하는 방법을 이해한다.

ⓑ 지질 시대의 환경과 생물을 기 수준에서 이해하고, 국내외의 중요한 지질학적 사건을 설명할 수 있다.

ⓒ 지질시대별 우리나라의 지질 분포를 대 수준에서 설명할 수 있다.

[탐구 활동]

㉠ 편광 현미경을 이용하여 광물의 광학적 특성 관찰하기

㉡ 주어진 자료로부터 절대 연대 구하기

② 대기의 순환

㉠ 대기의 안정도

ⓐ 단열 변화의 과정을 이해하고, 건조 단열 변화와 습윤 단열 변화의

차이점을 안다.

ⓑ 기온의 연직 변화와 대기의 안정도와의 관계를 이해하고, 대기의 안정도에 따른 일기의 특징을 설명할 수 있다.

㉢ 대기의 운동

ⓐ 지균풍, 지상풍, 경도풍의 특징을 작용하는 힘과 관련지어 이해할 수 있다.

ⓑ 지구 에너지 평형으로 대기 대순환을 설명하고, 여러 가지 규모의 대기 순환의 특징에 대하여 기술한다.

ⓒ 편서풍 파동의 발생 과정을 이해하고, 편서풍 파동이 날씨에 미치는 영향을 설명할 수 있다.

[탐구 활동]

㉠ 단열선도를 이용하여 대기의 안정도 해석하기

㉡ 전향력 실험

③ 해수의 성질과 운동

㉠ 해수의 성질과 순환

ⓐ 자료를 통하여 해수의 염분, 온도, 밀도, 용존 산소량 등의 분포를 알아보고 해수의 성질을 이해한다.

ⓑ 해류의 발생 원인을 설명할 수 있다.

ⓒ 수압 경도력과 지형류의 발생 원인을 설명할 수 있다.

ⓓ 해수의 표층 순환은 대기 대순환과 밀접한 관계가 있으며, 심층 순환은 수온과 염분에 의한 것임을 설명하고 차이점을 이해한다.

ⓔ 해수의 용승과 침강이 일어나는 원인과 생활에 주는 영향을 설명할 수 있다.

㉡ 해파

ⓐ 해파의 발생 원인을 이해하고 천해파와 심해파의 차이점을 안다.

ⓑ 해일이 발생하는 여러 가지 원인을 이해한다.

[탐구 활동]

㉠ 해파 발생 및 전파 실험

㉡ 우리나라 주변 해역의 해수성질(수온, 염분, 밀도 등)의 시공간적

분포 조사하기

④ 천체와 우주

㉠ 행성의 운동

ⓐ 여러 가지 천체의 위치를 지평 좌표계와 적도 좌표계를 이용하여 나타낼 수 있다.

ⓑ 케플러 법칙을 통하여 태양계를 구성하는 행성의 운동을 설명할 수 있다.

㉡ 별의 특성

ⓐ 별의 여러 가지 물리량과 에너지원을 이해하고 별까지의 거리를 측정하는 방법을 설명할 수 있다.

ⓑ H-R도 상의 별을 분류하고 별의 생성진화 과정에 따른 특징을 설명할 수 있다.

㉢ 은하와 우주

ⓐ 은하의 구조와 구성 물질을 이해하고 은하의 분포를 통해 우주의 계층구조를 이해한다.

ⓑ 허블 법칙으로부터 우주가 팽창하고 있음을 설명하고, 이로부터 우주의 기원과 크기를 추정할 수 있다.

[탐구 활동]

㉠ 우리 은하의(여러 성단의) 별 데이터를 이용하여 H-R도 작성하기

㉡ 은하의 거리와 시선속도 데이터를 이용하여 허블 상수 구하기

〈표 4-22〉 제7차 교육과정 지구과학 I , II 의 신구 비교

구분		제7차	개정	주요 변경 사항 및 그 이유
내용	지구과학 I	(1)하나뿐인 지구	(1)지구의 선물	• '지구의 선물'은 지질자원, 대기, 토양, 수자원, 해양자원 등으로 구성 • 우리 주변의 지형이나 지질의 웅장함과 아름다움을 환경자원의 측면에서 재조명하여 지구과학의 심미적인 측면을 도입 • 자원으로서의 흙을 재조명함. • 중학교 내용과 겹치지 않는 범위에서 자원으로서의 광물을 다룸. • 해양 자원의 경우에는 물질 자원뿐만 아니라 공간 자원의 측면에서 해양의 중요성을 다룸.
			(2)지구 활동과 자연 재해	• '지구활동과 자연재해'는 현대적관점에서 재난대처 분야를 다룸. • (1)기상 재해(사태, 폭우, 강풍, 폭설, 우박 등)와 (2)지진과 화산으로 구성됨. • 우리나라에서 홍수해가 있을 때 실제로 피해가 가장 많은 것이 사태이고 영국 등은 우리처럼 호우가 많지 않음에도 사태를 강조하는 점을 고려하여 사태도 기상 재해에 포함시켜 다룸.
		(2) 살아 있는 지구	(3)변화하는 지구 환경	• '변화하는 지구 환경'은 급격한 변화에 해당하는 소행성 충돌과 점진적 변화에 해당하는 기후 변화로 구성 • 대규모 멸종을 중심으로 지질시대를 다루고 이보다 심화된 내용은 지구과학 II 에서 다룸 • 지구 열수지 변화를 기초로 지구온난화를 비롯한 기후 변화를 이해할 수 있도록 내용을 구성함.
		(3) 신비한 우주	(4)우주 탐사	• 지상망원경이나 우주망원경으로 관측된 다양한 천체의 소개를 통하여 우주에 대한 호기심을 유발 • 태양계 밖의 외행성계나 외계 생명체 탐사 등을 포함시켜 학생들의 호기심을 유발 • 우주 공간에서 일어나는 현상, 우주 탐사 방법, 우주 배경 복사 등을 다룰 때도 되도록이면 수식을 쓰지 않고 설명할 수 있도록 내용을 구성 • 망원경으로 천체를 관측하는 활동을 필수 탐구 활동에 포함시켜 학생들에게 망원경을 다루어볼 기회를 제공

<table>
<tr><th colspan="2">구분</th><th>제7차</th><th>개정</th><th>주요 변경 사항 및 그 이유</th></tr>
<tr><td rowspan="5">내용</td><td rowspan="5">지구과학Ⅱ</td><td>(1) 지각의 물질과 지각 변동</td><td rowspan="2">(1) 지각의 물질과 지구의 역사</td><td rowspan="2">• 제7차의 1단원과 5단원을 통합하여 재구성
• 지구의 역장에서 지오이드 개념은 다루지 않음.
• 기존 1단원의 (가) 지각과 지구 내부 삭제(내용량 감축)하되, 지구 내부를 구성하는 물질, 자기장, 지진파 등은 판구조론에서 배경 이론으로 다루도록 함.
• 기존 5단원의 (가)지질 시대와 (다) 우리나라의 지질을 통합하여 (가) 지질 시대로 재구성
• 우리나라의 지질에서 다루는 내용을 '지질시대에 따른 한반도 지체 구조의 형성 과정'으로 교체
• 기존 5단원 (나) 지질 조사와 지질도 관련 내용 삭제(학습량 감축)
• 기존 5단원의 (다) 우리나라의 지질과 지하 자원 삭제(학습량 감축), 지하자원의 일부 내용은 지구과학Ⅰ '(2)지구의 선물'에서 다룸(난이도 조정).
• 지사학의 주요 원리를 다룰 것을 명시적으로 진술
• 국내외의 주요 지질학적 사건만 기(紀) 수준까지만 다루도록 명시</td></tr>
<tr><td>(5) 지질 조사와 우리나라 지질</td></tr>
<tr><td>(2) 대기의 운동과 순환</td><td>(2) 대기의 순환</td><td>• 단원명 수정
• 해일의 피해를 줄일 수 있는 방법은 삭제(학습량 감축)(지구과학Ⅰ의 (3)자연 재해와 대비'로 난이도를 조정하여 이동
• 조석 관련 내용 삭제(학습량 감축)</td></tr>
<tr><td>(3)해류와 해수의 순환</td><td>(3) 해수의 성질과 운동</td><td>• 자전과 공전 현상 및 증거 삭제(10학년 '천체의 운동'에서 다루며 추가될 내용은 '광행차' 뿐임)
• 행성 회합주기, 공전 주기 삭제(10학년 '천체의 운동'에서 다룸)
• 별 운동, 별의 질량에 따른 진화경로 삭제(내용 축소)
• 중단원명(다)팽창하는 우주를 (다)은하와 우주로 수정
• 은하의 구조와 구성 물질(우주의 계층 구조 포함)에 대한 내용 추가
• 은하의 거리는 허블법칙에서 다룸.</td></tr>
<tr><td>(4)천체와 우주</td><td>(4) 천체와 우주</td><td>• 자전과 공전 현상 및 증거, 행성의 회합주기, 공전 주기 삭제
• 별의 운동, 별의 질량에 따른 진화 경로 삭제(내용량 축소)
• 중단원명(다)팽창하는 우주를 (다)은하와 우주로 수정
• 은하의 구조와 구성 물질(우주의 계층 구조 포함)에 대한 내용 추가
• 은하의 거리는 허블법칙에서 다룸.</td></tr>
</table>

마. 과학 교수 · 학습 지도 지원

1) 실험, 관찰 등의 과학 활동은 그 특성에 따라 연 차시 학습으로 운영할 수 있도록 지원한다.
2) 시 · 도 및 지역 교육청에서는 과학실, 과학 실험 기자재, 실험 보조원 확보 등에 필요한 재원을 지원한다.

바. 평가

1) '지구과학 Ⅱ'에서는 개념의 체계적 이해, 과학의 탐구 능력, 과학적 태도 등을 평가하며, 특히 다음 사항에 주안점을 둔다.
   가) 지구, 대기, 해양, 우주 및 지구 환경과 관련된 주요 개념의 통합적인 이해 정도를 평가한다.
   나) 탐구 활동 수행 능력과 이를 일상생활에서 겪는 문제 해결에 활용하는 능력을 평가한다.
   다) 과학에 대한 흥미와 가치 인식, 과학 학습 참여의 적극성, 협동성, 과학적으로 문제를 해결하는 태도 등을 평가한다.
2) 평가는 선다형, 서술형 및 논술형, 관찰, 보고서 검토, 실기 검사, 면담, 포트폴리오 등의 다양한 방법을 활용한다.
3) 타당도 신뢰도가 높은 평가가 되도록 가능하면 공동 평가 도구를 개발하여 활용한다.
4) 평가는 설정된 성취 기준에 근거하여 실시하고, 그 결과를 학습 지도 계획 수립과 지도 방법 개선, 진로 지도 등에 활용한다.
5) 평가는 평가 계획 수립, 평가 문항과 도구 개발, 평가의 시행, 평가 결과의 처리, 평가 결과의 활용 등의 절차를 거쳐 실시한다.

5 지구과학교육의 문제점

지구과학은 지구의 구조와 구성 물질, 활동 과정과 변천의 역사, 그리고 우주의 환경 까지를 종합적으로 다룬다. 연구 대상은 지구 및 그 주위 공간이며, 연구 범위는 시간적으로는 우주의 기원으로부터, 공간적으로는 거의 무한대라고 할 수 있다. 즉, 시간적으로는 우주의 기원에서부터 그 변화 과정 모두를 대상으로 함으로써 미래까지도 연구 범위에 해당된다고 볼 수 있다. 뿐만 아니라, 대우주의 반경을 약 100억 광년으로 보고 있으므로 역시 광대한 범위가 아닐 수 없다. 또한 이러한 시공간 속에서 물질의 변화까지도 다룬다. 사실 지구가 탄생한 후 현재에 이르기까지 일어난 모든 변화 자체가 자연 환경이며 이러한 자연 환경 속에서 모든 변화가 일어났고, 또한 미래에도 끊임없이 변화하고 진화할 것이다.

지구과학 교과의 각 단원들은 교과 내용 자체가 통합적이고 총체적인 시각을 제시하지 못하고 개별화되어 있다. 교과서의 내용구성을 분석해 보았을 때, 지질 · 해양 · 기상 · 천문 등의 각 영역의 통합이 이루어지지 않아 지구과학교육의 기본적이고 본질적인 목표와 부합되지 않는다는 것이다.

중학교 교과서의 지구과학 단원을 살펴볼 때 환경 과학 분야와 생태학적 분야가 미흡함을 알 수 있다. 자연 환경이 오염, 파괴되어 사람의 생존마저 직접적으로 위협을 받고 있는 것은 이미 오래된 일이다. 지구전체의 환경 보호에 대한 해답을 구하고자 등장한 생태학이나 대기오염, 수질오염 등의 해결을 모색하는 지구환경과학이 사회 환경에 대한 새로운 대처 방안이나 시대의 조류로서 높이 평가되기도 한다. 국내에서도 환경에 관한 연구가 유네스코, 한국교육개발원 등에서 수행되어 온 것도 이러한 상황에 대한 부분적 인식과 실천으로 볼 수 있겠으나, 그다지 호응을 받지 못하고 있다. 우리 사회에서 반공해 운동으로 표출되는 경향은 소 잃고 외양간을 고치는 어리석음을 경계한 바람직한운동으로 지구환경교육의 필요성과 긴급함을 잘 대변해 준다. 이제 더이상 우리의 지구환경교육은 대학이나 연구소에서 이루어지는 일시적이고 부분적인 유행으로서만 취급되어서는 안될 것이다.

가. 지구과학 교과서에 나타난 문제

현재 사용 중인 지구과학 교과서는 대부분 같은 내용으로 구성되어 있으며, 심지어 소단원의 제목조차도 미리 결정한 상태에서 내용을 구성하고 있다. 그러나 저자에 따라 그 설명이나 기술 방법에 차이가 있는 것은 당연하지만, 용어상의 혼란이 있다면 이것은 큰 문제가 아닐 수 없다. 검인정 당시 소제목까지 정하는 것은 모든 고등학교에서 쓰이는 지구과학 교과서를 어느 정도 통일시키기 위한 것으로, 교과서에 쓰이는 용어가 틀리게 사용된다면 소제목의 통일은 아무 쓸모가 없는 것이 될 것이다.

한 교과서에 나오는 용어가 다른 교과서에서 다른 용어로 설명되어 있다면 현장에서 가르치는 교사들은 이중으로 '이것은 저렇게도 말한다'라고 가르쳐야 하는 불합리를 낳게 된다. 여기에 소개하는 용어는 지구과학 교과서를 조사하여 용어의 불일치를 정리한 것이다.

- 지자기의 북극, 자기 북극, 북자극, 자북극
- 태양의 표면 온도: 유효 온도와 표면 온도 등의 정의와 온도(6000K, 5880K, 5800-6000K)
- 마그마의 분화작용, 정출작용, 결정・분화작용, 결정작용, 고결작용
- 고화작용, 교결작용, 다지는 작용, 속성작용
- 슬레이트와 점판암
- 암반, 모암, 기반암
- 기요와 평정해산
- 과냉각 수적과 과냉각 물방울
- 팡게아, 판게아, 초대륙
- 큰 반점, 붉은 반점, 붉은점, 대적점
- 겉보기등급, 실시등급, 시등급

나. 지구과학교육의 문제

지구과학 내용을 지도함에 있어서는 단편적인 지식보다 개념을 선정하고 구조화하여 이를 이해하고 탐구해 나가도록 교수-학습이 이루어져야 한다. 과학교육에서는 학습의 과정을 중시하는 탐구적 방법을 강조하는데 이는 과학이 자연계를 이해하고 설명하기 위한 과정 그 자체와, 이 과정으로부터 얻어진

산물이기 때문이다. 이러한 관점에서 지구과학교육은 다음과 같은 점에 유의하여 지도되어야 한다.

첫째, 천문, 기상, 지질, 해양 등의 영역을 기본 개념 아래 통합하고 이러한 기본 개념과 원리에 중점을 두어 구조화하여 지도하도록 한다.

둘째, 현재의 변화과정을 탐구하는 과정에서 과거의 변화과정을 추론할 수 있도록 한다.

셋째, 실험 내용은 계절과 지역성을 고려하여 연간 계획을 수립하며, 실험이나 관찰, 야외조사에서는 반드시 안전 교육을 하도록 한다.

넷째, 실험실에서 재현하기 어려운 지구과학적 현상은 모형실험과 관찰을 통하여 직관적으로 이해하도록 하며 지역성을 최대로 살리도록 한다.

다섯째, 지구과학적 내용에 관련된 읽기 자료를 충분히 활용하여 지구과학에 대한 관심을 깊게 하여 개념의 이해를 돕도록 한다.

과학교육학자들이 지향하고 있는 과학교육의 목적은 대체로 바람직한 방향으로 진술되어 있으나, 문제는 교육방법이다. 합리적인 사고와 과학적인 사고방식의 함양은 그야말로 교과서 머리말에나 나올법한 얘기일 뿐 '왜 이럴까?' '무엇 때문일까?'라는 것을 추구하는 대신에 무조건 암기하기를 강요한다. 또한 우리가 과학을 생활화하기에는 아직도 교육시설과 기자재 등이 부족하다.

또한, 학생들의 응용력, 분석력, 종합력 등 고도의 지적인 성취도나 성장가능성을 추정할 수 있는 평가체제가 연구되어야 할 것이다. 학생들의 과학적 사고력 배양이나 흥미 고양의 시발점은 어릴 때의 경험에 의해 좌우되기 때문에 어릴 때부터 과학적 탐구력을 길러줄 수 있도록 현행 과학교육 행정 및 재정 지원 시스템의 보완 개선도 시급히 이루어져야하겠다.

그리고 과학 실험 실습 여건이 개선되어야 한다. 비좁은 실험실에서의 학습 활동은 학생들의 탐구 의욕을 감소시키고 교사와의 접촉 기회를 줄이며 학생들의 안전에도 악영향을 미친다. 차라리 야외 수업을 통해 흙을 조사하고 지층구조를 조사하는 등의 현장학습이 좋을 듯하다. 암석 단원을 배운다면 교과서에 제시되는 암석들을 손으로 만져 보고 눈으로 보면서 느끼고 생각할 기회를 제공하여야 한다. 천체단원을 배울 때는 망원경을 통하여 지구에 대한 행성들의 움직임을 관찰하거나, 사진 등의 관찰을 통하여 스스로 문제를 해결해 나갈 수 있어야한다.

다. 지구과학개념 기술의 문제점

한국에 과학교육사상은 있는가? 있다면 어떤 역사적 배경과 내용을 갖는가? 이것은 과학교육의 방법, 내용, 과정에 관련되는 것으로 우선적으로 검토할 필요가 있다. 1945년 이후 과학교육의 내용은 듀이(Dewey)의 실용주의 교육사상에 따라 생활과 관련된 내용이 많은 실용성이 강조되었다.

소위 3차 교육과정기로 알려지는 시기(1973,1981)인 1973년 미국의 학문중심 교육 사조를 받아들여 새로운 교육과정을 제정, 공포하였다. 현대 과학 철학의 면밀한 연구와 검토가 없던 상태에서 70년대 이후 우리나라의 과학교육은 미국의 과학교과 내용을 전적으로 답습하게 되었으며, 지금까지도 학문중심의 이론에 따른 과학교과 내용은 중·고등학교 현장에서 단순기능으로써 실험 기술을 숙달하게 하거나 기계적인 지식 암기에 몰두하게 한다. 현재의 과학교육자들이 주장하는 탐구학습이나 개념중심교육은 교육 현실과는 괴리가 있는 단지 이론에 그치고 있는 것이다. 이러한 교과과정이 의도한 목표를 달성한다면, 이것은 중·고등학교에서 기계적, 지식암기로 잘 훈련된 학생들은 사실 교양과정 수준의 대학교육을 이미 끝낸 상태와 유사한 능력을 갖추게 될 것이다.

이상과 같은 과학교육의 지배사상은 개념기술 지향주의로 규정할 수 있다. 과학 혁명이후로 확립된 기계적 자연관에 기초한 기술지향주의는 객관적인 접근방법에 대한 신념을 갖고 있으며 , 환경오염 방지를 위한 세심한 관리를 할 수만 있다면 인간은 그 자신 의 목적에 따라 자연을 적절히 조절하는 것이 가능하다고 믿는다. 이에 따라 인간의 자연에 대한 지배행위를 정당화한다. 따라서 자연에 대한 조절 과정을 통해 성취될 고도의 기술과 물질소비를 사회적 진보의 궁극적 지표로 여기는데, 이 진보는 자연의 법칙을 알고 이를 적절히 조절한 후에 경제법칙의 틀에 의해 달성할 수 있다고 보는 것이다. 그러므로 이 법칙을 가장 잘 아는 객관적 과학전문가들 이야말로 환경문제 해결을 위한 의사결정에서 신뢰를 받아야 하는 사람이라는 주장을 내세운다. 또한 대규모 집약형 기술 및 이에 따른 소수 엘리트 전문가의 능력과 중앙 집중적 국가권위를 중시하는 관념을 절대시한다. 이렇게 되면 의사결정 과정에서 참여할 수 있는 일반 민중의 권리가 부정되는 것은 물론 자연의 지배에 관해서 무지하다는 이유로 자연과의 본원적인 삶의 방법으로서의 '과학'은 철저히 역사적 근거조차 부인 당하는 결과가 되고 마는 것이다.

고등학교의 과학교육과정이나 교수-학습 방법 등은 대개 개념기술 지향적 체계로 구성되어 있는데 몇 가지 예를 든다면 다음과 같다. 지구의 모양을 이해하는데 지오이드의 개념은 개념 도입 자체가 일상과는 무관하여 학생들의 관심을 수학적 필요로만 한정짓거나 지오이드 개념 도입의 근거를 모호하게 한다.

지구과학에서 소개되는 지오이드 개념 내용을 살펴보면 '지구 타원체가 수학적으로 간단한 것이 특징이나 지구표면의 70%이상을 차지하는 해수면은 지구의 형태를 더욱 잘 나타낼 것이다. 이러한 지구 형태로 바다의 평균 해수면을 택하여 육지에서는 작은 터널을 파고 해수를 끌어들여서 해수가 지구를 완전히 둘러싼 상태를 가정했을 때 이루어지는 가상적인 곡면'을 지오이드라고 소개하는 것이 보통이다.

이와 같은 개념도입은 중학교 과정에서 언급된 바도 없는 기하학적 개념인 지구타원체와 위치에너지가 같은 면인 지오이드 개념에 혼란만을 야기할 것이다. 삼각측량이나 수준측량을 간단히 실습함으로써 지오이드와 지구타원체의 개념을 구별하고 충실히 이해할 수 있는 가능성을 신중히 고려하여야 한다.

피타고라스 학파가 우주를 숫자로만 파악하고 거기에 신앙을 갖듯이 기하학적, 수학적 계산능력 자체를 유난히 강조하는 것은 지구를 완전한 원으로 가정하여 지구의 크기를 계산하는 것에서도 나타난다. 대부분의 교재들은 2000년 전 에라토스테네스(Eratosthenes)가 기하학적 원리를 이용하여 비례관계로 지구 반지름을 측정한 것을 매우 강조하고 있다. 지구의 밀도, 질량 등도 수학적으로 도입하여 이해하고 있으나 정성적 서술도 소홀히 다루어서는 안 될 것이다.

지구의 구조를 나타내는데 대기권이나 수권 등을 도입하는 것은 '지구의 구조'라는 개념 자체의 근거를 오히려 모호하게 한다. 지구의 역장은 전자기장의 개념을 비롯한 장의 개념이 충분히 설정되지 않고 물리내용에 막연히 의존하는 허술한 교과 과정임을 보여주고 있으며, 이외에도 중력의 단위, 벡터의 사용, 지오이드와 중력 보정 문제 등이 같은 예로 지적된다. 소위 개념을 구조화한 것이 역으로 개념을 혼동하게 하는 예가 된다. 개념의 구조화는 학생의 인지발달과정이나 정서적 관심과 관련하여 그 타당성이 검증되지 않고 있다. 교사들 역시 이러한 기계적 개념암기에 습관이 들어 있고, 대학입시는 이러한 학습에 관한 평가로 결정되므로 학생들의 정의적 태도는 전혀 고려되지 않고 있다.

지구의 운동에서는 자전의 증거로 푸코의 진자와 전향력 등을 소개하고 있다. 그러나 강조점이 지구 자전의 직접적 증거라는데 주어져 있어 학생들의 사고과정과 분리되어있고, 개념 자체도 분명하지 않게 소개되고 있다. 학생들은 지구 자전 그 자체에 많은 의문을 갖지 않는다. 천체의 일주운동은 지구의 자전 때문에 일어나는 현상으로 이미 잘 알려져 있지만 과거와 같이 지구를 중심으로 한 천체의 운동으로도 생각될 수도 있는 현상이며, 또 낮과 밤의 구별도 지구가 움직이지 않고 태양이 지구를 돈다고 가정하여도 설명이 가능한 것이다.

다만, 천체의 운동과 회전에 관한 과학사적 논란의 배경으로 인하여 지구 자전의 직접적 증거들이 중대한 문제로 소개되고 교육되어 온 것이다. 따라서 학생들에게는 진자가 회전하는 것, 그리고 그 주기 및 회전 방향 등이 지구의 자전의 증거로서 체계 있게 이해되어야 하며, 아울러 왜 이것이 지구 자전의 직접적 증거로서 중요시되는가 하는 과학사의 의미를 부각시키는 것이 합당하다. 그것은 개념만을 강조하는 것이 과학의 목적, 방법에 있어 유일하고 절대적인 것이 아니기 때문이다. 그럼에도 불구하고 이와 같은 개념서술의 특징이 과학교재 전반에서 이루어지고 있다.

제 5 장

과학학습론

1 행동주의 학습이론

가. 이론의 개요

행동주의의 기본적 전제는 인간행동은 통제, 조작될 수 있으며, 교육은 바로 인간행동을 개발하는 것이라고 본다. 행동이 유일한 심리학의 주제가 되어야 한다는 관점은 Pavlov의 영향을 받아 1913년 와트슨에 의하여 처음으로 체계적으로 제시되었다. 그는 심리학이 과학이 되려고 한다면 그 자료는 관찰가능하고, 측정가능 해야 한다고 주장하였다. 그는 사람들의 행동을 연구함으로써 심리학에 대한 객관적인 과학이 가능하다고 했다.

종래의 심리학이 의식현상을 내성적 방법으로 연구한데 비하여 행동주의 심리학은 가시적 행동에서 객관적 관찰과 수량적 측정이 가능한 것만, 즉 우리들이 관찰할 수 있는 행동에 연구의 중점을 두고 「자극과 반응」의 관계를 고찰하였다. 이러한 와트슨을 중심으로 한 행동주의를 고전적 행동주의라 하고, 1930년~1940년대의 유기체 반응을 중시한 행동주의를 신행동주의라 한다. 최근 신행동주의에 있어서는 현상(Phenomena)의 폭넓은 범위를 다루고 있으며 인지적 과정(Cognitive Processes)을 고려하고 있다. 신행동주의자들은 강화라는 말로 학습과 인간행동을 이해하려 한다.

예를 들면, 그들은 예측하는 것을 학습한다. 그리고 이 예측은 그의 행동을 변화시킨다. 즉 그 자신의 강화를 배열할 수 있는 것이다. 크론바흐에 의하면 신행동주의는 행동 내적 원천(The internal wellsprings)을 강조한다.

행동주의에서 인간의 행동은 조작이나 통제를 통하여 변화할 수 있다는 기본전제는 손다이크의 시행착오설과 파블로브의 고전적 조건화설, 구떠르의 접근적 조건화설, 훌의 체제적 조건화설, 스키너의 작동적 조건화설에 의해 증명되고 있다.

나. 성격과 특징

1) 손다이크(Thorndike)의 시행착오설

가) 개념

손다이크는 자극반응에 대하여 유기체가 시행착오적으로 반응을 반복하는 가운데 효과의 법칙에 따라 실패적인 또는 무효의 반응은 약화되고 성공적인 반응은 강화되어서 학습이 성립된다고 생각하였다. 먼저 경험한 요소와 새로 경험한 요소 사이에 서로 연합 또는 연결의 현상을 일으키게 되는 데서 학습이 이루어진다고 보았는데, 이것을 연결설, 연합설, 효과설이라고도 한다.

나) 실험

① 고양이와 문제함 실험 : 문제상자 속에 갇혀 있는 배고픈 고양이가 그 상자 밖에 있는 음식물을 먹기 위해 상자의 문을 열고 나오는 것을 관찰하였다.

② 쥐의 미로 실험 : 미로를 만들어 출발점에 쥐를 놓고 이 쥐가 먹이가 있는 출구까지 어떻게 찾아가는가를 관찰하여 성공할 때까지 쥐의 행동과 소요되는 시간에 대한 실험을 하였다.

③ 실험결과 : 고양이가 상자의 문을 열고 나오는 것과 쥐가 가장 빨리 출구까지 가는 것을 배우게 되는 것은 인지구조의 변화가 아니라 자극과 반응의 반복된 경험을 통해 점차적으로 습득된 습관에 의한 것이다.

다) 학습원리

① 효과의 법칙: 어떤 일을 계획하여 실행해서 그만큼 효과가 나면 성공과 만족감을 갖고 의욕적으로 계속함으로 학습의 진보를 가져오게 된다는 법칙이다. 효과는 보상과 벌로 주어지고 이것은 학습의 효과를 상승시킨다.

② 연습의 법칙: 여하한 학습 과정도 한 번만의 시행에 의해서 이루어질 수 없고 여러 번 되풀이함으로써 속도가 빠르게 되고 익숙해진다는 것이다.

③ 준비성의 법칙: 새로운 사실과 지식을 습득할 준비가 충분하게 되어 있을수록 자극과 반응의 결합이 용이하게 된다. 즉 학습할 준비가 안 되어 있으면 자극과 반응을 연결시킬 수 없다. 학습자의 성숙과 발달의 정도에 따라 학습의 기초가 결정된다는 법칙이다.

2) 파블로브(Pavlov)의 고전적 조건화설

가) 개념

러시아의 파블로브에 의해서 주장된 이론으로 모든 학습과정을 자극 상태와 거기에 대한 반응행동 사이에 이루어지는 조건형성의 과정이라고 보는 것이다.

나) 실험

개에게 음식을 줌과 동시에 종소리를 울려 주었는데 이러한 과정을 여러 번 계속한 후에 음식을 주지 않고 종소리만 들려주어도 침을 흘리게 되는 현상을 조건화로 보았다. 여기에서 음식은 무조건 자극(Unconditioned Stimulus: UCS), 종소리는 조건자극(Conditioned Stimulus: CS), 음식을 보고 침을 흘리는 것은 무조건 반사(Unconditioned Reflex: UCR)이다.

다) 학습원리

① 시간의 원리

조건자극(종소리)이 무조건 자극(음식)과 시간적으로 앞서서 또는 최소한 동시에 제시되어야 한다.

② 강도의 원리

조건반사적인 행동이 이루어지려면 먼저 준 자극의 강도에 비해 적어도 같거나 보다 강한 자극을 주어야 바람직한 반응을 일으키는데 효과적이다.

③ 일관성의 원리

조건자극(종)은 일관된 자극물을 사용하여야 한다.

④ 연속성의 원리

자극과 반응의 결합관계가 반복되는 횟수가 많을수록 조건화가 잘 성립된다. 이것은 연습의 법칙이나 빈도의 법칙과 같은 성질의 것이다.

3) 구띠르(Guthrie)의 접근적 조건화설

가) 개념

Guthrie는 조건반사의 형성에 있어서 접근률(接近率)에 입각한 독특한 이론을 형성하였다. 자극과 반응 간에는 어떠한 반응체제가 이루어지는데, 이 결합이 잘 이루어지기 위해서 자극과 반응이 접근된 것이어야 한다는 것이다.

조건화를 위해서는 손다이크가 말한 바와 같이 연습만을 되풀이 할 것이 아니라 연습을 할 때마다 조금씩 다른 입장에서, 즉 앞에 행한 연습의 효과를 분석하여 성공적인 면과 실패적인 면을 분별하여 조금씩 수정하여 목표에 접근하여 가는 연습이 효과적이라고 했다.

4) Hull의 체계적 조건화설(S-O-R Theory)

가) 개념

Hull은 아무리 강한 자극을 받더라도 유기체의 반응은 자극에 의해서 이루어지는 것이 아니고 유기체의 요구상태에 의해서 반응이 결정된다고 주장한다. 그는 유기체의 욕구를 반응 형성의 중요한 요인으로 여겼다.

나) 내용

자극(S)과 반응(R)사이에 유기체 변인(O)를 삽입하여 S-O-R이론으로 수정하였다. 이는 자극이 주어지면 곧바로 반응이 나타나는 것이 아니라 유기체가 갖고 있는 습관이나 욕구 등에 의하여 유기체 내부에서 수정되어 반응으로 나타나는 것이다. 학습은 새로운 습관의 형성인데 이는 충동 감소, 강화에 의해 이뤄진다. 즉, 유기체는 생존에 필요한 조건이 갖춰지지 않으면 충동이 일어나고 그것이 내적 자극이 되어 외적 자극과 함수관계를 이루어 반응을 형성하게 된다. 이 반응은 충동을 감소시킬 수 있어야 한다.

5) Skinner의 작동적 조건화설

가) 개념

작동적 조건화설은 결과 또는 보상을 통한 행동 변용의 과정이 곧 학습이라고 하는 입장이다. 어떠한 행동이 자발적으로 또는 의식적으로 일어나는 것을 중시하면서 의식적으로 어떤 결과를 일으키게 하는 조작적 행동과 작용에 의하여 일어나는 반응을 구분한다. 극단적 행동주의의 입장을 고수하려는 파블로프의 조건반사는 단순히 자극에 의해서 이끌려 나오는 수동적인 반응을 의미하는데, Skinner의 작동적 조건화는 스스로 발산해서 보여주는 능동적인 반응이 간접적으로 자극의 역할을 하게 되어 강화를 가져오는 것으로, 이는 효과 법칙에 의하여 획득된다는 것이다. 그가 주장하는 조건화에 있어서는 반응과 작동적 행동을 엄격히 구별하려 하였다.

즉, 단순히 자극에 의해서 이끌어져 나오게 된 반응과 스스로 발산해서 보이게 된 반응은 구별되는 것이라고 보았다. 그의 이론은 조건반사 자체가 무조건 반응을 강화시키는 수단, 또는 도구로써의 역할을 하는 것인데 이런 조건반응이 획득 확립됨으로써 학습이 이루어진다는 것이다. 다시 말하자면 작동적 조건화는 반응 때 마다 즉시 강화를 함으로써 그 반응자체가 강화되는 것이다. 즉, 유기체의 능동적 반응이 간접적으로 자극의 역할을 하게 됨으로써 강화를 가져오게 되어 행동의 변화를 가져오게 된다는 것이다.

나) 실험

스키너 상자는 방음장치가 된 상자로써 한쪽 벽에 표적을 설치해 놓았는데 이 표적은 먹이통이 연결되어 있고 비둘기가 표적을 쪼이면 먹이가 나오게 되어 있다. 비둘기를 이 상자 속에 넣으면 비둘기는 여러 가지 행동을 하다가 우연히 이 표적을 쪼게 되면 먹이가 나와서 그 비둘기의 반응을 보상해 준다. 이 절차가 반복되면 비둘기는 표적 쪼는 반응을 학습하게 된다. 스키너는 비둘기가 이러한 행동을 환경에 스스로 작용하여 어떤 결과를 생성해낸다고 해서 작동(作動)이라고 하고 이러한 절차로 학습되는 과정을 작동적 조건형성이라고 했다.

다) 작동적 조건형성의 특징

자극의 강화는 반응과 동시에 일어나거나 그 과정에서 일어나는 것이 아니고 반응 후에 일어나는 것이다. 유기체의 능동적 반응이 강화를 가져오는 것이다. 작동적 조건화는 반응 때마다 즉시 강화를 함으로써 그 반응 자체가 강화되는 것이다. 강화가 행동변화의 핵심적 변수이기 때문에 스키너의 이론을 강화이론이라고 부르기도 한다. 이 이론을 응용하여 제작한 것이 직선형 프로그램(Program)학습이다.

라) 강화이론

① 강화(Reinforcement)

반응의 빈도를 높이기 위하여 유쾌한 작업을 제시하거나 불쾌한 작업을 제거해 주는 것이다. 작동적조건 형성에서의 강화(작동강화)는 어떤 반응이 일어난 직후에 보상이 되는 자극을 제시하여 그 반응의 강도가 강해지는 것을 말하며 고전적 조건형성에서의 강화(수동강화)는 조건자극이 무조건 자극과 동시에 주어지거나 직전에 주어짐으로써 조건자극이 반응을 일으킬 확률이 높아지는 것을 말한다.

② 강화의 종류

㉠ 적극적 강화(정적강화): 어떤 자극에 대하여 쾌감을 주어서 그 반응을 촉발하는 것이다. 제 1차적 강화물은 생리적이며 개체의 물리적 생존에 극히 중요한 영향을 미치는 것이고, 제 2차적 강화물은 개체의 물리적 생존에는 중요하지 않으며 그 자체로서는 보상되지 아니하고 다만 제 1차적 강화물과 결합될 때만 보상이 가능한 강화물이다.

㉡ 소극적 강화(부적강화): 어떤 행동이 일어난 직후 제거했을 때 또는 그 상황에서 감해졌을 때 그 행동이 장차 일어날 확률을 높이는 자극으로써 이는 유기체가 어떤 나쁜 상태에서 도피하기 위해서 학습하는 것이다.

㉢ 1차적 강화: 칭찬, 상과 같이 학습에 의하지 않고서도 강화효과를 가진 자극이다. 이것은 먹이처럼 배우지 않은 욕구와 충동에 관한 것이다.

㉣ 2차적 강화(조건강화): 원래 강화력이 없었던 중성적 자극이 강화력이 있는 1차적 강화물과 여러 번 연결됨으로써 강화력을 가지게 된 자극을 말한다.

㉤ 일반적 강화: 예전에는 중성적 자극이었던 것이 여러 장면에서 많은 강화물과 되풀이 되는 결합과정을 통하여 여러 종류의 행동에 대한 강화력을 가지게 된 자극을 의미한다.

마) 프리맥의 원리(Premack's Law:강화의 특수 형태)

출현빈도가 높은 행동을 출현빈도가 낮은 행동의 강화로 사용하는 것이다. 즉 행동의 횟수가 낮은 것의 강화로 사용한다. 선호도가 높은 것을 선호도가 낮은 것의 강화로 사용하는 것이다. 예를 들어 숙제를 하면 TV를 보게 해주겠다는 것처럼 일상생활에서 강화를 찾아볼 수 있다는 의미이다.

바) 강화와 벌의 관계

부적 강화와 벌은 양자가 모두 불쾌자극에 관련되기 때문에 혼동하기 쉽다. 정적이든 부적이든 강화는 행동이 일어날 확률을 증가시키는데 비해 벌은 대부분 반대의 효과를 가져온다.

① 제 1유형의 벌

불쾌자극을 제공하는 벌이다. 즉 불쾌자극을 주어서 행동이 일어날 확률을 감소시킨다. 예를 들어 수업시간에 떠드는 학생을 방과 후에 청소시키는 것이다.

② 제 2유형의 벌

쾌자극을 없애버리는 벌이다. 즉 쾌자극을 제거해서 행동이 일어날 확률을 감소시킨다.

사) 강화계획

반응에 대한 강화를 어떤 방법으로 해주느냐를 계획하여 제시한 것으로 소멸을 방지하여 행동을 지속적으로 나타나게 하기 위한 것이다.

① 계속적 강화계획

습득할 때의 모든 정확한 반응이 보상을 받는 것으로 부분강화 연구에서는 동물을 먼저 100% 강화계획에 따라 훈련시켰다가 다음으로 부분 강화계획으로 바꾸어 간다. 또한 최초의 훈련기간 동안에 부분강화를 쓰면 그 반응의 습득을 가져오기 어렵다.

② 간헐적 강화계획

조건형성 과정 중 강화자극을 어떤 규칙에 의하여 제시함으로써 조건형성의 속도와 후속하는 소멸의 속도를 높이거나 줄이거나 하는 실험절차이다.

㉠ 고정간격 강화계획: 고정간격 강화계획을 쓸 때는 일정한 시간 간격이 지난 다음에 동물이 한 반응에 대하여 강화하는 것으로 시간간격이 길수록 반응빈도는 낮아진다.

㉡ 변동간격 강화계획: 변동기간의 시간 간격 다음에 하는 반응이 보상을 받는다.

㉢ 고정비율 강화계획: 동물이 하는 반응 중에서 몇 번째 하는 반응마다 보상할 때 강화가 일어나는 것이다. 고정간격과 고정비율 강화계획에서는 어떤 반응이 보상을 받으면 그 다음에는 반응비율이 하락하게 된

다. 이것을 강화 후 휴지라 부른다.

㉣ 변동비율 강화계획: 각기 다른 수의 반응에 따라 강화가 주어지는 데, 평균적으로 하면 일정수의 강화가 된다.

아) 작동적 조건화의 중요성

신념, 습관 및 목표들은 조작적 조건형성의 기제를 통해서 학습할 수 있는데, 스키너는 이러한 조작적 조건형성이 어린이들의 사회화 과정에 중요하다고 하였다. 그래서 조작적 조건형성이 바람직한 행동을 조성하는데 일부러 사용되는 경우가 있다. 직선형 프로그램 학습은 작동적 조건형성의 원리를 이용한 학습법으로 사실, 법칙, 공식 등을 학습하는 효율적인 방법이다. 또한 자기통제적인 방향에서 행동을 변화시키는데 활용하며 잘 적응된 사람들의 행동을 변화시키는 데에도 활용된다.

다. 지구과학의 적용 예

행동주의의 교육적 적용은 이러한 행동주의 원리에 따라 교수 설계를 하여 학생으로부터 소정의 학습결과를 산출하는데 역점을 두고 있다. 그러나 행동주의 원리는 언어개발, 문제해결, 추론, 비판적 사고와 같은 더 높은 수준의 기술 습득이나 더 깊은 수준의 처리를 요구하는 것은 적절히 다룰 수 없다고 일반적으로 받아들여지고 있다.

모든 교육활동은 학습자에게 기대되는 교육목표를 성취시킬 수 있도록 의도적으로, 계획적으로 조직 구성된 교육환경을 제공하는 것이라고 볼 수 있다.따라서 학습효과를 최대화 할 수 있도록 학습 환경을 조작하는 것은 모든 교육자들의 중심과제가 된다.

이러한 학습의 효율화를 위해, 특히 교육공학자들은 주로 행동주의 학습법칙에 기초한 교수-학습방법 및 교수매체효과에 관한 연구를 시도하였고, 그 결과를 실제 교육에 적응하려는 노력을 기울여 왔다 Skinner의 프로그램학습과 컴퓨터 보조학습(Computer-Assisted Instruction)은 이러한 적용노력의 대표적인 예라 할 수 있겠다. 이런 교수-학습방법의 주요특징은 질문형태로 학습자에게 자극인 학습내용(S)을 제시하면, 이에 학습자가 반응(R)하게 되고, 그 반응에 대한 즉각적인 feed back이 주어지게 되며, 또한 개별화 학습이 가능하다는 것이다.

스키너의 강화이론에 그 기초를 둔 프로그램 학습은 학생들 각자가 스스로 학습을 할 수 있도록 프로그램을 기계장치나 책의 형태 등으로 계획하여 그 내용을 학생에게 학습시키는 것이다. 이러한 프로그램 학습은 학습자를 주어진 학습목표에 도달할 수 있도록 하기 위하여 자극과 반응사이의 관계를 적절히 이용하여 학습자의 경험을 계획적으로 계열화 시키는 것이다. 이러한 프로그램 학습을 할 때에는 몇 가지 주의해야 할 점들이 있다. 먼저 한꺼번에 많은 과제를 주는 것이 아니라 작은 단위로 세분화해서 제시하여야 한다. 그리고 교사의 수업진행 속도에 학생들이 따라가는 것이 아니라 학생들 각자 개인의 속도에 맞게 학습을 진행시켜야 한다. 학습능력이 우수한 학생들에게는 좀더 빠르게 더 수준 높은 과제를 수행할 수 있도록 적절히 학생에 따라 과제를 제시한다. 또한 즉시 강화가 될 수 있도록 수행한 과제가 잘 되었는지 확인할 수 있게 해준다. 이러한 프로그램 학습은 교사가 아무리 잘 구성한다 하여도 학습자 스스로의 적극적인 반응이 없으면 이루어지기 어렵다. 그러므로 좋은 학습이 되기 위해서는 개개인의 학습자가 주어진 과제에 대하여 능동적으로 참여하고 활동할 수 있도록 적절한 동기부여와 강화가 선행되어야 한다.

이러한 프로그램 학습은 직선형 프로그램과 분지형 프로그램의 두 가지 유형이 있다. 직선형 프로그램은 스키너가 고안한 것으로 학생들이 반응할 질문이나 계열이 하나뿐인 것으로 아주 작은 격차의 문제들을 가지거나 중복되는 부분도 있고 질문을 어렵지 않게 하기 위하여 암시도 많이 사용한다. 이러한 직선형 프로그램은 학습을 처음 시작하는 초보자에게 적당한 방법으로 완전학습을 이루고자 할 때 적당하다. 또한 문제는 단답형이 적합하다. 반면 분지형 프로그램은 직선형 프로그램의 발전된 형태라고도 볼 수 있는데 크라우더(Crowder)가 고안한 것으로 여러 개의 답지로 구성되어있으며 비교적 높은 수준의 학생에게 적당하다. 이 방법은 학생들의 수준이 다를 때 적합한 것으로 틀렸을 때 보충할 수 있는 교정프로그램이다. 그래서 주어진 과제를 적절하게 수행한 학생은 불필요한 반복을 하지 않고 다음 단계로 넘어가고 수행하지 못한 학생은 교정프로그램으로써 보충하여 주어진 과제를 수행할 때까지 이수한다. 이러한 방법은 진단과 교정의 목적으로 사용하고자 할 때 적합하며 문제는 선다형이 적합하다.

1) 직선형 프로그램의 예시

① 퇴적물 입자의 크기 ⇒ ② 응회암의 생성환경 ⇒ ③ 고사리 퇴적환경

①, ②, ③은 비슷한 계열의 문제를 간단히 확인하는 단답형으로 순서대로 풀어나간다.

① 일반적으로 해안에서 멀수록 입자의 크기가 작은 퇴적물이 쌓이고, 가까워질수록 입자의 크기가 커진다. 역암, 사암, 셰일 중 해안에 가장 가까운 곳에서 형성된 암석은 어느 것인가? (역암)
② 응회암을 통해 알 수 있는 사실은 무엇인가?(퇴적당시 부근에서 화산활동이 있었다)
③ 어느 지역의 퇴적 지층에서 고사리의 화석이 발견되었다. 과거 이 지역의 환경은 어떠했겠는가?(온난 다습)

2) 분지형 프로그램의 예시

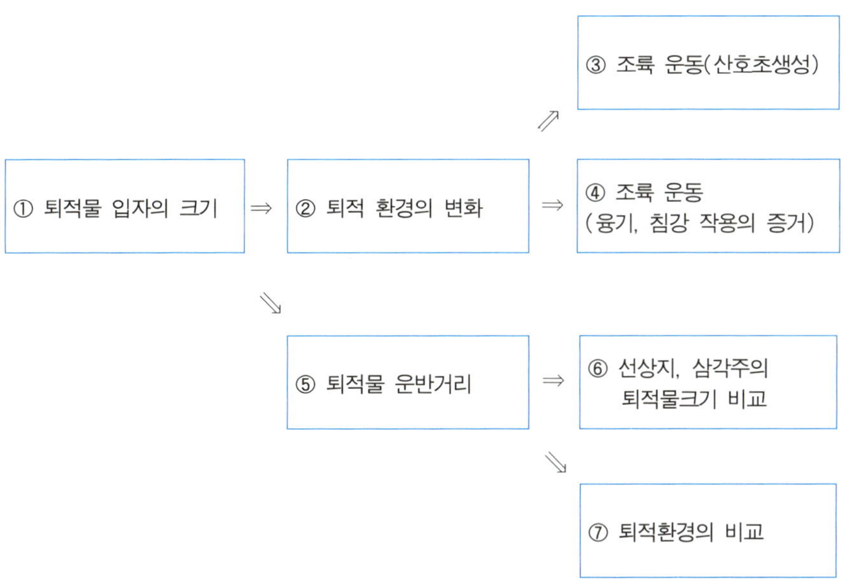

[그림 5-1] 분지형 프로그램의 예시

①을 맞출 경우 ②, ③, ④의 문제로 이동하여 조륙운동에 의한 퇴적 환경의 변화과정을 다룸으로써 사고를 확장하고 응용할 수 있다. 틀린 경우 ⑤, ⑥, ⑦로 이동하여 퇴적물 입자의 크기를 결정하게 되는 과정에 관한 기초 개념을 다시 익히도록 한다.

① 일반적으로 해안에서 멀수록 입자의 크기가 작은 퇴적물이 쌓이고, 가까워질수록 입자의 크기가 커진다. 역암, 사암, 셰일 중 해안에 가장 가까운 곳에서 형성된 암석은 어느 것인가?(역암)

② 어느 지역의 지층이 아래로부터 역암, 사암, 셰일 순으로 퇴적이 이루어졌다. 이로부터 알 수 있는 퇴적 환경의 변화를 설명해 보자.(퇴적면이 점차 침강하였거나, 해수면이 점차 상승했다)

③ 산호는 얕고 수온이 높은 바다에서 자라게 되지만 수심 1km 이하의 깊이에서도 산호초가 발견되고 있으며, 섬 주변에 산호초가 발달하기도 한다. 그 이유를 조륙 운동으로 설명해 보자. (섬이 점차 침강하여 수심이 깊어지므로 과거 섬주변의 얕은 바다에서 생성된 산호초가 깊은 곳에서 화석으로 발견되거나 기존의 산호초가 계속 위로 뻗어 군락을 유지한다)

④ 융기 작용과 침강 작용의 증거를 각각 두 가지씩 적어보자.
(융기 작용의 증거: 빙하가 녹으면서 스칸디나비아 반도의 해발고도가 점점 높아짐, 육상의 지층(산맥 포함) 속에서 해저 생물의 화석이나 해저 퇴적암층이 발견됨)
(침강 작용의 증거: 남해안의 다도해, 해안선이 복잡한 리아스식 해안, 세라피스 사원의 돌기둥에 남겨진 천공 조개의 구멍 등)

⑤ 퇴적물의 운반거리에 따라 퇴적물이 쌓인 위치가 달라진다. 강의 상류와 중류, 하류로 구분했을 때 퇴적물 입자가 가장 큰 지역은 어디인가?(상류)

⑥ 선상지와 삼각주의 퇴적물 입자의 크기는 어디가 큰가?(선상지)

⑦ 퇴적입자의 크기뿐 아니라 퇴적물의 운반 거리나 퇴적 시간도 비교할 수 있는데, 어떤 근거로 비교가능한가? (운반거리가 멀수록 퇴적입자의 침식이 많아 입자가 둥글고(원마도), 크기가 작으며, 퇴적물의 두께가 두꺼울수록(오래될수록) 압축작용과 교결작용을 많이 받았다)

2 발견학습

가. 이론의 개요

1) 발견학습의 정의

발견의 일상적 의미는 아무에게도 알려져 있지 않은 것을 맨 먼저 찾아냄이다. 신대륙이 발견되었다든지, 새로운 별이 발견되었다든지 하는 것은 발견을 이러한 의미로 사용한 것이다.

M.L Bittinger(1968)는 학습자가 교사로부터 외적인 도움을 받지 않고 학습과제를 완수하는 학습상황 이라면 어느 경우이든지 발견학습이라고 볼 수 있으며 발견학습에서 교사의 역할은 조심스럽게 하는 안내에서부터 전혀 안내를 하지 않는 것까지 다양하다고 하였다. 따라서 발견학습에 대한 Bittinger의 정의는 학습자의 자발적이고 독자적인 학습행위를 강조하고 있다고 볼 수 있다.

J.R Suchman(1962)은 발견이란 학습자가 가지고 있는 개념적 조직(conceptual system)의 홀 안에서 지각된 데이터의 동화작용에 결부된 경험으로 생각했다. 이러한 동화의 과정은 개념 체계의 틀 안에서 그 데이터 또는 개념 체계 자체를 재조직함으로써 일어난다고 보았다. 발견학습에 대한 그의 정의는 탐구 활동을 통해 내부에서 일어나는 변화의 결과에 주목하고 있다. 이러한 견해를 갖고 있는 사람은 발견을 두 가지 관점, 즉 Piaget 의 동화 및 조절과 유사한 것으로 본다. 동화는 이미 형성된 체계 안에서 발견이 일어나는 것이고, 조절은 틀을 재구성하여 새로운 것으로 발전시키는 것을 의미한다. 우리가 교실에서 일어나는 발견은 일반적으로 첫 번째 것을 의미하나 학자에 따라서는 두 번째 발견이 더 의미 있는 인간의 목표라고 말하며 이를 개념적 창조라 한다.

2) 발견학습 이론의 배경 및 취지

20 세기 초 경험 중심 교육과정은 아동의 흥미와 지나치게 생활 사태에 필요한 측면만을 강조함으로써 지적 발달을 도외시하게 되었다는 비판을 받게 되었다. 이런 과정에서 학교에서 다루어지는 교과 내용과 과학 사이의 극심한 간극이 초래되었고, 이를 극복하기 위한 논의가 이루어지고 있던 중, 1957 년 소련의 인공위성 스푸트니크 1 호의 발사로 충격을 받아 1959 년 우즈 홀 회의에서 본격적으로 그 대처 방안을 논의되어 1960년대 미국의 교육과정 구조화 운동이 시작되었다. 당시 심리학자로서 이 운동을 주도했던 Bruner는 특정한 자극에 기계적으로 고정된 반응을 보인다는 행동주의 학습이론을 반대하고 사람은 동물과 달리 학습자로서 주어진 정보를 다른 문제에 자신들이 학습한 내용을 전이 시키면서 기저 원리나 규칙을 추론하는 등 능동적으로 지식을 구성해 나간다고 생각하면서 각 학문의 기저를 이루고 있는 일반적이고 기본적인 아이디어, 개념, 원리와 같은 지식의 구조를 학교에서 지도할 것을 주장하였다. 그는 지식의 구조를 인지구조로 전환시키기 위해 단순히 결과를 전달하는 방식이 아닌 사고과정을 가르치는 방식으로 처방되어야 한다고 보고 그 처방법은 발견학습 이라는 아이디어로 제시되어 교수 학습이론에 적지 않은 영향을 끼쳐 왔다. 그것은 교사와 학생이 서로 협동적인 위치에 있으며 학생 스스로 해보며 문제를 다루는 등 지식의 형성과정에 참여하도록 도와줌으로써 학습이 무의미한 암기와 같은 방식으로 치우치지 않도록 하였다.

3) Bruner의 발견학습이론

발견학습에서 가장 풍부한 이론을 제시하고 있는 Bruner는 발견을 어떤 사실을 보고 그것을 뛰어넘어 새로운 통찰이 일어날 수 있도록 그 사실을 재정리하고 변환하는 것이며, 발견학습은 학습자들에게 교과를 최종적인 형태로 제공하는 것이 아니라 학습자 스스로 조직하도록 요구되는 상황에서 일어나는 학습이라고 진술하였다. 즉, 이 말은 교사가 온전히 내용을 제시하여 이뤄지는 주입식이 아니라 학생 스스로가 학습 문제를 찾고 교사의 안내, 자료, 정보, 언어적 암시, 발문을 통해서 토의하고 질의, 종합함으로써 개념이나 원리와 법칙을 발견하는 능동적인 지적구성 작업을 통해 학습이 이루어지는 것이 곧 발견학습이라는 것이다.

Bruner의 발견학습은 여러 가지 교육적 의의를 내포하고 있다(박광규, 1994).

첫째 의의는 한 교과의 구조를 알거나 교과에 포함된 기본적 분류체계의 형성을 증진시킨다는 것이다. 교과의 조직이 구조화되어 있지 않으면 학습이 어려워지고 전이력이 낮아질 뿐만 아니라 기억도 잘되지 않게 된다는 것이다.

둘째 의의는 어떤 교재든지 어떤 학생에게도 가르칠 수 있다는 가능성을 보이고 있다는 것이다. 비율이라는 개념을 4세의 학생에게 가르칠 수 없다는 주장에 대해 Bruner는 제시형식을 단순화시키고 제시양식을 가장 단순한 표현양식으로 하면 학습시킬 수 있다고 하였다. 학생들은 표현 양식 면에서 작동적 표현, 영상적 표현, 상징적 표현의 순서로 발달하기 때문에 수업의 계열도 같은 순서로 해야 함을 시사하고 있다.

셋째 의의는 학년이 증가함에 따라 제재를 어느 정도 반복하여 전개하는 나선형 교육과정이 분류체제의 계획을 위해서는 이상적이라는 것이다. 학습자에게 여러 개념들을 구체적이면서 단순한 예로 먼저 제시하면, 학습자가 이들 간에 관계를 발견하게 됨에 따라 점차 상위적이고 일반적 개념을 대하게되고 이렇게 되면 이론적으로 전이력, 재생력, 발견력을 높여주는 구조의 형성이 가능해진다는 것이다.

넷째 의의는 학습자에게 추측이라는 것이 중요한 학습조건이라는 것을 가르치기 위해 훈련시켜야 한다는 점이다. Bruner는 이와 관련하여 직관적 도약 즉, 교육된 추측의 중요성을 지적하고 있다. 교육된 추측은 맹목적 시도 이상의 것이다. 그러나 단지 주어진 정보를 넘어서서 진행하는 것보다는 낮은 것이다.

마지막으로 시사되는 의의는 시청각 매체와 같은 수업 보조물이 많이 이용되어야 한다는 점이다. 시청각 매체는 학습자로 하여금 직접적 경험의 기회를 제공함으로써 개념의 형성을 증진시킨다는 것이다.

나. 발견학습의 특징과 수업모형

1) 발견학습의 특징

발견학습 모형의 기본적 가정은 다음과 같다.

첫째, Bruner가 정의한 바와 같이 발견학습의 기본적인 형태는 교과 내용을 학습자가 스스로 조직하도록 요구받는 상황에서 일어난다. 따라서 교사가 학습 자료를 잘 조직하여 적절한 형태로 제시한다면 학습자는 더 나아지려는 내적 동기에 의하여 능동적으로 개념을 획득한다는 것이 기본적인 전제이다.

둘째, 발견학습 수업 모형은 귀납적인 방법을 통하여 개념을 형성하는데 근거를 두고 있다. 따라서 전조작기를 벗어나 구체적인 사실 사이에 존재하는 관련성을 찾아 기술할 수 있는 전형적인 구체적 조작기의 학생들에게 적합하다.

셋째, 발견학습 수업의 성공은 활동 자체보다는 교사의 역할에 의해 결정된다. 교사는 수업의 목적을 깊이 생각해야 하며, 발견학습 모형 활동에 적절한 내용을 선정해야 한다. 또 그 내용을 설명해 줄 수 있는 자료를 선택하는 것이 무엇보다도 중요하다. 자료는 학생들이 배울 추상적 개념을 학생 스스로 발견하려고 할 때, 쓰이는 매우 중요한 도구이다.

발견학습 모형은 대체적으로 다음과 같은 특징을 지니고 있다.

첫째, 교재의 기본 구조에 대한 철저한 학습을 강조한다. 교재의 구조란 교재를 이루는 중심 개념과 기본적 요소로서 지엽적인 지식을 제거한 근간의 지식이라 할 수 있다. 이러한 근간을 철저하게 학습함으로써 교과에 대한 이해가 쉽게 이루어지고 망각이 최소화되며 전이가 쉽게 이루어진다.

둘째, 학습 효과의 전이가 중요하다. 누구든 평생을 배워도 모든 지식이나 기술을 습득할 수 없다. 따라서 가장 원리가 되는 것, 공통성이 있는 것 등 핵심적인 사항을 배워 유사한 사태에 적용하도록 하는 것이 바람직할 것이다. 최근과 같이 지식과 기술이 기하급수적으로 팽창하는 시기에는 더욱 이러한 점이 강조되어야 할 것으로 판단된다.

셋째, 규칙성의 발견이나 개념을 형성하고 일반화하는데 일차적인 강조점을 둔다. 이때 학생들은 주로 관찰을 통하여 수집된 자료를 분석하여 개념이나 법칙을 이끌어 내야 한다.

넷째, 학습자의 능동적인 학습을 강조한다. 학습이 학생들의 적극적인 참여로 이루어져서 학생 스스로 조사하고 일반화할 수 있도록 교사는 주로 질문을 활용해야 한다. 또는 교사는 자료의 중요한 부분을 암시적으로 강조함으로써 학생의 개념 형성 과정을 촉진할 수 있다.

다섯째, 학습의 결과보다 과정과 방법을 중요시한다. 학습의 과정을 지식의 생성과정과 일치시키고자 하는 것이 발견학습이다. 이것은 변화하는 사회에 대응하는 창조적 지성을 함양하기 위함이다. 학생들이 작은 발견자 또는 탐구자적인 자세를 가지고 새로운 지식을 획득하고 창조적인 생활을 영위할 수 있도록 하려면 학습의 과정과 방법을 체득하게 해야 한다.

2) 발견학습의 장점

발견학습의 장점은 다음과 같다.

첫째, 다른 학습방법보다 교과내용의 전달이 용이하다. 학습자 자신의 발견을 통한 학습은 학습의 질 및 파지성을 오래 지속하도록 해 줄 뿐만 아니라 교과 내용의 전달이 잘된다. 학습자가 인지발달상 구체적 조작기에 있을 경우, 귀납적인 발견방법으로 교과내용을 가르치는데 용이하다.

둘째, 유의미한 학습을 도와준다. 발견학습은 수용학습보다 유의미한 학습을 촉진시킨다. 유의미한 학습이란 학습된 내용의 논리적인 관련성이나 구조를 파악하고 있고 학습된 내용의 이해 및 후속학습을 위한 선행학습 경험으로서 준비성이나 학습상태가 갖추어져 있는 것을 말한다. 수용학습에 의하면 일반적인 학습과정은 외부에서 제시되는 지식이나 사실을 주루 기계적인 연습, 반복에 의해 획득되고 있으므로, 이들 지식이나 사실이 학생들의 인지구조에 내면화되거나 분화되기가 힘들뿐만 아니라 다른 장면에 응용하기도 어렵다. 따라서 학습의 기억이나 전이력이 약화된다. 반면에 발견학습에 의해 획득된 지식은 학생에게 유의미성을 높여주어 그의 인지과정 속에 내면화가 용이할 뿐만 아니라 다음 학습을 위한 결정적인 단서의 역할을 할 수 있게 된다.

셋째, 학습방법의 학습을 길러준다. 수용학습과 발견학습은 학습의 결과로써 학생들의 사실이나 원리, 즉 지식을 획득하게 된다는 점에서는 동일하나 학습과정에는 큰 차이점이 있다. 발견학습에 의해 학습할 경우에는 학생들 스스로 지식을 탐구하게 된다. 따라서 발견학습을 통해 학생들은 지식을 획득하게 될 뿐만 아니라 이러한 지식을 획득하는 방법, 즉 탐구하는 방법을 습득하게 된다. 이러한 탐구방법을 알게 됨으로써 학생들은 자기에게 부딪친 문제, 의문, 혹은 하고 싶은 것을 해결해 가는 능력을 기르게 된다.

넷째, 문제 해결력을 길러준다. 발견학습은 문제 해결력에 필수적인 관계를 맺고 있다. 수용학습에 의해서도 학생에게 어떤 법칙이나 전략을 가르칠 수 있으나 학습자가 새로운 상황에 이 법칙이나 전략을 응용할 때까지는 그것을 학습자가 알고 있다고는 말할 수 없을 것이다. 더욱이 전략은 학습자에게 문제 해결을 위한 방향 제시는 해준다 할지라고 문제 해결 과정 자체에 대해서는 충분한 시사를 하지 못하며, 상당한 정도의 발견방법을 학습자에게 요구하고 있다. 따라서 학습자는 여기에서 한 걸음 더 나아가 각 문제 해결에 필요한 관계를 발견함으로써 문제해결을 하게 되고 결국 원리나 법칙을 학습하게 되며 일반화할 수 있게 된다.

다섯째, 전이가 잘 된다. 일반적으로 발견학습은 수용학습보다 학업성취를 위해 쓰이는 시간은 더 길다. 그러나 발견학습에 의해 학습했을 때 학습의 전이는 발견학습을 통해 학습할 때 걸린 시간 이상으로 오래 지속할 것이며 학습효과도 극대화된다.

3) 발견학습 수업 모형의 절차

발견학습은 탐구학습의 한 방법으로 개념이나 법칙의 발견을 유도하는 학습방법이다. Bruner는 발견학습에 의해 학생들의 지적인 가능성을 증가 시킬 수 있으며, 내적인 보상, 문제해결의 시도를 할 수 있다고 했으며, 비록 학습시간은 많이 걸리나 지식의 파지와 전이력이 높다고 지적하고 있다. 발견학습 모형의 단계는 다음과 같다.

〈표 5-1〉 발견학습 모형의 단계

단계	내용
탐색 및 문제파악	• 학습 자료 탐색 및 문제를 파악하는 단계이다. • 교사는 주어진 학습 자료를 통하여 학생들이 문제를 파악하도록 도와준다.
↓	
자료 제시 및 관찰 탐색	• 자유로운 탐색 활동을 하는 단계이다. 현실 세계의 일부인 자료를 제시함으로써 과학 활동을 실세계와 관련짓고, 관찰을 통해 탐구 기능을 발달시키는 기회를 제공한다. • 가능한 다양하고 많은 관찰을 하도록 격려해야 한다. 그러나 관찰은 이론 의존적이기 때문에 학생의 지적 배경에 따라 상당히 제한적일 수 있다는 것을 고려한다.
↓	
추가 자료 제시 및 관찰 탐색	• 귀납적 추론을 자극하는 단계로 자료에 있는 규칙성을 연결한다. • 교사는 학생에게 처음 관찰과 추가 관찰 사이의 유사점과 차이점을 찾게 하고, 공부하고 있는 내용과 직접적으로 관련이 있는 관찰을 할 수 있도록 유도한다. • 제시된 추가 자료는 학생이 더 많은 관찰을 하여 그로부터 추리되는 규칙성을 인식하게 하기 위한 것이다.
↓	
규칙성 발견 및 개념 정리	• 관찰된 규칙성으로부터 일반화를 하게 하는 단계로 관찰 결과를 발표하게 하거나 일반화를 유도하도록 질문을 던진다. • 관찰에서 얻은 자료를 수집해서 그들 사이의 관계나 이유를 설명하게 한다. • 학생이 일반화를 통해 개념을 찾아 낸 다음에는 교사는 학생이 추상적인 개념을 말로 나타내도록 도와서 수업을 정리한다. • 필요하면 다른 예나 정의를 통해 개념을 명확하게 설명하거나 보충자료를 더 제시한다.
↓	
적용 및 응용	• 학생이 학습한 추상적인 개념을 확장시키거나 응용하는 단계이다. • 교사는 가르친 정보를 학생이 얼마나 잘 이해했는지 알아볼 기회를 가진다. • 학생은 교실에서 얻은 지식을 실생활에 관련짓는 기회를 가진다.

가) 탐색 및 문제 파악 단계

주어진 학습 자료를 탐색하고 학습 문제가 무엇인지를 파악하게 하는 단계이다. 교사는 주어진 학습 단계를 통하여 학생들이 문제를 파악할 수 있도록 도와준다. 이러한 학습 문제는 교실 안이 아닌 실제 자연 현상을 접하게 하여 파악하게 할 수도 있다.

나) 자료 제시 및 관찰 탐색 단계

교사가 문제 해결에 필요한 한두 가지 자료를 제시하여 학생들로 하여금 관찰 탐색하게 한다. 자료를 제시하는 것은 다음과 같은 역할을 한다. 첫째, 아동들에게 현실의 한 부분을 제공해준다. 아동들과 친숙한 실물들을 사용함으로써 교사는 실세계의 한 부분을 교실로 들여올 수 있다. 둘째, 아동들이 실제적이며 구체적인 실례들을 관찰함으로써 그들에게 탐구 기능을 발달시킬 실습의 기회를 제공한다는 것이다. 이러한 관찰 과정을 통하여 아동들을 보다 훌륭한 관찰자, 추리자가 될 뿐 아니라 과학의 모든 과정에서 이들 기능의 역할을 알게 된다. 얼마 동안의 관찰이 끝나면 교사는 관찰 결과를 발표시킨다. 여기에서 교사는 다양한 관찰 결과를 발표시키고 의미 있는 관찰이든 아니든 모두 받아들이는 태도를 지녀야 한다.

다) 추가 자료 제시 및 관찰 탐색 단계

앞에서 제시한 자료 이외의 다른 자료들을 추가로 제시하여 학생들로 하여금 관찰 탐색하게 하고, 앞에서 관찰 탐색한 결과와 비교하게 된다. 이 단계에서 제공되는 보충 자료에는 형성하고자 하는 개념과 일치하는 자료도 있고 때로는 이와 반대되는 자료도 포함되어 있어야 한다. 이러한 관찰은 직접적인 지시보다는 질문을 통하여 유도하는 것이 바람직하다.

라) 규칙성 발견 및 개념 정리 단계

앞에서 관찰 탐색한 결과에 대한 토의를 통하여 일반화하고 규칙성을 발견하는 단계이다. 이 단계에서 교사는 학생들이 여러 관찰된 사실에서 규칙성을 이끌어 내고 기술하도록 유도한다. 여기에서 교사의 질문 기술은 유용한 개념을 형성하는데 중요한 역할을 한다. 이 단계에서 학생들이 규칙성을 발견하지 못하면 피드백 과정을 통하여 자료를 더 제시한 다음 일반화하도록 한다.

마) 적용 및 응용 단계

앞에서 발견한 규칙성을 다른 경우에 적용 또는 응용해 보게 함으로써 발견한 규칙성이나 개념을 보충 심화시키는 단계이다. 이를 통해서 교사는 학생이 이제까지 배운 것을 얼마나 잘 이해하고 있는지를 파악할 수 있다.

다. 발견학습의 적용 예시

▶ 달의 위상 변화

단 원	과학3 대단원: 태양계의 운동 중단원: 달의 운동 주 제: 달의 모양은 어떻게 변할까?

탐색 및 문제파악	• 교사는 여러 가지 달의 위상 사진을 보여준다. 〈여러 가지 달의 위상 사진〉 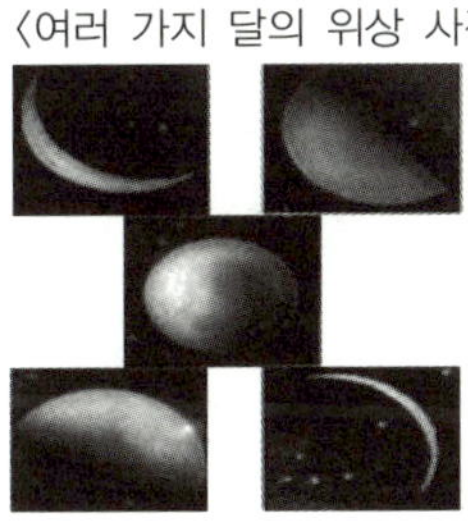 • 학생들은 교사가 제시하는 자료를 관찰하고 탐색한다. • 달의 위상이 변함을 인식한다.
자료 제시 및 관찰 탐색	• 교사는 학생들이 실제 달의 위상 변화를 관찰한 후 변화를 그림으로 나타낼 수 있도록 활동지를 나누어준다. • 학생들은 두 달에 걸쳐 매일 같은 시각에 달의 모양을 관찰하고, 달의 위상 변화 달력을 만든다.
아이디어 창안 및 발표	• 학생들은 관찰한 결과를 발표하고, 달의 위상에 대해 이해한다. • 교사는 학생이 위상변화의 원인을 추리하고 위상 변화의 주기를 알아낼 수 있도록 질문을 한다.
규칙성 발견 및 개념정리	• 학생들은 달의 위상 변화에 대한 개념을 도출해 낸다. • 학생들은 달의 위상변화 주기를 알아내고 위상변화의 원인을 추리한다. • 교사는 학생들이 결과를 비교하여 일반화를 유도하도록 한다.
발전 및 응용	• 달의 위상 변화에 대한 이해를 통해 다음에 나타날 달의 모양을 예상해 보도록 한다. • 달의 공전 주기를 예상하도록 한다.

3 탐구학습

과학교육을 통해 달성하고자 하는 목표의 영역을 크게 인지적 영역, 과학 탐구 능력 영역, 정의적 영역으로 크게 구분하는 데는 학자 간에 의견의 합치를 보이고 있다. 다만 각 영역별에 대한 조작적 정의와 각 영역을 구성하는 하위 요소들에 대한 견해는 다소 차이를 보이고 있다. 따라서 교육의 목표 영역을 어떻게 설정하느냐에 따라 교수-학습 전략은 달라질 수밖에 없다. 인지적 영역을 교육목표로 설정할 경우는 개념 획득 전략이 보다 효과적일 것이고, 탐구 능력 영역을 교육목표로 설정할 경우는 탐구학습 전략이, 정의적 영역을 교육목표로 설정할 경우는 또 그에 유효한 학습전략이 있을 수도 있다. 그러나 특정의 목표를 달성하는 데 유일한 교수 학습 전략이란 있을 수 없다. 주제나 상황에 따라 적절한 교수 학습 전략을 보다 체계적이고 조직적으로 계획 설계하여 수업 현장에 투입될 때 보다 의미 있는 교육성과를 기대할 수 있으리라고 본다. 본 절에서는 과학과에서 자주 인용되는 탐구학습 모형에 근거한 탐구학습 지도안을 제시하고자하였다.

가. 이론의 개요

1) 탐구학습의 이론적 기초

탐구 과정에 대한 전통적인 견해는 다음의 5단계 활동 즉, ① 문제를 인식하고, ② 가설을 설정한 다음, ③ 가설을 검증하기 위한 방법을 선택하고, ④ 그 방법을 적용하여, ⑤ 새로운 지식을 도출해 내는 과정으로 이루어져 있으며, 과학교육과정의 많은 탐구학습 내용이 이 이론에 근거하고 있다. 그러나 이 전통적인 견해는 다음과 같은 몇 가지 취약점을 지니고 있으므로 탐구학습 모형의 개선에 이를 고려해야 할 것으로 생각한다. 즉, 탐구 과정에 대한 전통적인 견해에서는 문제가 이미 주어져 있는 것으로 기술되어 있는데, 실제 과학 발달의 역사를 돌이켜보면 가장 혁신적이고 창조적인 생각의 대부분이 문제를 만들어내는 것에서 출발했다 것을 알 수 있다. 뉴턴이 사과가 떨어지는 것을 보고 만유인력의 법칙을 발견한 것이나 와트가 난로 위의 주전자를 보고 증기기관의 원리를 생각해 낸 것 등은 단순한 자연현상에서 문제를 이끌어 낼 수 있는 능력이 탐구 과정에서 얼마나 중요한 요소인가를 단적으로 설명해 준다. 다시 말해서 이미 주어져 있는 문제를 인식하는 것이 아니라, 어떤 현상 혹은 자료로부터 문제를 만들어내는 능력이 탐구 과정의 중요한 요소로 부각되어야 한다는 것이다. 전통적 견해의 또 한 가지 취약점은 지식이 축적만 될 뿐이지 새로운 결과에 의해 이전 지식이 교정 혹은 대체되는 메커니즘이 결여되어 있다는 것이다.

새로운 과학적 사실에 의해 결함이 있는 옛 지식이 계속 교정되거나 대체되어 나가는 역동적인 과정에 과학의 본질과 생명이 내재하는 바, 탐구 과정에 대한 올바른 인식의 정의가 과학 탐구 평가표의 개발에 우선 되어야 한다고 생각하며 허명(1984)이 개발 한 탐구 과정모델을 소개한다. 이 탐구 과정 모델은 교육적 이용을 고려하여 (1)여러 가지 정선된 탐구 기능을 포함시켰으며, (2)과학자 혹은 학생이 환경으로부터 얻어지는 단순한 정보로부터 문제를 만들어내는 과정이 뚜렷이 부각되어 있고, (3)새로운 결과에 의해 가설이 교정되거나 학생이 지니고 있던 이전의 인지 구조가 변경되는 과정이 묘사되어 있는데, 이러한 점에서 탐구 과정에 대한 전통적인 견해와 다르다.

2) 탐구학습의 세부적 단계

가) 문제인식

과학자는 환경으로부터 즉시적인 현상을 인식하고 문제를 인식하게 되는데 이는 과학자가 그 문제에 관련된 개념체계를 터득하고 탐구 지향적인 태도와 통찰력을 가지고 있어야만 가능하다.

(예) 흔들리는 추를 관찰하고 있는 사람이 추의 진동주기와 추를 매달린 선의 길이 사이에 어떤 관계가 있을까하는 문제를 발상하기 위해서 길이와 주기의 개념이 필요하고 문제점을 찾고자하는 태도 및 두 가지 개념을 관련시켜 생각하는 통찰력이 필요하다.

나) 가설설정

① 문제를 인식함으로써 과학자의 인지구조 내에 어떠한 불안정 혹은 불균형 상태가 초래되고 이를 다시 평형 상태로 회복시키려는 본능적 욕구가 작용하여 문제에 대한 임시 해결책을 찾으려 노력한다. 문제에 대한 이러한 임시적 해결이 바로 가설설정 형태로 나타나며 이 과정은 과학자의 사전 경험에 의해 형성된 개념 체계에 의해 큰 영향을 받는다. 문제의 발상과 가설 설정은 통상 창의력이 가장 많이 요구되는 단계이며 과학발전의 역사가 이 사실을 뒷받침 해준다.
② 가설이란 데이터에 의해서 검증되어야 할 일반화이다. 가설의 내용은 그것이 데이터 수집의 방향을 결정하기 때문에 중요하다.
③ 가설이 정확히 진술되어질 때 그 가설로부터 곧장 절차가 나오고, 엉성하게 진술된 가설은 데이터 수집 절차를 분명하게 제시하지 못한다. 따라서 학생들이 가설을 진술할 때는 특수 용어보다는 일반적인 용어로 진술하도록 유도한다.

다) 실험설계

① 가설의 타당성을 시험하기 위해서 행해진다.
② 특정 과학자의 주관적 견해에 의해 설정된 가설이 객관적 사실을 토대로 하여 증명되도록 실험이 설계되어야 하며 독립변인과 종속변인의 관계에 편파적 영향을 미치는 여러 가지 방해요인이 통제되어야한다.
③ 독립변인이란 실험에서 우리가 조사하려는 어떤 요인이다. 우리는 독립변인에 관심을 모은다.

종속변인은 실험에서 영향을 받거나 변화하는 요인이며, 고정변인은 독립변인 이외의 모든 실험 조건을 일정하게 유지하기 위해서 유지되는 변인이다.

예) 단진자의 길이가 길면 길수록 주기는 길어질 것이다.
독립변인: 단진자의 길이, 종속변인: 진자의 주기
고정변인: 진자무게와 진자의 운동을 시작하는 높이

라) 자료의 수집 및 정리

자료의 수집 및 정리 단계에는 기구조작, 관찰, 측정, 기록, 분류, 자료의 변형 등이 수반되며, 수집해야 할 데이터는 무엇이며, 학습 활동 전에 준비해야 할 재료는 무엇인지를 고려해야 한다.

마) 자료의 해석 및 분석

수집된 자료를 분석하고 해석함으로써 새로운 정보를 산출해 내는데 추론, 상관관계 결정, 인과관계 설명, 외삽, 예언 등이 이 단계에 속한다.

바) 실험 결과 종합

① 가설을 받아들일 것인지, 버릴 것인지를 결정한다.

② 실험 활동으로부터 얻어진 새로운 지식은 과학자의 인지구조를 부분적으로 변화시키고, 그 후의 문제 발생이나 그 밖의 탐구 활동에 영향을 미친다.

나. 탐구학습에 대한 평가 및 비판

탐구 수업 모형은 학생들에게 과학하는 과정을 제공하여 흥미로운 수업을 유발할 수 있다. 탐구학습의 장점을 나열해보면,

첫째, 학습활동이 학생중심이다. 학생이 활동에 직접 참여함으로 학습의 효과를 높일 뿐만 아니라, 스스로 방향을 결정하므로 학생의 재능을 개발할 수 있다.

둘째, 탐구적인 학습은 학생에게 자신감을 더해준다. 직접 참여함으로써 창조적 사고를 통해 통찰력을 키울 수 있다.

셋째, 학생의 기대수준을 높여준다. 탐구에 필요한 재능을 성공적으로 습득한 학생은 교사나 부모 또는 어느 누구의 도움을 받지 않고도 독자적으로 문제를 해결 할 수 있다는 생각을 가지게 된다.

넷째, 탐구학습을 통하여 여러 가지 재능을 개발할 수 있다. 학문적 재능을 활용하여 다른 재능을 더 많이 개발한다.

다섯째, 학생으로 하여금 어떤 지식, 정보를 지각으로 동화하고 적응할 수 있는 시간적 여유를 준다.

탐구학습의 단점을 나열해보면 첫째, 문제 발상이 어렵다. 개념을 정확히 파악하지 않고는 문제를 떠올릴 수 없으며 예리한 관찰력이 있어야만 한다.

둘째, 설명을 통한 지도로는 탐구의 기술을 익히기 어렵다. 탐구의 기술은 교사의 설명에 의해서 이루어지는 것이 아니라 학생의 실제적 행동에 의해서 이루어지는 것으로써 학생의 적극적인 참여에 의해서만이 가능하다.

셋째, 피아제가 말한 형식적 조작단계에 들어선 학생에게 가능하다. 가설을 설정하고 실험을 설계하고 데이터를 수집하고 분석하는 일들은 형식적 조작 수준에서 가능하다.

넷째, 탐구학습은 탐구 능력 측정을 위한 평가도구의 개발이 어렵다.

다섯째, 좋은 탐구학습 자료를 개발하기 위해서는 많은 시간이 필요하다.

다. 게임을 통한 탐구학습 지도안

학습목표	카드 교환 게임을 통해서 자신이 가지는 과학철학의 입장이 무엇인지를 알고 다른 사람과 비교한다.
준비물	과학의 본성과 관련한 4개의 주제(그 속에 하위 주제 각 3개씩)에 대해 과학철학적 입장(귀납주의, 반증주의, 상대주의)을 나타내는 진술이 적힌 카드 각 180매씩 540장을 준비한다.

단계	교수-학습 활동		비고
	교사	학생	
도입	• 과학의 본성에 대한 여러 입장이 있을 수 있음을 상기시킨다. • 양산, 언양, 울산 단층의 활단층 여부에 대해 과학자들 간에 논쟁이 있음을 예시한다.	• 여러 가지 방법을 발표한다.	신문기사 항공사진 원자력 발전소 사진

단계	교수-학습 활동		비고
	교사	학생	
1단계	• 과학적 논쟁을 종식시킬 수 있는 방법이 무엇인지를 발표시킨다. • 24문항으로 구성된 설문지와 응답지를 배부하고 응답하도록 한다. • 응답지를 회수한다.	• 설문지에 응답한다. • 응답지를 제출한다.	설문지
2단계	• 카드 게임의 규칙을 설명한다. ① 각 카드묶음에서 자신의 의견과 일치하는 6개 카드를 고른다. ② 반드시 4가지 색의 카드를 1장 이상 고루 선택한다. • 36개의 진술을 색깔별로 4등분하여 학생들이 돌아다니며 선택할 수 있도록 배치한다. • 학생들을 좌석에 앉힌다.	• 자유롭게 돌아다니며 36개 진술 중 4가지 색의 카드를 1장 이상 모두 6장의 카드를 선택. • 자신의 카드를 잘 읽고, 자신의 의견과 일치 하는가 아닌가를 평가. • 교실을 돌아다니며 다른 학생의 카드를 보고 자신의 의견과 같은 것을 찾는다.	(카드의 색) 구획-적색 변화-청색 지위-황색 방법-녹색 정사각형으로 배치
	• 카드 교환을 위한 교섭을 유도한다. • 자신의 카드를 폐기해서는 안된다는 점을 주의시킨다.	• 자신의 의견과 일치하는 카드를 교환할 수 있는지 여부를 교섭한다. 가능한 한 자신의 의견과 일치하는 카드를 수집한다.	40명의 학생일 경우 교섭을 위해 15분 정도의 시간을 준다.
	• 카드 교환이 끝나면 전원 좌석에 앉힌다. • 자신과 의견이 같은 짝을 찾는 활동을 하도록 유도한다. • 짝을 이루기 위한 규칙을 설명한다.(짝이 되기 위해서는 둘이 동의 할 수 있는 카드가 8장 이상이어야 하며, 최소한 자신의 3장의 카드가 8장의 카드군(群)에 기여하지 않으면 안됨을 주지시킨다.) • 교섭의 중요성을 인식시킨다.	• 본래 좌석에 돌아가 앉는다. • 자신과 일치하는 의견을 가진 짝을 찾는 활동을 한다. • 가능한 한 많은 동료와 교섭을 한다.	짝을 이루기 위해 10분의 시간을 준다.

단계	교수-학습 활동		비고
	교사	학생	
3단계	• 짝을 이루기 위해 필요가 없어진 카드를 폐기한다(0-3매). • 이번에는 2명의 짝이 4명의 그룹을 만들도록 유도한다. • 2명의 짝이 4명의 그룹이 되기 위한 규칙을 설명한다. • 그룹이 되기 위해서는 2개의 짝이 함께 동의할 수 있는 카드가 8장 이상이 되어야 하며, 최소한 자신의 3장의 카드가 8장의 카드군에 기여하지 않으면 안됨을 주지시킨다. • 각 그룹은 자신들의 과학관과 일치하는 순서를 정하고 가장 순위가 낮은 것 2개까지 폐기할 수 있음을 주지시킨다. • 각 그룹의 과학관을 한 문장으로 표현하도록 한다. • 각 그룹의 문장을 학생 전원에게 나누어준다. • 전체 토론을 유도한다. • 여러 가지 입장의 과학관이 존재함을 일깨운다. • 학습을 정리한다. 과학철학의 입장은 전통적인 귀납주의, 반증주의, 그리고 현대의 상대주의 과학관이 있음을 설명한다.	• 폐기한 카드를 미리 준비된 장소에 둔다. • 한 쌍의 짝이 그룹을 만들기 위한 교섭을 시작한다. • 2명의 짝이 의견이 같은 다른 2명의 짝을 찾아서 그룹을 이룬다. • 8장이상의 카드를 확보한다. • 그룹을 이루면서 필요없는 카드를 폐기한다(0-5매). 그룹의 의견 중 가장 낮은 순서의 카드를 2개 이내에서 폐기한다. • 전체 과학의 상을 표현하는 가장 함축적인 표현의 문장을 작성한다. • 다른 그룹의 과학관을 읽고 각 견해를 전원이 이해한다. • 다른 그룹에게 왜 그러한 견해를 갖게 되었는지 질문하고 응답한다. • 과학에 대한 인식은 여러 가지 견해가 있음을 안다. • 자신의 과학 철학적 견해가 어디에 속하는지를 확인한다.	그룹을 만들기 위해 10분의 시간을 준다. 준비된 유인물을 나누어 준다.

라. 실험을 통한 탐구학습 지도안

해수면 상승을 일으키는 요인은? (교사용)

1 학습주제

- 해양의 열적 팽창이 해수면에 어떤 영향을 미치는지 알 수 있다.

2 학습목표

- 물이 열을 받았을 때 수면의 변화를 말할 수 있다.
- 해수면 상승과 관련된 열적 팽창과 눈과 얼음이 녹는 현상을 구별할 수 있다.
- 연안 지역에서의 해수면 상승효과를 예측할 수 있다.

3 용어의 정의

- 열적팽창
  - 대부분의 물질이 열을 받았을 때, 물질의 구성요소인 분자의 진동 증가로 부피가 증가한다. 해양의 열적 팽창의 경우, 물 분자가 데워짐으로써 물 부피는 증가한다.
- 육상의 빙원(ice field)
  - 육상의 빙원은 육지의 정상을 덮고 있으며, 산악 빙하, 남극의 빙상, 그린란드의 빙상 이 포함된다. 이들 빙원이 녹은 것이 해양에 더해져 , 해수면이 상승된다.
- 부유하는 만년설(ice cap)
  - 만년설은 해수면을 덮고 있으며, 북극해는 대개 부유하는 만년설로 덮여 있다. 극지방에서 만년설의 용해는 해수면에 영향을 주지 않는다. 이것은 얼음이 이미 떠있음으로 인해 물 부피를 변화시키지 않기 때문이다.

4 수업모형: 실험학습

5 학습자료

- 원뿔형 플라스크, 2개의 구멍이 뚫린 코르크, 유리관, 온도계, 물감, 갓 달린 램프, 150W 전구

6 활동

- 학생들은 해수면의 열적 팽창의 효과를 증명하는 실험을 할 수 있다. 이 실험을 수행하는 각조의 학생들은 전 지구적이고 지역적인 규모에서 해수면 상승의 잠재적 효과를 조사할 수 있다.

7 **실험절차**

가. 학생을 조별로 편성한다.

나. 찬물을 원뿔형 플라스크에 완전히 채우고, 투명도를 높이기 위해 물감을 넣는다.

다. 그림과 같이 코르크의 구멍에 온도계와 유리관을 각각 끼운다.[그림 5-2]

라. 플라스크의 마개에 코르크를 끼운다[그림 5-3].

마. 열을 가했을 때 수면에서 어떤 일이 발생하게 될지 예측해 본다[그림 5-3].

바. 램프를 켜고, 그 아래에 플라스크를 놓은 후 5분 간격으로 측정한다.[그림 5-3]

사. 학생들은 물의 온도와 유리관의 물의 높이를 실험 일지에 기록한다.

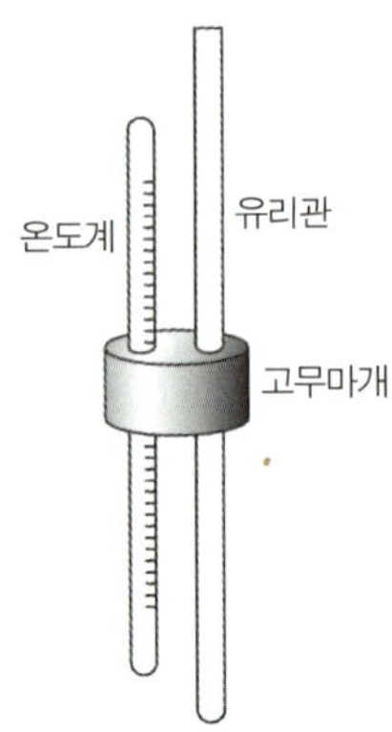

[그림 5-2] 실험 기구

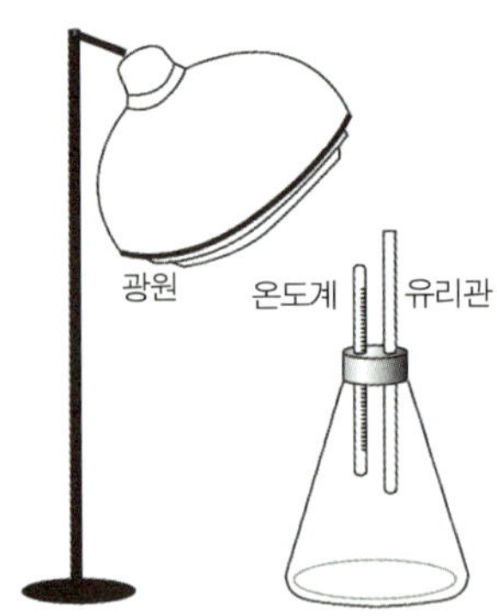

[그림 5-3] 실험 장치

8 **토 의**

가. 플라스크 안의 수면의 변화가 일어나는 이유는?

나. 이 실험과 관련하여 해양이 따뜻해진다면, 어떤 일이 발생할 것인가?

다. 전 지구적 기온 상승이 눈과 얼음을 녹일 정도로 충분치 않다면, 이 열적 팽창이 해안의 범람과 침식의 원인으로 충분하다고 기대할 수 있는가?

라. 남극과 북극의 얼음의 용해 중에서 해수면에 가장 큰 영향을 미치는 것은 무엇인가?

9 **학생평가**

가. 열적 팽창 실험의 그래프 그리기

나. 실험 결과의 토의 요약

10 **참고사항**

전 지구적으로 기온이 상승할 경우, 대다수 과학자들은 해수면 상승이 가장 중요한 2차적인 효과 중의 하나라고 지적한다. 두 가지 요인이 해수면 상승을 촉진한다. 첫째는 비록 해양이 거대한 열저장 수용량을 갖고 있지만, 전 지구적 대기 온도가 상승한다면 해양은 열을 흡수하고 해수면 상승을 일으키는 열팽창을 할 것이다. 둘째로 기온이 상승하면, 얼음과 만년설이 녹아 해수의 양을 증가시키게 된다. 남극 대륙과 같은 육지의 얼음과 만년설이 녹는다면, 해수면이 상승한다. 그러나 북극의 빙모와 같은 부유하는 얼음이 녹는 경우는 해수면에 영향을 미치지 않는다.

오늘날, 전 세계의 빙하는 후퇴하고 있고, 양 극지역의 얼음의 부피도 줄어들고 있다. 현재의 간빙기의 온난기 시작은 대략 14,000년 전이었다. 그 당시에 해수면은 현재 보다 낮은 75～100m였다. 전 세계의 대규모 눈과 빙원이 녹음으로 인해 해수면은 1세기에 1m 정도의 비율로 급격히 상승하였다. 시간이 흐른 후, 해수면의 상승률은 1세기에 10～15cm 정도로 낮아졌다. 해수면 상승의 가속화는 연안 습지대와 저지대의 침수, 해안선의 침식률 증가, 연안범람의 심화, 지하수면의 상승, 연안구조의 피해, 하천・만・대수층의 염분 증가를 가져올 것이다. 비록 해수면 상승이 전 지구적 기온의 효과 중의 하나로 생각하더라도, 지금까지 해수면 상승률이나 상승량에 대한 과학적 확신은 없다.

해수면 상승을 일으키는 요인은? (학생용)

〈용어의정의〉

- 열적 팽창 ; 대부분의 물질이 열을 받았을 때, 물질의 구성요소인 분자의 진동 증가로 부피가 증가한 다. 해양의 열적 팽창의 경우, 물 분자가 데워짐으로써 물 부피는 증가한다.
- 육상의 빙원(ice field) : 육상의 빙원은 육지의 정상을 덮고 있으며, 산악 빙하, 남극의 빙상, 그린란드의 빙상이 포함된다. 이들 빙원이 녹은 것이 해양에 더해져, 해수면이 상승된다.
- 부유하는 만년설 (icecap) : 만년설은 해수면을 덮고 있으며, 북극해는 대개 부유하는 만년설로 덮여 있다. 극지방에서 만년설의 용해는 해수면에 영향을 주지 않는다. 이것은 얼음이 이미 떠 있으므로 인해 물 부피를 변화시키지 않기 때문이다.

1 학습주제

- 해양의 열적 팽창이 해수면에 어떤 영향을 미치는지 알 수 있다.

2 활동

- 여러분은 수면에 대한 열적 팽창의 효과를 증명하는 실험을 할 수 있다. 이 실험을 수행함으로써 여러분은 전 지구적이고 지역적인 규모에서 해수면 상승의 잠재적 효과를 조사할 수 있다.

3 학습자료

- 원뿔형 플라스크, 2개의 구멍이 뚫린 코르크, 유리관, 온도계, 물감, 갓 달린 램프, 150W 전구

4 실험절차

가. 찬물을 원뿔형 플라스크에 완전히 채우고, 투명도를 높이기 위해 물감을 넣는다.

나. 그림과 같이 코르크의 구멍에 온도계와 유리관을 각각 끼운다.

다. 플라스크의 마개에 코르크를 끼운다[그림 5-2].

라. 학생들은 물의 온도와 유리관의 물의 높이를 실험 일지에 기록한다.

마. 열을 가했을 때 수변에서 어떤 일이 발생하는지 예측해 본다[그림 5-3].

바. 램프를 켜고, 플라스크를 놓은 후 5분 간격으로 측정한다.

5 토의

가. 플라스크 안의 수면의 변화가 일어나는 이유는?

나. 이 실험과 관련하여 해양이 따뜻해진다면, 어떤 일이 발생할 것인가?

다. 전 지구적 기온 상승이 눈과 얼음을 녹일 정도로 충분치 않다면, 이 열적 팽창이 해안의 범람과 침식의 원인으로 충분하다고 기대할 수 있는가?

라. 남극, 북극의 얼음의 용해 중에서 해수면에 가장 큰 영향을 미치는 것은 무엇인가?

마. 역할 놀이를 이용한 탐구학습 지도안

<table>
<tr><th rowspan="2">학습 과정</th><th colspan="2">교수-학습 활동</th><th rowspan="2">시간</th><th rowspan="2">유의점</th></tr>
<tr><th>교사활동</th><th>학생활동</th></tr>
<tr><td>도입
(역할극의 준비)</td><td colspan="2">• 6~7명을 한 조로 구성한 후, 조별로 온실효과에 관련된 다른 역할을 맡게 한다.
• 각 조별로 조장을 선출한 후 맡은 역할을 중심으로 토론해야 할 자료를 함께 준비하고 예상되는 질문 등에 대처할 수 있는 자료를 미리 구성하도록 한다.
• 각 조의 조장이 초대 손님으로 역할극 토론에 참가하여 자기조가 맡은 역할을 대표한다.
• 조장을 제외한 나머지 학생들은 역할극에 초대된 청중의 역할을 한다.
• 자기 조가 맡은 역할이 무엇인가를 미리 의논하여 초대 손님을 맡은 조장은 자기 역할의 관점을 확실히 하며, 자기 역할의 분위기를 최대한 나타내도록 한다.
• 다른 조의 역할의 관점과 내용을 미리 예상하게 한다.
• 토론시 발언을 할 때에는 자기 역할에 충실하고 올바른 정보를 바탕으로 활동에 임하게 한다.</td><td>5분</td><td>사전에 조를 구성하여 모든 준비가 미리 이루어지도록 한다.
모든 정보를 가능한 한 많이 조사하여 온다.

교사는 역할극에 개입하지 않는다.</td></tr>
<tr><td>문제 제기</td><td colspan="2">• 사회자 : 지구본은 본 프로그램을 이끌어 가는 사회자인 동시에 진행자이다. 본 프로그램에서 초대 손님들 간의 토론을 원만하게 이끌고, 시간이 허용되면, 청중들의 반응과 질문을 청하기도 한다.
• 지구 온난화에 대한 배경 정보를 예로 들면서 토론을 시작한다.</td><td>5분</td><td>토론의 초점이 흐려지지 않게 주의한다.</td></tr>
<tr><td>역할극의 전개</td><td colspan="2">• 사회자 : 남극기지에서 기후 변동에 관한 연구를 하여 오신 이기상 박사께서 온실효과와 지구 온난화 현상의 상황에 대해 먼저 이야기를 하여주십시오.
• 이기상 : 남극 빙하 속에 내포되어 있는 기포를 통한 연구에 의하면 지난 16만 년 간 이산화탄소의 양과 기온의 변화는 상관이 있으며, 현재 이산화탄소량의 증가를 감안하여 지금과 같은 정도로 온도가 상승한다면 해수면은 5m 이상 상승할 것으로 예상됩니다.</td><td>30분</td><td>특별한 순서 없이 자유롭게 토론한다.</td></tr>
<tr><td>역할극의 전개</td><td colspan="2">• 전식생 : 해수면 상승은 저지대의 평야를 침수시켜 경작 면적의 절대치가 감소하기 때문에 심각한 식량난을 가져올 것이다. 새로운 다수확 품종 개발이</td><td>30분</td><td>자기 역할의 분위기를 잘 나타낼 수 있</td></tr>
</table>

학습 과정	교수-학습 활동		시간	유의점
	교사활동	학생활동		
	요구된다. • 최정열 : 다수확 품종 개발 등의 차후 대책보다 온실 기체를 줄이기 위한 범국민 운동이 필요하다. 남미에서는 개발을 위해 열대 우림의 파괴를 일삼고 있다. 이를 저지하기 위해 환경 가요제를 준비하고 있다. • 리오삼바 : 우리 가문은 수 십 년 동안 대목장을 경영해 오고 있는데, 토양이 거칠어져 목초가 잘 자라지 못하므로 새로운 목장을 확보하기 위해 삼림의 파괴는 불가피하다.			는 토론을 하여야 한다.
역할극의 전개 (역할에 따른 입장 표명)	• 박가구 : 열대 우림의 파괴로 원목 값이 상승되어 채산성을 맞추는데 어려움이 있다. 요즈음 원목가구 쓰지 않는 사람이 어디 있는가? 우리도 열대 우림을 보호하기 위해 많은 식수를 하고 있다. 이로 인해 역시 원가 상승의 압력을 받고 있다. • 한경철 : 열대 우림의 보호를 위해서는 선진국들의 경제적 지원과 신기술의 조건 없는 이전이 있어야 한다. • 최정열 : 동감이다. 하지만 기술에 의한 온실효과의 저지보다는 자원의 절약과 올바른 환경 보전 인식에 의한 자동차 대신 자전거를 타는 것과 같은 국민적 운동이 필요하다. • 전기차 : 자전거를 타는 것도 중요하지만 공해가 없는 자동차의 개발도 중요하다. 노력하고 있지만 실용화되기 위해서는 좀더 시간이 필요하다. • 한경철 : 중국 동부지역의 공단에서 배출되는 매연은 우리나라에 큰 환경적 위협이 되고 있다. 배출가스의 양을 획기적으로 줄일 수 있는 방법을 마련하여야 할 것이다. • 왕서방 : 중국은 선진국에서 기피하고 있는 저임금의 노동력을 이용한 공해 산업이 주요 산업이다. 한국에서도 많은 공해 산업을 우리 중국에 진출시키고 있다. 공해 배출을 줄이게 하려면 원조를 해 달라. • 지구본: 이제까지 여러 초대 손님들의 이야기를 들어보았다. 정리하여야 할 시간이 되었다.		30분	자기 역할에 충실하여야 한다. 사회자는 토론의 초점이 벗어나지 않도록 하여야 한다.

학습 과정	교수-학습 활동		시간	유의점
	교사활동	학생활동		
정리 및 해결 방안의 모색	• 역할에 따른 주요 쟁점을 정리하고, 이를 바탕으로 학생 스스로 가치 판단의 경험을 갖게 한다. • 온실효과와 온난화 현상을 각기 위해 우리가 하여야 할 가장 중요한 일이 무엇인지 정리하게 한다.	• 각 역할에 따른 입장을 바탕으로 가치판단을 하고, 이를 발표하거나 보고서로 제출한다. • 환경보전에 관한 긍정적 태도를 바탕으로 실천의지를 기른다.	10분	올바른 태도와 실천 의지는 본인에게 달려 있음을 강조

SBC(School Broadcasting Company) 월요 과학 토론

– 무엇이 문제인가?

이것은 가상의 TV 프로그램으로 학생들은 학급에서 "무엇이 문제인가 ?"라는 프로그램에 참여하게 될 것이다. 이것은 매주 과학에 관련된 주제를 가지고 토론을 하는 프로그램으로 이번 주는 8 명의 초대 손님을 모시고 온실효과와 지구 온난화 현상에 관련된 토론을 진행하게 될 것이다. 여기에 참여하는 학생들은 과학자의 역할과 그 외의 역할들로 되어 있는데 , 학생들은 자기가 맡은 역할의 분위기를 충실히 나타내도록 준비하여야 한다.

1) 역할극 토론의 방법 및 유의점

① 학급에서 6 명 1개조로 8 개조를 구성하여 각 조별로 다른 역할을 분담하게 한다.
② 각 조별로 조장을 선출한 후 각조에서 맡은 역할을 중심으로 토론해야 할 자료를 함께 준비하고 예상되는 질문 등에 대처할 수 있는 자료를 미리 구성하도록 한다.
③ 각조의 조장이 초대 손님이 되어 맡은 역할에 대한 토론에 참가한다.
④ 학급의 나머지 학생들은 역할극에 초대된 청중의 역할을 한다.
⑤ 온실효과와 지구 온난화 현상에 관련된 정보를 가능한 한 많은 것을 조사한다.
⑥ 자기 조가 맡은 역할이 무엇인지를 미리 의논하여 초대 손님을 맡은 학생은 자기 역할의 관점을 확실히 한다.
⑦ 다른 조의 역할의 관점을 미리 예상하여 본다.
⑧ 토론이나 발언을 할 때에는 자기 역할에 충실하고, 올바른 정보를 바탕으로 활동에 임한다.

2) 사회자 및 초대 손님의 역할

사회자 지구본씨 : 지구본은 본 프로그램을 이끌어 가는 사회자인 동시에 진행자이다(이 역할은 교사가 맡는 것이 효과적일 것이다). 본 프로그램에서 초대 손님들 간의 토론을 원만하게 이끌고, 시간이 허용되면 청중들의 반응과 질문을 청하기도 한다.

① 지구 온난화에 대한 배경 정보를 예로 들면서 토론을 시작한다.
② 참석한 초대 손님들에게 적절한 질문을 하거나 다른 토론자와의 연결을 시킨다.
③ 청중들로부터 질문을 받아 해당 분야의 초대 손님에게 대답을 요구한다.
④ 초대 손님들의 의견을 요약하여 재전달하거나 토론의 초점이 흐려지지 않도록 하는 역할을 수행한다.
⑤ 프로그램을 마치면서 이제까지 나왔던 의견을 정리하고 초대 손님과 청중들에게 감사를 표한다.

저희 SBC의 월요과학토론-무엇이 문제인가?-에 참석해 주신 초대 손님과 홀을 가득 메워주신 청중들에게 감사드립니다. 오늘의 주제 "온실효과와 지구 온난화 현상 "에 대한 초대 손님들의 생각을 들어보고 청중 여러분들의 질문도 받는 형태로 오늘 이 시간을 진행하겠습니다. 오늘 환경처 장관님을 비롯한 많은 초대 손님과 청중들께서 자리를 함께 하여 주셨습니다. 각자의 오랜 경험과 연구에 바탕하여 오늘 제기된 온실효과와 지구 온난화 현상에 관한 많은 좋은 생각과 의견을 토론해 주시기 부탁드립니다.

알려진 바에 의하면 대기 중의 이산화탄소가 자꾸 증가하고 있다고 합니다. 과학자들은 이산화탄소의 증가로 인해 지구가 더워지고 있다고 합니다. 석탄, 천연 가스, 석유 등의 화석 연료의 사용의 증가로 이산화탄소 배출량이 증가하고 열대 우림을 비롯한 전 세계의 숲이 점점 황폐화되어 가고 있음을 우려하고 있습니다. 과연 지구의 기온은 상승하고 있는지, 상승하고 있다면 그 증거는 어떠한 형태로 나타나고 있는지에 대해서 의견을 들어보고 우려되는 상황들에 관한 예상과 그 대책도 들어보는 시간을 갖도록 하겠습니다.

역할카드

이기상: 이기상은 30년 이상기상과 기후 변화 연구에만 전념해온 대기 과학자이다. 그는 최근 몇 년간 남극 기지에서 기후 변동과 기상 변화에 관련된 연구를 하고 있는데 , 남극 빙하 속의 기포를 통하여 지난 16만년 동안의 옛날 기후를 연구하고 있다. 연구 결과에 의하면 이산화탄소의 양과 기온의 변화는 관계가 있으며, 지금과 같은 상태로 지구온난화가 진행된다면 해수면은 5m 이상 상승할 것으로 보고 있다.

리오 삼바: 리오 삼바씨는 3대에 걸쳐 남미에서 대목장을 경영하고 있는 목장주이다. 그의 할아버지는 40여 년 전에 열대 우림을 개간하여 지금의 목장을 마련하였다. 이 목장은 이제는 토양이 거칠어져 목초가 더 이상 잘 자라지 못하며, 산림을 벌목하여 새로운 목장을 확보해야 할 필요성을 느끼고 있다. 이를 위해 열대 우림의 파괴는 어쩔 수 없다는 입장이다.

박가구: 박가구는 남부지방에서 고급 원목 가구 공장을 경영하고 있다. 그의 공장에서 사용되는 대부분의 원목을 열대 지방에서 수입하여 사용하고 있다. 쓸만한 열대 우림이 자꾸 줄어 가는 바람에 원목가의 상승으로 채산성을 맞추는 데 상당한 어려움을 겪고 있다. 산림의 보호를 위해 벌목한 만큼 식수를 하여야 하기 때문에 생산 원가의 상승 압력을 받고 있다.

최정열: 최정열은 환경 운동연합의 간사로서 깨끗한 지구 만들기 운동을 주도하고 있다. 요즈음은 다른 나라의 환경 보호 단체와 연합하여 아마존 열대 우림의 보호를 위한 계획을 세우고 있다. 이 계획의 일환으로 환경에 관심을 가지고 있는 가수들을 모아 환경 가요제를 구상하고 있다. 열대 우림을 파괴하는 당국과 이의 저지를 위한 실제적인 지원과 노력을 하지 않고 있는 선진국들을 같이 비난하고 있다.

전기차: 전기차는 자동차 회사의 엔지니어로서 무공해 전기자동차 개발팀의 일원이다. 초보적인 전기 자동차의 제작과 주행에는 성공했지만 실용화할 단계는 아직 되지 않았다. 선진국에서는 갈수록 배기가스에 대한 규제가 심해져 현재의 엔진으로는 이 규정을 충족시키지 못하기 때문에 자동차 수출이 큰 타격을 받을 것을 우려하고 있다.

전식생 : 전식생은 농업 연구소에서 신품종의 볍씨를 연구하고 있는 농식물학자이다. 그는 기후 변동에 따른 식생의 변화가 농사에 어떠한 영향을 주는가에 대한 연구를 최근하고 있는데, 상당히 비관적인 연구 결과가 예상되고 있다. 그의 말에 의하면 품종 개량에 의한 수확의 증대보다 기후의 변화에 따르는 수확의 감소분이 훨씬 많을 것이라는 것이다. 게다가 해수면의 상승은 대부분 저지대에 위치하고 있는 평야의 대부분을 삼켜버려 경작 면적의 절대치가 감소하기 때문에 아주 비관적이라는 전망을 하고 있다.

왕서방: 왕서방은 중국의 경제 관련부처의 고위 책임자로서 중국 동해안의 공단건설에 책임을 맡고 있는 실력자이다. 중국 공단의 오염 물질 배출로 한국 정부로 부터 항의를 받고 있지만 가볍게 묵살 하고 있는 실정이다. 세계 기후협약에 따라 프레온과 이산화탄소 배출량을 감소하라는 압력을 받고 있지만 중국의 미래와 번영을 위해 현재로서는 어쩔 수 없다는 소신파로 선진국에 대해 이를 위한 비용의 지원과 기술원조를 먼저 하라고 큰소리 치고 있다.

한경철: 한경철은 정부 환경처의 사무관으로 대기 오염에 관련된 업무를 관장하고 있다. 자동차와 공장에서 배출하는 오염 물질의 규제에 관련된 실무를 담당하고 있다. 그리고 1992년 6월 브라질에서 개최된 UN환경개발회의에 실무자로 참석을 한 바 있다.

〈참고자료〉 과학 역할 놀이의 종류와 특성

1. 집중적 방법: 가장 많이 사용되는 유형으로 교실의 중앙이나 한쪽에서 이루어지며, 역할을 맡은 사람은 각자의 역할을 소화해 내어야 하고 나머지 학생들은 이를 관찰하는 것이다. 교사가 극의 중간 중간에 역할을 맡은 연기자에게 상담을 해주거나 조언을 해줄 수 있다.

2. 동시 다발적 방법. 이것은 여러 개의 과학 역할놀이를 동시에 하는 것으로 다인수 학급에서 적당하다. 여러 개의 역할놀이가 같은 쟁점을 다룰 수도 있고 같은 중심 주제를 지닌 다른 쟁점들을 다룰 수도 있다. 어떤 소집단은 역할을 맡은 연기자만으로 구성될 수도 있으며, 또 다른 집단은 연기자와 관객으로 구성되기도 한다. 조별로 다른 쟁점을 다룬 후, 다른 조의 쟁점과 교대하여 할 수도 있다.

두 방법 모두 쟁점을 양극화시켜 역할을 바꾸어가며 양쪽의 논리와 감정을 모두 경험하게 하여 효과를 높일 수 있다.

4 Gagne 위계 학습 이론

가. 이론의 개요

가네(Gagne)의 위계학습 이론은 행동주의적 입장에 기반을 둔 절충적 학습이론으로 접근, 반복, 강화와 같은 행동주의 심리학적 견해와 경험주의적 인식론, 그리고 귀납적 방법론을 기초로 구성되었으며, 인간의 능력, 또는 학습은 단순한 것에서 복잡한 것으로, 단편적인 것에서 일반적인 것으로 나아가는 위계를 이루고 있으며 한 단계의 학습, 또는 능력은 다음 단계의 학습에 필수적인 선행요건이 되고 있다는 것을 전제로 한다. 즉 각각의 학습 요소는 독립적으로 존재하는 것이 아니라, 다른 학습 요소와 상하로 연결되어 위계를 이루며 높은 단계의 학습 과정을 획득하기 위해서는 전단계의 학습 과정을 완전히 습득해야 한다고 주장하였다. 따라서 주어진 학습과제를 효과적으로 학습시키려면 학습과제를 구성하는 학습요소들을 추출하여 이를 분석하고 위계적인 관계로 조직해야 한다. 위계분석은 "주어진 과제를 성공적으로 학습하기 위해서 먼저 학습해야 할 기능이 무엇인가?"라는 질문을 반복적으로 던짐으로써 행해진다(Gagné, 1962). 이와 같은 반복적인 질문을 거치게 되면 복잡하던 과제는 일련의 단순한 과제나 행동으로 세분화된다. 이러한 과제분석 기법을 '학습위계분석'이라고 한다.

가네(Gagné)의 학습이론을 구성하는 핵심개념으로 학습의 결과(learning outcomes), 학습의 사태(events of learning), 학습의 조건(conditions of learning)을 들 수 있다. 학습의 결과란 학습의 결과로 얻어지는 것 또는 학습 목표를 말하며, 학습사태는 학습자 내부에서 정보가 처리되는 과정을 의미하고, 학습의 조건이란 학습의 내적과정에 맞게 외부에서 부여되는 수업활동을 말한다. 가네(Gagné)가 제시한 학습의 결과, 학습의 사태, 학습의 조건에 대해 구체적 살펴보면 다음과 같다.

1) 학습의 결과

가네(Gagné)는 학습결과의 범주를 언어정보(verbal information), 지적기능(intellectual skills), 인지전략(cognitive strategies), 운동기능(motor skills), 태도(attitudes)의 다섯 가지로 분류하고 있다(전성연, 2001).

가) 언어정보

언어정보란 명제적 지식 또는 선언적 지식으로서 어떤 사실, 개념, 원리 및 절차와 같은 이전에 학습된 내용을 구두로 말하거나, 글로 진술하는 것을 말하며 학교학습의 초기단계, 또는 특정 학습의 초기 단계에서 가장 많이 필요로 하는 능력으로 블룸의 인지적 영역 분류 중 첫 단계와 그 다음 단계인 지식과 이해를 통합한 것과 같다(Driscoll).

나) 지적 기능

지적 기능이란 언어나 문장, 수, 기호 등 일상적으로 사용하는 부호들을 활용하여 간접적으로 환경과 상호 작용하거나 변별, 분류, 분석, 수량화, 종합 등과 같이 부호를 복합적으로 사용할 수 있는 능력으로서 방법의 지식 또는 절차적 지식을 의미하고 있다(전성연, 2001). 지적 기능은 가네(Gagne)가 가장 강조한 영역으로 8가지 유형으로 나누어지며, 이들의 학습은 위계적으로 이루어져 있어 한 형태의 학습이 선행해서 이루어져야 다음 형태의 학습이 이루어질 수 있다. 8개의 학습유형은 신호학습(signal learning), 자극-반응 학습(stimulus-response learning), 연쇄학습(chaining learning), 언어연합 학습(verbal association learning), 변별학습(discrimination learning), 개념학습(concept learning), 원리학습(principle learning), 문제해결 학습(problem solving learning)으로 이루어지며 이들 8가지 학습유형을 표로 나타내면 다음과 같다.

〈표 5-2〉 가네(Gagne)의 지적기능 학습위계

유 형	학 습
제 8유형	문제해결학습
제 7유형	원리학습
제 6유형	개념학습
제 5유형	변별학습
제 4유형	언어연합학습
제 3유형	연쇄학습
제 2유형	자극-반응학습
제 1유형	신호학습

① **제1유형-신호학습**(signal learning)

위계상 가장 단순한 형태로서 고전적 조건형성과정을 통해 무의지적으로 학습이 되는 경우이다.

② **제2유형-자극-반응학습**(stimulus-response learning)

행동주의 교육 심리학자인 스키너가 제시한 조작적 조건형성과정을 통해 자극과 반응이 연결되는 것을 의미하는데 반응이 의지적이고 능동적이라는 점에서 신호 학습과 구분되고 반응에 대해 강화가 주어지면 학습이 잘 일어난다.

③ **제3유형-연쇄학습** (chaining learning)

연쇄 학습은 자극과 반응의 결합이 연속적으로 이루어짐을 의미하며 특히 텔레비전을 켜거나 세탁기 작동, 현미경 조작 등의 행위와 같이 신체적인 반응의 연쇄적 결합에 의해 일어나는 학습을 말한다(변영계, 2000).

④ **제 4유형-언어 연합학습** (verbal association learning)

단어나 언어로 주어지는 자극에 의해 언어적 반응이 일어남으로써 언어와 언어가 연합되는 학습 형태이다. 즉 언어를 사용하는 능력에서의 연결을 의미한다. 예를 들어 소금을 영어로 salt라고 하고, 화학 기호로 Nacl과 연결하는 것이 그것이다.

⑤ **제5유형-변별학습**(discrimination learning)

비슷한 여러 대상을 구별할 수 있는 능력의 학습을 의미한다. 여러 모양의 삼각형, 사각형, 오각형을 제시했을 때 삼각형을 다른 것과 구별할 수 있는 능력을 말한다(Driscoll, 2002).

⑥ **제6유형-개념학습** (concept learning)

사물간의 유사성과 공통성을 이해하고 그것을 기준으로 사물을 분류할 수 있게 되는 학습을 말하는데 예를 들어 네모 모양과 세모 모양을 분류하는 학습을 통해서 삼각형과 사각형에 대한 개념을 형성하는 학습을 말한다(Driscoll, 2002).

⑦ **제7유형-원리학습** (principle learning)

이미 배운 개념이나 법칙을 새로운 학습에 적용할 수 있게 되는 학습을 의미한다. 예를 들어 구두점에 대한 성질이나 법칙을 설명해주면 그것을 이용하여 문장을 읽고 잘못된 곳을 찾아 바로 잡아주는 것을 말한다(Gagne,́ 1998).

⑧ **제8유형-문제해결학습** (problem solving learning)

이미 배운 원리를 응용하여 여러 가지 새로운 상황에서 당면하는 문제들에 대한 해결책을 발견하게 되는 학습을 말한다. 즉, 위치에너지와 운동에너지를 이용해서 운동량의 법칙이 유도되는 것이 그 예로 볼 수 있다.

다) 인지전략

인지 전략이란 학습자가 직접 참여하여 학습하고, 기억하고, 사고할 수 있게 하는 내적으로 조직화되고 획득되는 능력이다. 지적 기능이 학습자의 환경을 지향하여 학습자 밖에 있는 숫자, 단어 및 기호를 취급하는 것임에 반하여 인지전략기능은 사회 환경을 처리하는 데에 있어서 학습자 자신의 내부행동을 다루는 능력이다(강정구, 1996). 즉 학습자가 자신의 학습과정과 기억 및 사고 과정을 관리하는 방법 등을 말하며 이 인지전략은 많은 지적 기능의 학습을 통하여 가능해진다.

라) 운동기능

운동기능이란 의도적 행동을 위해 여러 단편적인 활동들이 조직화되거나 통합되어 이루어진 신체의 종합적 활동 능력이다. 이러한 운동 기능은 감각, 두뇌, 근육 등의 신체적 기관들이 상호 보완적 작용에 의한 반복적인 연습을 통해 획득될 수 있다(안범희, 1993).

마) 태도

태도란 어떤 대상에 대한 찬성-반대 혹은 좋아함-싫어함과 같이 선택을 하게 하는 내적 경향성을 의미한다(변영계, 2000).

2) 학습사태

학습자 내부에서 일어나는 일련의 정보처리 과정으로서의 학습 사태는 학습의 내적 과정으로 표현 될 수 있다. 가네(Gagne)에 의하면 학습의 내적 과정은 9단계를 거쳐 이루어진다. 이들을 차례대로 제시하면 주의-기대-작동 기억으로의 재생-선택적 지각-의미의 부호화-반응-강화-재생단서-일반화이다(전성연, 2001) '주의'란 학습자가 대상 자극을 감각기관을 통해 받아들이는 것으로 그 결과로서 학습에 대한 기대가 일어난다. '기대'는 설정한 학습목표에 도달하기 위한 학습자의 동기화를 의미한다. 그런 다음 이미 가지고 있는 관련된 정보를 장기 기억으로부터 작동 기억으로 재생할 수 있어야 한다. 그러고 나서 들어오는 자극을 모두 수용하는 것이 아니고 가능한 것만을 선택하여 지각한다. 다음에 오는 의미의 부호화란 수용된 자극 특성들이 개념망 속에서 장기 기억으로 저장되는 것이다.

다음에는 반응이 일어나고 이에 대한 강화가 뒤따른다. 그 후 학습자는 상황에 적합한 능력을 발휘하기 위해 장기 기억에서 사용할 수 있는 부가적인 단서를 추구하며 새로운 상황으로 널리 적용함으로써 일반화시킨다(강정구, 1996).

3) 학습조건

학습조건이란 학습의 외적 조건으로서 교사가 수행하는 수업활동을 의미하는데(전성연, 2001) 가네(Gagne)가 주장한 학습조건은 학습 결과의 범주를 분류하고 각 학습 결과 영역에 따라 다른 교수 활동이 필요하다는 학습 목표 영역에 따른 교수 학습 원리와 내적 학습 과정을 지원하기 위한 9가지의 수업사태의 연합으로 이루어지며 교수자는 수업계획을 이 학습조건에 맞춰 체계적으로 진행하고 지식, 기능, 태도를 학습자가 습득하는데 필요한 조건이 무엇인지를 각각 결정할 수 있다. 9가지 수업사태를 중심으로 한 교사의 수업활동 설명하고 있다.

4) 수업 사태(단계)

가) 주의력을 획득시키기

학습을 시작하기 위해서는 자극이 수용되어야 하고, 그러한 수용이 발생하기 위해서는 학습자가 자극에 주의를 기울여야 한다. 만약 학습자가 수업에 주의를 기울이지 않는다면 그것은 수용되지 않고, 따라서 학습이 일어날 수 없다(Gagné, 1998). 예를 들면, 교사가 설명을 하는 동안 다른 사람과 이야기를 하는 학생들은 수업에 참여하지 않는 것이고, 따라서 그 수업내용을 받아들이지 않게 된다. 따라서 수업을 시작할 때 우선적으로 이루어져야 하는 일은 바로 학습자들에게 주의력을 획득시키는 것이다. 주의력의 획득 방법은 다양한 사태를 사용할 수 있다. 가장 흔히 사용되는 방법 중의 하나는 "이것은 중요하다", "여기에 특히 주의를 기울이길 바란다.", "이것은 항상 알고 있어야 되는 원리야"와 같이 말로 주의력을 획득시키는 것이다. 또한 소리나 빛과 같은 강한 자극을 사용하거나 시청각적 자극과 같은 주의력 획득 도구를 사용할 수도 있다. 주의력의 획득은 단순한 자극의 변화를 넘어서 학습자의 흥미를 유발함으로써 이루어질 수도 있다. 예를 들면, 잎에 관련된 수업을 시작할 때 교사는 "나무에서 잎이 왜 떨어지는 걸까?"와 같은 질문을 함으로써 학습자의 흥미를 유발할 수 있다. 다른 예로, 퍼센트와 관련된 수업의 경우 "야구 선수들의 타율을 어떻게 계산하는 건지 알아요?"라고 질문을 할 수도 있다.

나) 학습자에게 수업목표 알리기

학습 과정의 초기 단계에서는 동기화가 이루어져야 한다. 동기는 학습자들이 어떠한 목표를 달성하도록 노력하게 하고, 그로 인해 학습목표를 성취하게 되는 것이다. 대부분의 사람들은 경쟁적인 상황에서 성취를 얻고자 노력하거나 성취하고자 하는 욕구를 가진다. 만약 그들이 학습 과정에 몰두해야 한다면 그러한 욕구는 반드시 활성화되어야 한다(Driscoll, 2002). 가네(Gagné)에 의하면 특정한 목표를 달성하도록 자극하는 동기를 부여하기 위해서는 학습자들이 학습이나 수업에 참여한 결과로 무엇을 얻게 되는지에 대한 기대를 갖게 해야 한다. 이 단계는 학습이 끝났을 때 무엇을 할 수 있게 되는지를 알려줌으로써 학생들로 하여금 기대감을 갖게 하는 것이다(Gagné, 1998). 학생들에게 "이 단원이 끝나며 여러분은 다음과 같은 것을 할 수 있을 것입니다."와 같이 수업의 목표를 말해주는 것은 그러한 기대감을 형성하는데 도움을 준다. 또한 그 후에 일어나는 학습이나 목표와 어떤 관련성이 있는지를 명확히 알려주면 학생들은 그 목표를 달성하기 위해 더욱 노력하도록 동기화 될 수 있다.마지막으로 학생들은 그들에게 기대되는 최종적인 행동이 어떤 것인지를 알지 못하면 그들이 언제 학습과제를 완료하게 되는지, 언제 만족감을 경험할 수 있는지를 알 수 없다(안범희, 1993).

학생들에게 기대되는 최종적인 행동이 무엇인지를 알려주는 것이 바로 목표이다. 이 목표를 알려주는 기법으로 다섯 가지의 학습결과에 따라 다른 수업기법을 사용하는 것이 효과적인데 지적능력에서는 개념, 규칙, 절차 등이 작용되는 활용을 시범보이는 것이 필요하고 인지 전략에서는 전략을 기술하거나 시범보이며 언어정보에서는 학습자가 진술할 것으로 기대되는 사항을 기술하여 학습자에게 알려주는 것이 좋다. 태도를 형성시키거나 변화시키려고 한다면 사전에 목표를 제시하지 않는 것이 좋은데 왜냐하면 그것이 수업목표에 대한 부정적인 태도를 가질 수 있기 때문이다. 운동기능 학습의 목표는 학습자에게 분명히 전달되어야하며 보통 기대되는 수행을 시범 보임으로 전달한다.

다) 선수학습의 회상 자극하기

세 번째 단계는 학습자가 새로운 정보를 학습하는데 필요한 기능을 숙달하는 것이다. 새로운 학습은 선수 학습에 기초한다. 그러므로 새로운 학습의 성공은 필요한 선수 학습이 이미 완료되어 있는지에 달려있다. 이러한 수업의 사태를 달성하기 위해, 교사는 먼저 새로운 학습과 관련된 선수학습 이 무엇인지를 결정해야 하고, 그 다음 그것을 지적해 주거나 다시 회상시켜야 한다(Gagné, 1998). 만약 학습자들이 선수 학습이 제대로 되어 있지 않으면 새로운 학습을 시작하기 전에 이전의 내용을 다시 가르쳐야 한다. 선수학습을 회상하는 수업기법은 다섯 가지의 학습결과의 유형에 따라 달라질 수 있는데 지적기능에서는 선수학습의 가장 중요한 부분이 학습될 기능의 구성요소인 더 간단한 지적 기술들로 구성되어 있으므로 그 규칙 개념을 회상시켜야 하는데 예를 들어 전치사 뒤에 오는 대명사의 목적격을 사용하는 것이 학습목표라면 학습자는 전치사와 목적격 대명사라는 개념을 회상해야 만 한다. 지적 기능과 마찬가지로 인지 전략을 획득하는 초기 단계에 회상되어야 할 선수 학습은 이전에 학습된 개념과 규칙인데 지적 기능과는 달리 인지 전략의 구성요소인 규칙들은 매우 간단하고 상당히 친숙하다는 사실인데 예를 들어 교과서로부터 학습된 일반적인 학습전략은 '먼저 요점을 확인한 다음 자세하게 읽기'이다. 이러한 전략을 획득하려면 선수조건으로 문단에서 요점을 확인하는 방법과 구체적인 사항들을 처리하는 방법 등을 회상하는 것이 요구된다.

이러한 방법은 초등학교 때부터 꾸준히 연습되어진 방법이므로 학습자가 알고 있다면 특별히 주의를 기울일 필요가 없다. 언어정보에서 효과적인 수업은 이전에 학습된 언어정보의 회상을 자극하는 것인데 이것은 학습 자료를 제시하기 전에 선수 지식의 개관이나 요약 등을 사용함으로써 가능하다. 언어 지식에서 요구되는 선수지식은 지적 기능에 작용될 수 있는 선수 지식과는 분명한 대조를 이루는데 새롭게 학습된 언어정보에 대한 선수지식은 지적 지능의 경우와 달리 그 정보의 구체적인 구성요소가 아니라 더 복잡하게 조직화된 지식이다.

예를 들어 법학도가 특별한 판례나 대법원 판례에 관해서 학습할 때 회상되어야 할 것은 가능한 한 구체적인 문제와 관련된 전체적인 지식 즉 조직된 정보의 맥락에 관한 회상이다. 태도학습을 위한 회상자극은 학습자에게 개인의 행동선택에 관련된 상황이나 행동을 회상시킨다(Gagné, 1998).

라) 자극 제시하기

이 단계는 학습자에게 학습할 내용을 제시하는 것이다. 학습은 새로운 정보의 제시를 요구한다. 새로운 정보의 제시는 학생들에게 새로운 자극의 독특한 특징이 무엇인지를 지적해 줄 수도 있고, 하나의 정의나 규칙의 형태를 띨 수도 있으며, 무엇을 하는 방법에 대한 지식일 수도 있다. 어떤 사태이든 그것은 새로운 자극이며, 교사의 과제는 그것의 독특한 특징을 제시해 줌으로써 학습자들이 기억하기 쉽도록 도와주는 것이다(Gagné, 1998). 예를 들면, 개념이나 규칙을 제시할 때는 다양한 예들을 사용해야 하며 그 개념 또는 규칙이 적용되는 상황을 구별할 수 있도록 도와주어야 한다. 수업사태로서 제시되는 자극은 구체적인 학습상황에 따라 다르며 목표 결과 범주에 따라 다른데 언어정보일 경우 자극은 변별적 특징과 함께 인쇄되거나 청각적으로 전달되는 언어적 진술을 제시하며 지적 기능일 경우 하나의 개념이나 규칙으로 형성될 대상이나 상징 또는 해결되어야할 문제 등이 반드시 예시되어야 한다. 인지 전략의 경우 교사는 학습자에게 전략의 절차를 설명하거나 시범을 보일 수 있으며 태도일 경우 인간 모델이 보여줄 선택의 일반적 특성을 기술한다. 운동기능의 경우 자극으로 숙달된 수행을 보여준다.

마) 학습 안내 제시하기

이 단계는 학습할 과제의 모든 요소들을 통합시키는데 필요한 방법을 제시하는 것이다. 이전 정보와 새로운 정보를 적절히 통합시키고, 그 결과를 장기 기억에 저장할 수 있도록 학생들은 도움이나 지도를 받아야 하며 이러한 도움은 통합된 정보가 유의미하게 부호화되는데 초점을 두어야 한다(Gagné, 1998). 가네는 이것을 통합 교수(integrating instructions)라고 지칭했는데, 이것은 학습자들이 과제를 적절히 수행할 수 있도록 모든 관련된 정보를 사용할 수 있는 규칙이나 모델을 제공하는 것이다. 예나 시연, 도표, 순차적 교수 등은 모두 학습자들이 모든 정보를 목표를 수행하는데 적합하도록 통합하고, 저장하고, 회상하는 것을 돕는 기능을 한다.

교사는 학습자들이 주어진 과제를 수행하는 것을 안내하기 위해서 어떤 기법을 사용할 것이며 어떻게 그러한 기법을 제시할 것인지를 계획해야 한다. 때로는 학생들에게 그 과제를 수행하기 위해서 그들이 배운 정보를 어떻게 사용해야 하는지를 발견하도록 하는 것도 좋은 방법이다. 어떤 경우에는 '암시(prompting)'나 '단서 주기'가 요구되기도 한다. 교사는 하나 이상의 접근 방법을 계획할 수도 있다. 학습 결과의 영역 중 태도학습일 경우에는 인간 모델이 행동선택을 시범보이는 것이 좋은데 예를 들어 '나는 쓰레기통을 찾을 수 있을 때까지 주머니 안에 껌 종이를 항상 가지고 다닌다.'라는 말을 하고 실제로 이것을 행동으로 보여주고 인간 모델의 행동에 대한 강화를 관찰하도록 한다.

이렇게 되면 학습자는 인간 모델, 행동선택에 관한 진술, 시범, 모델의 행동 결과 등과 같은 전체적인 사태를 이해 할 것이다. 운동기능의 경우 연습을 계속하는 것이 학습안내를 제공하는 방법이 된다.

바) 수행 유도하기

이것은 통합된 학습의 요소들이 실제로 학습자에 의해 실행되는 단계이다. 이전의 단계들은 학습자가 학습을 하고, 새로운 정보나 기능이 장기 기억에 저장되는 것을 확신시켜 주는데 비해, 이 단계에서는 학습자가 실제로 새로운 학습을 했는지를 증명하는 기회를 제공한다(안범희, 1993). 수행은 학습자들이 연습 문제를 작성하거나, 숙제를 하거나, 수업시간의 질문에 대답하거나, 실험을 완료하거나, 그들이 배운 것을 실습할 수 있는 기회를 제공함으로써 유발될 수 있다. 목표 결과별로 수업방법을 살펴보면 지적 정보를 학습한 학습자에게 학습한 규칙이나 개념을 새로운 예에 적용해 보도록 요구하고 문제해결의 인지전략을 학습한 학습자에게 전략 사용의 확인을 위하여 새로운 문제를 제시해야 한다. 언어정보를 학습한 학습자에게는 자신의 말로 된 정보를 요구하고, 태도 학습자에게는 이전에 직면하지 못했던 상황에서 학습자가 직접 선택할 수 있도록 요구해야 하며 운동 기능을 학습한 학습자에게는 학습된 수행을 보여줄 것을 요구해야 한다.

사) 피드백 제공하기

이 단계에서는 수행이 얼마나 성공적이었고 정확했는지에 대한 결과를 알려 준다. 수행 이후에는 반드시 수행의 정확성에 관해 학습자와 의사소통하는 과정이 필요하다. 성공적인 수행에는 긍정적인 피드백이 제공되며, 그것은 과제의 수행에 대한 강화의 기능을 한다. 피드백을 통해서 학생들은 그들이 최초의 목표를 달성할 수 있는지를 알게 되고, 수행의 개선이 필요한 학생들은 얼마나 더 많은 연습이 필요한지를 알게 된다(Gagné, 1998).

아) 수행평가하기

이 단계에서는 다음 단계의 학습이 가능한지를 결정하기 위한 평가를 실시한다. 앞 단계에서 수행에 대한 연습과 강화가 주어졌으므로, 이제는 수행에 대해 평가를 할 시기이다(Driscoll, 2002). 이번에는 학생들은 다음의 새로운 학습을 위한 준비가 되었는지를 결정하기 전에 학습자들에게 학습한 것을 시연하도록 한다. 특히 시험 상황은 단순한 암기가 아니라 이해가 이루어졌는지를 점검하기 위해서 이전에 주어진 상황과 유사한 문제사태를 제공해야 한다.

자) 파지와 학습의 전이 증진하기

마지막 단계에서는 새로운 학습이 다른 상황으로 일반화되거나 적용할 수 있는 경험을 제공해야 한다. 그러므로 마지막 단계의 특징은 반복과 적용이다. 자료를 다시 점검하는 것은 기억을 확실히 하는데 도움을 준다(Gagné, 1998). 다양한 상황과 문맥에 적용하는 것은 전이를 도와주는 것으로 처음에 학습된 특정 상황을 넘어 사용될 수 있도록 해야 한다. 예를 들면 분수와 혼합된 수의 덧셈은 추상적으로 학습하였지만 이러한 지식을 개집을 짓기 위해서 나무의 길이를 측정하는 것과 같은 실제 상황에 적용하도록 하는 것은 유용할 것이다. 그러한 전이를 촉진시키기 위해서 교사는 학생들에게 그들이 새롭게 배운 기능을 언제, 어떻게 적용할 수 있는지를 가르쳐야 한다.

나. 성격과 특징

가네의 이론은 심리학적 학습이론의 다양한 측면으로부터 발생한 종합적인 교수이론으로써 교수의 설계 및 개발에 그 이론적 초점을 맞추고 있다고 평가된다. 가네의 이론은 우선 학습의 결과를 세분화함으로써 시작한다. 학습의 결과로써 학습자가 지닐 수 있는 능력을 언어정보, 지적기술, 인지적 전략, 운동기능 및 태도로 구분하고 이 각각의 능력이 요구하는 학습의 조건을 명시하고 있다. 학습의 조건에는 학습자 내부의 내적조건과 외적조건이 있는 데 가네는 학습의 외적조건과 관련하여 교수의 9가지 사태를 구분하고 있다.

가네 이론은 교수의 사태부분을 교사나 현장의 교육실천가들에게 그날그날의 교수를 위한 유용한 활동지침으로 제공된다. 또한 거시적 수준의 교수계획 즉, 교육과정설계에 있어서 조직의 문제를 돕는 데 유용한 개념과 원리를 제공한다는 장점을 가지고 있는 반면에 다음과 같이 단점을 가지고 있다. 첫째, 교수에 직접적으로 활용되기에 충분한 처방들을 제시하지 못하고 있다. 즉, 가네의 이론이 교수에 관련된 각종 변인들에 대하여 종합적으로 논의되고 있기는 하나. 그것이 교사가 전반적 교수계획을 실행하는 데 활용되기에는 이론자체가 일반적 수준에서 전개되고 있다는 지적을 받고 있다. 둘째, 가네 이론을 기초로 한 5가지 학습의 결과에 대하여 그의 이론은 다소 광범위하게 그것들을 다루었다.

다. 지구과학에의 적용의 예

가네의 학습 이론은 위계적 학습, 8가지의 학습 유형 등으로 요약할 수 있다. 그의 학습 이론이 과학교육에 시사하는 바를 박승재와 조희형(1994)은 다음 3가지로 제시하고 있다.

첫째, 학습은 반드시 위계적 단계에 따라 이루어져야 한다. 이를테면 어떤 원리학습을 하기 위해서는 그보다 하위인 개념을 먼저 알아야 하고, 그 개념학습을 알기 위해서는 그보다 하위인 변별학습이 선호되어야 한다는 것이다.

둘째, 과학지식은 탐구 과정을 통해 형성된다는 것이다. 과학자가 지식을 획득하는 것처럼 탐구 과정을 통해 학생들에게 과학을 가르쳐야한다는 것이다.

셋째, 학습은 개념과 기술이 누적되어 보다 고차적인 수준으로 이루어짐을 강조한다.

〈표 5-3〉 일기예보에 대한 8가지 학습 유형의 예(김찬종 외, 1999)

학습 유형	예
문제해결학습	• 일기를 예보한다.
↑	
원리학습	• 기압의 특성과 성질을 안다. • 기단의 개념을 안다. • 기후요소의 개념과 기후 인자를 기호화 할 수 있다.
↑	
개념학습	• 고기압과 저기압의 차이점을 안다. • 기압의 개념을 안다. • 공기의 성질과 개념을 안다.
↑	
변별학습	• 온도의 낮고 높음 구별하기 • 공기가 많고 적음 구별하기 • 습도가 높고 낮음을 구별하기
↑	
언어연합학습	• 온도계, 습도계, 기압계 읽기
↑	
연쇄학습	• 숫자 읽고 기하학적 도형재기
↑	
자극-반응학습	• 숫자의 이름 말하기
↑	
신호학습	

5 오수벨(Ausubel)의 유의미 학습이론

가. 이론의 개요

Ausubel은 미국의 심리학자로 교육에 관한 구체적인 학습이론을 제시하였으며, 특히 학습이 이루어지는 과정에 대해 관심을 가지고 연구하였다. 그는 '학습에 가장 큰 영향을 미치는 것은 이미 학습자가 알고 있는 것이다.'라고 하면서 학습자의 기존의 지식에 대해 가장 큰 의미를 부여하였다. 즉, 새로 학습할 내용이 학습자의 인지구조 속에 존재하고 있는 기존의 개념과 어떤 연관을 지음으로써, 학습에 의해 어떤 "의미"를 갖게 되는 것을 유의미 학습으로 정의하고, 이에 관한 학습이론을 제시한 것이 유의미 학습 이론이다. Ausubel이 유의미 학습을 주장하게 된 것은 발견학습이나 문제해결 학습 등의 탐구학습 이론이 교육적으로 크게 성과를 거두지 못하고 있다는 연구결과들이 대두되고, 또한 이러한 학습이 교실수업에서는 많은 문제점을 갖고 있다는 것이 지적되면서이다. 탐구학습 이론은 지나치게 실험 활동을 강조하는데 비해, 실제로 학교에서의 수업은 설명식 수용학습의 형태로 이루어지고 있으므로 이와 같은 수용학습이 유의미 학습이 될 수 있도록 하는 것이 중요하다고 지적하면서 유의미 학습 이론을 주장하였다

1) 학습이론의 종류

Ausubel은 교실에서 일어날 수 있는 학습의 주요 종류를 4가지로 구분하였다.

가) 수용학습(reception learning)

교사가 교육내용을 가르치면 학습자는 그 내용을 습득하는 교육형식으로, 모든 교육, 특히 학교교육에서 수용학습의 역할을 매우 강조하였다. 수용학습은 실용적인 차원에서 생각할 수 있다. 즉 학교교육의 대부분이 수용학습의 형태로 이루어지기 때문에 이의 역할을 강조한 것이다. 수용학습에서는 학

습될 전 내용이 최종적 형태로 학습자에게 제시되며, 학습과제는 학습자 스스로의 어떤 독립적인 발견도 포함하지 않는다. 학습자는 단지 제시되는 학습 자료를 내면화하거나 통합하는 것만이 요구된다. 수용학습은 유의미 수용학습이나 기계적 학습으로 연결될 수 있다. 유의미 수용학습은, 교사에 의해 주어진 잠재적으로 유의미한 학습과제나 학습 자료가 학습자의 인지 구조에 유의미하게 연결될 때의 수용학습을 말한다. 기계적 수용학습의 경우에서는, 학습과제가 잠재적으로 유의미하지 않을 뿐 아니라, 내면화과정, 즉 인지구조에 연결될 때도 유의미하게 연결되지 않는다.

나) 발견학습(discovery learning)

학습할 내용이 먼저 제시되어있지 않고 학습자가 스스로 발견해야 한다. 그러나 이것은 내면화되기 이전에 학습자에 의해 먼저 발견되어야 한다. 다시 말해서 발견학습은 학습할 내용이 우선 발견되고, 그 후에 수용학습에서처럼 발견된 내용이 내면화된다. 이러한 발견학습도 수용학습과 마찬가지로 기계적 발견학습과 유의미 발견학습으로 구분된다. 기계적 발견학습은 과학자들이 논리적인 추리가 아닌 직관을 통해서 문제를 해결하거나 과학법칙을 발견할 때의 학습을 말한다. 유의미 발견학습은 과학적 연구에서와 같이 과학자들의 창의적인 과학 활동에서 주로 일어난다.

① 지식을 학습자 자신의 인지구조에 통합시키는 방식에 따라

㉠ 기계적 학습(rote learning) : 기계적 학습은 반복하여 암기 하는 교육형식으로, 암기학습이라고도 한다. 예를 들면 철자를 학습하는 경우와 같이 학습과제가 이해되지 않은 채 학습자의 인지구조에 임의적으로 관련지어지거나 단지 기계적인 반복을 통해서 암기될 때 일어난다. 즉 암기학습이라고 하는 것은 개인의 인지구조에 새로 학습할 과제와 관련된 개념이 존재하지 않을 때, 새로운 정보는 암기에 의해서 기계적으로 학습된다. 이것은 각각의 지식 조각 혹은 단위가 인지구조 내에 아무렇게나 저장되는 것이다. 그러므로 새로 획득한 정보와 이미 저장된 정보 사이에 어떠한 상호작용도 이루어지지 않게 된다.

㉡ 유의미 학습(meaningful learning) : 학습자가 제시된 학습 자료를 내면

화하거나 통합해서 이해하는 교육형식이다. 학습과제가 학습자의 기존 인지구조에 비축어적이고 비언어적인 형태로 관련되어질 경우에 일어난다.

예를 들어 삼투압이라는 단어의 뜻은 정확히 설명할 수는 없지만, 농도가 다른 두 물체에서 물의 이동이라고 설명 할 수 있다. 이것은 단어의 뜻을 암기하였으므로 기계적 학습이론이다. 그럼 배추에 소금을 뿌리면 배추 잎은 시들해지고 물이 나온다는 것은 누구나 알고 있는 것이다. 이것이 삼투압인데 이것은 소금이 농도가 진하고 소금보다 농도가 낮은 배추 잎의 물이 소금으로 이동하기 때문에 일어나는 현상이라고 이해한다면 훨씬 더 쉽게 이해할 수 있다.

유의미 학습과 기계적 학습으로 구분하지만 이들이 양분된 것이 아니라 연속선상에 존재한다는 것을 인식해야 한다. 새로 태어난 영아를 제외하고는 절대적인 암기학습이라고 하는 것은 존재하지 않는다. 암기학습은 단지 새로운 정보의 획득이 기존의 인지구조 내에 있는 비교적 작은 요소와 관련되어질 때 일어나는 학습이라는 것을 이해하는 것이 중요하다. 암기학습과 유의미 학습은 학습의 과정뿐만 아니라 학습결과에도 차이가 있다. 암기학습의 결과는 이미 파지하고 있는 인지구조와 독립적이고 단편적인 지식으로서 후속학습에 뚜렷한 영향을 미치지 않는 반면에, 유의미 학습과정을 통해서 획득된 지식은 조직적이고 종합적인 지식체계를 이루어 관련 후속학습내용을 유의미하게 연결하는 정착 개념 체계가 된다.

암기학습과 유의미 학습의 결과는 파지와 기억에도 차이가 있다. 기계적 암기과정을 통해서 학습된 정보는, 유의미하게 또는 조직적인 방법으로 인지구조와 연결되지 않기 때문에 그 정보가 연합법칙에 따라 파지될 뿐이다. 즉 암기학습 과정을 통해서 획득한 결과의 파지와 기억은 이 결과가 바로 획득되기 직전이나 직후에 기계적 암기과정을 통해서 얻어진 비슷한 학습과제의 영향은 받지만 인지구조의 영향은 받지 않는다. 이에 비하여 유의미 학습과정을 통하여 학습된 결과는 관련 인지구조에 자리 잡고 있는 정착 개념 체계의 영향을 받아 파지되거나 기억된다.

② 수용학습-발견학습, 유의미학습-기계적 학습 관계 도표

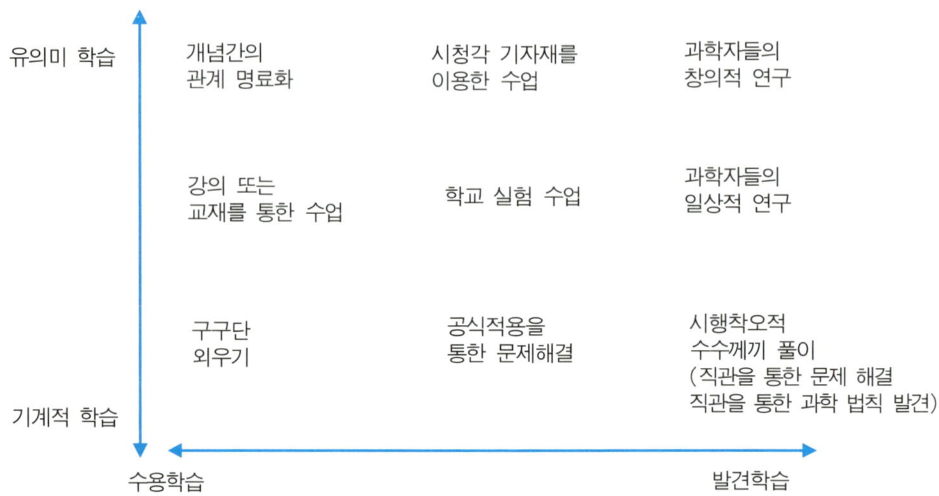

[그림 5-4] 수용학습-발견학습, 유의미학습-기계적 학습 관계

나. 유의미 학습의 성격과 특징

1) 특징

유의미 학습이란 학습자의 인지구조에 학습 내용을 포섭(subsumed) 혹은 정착(anchoring)시키는 일로서 학습자는 제시되는 학습 자료를 내면화하고 통합하여 학습자가 기존에 인지하고 있는 것과 관련시켜서 이해할 수 있도록 도와주는 학습이론이다.

2) 조건 : 학습과제, 인지구조, 학습태세

유의미 학습을 위한 조건에는 학습과제, 인지구조, 학습태세가 있다.

간단히 설명하면, 학습과제는 수많은 학습내용이 있지만 유의미 학습이론의 학습 과제에 적합한 과제를 가르쳐야 한다. 인지구조는 그러한 학습과제를 가르치면 학습자들은 이러한 학습과제와 관련 있는 개인의 생각과 경험 등

을 바탕으로 학습과제를 통합시킬 수 있는 개인적 지식과 능력을 말한다. 학습 태세는 이러한 학습과제를 통합하는 행위, 즉 인지구조는 개인마다 다르다는 것을 의미한다.

가) 학습과제(learning task)

학습자의 인지구조 내에 존재하고 있는 관련 개념에 잠재적으로 의미 있는 재료를 구속적으로 관련지음에 의해 학습자는 그의 기존 지식을 효과적으로 이용할 수 있다. 유의미 학습을 위해서는 학습과제가 구속성과 실사성을 가져야한다.

실사성(substantiveness)이란 어떤 명제를 어떻게 표현하더라도 그 명제의 의미가 변하지 않는 것을 말하고 구속성(nonarbitrariness)이란 일단 임의적으로 맺어진 관계가 시간이 흐름에 따라 하나의 관습으로 되었을 때, 그 관계가 다시 임의적으로 변할 수 없는 것을 말한다. 일반적으로 어떤 학습과제가 실사성과 구속성을 동시에 갖고 있을 때 그것은 논리적 유의미가(logical meaningfulness)를 갖는다고 한다. 학습과제가 지니는 논리적 유의미는 그 학습과제의 본성이 드러내는 속성으로서 일반적으로 기존의 관련 지식체계에 무임의적으로 그리고 실사적으로 연결시킬 수 있는 학습과제의 본질적 속성을 말한다. 쉽게 말해서 누구나 생각되는 진리라고 생각하면 된다.

나) 인지구조(cognitive structure)

학습과제가 논리적인 유의미가를 갖추었다고 해도, 즉 구속성과 실사성을 갖추었다고 해도 각 개인에 따라 학습과제로부터 깨달을 수 있는 인지 내용이 서로 다를 수도 있다. 이를 학습자의 인지구조 변인이라고 한다.

Ausubel은 인지구조를 어느 한 시점에서 학습자가 유용하게 사용할 수 있는 개념, 원리 및 이론 등으로 이루어진 학습자의 현재의 지식체계라고 설명하였다.

학습과제가 논리적 유의미가를 갖추고 있어도 학습자가 그와 관련된 인지구조를 가지고 있지 않다면, 그 학습과제는 유의미 학습과정을 통해서 학습될 수 없고, 학습이 일어난다 해도 그것은 마치 무의미 철자를 학습하는 것과 같이 단지 기계적 암기에 의해서 학습될 수 있을 뿐이다. 즉, 인지구조는 새로운 정보가 정착할 수 있는 발판을 제공하는 정착지의 역할을 하며, 새로운 정보는 이러한 인지구조에 포섭된다. 이처럼 학습과제의 본질과 아울러 그와 관련된 인지구조 또한 유의미 학습에 결정적인 영향을 미치는 요인이 된다. 그러므로 유의미 학습이 일어나기 위해서는 학습과제가 논리적 유의미를 가져야 하며, 그 학습과제와 연결지을 수 있는 학습자의 인지구조가 있어야 한다. 학습과제를 이해할 수 있는 인지구조를 가지고 있는 것을 잠재적 유의미가를 갖는다고 말한다. 학습과제의 잠재적 유의미가는 그 과제에 내재된 논리적 유의미가와 아울러 그 과제와 관련이 있는 학습자의 인지구조에 의해서 결정된다. 즉 학습 자료의 잠재적 유의미가는 학습자의 선행학습 경험, 나이, IQ, 직업, 사회적 지위, 또는 문화적 배경에 따라 달라질 수 있다. 이는 학습자가 현재 가지고 있는 인지구조가 이런 요인들의 영향을 받아 구성되기 때문이다.

다) 학습태세(learning set)

한 학습자가 그에 독특한 학습방법을 통해 특정 학습과제를 인지구조에 연결하려고 하는 학습자의 성향 또는 그러한 열의와 의도를 말한다.

유의미 학습이 이루어지기 위한 조건으로 앞에서 학습과제가 논리적 유의미가를 갖추고 있어야 하고, 학습자의 인지구조에 학습과제와 관련된 개념이 존재해야 함을 제시하였다. 학습자는 학습과제에 대하여 잠재적 유의미하게 학습하려는 학습태세를 가지고 있지 않으면 유의미 학습이 일어나지 않고 기계적인 학습이 일어나게 된다. Ausubel은 학습태세를 '특정한 학습 방법을 통하여 학습과제를 인지구조에 연결지으려는 학습자의 성향 또는 의도'라고 정의한다. 그러므로 학습이 암기학습인지 유의미 학습인지의 정도는 학습태세라고 하는 학습자의 경향성의 함수라고 볼 수 있다. 심리적 유의미가는 어떤 학습과제가 잠재적 유의미가를 지니고 있으며 그와 동시에 학습자가 그 과제를 학습하기 위한 학습양식을 갖추고 있을 때, 그 학습과제는 그 학습자에 대하여 심리적 유의미가를 갖는다고 말한다. 심리적 유의미가는 기호나 명제의 형식으로 표현된 진술에 관하여 개인이 인식한 현상적인 특성 또는 그 개인이 구성한 실제적인 의미를 뜻한다.

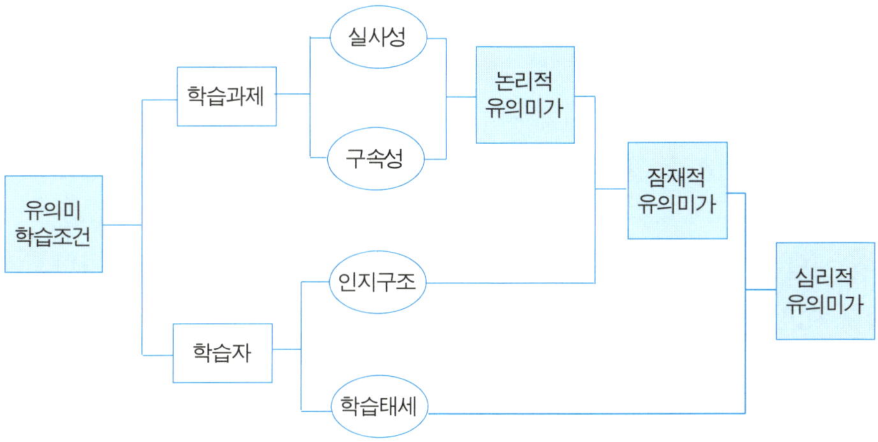

[그림 5-5] 유의미 학습조건

3) 유의미 학습의 3가지 종류

가) 표상(명명) 학습

표상학습이란 단일한 상징이나 단어의 의미를 학습하는 것이다. 학습의 기본적인 형태로서 사물의 이름을 말하는 것과 같은 기계적 암기학습에 가까운 학습형태로서 단일 부호나 단어의 의미 혹은 그것들이 나타내는 피상적 속성의 지각을 말한다.

예를 들어 초등학생들이 어떤 새로운 단어, 가령 동물이라는 생소한 말을 처음 배울 때는 그 단어가 잠재적 유의미가는 있지만 심리적 유의미가가 없기 때문에 보고있는 동물의 대상만을 표상화하고 동물이라는 단어가 의미하는 실제의 속성은 그 과정이 반복됨으로써 차츰 이해된다.

나) 개념 학습

공통적 준거속성(criterial attributes)을 가지고 있으며 그것을 어떤 기호나 부호로 지칭할 수 있는 사물, 사건, 상황, 또는 속성을 개념으로 정의하고, 그러한 개념의 획득을 말한다. 개념학습은 표상학습과 달리 개념의 준거속성이 기존의 인지구조에 연결되어 새로운 의미를 생성함으로써 일어난다. 그는 이와 같은 개념학습의 과정을 개념형성(formation) 단계와 개념동화(assimilation) 단계로 나눈다.

개념형성은 귀납적 일반화 과정을 통해서 학습자에게 아주 새로운 개념이 형성되는 단계이다. 이 단계에서 아동들의 개념은 그들의 직접적인 경험을 통해서 또는 가설을 설정하고 검증하며 일반화하는 연속적 과정을 통해서 형성된다.

개념동화는 모든 개념이 귀납적 추론 과정을 통해서 형성되는 것만은 아니다. 어떤 개념은 그 준거속성이 추상적 정의의 형식으로 제시되거나 그것을 분명하게 반영하는 상황을 통해서도 분화된다. 이것을 개념동화라고 한다. Ausubel은 아동들이 파지하고 있는 최초의 과학적 개념은 주로 귀납적 일반화 과정을 통해서 형성되지만, 일단 형성된 다음에는 개념동화 과정을 통해서 더욱 분화, 발달한다고 가정한다. 어린 아동은 개념형성 과정을 통해서 새로운 개념을 획득하며, 새로 획득된 개념은 그가 나이가 들어감에 따라 개념동화 과정을 통해서 분화되거나 정교화되어 더욱 복합적이고 진보된 개념으로 발달한다는 것이다.

다) 명제 학습

명제의 형식으로 진술된 학습내용에 내포되어 있는 의미나 그 외연적 의미가 인지구조에 정합적으로 연결되어 새로운 통합적 의미를 구성함으로써 일어나는 학습을 지칭한다.

명제학습은 두 개 이상의 개념을 결합하여 하나의 새로운 통합적 개념을 구성하고 그 개념을 문장으로 진술한 명제로부터 파생되는 새로운 의미를 학습할 때 일어난다. 이 학습은 명제를 구성하는 단어들의 개별적 의미를 먼저 알아야만 하는데, 이것은 표상학습이 명제학습의 기초가 됨으로써 그 필요조건이 된다는 것을 의미한다.

4) 명제의 의미와 인지 구조 내의 정착 의미와의 관계

학습될 내용이 인지 구조에 자리 잡고있는 관련 선행 개념에 연결되는 과정을 정착(anchorage)이라고 한다. 이러한 정착 과정을 거쳐 일어나는 유의미 학습에는 하위적(subordinate) 학습, 상위적(superordinate) 학습, 병위적

(combinatorial) 학습의 3가지가 있다. 포섭이란 새로운 명제나 아이디어가 학습자의 내부에 있는 포괄적인 인지구조 속으로 동화 또는 일체화되는 과정을 말한다.

포섭자란 기존에 있던 정보 즉 인지 구조를 말하며 학습의 동화설은 학습 내용이 인지구조에 연결되는 과정을 설명하는 인지적 학습 이론이다. Ausubel의 동화설에 의하면 유의미 학습은 학습 내용과 학습자의 인지구조가 상호작용함으로서 학습 내용은 물론 학생의 인지구조가 변화함으로서 일어난다고 설명한다.

가) 하위적(종속적, subordinate) 학습 또는 포섭(subsumption) 학습

좀 더 구체적이고 덜 포괄적인 학습 내용(개념이나 명제)이 인지구조 내에 있는 추상적이고 일반적이며 포괄적인 선행 개념에 정착하는 과정을 의미한다.

파생적 포섭이란 새로운 정보가 종속적으로 상위 수준에 단순한 예가 되는 경우이고 상관적 포섭은 새로운 정보가 역시 상위 수준 개념에 대해서 종속적인 경우다. 이 경우에는 상위 수준의 개념이 새로운 아이디어를 받아들이기 위해서는 학습자의 선행 개념을 확장하거나 수정하여 정교화함으로서 일어나는 학습을 의미한다.

나) 상위적(superordinate) 학습

점진적 분화에 의해서 이전에 학습된 개념에 비하여 새로 학습할 개념이 더 크고 포괄적인 개념의 요소로서 인정될 때 일어나는 것이 '상위적 학습'이다.

즉 상위적인 학습과제가 인지구조에 있는 몇몇의 보다 하위적인 선행관념들에 의미있게 연결될 때 일어나는 학습을 말한다.

예를 들어, 포유라는 개념은 개나 고양이 등의 개념에 비해 상위개념이다. 이와 같은 경우에 상위학습이 일어난다고 한다.

다) 병위적(병렬적, combinatorial) 학습

학습과제가 인지구조에 있는 상위적 개념이나 하위적 개념에 연결되는 것이 아니라 단순히 관련 개념의 광범위한 배경과 연결되어 일어나는 학습형태를 말한다.

통합적 화합-인지구조에 있는 기존의 개념의 의미가 재구성되어 새로운 의미를 갖게 되는 것이다.

예) 역학적 에너지 보존이라는 선행 개념과 열에너지를 포함한 에너지 보존 법칙과 동일한 수준에서 의미 있게 연결되는 경우

New idea　　　　Existing ideas
A ──────→ B ---- C ----

라) 정리-종속적 동화, 상위적 동화

유의미한 과제들이 학습된 후, 이들이 파지되고, 망각되는 과정을 종속적 동화와 상위적 동화로 나누어 볼 수 있다. 학습이란 학습과제에 담긴 잠재적 유의미가를 심리적 의미로 변화시키는 것으로 잠재적 유의미가를 지닌 과제로부터 의미를 획득하는 과정이고, 파지란 최근의 경험이 포섭자로부터 떨어져 재생이 가능한 상태이며 유의미 학습에서 망각은 새로운 개념이 동화되기 전의 인지 구조로 돌아가는 것이 아니고, 조금 변화된 새로운 인지 구조로 변화하는 것을 말하므로 암기 학습 후의 망각과 유의미 학습 후의 망각은 매우 다르다.

동화란 새로운 의미와 관련 정착 의미가 상호 작용을 하여 결합되는 것이다. 여기에는 종속적 동화와 상위적 동화가 있는 데 종속적 동화란 덜 포괄적인 새로운 의미가 인지 구조의 더 포괄적인 의미에 연합되고, 분리력을 서서히 상실함에 따라 더 포괄적인 관련 정착 의미 속으로 획득된 의미가 흡수되어 들어가는 종적 관계를 가질 때, 종속적 동화라고 하고 이전에 학습된 보다 덜 포괄적이고도 덜 안정성을 지닌 의미들은 후에 학습된 보다 포괄적인 의미에 동화되게 되는데, 이를 상위적 동화라고 한다.

다. 지구과학 적용의 예

1) 수업 적용 시 고려해야 할 원리

가) 선행 조직자의 원리

새로운 학습과제보다 추상성, 일반성, 포괄성의 정도가 높은 자료를 새로운 학습과제를 제시하기 전에 제공하여 이미 배운 내용과 연결 통합되도록 하는 원리이다.

★ 선행 조직자의 제시 → 학습 과제나 자료의 제시 → 인지 조직 강화

〈표 5-4〉 선행조직자의 종류

종류	주요 기능	적용 범위와 원리
설명 선행 조직자	정착 의미, 포섭	비교적 생소한 내용: 점진적 분화의 원리
비교 선행 조직자	인지적 다리, 변별	비교적 친숙한 내용: 통합적 조정의 원리

나) 점진적 분화의 원리

개념의 발달은 점진적으로 분화된다. 즉 포섭이 계속적으로 일어나면 인지구조가 변화하는데 이것은 정착개념이 새로운 정보에 의해서 바뀌는 것이다. 이와 같이 포섭 과정을 통해서 관련 선행개념이 점점 변화되면서 분화되어 가는 것을 '점진적 분화'라고 한다. 즉 학습내용 중 가장 일반적이고 포괄적인 내용을 먼저 제시하고 점차 세분되고 특수한 의미로 분화하도록 하는 것을 말한다.

다) 통합적 조정의 원리

학습자는 서로 의미가 일치하지 않는 개념에 직면하면 인지 불일치를 경험하는데 이러한 인지 불일치는 두 개념 사이의 관계가 명확해지는 통합적 조정의 원리를 통해서 해소된다. 통합적 조정은 학생들이 애매하게 알고 있었던 과학적 개념들 사이의 관계를 한층 더 분명하게 이해할 수 있게 해준다.

예) 학생들은 암석을 구성하는 광물에 대한 사고가 확산되면 화성암, 변성암, 퇴적암은 지각의 구성 요소이자 암석이며, 감람석, 휘석, 각섬석, 흑운모는 암석을 구성하는 광물이라는 것을 인식함으로서 암석과 광물에 대한 혼동이 해소되는 데 이런 예들은 통합적 조정을 통해서 관련 선행개념의 전진적 분화를 수반한다는 것을 보여준다.

라) 내용의 체계적 조직의 원리

설명식 수업을 할 때 학습 내용을 계열적, 체계적으로 조직하여 가르치면 학습 효과를 극대화시킬 수 있다는 원리이다. 학습과제가 체계적으로 조직되어 있으면 선행과제에 대한 지식은 후행과제에 있어서 선행조직자의 역할을 하게 된다. 과학개념 내용이 계열적, 체계적으로 조직되어 있으며 학습의 극대화가 용이하다.

2) 수업의 실제

가) 수업 절차의 단계

단계	활동내용
① 선행조직자의 예시	• 수업목표를 명확히 한다. • 선행조직자를 제시한다. • 학습자가 지니고 있는 사전 지식과 경험을 현재 수업내용과 연관지을 수 있도록 자극한다. • 학습의욕을 고취시킨다.
② 학습과제 및 자료의 제시	• 학습과제의 구속성과 실사성을 분명히 한다. • 학습 자료의 논리적 조직을 명확히 한다. • 점진적 분화의 원리를 적용한다.
③ 학습자의 인지구조 굳히기	• 적극적 수용학습을 조장한다. • 통합 조정의 원리 이용하기를 이용한다. • 학습내용에 대한 비판적 접근을 유도한다. • 학습내용을 명료화한다.

나) 유의미 학습이론을 적용한 지구과학 실제수업

단계	학습과정	교수-학습활동	
		교사	학생
단계1 선행 조직자 제시	△제시 1 △발문 1 △발문 2 △제시 2 △발문 3 △제시 3 △학습내용 제시 △발문 4	△자연계 내에 있는 대부분의 물질은 힘(압력)과 열(온도)에 따라 그 성질과 형태가 바뀐다. △물을 가열하면 어떻게 되는가? △압력을 낮추면 어떻게 되는가? △이와 같이 분자 간의 결합력이 약화되어 기체, 고체, 액체와 같이 상태변화를 한다. △설탕이나 소금을 물에 녹일 때 높은 온도와 낮은 온도 중에서 어떤 조건에서 잘 녹는가? △따라서 녹는 물질은 온도에 따라서 녹는 정도가 다르다. △그러므로 마그마로부터 정출되는 광물과 암석은 온도와 압력에 따라 조직과 성분이 다르게 나타난다. △기체는 모양이 규칙적일까? 아니면 불규칙적일까?	△기체가 된다. △낮은 온도에서 기화 된다. △높은 온도에서 잘 녹는다. △불규칙적이다.
단계2 학습 내용 제시	△발문 5 △도표1 제시 △도표2 제시 △암석표본 제시	△지하 깊은 곳에서 만들어진 암석은 높은 압력에 의해 만들어졌다. 이 암석의 형태는 규칙적(자형)일까? 아니면 불규칙적(타형)일까? 따라서 우리는 이렇게 만들어진 입자를 조립질이라고 한다. 자! 여기까지 종합해보면 물질은 무엇과 무엇에 의해 형태(조직)와 성분이 달라질까? △Magama 생성 조건은? △광물정출 순서도를 통해 온도의 압력에 따라 성분과 조직이 어떻게 바뀌어 가는지 알아보자. △ 화성암의 표본을 보고 온도와 압력에 의해 다르게 나타나는 두 가지는 무엇인지 알아보자.	△규칙적이다. △온도와 압력 △현무암질 마그마는 고온, 저압의 조건에서 잘 만들어진다.
단계3 인지 구조의 강화		△압력에 따라 무엇이 변하는가? △온도에 따라 무엇이 변하는가? △반심성암의 산출상태와 조직은? △검은색을 띄는 암석의 이름과 화학 조성비는?	△입자의 크기 △입자의 색 △반상조직과 암상, 병반, 암맥 △염기성암, SiO^2 52%이하

6 구성주의 학습이론(피아제의 인지발달이론)

가. 이론의 개요

교수나 학습과 관련하여 교실에서 이루어지는 모든 행위는 학생들의 학습과정에 대한 나름대로의 가정에 바탕을 두고 이루어진다. 예를 들어, 가르쳐야 할 내용을 소상하게 학생들에게 설명해 주는 식으로 수업을 전개하는 교사는 일반적으로 자세하게만 설명해 준다면 학생들은 학습 내용을 무리 없이 이해할 수 있으며, 만약 잘 이해가 되지 않았다면 그것은 선생님의 설명이 충분하지 않았기 때문이라고 가정하고 있다고 볼 수 있다. 그러나 지난 10여년에 걸쳐서 수행된 많은 연구 결과에 의하면, 학습 과정에 대한 교사들의 이와 같은 가정은 잘못된 것임이 밝혀지고 있다.

1970년대 후반부터 과학교육 학자들은 수업에 임하는 학생들이 학습해야 할 내용과 관련하여 무엇을 알고 있으며, 또한 학습한 과학개념을 올바르게 이해하고 있는지에 관심을 갖고 꾸준히 연구하여 왔다. 그들의 연구결과에 의하면, 학생들은 수업을 통하여 과학개념을 학습하기 이전에 이미 경험적으로 자연 현상에 대한 자기 자신의 생각을 갖게 된다는 것이다. 그리고 그들을 이를 '선입 개념' 혹은 '직관적 관념' 등으로 불렀다. 이와 같이, 인간이 자연과의 상호작용을 통하여 자신의 생각을 형성해 간다는 주장을 흔히 구성주의(constructivism)라고 한다.

구성주의의 효시는 그리스 시대로 거슬러 올라갈 수 있지만, 최근에 구성주의적 입장에 서서 많은 영향을 끼친 사람은 피아제라고 말할 수 있다(Magoon, 1977). 비록 피아제는 아동의 인지발달에 관한 연구로 많이 인용되지만, 인지 발달 연구에서 그가 견지한 다음과 같은 입장에서는 그는 확실히 구성주의자라고 볼 수 있다(Bell, 1993).

- 개인은 환경과 상호작용하여 그것을 이해하려는 노력을 통해서 새로운 지식을 형성한다.
- 모든 지식은 외부로부터 주어진 의미를 내면화시킴으로써 형성되는 것이 아니라, 적절한 표상과 해석을 통하여 내부로부터 형성되는 것이다.

학습을 구성주의적 입장에서 보는 사람들은, 학습이 이루어지기 전에 교사가 가르칠 내용과 관련된 학생들의 선입 개념을 파악하는 것이 매우 중요하다고 보고 있다. 왜냐하면 학생들은 이미 형성된 개념 체계에 바탕을 두고 다른 개념을 형성하는 것이므로, 선입 개념이 학습 과정에 지대한 영향을 미치리라고 보았기 때문이다. 그러므로 그들은 마치 학생들이 백지에 그림을 그리듯이 새로운 개념을 획득하는 것이 아니라, 자신의 머릿속에 이미 형성되어 있는 선입 개념을 변화시키거나 더욱 발전시키는 형태로 학습이 이루어진다고 보고 있다. 즉, 구성주의자들은 학습은 학생들의 머릿속에 이미 형성된 개념과 새로 배우게 될 개념과의 상호작용에 의해서 이루어지며, 학습과정은 학습자 스스로가 의미를 구성해나가는 능동적 과정이라고 보고 있다.

나. 성격과 특징

발생적 인식론은 『어떻게 인식이 가능한가?』라는 문제를 사변적으로 논의해 왔으나, 피아제는 '지식이란 무엇인가?' 그리고 '지식은 어떻게 얻어지는가?'에 관한 학문으로서 지식의 근원에 대한 문제와 형성과정을 설명하고, 이것을 '발생론적 인식론'이라고 명명하였다.

인간의 정신적 과정 또는 인지 과정은 생물학적인 과정으로서 개체가 외계의 지식을 동화 · 조절하는 과정을 통해 적응해가는 과정에서 인식이 이루어지며, 인식은 안정된 상태가 아니고 계속적인 구성, 변환이나 재구조화의 과정에서 이루어진다고 하였다.

1) 동화 · 조절 · 균형

피아제 이론에 의하면, 아동의 사고는 두 가지 과정을 통해서 발달해 나간다. 즉, 동화와 조절의 과정이다.

가) 동화

자신이 가지고 있는 사용 가능한 지식과 선호하는 방식으로 외부의 대상이나 상황을 해석하고 구성하는 것을 동화라고 하며 이는 양적인 변화이다.

나) 조절

인지구조의 발달 변화로서 기존 지식 방식에서 새로운 외부 대상이나 상황이 해석(동화) 되지 않을 때 갈등이 생기게 된다. 그리고 이를 해소하기 위한 활동을 하게 되는 데 이 활동을 조절이라 하며 이는 질적인 변화이다.

다) 균형

피아제는 인간은 자신의 심리적 구조를 일관성 있고 안정된 행동양식으로 조직하려는 경향이 있다고 말한다. 여기서 평형이란, 개인의 정신적 활동과 환경 간의 균형의 상태를 의미한다.

쉽게 동화될 수 없고 조절할 수 없는 새로운 정보가 들어왔을 때, 개인의 심리 구조는 평형을 잃어버리게 된다. 평형을 잃어버린 상태의 개인의 심리 구조가 다시 평형화되었을 때는 보다 높은 차원의 심리 구조가 획득된 상태이다. 다시 말하면, 평형화를 통한 심리 구조의 재구성이 이루어졌다는 뜻이다. 피아제는 이런 평형화의 원리를 인지발달의 주요원리로 보고 있다.

2) 인지발달과정

네 가지 인지발달과정은 감각운동기, 전조작기, 구체적 조작기, 형식적 조작기이다. 네 단계의 인지발달은 개인의 지능이나 사회 환경에 따라 각 단계에 도달하는 개인간 연령의 차이는 있을 수 있으나, 발달 순서는 결코 뒤바뀌지 않는다고 가정하고 있다.

아울러 각 단계는 주요 행동양식으로 설명될 수 있는 전체적인 심리 구조로 특징 지워진다. 각 단계는 전단계의 심리적 구조가 통합된 것이며, 다음 단계의 심리적 구조에로 통합될 준비과정이기도 하다. 이 말은 각 단계의 사고과정은 서로 다르며 시간이 경과함에 따라 더욱 복잡하고, 객관적이고, 타인의 관점을 생각하는 방향으로 발전하게 된다는 뜻을 가지고 있다.

가) 감각운동기(Sensorimotor Period)

전 언어시대(출생~2세까지)로 피아제가 이 시기를 감각운동기라 명명한 것은 이 시기의 영아가 자신의 감각이나 손가락을 입에 넣고 빠는 등의 운동을 통해서 자신의 주변 세계를 탐색한다는 사실에서 연유한 것이다.

다시 말하면, 이 시기의 영아는 새로운 정보를 얻기 위해 자신의 감각을 사용하고 새로운 경험을 찾기 위해 운동 능력을 사용하고자 애쓰는 시기라는 뜻이다. 그 결과 반사활동에서부터 제법 잘 조직된 활동을 할 수 있기까지 간단한 지각능력이나 운동 능력이 이 시기에 발달한다.

1 **단계 - 출생에서 처음 한 달 동안의 시기**

이 시기의 영아의 활동은 주로 빨기, 울기, 미 발달된 운동 등과 같은 반사활동으로 이루어진다. 빨기 반사도 하나의 도식인데, 영아는 여러 가지 물체를 입에 닿는대로 빨므로써 자신의 빨기 도식을 연습하고, 물체에 대한 정보를 동화시키고자 노력한다. 한편으로는 젖을 빨기 위해 고개를 드는 등 음식을 획득하기 위해 열심히 자신의 행동을 수정하는 조절의 과정도 아울러 발견된다.

2 **단계 - 1개월에서 4개월의 연령에 해당하는 시기**

기본적, 유전적인 도식의 정교화가 시작된다. 예를 들면, 손가락이나 숟가락 등을 입으로 가져가서 유전적 도식인 빨기 도식을 이용해서 계속 빨므로써 빨기 도식이 더욱 정교화된다. 또 빨기를 계속함으로써 습관을 형성한다. 의도적인 듣기와 보기도 시작된다.

3 **단계 - 4개월에서 8개월의 연령에 해당하는 시기**

인과관계의 법칙을 발견하기 시작한다. 예를 들면, 딸랑이를 흔들면 소리가 난다는 사실을 알게 된다. 여기에서 발견될 수 있는 중요한 원리는 경험을 많이 하게 되면, 인지가 더욱 발달된다는 뜻이다. 이 시기의 또 다른 특징은 물체를 따라 눈을 움직이기 시작하는 것이나. 그러나 물체가 시야 밖으로 사라지면 더 이상 찾지 않는다. 쉬운 표현으로 '여기, 지금'의 사실에만 관심이 있을 뿐 미래의 사실은 비록 가까운 미래일지라도 관심 밖의 일이다.

4 **단계 - 8개월에서 12개월의 연령에 해당하는 시기이다**

이 시기의 가장 중요한 특징으로서는 대상영속성 개념의 획득이다. 예를 들면, 전단계에서는 영아가 물체를 따라 눈을 움직이다가 물체가 보이지 않으면 더 이상 관심을 두지 않았으나 이 시기가 되면 더 이상 보이지 않는 물체를 찾게 된다. 공을 가지고 놀다가 영아가 보는 앞에서 이불 속으로 공을 숨기면

이불을 들치고 공을 찾아낼 수 있게 된다. 이것은 물체가 눈에 보이지 않아도 물체가 존재한다는 개념의 획득 때문이다.

5 단계 - 12개월에서 18개월의 연령에 해당하는 시기

조직 활동이 활발하게 되고 새로운 것들에 관심을 두는 시기이다. 전에 늘 가지고 놀던 인형, 공, 블록 등의 장난감을 다른 방법으로 사용하기 시작하고, 남의 흉내를 내기 시작한다.

6 단계 - 18개월에서 24개월의 연령에 해당하는 시기

사고가 시작되는 시기이며, 현존하지 않는 사람이나 대상에 대해 정신적 이미지를 형성하기 시작하는 시기이다. 따라서 이 시기의 영아는 자신을 다른 사람과 분리시켜 개인으로서의 자신을 조금씩 알게 된다.

나) 전조작기(Preoperational period)

전 논리적 시대(2세~7세까지)로 피아제는 이를 전 개념기와 직관적 사고기의 두 소단계로 다시 구분하고 있다.

① 전 개념기(2세~4세)

전 개념기의 유아는 개념발달을 위해서 다양한 언어 활동과 신체 활동에 참여하는 시기이다. 이 시기의 유아들은 자기중심적이며 흔히는 잘못된 개념, 현실에 위배되는 개념들을 가지고 있다.

- 자기중심적이다. 즉, 다른 사람의 관점에서 사물을 이해할 수 없다.
- 눈에 똑똑히 보이는 한가지의 사실에만 기초하여 사물을 분류할 수 있다.
- 하나의 준거에 의해서만 물체를 수집할 수 있다. 예를 들면, 여러 가지 단추들 중에서 동그랗게 생긴 것들만은 가려낼 수는 있지만, 동그랗고 빨간 단추는 가려낼 수 없는 것과 같다.
- 사물을 단계별로 배열할 수 있다. 그러나 바로 접하지 않는 사물을 추리해서 배열할 수는 없다. 예를 들면, 연필을 길이가 긴 순서로 배열할 수는 있지만, A는 B보다 길고 B는 C보다 길기 때문에'A는 C보다 길다'라고 추리할 수는 없다.

② 직관적 사고기(4세~7세)

이 시기 유아의 판단은 언어화되지 않는 모호한 인상이나 지각적인 판단에 의존한다. 상징적 매체, 즉 언어가 개입되지 않은 직관에 의존하기 때문에 이 시기 유아의 사물에 대한 판단은 흔히 잘못된 것이 많다. 예를 들면, 마주하고 있는 선생님이 "오른손을 드세요" 하면서 오른손을 들면 유아는 선생님의 말은 무시하고 선생님의 오른손은 자기의 왼손 방향에 있으므로 왼손을 들곤 한다. 따라서 이 시기를 직관적 사고기라고 말한다.

- 사물을 분류할 수 있다. 그러나 반드시 그것을 이해하는 것은 아니다.
- 논리적 관계를 이해하기 시작한다.
- 수의 개념을 사용하기 시작한다.
- 보존성의 원리를 어렴풋이 이해하기 시작한다.
- 보존성이란 물체가 모양에 따라 그 양이나 수가 변하지 않음을 말한다.

다) 구체적 조작기(Concrete Operational Period)

구체적 논리의 시대(7세~12세까지)로 구체적인 문제에 대한 논리적 사고가 가능한 시기이며 특정 사실에 따라 사물을 분류할 수 있게 된다. 따라서 이 시기의 아동은 사물을 위계에 따라 분류하는 것이 가능하다. 예를 들면, 이 시기 아동에게 한 웅큼의 5원, 10원, 100원, 500원 짜리의 동전을 쥐어 주면, 액수대로 분류하고 이것들의 포괄성을 충분히 이해할 수 있게 된다. 그러나 이러한 것은 실제로 돈을 손에 쥐어 주었을 때만 가능하다. 돈을 손에 쥐지 않고, 머릿속으로만 조작하기에는 제한이 있다.

또 이 시기는 양, 무게, 부피의 보존 개념을 확실하게 획득할 수 있다. 보존 개념을 획득한다는 것은 상보성, 가역성의 원리를 충분히 이해한다는 뜻과 같다. 전조작기의 자기중심적 사고는 이 시기에 와서 탈중심적 사고로 바뀌게 된다.

라) 형식적 조작기(Formal Operational Period)

논리적 사고 시대(12세~15,16세경)로 추상적인 사고가 가능하다. 추상적 사고란 융통성 있는 사고, 효율적인 사고, 복잡한 추리, 가설을 세우고 체계적으로 검증하는 일, 직면한 문제사태에서 해결가능한 모든 방안을 종합적으로 고려하는 일 등과 같은 것을 말한다.

형식적 조작의 사고가 가능한지 알아보는 것으로서 피아제가 고안한 유명한 실험은 고전적 물리학에 관한 실험인데 추의 진동에 관한 것이다. 길이, 무게, 높이, 힘 등의 상대적 효과를 잘 고려해야만 대답 할 수 있는 문제인데, 이 실험에서 형식적 조작의 사고가 가능한 청소년들은 효과적인 실험을 설계하고, 이를 관찰하여 타당한 결론을 끌어 낼 수 있다. 그러나 모든 청소년과 모든 성인이 매사에 형식적 조작을 사용하는 것은 아니다.

또 이 시기가 되면 청소년들은 처음으로 도덕적, 정치적, 철학적인 생각과 가치문제 등을 이해하기 시작한다. 타인의 사고 과정을 이해하고, 다른 사람들은 문제를 어떻게 보고 어떻게 생각할까 등의 문제에도 관심을 갖게 된다.

3) 피아제의 지능발달이론

피아제는 인식론자이자 발달심리학자이다. 그는 칸트의 인식론을 바탕으로 발생론적 인식론을 주창하였으며, 지능이 네 단계를 거치면서 발달한다는 지능발달이론을 제시하였다.

가) 지능발달이론의 개념과 한계

피아제는 발생론적(genetic) 인식론을 바탕으로, 그리고 자신의 세 아이들을 대상으로 수행한 임상적 면담(clinical interview)을 적용하여 수집한 자료를 근거로 지능발달이론을 구성하였다. 지능발달 이론의 중요한 용어는 지능 · 인지구조 · 도식 · 인지내용 · 인지기능 · 조직화 · 적응 · 동화 · 조절 · 평형화 · 조작 등이다. 이 용어들은 피아제 이론의 구성요소가 되며, 서로 [그림 5-6]과 같은 관계를 맺고 있다.

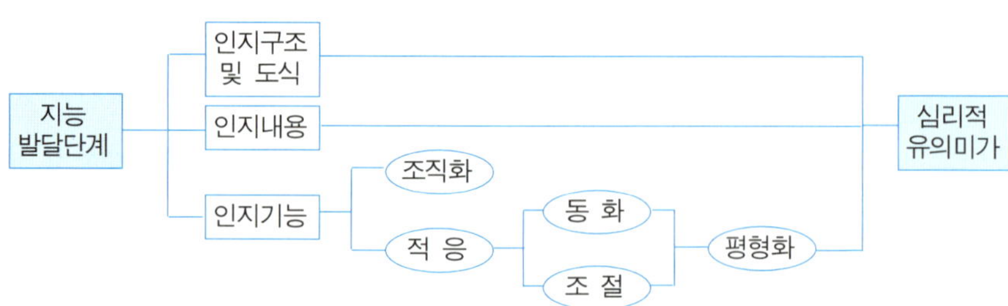

[그림 5-6] 지능발달 이론의 구성요소

지능(intelligent)은 인간이 환경에 적응하여 이루어진 결과이며(Hassard, 2005) 환경과의 상호작용을 통해 성장・발달하는 논리적 사고 과정으로서, 인지구조를 이룬다(Gredler, 2005). 지능은 인간과 주변 환경 사이에 나타나는 평형화의 한 형태이기도 하다(Ginsburg & Opper, 1979). 지능은 양적으로 측정할 있고 부단히 변하는 역동적 과정이자 특정한 시점에서 특정 환경과 상호작용하는 기구이다.

인지구조(cognitive structure)는 지능발달 단계의 조작과 인지적 사고 과정을 통제하는 것으로 추정되는 추상적 구조이다. 그것이 아동들한테는 자연관의 역할을 한다. 어린 아동은 목적론적이고 주관적인 자연관을 바탕으로 피상적인 현상만 표현하며, 고학년에 도달해야 기계론적이고 객관적인 자연관과 그에 기초한 이론적 지식을 이용하여 추상적 속성을 표현할 수 있다. 어린 아동들은 차가 움직이며, 구름이 떠다니고, 물이 흐르는 원인을 자체의 힘에 두는 물활론적 관점에 따라 설명함에 비해, 고학년 학생들은 각각의 현상을 에너지・기상학・역학 등의 개념과 기계론적 관점에 따라 설명한다.

인지구조의 발달상 초보적인 형태를 도식(schemata)이라 한다. 도식은 특정 방법으로 행동할 수 있는 잠재력으로서 환경에 적응하는 과정과 관련된 지식 및 기술이 포함된다. 유아가 우유를 마시기 위해 우유병을 잡거나 눈에 보이는 장난감을 잡고 입에 가져가는 등의 행동을 '잡기'도식이라고 한다. 도식은 인지구조의 한 구성요소로서 인지구조와 마찬가지로 동일한 행동을 반복적으로 수행하게 하는 기능을 한다(Hergenhahn & Olson, 2005).

인지기능(cognitive function)은 추상적 특성을 지니며 아동의 지능발달 과정에서 항상성의 특징을 나타내는 기능적 불변체이다. 인간의 자연관은 물활론저・목저론저 관점에서 기계론적 관점으로 변히는데, 피아제는 이와 같은 인식의 체계적인 변화를 인지기능으로 부른다. 인지기능은 조직화와 적응의 두 가지로 나뉜다. 이 두 가지 기능은 상보적인 관계를 맺고 있으며, 지능발달의 전 과정을 통해서 부단히 진행된다. 개인이 비교적 오랜 기간동안 인지발달의 계속성을 유지하는 것은 조직화의 원리에 기인한다. 나이에 관계없이 인간의 인지구조가 반드시 조직적 체계를 이루는 원인도 바로 이 조직화의 원리로 설명할 수 있다. 사물과 자연현상에 대한 아동의 설명체계는 일정한 과정에 따라 점차적으로 복잡한 수준의 구조로 계속 발달하는데, 그 원인도 조직화의 기능에서 비롯한다.

인지발달은 조직화(cognization)의 원리에 의한 계속성과 적응(adaptation)에 의한 불연속성을 동시에 지닌다. 적응은 아동이 인지구조를 통해 주변 환경의 사건을 다루고 그럼으로써 외부세계의 현상들을 내적 인지구조에 통합하여 조화된 평형상태를 형성하는 과정 또 그 원리로서 동화(assimilation)와 조절(accommodation)의 두 가지 상보적 과정으로 대별된다. 동화와 조절은 지능이 발달하는 원동력을 제공하며, 학습이 일어나는 과정이자 그에 필요한 자료의 출처가 되기도 한다. [그림 5-7]은 동화와 조절의 관계 및 지능의 발달에 영향을 미치는 과정을 보여준다(Hergenhahn & Olson, 2005).

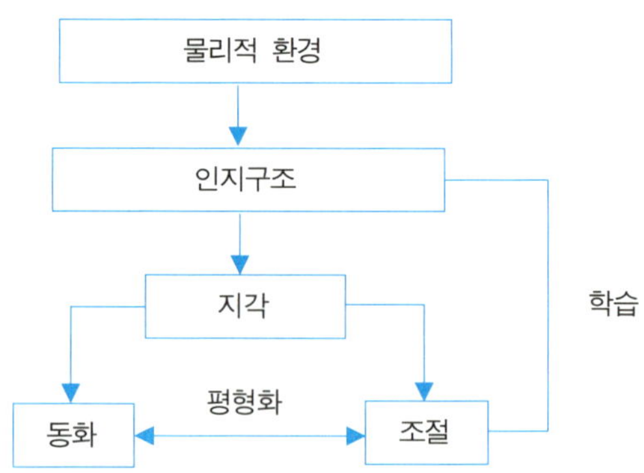

[그림 5-7] 동화와 조절의 관계 및 평형화

동화는 인지구조를 통해서 환경에 반응하는 과정 즉 새로운 정보를 기존의 인지구조에 통합하는 과정(Hassard, 2005)이다. 학습자는 그의 인지구조에 따라 주어진 정보의 의미를 해석하거나 그 인지구조의 수준에 맞게 정보를 조정한다. 동화는 자료변환이나 자료해석과 같은 과학적 탐구 과정에 특히 잘 나타난다. 표로 제시된 자료를 그래프로 나타내는 것, 표나 그래프가 보여주는 경향성을 말하는 것, 문장에 담겨진 의미를 찾아 자신의 말로 표현하는 것 등이 동화의 예이다.

조절은 정보를 통합하기 위해 그 정보에 맞추어 기존의 인지구조를 구조적으로 변화시키는 과정이다. 주어진 정보가 인지구조의 수준을 넘거나 그 범위를 벗어나면, 그 인지구조는 그 정보를 해석하거나 이해할 수 있도록 변한다. 피아제의 이론에서는 이와 같이 주어진 정보를 수용할 수 있도록 그 정보가 요구하는 인지적 수준과 범위에 맞게 인지구조가 변하는 과정을 조절이라 한다. 학생들이 가속도 개념을 이해하기 위해서 경험을 통해 습득한 등속도 개념을 바꾸는 과정이 조절의 예이다. 학생들의 직관적 사고나 일상적 경험을 통해 획득된 오개념이 과학적 개념으로 바뀌는 과정도 조절이다.

지능은 평형화 과정을 통해서 발달한다. 평형화는 동화와 조절 사이의 계속적인 재조정이며, 인지구조의 항상성과 안정성을 유지하면서 그것을 계속 변화 · 발달 · 성장시키는 원동력이 된다(Gredler, 2005; Hassard, 2005). 평형화는 생물과 환경 사이의 조화를 이루려는 내적 욕구, 또는 인지적 갈등을 해소하려는 타고난 성향으로서 지능발달 단계, 주요한 개념 및 이론이 형성되는 지적 발달 과정, 구체적인 학습 과정들을 통해서 일어난다. 평형화는 또한 자기통제적 과정으로서 대개 다음과 같이 네 단계를 거쳐 이루어진다.

- 지능이 발달된 수준과 그 수준을 통제하는 인지구조가 설정된다.
- 인지구조의 수준과 범위를 벗어나 통제할 수 없는 지적 행동을 요구하는 새로운 정보를 접한다.
- 새로운 정보에 직면하여 인지적 갈등을 겪게 되고, 그에 따라 인지구조에 비평형 상태가 유발된다.
- 인지구조가 동화 · 조절된다.

인지내용(cognitive content)은 특정 단계의 아동들이 인지구조에 따라 자연현상을 설명하기 위해 수행하는 활동, 말하는 것과 그 양식, 적용하는 지식 등이다. 인지내용에는 사고활동을 표현하는 내용으로서 개인이 생각하고 있거나 흥미를 갖고 있는 것을 개념과 용어를 빌어 진술하는 언어적 행동, 그리고 주어진 문제를 해결하는 과정에서 드러나는 감각적 · 개념적 사고 활동등도 포함된다. 차가 움직이는 이유를 설명하는 예로 들면, 기체의 폭발, 피스톤이 움직인 힘, 힘의 전달 등 그 설명에 이용한 용어와 말들은 성인들의 인지내용이며, 아동들의 인지내용은 '말이 들어있기 때문에 차가 움직인다.'와 같다.

인지구조와 인지기능이 추상적 속성임에 비해, 인지내용은 시각적 영상, 청각적 영상, 수학적 개념, 추상적 부호 등과 같이 구체적 속성이다. 피아제의 지능발달 이론을 구성하는 개념들 중에서 직접 관찰할 수 있고 측정할 수 있는 것은 인지내용뿐이며, 인지구조와 인지기능은 인지내용을 바탕으로 추론된 추상적 개념이다. 인지내용은 인지구조의 통제에 따라 가시적으로 표현되고 인지

기능을 통해 발달하며, 인지구조와 인지기능의 실체 및 그 본성은 인지내용을 바탕으로 추론된다. 피아제는 인지내용을 근거로 지능발달 이론을 확립했다.

경험이 내면화됨에 따라 인지구조가 발달하고, 인지구조가 발달함에 따라 환경에 대한 적응에는 고차원적 사고가 요구된다. 피아제는 사고를 통한 환경에 대한 적응을 조작(operation)이라 한다. 조작은 인지적 · 논리적 규칙을 따르며, 내적으로 표상화된 활동을 뜻하기도 한다. 조작은 논리적 사고의 기본 단위이며, 논리적 추리를 통제하는 인지적 활동이다(Gredler, 2005). 가장 고차원적인 조작은 가설을 설정하여 검증할 수 있는 형식적 조작이다. 조작은 암묵적 행동이나 사고를 통제하고 조절하기 때문에, 내적 활동으로 규정할 수도 있으며, 다음과 같은 네 가지 특징을 지닌다(Bybee & Sund, 1982)

- 조작은 부호적 표상화이다. 조작은 부호로 내면화된 마음에서 일어나는 정신적 능력이다.
- 최초의 조작은 신체적 활동에서 생겨난다. 이를테면 아동들이 수의 본질적 속성에 대해서 가지는 최초의 기수(基數)개념은 사물을 세어보는 활동을 통해서 획득된다.
- 조작은 논리적 규칙에 순응한다. 조작이 가능한 단계에 있는 아동들은 전도 · 교환 · 보상 등과 같은 가역적 추론을 할 수 있다.
- 조작은 몇 가지의 하위적 조작이 모여서 통합적 체계를 이룬다. 전도 · 교환 · 보상 등의 논리에 의해서 그보다 더 포괄적인 가역논리 체계가 구성된다.

그런데 피아제의 지능발달 이론은 과학교육에서 문제와 그 한계를 드러낸다. 피아제의 지능발달단계와 실제 상태가 잘 일치하지 않는 사례가 흔하게 나타난다. 이를테면 전조작단계의 아동이 수를 보존하며, 성인이 형식적 사고를 못하는 경우가 많이 발견된다. 피아제의 이론은 또한 구체적 개념의 교수-학습 과정을 잘 설명하지 못한다. 피아제의 이론은 기술적 특성을 지니고 있기 때문에, 과학 교육과정 및 교수-학습에 직접 적용할 수도 없다.

이와 같은 문제와 한계는 지능발달 이론의 속성과 임상적 면담에서 비롯한다. 피아제의 이론에서는 지능 · 지식 · 학습의 관계를 명확하게 밝히지 않으며, 논리적 사고와 읽기 · 쓰기 · 산술 등 기본적 기능도 구분하지 않는다. 한편 임상적 면담은 통제하지 않은 상태에서 이루어지기 때문에, 현상들 사이의 인과 관계를 도출할 수 있는 확실한 방법이 못되며, 당연히 그것을 통해 형성된 피아제의 이론은 한계를 지닐 수 밖에 없다.

나) 지능발달 단계

피아제의 지능발달 이론에 따르면, 인지구조는 질적으로 다른 네 단계로 구성된 보편적 과정에 따라 발달한다. 지능 발달 단계는 특정 행동이 나타나는 발달상의 기간으로서 일군의 인지구조로 이루어져 있다. 그러나 몇 개의 인지구조가 통합되었다고 해서 그것을 발달단계로 부르지는 않는다. 발달 단계로 불리려면 다음과 같은 특성을 지녀야 한다.

- 각 단계는 질적으로 다른 인지구조로 구성되어 있다.
- 아동은 누구나 문화 · 사회 · 국가를 초월하여 반드시 감각운동단계, 전조작단계, 구체적 조작단계, 형식적 조작단계와 그 순서에 따라 발달한다.
- 상위단계의 인지구조는 하위단계의 인지구조를 바탕으로 형성된다.
- 특정 발달단계를 이루는 여러 개의 도식과 다양한 인지구조가 하나의 전체적 총화를 구성한다.

지능발달과정의 첫 번째 단계는 0~2세의 아동에게 해당되는 감각운동단계이다. 이 단계는 전기호적(presymbolic) · 전언어적(preverbal)단계로서 반사적 행동, 흉내 내기, 사물의 영혼성 인식(Hassard, 2005) 등으로 특징지어진다. 이 단계의 아동은 사물에 대한 언어가 없고 내면화된 인지구조를 통한 사고도 할 수 없기 때문에, 정신적 활동을 수행하지 못하고 가시적 행동으로 나타나는 신체적 운동만 한다. 그에게 딸랑이를 보여주는 동안에는 좋아하는 반응을 나타내지만 감추면 아무런 반응을 나타내지 않기 때문이다. 이는 그것이 표상화되어 있지 않아서 그의 눈에 보이지 않는 것은 세상에 존재하지 않기 때문이다. 이 단계에서는 인지구조가 감각적 반응과 신체적 운동을 통해서 발달하며, 타고난 행동이 지적 활동으로 변한다. 즉 이 단계에서는 특히 도식의 동세에 따라 인지내용이 나타나며, 지각적 운동도식이 종합적이고 융통성이 있는 인조도식으로 발달한다.

아동은 2~7세가 되면 전조작단계에 도달하고 언어를 획득하며 그에 따라 기호적 사고를 수행하거나 문제를 해결한다. 전조작단계의 아동은 대부분의 신체적 활동이 정신적 표상화로 내면화되어 있기 때문에, 장난감을 가지고 놀이를 하든가 남의 흉내를 내는 등의 어떤 목적에 따른 행동을 할 수 있다. 그러나 이 단계 아동의 사고와 행동은, 특히 가역적 사고가 결핍되어 있기 때문에, 진정한 의미의 조작적 활동으로 볼 수 없다. 이들의 사고는 자기중심적이며, 전개념적 사고 단계와 직관적 사고 단계로 구분된다(Hassard, 2005). 아동이 2~4세가 되면 전개념적 사고 단계에 이르러 표상화된 사고를 할 수 있으며, 4~7세가 되면 직관적 사고 단계에 도달하여 전논리적 방법으로 주어진 문제를 해석하고 설명한다.

초등학교 2~6학년은 구체적 조작단계에 해당된다. 구체적 조작단계는 아동의 지능이 조작적 특성을 나타내는 첫 번째 단계이다. 7~11세의 초등학생은 직관적 사고를 벗어나 논리적 사고 형태인 가역적 사고와 같은 조작적 지능을 보이기 시작한다. 그는 사물을 여러 가지 방법으로 분류하고, 현상과 현상 또는 현상과 개념을 일대일로 대응시킬 수 있으며, 수학적 조작을 할 수 있는 등 논리적으로 추론할 수 있는 능력을 갖는다. 그러나 그는 무게 · 색 · 재질 등과 같이 당장 관찰하고 있는 사물의 성질에 관해서만 생각하며, 따라서 그의 논리적 사고도 구체적 대상에 한정된다. 그는 수 · 길이 · 면적 · 부피 · 무게 등의 개념도 보존한다. 그 모양을 바꾸더라도 그 양이 변하지 않는다는 것을 이해할 때 부피를 보존(conservation)했다고 말한다. 그의 사고는 이외에 다음과 같은 특징을 지닌다.

- 구체적 문제에 대해 논리적으로 추론할 수 있다.
- 부분-전체의 관계를 이해하며, 그에 따라 분류할 수 있다.
- 수의 본질적 속성을 이해할 수 있다.
- 사건 · 사물 · 상황을 공간과 시간에 따라 조직할 수 있다.
- 여러 가지 가역적 사고를 할 수 있다.
- 서로 같지는 않으나 공통적인 속성에 따라 사물 · 사건 · 상황 등을 서열화할 수 있다.

대략 12~15세의 초 · 중등 학생은 형식적 조작단계에 도달한다. 형식적 조작단계의 아동은 자신의 사고 내용과 과정을 생각할 수 있으며, 추상적인 사고와 논리적인 추리 능력도 갖는다. 그의 사고에는 특별한 외적 자극이 필요하지 않으며, 오로지 내적 정신 상태만이 그 자극원이 된다. 형식적 조작단계의 학생이 가지는 조작적 능력은 가설-연역적 사고, 명제적 사고, 비율과 비례에 관한 사고, 논리적 사고, 반성적 추상화, 조합적 사고 등으로 특징지어진다. 그는 내용과 관계없이 사고할 수 있고, 가설적 상황을 대상으로 한 사고활동도 수행할 수 있다. 그러므로 그는 유추와 모형으로 이루어진 추상적인 과학적 이론 및 법칙과 논리적 규칙을 이용하여 철학자나 과학자들처럼 추리하고 예상할 수 있다.

다) 지능발달 이론의 적용

피아제의 지능발달 이론은 과학의 학습, 교육과정, 교수-학습, 평가, 연구에 적용된다. 그의 이론에 따르면, 학습은 학습자와 환경 사이의 능동적인 상호작용이며(Hassard, 2005), 좁은 의미와 넓은 의미로 정의할 수 있다. 좁은 의미의 학습은 한정된 상황에서 특정 정보를 획득하는 과정과 결과이다. 어떤 지역에 분포된 식물의 이름과 자생지역을 아는 것이 좁은 의미의 학습이다. 넓은 의미의 학습은 인지구조의 발달로서 여러 상황에 두루 적용할 수 있는 일반성이 큰 사고방식의 획득을 의미한다. 특정 지역에 자생하는 식물 서식지의 조건, 다른 식물과의 생태적 관계, 분류학상의 중요성, 희귀성 등에 대한 종합적인 인식이 그 한 예이다.

교육과정에 관한 피아제 이론의 설명은 지난 수십 년 동안 과학교육에 지대한 영향을 미쳤던 행동주의의 설명과 여러 면에서 차이를 드러낸다. 행동주의 심리학은 학습에 있어서 환경의 역할을 강조함으로써 특정 나이의 아동에게 교수-학습하기 적절한 내용을 결정할 때 적용할 기준을 제시하지 않지만, 피아제의 이론은 과학교육과정 내용을 선정 · 조직하는 준거로서 그 내용의 계열성을 분명하게 제시한다. 계열성은 어떤 주제와 학습과제를 언제 또는 어느 학년에 어떻게 제시할 것인지에 관한 문제로서 학습준비도의 한 요소이다. 학습준비도는 교육과정 개발에 있어서 다음과 같이 네 가지의 처방적 기준을 제시한다(Brainerd, 1978).

- 교수-학습 자료는 현재의 지능발달 수준을 넘지 않아야한다. 교수-학습 자료는 학습자의 인지구조와 관련된 내용으로 개발한다.
- 어떤 특정 주제를 통해 인지구조의 변화를 촉진하기 위한 시도를 하지 말아야 한다. 한 주제보다는 여러 상황을 동시에 이해할 수 있는 주제나 소재가 인지구조를 변화시키기에 더 바람직하다.
- 교육과정 내용의 주제와 개념이 인지발달 과정에 나타나는 주제와 개념의 순서에 일치해야 한다. 인지발달 순서와 과정에 바탕을 두어 개발된 교육과정을 '발달에 기초한 교육과정'으로 부른다.
- 교육과정은 인지발달과정을 진단하고, 그에 맞추어 수업이 진행되도록 구성해야 한다. 이상적으로는 개별화 수업이 이루어지도록 한다.

피아제의 이론은 학습이론이나 교육과정보다는 교수-학습 모형과 그 방법에 관해서 더 엄격하고 분명한 준거를 제시한다. 탐색 · 개념소개 · 개념응용의 세 단계로 구성된 순환학습모형은 피아제의 이론에 그 바탕을 두고 있다. 순환학습모형의 탐색 · 개념소개 · 개념응용은 각각 피아제 이론의 동화 · 조절 · 평형화에 해당된다(Hassard, 2005). 피아제의 이론은 또한 ㉮ 활동중심의 교수-학습 방법, ㉯ 갈등유발 교수-학습 전략, ㉰ 아동중심 교수-학습 방법 및 자료, ㉱ 개별화 교수-학습 전략, ㉲ 사회적 경험중심 교수-학습 전략을 제시한다. 각 교수-학습 전략의 가정과 방법을 요약하면 다음과 같다.

- 활동중심의 교수-학습 : 아동의 지능은 적극적인 활동에서 발달한다는 가정을 전제로 하며, 학습자로 하여금 학습의 주체로서 학습의 경험을 능동적으로 조작하게 한다. 탐구중심 과학 교수-학습의 이론적 배경이기도 하다.
- 갈등유발 교수-학습 : 지능은 동전의 양면 관계로서 거의 동시에 일어나는 동화와 조절의 두 과정을 통해 발달한다는 가정을 전제로 하며, 인지적 갈등이나 모순을 유발하는 자료의 제시로 시작된다.
- 아동중심 교수-학습 : 같은 또래의 아동은 대부분 동일한 발달 수준에 있다는 가정을 전제로 하며, 그들의 발달 수준에 맞는 주제 · 소재 · 자료 등을 이용한다.
- 개별화 교수-학습 : 개인마다 사전 경험이 서로 다르고 따라서 인지내용도 서로 다르다는 가정을 전제로 하며, 개인의 지능발달 수준 및 인지내용에 맞는 주제 · 소재 · 자료 등을 이용한다.
- 사회적 경험중심 교수-학습 : 인간중심적 · 자기중심적 · 물활론적 사고 방식은 다른 사람들과의 의사소통을 통해서 객관적 사고로 발달한다는 가정을 전제로 하며, 토의중심으로 이루어진다.

피아제는 그가 수행한 연구의 결과뿐만이 아니라 그 방법을 통해서도 과학교육에 적지 않은 영향을 미친다. 특히 그가 직접 개발하여 적용한 임상적 면담은 과학의 교수-학습 및 평가, 과학교육에 관한 연구 등 다방면으로 활용된다. 그의 임상적 면담 방법은 인지구조의 속성과 그것이 변화 · 발달하는 과정에 관한 연구, 즉 과학적 개념의 오인 또는 선행개념에 관한 연구에서 효과적으로 적용된다. 그의 임상적 면담법은 과학개념을 이해하고 획득한 것을 확인하는 과정에서는 물론이고 과학 교수-학습의 평가 수단으로도 적용된다. 임상적 면담 방법은 우리나라 과학교육에서 중요시하는 몇 가지 수행평가 방법 가운데 하나이기도 하다.

다. 지구과학 적용의 예

학교에서 과학실험을 할 때, 우선 학생들에게 결과를 예상하여 판단하도록 하는 질문을 한다. 예를 들면, 유리컵에 물을 가득 담고 그 위에 종이를 얹은 후 유리컵을 거꾸로 하면 어떻게 될까라는 질문을 학생들에게 실험 전에 한다. 그러면 학생들은 자신들의 인지구조에 맞춰 당연히 물이 떨어질 것이라는 판단을 내린다. 이러한 과정은 자신의 인지구조에 문제 사건을 동화하여 푼 것이다. 하지만 정작 실험을 해 보면 물은 쏟아지지 않고 그대로 있게 된다. 학생들은 여기에서 왜 물이 안 떨어지는지에 대하여 의문을 갖게 되고, 도저히 자신의 인지구조만으로는 해결할 수 없게 되어, 비평형화상태에 이르게 된다. 이때, 선생님의 설명에 따라 그 이유를 알게 되고 자신의 인지구조를 수정하게 된다. 이를 조절이라고 하고 다시 학생의 인지구조는 평형화상태를 이루게 된다. 실험 전에 학생들에게 질문하여 자신의 인지구조를 드러내고 실험결과를 통해 학생들의 인지구조를 바꾸어주는 이러한 경우도 인지발달이론의 한 적용이라고 할 수 있다.

[인지갈등(개념 변화) 학습 모형의 예시(1)–기압의 작용]

수업 과정		교수–학습 활동		소요 시간	지도시 유의사항
학습 단계	탐구 요소	교 사	학 생		
생각의 표현	선개념 확인	Q. 빨대를 이용하여 음료수를 마시는 장면을 생각해보세요. 우리는 어떻게 해서 빨대를 이용하여 음료수를 마실 수 있을까요? ▶ 학생들의 생각을 활동지에 정리	A. 우리가 입으로 물을 빨아들이기 때문입니다. ▷ 자신의 생각을 활동지에 정리한다.	5분	학생들이 자신의 생각을 자유롭게 표현할 수 있도록 분위기를 조성
생각의 재구성	명료화와 교환	▶ 활동지에 정리한 자기 생각을 발표하도록 하고 다른 학생의 생각과 서로 비교하도록 한다. ▶ 여러 생각의 장단점을 이야기	▷ 자신의 생각을 발표하고 다른 친구의 생각을 들어본다.	5분	친구들의 발표 내용에 대하여 비판 없이 모두 수용

수업 과정		교수-학습 활동		소요 시간	지도시 유의 사항
학습 단계	탐구 요소	교 사	학 생		
	상충된 상황에 노출	▶ 앞 단계에서 확인한 여러 가지 오개념을 인식하고, 이 오개념으로 설명할 수 없는 상황을 제시한다.	▷ 시범 실험을 통해서 자신의 개념에 문제가 있음을 인식	5분	실험을 할 수 없을 때는 시청각 매체를 활용한다.
	새로운 생각의 구성	Q. 빨대를 빨 때 입안은 어떠한 변화가 있을까요? ▶그래요, 입안의 공간이 넓어진다는 것은 입안의 기압이 작아지는 거예요. 그러나 밖의 기압을 그대로이므로 기압차에 의해서 음료수는 입안으로 밀려들어오는 것이지요. Q. 그럼, 마개를 한 병의 물이 입으로 들어오지 않는 이유 무엇일까요?	A. 입의 안쪽이 뒤로 물러나서 입안의 공간이 커집니다. A. 입안과 함께 병 안의 기압도 함께 낮아지기 때문에 물이 올라올 수 없습니다.	10분	학생들 스스로 대기압의 작용이라는 생각을구성하기 어려우므로 대기압에 대해서는 교사가 제시한다.
	새로운 생각의 평가	▶ 새로운 생각이 정말 옳은지를 여러 가지 활동을 통해서 평가한다. (실험)	▷ 실험을 새로운 생각으로 설명해본다.	10분	새로운 생각 평가를 위해 다양한 방법을 사용
생각의 응용	적용	▶ 생활속에서 흔히 사용하는 진공청소기를 직접 분해하여 내부를 보여주거나 또는 그림으로 제시한다. ▶ 오늘 배운 내용을 이용하여 진공청소기의 원리 설명해봅시다. Q. 청소기가 작동할 때 뒷부분에 손을 대어보면 바람을 느낄 수 있죠? 이 바람은 왜 생길까요? Q. 맞아요. 즉 내부의 압력이 줄어들었다는 것을 뜻하겠죠? 그럼, 청소기의 원리를 설명해 볼 수 있을까요?	A. 청소기 안의 공기가 청소기 밖으로 나가면서 생기는 거예요. A. 네. 청소기 내부의 압력을 작게 해서 외부로부터 먼지와 작은 쓰레기를 빨아들이도록 하는 거예요.	5분	학생들 스스로 새로운 생각을 적용할 수 있도록 유도해준다.
생각의 변화 검토	정리	▶ 처음에 도입했던 빨대로 물을 마시는 과정을 과학적으로 표현하도록 하면서 학생들이 한시간 동안 일어난 자신의 개념 변화를 되돌아보게 한다.		5분	

[학생 활동지]

<table>
<tr><td colspan="3">200 년 월 일 교시 1 학년 반 번 조 이름 :</td></tr>
<tr><td>탐구 주제</td><td colspan="2">기압의 작용</td></tr>
<tr><td>탐구 목표</td><td colspan="2">• 대기압의 존재와 기압의 작용에 대하여 설명할 수 있다.
• 실생활의 다양한 예를 기압의 작용으로 설명할 수 있다.</td></tr>
<tr><td>내 생각 알아 보기</td><td>◆ 여러분은 빨대를 이용하여 음료수를 마시고 있습니다. 우리는 어떻게 해서 빨대를 이용하여 음료수를 마실 수 있을까요? 자신의 생각을 정리해 봅시다.
⇒</td><td></td></tr>
<tr><td rowspan="2">실험1</td><td>[준비물] 병, 고무마개, 유리관, 물
[실험 과정]
① 병에 깨끗한 물을 가득 넣는다.
② 고무마개로 잘 막고 유리관을 꽂는다.
③ 직접 유리관을 입으로 빨아본다.</td><td></td></tr>
<tr><td colspan="2">[실험 결과]
◆ 물이 입으로 빨려 들어오는가?
⇒
◆ 이러한 현상을 설명해보자.
⇒</td></tr>
<tr><td rowspan="3">실험2</td><td colspan="2">[준비물] 유리컵 또는 비커, 칼, 빨대 2개, 물, 셀로판 테이프</td></tr>
<tr><td>[실험 과정]
① 빨대의 중앙을 칼로 열십자 모양을 자른다.
② 다른 빨대를 갈라진 곳에 연결하고 셀로판 테이프로 붙인다.
③ 연결한 빨대를 물에 넣고 빨대를 세게 불어본다.</td><td></td></tr>
<tr><td colspan="2">[실험 결과]
◆ 물이 빨대 밖으로 나가는가, 들어오는가?
⇒
◆ 이러한 현상을 설명해보자.
⇒</td></tr>
<tr><td>내 생각의 변화 알아보기</td><td colspan="2">◆ 진공청소기의 원리를 생각해보자.
⇒
◆ 빨대를 이용하여 음료수를 마실 수 있는 원리는 무엇인지 생각해보자.
⇒</td></tr>
</table>

7 야외학습

교실이나 실험실에서 과학 지식을 습득하는 데는 한계가 있으므로 야외학습을 통하여 성취도는 물론 흥미, 태도 등을 고양시킬 수 있다. 특히 지구과학이나 생물에서 탐구학습의 효과는 매우 크다. 야외학습장으로는 암석원, 온실, 연못 등을 포함하는 교내 시설과 천연물이나 견학 시설을 탐사할 수 있는 교외 시설로 크게 나누어 볼 수 있다.

가. 야외학습의 계획과 실행

야외학습을 성공적으로 수행하기 위해서는 우선 치밀한 사전 조사가 필요하다. 조사할 장소의 지도를 만들고 학습 장소와 대상을 확인한다. 또한 수송이나 안전 등 모든 조건에 맞는 계획을 세워서 사고를 사전 예방하고, 학생들은 가급적 조별로 편성하는 것이 좋다.

학생들은 조사하고 관찰할 대상을 확실하게 파악하고 관찰 결과를 잘 정리하여 학교에 돌아와서 그림이나 표 등으로 정리하여 객관적인 자료가 되도록 한다. 야외학습을 시작하기 전에 조별로 관찰 방법, 결과의 정리 방법, 안전 수칙 등에 관하여 토의하는 것이 좋다. 지역 사회에 있는 여러 시설물의 견학을 통하여 과학의 지식 습득은 물론 흥미와 관심을 높이고 탐구 능력을 배양할 수 있다. 시설물에 관한 여러 가지 정보, 견학 하는 방법, 안전 수칙의 준수 등 사전 교육을 철저히 하여야 한다. 무엇보다도 사전 답사를 통하여 계획을 세우고 시설물의 직원과 사전에 연락을 하여 협조를 요청하는 것이 좋다.

야외학습의 문제점으로 다음과 같은 점을 들 수 있다.

- 시간이 많이 소요된다.
- 학생들의 관리 및 수송 경비, 교사의 업무 부담 등이 따른다.
- 적당한 장소나 시기를 정하기가 어렵다.
- 다인수 학급의 학생들을 통솔하기 어렵다.

이 장에서는 현장에서 활용할 수 있는 지질, 기상, 천문 영역의 야외학습을 소개한다.

나. 지질학

야외학습은 교실에서 접할 수 없는 물질이나 현상을 관찰하거나 직접 경험함으로써 학교 수업을 보다 풍부하게 할 수 있다. 케른과 카펜터(Kern & Carpenter,1983)는 『지질학 실험』 과목의 전통적인 실험실 수업은 학생들의 동기 유발 수준이 매우 낮은 반면, 야외학습을 통해서 흥미, 태도, 가치 등 정의적인 관점이 함양됨을 알게 되었다. 야외수업 현장의 기준은 다음과 같다.

- 노두(outcrop)는 스스로 말하고 있는 것처럼 확실하고 분명해야 한다.
- 야외학습은 교사와 학생이 노두를 쉽게 찾을 수 있는 제한된 장소에서 수행되어야 한다.
- 학습 장소는 최소 20명이 활동하는데 방해받지 않는 충분한 공간이 있어야 한다.
- 학습 장소의 일기 변화에 대처해야 한다.
- 학생은 학습 안내장에 관찰 사실을 기록하고, 교사는 활동에서 제시되는 의문에 조언하는 등 안내자 역할을 한다.

오라이온(Orion, 1989)은 야외에서 학생들의 학습 능력은 사전 지식, 사전 야외학습 경험 및 답사 지역의 친숙도에 의해 영향을 받는다는 사실을 밝혔다[그림 5-8]. 즉, 야외학습 능력은 학습자의 새로운 경험의 공간(novelty space)에 의해 영향을 받는다는 것이다. 이 가설은 새로운 경험의 공간이 큰 학생일수록 야외학습 과제의 수행 능력이 어려워짐을 암시한다.

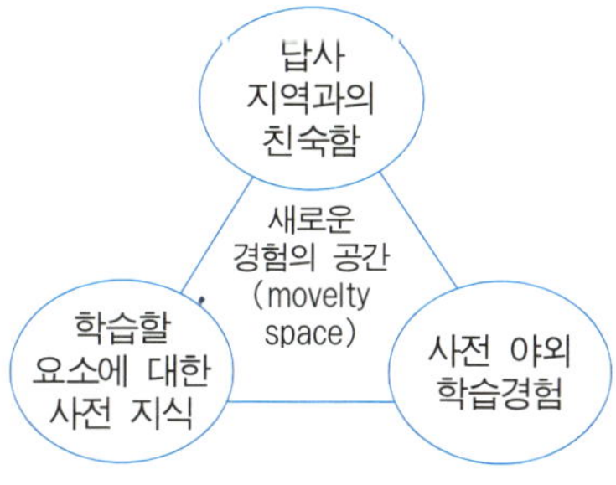

[그림 5-8] 좋은 야외학습 장소를 위한 구성 요소와의 관계(Orion, 1989)

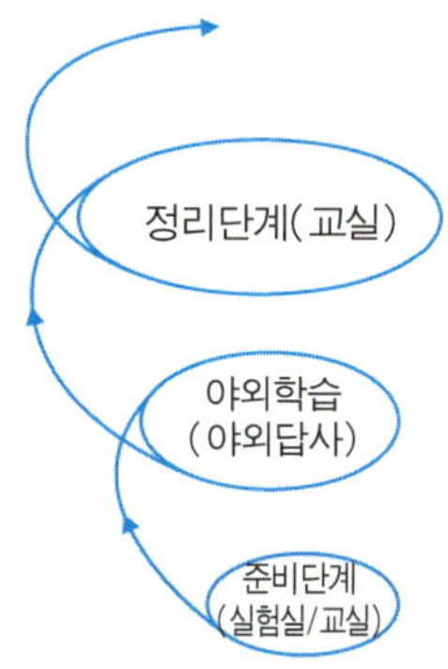

[그림 5-9] 야외학습 구조

야외학습의 효율성을 제고하기 위하여 그러한 공간의 크기를 줄여야 하며, 그러기 위해서는 우선 야외학습을 하기 전에 교실에서 준비학습이 이루어져야 한다[그림 5-9].

[그림 5-8]의 세 요소 중 사전 지식은 교실의 직접적인 영향을 받는 반면 나머지 두 요소는 간접적으로 이루어 질 수 있다. 준비학습 단계에서는 주로 광물, 암석, 화석 및 토양 종류의 구별과 같은 구체적 활동을 통하여 야외학습에 필요한 지식을 습득하도록 한다. 야외학습 지역의 친숙도는 슬라이드, 비디오, 지도, 항공사진을 이용하여 높일 수 있다. 야외학습 경험이 부족한 학생에게 교사는 답사 지역의 상황을 사전에 설명 해줌으로써 심리적으로 안정시킬 수 있다.

이론적으로, 준비학습 단계는 야외학습의 선행조직자의 역할을 하며, 야외학습 중 관찰되는 현상은 보다 추상적인 내용(지질작용, 지질 연대, 현상의 물리적 · 화학적 원리 등)의 선행조직자의 역할을 한다. 따라서 학습 전략은 그림 <5-9>처럼 위계적 3단계로 나눌 수 있다. 이 전략은 카플러스와 로슨(Karplus & Lawson,1974)이 제시한 순환학습론과 유사하다.

1) 사전 교실 및 실험실 활동

효과적인 학습 결과를 얻기 위해서는 우선 교실에서 광물이나 암석, 지질구조 등에 관한 내용을 학습해 두어야 하며, 또한 실험실에서 광물이나 암석의 분류, 특성 등에 관하여 학습해야 한다. 화석이 발견되는 지역이라면 화석 관찰이나 사진을 통한 학습이 필요하다.

답사 지역의 지형도를 구하여 답사 경로, 독도법 등을 주지시키고, 보고서 작성 요령, 준비물도 알려주어야 한다.

2) 지질답사의 한 예 : 인천 영종도 야외학습장

영종도는 행정 구역이 인천광역시 중구이며, 선착장으로부터 약 3km 정도의 남서부 해안가에는 해파의 침식으로 기반암이 잘 드러나 있다. 인천광역시 교육청 주관 하에 교사와 전문가에 의해 해양탐구 학습장으로 개발되어

초 · 중등 학생들의 특별활동반이나 여름철의 심화학습장으로 1984년부터 널리 이용되어 왔다.

다음은 야외 지질학습을 위한 하나의 예시 프로그램이다.

가정통신문

하늘은 높고 말이 살찐다는 천고마비의 계절, 가을을 맞이하여 가내 두루 평안하십니까?

저희 한빛 고등학교에서는 개교 10주년 기념행사로 학습의 질을 높이기 위해 연구 수업을 준비 중입니다. 행사의 하나로 입체적인 수업을 통해 학습 효과를 높이는 현장 답사를 계획하고 있습니다. 장소는 학교에서 가까운 인천시 중구에 위치한 영종도 야외학습장으로 정했습니다. 일정은 금주 일요일 아침 9시에 학교를 출발해서 당일 오후 5시경에 다시 학교로 돌아올 예정입니다.

학교에서 버스를 지원받을 예정이므로 여비는 개인당 5,000원 정도 예상되고 점심은 간단히 집에서 준비해오면 됩니다. 20명 정도 지원자를 받을 예정이고 학부형님도 두 분이 동행할 계획입니다. 부디 많은 참여를 통해 학창 시절 자녀가 잊지 못할 생생한 수업의 현장을 체험할 수 있도록 많은 협조 부탁드립니다.

답사일: 20○○년 ○월 ○일(일) 오전9시~ ○월 ○일오후5시
답사 장소 : 인천시 중구 영종도 야외학습장
경 비 : 5,000원
준비물: 주머니칼 또는 모종삽, 줄자, 돋보기, 클리노미터, 나침반, 지질도, 필기도구, 비옷, 망치 등.
※ 자세한 사항은 지도 교사에게 문의 바랍니다.
지도 교사: 정의현 (☎ 546-5877) 권예지 (☎ 232-6707)

한빛 고등학교교장 (인)

참가신청서

( )반( )번 성 명( )

보호자( ) (인)

참가( ), 불참( )

※보호자신청란

참가( ), 불참( )

학생 ○○○의 부형 ○○○(인)

한빛 고등학교 교장 ○○○귀하

1. 야외학습목적
   ① 연흔, 사층리, 점이층리, 건열 및 생물 등의 흔적을 찾아보고, 그러한 구조의 환경적 이치를 밝히도록 한다.
   ② 습곡구조를 탐구하고 지층의 원래 모양을 유추해서 지각변동을 생각해 본다.
   ③ 주향과 경사의 의미를 이해하고 클리노미터를 사용해 주향과 경사를 측정한다.
   ④ 해안지형의 침식지형을 이해하고 변화를 학습한다.

2. 야외 학습일 20○○년 ○월 ○일

3. 출발시간: 오전 9시

4. 귀교 예정일 : 20○○년 ○월 ○일

5. 귀교 예정 시간 : 오후 5시

6. 목적지 : 인천광역시 중구 영종도의 해양 탐구 학습장

7. 이동 수단 : 학교버스, 배편

8. 예상 비용 : 개인당 5,000원

9. 인솔 책임자 : 정의현, 권예지

10. 동행 학부모 : 지원자 2명

11. 교사의 계획
    (1) 학교장의 승인

(2) 가정 통신문 발송
(3) 답사를 위한 예약: 학교 버스는 학교 지원
월미도에서 영종도 가는 차비는 왕복 ○○○원
미리 해양탐구 학습장에 예약을 해둔다.
만일의 사태에 대비해 미리 보험에 들어둔다.
(4) 현장에서 역할 분담 : 5인 1조로 행동한다.
교사 1인과 학부모 1인은 2조씩 인솔하여 지도하고 보호한다.
(5) 학생들의 행동 규칙 : 교사의 설명과 지시사항에 경청하고 진지한 태도로 학습에 임한다.
학습현장을 훼손하지 않도록 주의한다.
이동 때에는 암석 표품이나 물품은 의자 밑에 놓고 있어야 한다.
(6) 학부모의 동의서 : 참가자 전원에게 꼭 동의서를 받도록 한다.
(7) 야외 답사를 위한 물품 목록
주머니칼이나 모종삽, 줄자, 돋보기, 클리노미터, 나침반, 지질도, 망치, 비옷, 표본 주머니, 상비약(두통약, 소화제, 멀미약 등)
(8) 학생들의 복장 : 편안한 활동복, 모자, 운동화
(9) 보조 자료 : 활동장
(10) 식사 문제 : 점심 도시락 및 기타 간식은 각자 준비
(11) 참고 도서 : 지질학 개론
(12) 학생들의 지참물 : 주머니 칼 또는 모종삽, 돋보기, 나침반, 줄자
(13) 대상 학생 : 한빛 고등학교 1학년 답사 신청자 중 20명
(14) 야외 학습 평가 : 평가지

12. 일정표
○일 오후 2:00-3:00
단원 이해요소에 대해 실내 학습을 한다.
학습에 포함되지 않은 실내 학습을 한다.
학습 지역에 대한 기본적인 지식을 위해 슬라이드나 VCR을 시청한다.
○일 오전 9:00 학교 버스로 학교 정문 출발
10:00 월미도 도착, 영종도 가는 배를 탄다.
10:15 영종도에 도착
10: 15-10: 30 선착장에서 3km쯤 걸어서 #1에 도착한다.
10: 30-11 :20 해파에 의한 지형 변화를 관찰 조사 기록한다.
각 조별로 행동, 보호자와 지도교사는 이들을 인솔한다.
11:20-11:50 #2지점으로 이동한다. 10분간휴식
12: 00-12: 50 지질구조와 생혼에 대해서 알아본다.
조별로 지도교사와 보호자와 함께 행동
12:50-1: 50 점심 시간
2:00-2:30 #3지점으로 이동한다.

2:30-3:20 조산운동에 대해 생각해보고, 지층의 주향, 경사에 대해 알아본다.
조별로 지도교사와 보호자와 함께 행동
3:20-3:50 # 1 지점으로 간다.
3:50 배를 타고 월미도로 간다.
4:10 월미도에서 학교 버스를 타고 학교로 떠난다.
5:00 학교에 도착해서 확인하고 하교시킨다.
안전요원 : 학부모 2인
교통편담당: 교사 정의현
이동담당: 교사 권예지
장비요원: 각 조 조장
조장은 조 내에서 합의에 의해 뽑는다.

13. 지질답사지 소개

인천 지역의 전반적인 지질은 선캄브리아대의 변성암(경기변성 복합체)이 주로 분포하며, 이를 후기에 관입한 화강암과 몇 몇의 분출암인 유문암이 있다(동력자원연구소,1981). 선캄브리아대의 변성암은 해안가의 침식지형에 드러나며, 이는 퇴적기원의 암상이 화강암체에 의하여 변성되었으며, 오랜 기간 동안 풍화와 침식을 받아 신선하지는 않다. 퇴적 기원을 알 수 있는 층리가 나타나며 다양한 지질구조를 나타낸다. 따라서 이 지역을 답사하면 단시일에 여러 가지 기본적이면서도 실제적인 정보를 얻을 수 있다. 그 중에서도 특히 영종도는 해파에 의한 침식으로 기반암이 드러나 있어, 해양탐구 학습장으로 개발되어 학생들이 학습하기에 매우 좋은 자연의 교실이라 할 수 있다. 교통편도 매우 편리하여 우리 학교 학생들에게는 좋은 학습장이다.

14. 야외 기록

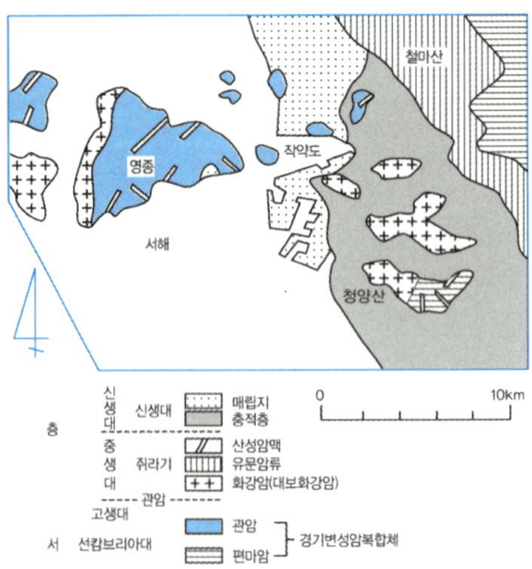

SITE # 1

○ 학습과제 : 단층을 관찰하고 클리노미터를 사용해 주향과 경사를 측정하고, 조산운동에 대해서도 생각해 본다.

○ 지역소개 : 이 지점은 파도의 침식으로 인한 전형적인 정단층이 나타나는데 단층의 규모가 관찰하기 뚜렷하고 단층면에도 단층점토가 협재하므로 단층, 장력, 횡압력 등을 공부하는데 좋은 자료가 된다. 여기서 우리는 단층의 규모와 힘의 방향, 상반 하반의 구별, 지층에 생긴 메커니즘, 또 클리노미터를 이용해 주향과 경사를 측정하고 구조를 살펴 왜 그런 구조가 생겼는지 생각해 보는 좋은 계기가 될 것 이다.

○ 소요시간: 50분

과제

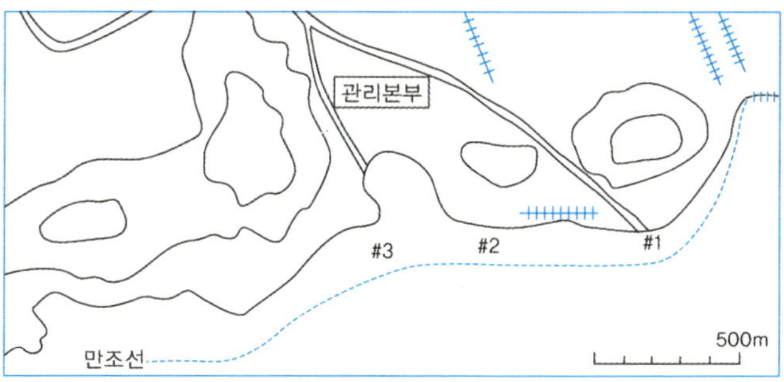

1) 전형적인 정단층 구조를 찾아 스케치한다.
2) 위 지형을 자세히 관찰해서 어느 쪽이 어느 방향으로 이동했는지 표시하고, 상반과 하반도 표시한다.
3) 이 지역을 클리노미터를 이용해 주향과 경사를 측정한다.
4) 아래 개념을 정리하고 그릴 수 있는 것은 그림으로 나타낸다.

절리	단층
지구	정합
부정합	

5) 다음 단층을 그리고 힘이 미친 방향 및 지괴의 상대적인 이동과 관련지어 정의해 보라, 단층면, 상반, 하반을 정의해 보고 단층이 생기게 되는 힘의 종류를 추리하여 보자.

정단층	역단층
오버트러스트	주향이동단층
힌지단층	수직단층

6) 단층의 성인을 설명해 보자.
7) 역단층과 오버트러스트와의 차이점에 대해 알아보자.
8) 도로의 절단면이나 채석장 계곡의 절벽 등에서 습곡, 절리, 단층을 찾아보고 그 특징을 비교하면서 각각의 모양을 스케치한다.

SITE # 2

○ 학습 과제: 지질구조와 생흔에 대해 알아보자.

○ 지역 소개 : 이 지점은 조수간만의 차가 매우 커서 물이 빠지면 갯벌이 넓게 나타난다. 따라서 밀물과 썰물시 해수의 움직임에 따라 생기는 연흔을 볼 수 있고, 간조시에는 건열이 나타나기도 한다. 또 다양한 조간대 생물이 서식하고 서식환경이 다양해서 그 흔적도 여러 가지로 나타난다. 따라서 이들 지질구조의 생성과 퇴적구조를 생각해 볼 수 있고 특히 퇴적구조 중에서도 층리, 점이층리, 사층리, 연흔, 건열, 퇴적당시의 환경유추, 분급, 생흔화석 등을 학습하는데 도움이 된다.

○ 소요 시간: 50분

과제

1) 다음 단어들의 개념을 정리해 보고 그림도 그려 본다.

연흔	건열
점이층리	분급
생흔화석	층리

2) 이 지역에서 연흔, 건열, 사층리, 점이층리, 생흔을 관찰하고 그 특정을 잡아 스케치한다.

연흔	건열
사층리	점이층리
생흔	

3) 퇴적구조를 주머니칼로 절단해서 특징을 스케치하고 단면의 구조를 조사해 본다.

4) 생흔을 보고 어떤 생물이 어떤 구조를 남기는지 관찰하고 추측해 본다.(2가지)

5) 점이층리, 사층리, 연흔, 건열에서 지층의 상하 판단에 이용될 수 있는 요소들은 무엇인가?

6) 아래 퇴적구조의 생성 환경과 생성 과정을 알아보자

점이층리	사층리
연흔	건열
생흔	

7) 건열이나 점이층리, 사층리는 다른 환경에서 형성된 지질구조에도 나타나는데 이들의 생성환경을 지각변동으로 나타나는 변화와 연관지어 설명해 보자.

SITE # 3

○ 학습 주제 : 해파에 의한 지형의 변화를 관찰하고 생각해 보자.

○ 지역 소개 : 이 지역에는 큰 동굴이 있는데 깊이가 6m, 폭이 12m, 바닥에서 높이가

평균 12m이다. 이 곳은 만조시 동굴의 1/3이 침식당하므로 해마다 변형을 받는다. 따라서 해파에 의한 지형의 변화를 극명하게 관찰할 수 있어 좋은 학습 환경을 만들고 있다. 우리는 이곳에서 해수에 의한 지형의 변화와 해식동굴, 파식대지, 파식절벽, 해빈 퇴적물, 해파의 에너지, 차별 침식에 대해 알아보도록 하자.

○ 소요시간: 50분

과제

1) 이 동굴을 이루는 암석과 주위에 흩어져 있는 암석 분포를 관찰해보자. 만일 같은 암석이라면 원래 위치를 찾아본다.
2) 이 동굴은 원래부터 이곳에 있었을까? 만일 아니라면 어떻게 해서, 즉 무엇에 의해 어떤 작용으로 만들어졌을까?
3) 해수에 의한 지형의 변화로 생겨난 아래 지명을 하나의 그림으로 나타내고 생성과정과 개념을 정리한다.

사주	석호
파식대지	해안단구
해빈	해안절벽

4) 해안 지역의 단면을 그리고 해식대지, 해식절벽, 퇴적대지, 해빈을 표시한다.
5) 유수의 작용에 의한 지형의 변화로 생겨난 아래의 지명을 하나의 그림으로 나타내고 생성과정과 개념을 정리한다.

V자 계곡	곡류
선상지	삼각주

6) 바람에 의한 지형변화로 생겨난 아래의 지명을 하나의 그림으로 나타내고, 생성과정과 개념을 정리한다.

삼릉석	오아시스
사구	바르한

7) 빙하에 의한 지형변화로 생겨난 아래의 지명을 각각 그림으로 나타내고, 생성과정과 개념을 정리한다.

U자 계곡	빙퇴석
서크	혼
아베크	

8) 지하수에 의한 지형변화로 생겨난 아래의 지명을 하나의 그림으로 나타내고, 생성과정과 개념을 정리한다.

카르스트	종유석
돌리네	석순

9) 유수, 지하수, 해수, 빙하, 바람의 침식 운반 작용을 비교 설명하여 보자.

15. 야외학습평가

1) 학생들에 대한 설문

• 야외 학습에 대한 만족도

매우 만족 ( ) 만족 ( )

불만족 ( ) 매우 불만족 ( )

• 만일 만족하다면 어떤 점에서인가?

• 만일 불만족하다면 어떤 점에서인가?

• 야외학습 과정 중에서 가장 인상 깊은 것은?

빠른 지식의 습득 ( ) 조직력 ( )

독립심 ( ) 실질적 지식 획득 ( )

• 다음에 이런 기회가 또 있다면 가겠는가?

예 ( ) 아니오 ( )

2) 학부형에 대한질문

• 가장 인상 깊은 것은?

빠른 지식의 습득 ( ) 조직력 ( )

독립심 ( ) 실질적 지식 획득 ( )

• 다음에 이런 기회가 또 있다면 참여하시겠습니까?

예 ( ) 아니요 ( )

16. 답사를 위한 점검표

항목 : 계획

1) 야외 학습 목적

(1) 연흔, 사층리, 점이층리, 건열 및 생물 등이 기어간 흔적을 찾아보고, 그러한 구조의 환경적 이치를 밝히도록 한다.

(2) 습곡구조를 탐구하고 지층의 원래 모양을 유추해서 지각변동을 생각해본다.

(3) 주향과 경사의 의미를 이해하고 클리노미터를 사용해 주향과 경사를 측정한다.

(4) 해안 지형의 침식지형을 이해하고 변화를 학습한다.

2) 야외 학습일 : 20○○년 ○월 ○일

3) 출발시간: 오전 9시

4) 귀교 예정일 : 20○○년 ○월 ○일

5) 귀교 예정 시간: 오후 5시

6) 목적지: 인천광역시 중구 영종도의 해양탐구학습장

7) 이동수단: 학교버스, 배편

8) 예상비용: 개인당 5,000원

9) 인솔책임자: 정의현, 권예지

10) 동행 학부모: 지원자 2명

11) 교사의 계획

(1) 학교장의 승인
(2) 가정 통신문 발송
(3) 답사를 위한 예약: 학교 버스는 학교 지원
월미도에서 영종도 가는 차비는 왕복 ○○○원
미리 해양탐구학습장에 예약을 해둔다.
(4) 현장에서 역할 분담: 교사 1인당 10명의 학생을 인솔 지도하고 보호자는 1사람씩 따른다. 2인 1조로 과제를 작성한다.
(5) 학생들의 행동 규칙 : 교사의 설명과 지시사항을 따르고 진지한 태도로 학습에 임한다.
(6) 학부모의 동의서 : 참가자 전원에게 꼭 동의서를 받도록 한다.
(7) 야외 답사를 위한 물품 목록
주머니 칼 또는 모종삽, 줄자, 돋보기, 클리노미터, 나침반, 지질도, 망치, 비옷, 표본 주머니, 상비약(두통약, 소화제, 멀미약 등)
(8) 학생들의 복장 문제 : 편안한 활동복, 모자, 운동화
(9) 보조 자료: 활동장
(10) 식사 문제 : 점심 도시락 및 기타 간식은 각자 준비
(11) 참고 도서 : 지질학 개론
(12) 학생들의 지참물: 주머니 칼 또는 모종삽, 돋보기, 나침반, 줄자
(13) 대상 학생: 한빛 고등학교 1학년 답사 신청자 중 20명
(14) 야외 학습 평가: 평가지

다. 기상학

인간은 대기와 지표의 상호작용으로 만들어지는 여러 가지 기상현상의 끊임없는 영향을 받으며 살면서 때로는 이익을 얻기도 하고 때로는 기상 재해로 손해를 보기도 한다. 기상 관측은 농산물의 경작이나 보관, 임업, 수산, 건축 및 일상생활 등 모든 분야에 필요하고, 그 중요성이 날로 증대하고 있다. 초 · 중등학교에서는 백엽상을 설치하여 기상 관측을 간단하게 실시하고 있으며, 기상대 등을 견학하여 견문을 넓힐 수 있다.

바람직한 기상 관측을 하기 위해서는 관측시 필요한 주의점을 파악하고, 합리적인 계획을 세우는 것이 무엇보다도 중요하다. 목적에 맞는 관측 요소와 관측 장소의 결정, 시설의 설치 방법, 측기의 선택 방법, 관측 시각의 결정, 자료를 정리하는 방법 등을 알아야 한다.

기상 관측의 대상이 되는 기상 요소 중에는 기온, 습도, 우량 같은 일반적인 것과 오존 같은 특수한 것이 있다. 또한 관측 장소에 따라 지상 기상관측,고공 기상관측, 해상 기상관측 등으로 나누는데, 보통은 지상 관측을 중요시한다. 지상 관측은 이용 목적에 따라 통보 관측, 항공기상관측, 농업기상관측, 수문기상관측, 기후관측 등으로 분류한다.

1) 사전 교실 및 실험실 활동

가) 계 획

① 관측 종목

이용 목적에 따라 종목을 선택하는 것이 중요하다. 그러나 관측자의 형편, 경비, 기술의 난이도 등이 고려되어야 한다.

② 관측 장소

장소 선정에 있어서 가장 먼저 해야 할 것이 관측치의 대표 범위이다. 대표 범위란 어떤 관측치가 적용되는 지역의 넓이를 말한다. 예를 들어 서울 지방의 어느 날 정오의 기온이 20°C라면 기상대 노장의 기온을 말하며, 시내 중심가는 이보다 더 높을 수도 있고 변두리는 더 낮을 수도 있다. 산지나 시내의 빌딩가보다는 편평한 평지의 대표성이 훨씬 좋다.

③ 관측 시각

기상 현상은 시시각각 변하므로 그 변화의 양상이나 하루 평균치를 알려면 적당한 시간 간격으로 하루 몇 회의 관측치를 얻어야 한다. 그러나 수업 시간을 고려하여 계획을 세울 필요가 있다.

④ 노장

백엽상과 우량계 등을 갖춘 관측 장소를 노장이라고 한다. 그늘이 지지 않고 배수가 좋은 평탄지를 선택하는 것이 좋다. 넓이는 측기의 종류나 수량에 따라 달라지지만, 보통 50m^2 정도는 필요하다. 교사의 바로 옆에 노장을 설치하는 것은 좋지 않다. 또한 운동장의 울타리 그림자가 지는 곳에 만드는 것은 우량이나 바람의 관측상 문제가 있다.

노장에 설치하는 측기는 서로의 측정값에 영향을 주어서는 안된다. 특히 우량계는 주위의 측기나 시설 등의 영향을 받기 쉬우므로 중앙 부근에 놓도록 한다. 따라서 노장의 형태는 정사각형에 가까운 직사각형이나 원형이 좋다. 그 예는 [그림 5-10]과 같다.

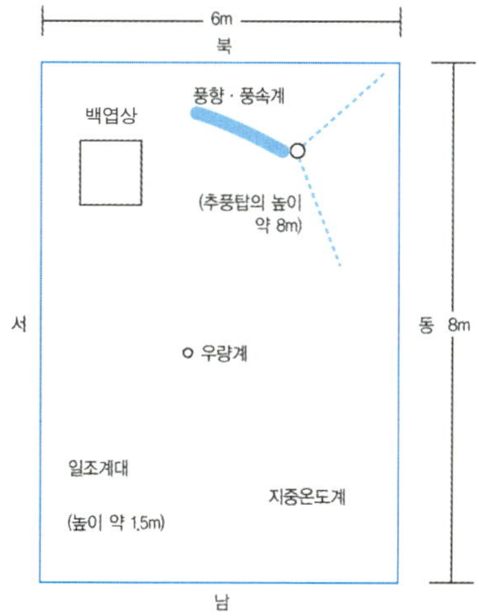

[그림 5-10]
노장내의 측기배치의 한 예

나) 정리와 통계

① 원부

원부는 야장이나 자기지(自記紙)에서 이용상 필요한 것을 기록해서 일람표로 만든 귀중한 대장이다. 원부의 크기나 양식 등은 이용 목적에 적합하도록 정하는데, 일(日)원부, 월(月)원부, 누년(累年)원부가 주로 사용된다. 일원부는 관측 값을 날짜별로 기재하는 것이고, 월원부는 날짜별 평균값을 1개월분을 묶어서 기재하는 것으로 그 달의 통계값도 기재한다. 누년원부는 여러 요소의 누년통계값을 구해서 기입하기 위한 원부이다.

② 통계

그날 그날의 관측값이 많이 이용되기도 하지만 월평균 기온이나 강수량 등과 같이 관측값을 적당히 집계한 통계값을 이용하는 경우가 대단히 많다. 이런 통계값은 대부분 원부에서 산출된다.

관측 요소 중에서는 모집단이 비정규 분포인 경우가 많다. 예를 들면 하루의 강수량은 부(-)가 될 수 없고 계절에 의해서도 차이가 나지만 무강수의 날짜수가 많고 강수량의 증가에 따라서 하루 강수량의 평균값과 최대값은 현저히 다르다. 따라서 관측값을 정리하여 통계 처리할 때 단순히 산술 평균을 구하는 것 외에 가능한 한 도수분포를 쓰는 것이 필요하다.

2) 탐구 활동: 소풍은 언제 가는 것이 좋을까요?

가) 목표

날씨는 끊임없이 변화하고 있으며, 우리의 일상생활과 매우 밀접한 관계를 가지고 있다. 따라서 우리 주변에서 일어나는 일기 현상에 대하여 호기심을 가지고 일기 변화를 일으키는 요인과 그 변화의 형태를 알아보고, 일기 예보의 중요성을 깊이 인식한다.

나) 준 비

서울의 어느 고등학교 1학년은 5월 3째주 어느 날 소풍을 가기로 하였다. 그러나 과거 3년간 소풍 때마다 날씨가 좋지 않았다. 쾌청한 날이 계속되다가도 소풍날만 되면 비가 와서 즐거운 소풍이 되지 못하였다. 이번 소풍만은 날씨가 쾌청한 날이어야 한다는 학생들의 소망을 해결하기 위하여 의견을 모으기로 하였다. 소풍을 며칠 앞두고 학생들은 과학 선생님과 함께 맑은 날을 예상하기 위하여 어떻게 정보를 수집해야 하는가를 알아보는 등 '소풍은 언제 가는 것이 좋을까?'라는 주제로 탐구 활동을 하였다.

다) 개념도

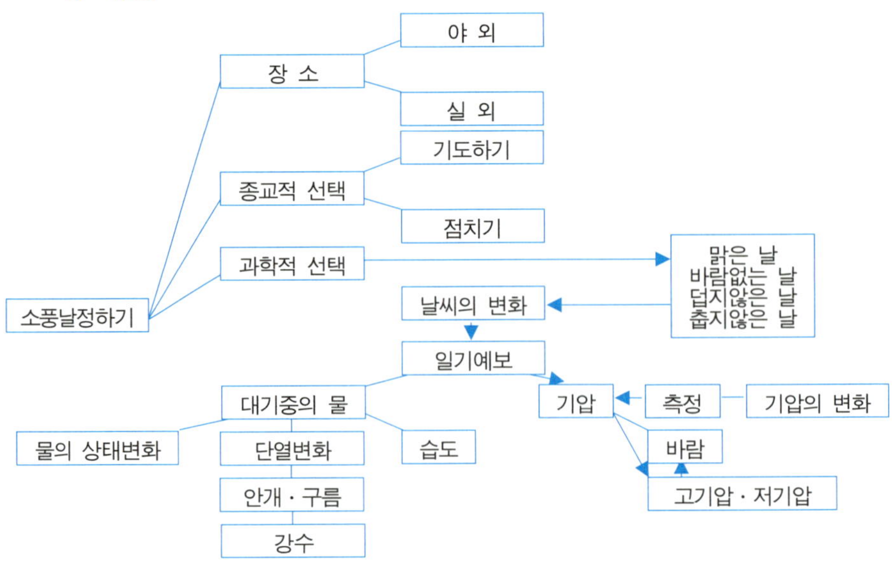

라) 조사활동

① 기상청견학

㉠ 목표: 기상대에서 일기 예보의 과정을 조사한다.

㉡ 준비물: 카메라, 필기도구

㉢ 자료 수집

- 기상청 소개: 무엇을 하는 곳이며 어떤 사람이 일하는 곳인지 비디오를 시청하고 설명을 듣는다.
- 관측 장비 : 관측 장비의 종류를 알아보고 간단한 장비는 직접 조작해 본다.
- 기상요소의 측정 활동: 기온, 기압, 이슬점, 풍향, 풍속, 운량 등
- 자료 수집 및 정리 : 기상 위성 사진, 일기도에 포함되는 기상 요소, 개인별 견학보고서 작성

② 등압선그리기

㉠ 목표: 기압배치도에 등압선을 그릴 수 있다.

㉡ 준비물: 일기도, 연필, 사인펜, 색연필, OHP, TP 용지

㉢ 학생 활동

- 학생은 조별로 등압선 그리는 방법을 토의하고 발표한다.
- 교사는 발표한 내용의 잘못된 부분을 수정하고, 등압선의 특징을 설명한다.
- 등압선을 그리고, 일기도에 사용하는 기호를 설명한다.
- 등압선 분포의 특징을 알아보고, 일기도에 기압을 표시하고 전선이 있으면 그려 넣는다.
- 교사는 조별로 전선이 포함된 연속된 3일간의 일기도를 준비하게 한다.

③ 일기도 분석 및 일기예보

㉠ 목표: 준비된 3일간의 일기도를 분석하여 4일째의 일기를 예상한다.

㉡ 준비물: 일기도, 연필, 지우개, 자, 사인펜, 기상위성 구름 사진.

㉢ 학생 활동: 소풍지를 중심으로 다음 사항을 알아본다.

- 일기도에서 고기압과 저기압의 위치, 풍향을 확인한다.
- 풍속, 전선의 이동 방향 및 속도, 구름의 이동 방향 등을 알아본다.
- 종합적으로 분석한 후 4일째의 일기를 예상한다.

㉣ 교사 활동

- 학생들의 발표 내용을 요약, 정리한다.
- 소풍 지역 일기 예보 내용을 설명한다.
- 소풍날 기상청의 예보와 비교하도록 한다.

라. 천문학

맑은 날 밤하늘에는 무수한 별들이 떠있다. 이 별들은 거리감이 없이 모두가 반구상에 투영되어 보이는데, 이러한 가상적 반구를 천구라고 한다. 관측자의 머리 위를 연결하여 천구와 만나는 점을 천정이라 하고, 천정과 천구의 북극을 지나는 대원을 천구의 자오선이라고 한다. 별의 위치를 나타내기 위하여 좌표계를 사용한다.

적도좌표는 지표의 위치를 나타내는 위도와 경도를 천구로 연장한 것으로 볼 수 있으며, 위도는 적위, 경도는 적경에 각각 해당한다. 적경은 춘분점을 기준으로 적도면을 따라 동쪽으로 가면서 0° ~360°까지 천구를 24개의 시간권으로 나누어 0~24시까지 매긴 값이다. 적위는 시간권상에서 적도면으로부터 천체까지의 각으로-90° ~ +90°까지 측정한 값이다. 천체의 적도 좌표 값은 변하지 않으나 천구에서 별의 위치를 찾기 어렵다.

지평좌표는 방위각과 고도로 나타내며, 방위각은 북점을 기준으로 지평면을 따라 시계방향으로 가면서 수직권까지의 각으로 0°~360°까지 잰 각이다. 고도는 지평선에서 수직권을 따라 천체까지의 각으로 0°~90°까지 나타낸다.

천체의 위치가 시간과 장소에 따라 달라져서 위치를 일정한 값으로 나타낼 수 없는 단점이 있으나 어느 일정한 지역에서 별을 찾기가 쉽다.

1) 탐구활동 : 천체의 촬영

천체 사진 촬영법에는 초보자들도 간단한 장비만 가지고도 찍을 수 있는 고정 촬영법과 반드시 적도의 마운트가 있어야 하는 가이드 촬영법이 있다.

가) 고정촬영

① 준비물

㉠ 카메라: 셔터스피드에 B 셔터나 T 셔터가 달려있으면 무난하다.

㉡ 필름: ASA 400 이상이면 된다.

㉢ 삼각대 : 고정된 카메라가 움직이지 않도록 견고해야 한다.

㉣ 릴리스: 카메라가 흔들리지 않도록 셔터를 가만히 누르는데 필요한 것으로, 길수록 좋다.

㉤ 기타: 플래시, 성도, 필기도구 등.

② 점상으로 촬영 가능한 노출 시간

일주운동에 따른 별의 광적이 필름면에서 0.02~0.03mm 이하면 별은 점상(占像)으로 나타난다. 그러나 실제 촬영에서는 렌즈의 수차나 이레디에이션(irradiation)의 영향으로 별의 상이 면적을 가지고 찍히게 된다. 그러므로 노출시간을 약간 변경하여 여러 장 찍는 것이 좋다<표 5-5>.

〈표 5-5〉 별을 점상으로 찍을 수 있는 노출시간표

f/적위	고정 촬영의 노출시간		
	0°	±40°	±60°
28mm	44초	60초	88초
35mm	20초	30초	40초
50mm	14초	20초	28초
135mm	5초	7초	10초
200mm	3초	5초	7초

* 이레디에이션을 고려한 값이다.

③ 장 점

뜨고 지는 별의 모습, 일주운동, 별자리, 은하수, 성단, 분리각이 큰 이중성 등을 촬영하는데 좋다.

나) 가이드촬영

① 피지백 방식

망원경에 카메라 부착 장치를 설치하여 카메라를 달고, 주망원경을 가이드 망원경으로 이용하여 촬영하는 방식으로, 카메라 렌즈를 바꾸어 가며 여러 대상을 찍을 수 있다. 주망원경의 초점거리는 보통의 카메라 렌즈보다 상당히 길므로 10mm 정도의 접안렌즈에 십자선을 넣어 촬영하면 누구나 쉽게 수동 가이드 촬영이 가능하다.

② 직초점 방식

카메라의 렌즈를 떼고 어댑터를 이용하여 망원경의 접안부에 카메라를 부착시켜 주망원경을 하나의 커다란 망원렌즈처럼 생각하여 찍는 방식으로, 사진을 찍는 동안 주망원경을 볼 수 없으므로 반드시 보조 망원경을 이용하여 가이드 되는 정도를 판단하고 보정하여 사진을 찍는다.

③ 투영 방식

직초점 방식에서 어댑터에 아이피스를 끼워 초점거리를 연장하여 찍는 방식이다.

이 방식은 합성 f수와 초점거리가 커서 어두운 대상을 오래 가이드 하여 찍는 것이 불가능하므로 밝은 대상인 달이나 태양의 순간촬영, 행성의 확대 촬영 등에 적합하다.

2) 탐구 활동 : 별자리 찾아보기

가) 탐구 목표

① 북두칠성이나 카시오페이아 별자리로부터 북극성을 찾을 수 있다.

② 각 계절의 길잡이 별자리를 열거할 수 있다.

③ 별의 일주 운동과 행성의 겉보기 운동을 설명할 수 있다.

나) 준비물: 별자리 보기판, 천체 투영실

다) 사전 학습

① 천체 관측에 필요한 기초 지식

㉠ 방위 확인 : 가장 먼저 하늘에서 움직이지 않는 별인 북극성의 위치를 찾고, 동서남북의 방위를 확인한다.

㉡ 시계 확인 : 용자리나 작은곰자리를 관측하고 그 날의 시계를 생각해야 하며, 1등성~6등성 중 몇 등성까지 볼 수 있는지 확인한다. 하늘에서 볼 수 있는 6등성 내의 별은 6,000개 정도이나 4계절을 통해야만 모두 볼 수 있다.

0등성	1등성	2등성	3등성	4등성	5등성	6등성
3개	11개	40개	150개	530개	1600개	4800개

- 0등성의 별: 시리우스(큰개자리), 아크투르스(목동자리), 직녀성(거문고자리)
- 1등성의 별: 카펠라(마차부자리), 리겔(오리온자리), 프로크온(작은개자리), 베텔큐스(오리온자리), 견우성(독수리자리), 알데바란(황소자리), 스피카(처녀자리), 안타레스(전갈자리), 폴룩스(쌍둥이자리), 포말하우트(남쪽물고기자리), 데네브(백조자리), 레굴루스(사자자리)

  ※ 우리 나라에서 볼 수 없는(남반구에서 볼 수 있는) 전몰성 중에 1등성이 6개가 있다.

㉢ 별의 일주운동: 지구의 자전 때문에 별은 동쪽에서 서쪽으로 1시간에 약 15°씩 움직여 하루(24시간)에 1바퀴 회전한다. 따라서 시계가 좋은 경우 하룻밤 동안에 초저녁엔 지난 계절, 한밤중에는 현재의 계절, 새벽에는 다음 계절에 나타나는 별자리를 관측 할 수 있다.

㉣ 별의 연주운동: 태양을 기준으로 할 때, 별들은 하루에 약 1°씩 서쪽으로 이동하여 1년에 한 바퀴씩 회전하는 운동으로, 지구가 공전하기 때문에 일어나는 운동이다. 따라서 별자리가 계절에 따라 달라지게 된다.
※ 별의 연주 운동과 태양의 시운동은 서로 상대적인 운동

㉤ 천구의 구조: 천구의 북극, 천구의 남극, 천구의 적도, 황도, 지평선, 천정, 천저, 북점, 남점, 자오선 등

㉥ 별의 위치를 나타내는 좌표계

- 지평좌표: 방위각과 고도로 나타내어 관측하기 쉬우나 시간과 장소에 따라 변화
- 적도좌표: 적경과 적위로 나타내며, 시간이나 장소에 관계없이 일정

② 밤하늘의 별자리

<별자리>

예로부터 사람들은 밤하늘의 별들을 이어서 전설이나 신화에 나오는 인물이나 사물의 이름을 붙였다. 오리온도 있고 헤라클레스도 있고 사수도 있다. 별자리의 별들은 물리학적 연관성을 가지는 것이 아니라, 단순히 천구 상에 천체의 위치를 기억하기 위해서 만들어진 것으로 고대의 신화적 의미도 포함되어 있다. 3,000년 전 바빌로니아 시대부터 이어져 온 고대의 별자리는 AD 140년에 알렉산드리아의 그리스의 천문학자 프톨레미(Claudius Ptolemy)가 48개로 정리하였는데 그 중 아르고 자리(Argo)가 뒷날 3부분으로 나뉘어져서 실제로는 50개가 되었다. 그리고 중세 이후부터 38개의 현대의 별자리가 만들어져 현재 천구에는 88개의 별자리가 있는데 황도를 따라 12개(황도 12궁), 황도 북쪽에 29개, 남쪽에 47개가 있다.

별자리	양	황소	쌍둥이	게	사자	처녀
표기	Aries	Taurus	Gemini	Cancer	Leo	Virgo
별자리	천칭	전갈	궁수	염소	물병	물고기
표기	Libra	Scorpius	Sagittarrius	Caoricornus	Aguarius	Pisces

그러나 옛날 사람들에 의해서 만들어진 별자리는 경계가 확실한 것이 아니어서 이에 대한 논란이 자주 일어났고, 이를 시정하기 위해 1930년 국제 천문 연맹은 1875년의 춘분점을 기준으로 적경과 적위를 매겨 새로운 별자리의

경계선을 정하였다. 지금 우리들이 쓰고 있는 별자리는 이때 그 모습이 확실히 규정되었다. 그리고 별자리의 정식 이름은 라틴어로 되어 있고 그것의 약 부호도 정해지게 되었다.

• 북쪽 하늘의 별자리-큰곰, 작은곰, 용, 카시오페이아, 케페우스, 기린자리

북극성이 있고 1년 내내 보이는 주극성들로 이루어진 북쪽 하늘의 별자리에는 큰곰, 작은곰, 용, 카시오페이아, 케페우스, 기린자리들이 있다. 북두칠성이 꼬리를 이루고 있는 큰곰자리는 쉽게 찾을 수 있고, 많은 대상을 가지고 있다. 먼저 스파르타 군인의 시력 검사에 이용했던 이중성 Mizar(2.0), Alcor(4.0)과 M81(은하 NGC3031 6. 8), M82(은하 NGC3034 8.4), M97(성운 NGC3587 11), M108(은하 NGC3556 10.0), M109(은하 NGC3992 9.8), M101(은하 NGC5457 7.7) 등과 이중성인 M40(Winneck4 9)이 있다. 일주운동의 중심이 되는 북극성(2.0)을 꼬리로 갖는 작은 국자 모양을 한 작은곰자리는 북두칠성과 카시오페이아자리를 이용하면 쉽게 찾을 수 있다. 이 작은곰자리를 이용하는 투명도 측정법이 있다. 작은곰자리는 도시의 불빛 속에서나 엷은 구름 속에서는 맨 끝의 두 별과 α별인 북극성, 세 별만이 확인된다. 만약 작은곰자리의 모든 별을 다 볼 수 있다면 하늘은 매우 맑고 어두운 것이다. 우리는 이 별들이 얼마나 보이는가에 따라 하늘의 상대적인 상태를 알 수 있다.

북극성을 사이에 두고 북두칠성의 반대쪽에 있는 W자 모양의 별자리가

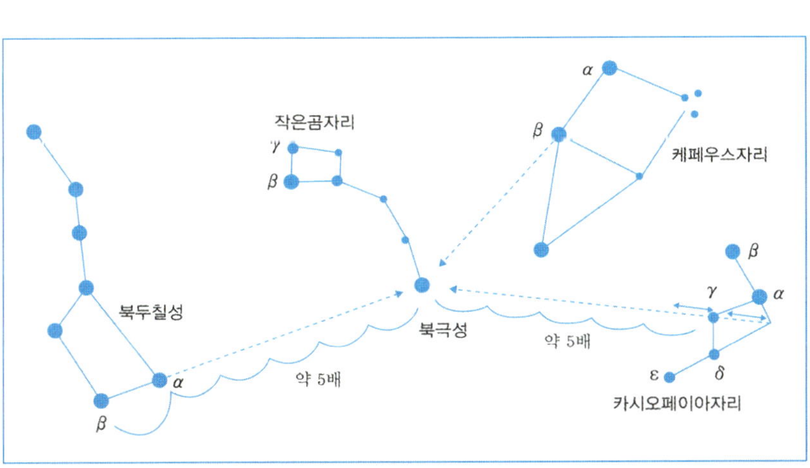

[그림 5-11] 북극성 찾는 법

카시오페이아자리이다. M103(산개 성단 NGC581 7.4), M52(산개 성단 NGC7654 6.9)가 있고 올빼미 같은 NGC457(산개 성단 6.4), 가오리 같은 Trumpler3(7.0) 등과 같이 특징적이고 밝은 대상들이 많다. [그림 5-11]은 북두칠성과 카시오페이아의 별들로 북극성을 찾는 방법이다.

• **봄철의 별자리-사자, 큰곰, 목동, 처녀**

봄의 밤하늘을 장식하는 별자리 중에 가장 먼저 등장하는 것이 사자자리이다. 머리 부분이 물음표(?)를 돌려놓은 것과 같은 모양을 하고 있고 물음표의 아랫점을 α별, 레굴루스(Regulus 1.4)가 장식하고 있다. M95(은하 NGC 3351 9.7), M105(은하 NGC3379 9.3), M65(은하 NGC3623 9.3), M66(은하 NGC3627 9.0)등이 포함되어 있다. 사자자리의 뒤를 이어 머리털자리라는 어두운 별자리가 등장하는데 이 별자리에는 맨눈으로 볼 수 있는 거대한 산개 성단이 있다. 이 산개 성단이 멜로때 111이다. 이 별자리에는 은하가 많이 있다. 밤하늘의 많은 별자리들 중에서 가장 넓은 영역을 차지하고 있는 바다뱀자리는 사자자리와 처녀자리 밑으로 길게 뻗어 있고 M48(산개 성단 NGC2548 5.8), M83(은하 NGC5236 8.2), M68(구상 성단 NGC4590 7.7)을 포함하고 있다.

봄철 밤하늘에 높게 걸린 북두칠성의 손잡이 부분의 곡선을 따라 쭉 늘여 가다 보면 목동자리 α별, 아크투르스(Arcturus-0.1)와 처녀자리 α별 스피카(Spica 1.0)을 찾을 수 있다. 손잡이로부터 곡선을 따라 이루어지는 이 곡선을 봄의 대곡선이라고 한다. 우리나라 밤하늘에서 볼 수 있는 별 중에 큰개자리 시리우스 다음으로 가장 밝은 아크투르스가 있는 목동자리는 6개의 별이 커다란 방망이 모양을 하고 있다. 그 남쪽의 처녀자리는 정말로 아름다운 처녀의 모습을 하고 있다. 처녀자리 은하단이 이곳에 있기 때문에 상당히 많은 대상이 있다. 밝은 대상으로는 M61(은하 NGC4303 9.7), M8(은하 NGC4374 9.3), M86(은하 NGC4406 9.2), M49(은하

[그림 5-12] 봄철의 별자리

NGC4472 8.4), M87 (은하 NGC4486 8.6) M89(은하 NGC4552 9.8), M90(은하 NGC4569 9.5), M104(은하 NGC4594 8.3), M39(은하 NGC4621 9.8), M60 (은하 NGC4649 8.8) 등이 있다.

Cor Caroli(2.9)라는 α별을 가지고 북두칠성 손잡이 아래에 단지 2개의 별로 이루어진 사냥개자리에는 M106(은하 NGC4258 8.3), M94(은하 NGC4736 8.1), M63(은하 NGC5055 8.6), M51(은하 NGC5194 8.4), M3(구상 성단 NCC5272 5.9) 등이 있는데 M3은 매우 맑고 큰 구상 성단이고 M51은 NGC5195와 쌍을 이루고 있는 아주 훌륭한 관측 대상이다.

목동자리 동쪽으로는 7개의 별이 반원을 이루고 있는 왕관자리가 있고 처녀자리와 전갈자리 사이에는 사각형 모양의 천칭자리가 있다. 사자자리의 β별 데네볼라(Denebola, 2.1)와 아크투르스, 스피카를 이어서 봄의 대삼각형이라고 하고, 여기에는 Cor coroli를 더해 처녀의 다이아몬드라고 부르기도 한다.

• 여름철의 별자리-백조, 거문고, 독수리, 전갈

맑은 여름날 밤, 은하수의 장관을 볼 수 있는 밤하늘에 여러분들은 반했을 것이다. 이 은하수를 타고 백조가 꼬리에 데네브(Deneb, 1.3)라는 멋진 별을 달고 날고 있다. 백조자리는 남쪽 하늘의 남십자성에 대해 북십자성이라 부르기도 한다. 이중성인 알비레오(Albireo, 3.1)와 M29 (산개 성단 NGC6913 6.6), M39(산개 성단 NGC7092 4.6)가 찾기 쉬운 대상이고, 망상성운이 유명하다. 백조 서쪽으로 삼각형과 평행사변형을 이어 놓은 듯한 거문고자리가 전설속의 직녀, 베가(Vega, 0.0)를 가지고 있다. 유명한 행성상 성운인 고리 성운, M57(NGC6720, 9.5)과 M56(구상 성단 NGC6779 8.3)이 있다. 직녀와 은하수를 사이에 두고 밝게 빛나

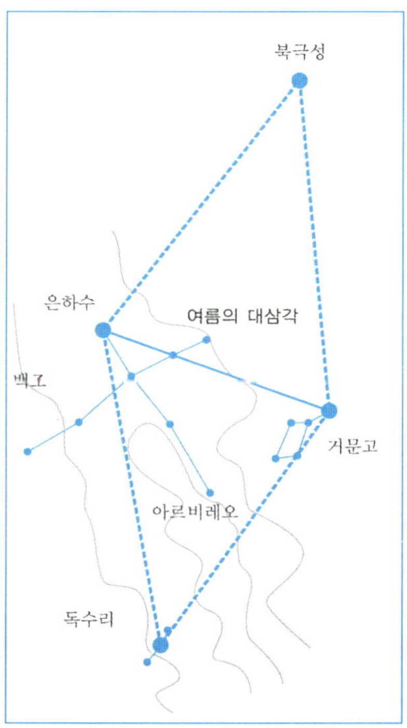

[그림 5-13] 여름철 별자리

는 별이 비운의 남자 견우, 알타이르(Altair, 0.8)이고 독수리자리에 속한다. 행성상 성운 NGC6781 (12.5)이 있다. 알타이르와 데네브, 베가는 은하수를 사이에 두고 여름철의 대삼각형이라고 부르는 커다란 삼각형으로 이어져 있다. 왕관자리와 거문고자리 사이에 찌그러진 H자 모양의 헤라클레스자리가 있다. 이 별자리의 ζ별과 η별 사이에는 매우 큰 구상 성단, M13(NGC6205, 5.7) 이 있고 M92(NGC6341, 6.4)도 밝은 구상 성단이다.

해라클래스자리와 전갈자리 사이의 넓은 공간에 뱀자리와 그것을 양손에 쥐고 있는 땅꾼자리를 발견할 수 있다. 땅꾼자리의 α별 라스알하게 (Rasalhague 2.1)가 직녀성, 견우성과 커다란 이등면 삼각형을 이 루고 있다. 그리고 왕관자리 바로 아래 4등성으로 이뤄진 조그만 사각형이 뱀의 머리이다. 땅꾼자리에는 M107(구상성단 NGC6171 8.1), M12(구상 성단 NGC6218 6.8), M10(구상 성단 NGC6254 6.6), M62(구상 성단 NGC6266 6.7), M19(구상 성단 NGC6273 6.7), M9(구상 성단 NGC6333, 7.6), M14(구상 성단 NGC6402 7.6) 등이 있고, 뱀자리에는 M5(구상 성단 NGC5904 5.7), M16(산개 성단NGC 6611 6.0)이 있다.

6월 경 땅꾼자리 밑 남동쪽 하늘에 붉게 빛나는 안타레스(Antares 1.0)를 기준으로 S자 모양으로 펼쳐진 길다란 별무리가 아폴로가 오리온을 죽이기 위해 풀어놓은 전갈자리이다. 전갈자리가 뜰 때 서쪽하늘에 오리온자리가 지는 것은 이러한 이유에서라고 한다. 안타레스 옆의 밝은 구상 성단 M4 (NGC6121 5.8), M80(구상 성단 NGC 6093 7.3), M6(산개 성단 NGC 6405 4.2), M7(산개 성단 NGC6475 3.3) 등이 있다.

독수리자리의 알타이르와 δ별을 이어 같은 거리만큼 연장하면 4등성으로 이루어진 작은 다이아몬드 모양을 한 돌고래자리가 있다. 별자리 중 가장 귀여운 별자리일 것이다. 전갈자리 동쪽, 독수리자리 남쪽에 밝은 별들이 주전자 모양을 하고 있는데 이것이 사수자리이다. 이 사수의 화살은 전갈의 심장인 안타레스를 노리고 있다. 우리 은하의 중심이 사수자리에 있기 때문에 이 근처에서 은하수가 가장 밝고 관측 대상도 상당히 많다. γ별의 북서쪽 방향 4°거리에 우리 은하의 중심이 있다. 삼렬 성운 M20(NGC6514 6.3), 개펄 성운 M8(NGC6523), 오리 모양의 오메가 성운 M17(NGC6618 6.0), M23(산개 성단 NGC 6494 5.5), M21(산개 성단 NGC6531 5.9), M24(산개 성단 NGC6603 11.1), M18(산개 성단 NGC6613 6.9), M28(산개 성단 NGC6626 6.8), M25(산개 성단 IC4725 6.8), M69(산개 성단 NGC6637 7.6), M22(산개 성단 NGC6656 5.1), M70(산개 성단 NGC6681 8.0), M54(산개 성단 NGC6715 7.6), M55(산개 성단 NGC6809 6.4), M75(산개 성단 NGC6864 8.0)등이 있다. 이 밖에 독수리자리 북쪽에 화살자리와 작은 여우자리 남쪽에 방패자리가 있다. 화살자리에는 M71(산개 성단 NGC6838 8.0), 작은 여우자리에는 아령 성운 M27(산개 성단 NGC6853 7.3)이 있고 방패자리에는 M26(산개 성단 NGC6694 8.0), M11(산개 성단 NGC6705 5.8)이 있다.

• 가을철의 별자리-카시오페아, 페가수스, 안드로메타, 페르세우스, 케페우스

여름철의 대삼각형이 서쪽으로 저물어 갈 때 동쪽 하늘에서는 새로이 커다란 사각형의 페가수스자리가 떠오른다. 현재의 춘분점은 페가수스 사각형 동쪽 변 연장선상의 아래에 있다. M15(구상성단 NGC7075 6.0)가 있다.

페가수스 사각형의 북동쪽 꼭지점의 밝은 별(Alpheratz 2.1)이 아름다운 안드로메다 공주의 머리이다. 이 별 동북쪽으로 3개의 2~3등성이 죽 늘어서 있다. 날씨가 좋은 날에는 ν별 근처에서 희미한 천체를 맨눈으로 볼 수 있는데 이것이 우리 은하에서 가장 가까운 은하인 안드로메다은하 M31(NGC224 3.5)이다. M31근처에 M110(은하 NGC205 8.0)과 M32(은하 NGC221 8.2)가 있다.

페가수스 사각형의 서쪽 변을 남쪽으로 3배정도 연장하면 밝은 별이 눈에 띈다. 이것이 남쪽 물고기자리의 α별, 포말하우트(Fomalhaut 1.2)이다. 안드로메다의 2등성 들을 동쪽으로 쭉 연장하면 페르세우스자리의 α별 안게니브(Algenib 1.8)에 닿는다. 이 별 아래 뒤로 길게 늘어진 페르세우스의 호(Segment of Perseus)를 찾아 나가면 페르세우스의 별들을 쉽게 찾을 수 있다. 알게니브 우측에는 악마의 별인 변광성 알골(Algol 2.1~3.3)이 약 3일을 주기로 밝기를 달리하고 있다. 페르세

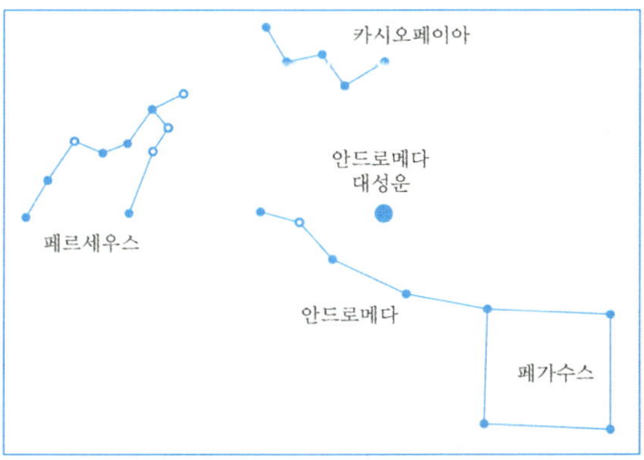

[그림 5-14] 가을철 별자리

우스자리 γ별과 카시오페아자리의 δ별 중간 지점에 페르세우스자리 이중 성단(NGC869, NGC884)이 있고 이 밖에 M76(성운 NGC650 10.1), M34(산개 성단 NGC1039 5.2)가 있다. 안드로메다와 페가수스 자리 동남쪽에 있는 물고기자리는 황도 12궁 중 마지막 별자리이고 춘분점을 가지고 있기 때문에 중요한 별자리로 여겨져 왔다. M74(운하 NGC628 9.2)가 있다. 물고기자리 서쪽에 Y자 모양의 물병자리가 있다. 대상으로는 행성상 성운인 쌍가락지 성운 NGC7293(7.3)과 M72(구상 성단 NGC6981 9.3), M73(산개 성단 NGC6994), M2(구상 성단 NGC7089 6.4)가 있다.

사수자리 동쪽의 역삼각형 모양은 염소자리로 M30(구상 성단 NGC7099 7.3)이 있고, 변광성 미라(Mira, 2~10)를 가지고 있는 고래자리가 물고기자리 아래에 있다. 넓은 공간을 차지하고 있는 고래자리에는 M77(운하 NGC1068 8.8)이 있다. 안드로메다 남동쪽에는 황도 1궁 양자리와 M33(은하 NGC598 5.7)이 있는 삼각형자리가 있다.

• **겨울철의 별자리-오리온, 큰개, 작은개, 쌍둥이, 마차부, 황소**

겨울철의 밤하늘은 무척 화려하다. 밝은 별이 많기 때문이다. 날씨는 춥지만 공기가 맑아 관측하기 좋은 계절이다. 겨울철의 별자리 중 가장 먼저 떠오르는 별자리가 V자 형의 황소자리이다. 히아데스 성단(The Hyades)과 플레이아데스 성단(Pleiades M45 산개 성단 1.2)을 가지고 있다. α별 알데바란(Aldebaran 0.9) 주위의 작은 또 하나의 V자를 이루는 별들은 알데바란을 빼고는 모두 히아데스 성단의 일원이다. 황소의 뿔 중 ζ별 조금 북쪽에 1054년에 발견된, 초신성의 폭발 잔해인 게성운, Ml(NGC1952, 9.0)이 있다. 황소자리 북쪽에 1등성 카펠라(Capella 0.1)를 가진 오각형 모양이 마차부자리이다. 오각형의 옆에는 작은 별들이 이루는 삼각형이 있는데 이것 이 마차부가 안고 있는 새끼 염소이다. M38(산개 성단 NGC1912 6.4), M36(산개 성단 NGC1960

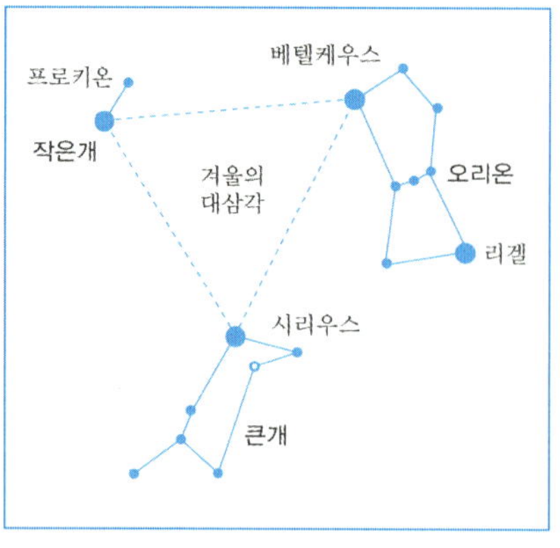

[그림 5-15] 겨울철 별자리

6.0), M37(산개 성단 NGC2099 5.6) 등이 있다. 겨울철의 별자리 하면 가장 먼저 생각나는 별자리가 바로 오리온자리이다. 베텔기우스(Betelgeuse 0.7)와 리겔(Rigel 0.1)이라는 두 개의 일등성을 가진 오리온자리는 오리온의 허리인 삼태성만 찾으면 바로 찾을 수 있다.

삼태성 아래에 다시 소삼태성이 있는데 그 중 가운데 별이 어렴풋하게 희미한 반점으로 보이는데 이것이 그 유명한 오리온 대성운 M42(NGC1976 3.7)이고, 그 위에 M43(성운 NGC 1982)이 있다. 그리고 큰 별 근처에 팔랑개비 성운 NGC2024와 유명한 암흑 성운인 말머리성운이 있다. 그 외에 M78(성운 NGC2068) 등의 대상이 있다. 오리온자리의 두 일등성 리겔과 베텔기우스를 잇는 곳을 두 배정도 연장한 곳에 두 개의 밝은 별 카스토르(Castor 1.6)와 폴룩스(Pollux 1.2)를 가진 쌍둥이자리가 있다. 두 별이 쌍둥이 각각의 머리인데 동생 별인 폴룩스가 더 밝다. 이 별자리에서 허셸이 천왕성을 발견하고 톰보는 명왕성을 발견했다. M35(산개 성단 NGC2168 5.1)가 있다.

오리온자리의 삼태성을 이어 남쪽으로 약 20° 정도에 밝게 빛나는 별이 큰개자리 α별인 시리우스(Sirius-1.5)이다. 시리우스는 태양, 달, 행성을 제외하고 밤하늘에서 가장 밝게 빛나는 별이다. M41(산개 성단 NGC2287 4.5)이 있다. 시리우스, 베텔기우스와 겨울의 대각형을 이루는 별이 작은개자리의 프로키온(Procyon 0.4)이다. 단지 두 개의 별로만 되어 있어 다른 별자리에 비해 초라해 보인다. 시리우스 대신에 쌍둥이자리 폴룩스와 베텔기우스, 프로키온을 이으면 직각 이등변 삼각형이 된다.

오리온의 발밑에 비뚤어진 사각형과 찌그러진 고리가 이어진 것이 토끼자리이다. M79(구상 성단 NGC1904 7.8)가 있다. 대삼각형 가운데에 위치하고 있는 어두운 별자리가 외뿔소자리이다. 유명한 장미성운과 암흑 성운인 Corn nebula가 있고 M50(산개 성단 NGC2323 5.9)이 있다. 겨울철의 마지막 별자리인 게자리는 사자자리와 쌍둥이자리 사이에 위치하고 있다. 네 개의 별이 만드는 작은 사각형과 그 속에 흐릿하게 보이는 프레세페(Praesepe)성단 M44(NGC2632 3.1)를 발견할 수 있다. M67 (산개 성단 NGC2682 6.9)도 볼만한 대상이다.

라) 활동 과정

① 별자리 보기 판을 이용하여 각 계절의 길잡이 별들을 찾아보자.
② 천체 투영실 학습에서 계절의 변화에 따른 별자리의 변화와 천구 상에서 상대적인 이동이 있는 천체를 찾아보자.

마) 결과 및 고찰

① 각계절의 대표적인 길잡이 별자리에는 어떤 것이 있는가?
② 별의 일주 운동은 어느 방향인가?
③ 계절의 변화에 따라 상대적인 이동이 있는 천체는 어떤 천체인가?

바) 토의 및 정리

① 별이 일주 운동을 하는 원인과 일주 운동 방향에 대하여 토의해 보자.
② 계절에 따라 별자리가 변하는 원인과 별자리의 변화 방향에 대하여 토의해보자.
③ 행성의 위치가 천구 상에서 변하는 이유를 토의해보자.

8 인터넷의 활용

인터넷은 지구과학교육에 필요한 풍부한 자료뿐만 아니라 훌륭한 교수방법까지도 제공해준다. 이러한 인터넷의 교육적 활용(IE: Internet In Education)은 미래 생활에의 효율적인 준비라는 점에서 지구과학교육의 목표에도 부합한다.

가. 지구과학교육에서 인터넷의 활용

인터넷이란 세계도처에 자리 잡고 있는 컴퓨터들에 저장된 정보의 집합이다. 오늘날 인터넷은 사적으로 혹은 공적으로 설립된 모든 네트워크를 연결하는 거대한 망으로 성장하였다. 이제는 생활의 일부분이 되어가고 있는 인터넷의 이점은 누구든지 인터넷상 에 있는 기존의 자료를 그대로 활용하거나, 이들을 이용하여 자신의 필요에 맞게 가공 하여 이용할 수 있다는 것이다.

1) 인터넷을 통한 지구과학교육

인터넷을 이용한 지구과학교육은 학습자의 지구과학에 대한 흥미를 불러일으키고 학습동기를 부여해준다. 학생들은 지구과학과 관련된 정보를 찾고 이용하기 위해서는 처음에는 교사의 도움이 일부 필요하다. 하지만, WWW(월드와이드웹)와 같은 인터넷 서비스의 특성상 사용 방법을 익힌 후에는 7차 교육과정의 지구과학교육의 중요한 교육목표 중의 하나인 정보처리 능력을 길러 점차 스스로 할 수 있게 되고, 이를 통하여 정보의 적용, 분석, 종합, 평가의 고차적 인지 능력까지 배양할 수 있게 된다.

이러한 인터넷을 이용한 학습의 장점에 대하여 백영균 등(1997)은

첫째, 학습에 대한 동기 부여와 참여를 권장하며, 학습경험을 제공한다.

둘째, 세계 여러 지역에서 제공되는 정보를 접하면서, 학생들은 주어진 과제에 더욱 흥미를 느끼게 된다.

셋째, 인터넷을 활용하는 가운데, 아동들은 보다 수준 높은 질문을 하고 더욱더 논리적으로 된다. 결과적으로 인터넷의 활용에 더욱 적극적으로 될 것이다.

넷째, 인터넷은 시간과 공간을 초월하므로 소수의 교사가 다수의 학생들과 동시에 접촉하는 것이 가능해진다.

다섯째, 인터넷에 접속된 컴퓨터의 사용자는 거대한 개인도서관을 소유하고 있는 것과 같으므로 언제든지 원하는 정보를 찾아서 검색할 수 있다.

여섯째, 인터넷은 외모, 성별, 인종, 언행 등에 따른 사용자 차별을 하지 않으며, 마지막으로 인터넷을 통한 학습은 자연스럽게 영어와 같은 외국어를 배울 수 있는 기회를 준다고 하였다.

엘스워스(Elsworth, 1994)는 인터넷의 교육적 활용 방안을

첫째, 개인 및 단체의 탐구적 활동에 이용하는 방법,

둘째, 학습과제를 협동적으로 해결하는 모양으로 소속 교육관청내의 학

교 또는 관외의 학교끼리 행하는 활동,

셋째, 정보 수집 및 검색활동으로 전문가와 상담한다든지, 소장 자료 목록의 데이터베이스를 검색한다든지, 뉴스서비스를 받는다든지, 또는 다른 지역이나 학교 도서관 자료를 검색하는 활동이 있으며,

넷째, 학생 작품을 전자출판 하는 활동, 마지막으로 온라인강의를 수강하는 활동이 있다고 하였다(백영균 등,1997).

인터넷을 이용한 과학 교육은 교육 방법에 따라 정보 탐색형, 토론형, 문제해결형, 탐구 활동형으로 구분하고 구체적인 내용을 다음과 같이 나타낼 수 있다(김준태, 1997).

가) 정보탐색형 인터넷 학습

운영자가 준비한 과학 교육 내용을 학습자가 궁금할 때 통신망을 통해 수시로 찾아볼 수 있도록 하는 형태로 데이터베이스 형태의 자료가 알맞다.

나) 토론형 인터넷학습

하나의 주제를 놓고 통신을 통해 학습자가 각자의 의견을 제시하며 교수목표에 도달하도록 하는 형태를 의미한다.

다) 문제 해결형 인터넷 학습

통신망을 통해 문제를 제시하고 학습자가 이를 해결하는 형태이다.

라) 탐구 활동형 인터넷 학습

학습자에게 탐구 내용과 탐구방법을 제시하고 학습자가 탐구 활동을 수행한 후에 그 결과를 통신망에 올려놓는 형태이다.

2) 인터넷을 통한 지구과학교육의 실제

인터넷은 모든 사람을 위한 것이다. 따라서 인터넷을 사용하는 사람들은 도서관리자, 교사, 과학자, 엔지니어, 학생 등 개인으로부터 영리를 목적으로

하는 기업, 학교 및 정부에 이르기까지 그 계층이 매우 다양하다. 인터넷을 사용하는 가장 중요한 목적의 하나는 통신과 정보교환이다. 아이디어를 교환하거나 혹은 지식을 개발할 때, 인터넷을 대화의 장으로 이용할 수가 있다. 지구과학과 교육에서의 인터넷의 활용은

가) 학생중심의 탐구 수업이 될 수 있도록 토의를 유발할 수 있는 소재를 제공하며,

나) 탐구방법을 습득하기 위하여 관찰, 분류, 측정, 의사소통, 추리, 예상, 모델 사용, 자료수집 및 처리, 가설 설정, 실험 설계, 변인 통제, 실험 수행, 자료해석 등의 탐구 능력을 지구과학 학습 내용과 관련시켜 지도할 수 있는 소재들을 제공하며,

다) 생활 주변 지구과학 관련 문제 및 통계 자료들을 제공하여 이러한 자료들을 중심으로 학습과제 및 토론학습 및 역할놀이 학습 등을 이끌 수 있으며,

라) 최신 지구과학 지식과 과학자, 시사성 있는 지구과학 문제, 환경 문제 등을 제공하여 지구과학에 대한 학생들의 흥미와 호기심을 유발할 수 있게 하고,

마) 인터넷을 통해 지구과학 관련 박물관, 사이버 과학 전시회장 등을 방문할 수 있으며, 학생 작품이나 연구 결과를 발표할 수 있는 다양한 기회를 제공한다.

다음 기사는 인터넷을 학교 학습에 이용하고 있는 학생들의 예이다.

"......인터넷이 학생들의 방학 숙제 고민을 크게 덜어주고 있다. 학생 혼자 하기 어려운 문제를 도와주는 인터넷 프로그램이 많이 개발돼 안방에서도 손쉽게 해결할 수 있게 된 것이다. IIE(학교정보화) 시범학교인 서울불광중 1년 이정훈군. 자신의 방에 놓인 컴퓨터 앞에 앉아 검색엔진 '야후 (http://www.yahoo.co.kr)'를 클릭한 후 'YMCA'가 제공하는 한강의 수질개선과 생태계 보존 방안 등의 내용을 검색한다. '가정에서 수돗물을 왜 마음대로 못 마시는지, 그 원인을 조사해 오라'는 과학 방학숙제를 끝내기 위해서다. 李군은 과학뿐 아니라 다른 과목도 '야후'나 '심마니 (http//simmany.cholian.net)' 검색엔진을 통해 해결하고 있다. '산업 구조를 개편 내지 조정하기 위해 IMF가 우리에게 제공하는 차관은 무엇인가요?' 경기도 안양시 평촌고 3년 이현규양이 전자우편을 통해 담당과목 교사에게 띄운 글이다. 李

양은 집에 있는 컴퓨터를 이용해 필요한 자료를 얻기 때문에 교사들을 일일이 찾아다니며 물어봐야 하는 번거로움이 없어졌다. 李양은 또 일선 학교에서 곧바로 응용 가능한 학습 자료들이 주기적으로 올라오는 교육용 소프트웨어 '서울대 사범대 인터넷 스쿨' (http:/uniweb.unitelco.kr: 8083)에서 최신 교육정보를 얻고 있다고 소개했다. 서울 봉천동 서울여상 2년 박혜숙양도 요즘 컴퓨터를 통해 일본 나고야(名古屋)시 세이료(西한자)상고 학생과 전자우편을 통한 인터넷 무역실습에 여념이 없다."

(중앙일보 : 98년 1월 19일)

이 기사를 통해 인터넷의 검색 엔진을 통한 학습정보의 검색, 전자우편을 통한 질의 · 응답, 인터넷 사이버스쿨을 이용한 학습, 전자 우편을 통한 외국 학생과의 의사소통 및 정보 교환 등이 인터넷을 통하여 이루어지고 있음을 볼 수 있다. 인터넷을 지구과학교육에 이용하는 방법은 다음과 같이 크게 4가지로 제시할 수 있다.

첫째, 지구과학에 관련된 정보 수집 및 자료의 검색 활동과 같은 1차적인 다른 사람들이 만든 자료를 검색하여 이용하는 단계이다. 교사가 구축한 홈페이지에 인터넷에 수 없이 널려있는 지구과학 관련 교육자원들을 링크(link)시켜 이용할 수 있다. 공통과학의 '지구' 단원 중 태양계 탐사의 학습을 위하여 NASA에 직접 연결하여 태양계 탐사자료나 인터넷TV를 이용하여 우주인의 유영 모습을 동영상으로 볼 수도 있다.

기상청의 홈페이지에 접속하여 그날의 일기도나 구름 사진을 받아보고, 이를 통해 앞으로의 일기를 예보하는 탐구학습을 할 수도 있다.

둘째, 지구과학에 관련된 탐구 활동에 이용하는 것으로 개인의 탐구 활동 과정과 내용, 지구과학 관련학과의 연구 내용과 이에 관련된 보고서를 전자출판의 형태로 제공하여 모든 사람들이 이용할 수 있게 하며, 동시에 지구과학에 관련된 정보를 교환하는데 이를 이용하는 것이다.

셋째, 공동의 학습 과제를 수행하기 위하여 인터넷을 통하여 정보를 수집하거나, 데이터베이스를 탐색하며, 연구 과제와 관련된 의문점을 상호 교환하거나 전문가에게 자문을 받는 등의 활동을 들 수 있다. 학생들의 과제물을 E-mail을 이용하여 제출하거나, 의문사항에 대한 질문을 시간에 구애받지 않고 E-mail로 주고받을 수 있다. 마지막으로 인터넷을 통한 온라인 강의가 있는

데, 과제물이나 강의 내용을 인터넷을 통하여 학생들에게 제공하고, 학생들은 과제물이나 강의에 대한 질문을 인터넷을 통하여 온라인상에서 하게 되는 인터넷 사이버스쿨의 경우이다. 학교에 인터넷 서버가 가설되어 있을 경우에는 교사가 맡고 있는 과목의 홈페이지를 개설하여 인터넷의 교과 관련 홈페이지에서 갖고 온 교육자료 등을 분류하고 번역하여 교과서 단원에 맞추어 재구성 편집하여 학습 자료로 이용할 수 있다. 대부분의 인터넷 자료는 HTML(Hyper Text Markup Language)형태이므로 HTML파일을 편집할 수 있는 문서 편집기(주로 넷스케이프같은 브라우저나 한글 같은 워드프로세서)를 이용하여 문자와 그래픽을 모두 입력할 수 있다.

제 6 장

지구과학 개념의 발달

1 지구과학의 개념과 주제

지구과학은 무한대에 가까운 시 · 공간에서 일어나는 다양한 자연현상을 연구의 대상으로 함으로써 광역성과 포괄성을 가지는 학문 분야이다. 지구과학은 연구대상의 공간적 특성에 따라 지질학(Geology), 지구물리학(Geophysics), 해양학(Oceanography), 기상학(Meteorology), 천문학(Astronomy)등으로 구분한다.

그러므로 물리, 화학, 생물 등에 비하여 다루는 현상들이 다양하고 범위가 넓어 학제적 접근(interdisciplinary approach)의 필요성이 특히 강조되는 학문이다. 또한 지구과학은 지구를 중심으로 일어나는 다양한 자연현상 즉 지구과학적 현상을 연구 대상으로 함으로써 자연이 실험실이고 이러한 현상들은 일상생활과 밀접하게 관련되어 있다.

이러한 측면을 고려하여 미국의 지구과학 교육과정 연구회(ESCP, 1964)에서는 지구과학의 기본 개념을 시간, 공간, 물질, 운동, 힘, 에너지 등 6가지로 요약하고 있다. 또한 AGI(1984)에서는 지구과학의 주제를 첫째, 탐구로서의 과학(science as inquire), 둘째, 척도의 이해(comprehension of scale), 셋째, 예언(prediction), 넷째, 과정의 동일성(universality of process), 다섯째, 변화의 보편성(universality of change), 여섯째, 우주에서의 에너지의 흐름(flow of energy in the universe), 일곱째, 역사적 발달(historical development)이라는 것으로 요약 제시하고 있다.

또한, 미국 지구과학교육연구센터(NCESE, 1991)에서는 지구과학의 기본 개념을 첫째, 우주 속의 지구(Earth in space), 둘째, 지구계(Earth system: 암권, 기권, 수권, 빙권, 수권, 생물권과 그들의 상호작용), 셋째, 지질학적 시간(geological time), 넷째, 변화(change), 다섯째, 진화(evolution), 여섯째, 순환(cycle), 일곱째, 척도(scale), 여덟째, 자원(resources) 등으로 제시하고 있다. 이들 주제나 개념은 지구과학 내용 중에 포함되어 지구과학을 가장 잘 나타내는 핵심적 요소들로서 모든 학습의 내용들이 이들과 관련 지워 이해되어야 함을 나타내는 것으로 볼 수 있다. 따라서 지구과학의 효율적인 학습을 위하여 학습 내용과 이들 개념과 주제의 상호관련성을 이해하고 나아가 지구과학 각 영역을 종합적으로 관련짓는 학제적 접근(interdisciplinary approach)이 필요하다고 할 수 있다.

2 선(오)개념의 용어 정리

가. 학습자 개념의 특징

학습자는 개념을 어떻게 형성하며 어떠한 특징을 가지고 있을까?

전통적인 인식론에 의하면 지식은 편견이나 선입관이 배제된 객관적인 관찰에 바탕을 두고 귀납적인 일반화의 과정을 통하여 형성하며(Driver & Erickson, 1983), 학습자는 '백지 상태(tabula rasa)'에서 새로운 개념을 차곡차곡 객관적으로 받아들이는 것이다.

반면에 현대의 인식론에서는 현재의 지식은 검증과 수정의 과정을 거친 역사적 산물로서 다양한 경험을 설명할 수 있기 때문에 현재의 사회가 그것을 받아들인 것이라고 하여(Strike & Posner, 1985), 지식의 사회성과 잠정적인 속성을 강조한다. 이와 같은 관점에서 보면 학습자는 논리화된 지식을 수동적으로 쌓아 가는 것이 아니라 학습할 내용과 관련된 개념틀 또는 도식(schema)을 이미 파지하고 있어서 이를 적극적으로 이용하여 새로운 상황을 해석하고 이해하며 그 결과를 바탕으로 새로운 지식을 구성하는 것이다(박승재와 조희형, 1993). 따라서 학습자는 자신의 사고와 개념의 발달에 능동적으로 참여하여 스스로 새로운 의미를 구성하게 된다.

학습을 개념의 변화 과정으로 바라보는 현대의 학습론 관점에서 학습자가 수업 전에 가지고 있는 개념을 일컫는 용어는 여러 가지가 있는데(Duit, 1987), 주로 수업 이전에 가지고 있는 것이라고 해서 선개념 또는 사전 개념(preconception, prior-idea)이라고 한다. 또 주어진 문제에 거의 무의식적이고 직관적으로 응답함으로써, 심지어는 전문가들조차도 경우에 따라서는 이와 같은 특징을 보인다는 점에서 자발적 추리(spontaneous reasoning: Viennot, 1983), 소박한 이론(naive belief: Caramazza et al., 1981; Kuhn et al., 1988), 소이론(mini-theory: Claxton, 1986)이라고도 한다.

또 이와 유사하게 직관적 신념(intuitive belief)은 관찰에 의한 일반적이지 않은 개념으로서, 현상에 대한 설명이 필요 없이 감각적, 일차적으로 받아들여지는 것을 의미한다. 그리고 어떤 현상을 설명하는데 있어 하나의 설명만이 존재하는 것이 아니고 또 하나의 대안적인 자신의 견해라는 의미로 대안적 개념 또는 체계(alternative concept/framework: Driver & Esley, 1978; Engel-Clough & Driver, 1986; Hewson & Hewson, 1981; Posner et al., 1982)라고 하기도 하며, 이는 과학자의 개념과 비교할 때 다르다는 것을 강조하여 오개념(misconception: Strike, 1987)이라고도 한다. 많은 연구자들이 과학개념과 현상에 대한 개인의 개념들이 오개념이라는 사실을 밝혀냈다(White & Tisher, 1986).

이러한 오개념 발생에 대한 외부적이고 직접적인 원인은 다음과 같다.

- 교과서에 나온 개념들의 설명이 구체적이지 못하다. 즉 설명을 위한 모식도라든가 개념간의 밀접한 연관성 등이 불충분하다(박종석과 조희형, 1986; 최승일과 조희형, 1987).
- 삽화나 도표가 부적절하기 때문일 수도 있다(Bylstone & Dettling, 1990).
- 교사의 잘못된 내용지식(정완호 외, 1992)은 물론, 설명이나 표현의 잘못에서 비롯되기도 한다.
- 교육과정의 구조나 교수 순서가 학생의 인지구조와 맞지 않아서이다.
- 수업 후 평가 방법의 문제이다(Kim, 1989).
- 사실(fact)처럼 개념도 '배워진다'는 수동적인 교사의 오개념으로 인해 개인마다 각각 다른 유형을 고려하지 않은 학습전략 때문이다(Ehrenberg, 1981).
- 일상 용어와 과학 용어의 차이로 인한 혼돈 때문이다. 또 말하는 이와 받아들이는 이의 차이도 있다(Sutton, 1980; Gilbert et al., 1982; Lewis & Linn, 1994).
- 인지 능력상의 문제 즉 주어진 개념의 이해에 필요한 인지발달 단계에 들어서지 못해서이다(Nussbaum, 1983; Segre et al., 1987; Bar, 1989).

이와 같은 많은 사유로 형성되는 오개념은 보통의 과학수업으로는 과학 개념으로의 변화나 제거는 어렵고 수업 후에도 그대로 남아있거나 오히려 강화되는 경우도 있다(Nussbaum & Sharoni-Dagan, 1983; 권성기, 1987). 오개념은 매우 견고하여 잘 바뀌지 않기 때문에 이를 없애기 위해서는 특별한 노력이 필요하지만(Driver et al., 1985; Gilbert & Swift, 1985) 어쩌면 그러한 시도 자체가 너무나 성공하기 어렵고 시간 낭비라고 여겨질 정도로 관련되는 제반 요인이 많은 것이다(Champagne et al., 1985; Gauld, 1986; Gunstone et al., 1988).

나. 선입 개념의 특성

지난 10여 년의 연구 결과에 의하면 학생들이 지니고 있는 선입 개념은 일반적으로 다음과 같은 특성이 있음이 밝혀졌다.

첫째, 학생들의 선입 개념은 상당한 경우 과학자들에 의해서 밝혀진 과학 개념과는 매우 다르다는 것이다. 둘째, 학생들의 선입 개념은 그들의 관점에서 보면 매우 의미 있고 그럴듯한 생각이기 때문에, 설사 잘못된 선입 개념, 즉 오개념이라 하더라도 과학 학습에 의해서 쉽게 고쳐지지 않는다는 것이다.

과학 현상에 대하여 학생들이 가지고 있는 선입 개념이 당대의 과학자들에 의해서 만들어진 과학적 개념과 다를 때, 보통 오개념(misconception) 혹은 유년적 개념(children's idea)이라고 한다(Strike, 1983; Gilbert 외, 1982). 앞에서 제시한 연구 결과에서도 알 수 있듯이, 오개념은 학생들이 그들의 독특한 문화적 그리고 개인적 경험의 결과로 수업 이전에 형성된 것이기 때문에, 수업에 의해서도 쉽게 변화되지 않고 오히려 강화되거나, 학습한 과학적 개념과 병존하기도 하며, 인지구조 내에 독립된 형태로 존재하기도 한다(Osborne 외, 1985 ; Gilbert 외, 1982). 따라서 구성주의 입장에서 과학 학습을 보는 사람들은 수업 과정에서 오개념을 어떻게 과학 개념으로 변화시킬 수 있겠는가 하는 점이 매우 중요한 과제이다.

3 오개념 연구 현황

지구과학에 대한 오개념 조사는 우리나라에서도 다양한 개념을 대상으로 실시되었다(김종희, 2006; 김찬종, 1990; 김찬종과 이조옥, 1996; 채동현, 1996; 우종옥 외, 1995; 정남식 외, 1995; 임청환과 김학목, 1994; 정진우, 1990.)

가. 지질분야 오개념

1) 지구의 모양과 중력의 방향

지구의 모양과 중력의 방향에 대한 연구는 미국(Nussbaum & Novak, 1976; Sneider & Pulos, 1983)과 영국(Arnold, Sarge, & Worrall, 1995; Sharp, 1996), 이스라엘(Nussbaum, 1979; Nussbaum & Sharoni-Dagan,1983)과 네팔(Mali & Howe,1979) 등과 같은 여러 나라에서 유치원 학생부터 고등학교 학생들을 대상으로 실시되었다. 연구 방법은 임상 면담이나 지필 검사가 주로 사용되었다.

연구에 사용된 주요 도구는 다음과 같다. 처음에는 다음과 같은 한 조의 질문으로 시작한다. 이 때 시각적인 지구 모형은 학생들의 생각을 알아내는 데 방해가 되므로 제시하지 않는다.

- 지구의 모양은 어떻게 생겼는가?
- 지구가 둥글다는 것을 어떻게 알 수 있나?
- 지구를 보기 위해서 어느 방향을 바라보아야 하나?
- 지구는 왜 우리 눈에 구형으로 보이지 않는가?
- 지구의 모양이 구로 보이게 하려면 어떻게 해야 하는가?

그 다음에는 아래와 같은 여러 가지 상황을 동원하여 학생들의 생각을 조사한다. 이 때에는 지구 모형을 함께 제시한다.

상황 1 물이 든 병

[그림 6-1]과 같이 2개의 병을 한 소녀가 가지고 있다. 한 병은 물이 반쯤 들어 있는 채로 뚜껑이 닫혀있고, 다른 병에는 물이 반쯤 들어있고 뚜껑은 열려있다. 이 소녀가 남극 쪽으로 여행을 가면 병에 든 물은 어떻게 될까?

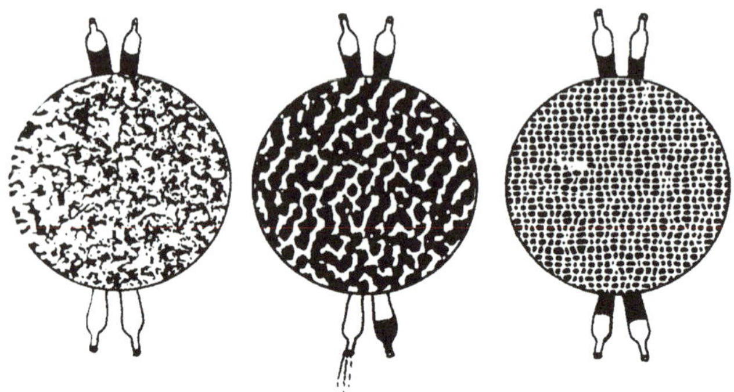

[그림 6-1] 물이 든 병

상황 2 돌 떨어뜨리기

[그림 6-2]와 같이 지구의 여러 곳에 사람 7명이 서 있다. 손에 든 돌을 놓으면 어디로 떨어질까? 돌이 떨어지는 방향으로 점선을 그려보시오.

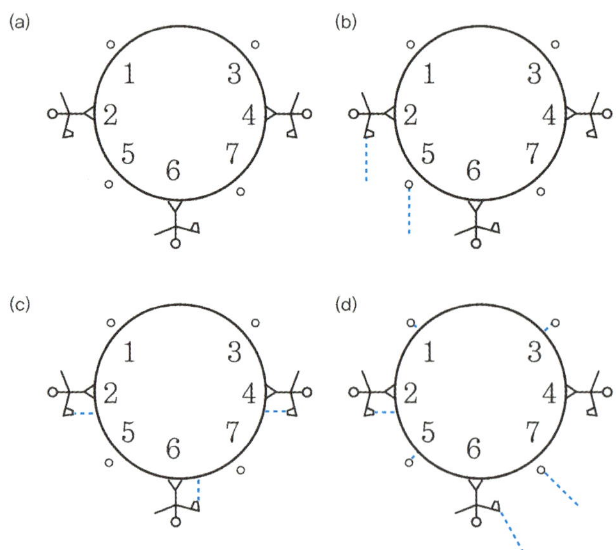

[그림 6-2] 돌 떨어뜨리기

상황 3 **동굴에서 물체 떨어뜨리기**

[그림 6-3]과 같이 여러 개의 동굴이 있다고 할 때 물체를 떨어뜨리면 어디로 떨어지는지를 묻는다. 이 상황을 제시하는 목적은 지구 중심이 물체가 떨어지는 방향임을 얼마나 정확하게 알고 있는지를 확인하고자 하는 것이다.

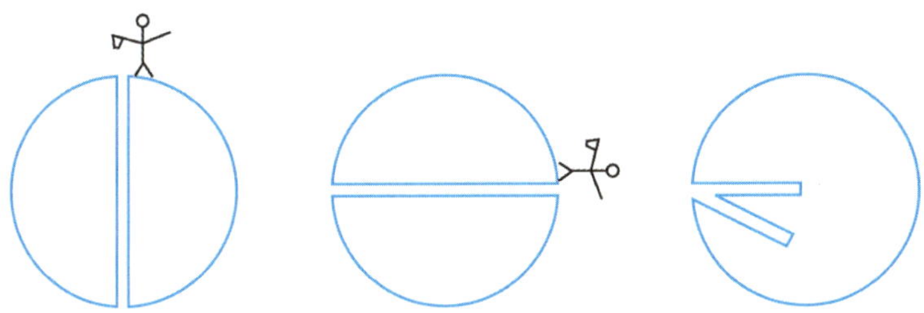

[그림 6-3] 동굴에서 물체 떨어뜨리기

연구결과

Nussbaum(1985)은 학생들이 지구의 모양과 중력의 방향에 대하여 [그림 6-4]와 같이 5가지 형태의 직관적 견해를 가지고 있다고 보고하였다. 이것은 후에 실시된 다른 연구에서도 유사한 결과가 나타났다.

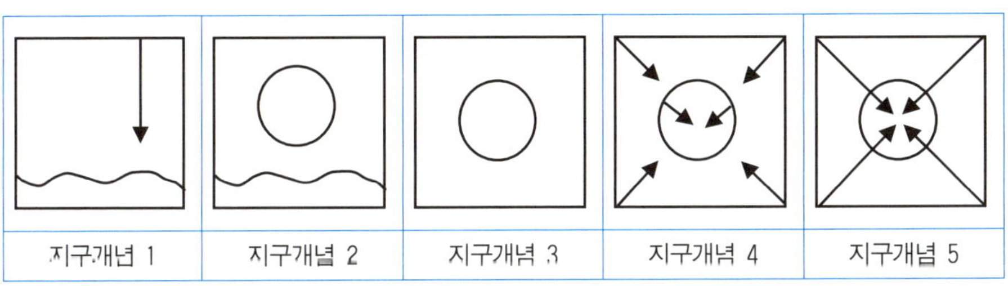

[그림 6-4] 지구에 대한 학생들의 개념

지구 개념 1 : [그림 6-4]의 개념 1은 가장 초보적인 생각으로 '우리가 살고 있는 지구는 편평하다'고 믿는 것이다. 처음부터 지구가 편평하다고 응답하는 아이는 별로 없다. 대부분 지구는 둥글다고 대답하지만 더 자세히 조사해 보면 지구가 거대한 구라는 사실을 이해하지 못하고 있다. 이는 지구가 둥글다는 말을 들어왔지만 이를 제대로 이해하지 못하고 나름대로의 방식으로 이해하고 있음을 의미한다.

따라서 지구는 산이나 언덕이 둥글기 때문에 둥글거나, 또는 원반처럼 둥글다고 대답한다. 이 생각을 가진 학생들은 물체가 떨어지는 방향을 물어보면 아래로 떨어진다고 응답한다.

지구 개념 2 : [그림 6-4]의 개념 2와 같이 일부 학생들은 우리는 지구 내부의 편평한 곳에 살고 있다고 생각한다. 즉 지구는 구형으로 되어 있으며, 아래 부분은 고체로서 땅을 이루고, 윗부분은 하늘 또는 공기로 되어 있다는 생각이다. 이 생각을 가진 학생들에게 물체를 자유 낙하시키면 어떻게 되는지 물으면, 아래 방향으로 떨어진다고 응답한다.

지구 개념 3 : [그림 6-4]의 개념 3과 같이 사람들은 지구 내부가 아니라 지표에 살고 있다고 생각한다. 하지만 낙하 방향에 대해서는 지구와 무관한 위-아래 방향이 있다고 믿고 있다. 지구 개념 3을 가진 아이들은 하늘을 파랗게 칠하라고 하자 둥근 지구 둘레를 모두 파랗게 칠하였다. 그러나 남반구에서는 병에 든 물이 쏟아진다고 응답하였다.

지구 개념 4 : [그림 6-4]의 개념 4와 같이 많은 학생들은 비교적 올바른 지구 개념을 가지고 있었다. 우리는 구형 지구 표면에 살고 있으며, 지구 표면을 중심으로 한 위-아래 개념을 가지고 있다. 그러나 지구 중심을 기준으로 한 위-아래 방향을 생각하지는 못하였다. 이들은 지구 내부를 관통한 굴에 돌을 떨어뜨리면 돌은 반대쪽 면에 떨어지거나 또는 지구 내부를 지나서 우주로 떨어진다고 생각하였다.

지구 개념 5 : [그림 6-4]의 개념 5는 지구의 모양이 구형이며, 공간으로 둘러싸여 있고, 물체는 지구 중심을 향해서 떨어진다는 생각이다. 이것은 과학적이며, 경험적인 한계를 극복한 개념이다.

채동현(1992)은 중력의 방향에 대해 우리나라 초등학교 6학년, 중학교 2학년, 고등학교 1학년 학생들의 개념에 대한 연구를 실시한 바 있다. 연구 결과 중학교 2학년과 고등학교 2학년 학생들의 80% 이상이 과학적 견해를 가지고 있었으며, 초등학교 6학년 학생들은 절반 이상이 과학적 견해를 가지고 있었다. 이 연구에서의 대표적인 오개념은 지구와 관계없이 '아래 방향으로 물체가 떨어진다'고 하였다.

2) 지진

지진과 같은 자연현상은 과학교육자들에게 흥미로운 주제이다. 그러나 이러한 현상들을 학생들에게 가르치기란 쉽지 않다. 지진에 대한 학생들의 생각은 거의 조사되지 않았으나, 학생들이 지진과 화산을 혼동하고, 다른 지질학적 현상들에 대한 많은 오개념을 갖고 있음은 다른 연구들에서 일부 제시되고 있다(Ault, 1984; bezzi, 1989).

이 연구는 미국 초등학생들의 지진에 대한 개념을 면담한 것으로, 연구 1에서는 35명, 연구 2에서는 32명, 연구 3에서는 23명의 학생들을 대상으로 하였으며, 한 학생이 한 가지 이상 응답한 경우도 있다(Ross & Shuell, 1993).

가) 지진이란 무엇인가?(응답률은 백분율)

	연 구				
	1		2	3	
학 년	3	4-6	4-6	4-6	계(%)
모른다	15	0	0	0	7
흔들림과 떨림	70	60	67	74	68
파편과 갈라진 금	15	33	30	13	23
화재, 폭발, 화산	10	40	9	9	14
단층	0	70	18	17	11
건물과 재산피해	5	0	18	17	12
건물 내부의 손상	0	0	0	9	2
인명 피해	0	0	6	0	2
대륙판의 충돌	0	0	0	17	4
우르르 거리는 소리	5	13	0	9	8
토네이도와 폭풍	0	0	6	0	2

응답 학생의 2/3가 지진은 지표의 흔들림이나 떨림이라고 응답하고 있으며, 고학년으로 갈수록 건물이나 교량의 손상과 같이 자연을 파괴시키는 것이라고 생각하고 있다.

나) 지진과 화산은 같은가?(소극적인 응답은 백분율에 포함하지 않음)

대부분의 학생들이 지진과 화산을 혼동하고 있는 것으로 나타난다. 예를 들어, '화산이 분출할 때 용암이 뿜어져 나오고, 지진이 일어날 때 용암이 분열된다'고 한다(연구1의 3학년). 또한, '지진은 무언가를 분출시켜 세계를 움직이고, 화산은 용암을 분출 시킨다'고 한다(연구2의 5학년).

	연 구			
	1		2	3
학 년	3	4-6	4-6	4-6
그렇다	12.5	7	3.5	20
비슷한 종류	12.5	14	3.5	7
거의 유사	0	0	3.5	7
모른다, 불확실함	6	0	3.5	0
그렇지 않다	0	0	0	7

다) 지진의 원인은?(응답률은 백분율)

	연 구			
	1		2	3
학 년	3	4-6	4-6	4-6
모른다	75	20	3.5	20
핵의 이동, 압력	0	70	3.5	7
판과 암석의 이동, 충돌	0	0	3.5	7
단층	0	0	3.5	0
화산	5	0	0	7

대부분의 학생들은 지진의 원인을 잘 알지 못한다(75%, 연구 1의 3학년). 어떤 학생은 지진이 '핵과 지각이 서로 부딪칠 때의 단층이 원인'(6학년)이라 하고, 또 다른 학생은 '핵이 너무 뜨거워져 지표를 때리는 것이 원인'(4학년)으로 설명한다.

라) 지진이 일어나면 지표에서 어떤 일이 일어나는가?

3학년의 약 40%가 지진이 지표에서 일어나는지, 지하에서 일어나는지 알지 못한다. 지표에서 일어난다고 하는 학생은 공기의 변화, 즉, '어두워지고, 뿌옇게 되는 현상'을 예로 든다. 연구 2에서 64%가 지진에 의해 지표가 갈라지고, 파편이 생기는 것으로 설명하고 있으며, 연구 3에서는 35%의 학생이 재산 피해를 언급하고 있다.

마) 지진이 일어나면 지하에서 어떤 일이 일어나는가?

대부분의 응답이 모른다는 것으로, 연구 2에서는 6학년의 88%, 연구 3에서는 5, 6학년의 86%가 모른다고 응답하였다.

	연 구	
학 년	2	3
모른다	36	52
파편과 갈라진 금	18	0
흔들림	9	13
판의 움직임과 가열	6	13
핵에서의 열 방출	3	0
뜨거워지기 시작한다	3	0
아무런 변화도 없다	6	18
단층선을 따라 움직인다	3	0

바) 지진이 일어났을 때, 어떻게 해야 하는가?(응답률은 백분율)

	연 구			
	1		2	3
학 년	3	4-6	4-6	4-6
모르겠다	23	0	0	0
출입구에 서 있는다	0	20	61	61
책상 아래에 있는다	0	0	6	78
뛰어 다닌다	10	7	9	4
지하 대피소로 간다	10	40	3	0
건물 밖으로 나간다	10	7	6	0

이 문항에는 많은 응답을 보였으며, 3학년 학생만이 모른다고 응답하였다. 연구 2와 3에서 50% 이상의 학생이 '출입구에 서 있는다'고 응답하였으며, 연구 3에서는 3/4이상의 학생이 '책상 아래에 있는다'고 응답하였다.

3) 기타 지질분야에 대한 오개념

〈지구의 모양과 중력〉

지구는 무언가 위에 놓여 있다.
지구는 태양보다 크다.
지구는 팬케이크처럼 둥글다.
우리는 지구 위에 살지 않고 하늘아래 살고 있다.
우리는 지구 내부의 편평한 곳에 살고 있다.
우리는 구 가운데 편평한 곳에 살고 있다.
지구에서 들고 있던 물체를 떨어뜨리면, 지구 중심이 아니라 아래로 떨어진다.
지구에서 들고 있던 물체를 떨어뜨리면, 각을 그리며 떨어진다.
지구 내부를 관통한 동굴에 돌을 떨어뜨리면 돌은 지구내부를 지나 우주로 떨어진다.
병 속에 물을 넣고 병을 연 채로, 북극에서 남극으로 여행하면 물은 다 쏟아져 버린다.
중력은 고도에 따라 증가한다.
지구는 적도를 향해 갈수록 따뜻해진다.

〈암석권〉

유리에 금을 낼 수 있는 광물은 다이아몬드뿐이다.
바위들은 반드시 무겁다.
산맥은 빠르게 형성된다.
흙은 예전부터 그 상태로 존재했다.
지구는 지각을 제외하고 용융상태이다.
산의 높이는 지구의 중력에 의해 낮아진다.
지진은 지표의 흔들림이다.
지진이 일어날 때 용암이 분출한다.
대륙은 움직이지 않는다.
방사능은 방사능 물질을 끓임으로서 감소시킬 수 있다.
모든 방사성 물질은 인공적이다.
지구의 연령은 6,000 내지 20,000살이다.

나. 천문분야 오개념

1) 지구의 운동

지구의 자전은 낮과 밤과 관련하여 많이 조사되었으며, 지구의 공전은 계절의 변화와 많이 관련되어 조사되었다.

가) 지구의 자전

지구의 자전이나 낮과 밤에 대한 학생들의 생각은 비교적 자세하게 연구되었다. 샤프(Sharp, 1996)는 낮과 밤에 대한 다양한 생각을 조사하였다[그림 6-5].

낮과 밤 개념 1은 과학적인 개념으로 지구는 하루 또는 24시간 동안 1회씩 자전하며, 태양은 정지하고 있으며, 달은 지구 둘레를 돌거나 정지해 있다는 생각이다.

낮과 밤 개념 2와 3은 과학적 개념 안에 직관적 개념이 뒤섞여 있다. 낮과 밤 개념 2는 지구는 정지하여 있거나 또는 매우 서서히 자전하고 있으며, 태양과 달은 지구의 반대편에서 교대로 위로 올라가고 아래로 내려가는 운동을 한다고 믿는다. 이는 직접적인 관찰 증거에 국한된 생각이다.

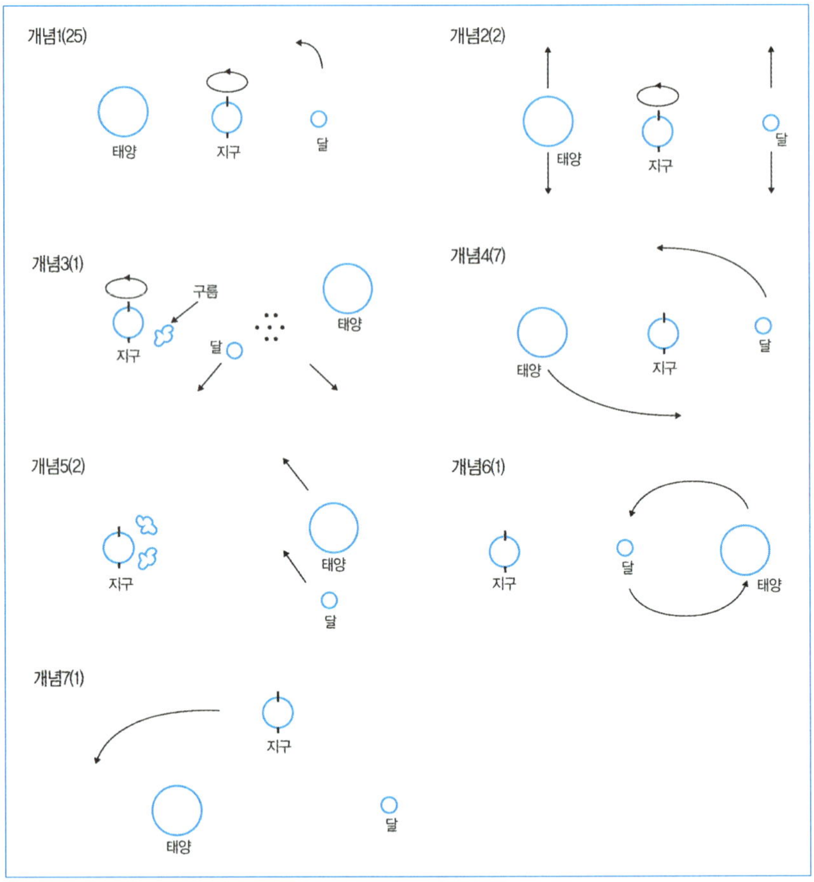

[그림 6-5] 낮과 밤의 개념(Sharp, 1996)

낮과 밤 개념 3을 가진 학생들은 지구는 24시간마다 1바퀴씩 자전한다고 믿는다. 태양은 정지하여 있으며, 달은 낮에는 구름 뒤에 숨으며, 별은 밤이 되면 하늘 높이 올라온다.

낮과 밤 개념 4에서 7까지는 직관적 개념이다. 낮과 밤 개념 4는 지구가 중심에 있으며, 태양과 달은 지구를 중심으로 반대편에 있으면서 하루에 한 바퀴씩 돈다는 생각이다. 이는 관찰 현상을 중심으로 한 고전적인 천동설 이론과 유사하다.

낮과 밤 개념 5를 보유한 학생들은 지구가 움직이지 않는다고 생각한다. 밤에는 태양이 구름 뒤에 숨고, 달이 구름 뒤에서 나타난다. 낮에는 반대로 된다. 낮과 밤 개념 6은 지구는 움직이지 않으며, 낮에는 태양이 앞으로 달이 뒤로 가며, 밤에는 반대로 되는 운동을 한다고 생각한다. 낮과 밤 개념 7은 지구가 24시간에 1바퀴씩 태양 주위를 돈다는 생각이다. 달의 운동은 확실하지 않다.

대만의 초등학교 1학년에서 6학년까지 학생들을 대상으로 한 연구에서 브로드스톡(Broadstock, 1993)은 위의 개념 이외에도 태양과 달이 살아있다는 생각을 보고하였다. 하옥선과 이용복(1997)의 초등학교 5, 6학년을 대상으로 한 연구결과도 위와 유사하다. 밤에 태양이 보이지 않은 이유를 조사한 결과 상당히 많은 학생들이 태양이 달이나 구름 또는 건물에 가리기 때문이라는 오개념을 가지고 있었다.

샤프(Sharp, 1996)는 계절 변화에 대한 7가지 학생들의 개념을 보고한 바 있다[그림 6-6].

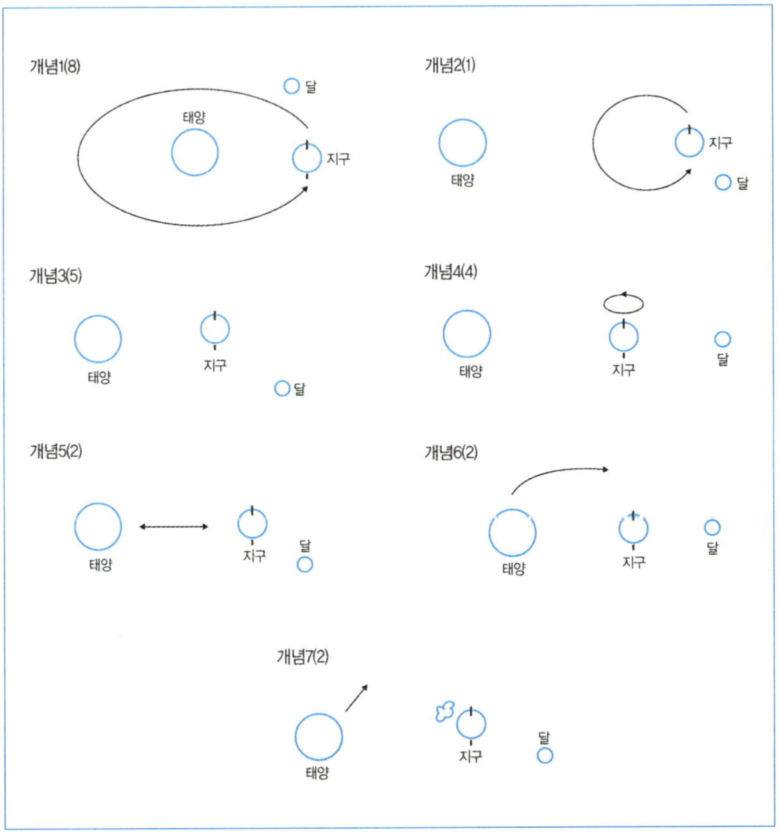

[그림 6-6] 계절변화개념(Sharp, 1996)

계절 변화 개념 1은 과학적 개념이다. 지구는 태양 주위를 매년 1바퀴씩 돈다. 계절 변화는 지구 자전축이 경사져 있거나 또는 태양과의 거리가 멀어지거나 가까워지기 때문에 생긴다. 계절 변화 개념 2에는 과학적 개념과 직관적 개념이 섞여 있다. 태양은 움직이지 않으며, 달의 위치나 운동은 확실하지 않다. 계절 변화는 지구와 태양 사이의 거리가 달라지기 때문에 일어난다.

계절 변화 개념 3부터는 모두 직관적 개념이다. 계절 변화 개념 3에서는 지구와 태양은 모두 움직이지 않는다. 계절 변화는 시기에 따라 태양의 온도가 달라지기 때문이다. 즉 여름에는 태양의 온도가 올라가 뜨거워지고, 겨울에는 태양의 온도가 내려가 차가워지기 때문이라고 믿는다.

계절 변화 개념 4를 가진 학생들은 태양과 달은 지구를 중심으로 반대편에 고정되어 있다고 생각한다. 지구는 축을 중심으로 1년에 1바퀴씩 돈다. 계절의 변화가 일어나는 이유는 태양 쪽으로 접근하거나, 태양을 향하고 있거나, 태양에서 멀어지기 때문이다.

계절 변화 개념 5는 지구는 움직이지 않으며, 달의 위치는 불확실하다. 계절 변화는 태양이 지구에서 가까워지거나 멀어지기 때문에 300일 내외 또는 광년마다 일어난다.

계절 변화 개념 6에서는 지구와 달은 고정되어 있고 태양이 지구 둘레를 다른 속도로 움직이기 때문에 계절 변화가 생긴다.

계절 변화 개념 7을 가진 학생들은 지구는 고정되어 있고 달의 위치는 분명하지 않았다. 계절 변화는 태양이 구름 뒤에서 보내는 시간의 길이 때문에 생긴다. 바람이 계절 변화를 일으키기도 한다.

이 밖에 신이나 유령 때문에 계절 변화가 일어난다는 생각도 있었으며, 태양이 겨울에는 휴식을 취하기 때문에, 원래 일어나는 자연 현상이기 때문이라는 견해도 있었다(Broadstock, 1993).

우리나라에서 계절변화에 대하여 초등학교 6학년 49명, 중학교 2학년 53명, 고등학교 1학년 49명의 학생들을 대상으로 조사한 연구(채동현, 1992) 결과도 위와 유사하다. 대표적인 오개념으로는 지구와 태양 사이의 상대적인 거리 때문(초23, 중13, 고12), 태양 복사의 상대적인 차이 때문(초16, 고8), 태양에 대한 지구의 위치 (초10) 등을 들 수 있으며, 과학적인 견해를 가진 학생은 초등학교 0명, 중학교 2명, 고등학교 29명이었다.

2) 태양계와 별

태양계에 대한 연구는 태양, 지구-달-태양의 상대적인 크기, 달의 모양, 달의 위상 변화, 태양계 전체, 그리고 별의 순으로 서술하였다.

가) 태양

샤프(Sharp, 1996)는 10세와 11세의 영국 학생 42명을 대상으로 태양에 대해서 면담을 하였다. 태양의 모양으로 구형을 고른 학생은 25명으로 약 60% 정도이다. 태양이 반구 모양, 원반 모양이라고 응답한 경우가 각각 5% 정도였으며, 원통형이라는 응답이 2.3%이었다. 30% 가량의 학생들은 주어진 모양에서 선택을 하지 못하였으며, 직접 그려보도록 한 결과 원모양 (20명), 원에서 광선이 나가는 모양 (10명), 불규칙한 모양 (9명), 뜨거운 광선이 나가는 모양 (3명)으로 그렸다. 따라서 선택을 하지 못한 학생들은 불규칙한 모양이나 뜨거운 광선이 나가는 모양을 염두에 두었을 가능성이 높다. 태양의 색을 묻는 질문에 31명은 빨강, 노랑, 오렌지색의 혼합이라고 하였으며, 8명은 노랑, 3명은 오렌지색이라고 하였다.

나) 지구–달–태양

샤프(Sharp, 1996)는 지구와 태양, 그리고 달의 상대적인 크기를 영국의 10, 11세 학생들 에게 물어보았다. 약 62%가 크기가 큰 순서를 태양>지구>달이라고 바르게 응답하였다. 14% 가량은 태양>달>지구의 순이라고 하였으며, 약 7%는 지구>태양>달의 순이라고 하였다. 지구>태양=달, 태양=지구=달이라는 응답도 각각 5%가량 되었다.

다) 달의 모양

영국의 10, 11세 학생들을 대상으로 샤프(Sharp, 1996)는 달의 모양에 대한 학생들의 생각을 조사하였다. 달의 모양을 구형이라고 한 경우가 70%를 약간 넘었다. 원통형이라는 응답은 7%이었고, 달의 모양을 확실하게 선택하지 못하는 경우도 약 17%에 이르렀다. 달의 색은 80% 이상이 흰색/회색이라고 하였다.

라) 달의 위상 변화

샤프(Sharp, 1996)는 달의 위상에 대한 아이들의 견해를 조사하여 6가지를 보고하였다[그림 6-7].

달의 위상 개념 1은 과학적 개념이다. 달이 지구둘레를 서서히 공전하며, 달의 위상은 지구에서 볼 수 있는 달의 밝은 부분이다. 달의 위상 변화는 28일 또는 한 달을 주기로 규칙적으로 일어난다.

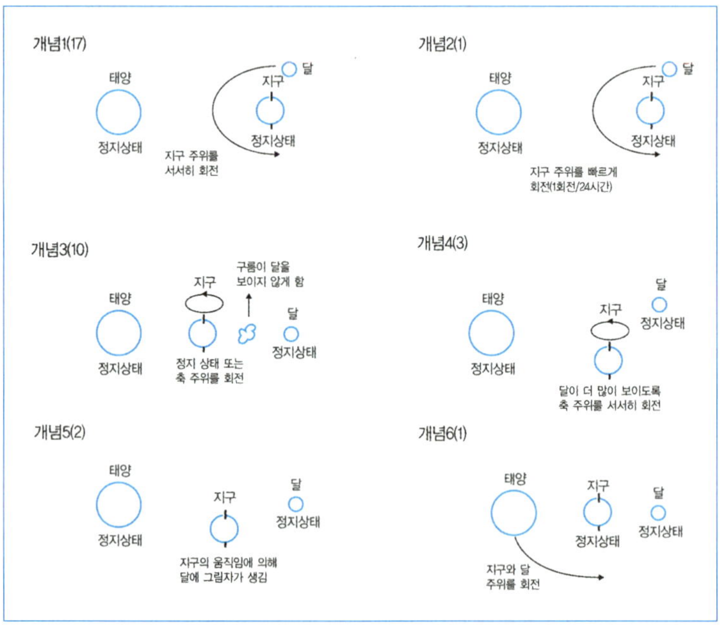

[그림 6-7] 달의 위상변화에 대한 학생들의 개념

달의 위상 개념 2는 과학적 개념과 직관적 개념이 혼합된 것이다. 학생들은 달이 지구 둘레를 24시간에 한 번씩 돈다고 생각한다.

달의 위상 개념 3에서 6까지는 직관적 개념들이다. 달의 위상 개념 3을 가진 학생들은 지구를 중심으로 태양과 달이 반대편에 있으며, 지구는 축을 중심으로 천천히 자전한다고 생각한다. 달의 위상은 구름 때문에 생긴다고 믿는다.

달의 위상 개념 4에서는 태양과 달은 고정되어 있으며, 지구가 축을 중심으로 천천히 회전한다. 달의 위상은 지구가 회전함에 따라 달의 빛나는 부분이 밤마다 늘어나기 때문이다.

달의 위상 개념 5는 태양과 달은 고정되어 있고, 지구의 그림자에 달이 가리기 때문에 위상이 생긴다. 달의 위상 개념 6은 지구와 달은 고정되어 있고, 태양은 4시간마다 두 천체 주위를 돈다. 그 결과 달의 다른 부분을 비추어서 위상 변화를 일으킨다. 이 밖에도 달이나 태양이 움직이면서 빛나는 부분이 달라지기 때문에, 달이 살아 있어서 자신의 모양을 바꿀 수 있기 때문이라는 개념(Broadstock, 1993)도 있었다.

우리나라에서 초등학생(김찬종과 박현정, 1997)과 중등학생(김찬종과 이조옥, 1996)에 대한 학생들의 개념을 대상으로 조사한 연구 결과에서 가장 많이 나타난 달의 위상변화에 대한 오개념은 달이 지구 그림자 속으로 이동하기 때문에 모양이 변한다는 생각이다. 이 밖에도 구름이 달에 비춰 태양 빛을 가리기 때문이라고 생각한 경우도 있었다.

마) 태양계

태양계에 대한 학생들의 개념을 조사하기 위하여 샤프(Sharp, 1996)는 지구 밖의 공간에 무엇이 있는지를 물어 보았다.

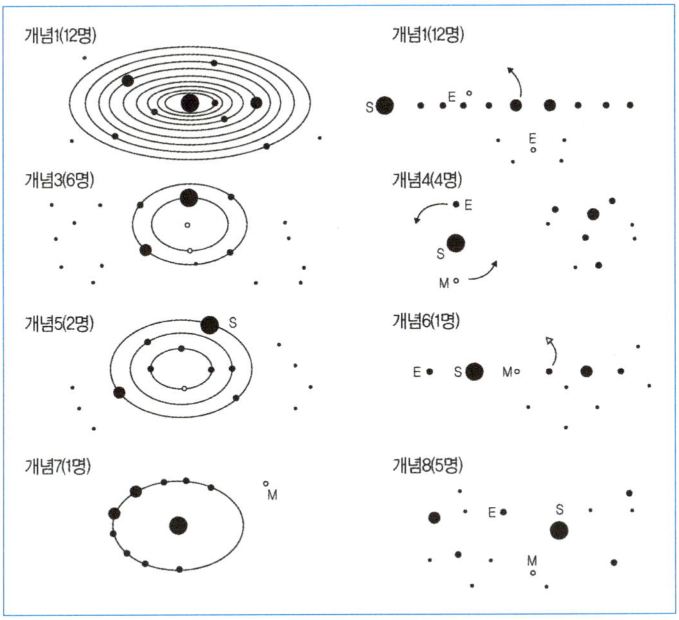

[그림 6-8] 태양계에 대한 학생들의 개념

다른 천체, 운석, 혜성, 소행성, 블랙홀, 은하, 태양계, 은하수, 달, 그리고 쓰레기 등과 같은 응답이 나왔다. 행성 중에서는 화성, 토성, 목성에 대한 응답이 많았다. 학생들에게 태양계에 대한 자세한 그림을 그려보도록 하였다. 이 결과를 정리한 것이 [그림 6-8]과 같다. 태양계 개념 1과 2는 과학적 견해이며, 약 55%가 이러한 응답을 하였다.

태양계 개념 1과 2는 과학적 개념으로 태양을 중심으로 행성들이 동심원 모양으로 운동하는 모형이다. 달은 지구와 관련되어 운동을 한다. 태양계 개념 2는 태양을 중심으로 행성들이 바른 순서대로 나열되어 있는 선형 모형이다. 달은 지구와 관련되어 운동한다.

태양계 개념 3에서 7까지는 과학적 개념과 직관적 개념이 복합되어 있는 것이다. 태양계 개념 3은 지구를 중심으로 태양과 달, 그리고 행성들이 동심원 운동을 하는 모형이다. 태양과 달은 같은 안쪽 궤도를 공전하며, 다른 행성들은 바깥 쪽 궤도를 공유한다, 별은 바깥쪽 궤도 밖에 있다. 이 모형은 고대의 지구 중심 모형과 유사하다. 이 개념 모형을 가진 학생들은 지구, 태양, 달의 상대적인 크기는 잘 알고 있다.

태양계 개념 4는 단순한 태양 중심 모형이다. 지구와 달은 태양을 기준으로 서로 반대쪽에 있으며, 태양 주위를 돌거나 정지하여 있다. 다른 행성들은 별과 함께 지구-태양-달 계에서 멀리 떨어져 모여 있다. 지구, 달, 태양의 상대적인 크기는 확실하지 않다.

태양계 개념 5는 단순한 동심형 모형이다. 지구, 태양, 달 그리고 행성들은 동일한 궤도를 공유한다. 중심부에는 아무 것도 없다. 별은 외부 궤도의 밖에 있다. 천체들 사이의 상대적인 크기는 불확실하다.

태양계 개념 6은 지구를 중심으로 하는 선형 모형이다. 태양, 달, 그리고 다른 행성은 모두 중심에 고정된 지구 주위를 돈다. 별은 이 계의 내부나 외부에 놓여 있다. 천체들 사이의 상대적인 크기는 확실하지 않다.

태양계 개념 7은 태양 중심의 행진 모형이다. 모든 행성은 중심에 고정된 태양 주위를 같은 궤도 위에서 바른 순서로 돈다. 달은 행성의 진행 경로에서 벗어나 있다. 행성의 상대적인 크기는 확실하지 않으나, 이 계에서는 태양이 가장 크다.

태양계 개념 8은 직관적 개념이다. 이 개념을 따로 태양 중심이기도 하지만 무질서 모형이다. 지구, 태양 그리고 달은 다른 행성과 별 사이에 근접한 곳에 위치한다. 모든 천체는 고정적이다. 상대적인 크기는 불확실하다. 블랙홀, 혜성, 은하수, 우주선 등이 가끔 그려져 있다.

바) 별의 모양

영국의 10, 11세 학생들을 대상으로 샤프(Sharp, 1996)는 별의 모양을 조사하였다. 별 모양을 그리게 한 결과 42명 중 약 45%(19명)는 원모양, 약 25%(10명)는 별 모양, 14%(6명)는 이스라엘 별 모양으로 나타내었다[그림 6-9].

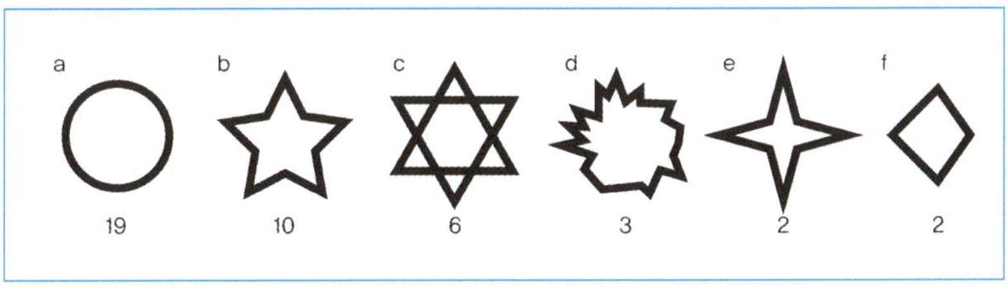

[그림 6-9] 별의 모양에 대한 학생들의 개념

별의 모양에 대한 우리나라 초등학교 5, 6학년 학생들의 개념을 조사한 연구 결과도 위와 유사하다(채동현과 최정근, 1997). 5학년의 24.3%, 6학년의 29.9%가 둥그렇다고 응답하였다. 나머지 대부분은 오개념을 가지고 있었으며, 별 모양(b)이라고 생각한 학생이 약 30%이었으며, 울퉁불퉁한 모양이라고 응답한 학생도 20%내외를 나타냈다.

3) 기타 천문 분야에 관련된 오개념

〈지구의 운동〉

태양과 달은 지구의 반대편에서 교대로 위로 올라가고 아래로 내려가는 운동을 한다.
태양과 달은 지구를 중심으로 반대편에 있으면서 하루에 한 바퀴씩 돈다.
지구는 움직이지 않는다.
지구와 태양은 움직이지 않고, 계절이 변하는 이유는 태양 온도가 달라지기 때문이다.
빛의 양은 여름철로 갈수록 증가한다.

극에서 적도로 갈수록 사계절이 불분명하며 태양은 적도에서 항상 머리 위에 있다.
여름에는 지구와 태양과의 거리가 가깝기 때문에 겨울보다 따뜻하다.
우리는 겨울에 태양을 접하지 않는다.
여름에는 지구 공전궤도가 태양과 가까워지고, 겨울에는 지구가 태양으로부터 멀어진다.
지구가 다르게 기울어져 있기 때문에 태양이 여름에는 더 지구를 따뜻하게 한다.

〈태양의 모양 및 운동〉

태양은 별이 아니다.
태양은 평범한 별이다.
태양에는 딱딱한 표면이 있다.
흑점은 검고 차갑다.
태양광선은 평행광선이다.
태양은 사라지지 않는다.
태양은 쉽게 멈추거나 출발하거나, 혹은 운동방향이나 궤도를 바꿀 수 있다.
12:00정오에 태양은 수직으로 머리 위에 있다.
5, 6, 7월에 태양은 정서 방향으로 진다.
태양은 지구주위를 돈다.
태양이 지구 주위를 돌기 때문에 밤과 낮이 생긴다.
밤에는 태양이 사라진다.
태양의 운동은 태양풍에 의해 생긴다.
태양풍과 코로나 방출은 위성을 궤도 밖으로 밀어낼 만큼의 압력을 가지고 있다.
오로라는 태양풍 입자가 지구의 대기를 치기 때문에 생긴다.
오로라는 극에서만 볼 수 있다.
오로라는 겨울에 가장 잘 보인다.

〈달의 모양 및 위상 변화〉

달도 태양과 같이 빛난다.
달의 위상변화는 지구의 그림자 때문이다.
달의 위상은 구름 때문에 생긴다.
같은 날 다른 도시에서 볼 수 있는 달의 위상은 다르다.
달은 지구주위를 하루에 한번 돈다.

〈태양계 및 우주〉

우주에는 태양계만 있다.
우주는 진공상태이다.
공기가 없으면 중력도 없다.
우주엔 중력이 없다.
우주는 정지 상태이며 팽창하지 않는다.
우주 공간에서 위·아래를 정의할 수 있다.
우리는 빛이 물체를 비추기 때문에 물체를 볼 수 있다.
별은 별 모양으로 생겼다.
매일 밤 행성들은 같은 위치에서 나타난다.
행성은 육안으로 볼 수 없다.
행성의 중력은 태양으로부터의 거리와 관계있다.
태양의 중력은 행성의 공전 궤도 뿐만 아니라 행성의 중력에도 영향을 미친다.
행성의 자전속도는 행성의 중력에 영향을 미친다.
행성의 자전은 행성의 밀도에 영향을 미친다.
행성 표면의 온도는 행성의 중력에 영향을 미친다.
우주에서 로켓은 일정한 힘이 필요하다.
다른 외계에서 지구를 방문한 적이 있다.
혜성의 꼬리는 태양 반대쪽에 생긴다.

다. 기상분야 오개념

1) 대기

대기 현상에 관한 오개념 검사는 7～12학년, 대학의 지구과학, 물리학, 일반 초등학과 학생들 708명을 대상으로 한 것이다(Robert et. al., 1994). 대기에 관한 총 7개의 문항을 투입한 결과는 다음과 같다.

학생들은 번개가 어떤 지역에서 가장 높은 지점이나 물체를 때리는 경향이 있는 것으로 알고 있다. 따라서 논리적으로 보면, 번개가 가장 높은 지점을 반복해서 때린다고 답을 해야 하나, 정답을 한 학생은 28%에 지나지 않았다. 이것은 많은 학생들이 번개가 같은 장소를 결코 두 번 때리지는 않는다는 오개념을 갖고 있음을 나타낸다.

기압에 관한 개념에 있어서 학생들의 대다수가 기압이 고도에 따라 증가한다는 잘못된 생각을 보여주며, 압력이 고도에 비례한다는 오개념을 지니고 있다. 또한 제트기에서 기압을 일정하게 유지해 주는 보호막에 관해서는 비행기 내부의 공기가 외부 공기에 비해 가상적인 고기압을 유지하는 것으로 이해한다.

건조 공기와 습한 공기의 개념을 묻는 문항에서 학생들의 오개념 비율이 가장 높았으며, 응답자의 약 2/3가 아주 습한 공기가 건조한 공기보다 더 무겁다(더 밀하다)는 잘못된 개념을 갖고 있는 것으로 나타났다. 이것은 아마 습한 공기에 대한 학생들의 인식이 '답답하다'거나 '무겁다'는 느낌을 주기 때문일 것이다. 실제로 공기 중에 수증기량이 가장 많을 때, 즉 밀도가 가장 낮은 때인 습한 날이 건조한 날에 비해 야구공이 더 멀리 날아간다.

전향력에 관한 개념을 묻는 문항에서 과반수 이상(85%)의 학생들이 잘못된 개념을 나타낸다. 실제로 전향력을 배웠던 학생들은 북반구에서 세면대나 욕조에서의 물 빠짐 역시 전향력의 영향을 받아 항상 같은 방향으로 물이 회전한다는 잘못된 개념을 가지고 있다. 이것은 대부분 전향력 효과의 오용으로부터 기인된 것으로 보인다. 실제로 물 빠짐 방향은 욕조의 모양, 물의 요동과 같은 다양한 이유로 심지어 같은 욕조에서도 여러 방향으로 회전한다. 이 경우에 전향력 효과는 아주 약하게 나타난다.

얼음의 녹는 온도와 물의 어는 온도에 관한 개념에 있어서 학생들은 얼음이 0℃에서 형성된다는 생각을 하고 있다. 그러나 실제로 물은 이 온도 이하에서 대체로 구름속의 작은 물방울인 액체 형태로 남아 있다.

구름의 주성분을 묻는 문항에 있어서는 학생들은 육안으로 볼 수 있는 구름이 물방울과 얼음 알갱이가 아닌 다른 물질로 구성되었다는데 다수의 응답을 보인다. 또한 응답자의 과반수는 눈에 보이지 않고, 무색의 기체인 수증기를 구름의 가장 중요한 구성요소로 생각하고 있다. 마지막으로 음료수 컵의 바깥 표면에서의 응결에 관한 문항에서는 학생들의 대부분이 올바른 개념을 갖고 있다.

이 연구에 이용된 검사 문항의 예는 다음과 같으며, 문항의 *표시는 정답을, 괄호안의 숫자는 응답률을 백분율로 나타낸 것이다.

▶ 검사문항

① 어느 지역에 번개가 칠 때의 현상을 설명한 것이다. 바른 설명은?

a. 결코 한 번 이상 같은 지점을 때리지 않는다. (17)

b. 거의 좀처럼 한 번 이상 같은 지점을 때리지 않는다. (55)

c. 종종 한 번 이상 같은 지점을 때린다. (28)*

② 비행기를 타고 높이 올라 갈수록 기압은 어떻게 되는가?

a. 변함이 없다. (2)

b. 더 커진다. (54)

c. 더 작아진다. (44)*

③ 같은 힘으로 야구공을 칠 때, 다음 중 어떤 조건에서 가장 멀리 날아가겠는가?

a. 습한 날 (9)*

b. 건조한 날 (64)

c. 차이가 없다 (27)

④ 물이 가득한 욕조 바닥의 마개를 열었을 때, 물이 빠지는 회전 방향은?

a. 항상 같은 방향으로 회전한다. (85)

b. 가끔 한 방향으로, 또 어떤 때에는 다른 방향으로 회전한다. (15)*

⑤ 표준 조건에서, 물의 상태는 어떠한가?

a. 항상 0℃에서 언다. (67)

b. 때로 3℃에서 얼 것이다. (7)

c. 0℃이하의 온도에서 액체로 존재할 것이다. (26)*

⑥ 다음 중 구름의 주성분은 무엇인가?

a. 수증기 (50)

b. 작은 물방울과 작은 얼음 결정들 (41)*

c. 먼지 입자 (9)

⑦ 덥고 습한 날, 탁자에 찬 음료가 든 유리잔이 있다. 얼마 후 유리잔의 바깥쪽에 물방울이 형성되는 것을 볼 수 있다. 그 이유는?

a. 유리잔을 통하여 수증기가 이동하였다. (5)

b. 땀이 많은 손에 물이 남겨 졌다. (3)

c. 유리잔을 통하여 물이 이동하였다. (4)

d. 얼음을 녹이면서 여분의 물이 생겼다. (3)

e. 주위 공기로부터 수증기의 응결이 일어났다. (85)*

2) 물의 상태 변화

물의 상태 변화에 대해 학생들이 가지고 있는 개념 체계를 조사하기 위하여 중1에서 고2까지 51명을 무선 표집하여, 1차 설문 조사를 실시한 후, 각 학년별 1개 학급씩 총 585명을 대상으로 2차 설문 조사를 실시하였다. 물의 상태 변화 중에서 물의 끓음, 수증기의 응결, 물의 증발, 얼음의 녹음을 포함하는 실험을 하도록 한 후 관찰 사실을 근거로 설문에 주관식으로 응답하도록 하였다(국동식, 1988). 괄호 안의 숫자는 응답자 수를 나타낸 것이다.

가) 끓음

비커에 물을 넣고 온도계를 장치한 후 알코올램프로 가열하면서 물이 끓는 것을 관찰하게 한다.

① 물이 끓고 있는 비커에서 무엇을 볼 수 있는가?
- a. 기포가 생겨 위로 올라간다. (45)
- b. 물 표면에서 김이 나 공기 중으로 들어간다. (4)
- c. 액체가 기체로 되는 현상이다. (1)
- d. 이산화탄소가 발생한다. (1)

약 88%의 학생들이 끓음의 특징으로 물 속에서 기포가 생겨서 올라가는 현상으로 설명하고 있다.

② 기포는 무엇으로 되어 있는가?
- a. 공기이다. (17)
- b. 물에 녹아있던 기체이다. (13)
- c. 물이다. (6)
- d. 수증기이다. (5)
- e. 산소이다. (5)
- f. 열이다. (4)

대부분의 학생들이 공기나 물 속에 녹아있던 기체가 빠져 나오는 것으로 생각한다. 기포가 산소로 되었다고 하는 것은 물이 본래 산소와 수소가 화합하여 된 물질이므로 가열하면 다시 산소와 수소로 분해되는 것으로 잘못 알고 있기 때문이라고 생각된다. 또한, 이러한 생각을 고학년 학생들이 더 많이 가지고 있는 것은 저학년보다 더 많은 교육을 받았기 때문에 과학적 용어는 많이 알고 있으나, 잘못된 개념을 갖고 있기 때문이라고 여겨진다.

③ 물의 온도는 계속 올라가지 않는다. 가열해 준 열은 어디로 갔는가?
a. 수증기가 기화열로 공기 중으로 가지고 갔다. (19)
b. 공기 중으로 사라졌다. (13)
c. 복사 평형을 이루는 데에 사용되었다. (7)
d. 열이 포화되어 더 이상 가지지 못한다. (2)
e. 산소 발생에 사용되었고, 산소가 다 발생하여 더 이상 올라가지 않는다. (1)

대부분의 학생들이 물의 증발에 에너지가 필요하다는 올바른 개념을 갖고 있다. 복사 평형의 개념으로 생각하는 것은 중1 수업에서 복사 평형이라는 용어를 접하였기 때문으로 여겨진다. 산소 발생에 사용되었다고 생각하는 고2 학생은 상태변화를 화학적 변화로 생각하는 선입견 때문으로 생각된다.

④ 끓음이란?
a. 액체가 기체로 되는 것이다. (12)
b. 뜨거워지는 것이다. (7)
c. 온도가 더 이상 올라가지 않는 현상이다. (6)
d. 연기나 물방울이 생기는 것이다. (4)
f. 분자 운동이 활발해지는 것이다. (2)

끓음이라는 개념에 대한 학생들의 생각은 다양하게 나타나는데, 이는 학생들이 끓는 현상을 많이 보았으나 끓음이라는 용어에 대한 명확한 정의를 갖고 있지 못하는 것으로 생각된다.

⑤ 끓고 있는 물의 표면에서 나가는 하얀 물질은 무엇인가?
a. 수증기 (36)
b. 산소 또는 수소 (4)
c. 물 속에 있던 기체 (3)
d. 물 (3)
e. 공기 (3)

약 70%의 학생들이 수증기라고 한 것은 일상생활이나 수업 시간에 배웠기 때문에 이러한 선개념이 형성되었다고 생각된다. 또한, 산소나 수소, 물속에 녹아있던 기체라는 것은 물의 상태 변화가 가열에 의해 물이 분해된다든지 용해도가 작아지는 것으로 알고 있기 때문일 것으로 여겨진다.

나) 수증기의 응결

끓고 있는 비커에 유리판을 기대어 놓고, 유리 표면에서 일어나는 변화를 관찰하게 한다.

① 유리판에서 무엇을 볼 수 있는가?
- a. 수증기가 물방울로 된다. (49)
- b. 유리판에 습기가 찬다. (1)
- c. 유리판이 뿌옇게 된다. (1)

위 세 가지 생각은 수증기가 물로 응결되는 현상을 표현만 다르게 한 것으로, 모두 같은 견해를 보인다.

② 유리판에 이러한 현상이 일어나는 까닭은?
- a. 수증기가 차가운 유리판을 만났기 때문이다. (15)
- b. 물이 증발하였기 때문이다. (6)
- c. 열을 주어 온도가 높아졌기 때문이다. (6)
- d. 물이 승화하다 부딪쳤기 때문이다. (6)
- e. 수증기가 날아가는 것을 막았기 때문이다. (3)
- f. 공기 중 산소와 수증기가 결합했기 때문이다. (2)

30%의 학생만이 수증기의 응결 현상을 바르게 설명하였고, 많은 학생들이 잘못 이해하거나 표현 방법이 미숙함을 알 수 있다.

③ 응결이란?
- a. 공기가 가열되는 것 (7)
- b. 액체가 고체로 되는 것 (7)
- c. 수증기가 물로 되는 것 (7)
- d. 더운 공기와 찬 공기가 냉각되는 것 (4)
- e. 기체가 액체로 되는 것 (3)
- f. 서리와 같은 현상 (3)
- g. 액체가 어는 것 (2)
- h. 기체가 고체로 되는 것 (2)

응결의 개념에 대해 15%의 학생만이 바른 개념을 갖고 있는 것은 교과서에 수증기가 응결하여 구름, 비로 된다고만 설명되어 있을 뿐 응결의 정의를 명확히 제시하지 않았기 때문으로 여겨진다.

다) 증발

책상 위에 뜨거운 물로 적신 유리판을 놓고 일어나는 변화를 관찰하게 한다.

① 유리판 위의 물은 어디로 갔는가?
  a. 증발되어 기체로 된다. (45)
  b. 공기로 된다. (1)
  c. 응결되어 비로 된다. (1)
② 증발이란?
  a. 물이 수증기로 되는 것 (26)
  b. 액체가 기체로 되는 것 (11)
  c. 액체나 고체가 기체로 되는 것 (4)

증발의 개념은 많은 학생들이 잘 이해하고 있으나, 증발 기체가 무엇으로 구성되는가에 대한 2차 조사에서 27% 학생들이 산소와 수소로 분리된다는 잘못된 개념을 보여준다.

라) 차가운 표면에서의 응결

비커에 얼음을 넣고 뚜껑을 덮은 후 비커 표면에 생기는 변화를 관찰하도록 한다.

① 비커 표면에 생기는 것은 어디에서 온 무엇인가?
  a. 얼음에서 빠져나온 물이다. (17)
  b. 공기 중에서 온 물방울이다. (12)
  c. 얼음에서 나온 기체이다. (3)
  d. 얼음에서 나온 이슬이다. (2)

비커에 맺힌 것은 물이라고 인식하고 있는 반면, 공기 중의 수증기가 응결해서 된다는 것은 이해하지 못하고 있다.

마) 얼음의 융해

얼음을 비커에 놓아두고 녹는 것을 관찰하도록 한다.

① 얼음은 어떻게 되고 있는가?
   a. 녹아서 물로 된다. (42)
   b. 승화한다. (2)
   c. 공기 중으로 날아간다. (1)
② 녹음(융해)이란?
   a. 고체가 액체로 되는 것 (25)
   b. 얼음이 녹는 것 (13)
   c. 차가운 것과 공기 중의 온도가 만나는 것 (1)

바) 물

이 연구는 스페인의 7살 14명, 8살 17명, 10살 16명, 13살 20명의 각 연령층을 대상으로 물에 관한 오개념을 조사하였다(Gonzalez, 1993).

① 8세 17명
   a. 구름은 무게가 거의 없는 수증기이므로 떨어지지 않고, 공기 중에 떠 있다. (4)
   b. 구름은 수증기로 구성된다. (9)
   c. 물을 끓이면 물 속의 기체는 대기 중으로 방출된다. (9)
   d. 눈과 얼음은 같다. (7)
   e. 수증기가 냉각되면 빗방울을 형성한다. (7)
   f. 구름 속의 수증기는 물을 포함하고 있고, 비를 형성하여 물을 방출한다.
② 10살 16명
   a. 구름 속의 물방울 무게는 지표에 떨어질 정도로 충분하지 않다. (6)
   b. 구름은 무게가 거의 없는 수증기로 구성되어 지표에 떨어지지 않는다. (4)
   c. 구름은 무게가 충분하지 않아 지표에 떨어지지 않는다. (3)
   d. 구름은 증기로 형성된다. (8)
   e. 증기는 물방울로 형성된다. (4)
   f. 얼음과 눈은 같다. (7)
   g. 물이 충분히 가열되면, 물속의 기체는 대기 중으로 방출된다. (6)
③ 13살 20명
   a. 증기로 이루어진 구름은 공기보다 밀도가 작아 공기 중에 떠 있다. (7)
   b. 구름은 기체 형태의 물을 포함하고 있어 지표에 떨어지지 않는다. (5)
   c. 눈은 얼음과 같다. (2)
   d. 구름은 증기로 구성된다. (15)
   e. 구름은 기체로 이루어진다. (2)
   f. 수증기는 구름 속에서 냉각되어 비로 내린다. (2)
   g. 수증기는 액체의 물, 빗방울과 같다. (4)

3) 기타 기상분야에 관련된 오개념

〈대기압〉

컵을 거꾸로 하면 그 안에 공기는 존재하지 않는다.
공기는 부피가 없다.
공기는 무게가 없다.
공기는 물체의 무게를 감소시킨다.
대기의 압력은 물체의 표면에 작용한다.
압력이나 진공은 빨아들이거나 밀어낸다.
피스톤 실험에서 진공 상태의 피스톤이 빨려 들어가는 것을 보고 진공은 흡입력이 있다고 생각한다.
번개는 같은 지점을 두 번 때리지 않는다.
압력은 고도에 비례한다.
습한 공기는 건조한 공기보다 무겁다.
북반구에서 욕조에서의 물 빠짐은 전향력의 영향을 받아 항상 같은 방향으로 회전한다.

〈대기 중의 물〉

비커 표면에 생기는 물은 얼음에서 빠져 나온 것이다.
물은 0℃에서 항상 언다.
수증기는 증발하면 수소와 산소분자로 분리된다.
태양이 떠오른 후 이슬은 나무나 토양 속으로 들어간다.
이슬은 밤에 안개처럼 내려온다.
비는 구름들 속의 구멍으로부터 내린다.
비는 구름들의 땀이다.
비는 우리가 필요로 하기 때문에 발생한다.
비는 구름 속의 깔때기로부터 떨어진다.
비는 구름들이 모였다가 녹을 때 내린다.
비는 구름들이 흔들릴 때 내린다.
신과 천사는 천둥과 번개를 일으킨다.
구름은 수증기로 되어 있다.
구름들은 우리가 움직이기 때문에 움직인다.
구름은 하늘 저편 너머에서 온다.
빈 구름들은 바다에 의해 다시 채워진다.
구름들은 솥에서 나온 증기들로 형성된다.
태양이 바닷물을 끓여 수증기를 발생시킨다.
구름은 물로 가득 찬 가방이다.
구름은 면이나 모, 연기로 만들어졌다.
우리가 호흡한 산소는 식물로부터 나오는 것이 아니다.

4 오개념 변화를 위한 학습지도 방법

학생들의 오개념을 변화시키기 위한 수업은 우선, 예비수업을 실시하여 수업활동이 학생의 수준에 적절한 것인지, 활동은 목적에 알맞은지 등을 고려해야 한다. 수업 설계는 첫째, 인지적 갈등 상황을 조성하여 학생의 선개념을 파악하며, 학습 활동에 적극적인 참여를 하도록 한다. 둘째, 반성적 사고 즉 자신의 전후 생각을 비교하고 토론할 기회를 제공한다. 셋째, 토의 전략으로 학생 자신이 어떤 생각을 가지고 있는지를 인식 시키고, 남들과 어떻게 다른가를 인식할 기회를 제공한다. 다섯째, 과학적 개념이 신념화될 수 있도록 한다. [그림 6-10]은 SPACE 전략을 적용한 수업모형의 흐름도를 나타낸 것이다.

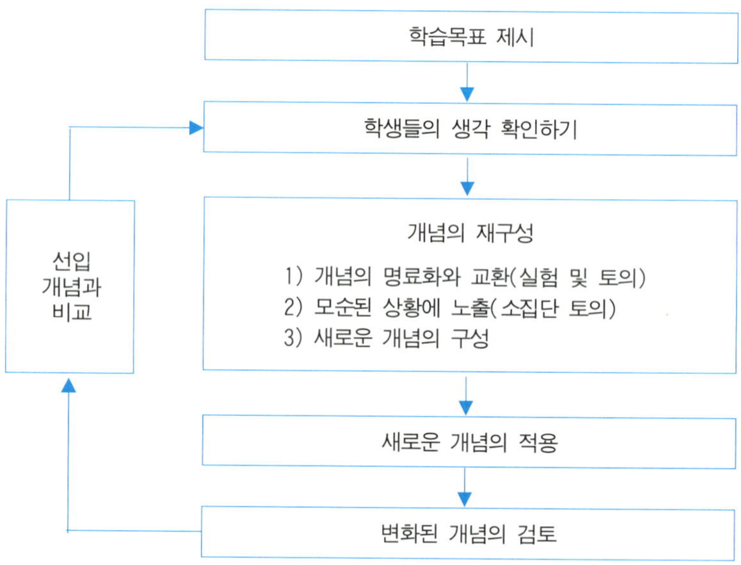

[그림 6-10] SPACE 전략을 적용한 수업모형

가. 증발과 응결

효과적인 과학 학습지도를 위해 해당 개념에 대한 오개념이 어떠한 유형이며, 왜 형성되는지, 그리고 이러한 오개념들을 고려한 과학 학습전략이 필요하다. 여기에서는 증발과 응결에 대한 아동의 선개념과 SPACE(Science Processes And Concepts Explorations) 전략을 활용한 수업으로 학생들의 오개념을 치유한 예를 들어본다. 저학년 16명, 중학년 16명, 고학년 16명 총 48명의 초등학생을 대상으로 증발과 응결에 관한 학생들의 오개념을 수업 전과 후에 각각 조사한 것이다(최병순 외, 1994).

1) 연구결과

증발과 응결에 관하여 초등학생들이 가지고 있는 개념을 수조의 물, 옷 말리기, 종이 타월 등의 상황에 따라 조사하여 개념 유형과 특성 및 수업 후 개념에 관한 내용이다. 증발과 응결에 대한 학생들의 선개념은 고학년일수록 과학적 개념을 가지고 있으나, 전반적으로 과학적 개념의 비율은 낮게 나타난다. 많은 학생들이 비과학적 개념을 가지고 있으므로 교사는 수업을 하기 전에 학생들의 선개념을 잘 이해하고, 비과학적인 오개념을 교정하기 위한 수업 프로그램을 개발, 적용해야 한다.

가) 증발에 사용된 어휘

초등학생들은 수업 전과 후에 수조의 물에서는 '없어졌다', 옷 말리기에서는 '말랐다', 종이 타월의 손 모양 찍기에서는 '말랐다'와 '없어졌다'를 지속적으로 사용한다. 학생들은 상황에 따라 어휘 사용에 큰 차이를 나타내는 상황의존적(context dependence) 개념을 보인다. 수조의 물에서 사용된 '없어졌다'라는 어휘는 비 물질화된 느낌과 보이지 않는 마지막 상태를 나타내는 애매모호한 느낌이드나, 후에 비나 이슬로 돌아온다고 하여 보이지 않는 마지막 상태를 나타내는 것으로 여겨진다.

물의 증발 현상을 설명하기 위하여 학생들은 과학적 표현인 "증발되었다"는 어휘의 사용에 저, 중, 고학년이 수업 전 각각 2%, 6%, 10%에서 수업 후 0%, 46%, 58% 로 고학년이 비교적 과학적 어휘를 많이 사용하는 것으로 나타난다.

나) 증발된 물의 소재

많은 학생들은 수업 전과 후에 상황에 관계없이 증발된 물은 하늘로 올라갔다고 언급 하는 상황 독립적 개념을 가지고 있다. 수업 전 72%의 학생들이 과학적 개념을 가지고 있었으나, 수업 후에는 거의 모든 학생들이 과학적 개념을 가지게 된다.

증발된 물의 소재에 대하여 학생들의 평균 응답 비율은 수업 전 상황에 따라 큰 차이 없이 저, 중, 고학년이 '하늘'을 각각 45%, 58%, 45%, '공기 중'을 6%, 5%, 19%, '구름'을 6%, 8%, 25%를 나타냈으나, 수업 후에는 '하늘'을 48%, 44%, 39%, '공기 중'을 31 %, 52%, 63%, '구름'을 13%, 5%, 14% 응답하여 학년에 관계없이 과학적 개념을 갖는다. 대부분의 학생들이 과학적 개념을 가지고는 있으나 증발된 물의 소재를 설명함에 있어서는 '하늘'이라는 용어를 사용한다.

다) 증발의 요인

대다수 학생들은 수업 전과 후에 상황에 관계없이 물의 증발에 영향을 미치는 요인으로 열이나 공기, 바람, 통풍 중 한 가지를 언급하고 있으며, 고학년의 일부가 열과 공기, 바람, 통풍을 모두 응답하였다. 증발의 요인에 관해서는 학생들이 비교적 상황 독립적 개념을 가지고 있는 것으로 보인다.

물의 증발에 영향을 미치는 요인에 대해 학생들은 수업 전에는 '열원'을 저, 중, 고학년이 각각 58%, 73%, 79%, '공기, 바람, 통풍'을 6%, 4%, 29% 응답하였으나, 수업 후에는 '열원'을 71%, 92%, 100%, '공기, 바람, 통풍'을 33%, 54%, 42% 응답하였다.

라) 증발된 물의순환

증발된 물이 되돌아 올 수 있다고 한 학생들은 수업 전 저, 중, 고학년에서 각각 25%, 13%, 63%로 고학년에서 비교적 많은 학생들이 증발된 물이 비, 안개, 이슬로 되돌아올 수 있음을 이해하고 있으나, 전체 학생들 중 69%, 75%, 38%는 증발된 물이 돌아올 수 없다고 응답하였다.

마) 증발된 물의 물리적 변화

대부분의 학생들은 수업 후 물의 순환 과정에서 물리적 상태는 변하더라도 보존된다는 것을 이해하고 있으나, 물의 물리적 변화를 인식하고 있는 아동들의 비율은 수업 전 저, 중, 고학년에서는 각각 38%, 63%, 69%로 저학년에서는 낮으나, 중, 고학년에서는 비교적 높게 나타난다.

2) 수업 안의 예

학생들의 선개념을 조사하고, 그에 따른 오개념 치유를 위한 적절한 갈등을 일으킬 수 있는 수업 자료를 준비하여 학생들 스스로 자신의 생각이 잘못된 것임을 깨닫게 한다. 여기에서는 물의 증발과 공기 중의 수증기에 관한 학생들의 선개념을 파악하고, 치유하기 위한 1차시 수업 안을 예로 든다.

① 주제 : 물의 증발과 공기 중의 수증기

② 목표: 물이 증발하여 공기 중에 들어가 섞이게 되는 것을 말할 수 있다.
공기 중에 물기가 있다는 것을 예를 들어 설명할 수 있다.

③ 자료: 수조 1개, 수건, 얼음조각, 찬물, 유성펜/크레파스 집게, 빨래줄, 깡통 1개, 더운물

단 계	교사 활동	학생활동	유의점
학습목표 제시	이 시간에는 물이 증발하여 어디로 가는지 알아봅시다.		
학생들의 생각 확인하기	여러분이 관찰했던 수조와 빨래의 물이 어떻게 되었는지 말해 봅시다. 어디로 갔는지 말해 봅시다.	보고서에 기록한다. -물이 증발되었다. -물이 없어졌다/날아갔다 -하늘, 구름으로 갔다. -위로 갔다.	
실험 및 관찰	종이 타월에 손 모양을 찍은 것이 어떻게 변화되는지 관찰해 봅시다.	종이 타월에 물을 묻힌 손바닥을 이용하여 손바닥 모양을 찍고, 햇빛에 말리면서 관찰한다.	햇빛 대신 백열전등을 사용해도 좋음
	손바닥을 찍은 종이 타월에 어떤 일이 일어 났나요?	-종이 타월에 물이 말랐어요. -물이 없어졌어요.	

단 계	교사 활동	학생활동	유의점
소집단 토의	없어진 물이 어디로 갔는지 조별로 이야기해 봅시다.	-공기중으로 갔다. -하늘로 갔다. -없어졌다.	
새로운 개념의 구성	없어진 물을 확인해 보는 방법으로 찬물이 들어있는 깡통의 표면에 무엇이 생기는지 실험으로 알아봅시다.	깡통에 1/2 정도의 찬물을 담고 얼음 조각을 넣는다. 마른 수건으로 깡통의 표면을 물기가 없도록 수건으로 표면을 깨끗이 닦아 관찰한다.	공기 중의 물기를 확인하는 정도임
	깡통의 표면이 어떻게 되는지 발표해 봅시다.	-뿌옇게 흐려진다. -흐려진 후 작은 물방울이 생긴다. -물방울이 점점 커져서 흘러내린다.	
	깡통에 생긴 물방울은 어디에서 온 것일까?	-공기 중에서 왔다.	얼음에서 왔다고 하면 찬물로, 깡통 안에서 나왔다고 하면 더운 물로 다시 실험
새로운 개념의 적용	수조의 물이나 젖은 빨래의 물이 어디로 갔는지 발표해 봅시다.	-물이 공기 중으로 날아갔다. -공기 중으로 갔다. -물이 공기 중으로 증발했다.	
글과 그림으로 나타내기	지금까지 공부한 내용으로 물이 어떻게 되는지 그림으로 나타내 봅시다.		
검토	공부한 내용과 처음에 보고서에 썼던 생각과 비교해 봅시다.	-물이 하늘, 구름, 공기 중으로 간다는 생각이 과학적이다.	

제 7 장

지구과학 학습평가의 기초

1 평가의 목적과 종류

가. 평가의 정의

평가(評價: evaluation)란 사물 또는 그 속성에 대한 가치판단(價値判斷: value judgement)으로 사전적으로 정의하고 있다. 어떤 사물 또는 그 속성에 대한 가치판단을 하자면 반드시 판단의 준거(準據: criteria) 또는 표준(標準: standard)이 있어야 한다. 따라서 평가란 교육평가(教育評價: educational evaluation)라는 일정한 준거를 잣대로 하여 교육의 입력, 과정 및 성과에 대한 가치를 조사・판단하는 행위라고 할 수 있다.

한편, 평가와 아주 비슷한 개념으로 사용되고 있는 용어들이 많다. 예를 들면 측정, 사정, 검사, 시험, 또는 고사 등과 같은 낱말이다. 이 용어들은 평가라는 낱말과는 개념적으로 분명히 구별되어져야 한다. 개념상의 혼란을 방지하고 평가의 의미를 보다 정확하게 이해하기 위해서 이 용어들 간의 개념적인 차이를 밝혀 두기로 한다.

Stevens(1951)의 정의를 빌리면, '일정한 법칙에 의거하여 어떤 사물이나 그 속성에 수치를 부과하는 것'이 측정(測定: measurement)이다.

사정(査定: assessment)이란 용어는 환경사정, 기술사정, 경영사정 등과 같이 여러 분야에서 다양한 의미로 사용되는 개념이다. 교육학과 심리학에서는 일반적으로 '인간의 심리적 또는 행동적 특성의 크기나 수준을 감정 혹은 추정하는 것'을 사정이라고 한다(Aiken, 1981).

검사(檢査: test)는 지능검사, 적성검사, 성격검사, 흥미검사 등과 같은 표준화된 각종 심리검사 또는 검사절차와 과정 그 자체를 의미할 때도 있고 임시시험, 중간시험, 기말시험 등과 같이 학교 현장에서 실시하는 시험(試驗)을 뜻할 때도 있다. 심리검사를 중심으로 검사라는 낱말을 정의하면 '개인차를 밝힐 목적으로 표준화된 조건 하에서 개인의 심리적 특성을 재기 위한 객관적이고 조직적인 절차 또는 그 도구(Anastasi, 1985)'라고 할 수 있다.

한편, 우리들이 일상생활에서 구술시험을 구술고사로 또는 입학시험을 입학고사라고 해도 뜻이 통하는 것처럼 시험과 고사(考査: examination)는 동의어로 사용되고 있다. 그러나 엄격하게 따진다면 '학력고사에서 영어시험과 수학시험이 어려웠다'라고는 하지만 '학력시험에서 영어고사와 수학고사는 어려웠다'라는 표현을 쓰지 않는다는 사실에서 유추할 수 있듯이 고사는 시험에 비해 보다 포괄적이고 광의적인 개념이다.

나. 평가의 목적과 기능

교육평가의 의미를 어떻게 정의하느냐에 따라 평가의 목적이 달라지고 평가의 목적이 다르면 평가의 기능도 달라진다. 교육평가의 의미를 가치판단론적으로 정의하면 교육평가의 기능은 주로 교육목표를 선정하고 그것을 준거로 하여 교육목표가 도달된 정도 또는 그 성과를 확인, 판단하는 데 있다. 정보처리론적 관점에서 보면 교육평가의 기능은 학습자에 관한 의사결정, 학습지도에 관한 의사결정, 교육방법에 관한 의사결정, 학교경영에 관한 의사결정, 교육행정에 관한 의사결정 등과 같은 교육에 관한 의사결정에 필요한 자료를 수집하고 활용하는 데 있다. 통합절충론적 정의에 입각하면 교육평가의 기능에는 가치판단적 기능과 의사결정적 기능이 모두 포함된다.

가치판단론적 정의와 정보처리론적 정의를 묶은 통합절충론적 정의에 입각하여 교육평가의 기능을 찾아보면 교육평가의 기능은 일일이 열거할 수 없을 정도로 많다. 그 중에서 평가의 대상이 되는 내용을 중심으로 분류하면 교육평가의 기능은 교육요구 사정, 교육목표 선정, 교육시설 확충, 프로그램 개발, 교육재정 지원, 학교운영 개선, 투자효과 분석, 교육과정 운영, 교육환경 보완, 교육정책 수립, 교육방법 개선, 교정지도 실시, 교육계획 수립, 학습집단 편성, 특별활동 운영, 학습결과 확인, 학습동기 촉진, 피드백의 제공이라는 18가지 항목으로 열거될 수 있다.

이들 18가지 기능 가운데 학교 현장에서 교과담당 또는 학급담임 교사들이 실시하는 교육평가의 기능은 교육요구 사정, 교육목표 선정, 프로그램 개발, 학교운영 개선, 교육과정 운영, 교육환경 보완, 교육방법 개선, 교정지도 실시, 학습집단 편성, 특별활동 운영, 학습결과 확인, 학습동기 촉진, 피드백 제공을 위한 것이라고 할 수 있다.

평가의 목적과 기능이 아주 다양하고 광범하기 때문에 이해하기 쉽도록 다시 간단히 요약 · 정리하면 교육평가의 기능은 형성적 기능, 총괄적 기능, 정략적 기능으로 대별할 수 있다(Worthen & Sanders, 1987).

1) 형성적 기능

새로운 교육과정이나 수업전략을 개발하기 위한 또는 현재 사용하고 있는 교육과정, 프로그램, 지도방법, 학교시설, 학교운영 등을 수정, 보완, 개선하기 위한 방안을 탐색 · 결정하는 데 필요한 정보를 수집할 목적으로 실시하는 평가의 기능을 교육평가의 형성적 기능(形成的 機能: formative function)이라고 한다. 그와 같은 형성적 기능은 교육과정에서 나타난 문제점을 확인하여 수정, 보완하거나 보다 좋은 새로운 교육내용, 교육방법, 교육환경 등을 개발하기 위해 어떤 교육적 조치가 집행되기 전에 또는 그 교육행위가 수행되는 과정에서 실시하는 평가의 기능이라고 해서 흔히 교육평가의 전향적 기능(前向的 機能: proactive function)이라고도 한다.

예컨대, 교육요구 사정을 비롯하여 교육목표 선정, 교육정책 수립, 학급집단 편성에 필요한 정보를 수집하기 위한 평가의 기능은 어떤 목적의 교육행위가 시작되기 전에 실시하는 전향적 평가의 기능이라고 할 수 있다. 그리고 프로그램 개발, 교육방법 개선, 피드백 제공, 교정지도 실시, 특별활동 운영에 필요한 정보를 수집하기 위해 실시하는 평가의 기능 역시 특정 목적의 교육행위가 시작되기 전에 실시할 수 있고 그 교육행위가 진행되는 상황에서도 실시할 수 있는 전향적 평가의 기능이다.

2) 총괄적 기능

형성평가를 통해 교육 프로그램, 수업방법, 교육시설, 교육환경, 교육정책 등과 같은 교육 여건들이 최적 상태임을 확인한 후에 교육의 최종 성과를 평가하거나 자격인정, 선발, 혹은 교육을 계획하고 실행한 당사자의 책무를 밝힐 목적으로 실시하는 평가의 기능을 총괄적 기능(總括的 機能: summative function)이라 한다. 총괄적 기능은 형성적 기능과는 달리 어떤 교육적 조치나 활동이 끝난 시점에서 실시하는 평가의 기능이기 때문에 후향적 기능(後向的 機能: retroactive function)이라고 부를 때도 있다.

그러므로 형성평가를 통해 개발된 최종 프로그램의 효율성을 확인・검증하기 위한 평가와 중간고사 혹은 기말고사처럼 일정 기간의 교육이 끝난 다음 개개 학생들의 성취도를 측정하는 평가의 기능은 모두 후향적 기능에 속한다. 그리고 소정의 교육이 종료된 후에 자격을 판정하기 위해, 일정 인원을 선발하기 위해 또는 교육성과에 대한 교사의 책무성을 밝힐 목적으로 실시하는 평가의 기능도 후향적 기능으로 분류된다. 평가의 전향적 기능과 후향적 기능은 평가의 내용과 형태에 의해 구분되는 것은 아니고 평가를 실시하는 목적과 시기에 따라 결정된다. 예컨대, 새로운 운영방안을 집행하는 도상에서 문제점을 찾고 보완하기 위해 실시하면 전향적 기능의 평가이고 반대로 새로운 운영방안을 집행한 다음 그 성과나 영향을 평가하기 위해 실시하면 그것은 후향적 기능을 가진 평가라고 할 수 있다.

3) 정략적 기능

시험이 있다고 해야만 공부하는 학생들이 많기 때문에 학생들이 공부를 하도록 하기 위해 시험을 실시하는 교사들이 있다. 그것은 학생들에게 학습동기를 자극, 촉진할 목적으로 실시하는 평가이지 형성평가나 총괄평가는 아니다. 한편, 시도 교육청이나 학교에서 학생들을 비롯하여 학부형과 지역사회에 특정 교육 프로그램, 행사, 활동 등을 홍보하고 주의를 환기할 목적으로 학생들에게 평가를 실시할 때도 있다.

이와 같이 단순히 학생들의 주의를 환기시키고, 학습동기를 유발하거나 지역사회 및 학부형에게 학교교육의 방향과 초점의 변화 또는 학교에서 특별히 기획하고 있는 행사나 활동을 홍보할 목적으로 실시하는 평가가 지니고 있는 기능을 교육평가의 심리적 · 사회적 · 정치적 기능이라고 하고 간단히 줄여서 정략적 기능(政略的 機能: strategical function)이라 한다.

학생들이 수업시간에 주의를 집중하여 열심히 설명을 듣도록 하기 위해 수업시간에 쪽지시험을 실시하면 그것은 학생들의 학습동기와 학습태도를 바로잡을 목적으로 정략적 기능을 이용하는 평가다. 자연보호 또는 불조심에 관한 학생과 학부형들의 주의를 환기시킬 목적으로 글짓기 경연이나 포스터를 그리게 하여 평가하고 시상하는 것은 그 목적이 학생들의 작문이나 미술작품을 평가하는 데 있지 않고 자연보호와 불조심에 대한 학생들의 관심과 주의를 환기시키기 위한 것이다. 마찬가지로 폐품 분리수거를 앞두고 학교에서 폐품을 분리수거하는 목적과 절차에 관한 시험을 실시했다면 폐품 분리수거에 대한 학생들의 인식을 깨우치기 위한 목적도 있지만 그것은 학부형과 지역사회에 폐품분리 수거를 홍보하기 위해 실시하는 정략적 기능의 평가이다.

다. 평가의 유형

개개 존재 또는 현상간의 공통성과 이질성을 찾아 공통적인 특징만을 추출한 다음 그것을 기초로 하여 그런 유의 존재 또는 형상을 몇 개의 무리로 나눈 것을 유형(類型: type) 또는 종류라고 한다. 즉, 유형은 어떤 측면에서 공통성을 지니고 있는 한 무리의 사물에서 추출한 특징을 중심으로 그 무리를 대표할 수 있도록 이상화한 형식이며 다수의 개별형식을 포섭하는 추상적이면서 보편적인 형식이다.

교육평가를 이해하는 데 반드시 알고 있어야 할 평가유형들은 아주 많고 그것을 분류하는 방식도 다양하다. 그 중에서 대표적인 것은 평가영역, 평가기능, 평가준거를 기준으로 하는 분류방식이 있다.

1) 평가영역을 기준으로 분류한 평가유형

Bloom(1956)은 교육목표에 진술되어 있는 학습의 내용과 행동 중에 행동 차원을 기준으로 교육목표를 지적 영역의 목표, 정의적 영역의 목표, 심동적 영역의 목표로 분류하는 교육목표분류(敎育目標分類: taxonomy of educational objectives) 방법을 제안했다.

사람은 로봇처럼 아무런 느낌도 없이 어떤 동작이나 사고를 할 수 없듯이 인간 행동에서 사고와 감정 및 동작을 완전히 분리하는 것은 불가능하다. 따라서 교육목표를 지적, 정의적, 심동적 목표로 나누는 것은 하나의 교육목표 또는 학습목표에 진술되어 있는 행동이 지적, 정의적, 심동적 요소 중에 어느 요소를 더 많이 포함하고 있는지를 따져 상대적으로 구분한 것에 불과하다.

가) 지적 영역의 평가

교육목표에 진술되어 있는 학습내용을 기억, 이해, 추론 등과 같은 사고 작용을 통해 획득해야 하는 지적 학습목표의 달성 여부와 그 정도를 측정하는 것을 인지적 영역 또는 지적 영역(知的 領域: cognitive domain)의 평가라고 한다.

그러므로 어떤 과목에서 사실, 개념, 법칙, 원리 등을 얼마만큼 기억, 이해, 적용하고 있는지를 평가하는 것은 지적 영역의 평가이고 또한 음악, 미술, 체육 과목에서 지식의 획득 정도를 평가하기 위해 실시하는 이론시험도 지적 영역의 평가에 해당한다.

나) 정의적 영역의 평가

정의적 영역의 평가란 정의적 영역의 학습목표가 달성된 정도를 확인하는 평가를 의미한다. 즉 협동성, 책임감, 준법성, 사회성, 자아개념 등과 같은 성격 특성과 흥미, 가치, 신념, 태도 등이 변화 또는 획득된 정도를 평가하는 것이 정의적 영역(情意的 領域: affective domain)의 평가다. 그러므로 생활기록부에 기록하는 행동발달상황의 평가는 가장 대표적인 정의적 영역의 평가이고, 학교 또는 교과에 대한 흥미와 태도의 평가도 정의적 영역의 평가라고 할 수 있다.

현재 우리나라에서는 교과관련 정의적 영역의 평가에 대해 그다지 깊은 관심을 기울이지 않고 있다. 과학교육에서 교과관련 정의적 영역의 평가를 예로 들면, 과학 공부에 대한 흥미와 자신감의 신장, 과학의 중요성 인식, 과학에 관한 바람직한 태도의 형성 등을 중요 학습목표로 설정하고 있고 그것은 곧 과학교과관련 정의적 학습목표다. 그와 같은 교과관련 정의적 목표의 달성 여부 또는 그 정도를 확인하기 위한 평가는 정의적 영역의 평가에 속한다.

다) 심동적 영역의 평가

손, 발, 다리, 어깨 등과 같은 신체의 일부 또는 전신을 움직여서 성취할 수 있는 학습목표의 달성 여부와 그 정도를 측정하는 것을 심동적 영역(心動的 領域: psychomotor domain)의 평가라고 한다. 즉, 심동적 영역의 평가란 동작을 요구하는 학습내용에 관한 평가를 뜻한다.

예체능과목에서 노래 부르기, 그림 그리기, 덩크슛, 율동 등의 실기평가를 비롯하여 실업과목에서 도구나 기계를 조작하는 능력과 과학과목에서 실험기기를 다루는 능력을 평가하는 것은 모두 심동적 영역의 평가에 해당한다. 그리고 영어시험에서 알파벳의 소문자와 대문자를 필기체로 쓰는 능력을 재는 것도 심동적 영역의 평가이고 수학에서 콤파스를 이용하여 주어진 선분을 이등분할 수 있는 능력을 평가하는 것도 심동적 영역의 평가다.

2) 평가기능을 기준으로 분류한 평가유형

교육과정 또는 프로그램 평가의 기능을 중심으로 Scriven(1965)은 평가의 유형을 형성평가와 총괄평가로 나누었다. Bloom, Hastings, Madaus(1971)는 프로그램 평가에서 사용된 형성평가와 총괄평가의 개념을 수업과정에서 학습자의 성취도를 평가하는 장면에 적용했다. 그로 인해 형성평가와 총괄평가는 교육평가에서 아주 보편적인 개념으로 사용되고 있다.

그러나 학교에서 실시하는 평가를 형성평가와 총괄평가의 기능으로만 설명하면 진단평가 또는 출발점행동의 평가가 빠져 학교 현장에서 이루어지는 평가의 기능을 포괄적으로 설명하지 못하게 된다. 넓게 보면, 진단평가는 형성평가에 포함시킬 수도 있지만 평가의 기능을 좀더 구체적으로 설명하기 위해서는 교육평가를 진단평가, 형성평가, 총괄평가라는 세 가지 유형으로 대별하는 것이 타당하다.

가) 진단평가

진단평가(診斷評價: diagnostic evaluation)는 오랫동안 학습장애의 원인을 분석, 진단하기 위해 실시하는 평가라고 해석되어 왔다. 그러나 최근에는 진단평가가 어떤 단원의 학습을 위해 수업 전에 학습자가 반드시 알고 있어야 할 기초지식이나 기술을 갖고 있는지를 점검하는 출발점행동평가(出發點行動評價: evaluation of entry behavior) 또는 투입행동평가(投入行動評價: evaluation of input behavior)를 의미하게 되었다.

그런 관점에서 보면, 진단평가는 학습장애의 원인을 분석하고 진단하는 학습장애 진단평가와 특정 단원의 학습에 필요한 선행지식을 갖추고 있는 정도나 그 단원을 수업하기 전에 그 단원에서 다루는 내용 중에 어떤 부분을 학습자가 이미 어느 정도 알고 있는지를 확인하는 선행지식 확인평가로 나누어진다.

나) 형성평가

형성평가(形成評價: formative evaluation)는 원래 교육과정이나 프로그램 개발과정에서 프로그램의 구성 또는 전개방법을 수정, 보완하는 데 필요한 정보를 수집하기 위해 실시하는 평가를 의미하는 용어로 사용되기 시작했다. 교육과정이나 프로그램을 개발할 때의 형성평가는 학습목표의 선정과 구성 그리고 프로그램의 운영방법과 절차 그 자체를 평가할 때도 있지만 학생들이 획득한 성취도를 기준으로 해서 평가할 때도 있다.

교육과정 또는 프로그램 개발에서 쓰고 있는 형성평가의 개념을 수업에 적용하면 특정 단원의 수업이 진행되는 도상에서 수업방법을 개선하고 교수·학습을 최적화하는 데 필요한 정보를 수집하기 위한 활동은 형성평가라고 할 수 있다. 그러므로 컴퓨터를 이용하는 개별평가, 쪽지시험, 퀴즈, 수업시간 중학생들의 질문이나 교사가 학생을 지명해서 하는 질문, 숙제 등을 통하여 학습목표가 달성된 정도를 확인하는 것은 모두 형성평가에 속한다.

다) 총괄평가

총괄평가(總括評價: summative evaluation)는 형성평가를 통해 수정, 보완을 되풀이한 다음 최종적으로 완성된 교육과정이나 프로그램의 종합적인 성과 및 그 효율성을 다각적으로 판단하기 위해 실시하는 일종의 최종 종합평가다.

그것을 수업에 확대, 적용하면 수업의 설계와 전개에 대한 형성평가를 실시해서 수업방법을 개선, 보완하여 수업방법에는 아무런 문제점이 없고 최상의 방법으로 수업이 이루어졌다는 것을 확인한 다음 학습자의 성취도를 평가하는 것이 총괄평가에 해당한다. 그러므로 총괄평가의 결과는 학생과 학부모에게 알려주는 교육 자료와 입학시험 사정자료로 활용될 수 있다.

3) 평가준거를 기준으로 분류한 평가유형

교육성과를 평가하는 준거를 교육목표로 하느냐 또는 평가를 실시해서 학습자들이 받은 점수의 평균으로 하느냐에 따라 교육평가는 규준기준평가와 준거기준평가로 나누어진다. 규준기준평가와 준거기준평가는 평가방법이 아니고 평가할 때 사용하는 준거를 중심으로 구분한 평가유형에 지나지 않지만 두 가지 평가유형 중에 어느 유형에 입각하여 평가하느냐에 따라 평가의 내용 선정과 평가절차에 뚜렷한 차이가 있다.

우리나라에서는 1974년에 준거기준평가를 도입하였지만 준거기준평가란 말만 사용했을 뿐이지 준거기준평가 다운 준거기준평가는 제대로 실행되지 않았다고 할 수 있다. 예를 들면, 고등학교에서 준거기준평가를 실시하고 있다고 하면서도 학생들의 성취도를 15등급으로 나누는 내신제도가 시행된 것은 준거기준평가가 실제로 실행되지 않았다는 증거가 되고도 남는다. 최근 교육개혁운동과 함께 절대평가라는 이름으로 준거기준평가란 용어가 또다시 사용되고 있다.

가) 규준기준평가

규준(規準: norm)은 본보기가 되는 표준 또는 마땅히 따라야 할 규칙이나 기준, 범례 등을 의미한다. 그러나 규준기준평가라고 할 때의 규준은 어떤 시험에서 전체 학급 또는 학년의 학생들이 받은 점수의 평균이나 수, 우, 미, 양, 가처럼 사전에 할당해 놓은 평점 배당비율을 지칭한다. 즉, 일단의 학생들이 획득한 평균점을 기준으로 개개 학생들의 성취도가 평균 이상 어느 정도 또는 평균 이하 어느 정도인지를 평가할 때의 평균점을 평가의 규준이라 하고 수, 우, 미, 양, 가를 주는 비율을 각각 5%, 15%, 60%, 15%, 5%로 사전에 정해 놓고 그 비율을 기준으로 성취도를 평가하면 그것도 평가의 규준이다.

학생들이 받은 성적의 평균이나 정규분포곡선의 이론에 의거하여 미리 정해 놓은 비율을 평가의 기준으로 하여 학생들의 성취도를 서로 비교, 평가하는 방법을 규준기준평가(規準基準評價: norm-referenced evaluation: NRE) 또는 규준지향평가(規準指向評價)라고 한다. 규준기준평가에서는 절대적인 기준이 없고 학생들이 획득한 점수의 평균 또는 미리 정해 놓은 등급의 비율에 따라 개개 학생들이 시험에서 받은 점수의 가치가 상대적으로 결정된다고 해서 흔히 상대평가(相對評價: relative evaluation)라고도 한다.

규준기준평가는 진화론에 입각하여 학생들 간에 현저한 개인차가 있고 그것은 교육의 힘으로도 도저히 극복 불가능하다고 믿는다. 바꾸어 말하자면, 학습자들의 학습능력에는 교육을 통해서도 좁힐 수 없는 상당한 분산(分散: variance)이 있다는 것이다. 그러므로 규준기준평가는 개개 학생들의 성취도를 최대한 정밀하게 변별하여 특정 교육 프로그램을 이수할 수 있는 학생을 선정한 다음 각자의 능력에 맞는 내용 또는 수준의 교육을 해야 한다는 선발적 교육관(選拔的 敎育觀: selective mode of education)에 기초를 두고 있다. 그래서 규준기준평가에서는 되도록이면 학습자의 능력 또는 성취도를 세밀하게 측정하기 위해 100점 만점으로 하는 10진법 또는 5진법(수, 우, 미, 양, 가)을 이용하여 성취도를 변별적으로 평가한다.

나) 준거기준평가

준거기준평가라고 할 때의 준거(準據: criterion)는 학습목표를 의미한다.

그래서 학습목표를 평가의 준거로 삼아 학습목표의 도달 여부와 그 정도를 확인, 점검하는 평가를 준거기준평가(準據基準評價: criterion-referenced evaluation: CRE), 준거지향평가(準據指向評價) 또는 학습목표기준평가(學習目標基準評價)라고 한다. 준거기준평가는 학생들이 받은 시험점수를 정규분포에 입각하여 평균이나 미리 정해 놓은 비율을 근거로 해서 상대적으로 비교하지 않고 오직 학습목표를 기준으로 개개 학생들이 알아야 할 것을 알고 있느냐(목표도달), 모르고 있느냐(목표미달)를 판정한다고 해서 절대평가(絶對評價: absolute evaluation)라고 부르기도 한다.

준거기준평가는 충분한 학습시간과 학습조건만 제공하면 거의 모든 학습자가 주어진 학습목표에 도달할 수 있고 그것이 바로 교육의 목적이라는 발달적 교육관(發達的 教育觀: developmental mode of education)에 기초를 두고 있고, 완전학습(完全學習: mastery learning) 이론과 맥락을 같이한다. 그러므로 준거기준평가에서는 성취도의 분산은 아주 적고 그것을 최대한 줄이는 것이 교육이라고 생각하여 목표도달-목표미달이라는 2진법적인 평정방식을 사용한다.

목표도달-목표미달로 표시하는 준거기준평가에서 평가의 기준이 되는 학습목표의 수는 중요한 의미를 갖는다. 목표의 수가 너무 많아도 문제가 되고 너무 적어도 역시 문제가 된다. 예를 들어, 중학교 전과정의 학습목표가 도달 또는 미달되었다고만 하면 도달 · 미달의 의미가 애매모호해서 그 의미를 해석하기 곤란하다. 반대로 목표의 수가 지나치게 많은 경우 목표 수만큼 도달-미달로 나타내면 상세하고 구체적이라는 장점은 있지만, 잡다하고 장황해서 정보적인 기능이 약화된다. 따라서 준거기준평가는 이차함수, 식단 짜기, 농구 경기 등과 같이 비교적 좁은 범위의 특정 내용 또는 단원에 한정시켜 유사한 학습 영역별로 도달 여부를 평가해야만 평가를 통해 수집한 정보가 의미 있기 때문에 흔히 영역검사(領域檢查: domain test) 또는 영역평가(領域評價: domain evaluation)라고 한다.

2 과학 학습 평가의 계획

가. 과학학습 평가의 절차와 단계

과학교육의 과정 또는 성과를 평가하는 절차는 평가의 목적, 내용, 규모, 형태 그리고 평가설계와 평가모형에 따라 현저한 차이가 있을 수 있다. 즉, 학습자의 성취도를 비롯하여 교육정책, 교육재정, 학교운영, 학급경영, 교육과정, 수업전략, 수업매체, 교육환경 등과 같은 교육평가의 대상이 되는 내용 중에 무엇을 어떤 목적으로 평가하고자 하느냐에 따라 평가절차와 평가방법이 상당히 달라진다. 예를 들면, 학습자의 성취도를 평가할 때의 평가절차와 교육과정 운영이나 교사의 수업방법을 평가하는 절차가 똑같을 수는 없다. 학습자의 성취도를 평가할 때도 지적 영역, 정의적 영역, 심동적 영역 중에 어느 영역을 평가하느냐에 따라서 평가절차가 부분적으로 상이하다. 그리고 평가의 규모 면에서 교육부나 시도 교육청에서 학생들의 성취도를 평가할 때와 과학담당 교사가 개인적으로 수업시간에 쪽지시험이나 임시시험을 실시하는 절차에는 차이가 있다.

1) 기본절차

과학의 어떤 단원에 대한 특정 수업방법의 적합성 또는 효율성을 평가하기 위해 그 단원의 수업을 시작하기 전과 후에 측정한 학습자의 성취도 차이를 비교하는 평가설계를 했을 때의 평가절차와 2개 이상 여러 가지 가능한 수업방법을 선정한 다음 사전검사는 실시하지 않고 수업이 끝난 후에 사후검사만 실시하여 수업방법의 적합성을 평가, 비교하는 평가설계를 채택했을 때의 평가절차는 판이하다. 마찬가지로 Tyler(1942)의 목표달성모형, Stufflebeam (1973)의 CIPP 모형, Wolfe(1975)의 법정재판모형, Scriven(1967)의 고객중심모형 등과 같은 평가모형 가운데 어떤 모형을 이용하느냐에 따라서도 평가절차는 부분적이지만 많이 달라진다.

또한 과학교육과 그 과정을 설명하기 위한 노력의 일환으로 여러 가지 관점, 모형 또는 접근방식이 활발히 제안되고 있고 과학교육의 과정에 대한 접근방식이 상이하면 과학교육 평가 절차에 차이가 생긴다. 그러나 평가의 목적과 내용이 무엇이든, 평가모형을 비롯하여 규모와 형태가 어떠하든, 모든 교육평가 활동에 공통적으로 적용되는 기본적인 절차가 있다. 시대정신을 반영하듯이 현재는 과학교육의 과정을 설명하는 여러 접근방식 중에서도 체제적 접근방식(體制的 接近方式: systems approach)이 가장 널리 사용되고 있다. 과학수업 시간에 교사가 학생들에게 가르쳐야 할 내용 또는 학생들이 배워서 알아야 할 과학 학습내용은 컴퓨터의 입력으로, 과학교사의 수업행동과 학생들의 학습행동은 각각 컴퓨터의 정보처리 과정으로, 학생들이 배워서 알고 있는 것 또는 머리 속에 들어있는 것을 필요할 때 수행수준에서 나타내는 것을 컴퓨터의 출력으로 보고 컴퓨터처럼 가르치고 배우게 하여 과학교육의 성과를 극대화시키려는 시도가 과학교육학에 있어서의 정보처리적 접근이다.

과학교육에 대한 체제적 접근에는 수업목표 선정, 투입행동 진단, 학습지도 실시, 학습결과 평가와 이들 네 가지 기능요소를 점검 · 통제하는 피드백으로 설명하는 Glaser(1963)의 개별적 처방수업(個別的 處方授業: individually prescribed instruction) 모형을 비롯하여 다양한 모형 또는 처방이 있다. 이 모형에서는 다음 그림과 같이 한 학습단원의 수업목표가 설정되면, 이 수업목표의 달성을 위하여 학습자에게 필수적으로 요청되는 투입행동 또는 선행지식의 종류와 수준을 정확히 진단하고, 그것을 기초로 하여 개개 학습자에게 어떤 학습지도가 주어져야 할 것인가를 처방하여, 최종적으로 그 단원에 대한 학습지도 성과를 평가하고, 이들 네 가지 단계의 기능을 점검 · 통제하는 피드백을 계속적으로 제공하는 기능이 내재되어 있다.

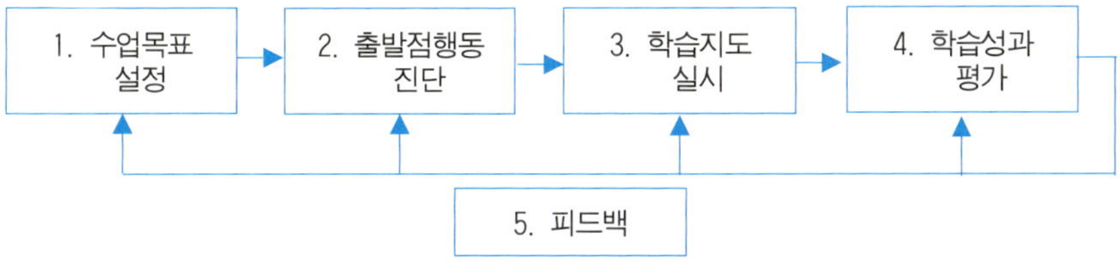

[그림 7-1] Glaser의 개별적 처치수업모형

그러나 Glaser의 개별적 수업처방모형은 학습 상황에만 적용되고 교육정책, 교육시설, 학교관리, 교육과정 운영 등의 평가에 적용될 수 없다는 단점이 있다.

단계	내용
제1단계	평 가 계 획 수 립(Designing the evaluation plan)
제2단계	평 가 목 표 진 술(Specifying objectives)
제3단계	평 가 목 표 선 정(Selecting the evaluation design)
제4단계	평 가 도 구 제 작Constructing instruments
제5단계	평 가 자 료 수 집(Collecting the information)
제6단계	평 가 결 과 분 석(Analyzing the information)
제7단계	평 가 결 과 보 고(Reporting the results)
제8단계	평 가 결 과 활 용(Utilizing the results)

[그림 7-2] 과학학습 평가의 절차

학교 현장에서 과학교사들이 실시하는 각종 평가는 평가의 내용과 목적이 달라도 평가절차에 공통점이 많다. 과학교육의 내용과 방법을 개발하고 집행하는 과정과 절차를 컴퓨터처럼 조직적으로 계획·운영하려고 하는 체제적 접근방법의 과학교육 모형에 입각하여 학교 현장에서 실시하고 있는 과학학습 평가활동에서 공통적이고 필수적인 부분만을 간추려 보면 과학교육평가의 절차는 (1) 평가계획 수립, (2) 평가목표 확인, (3) 평가설계 선정, (4) 평가도구 제작, (5) 평가자료 수집, (6) 평가결과 분석, (7) 평가결과 보고, (8) 평가결과 활용이라고 하는 여덟 단계로 구분될 수 있다[그림 7-2].

2) 작업단계

체제적 접근의 교육평가 모형에서 교육평가의 기본절차는 평가계획 수립, 평가목표 진술, 평가설계 선정, 평가도구 제작, 평가자료 수집, 평가결과 분석, 평가결과 보고, 평가결과 활용으로 나누어진다. 이들 여덟 단계에서 수행하는 작업은 컴퓨터가 입력된 정보를 처리, 출력하는 것과 똑같은 모양으로 일정한 순서에 따라 차례로 처리하도록 되어 있다. 이들 여덟 단계에서 수행하는 작업에 대한 기초적인 이해를 할 수 있도록 단계별로 주요 작업내용을 개괄적으로 간단히 설명하기로 하겠다.

실제로 평가활동을 수행할 때는 원칙적으로 평가계획을 수립해서 평가목표를 진술한 다음 평가설계를 선정하고 그 후에 평가도구를 제작해야 한다. 그러나 평가목표를 진술한 다음 그것을 기초로 하여 바로 평가도구를 제작하면 작업과정의 흐름이 훨씬 매끄럽다. 실제로 그렇게 해서 평가도구를 제작할 때가 많다. 그러나 평가설계를 어떻게 하느냐에 따라 2~3개의 평가도구를 만들어야 할 때가 있으므로 풍부한 경험이 없는 경우 평가설계를 하기 전에 평가도구를 제작하는 것은 위험하다. 따라서 여기서는 원칙대로 평가계획을 수립한 다음 평가목표를 진술하고 평가설계를 선정한 뒤에 평가도구를 제작하는 절차를 택하기로 한다.

가) 과학학습 평가계획 수립단계

평가목적에 따라 평가내용과 방법이 달라지기 때문에 평가의 목적 또는 필요성을 확인하고 학습목표 진술방식, 평가설계 선정, 평가도구 제작, 자료수집 절차, 결과분석 방법, 결과보고 형식, 결과활용 방안 등에 관해 탐색하고 검토한 것을 정리하여 평가계획을 수립하고 계획서를 작성하는 단계

나) 과학학습 평가목표 진술단계

평가목적을 결정하고 그것을 기초로 하여 실제로 평가활동이 이루어질 수 있도록 학습 또는 평가목표를 진술하는 여러 방식 중에 가장 적합한 진술방식을 선정하여 보다 구체적인 평가목표를 확인하고 진술한 다음 진술한 평가목표를 검토, 평가하고 평가목표의 이원분류표를 작성하는 단계

다) 과학학습 평가설계 선정단계

평가설계라 함은 자연과학에서 실험을 설계하는 것과 같이 평가를 통해 얻고자 하는 정보를 평가실시 목적에 맞게 수집, 분석, 비교할 구체적인 방안을 설계하는 것을 의미하며 실험 및 통제집단의 구성, 평가시기, 평가횟수, 평가결과의 비교기준 등을 설정하는 단계

라) 과학학습 평가도구 제작단계

평가목적과 내용에 비추어 여러 가지 많은 평가방법 또는 측정도구 중에서 어느 것을 이용하여 필요한 정보 및 자료를 수집할 것인가를 검토, 선정한 후 가장 적합한 평가도구를 선정 또는 제작하는 단계

마) 과학학습 평가자료 수집단계

시험을 실시하고 답안지를 회수하는 것을 평가자료의 수집작업이라 하기 때문에 평가자료 수집단계는 평가도구를 선택 또는 제작한 다음 필요한 인력, 시설, 예산, 시간을 확보하고 제반 여건을 점검, 개선해서 실질적으로 정보 또는 자료를 수집하는 단계

바) 과학학습 평가결과 분석단계

평가자료 수집단계에서 모은 자료 또는 정보를 정리하여 채점을 해서 평균과 표준편차, 석차 등을 구하는 일련의 작업을 평가결과의 분석이라 하며, 수집된 자료를 평가목적에 맞게 양적으로 또는 질적으로 분석하는 단계

사) 과학학습 평가결과 보고단계

교과담당 교사가 학급담임에게 채점표를 넘겨주고 학급담임은 교무주임, 교감, 교장에게 담당 학급의 성적일람표를 제출하여 결제를 받은 후 학생들에게 결과를 알려 주고 가정연락부 또는 통지표를 만들어 학부형에게 발송하듯이 평가결과를 분석하여 관계 인사에게 보고하고 그에 대한 반응을 체크하는 단계

아) 과학학습 평가결과 활용단계

성적일람표를 작성하고 통지표를 발송하면 교사의 임무가 끝나는 것이 아니고 평가결과를 토대로 수업방법을 개선하거나 학습동기를 유발하고 교정지도 및 진로지도를 해야 하듯이 평가결과를 평가목적에 맞게 다각적으로 활용하고 그 결과를 점검하는 단계

나. 과학학습 평가 틀

과학학습 평가에서는 과학수업을 통하여 학습된 학력을 측정하게 된다. 그러나 이 학력의 본질이 무엇이며 이 학력의 어떤 부분을 평가할 것인가를 밝히기 위해서는 과학 수업에 의해 개발하고자 하는 학력의 종합적 분류체계가 작성되어야 한다. 학력의 분류체계는 체제 접근적(system approach)교수학습 모형에서 달성해야 할 학습목표 작성의 틀로 개발되었으며, 이 학력 분류체계는 그대로 또는 다소 변경시켜 학습평가내용 선정의 준거인 평가틀로 이용되어 왔다. 행동주의적 수업모형에서 비롯되고 합리적 평가의 필요성 때문에 개발된 학습 평가틀은 학습목표와 평가내용을 연관시켜 주며 균형잡힌 평가를 가능하게 해 주었다. 이제부터 과학학습의 평가에 이용되고 있는 학습평가 중 블룸(Bloom)의 분류와 클로퍼(Kloper)의 과학교육의 분류체계에 따른 평가틀에 대하여 알아본다.

1) 과학학습 평가 틀의 개념

과학수업 설계는 첫 과학 교수학습에 의해 개발되어질 것으로 기대되는 학생의 과학학력을 학습목표로 작성하는 것이며, 이 학습 목표는 [그림 7-3]과 같이 학습 내용과 방법 선정의 지침이 되며 아울러 학습평가의 기반이 된다.

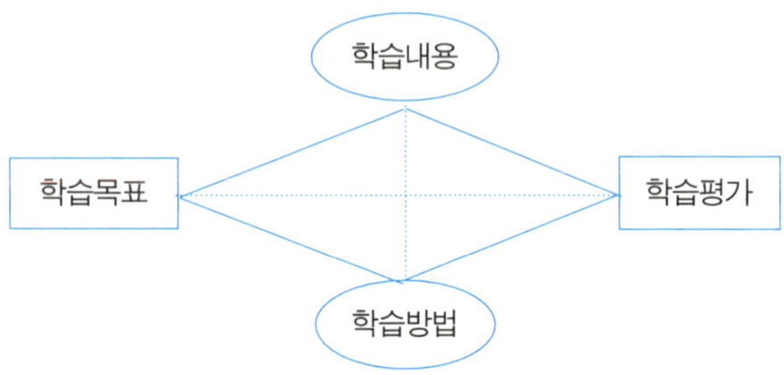

[그림 7-3] 과학 학습목표와 학습평가의 관계

과학 학습 평가의 준거가 되는 학습목표는 매우 다양하며 따라서 구체적인 학습목표의 작성에 앞서 이들 학습목표들을 범주화 해 줄 학습목표 분류체계의 개발이 요구된다. 학습목표 분류체계는 교수학습 성과의 본질을 밝혀주기 때문에 학습목표 분류틀이라 불리며, 이 목표 분류틀이 평가목표의 분류틀이라고 할 수 있다. 이 분류틀이 평가목표의 작성과 선정에 그대로 또는 다소 단순화 된 형태로 이용될 때 이를 평가목표 분류틀 또는 과학학습 평가틀(assessment framework)이라고 한다(이화국, 1985).

과학 학습 평가틀은 학습평가 목표의 분류체계로 이것의 작성에 몇 종류의 분류 기준을 이용하는가에 따라 일차원적 평가틀, 이차원적 평가틀 등이 구성된다. [그림 7-4]에는 우리나라 교육계에서 널리 이용되고 있고 평가틀이 나타나 있다. 보통 '이원 목적 분류표'라 불리는 이 평가틀은 '행동'(behaviour)과 '내용'(content)의 이 차원으로 평가목표의 분류 기준을 설정하고 있다. 이 중 행동차원은 학자에 따라 여러 형태의 범주를 제시하고 있으며 대표적인 행동차원의 범주화가 다음 절들에서 논의된다.

행동 / 내용					

[그림 7-4] 이원목적 분류표 형태의 과학 학습평가틀

한편 [그림 7-4]의 내용 차원은 몇 단계로 범주화할 수 있으며, 지구과학의 경우 교육과정에 나타나 있는 과목과 단원, 소단원, 장, 절 등이 분류영역으로 이용된다. 이차원적 평가틀에 따라 과학학습 평가목표를 분류할 경우 한 평가목표는 '행동'차원의 요소와 '내용'차원의 요소가 포함되게 된다. 만일 '행동'과 '내용'이외의 차원을 포함시키면 3차원 또는 4차원적 과학 학습 평가틀이 되며, 목표의 '달성도, 평가내용이 선정된 '맥락'(context) 등이 이러한 새로운 차원으로 제시될 수도 있다.

2) 블룸의 교육목표 분류학

교육의 성과를 구체적인 교육목표로 작성하여 이를 교수학습의 지도와 평가에 이용하는데 크게 기여한 사람들은 스펜서(Spencer), 타일러(Tyler), 블룸(Bloom) 등의 행동주의 심리학자들이다. 교육목표를 관찰과 측정이 가능한 행동목표(behavior objectives)로 작성하려는 행동주의 교육 심리학자들의 활동이 활발하게 전개되었으며, 블룸 등에 의해 개발된 교육목표 분류학(taxonomy of educational objectives)은 지금도 과학교육계에서 널리 이용되고 있는 행동주의 심리학의 유산이다.

블룸 등은 교육목표를 인지적(cognitive), 정의적(affective) 및 심체적(psychomotor)이라 불리는 세 개의 대 영역으로 구분하여 분류체계를 제시하였다.

이 세 영역 중 인지적 영역은 1956년에, 정의적인 영역은 1964년에 그 구체적 분류체계가 발표되었으나 심체 운동영역에 관한 분류체계는 발표되지 않았다.

블룸의 교육목표 분류체계 중 '감수', '반응', '가치화', '조직화', '가치 또는 가치복합에 의한 인격화'의 대범주로 구성된 정의적 영역의 분류체계는 과학 교육에 큰 영향을 끼치지 못했으나 위에서 제시한 바와 같이 인지적 영역의 분류체계는 그대로 '지식', '이해', '적용'의 세 범주로 단순화되어 과학교육 평가에 널리 이용되어 왔다.

여기서는 블룸(Bloom) 등의 교육목표 분류 체계 중의 인지적 영역을 내용에 대한 것으로 간주하고(보는 시각에 따라서는 반론의 여지가 있으나 통상적으로 인정하고 있음) 각각의 단계별로 지구과학 학습의 예를 들어보면 다음과 같다.

교육 목표 분류체계

1.00 지식 (knowledge)
- 1.10 특수 사상에 관한 지식 (knowledge of specific)
- 1.11 용어 에 관한 지식 (knowledge of terminology)
- 1.12 특수 사실에 관한 지식 (knowledge of specific facts)
- 1.20 특수 사상을 다루는 방법과 수단에 관한 지식 (knowledge of ways and means of dealing with specifics)
- 1.21 형식에 관한 지식 (knowledge of convention)
- 1.22 경향과 순서에 관한 지식 (knowledge of trends and sequence)
- 1.23 분류와 유목에 관한 지식 (knowledge of classifications and categories)
- 1.24 준거에 관한 지식 (knowledge of criteria)
- 1.25 방법론에 관한 지식 (knowledge of methodology)
- 1.30 보편적 및 추상적 사상에 관한 지식 (knowledge of the universals and abstractionsin field)
- 1.31 원리와 통칙에 관한 지식 (knowledge of principles and generalizations)
- 1.32 학설과 구조에 관한 지식 (knowledge of theories and structures)

2.00 이해력 (comprehension)
- 2.10 번역(translation)
- 2.20 해석(interpretation)

2.30 추론(extrapolation)

3.00 적용력(application)

4.00 분석력 (analysis)

4.10 요소의 분석력 (analysis of elements)

4.20 관계의 분석력 (analysis of relationships)

4.30 조직 원리의 분석력 (analysis of organizational principles)

5.00 종합력 (synthesis)

5.10 독특한 의사 전달 자료의 창조 (production of unique communication)

5.20 조작의 계획 및 절차의 방안(production of a plan, or proposed set of operations)

5.30 추상적 관계 의 도출 (derivation of a set of abstract relations)

6.00 평가력 (evaluation)

6.10 내적 증거에 의한 판단(judgement in terms of internal evidence)

6.20 외적 증거에 의한 판단(judgement in terms of external criteria)

각 영역에 대한 예

1.11 지구 내부의 층상 구조 중에서 지각 바로 밑에 있는 층은 무엇인가?

1.12 토양은 무엇으로 구성되어 있는가?

1.21 자석의 두 극을 통상적으로 무엇이라 부르며, 지구의 경우는 무엇이라 부르나?

1.22 마그마 결정 작용에서 보윈 불연속 반응 계열은?

1.23 다음 암석들을 화성암, 변성암, 퇴적암으로 분류하시오.

1.24 지구가 둥근 증거를 들어보시오.

1.25 지질학자들은 지각의 두께가 대략 30km이며, 서로 다른 성분의 층으로 이루어졌다는 사실을 무엇으로부터 알았는가?

1.31 보윈(Bowen)의 반응원리를 설명하시오.

1.32 슈테판-볼츠만(Stefan-Boltzman) 법칙을 설명하시오.

2.10 접촉변성작용이 무엇인지 설명해 보시오.

2.20 철수는 기온이 영하 15°C 이하인 어느 날 젖은 손으로 실외에 있는 쇠붙이를 만졌더니 손이 쇠붙이에 달라붙는 것을 관찰하였다. 그 이유를 설명하시오.

2.30 지구의 적도에서 자전하는 속도는 약 1600km/h이다. 만약 이 속도가 160km/h로 된다면 다음 중 옳은 것은?

① 적도에서의 중력이 다소 작아질 것이다.

② 밤과 낮의 길이가 더 길어질 것이다.

③ 계절이 더 길어질 것이다.

④ 비행기가 동쪽으로 더 빨리 날 수 있다.

3.00 물이 반쯤 채워져 있는 플라스크를 그 속에 있는 물이 펄펄 끓을 때까지 가열하였다. 알코올램프를 끄고, 플라스크 입구를 코르크 마개로 막은 후 플라스크 표면에 차가운 물을 부었다. 그랬더니 플라스크 안의 물이 다시 끓기 시작했다. 여기서 끓음을 멈춘 플라스크 안의 물이 다시 끓는 이유가 무엇인지 설명하시오(온도와 수증기압과의 관련 개념을 이용할 것).

4.10 화강암을 이루고 있는 조암 광물은 무엇인지 표를 보고 알아보시오.

4.20 화성암, 반심성암, 심성암은 암석의 조직이 어떻게 서로 다른가를 생성 깊이와 마그마의 냉각 속도와 관련지어 보시오.

4.30 지구과학과 생물학, 지구과학과 물리학의 관련성에 대해 조사하고, 몇 가지 공통적인 원리를 알아보시오.

5.10 지구과학 학습의 중요성을 설명하시오.

5.20 지구가 둥글다는 사실을 증명할 수 있는 한 가지 방법을 설명하시오.

5.30 지구-달-태양의 계에서 지구의 자전주기와 달의 공전주기가 같다면 달의 위상변화는 어떻게 될 것인가?

6.10 논리적으로 오류를 알아내기 위한 것으로서 학생들이 타당한 논리적 근거를 결정하게 하기 위해서, 다음을 판단해 보시오.

모든 현무암은 화성암이다. 모든 화강암은 화성암이다. 따라서 모든 현무암은 화강암이다.

6.20 여름보다 겨울이 더 추운 이유를 진술문과 A, B, C, D를 관련지어 보자.

A. 진술문이 결정적인 인과관계를 갖는다.

B. 진술문이 잘못되었다.

C. 진술문이 약간의 인과관계를 갖는다.

D. 진술문은 사실이나 그것이 결과를 야기하지는 않는다.

진술문 1. 지구는 태양으로부터 원일점에 있을 때는 근일점보다 4,800,000km나 더 멀리 있다.
진술문 2. 태양의 고도는 12월에 우리 고장에서 40° 보다 낮다.
진술문 3. 지구는 태양 주위를 공전할 때 궤도 운동 속도가 변한다.
진술문 4. 지구는 수직 축에서 23.5° 기울어져 있다.
진술문 5. 지구의 자전은 여름보다 겨울이 더 느리다.
진술문 6. 여름 보다 겨울이 낮의 길이가 짧다.

다음은 지구과학 수업의 기상 분야 단원에서의 평가 목표와 내용을 이원 목표 분류체계에 의해 제시한 예이다. 이와 같은 분류표는 평가 목표와 내용을 명세적으로 자세히 할 수 있다는 장점이 있고, 특히 교사의 의도에 따라서는 인지적 영역의 상위 기능의 비율을 확대할 수도 있고 탐구 기능을 강조할 수도 있다. 즉, 평가하고자 하는 내용과 목표에 따라 수정하여 사용할 수 있다.

〈표 7-1〉 지구과학 기상 단원의 이원목표분류의 예

<table>
<tr><th rowspan="3">내용</th><th colspan="6">목표</th><th rowspan="3">총
문항수</th></tr>
<tr><th colspan="2">지식</th><th>이해</th><th>해석</th><th colspan="2">탐구기능</th></tr>
<tr><th>기호와 용어에 관한 지식</th><th>특수 사실에 관한 지식</th><th>날씨에 영향을 주는 여러 기상 요소들의 이해</th><th>일기도 해석</th><th>관찰, 측정</th><th>일기도 그리기</th></tr>
<tr><td>기압</td><td>2</td><td>3</td><td>3</td><td>3</td><td rowspan="5">기상요소 관찰 및 측정</td><td rowspan="5">학생들이 그린 일기도를 교사가 평가</td><td>11</td></tr>
<tr><td>바람</td><td>4</td><td>2</td><td>8</td><td>2</td><td>16</td></tr>
<tr><td>기온</td><td>2</td><td>2</td><td>2</td><td>2</td><td>8</td></tr>
<tr><td>습도, 강수</td><td>2</td><td>1</td><td>2</td><td>5</td><td>10</td></tr>
<tr><td>구름</td><td>2</td><td>2</td><td>1</td><td>0</td><td>5</td></tr>
<tr><td>총 문항수</td><td>12</td><td>10</td><td>16</td><td>12</td><td></td><td></td><td>50</td></tr>
<tr><td>평가비율</td><td>12%</td><td>10%</td><td>16%</td><td>12%</td><td>25%</td><td>25%</td><td>100%</td></tr>
</table>

3) 클로퍼의 과학교육 목표 분류체계

클로퍼(Klopfer)의 과학교육 목표 분류체계는 블룸 분류학의 이론에 기반을 두고 있기 때문에 교육목표 분류체계 개발의 필요성, 목적, 방법 및 일반 원칙 등은 블룸 분류학과 견해를 같이 하고 있다. 클로퍼는 이와 같은 공통적 견해에 덧붙여 그의 분류체계에 대하여 다음과 같은 주장을 제시하였다(Klopfer, 1971).

① 이 분류체계는 과학 수업에서 추구하는 거의 모든 범위의 학생행동을 수용한다.
② 이 분류체계에서는 '과학적 탐구수행'과 관련된 학생 행동이 특히 강조되었다.
③ 이 분류체계에서는 과학교육에 특이하게 연관된 학생들의 행동, 즉 학생들의 실험 수행기능, 과학에 관한 태도, 과학의 본질에 관한 오리엔테이션(orientation) 등의 행동이 포함되어 있다.
④ 이 분류체계는 1970년대에 이용되었던 전통적 과학수업과 현대적 과학교육 프로그램의 목적들을 함께 포함한다.
⑤ 이 분류체계는 '행동'과 '내용'의 분류체계로 어떤 과학교육 프로그램 전체 또는 한 단원의 구조를 분석하는 데 이용될 수 있다.

1971년에 블룸 등이 편집한 'Hand Book on Formative and Summative Education of Student Learning'에 발표된 클로퍼의 분류체계는 '행동'과 '내용'의 이차원적 평가틀로 이 중 행동 차원은 [그림 7-5]와 같은 대범주들을 포함하고 있다.

클로퍼의 평가틀에서 블룸의 '정의적' 및 '심체적 영역'은 '태도와 흥미' 및 '수공적 실험기능'으로 바뀌었으며, 블룸의 '인지적 영역'은 '지식과 이해', '과학적 탐구 과정', '과학지식과 과학적 방법의 응용' 등으로 재편성 되었다. 이 중 '과학적 탐구 과정'은 클로퍼 분류체계의 핵심부분으로 다음과 같은 소범주로 구성되어 있다.

B.0. 관찰과 측정
C.0. 문제발견과 해결책의 인식
D.0. 자료의 해석과 일반화
E.0. 이론적 모델의 설정, 검증 및 개선

[그림 7-5] 클로퍼의 분류체계 중 행동차원의 대범주

클로퍼의 '과학적 탐구 과정'분류체계는 과학학습 평가틀로 이용됨과 동시에 1960년대부터 일반화되기 시작한 탐구적 과학교육에서 강조해 온 '과학적 탐구 과정'본질을 구조화한 이론적 모형의 하나로 널리 활용되어 왔다. 클로퍼는 이러한 과학적 탐구기능은 학생들의 탐구 활동에 의해 얻어지며, 책이나 강의 등에 의해 얻어 질 수 있는 지식과 다르다고 주장한다.

현대 과학교육에서는 과학지식, 과학적 탐구 능력, 태도 이외에도 과학의 본질, 구조, 기능을 다루는 메타과학(meta science) 또는 상위과학이 교과내용에 도입되고 있다. 클로퍼는 이러한 분야를 '오리엔테이션'(orientation)이라는 범주로 설정하고 이 범주에 다음과 같은 소 범주들을 포함시켰다.

I.0. 오리엔테이션
I.1. 여러 형태의 과학진술 사이의 관계 인지
I.2. 과학적 탐구의 제한과 영향의 인지.
I.3. 과학의 역사적 배경 인지
I.4. 과학과 공업 및 경제발전과의 관계 인지
I.5. 과학탐구 결과의 사회적 및 도덕적 함축의 인지

클로퍼는 이상의 행동차원의 범주 이외에도 과학교과 내용의 범주를 포함한 이차원적인 평가틀을 개발하였으나, 과학지식 내용의 범주화는 과학교육계에 별 영향을 끼치지 못했다. 또한 블룸과 마찬가지로 클로퍼도 지식의 행동차원을 다음과 같이 범주화하고 있으나 이 범주화의 준거, 이 범주와 탐구능력 범주와의 관계, 오리엔테이션 범주와 지식범주의 구별들이 논란의 대상이 되어왔다.

A.0. 지식과 이해
A.1. 특정 사실
A.2. 과학용어
A.3. 과학의 개념
A.4. 과학의 관례
A.5. 경향과 계열
A.6. 분류범주와 준거
A.7. 과학기술과 절차
A.8. 과학원리와 법칙
A.9. 이론과 주요 개념체계

3 과학 학습평가의 성취기준과 평가기준

과학학습 평가를 위하여 그 성취기준과 평가기준이 설정되어야 한다. 본 절에서는 교육부가 7차 교육과정을 근거로 국가수준에서 개발한 고등학교 '과학'의 과학성취기준과 평가기준을 설명하고 이를 기초로 작성한 평가문항

을 제시하고 그 내용에 대하여 알아본다. 이러한 자료는 학교의 여건에 따라 재구성하여 교수·학습 계획, 실천, 평가에 활용함으로써 교사들의 교과 교육 전문가로서의 전문성을 더욱 높일 수 있을 것이다.

가. 과학과의 내용

제 7차 과학과 교육과정의 '과학'은 지식영역을 에너지, 물질, 생명, 지구 등 네 분야로 나누고, 각 영역의 내용이 연계성을 가질 수 있도록 주제를 설정하였다. 교육과정에 단원명 대신 학습 주제명을 제시한 것도 제 7차 교육과정의 큰 특징이다. 과학의 탐구는 단원별로 탐구 요소를 명시하지 않고, 활동에 적절한 탐구를 할 수 있게 하였다.

한편 제 7차 교육과정에서의 내용 제시 방식은 영역별로 성취해야 할 목표를 문장 형태로 진술하고 있다. 이는 영역별로 내용 요소를 나열하던 제 6차 교육과정 형식의 문제점을 보완한 형태라 할 수 있다. 내용 요소만을 제시하는 방식은 다루어야 할 내용의 수준이나 학생의 성취 수준을 판단하기 어렵게 하기 때문이다.

과학과 교육과정 중 10학년은 '국민 공통 기본 교육과정'의 마지막 학년이므로, 대단원의 막을 내리면서 어떤 형식으로든지 각 분야별로 전체의 내용을 마무리할 필요가 있다는 점을 고려하여 과학과 교육과정을 개발하였다. 이 과정은 에너지, 물질, 생명, 지구 등 4개 분야에 '탐구'와 '환경'을 추가하여 총 20개의 주제를 다루고 있다. 또한 고등학교 과학에서는 각 단원에 심화 학습을 할 수 있는 소재 또는 주제를 제시하여 학생들의 학습 능력과 요구에 부응하는 교육 기회를 제공하고 동시에 교육의 수월성을 확보하여 자기 주도적 학습이 가능하도록 하였다.

나. 과학과의 평가 준거

과학과 교육과정에서는 과학의 교육목표 성취 정도를 판단하기 위하여 다음과 같이 평가하도록 하고 있다.

(가) '과학'에서는 과학의 기본 개념의 이해, 과학의 탐구 능력 및 과학적인 태도를 균형있게 평가하며, 특히 다음 사항에 주안점을 둔다.

(1) 기본 개념의 유기적이고 통합적인 이해도를 평가한다.

(2) 탐구 활동 수행 능력과 실생활 문제 해결에 적용하는 능력을 평가한다.

(3) 학습 과정에서 계속 탐구하려는 의욕, 상호 협동, 증거를 존중하는 태도 등을 평가한다.

(나) 평가는 지필 검사, 관찰, 보고서 검토, 실기 검사, 면담, 의견 조사 등의 다양한 평가 방법을 활용한다.

(다) 타당성과 신뢰성이 높은 평가를 하기 위하여 가급적 공동으로 평가 도구를 개발하여 활용한다.

(라) 평가는 설정된 기준에 근거하여 실시하고, 그 결과를 학습 지도의 계획 수립과 지도 방법 개선에 활용한다.

(마) 기본 과정을 중심으로 평가하고, 심화·보충 과정은 평가하지 않는다.

제시된 내용을 보면 (가)항은 평가 영역, (나)항은 평가 방법, (다)항은 평가 도구 개발, (라)와 (마)항은 평가 실시에 관련된 것임을 알 수 있다.

(가)항을 보면 '고등학교 과학'의 평가 영역은 인지적 영역(가-1항), 탐구 능력 영역(가-2항), 정의적 영역(가-3항)에 걸쳐 균형 있는 평가를 하여야 하는 것임을 알 수 있다. 즉 '고등학교 과학'의 목표에 비추어 이미 설정한 목표에 도달했는지를 세 영역에 걸쳐 평가하여야 함을 의미한다. (나)항을 보면 '고등학교 과학'의 평가는 다양한 방법을 동원하도록 하고 있음을 알 수 있다. 이것은 학습 내용에 따라 목표 도달 정도를 평가하는 데 각 방법의 적절성이 다르다는 것을 전제로 하고 있다고 보아야 한다. (다)항은 평가 도구 개발에 관련된 것이다. 여기에서 보면 평가 도구는 공동으로 제작할 것을 권장하고 있는데, 그렇게 해야 문항의 오류를 최소화시키고 타당도와 객관도를 향상시킬 수 있다. (라)항은 평가는 교육과정에 근거하여 실시하고 그 결과를 교수 학습 향상에 활용하도록 하여야 함을 제시한 것이다. 즉 평가에서 얻은 결과는 학생의 학습 효율 증진을 위해 적절히 활용되어야 하며, 이러한 목적을 충실히 이루려면 지도 계획 시에 평가까지 고려해야 할 것이다. (마)항은 기본 과정과 심화·보충 과정의 평가에 대한 내용이다. 과학과의 심화·보충 과정은 학교의 실정, 학생의 수준 등을 고려하여 선택적으로 학습하는 과정이므로, 모든 학생을 대상으로 심화·보충 과정을 평가하기는 어려울 것이다. 따라서 모든 학생을 대상으로 평가할 때는 기본 과정을 중심으로 평가하되, 심화·보충 과정에 대한 평가는 학교의 실정과 학생의 수준 등을 고려하여 다양한 방법(과학적 태도 평가, 수행평가 등)으로 평가할 수 있음을 의미한다.

다. 과학과 성취기준과 평가기준

고등학교 1학년 에너지, 물질, 생명, 지구, 탐구, 환경 등 6개영역에 대하여 지식, 탐구, 태도 3개 관점에서 성취기준과 평가 기준을 제시하였다. 또한 각 영역에 대하여 과학과 교육과정에 제시된 내용과 교과서 내용 분석을 통해 필수 학습 요소를 추출하고, 학생들이 도달해야 할 성취기준을 제시하였다.

성취기준 다음으로 학생들이 성취 수준을 판단할 수 있는 평가 기준을 제시하였으며 평가 기준은 성취기준에 근거하여 상/중/하 세 수준으로 제시하였다. 평가 기준의 '상' 수준은 고등학교 1학년 학생이 충실한 교수・학습 과정을 통해서 성취해야 할 것이라고 기대되는 수준이다. 또한 이에 도달하지 못한 정도에 따라 '중' 수준과 '하' 수준을 정하였다.

마지막으로 성취기준과 평가 기준에 맞추어 지구과학 단원을 중심으로 학생들의 실제 성취 정도를 알아낼 수 있는 평가 도구를 개발하였다. 각 평가 도구는 문항 형태, 필수 학습 요소, 성취기준 및 평가 기준, 문항, 채점 기준, 유의 사항, 평가 도구의 활용 방안 순으로 구성되어 있다.

[지구의 변동]

1) 필수 학습 요소

・판의 구조, ・맨틀 연약권의 대류, ・판의 이동, ・판의 경계(발산, 수렴, 보존 경계),
・판의 경계에서 나타나는 지질 구조, ・판의 이동에 의한 지각 변동(지진, 화산 활동)

2)성취기준과 평가기준, 예시문항 [논술형]

필수 학습 요소	판의 이동

성취 기준	평가 기준		
	상	중	하
K14-6 판의 경계인 발산 경계, 수렴 경계, 보존 경계의 의미를 알고, 판의 상대적인 이동방향에 따라 판의 경계를 구분할 수 있다.	판의 경계인 발산경계, 보존경계 수렴경계의 의미를 알고, 판의 상대적인 이동방향에 따라 판의 경계를 바르게 구분할 수 있다.	판의 경계인 발산 경계, 보존경계, 수렴경계의 의미를 알거나, 판의 상대적 이동방향에 따라 판의 경계를 구분할 수 있으나 미흡하다.	판의 경계인 발산경계, 보존 경계, 수렴 경계의 의미를 알지 못하고, 판의 상대적인 이동 방향에 따라 판의 경계를 구분할 수 없다.

아름다운 관광지로 유명한 하와이는 북태평양의 동쪽에 있는 하와이 제도(별칭 샌드위치제도)로 구성된다. 미국의 50개 주 가운데 가장 남쪽에 위치하며 하와이섬 남단의 사우스케이프는 북위 19°에 위치한다. 하와이 제도는 니하우 · 카우아이 · 오아후 · 몰로카이 · 라나이 · 마우이 · 카호올라웨 · 하와이 등 8개 섬과 100개가 넘는 작은 섬들이 북서쪽에서 남동쪽으로 완만한 호(弧)를 그리면서 600km에 걸쳐 이어져 있다. 최대의 섬은 하와이섬이며 주민의 대부분은 오아후섬에 살고 있다. 모든 섬은 화산섬이고 대체로 남동쪽으로 갈수록 화산 형성의 시기가 늦다. 남동쪽의 하와이섬에는 활화산인 마우나로아(4,171m)와 킬라우에아(1,222m) 화산이 있고, 북서쪽의 카우아이섬의 카와이키니 화산은 침식이 많이 진행되어 와이메아캐니언 등의 대(大)협곡이 있다. 아래 그림에 활화산인 킬라우에아 화산이 표시되어 있다.

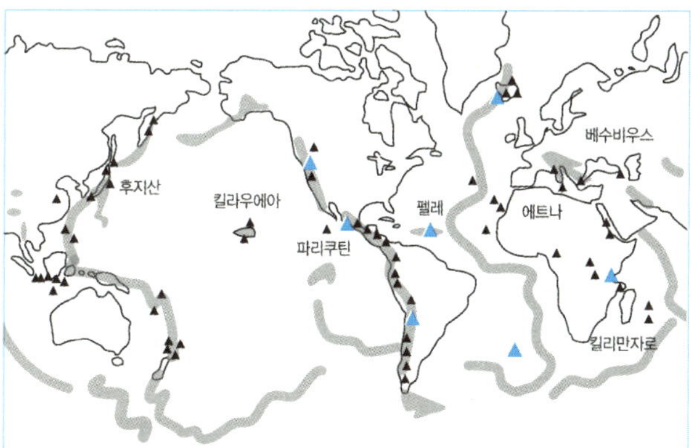

▲ 대규모 화산 ▲ 소규모 화산 ● 지진대

과학자들은 하와이 제도가 아주 천천히 우리나라를 향해 움직이고 있으며 아주 먼 미래에는 미국 보다 우리나라에 훨씬 더 가까워 질 것이라고 예상하고 있다.

하와이는 화산 활동이 활발한 지역이므로 판의 경계와 가까이 위치해 있음을 알 수 있다. 하와이가 우리나라를 향해 움직이고 있다는 사실을 이용하여 하와이가 위치한 지역은 판의 경계 중 어느 경계에 해당하는지 쓰고, 그렇게 생각한 이유를 설명하시오.

또한 하와이가 우리나라와 가까워지면서 일어날 수 있는 여러 현상에 대해 서술하시오. (800자 이내)

채점 기준			
평가 관점	상(2점)	중(1점)	하(0점)
판의 경계를 바르게 쓰고 그렇게 생각한 이유를 바르게 서술하였는가?			
하와이 제도가 이동하면서 나타날 수 있는 현상을 창의적으로 생각하여 서술하였는가?			

◉ 유의 사항

1. 판의 분포와 이동 방향을 나타내는 그림을 첨부하여 출제하면 학생들이 더 쉽게 문제를 해결할 수 있다.
2. 본문의 내용 중, '남서쪽으로 갈수록 화산 형성의 시기가 늦다', '북서쪽의 카우아이섬의 카와이키니 화산은 침식이 많이 진행되어 와이메아캐니언 등의 대(大)협곡이 있다' 등은 7차 교육과정에서 다루지 않는 열점에 대한 내용이므로 문제를 해결할 수 있도록 다른 내용을 첨부하여 주어도 좋다.

◈ 평가 도구의 활용

1. 모둠 별 과제로 부과할 수 있다.
2. 모둠 별 과제로 부과할 경우 아래의 활동 내용을 포함하면 효과적이다.
   - 활동 내용
     활동 전 예비 모임을 갖고 계획서를 제출하도록 한다.
     역할 분담이나 토론 과정 등의 활동을 기록한 활동 일지를 제출한다.

[대기와 해양]

1) 필수 학습 요소

・일기도 작성, ・일기도 해석 ・저기압, 고기압과 날씨, ・온대 저기압의 특징, ・전선의 종류와 특징, ・일기도를 이용한 날씨의 예상, ・우리나라에 영향을 주는 기단, ・우리나라 계절 별 기후의 특징, ・일기 예보와 그 이용, ・해저 지형의 종류 및 특징, ・우리나라 주변의 해저 지형, ・수온의 연직 분포, ・해수의 염분, ・우리나라 주변 해수의 특징, ・주변 해류가 우리나라에 미치는 영향, ・온도차에 의한 밀도류

2) 성취기준과 평가기준, 예시평가도구 [서술형]

필수 학습 요소	일기도를 이용한 날씨의 예상

성취 기준	평가 기준		
	상	중	하
일기도에 표시된 기호의 의미를 알고, 완성된 일기도를 보고 날씨를 해석할 수 있다.	일기도에 표시된 기호의 의미를 알고 완성일기도를 보고 날씨를 바르게 해석할 수 있다.	일기도에 표시된 기호의 의미를 알고, 완성된 일기도를 보고 날씨를 해석 할 수 있으나 미흡하다.	일기도에 표시된 기호의 의미를 알지 못하고, 완성된 일기도를 보고 날씨를 해석할 수 없다.

어느 일요일, 강원도에 살고 있는 경아의 아버지는 지난밤에 내린 부슬비로 차가 지저분해진 것을 보고 세차하기 위해 나가고 있었다. 그 때 신문의 오늘의 일기도를 보던 경아가 달려 나왔다.

"아빠, 이 일기도 좀 보세요. 지금 세차하지 않는 것이 좋겠어요."

"그래? 어디 일기도 좀 보자. 음.....그렇군, 나중에 해야겠구나"

그 날 신문에 실린 일기도는 다음과 같다.

〈오늘의 일기도〉

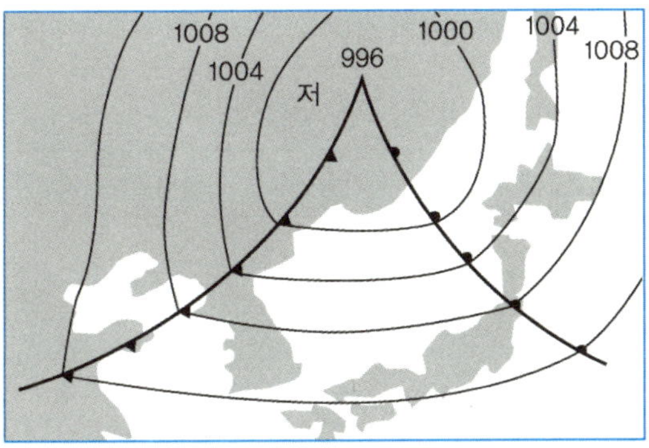

경아네가 나중에 세차해야겠다고 생각한 이유가 무엇인지 전선과 관련지어 설명하시오.

채점 기준	
점수	서술 내용
2점	① 앞으로 한랭 전선이 지나갈 것이다. ② 소나기가 내릴 것이다.
1점	①번과 ②번 중 하나만 서술한 경우
0점	①번과 ②번 모두 틀린 경우

◉ 유의 사항

1. 정답과 정답 이외의 경우를 함께 서술한 경우 교사가 판단하여 채점할 수 있다.
2. 눈이 내릴 것이기 때문에, 추워져서 세차한 후 얼 수 있기 때문에 등 한랭 전선이 지나가면서 나타날 수 있는 날씨 변화를 서술했을 경우 계절 별 기후를 고려하여 교사가 판단하여 점수를 줄 수 있다.

◈ 평가 도구의 활용

우리 생활에서 일기와 관련 있는 다양한 상황을 주어 질문할 수 있다.

[태양계와 은하]

1)필수 학습 요소

・태양계의 구성 천체와 그 특징, ・행성들의 특징, ・내행성, ・외행성, ・행성의 관측 위치와 시각 , ・지구형 행성, ・목성형 행성 ・태양의 구조(태양의 내부, 광구, 대기) ・태양 광구의 특징(흑점, 쌀알 무늬) ・태양 대기의 특징(채층, 홍염, 코로나) ・태양 활동이 지구에 미치는 영향 ・별의 밝기와 등급 ・별의 색과 온도 ・은하의 종류(나선 은하, 타원 은하, 불규칙 은하) ・우리은하의 형태 ・우리은하의 구성원(성단, 성운, 성간 물질)

2) 성취기준과 평가기준, 예시평가도구[서술형]

필수 학습 요소	내행성 , 행성의 관측 위치와 시각

성취 기준	평가 기준		
	상	중	하
P16-3 내행성의 공전 궤도 그림을 해석하여 공전 궤도상의 위치로부터 내행성의 관측 위치와 시각을 예측할 수 있다.	내행성의 공전궤도 자료를 해석하여 공전궤도상의 각 위치에서의 내행성 관측 위치와 시각을 모두 예측할 수 있다.	내행성의 공전 궤도 자료를 해석하여 공전 궤도상의 각 위치에서의 내행성의 관측 위치와 시각을 일부만 예측할 수 있다.	내행성의 공전 궤도 자료를 해석하여 공전 궤도상의 각 위치에서의 내행성의 관측 위치와 시각을 예측할 수 없다.

아래 그림은 금성의 공전 궤도를 나타낸 그림이다. 금성이 A와 C의 위치에 있을 때 지구에서 관측되는 금성 모양을 그리고 관측되는 하늘의 위치 및 관측 가능한 시간을 기술하시오.

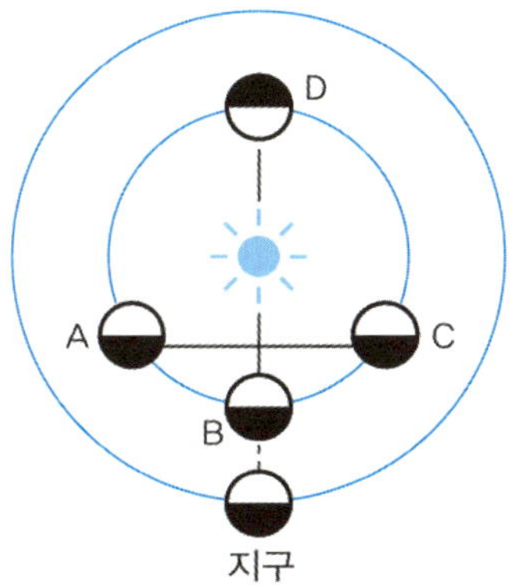

금성의 위치	관측되는 금성의 모양	금성이 관측되는 하늘 위치	금성이 관측 가능한 시간
A			
C			

채점 기준	
점수	서술 내용
2점	금성의 공전 궤도상의 위치에서의, A의 ① 모양 ② 관측 하늘 ③ 관측 시각, C의 ④ 모양 ⑤ 관측 하늘 ⑥ 관측 시각을 모두 바르게 서술한 경우
1점	① ~ ⑥ 중 3개 이상 바르게 서술한 경우
0점	① ~ ⑥ 중 2개 이하 바르게 서술한 경우

◉ 유의 사항

1. A와 C의 위치가 각각 금성의 서방 최대 이각, 동방 최대 이각임을 주지시킴으로써 A와 C의 위치를 명확히 제시한다.
2. A의 관측 시각을 초저녁이나 해질 무렵, C의 관측 시각을 새벽이나 해뜨기 전으로 서술할 때 바른 서술로 간주한다.

◈ 평가 도구의 활용

1. 내행성(수성, 금성)의 공전 궤도의 B, C, D 각 위치에서의 행성의 모양, 관측하늘, 관측 시각에 관한 질문으로 대체할 수 있다.
2. 내행성이 관측되는 모양을 그림이나 사진 자료로 제시하여 각 내행성의 위치와 연결 짓는 문항으로 대체할 수 있다.
3. 외행성의 공전 궤도를 활용하여 본 문제를 개발할 수 있다.

아래 그림은 외행성의 공전궤도를 나타낸 것이다.

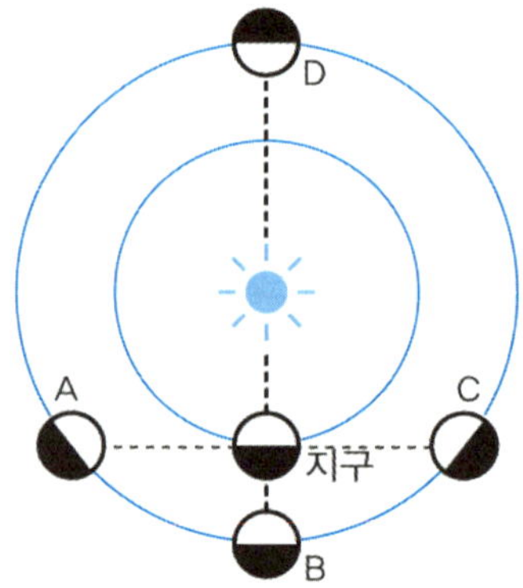

4. 행성의 공전 궤도에서의 A, B, C, D 각 위치에서 관측되는 모양과 크기를 비교하는 문제로 개발할 수 있다. 단, 이때 교사는 A, B, C, D 각 위치에서 관측되는 상대적인 모양과 크기로 그리도록 유도한다. 또한 외행성은 지구로부터 멀어서 행성의 모양이 잘 관측되기 어려우므로 위치와 시각에 국한하여 질문하는 것이 좋다.

[온실효과]

1) 필수 학습 요소

• 온실효과의 과정, • 온실효과를 일으키는 기체(온실 기체), • 온실 기체의 생성 요인, • 지구 온난화의 뜻과 원인, • 지구 온난화에 의한 환경 변화, 지구 온난화를 줄이기 위한 대책

2) 성취기준과 평가기준, 예시평가도구 [서술형]

필수 학습 요소	온실 기체의 생성 요인

성취 기준	평가 기준		
	상	중	하
온실 기체의 생성 요인을 진술 할 수 있다.	온실 기체의 생성 요인을 바르게 진술할 수 있다.	온실기체의 생성 요인을 진술하나 미흡하다.	온실 기체 생성 요인을 진술할 수 없다.
온실 기체의 배출을 나타낸 자료를 통하여 온실 기체의 생성 과정을 추론할 수 있다.	온실 기체의 배출을 나타낸 자료를 통하여 온실 기체의 생성 과정을 바르게 추론할 수 있다.	온실기체 배출을 나타낸 자료를 통하여 온실기체의 생성과정 중 일부만 추론할 수 있다.	온실 기체의 배출을 나타낸 자료를 통하여 온실 기체의 생성 과정을 추론할 수 없다.

최근 환경 분야의 최대 이슈가 되고 있는 것은 '지구 온난화'이다. 지구 온난화는 온실효과의 증대로 지구의 기온이 점차로 상승하는 현상을 말한다. 지구 온난화는 근래에 자주 발생하는 기상 이변이나, 빙하가 녹아 발생하는 해수면의 상승, 육지가 메마르는 사막화 현상 등 환경 변화의 원인이 되고 있다. 다음 그림은 온실효과를 발생시키는 온실 기체가 대기 중으로 배출되는 과정을 나타낸 것이다. 다음 그림을 참고로 하여, 온실 기체의 종류에 따른 생성 요인을 적어 보시오.

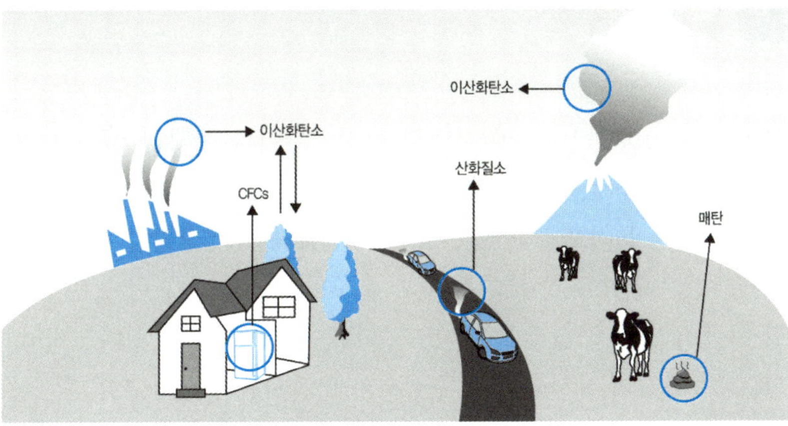

채점 기준	
점수	서술 내용
2점	① 이산화탄소-화석 연료의 연소, 화산 폭발, 식물의 광합성 작용 등 ② 산화질소-자동차의 배기가스, 화석 연료의 연소 등 ③ 메탄-동식물의 유해, 가축의 배설물 등 ④ CFCs-냉매(냉장고, 에어컨), 세척제(절연체, 반도체), 스프레이 제품 등
1점	① ~ ④중에서 2, 3가지만 바르게 답한 경우
0점	① ~ ④중에서 1가지 이하만 바르게 답한 경우

◉ 유의 사항

1. ① ~ ④의 각 항목에 대하여, 학생 수준에 맞추어 교사가 판단하여 '예'의 개수를 정하고 점수를 부여할 수 있다.
2. ① ~ ④의 각 항목에 대하여 모두 바르게 진술하였으나 틀린 것이 1-2개 포함된 경우는 교사가 판단하여 감점할 수 있다.
3. 모둠을 구성하여 그림을 통하여 온실 기체의 생성에 관련된 토론 수업을

진행하고 온실 기체를 줄이기 위한 방안을 모색하도록 유도할 수 있다.

◈ 평가 도구의 활용

「온실효과의 증대에 영향을 주는 인간의 활동은 무엇이 있는지 적어보고, 이러한 현상을 줄일 수 있는 방안을 제시해 보시오」등의 논술형 문항으로 대체하여 활용할 수 있다.

4 과학 수행평가

수행평가는 1980년대 들어서면서 선진국들이 이상적인 미래 주역을 양성하는 목적에서 시작된 교육 개혁 운동의 일환으로서 개인의 개별적 특성을 최대한 발현시킬 목적으로 구상된 신교육체제의 평가개념이다. 수행평가의 실시는 결과만을 강조하기 보다는 결과에 도달하는 과정을 함께 강조하여 실제 상황 하에서 지식을 활용할 수 있도록 하는데 그 목적이 있다. 우리나라에서는 7차 교육과정의 실시와 함께 수행평가의 실시를 강조하고 있다.

특히 과학교육에서 학습자의 탐구 과정과 능력의 평가를 위하여 매우 중요한 평가 방식이라고 할 수 있다. 여기서는 수행평가의 개념과 필요성 및 특징, 수행평가의 종류, 과학수행평가의 과제개발 및 실제에 대하여 알아본다.

가. 수행평가(Performance Assessment)의 개념

1) 수행평가의 정의

수행평가에 대한 정의는 학자들에 따라 여러 가지로 제시되고 있어 한 문장으로 정리하기는 어려우나 여러 가지 주장들에 대하여 알아보면 다음과 같다.

> "새로운 문제나 특정의 과제를 해결하는 능력을 측정하기 위한 체계적 시도로서 실제 또는 모의 상황에서 피 평가자들이 나타내 보이는 반응들을 전문가인 평가자가 직접 관찰하고 판단함으로써 이루어지는 평가 방식"(Stiggins and Bridgeford, 1982).

"피평가자들이 특정의 산출물을 만들어 내거나 구체적인 활동을 수행하게 함으로써 자신들의 능력을 직접적으로 나타내 보일 것을 강조하는 평가방식" (Haertel, 1992).

"피평가자의 반응을 평가하는 과정에서 평가자의 관찰과 전문적인 판단을 특히 중시하는 평가 방식"(Mehrens, 1992).

"학생들이 해답을 구하거나 무엇을 만들어냄으로써 능력이나 지식을 드러내 보이도록 요구하는 여러 가지 종류의 검사방법들을 통틀어 표현하는 평가방식"라고 정의한다(한국교육학회 교육평가 연구회, 1994).

위의 정의를 종합하여 과학 수행평가를 간략하게 정의한다면 수행평가란 "학생이 단순히 답을 선택하는 것이 아니라, 스스로 답을 구성하거나, 산출물이나 작품을 만들어 내거나 태도나 가치관을 행동으로 드러냄으로써 평가자가 학습자의 학습과제 수행과정과 결과를 직접 관찰하여 관찰 결과를 전문적으로 판단하는 평가방식이다"라고 할 수 있다. 수행평가를 좀 더 구체적으로 정의하면 "선택형 검사 이외의 다른 모든 방법으로 평가하는 방식"이라고 할 수도 있다.

수행평가의 의미를 보다 종합적으로 이해하기 위하여 몇 가지 중요한 측면에서 기존의 평가 방식과 어떻게 상이한지를 요약해 보면 아래 <표 7-2>와 같다.

〈표 7-2〉기존평가방식과 수행평가방식의 비교

구 분	전통적 평가체제(사지선택형)	새로운 평가체제(수행평가)	비고
진 리 관	절대주의적인 진리관	상대주의적인 진리관	
철학적인 근거	합리론, 경험론 등	구성주의, 현상학, 해석학 인류학 등	
시대적 상황	산업화 시대 소품종 대량 생산	정보화 시대 다품종 소량 생산	
학 습 관	직선적 · 위계적 · 연속적 과정 추상적 · 객관적 상황 중시 학습자의 기억 · 재생산 중시	인지구조의 계속적 변화 구체적 · 주관적 상황 중시 학습자의 이해 · 성장 중시	
평가체제	상대평가, 양적평가	절대평가, 질적평가	
평가목적	선발 · 분류 · 배치, 한 줄 세우기	지도 · 조언 · 개선,여러줄 세우기	
평가내용	명제적 지식 (내용적 지식) 학습의 결과 중시	절차적 지식 (방법적 지식) 학습의 과정 중시	

구 분	전통적 평가체제(사지선택형)	새로운 평가체제(수행평가)	비고
	학문적 지능의 구성요소	실천적 지능의 구성요소	
평가방법	선택형 평가 위주, 표준화 검사 중시, 대규모 평가 중시 일회적 · 부분적인 평가 객관성 · 일관성 · 공정성 강조	관찰자 판단 위주, 교사에 의한 평가 중시, 소규모 평가 중시, 지속적 · 종합적인 평가 전문성 · 타당도 · 적합성 강조	
평가시기	학습활동이 종료되는 시점 교수 · 학습과 평가활동 분리	학습활동의 모든 과정 교수 · 학습과 평가활동 통합	
교사의 역할	지식의 전달자	학습의 안내자 · 촉진자	
학생의 역할	수동적인 학습자 지식의 재생산자	능동적인 학습자 지식의 창조자	
교과서의 역할	교수 · 학습 · 평가의 핵심 내용	교수 · 학습 · 평가의 보조 자료	
교수 · 학습 활동	교사 중심, 인지적 영역 중심 암기위주, 기본학습능력 강조	학생 중심, 지 · 정 · 체 모두 강조, 탐구위주, 창의성 등 고등 사고기능 강조	

2) 수행평가와 유사용어의 비교

최근에 강조되고 있는 수행평가 관련 용어에는 여러 가지 용어가 사용되고 있다. 수행평가와 유사한 용어들을 살펴보면 다음 <표 7-3>과 같다(백순근, 1995).

〈표 7-3〉 수행평가와 유사한 용어

유사용어	주요특성
대안적 평가 (alternative assesment)	• 한 시대의 주류를 이루는 평가 체제와 성질을 달리하는 평가체제 • 선택형 문항을 사용하는 표준화된 검사의 대안적인 평가(선택형이 아닌 서술형,논술형_) • 대학수학능력시험과 같은 1회성 시험에 대한 대안적인 평가(표준화된 1회성 검사보다 지속적이면서도 종합적인 내신 성적 강조) • 결과중심의 평가에 대한 대안적인 평가(결과뿐만 아니라 과정도 중시) • 수행평가는 대안적인 평가의 한 사례임
실제상황에서의 평가 (authentic assesment)	• 평가상황이나 내용이 가능한 실제상황이나 내용과 유사해야 함을 강조 • 도덕 성적이 높은 것과 도덕성이 높은 것은 별개라는 입장과 유사 • 참평가, 진정한 평가(true assessment)라고도 함
직접적 평가	• 간접적인 평가 방법보다는 직접적인 평가 방법을 중시

유사용어	주요특성
(direct assessment)	• 정답을 선택할 수 있는 것보다 정답을 서술하거나 구성할 수 있는 것 중시 • 도덕성을 지필식이나 구두시험보다는 학생의 행동을 직접 보고 평가하는 것 • 수행평가는 가능한 직접적인 성격을 충분히 포함하려고 함
실기시험 (performance-based test)	• 지필식 시험보다 실기시험 중시 • 단순히 아는 것보다 실제로 할 줄 아는 것이 중요함을 강조 • 실기평가는 수행평가의 한 유형임
포트폴리오 평가 (portfolio assesment)	• 시험이 아니라 학생이 쓰거나 만든 작품집, 서류철 등을 이용한 평가 • 결과가 나오게 되는 과정 및 변화에 대한 평가를 중시함 • 성취도 자체도 중요하지만 학생의 노력이나 향상도 중요 • 1회적이고 단절적 평가가 아니라 지속적이면서도 통합적인 평가 중시 • 수행평가의 대표적인 한 유형임
과정평가 (process assesment)	• 학습의 결과가 아니라 학습의 과정을 평가의 주요 대상으로 설정하는 평가 • 과정평가는 수행평가가 강조하는 중요한 측면 중의 하나임

나. 수행평가의 필요성

수행평가는 교과별로 평소 수업과 과제를 통하여 학습 참여도, 과제해결 능력, 학습 성취도 등을 수시로 평가하여 성적에 반영하는 제도를 말한다. 이는 단순히 필기시험을 통해 산출되는 점수를 성적에 반영하는 현행 평가 방식과 달리 학교 수업 전반을 종합적으로 관찰하여 성적을 산출하는 것이다. 예를 들면, 진자의 주기 측정에서 측정한 주기 값을 평가하는 것이 아니라 실험 과정을 관찰함으로써 실제의 수행 능력을 평가하는 방식이나. 이를 잘 활용하면 평가가 연중 상시적으로 이루어질 수 있어 그 만큼 학습 평가에 대한 신뢰를 높일 수 있을 것으로 기대된다. 또한, 논술에 대한 수행평가가 제대로 이루어진다면 대학에서 별도의 논술 시험을 치르는 번거로움을 덜 수 있을 것이다.

수행평가에는 사고 능력을 측정하는 서술형 검사, 나름의 생각과 주장을 평가하는 논술형 검사, 의견 발표능력을 보는 구술시험, 실험 · 실습과정을 관찰하는 실험 · 실습법, 평가자와 학생 간의 면접법 등이 있다. 또한, 실기 능력을 평가하는 실기시험, 관찰법, 과제를 부여한 뒤 결과를 보는 연구 보고서 평가, 변화와 발달 과정을 종합적으로 평가하는 포트폴리오 등이 있다.

수행평가의 공정성과 신뢰성을 높이기 위해서는 우선 교사들이 연수를 통하여 수행평가 방법을 정확히 이해하도록 하는 것이 중요하다. 또한, 교과별, 단원별 평가 목표와 내용, 수준, 방법 등을 사전에 학생들에게 인식시킨 후 학생들이 사전 준비를 할 수 있도록 해야 한다. 수행평가 자료는 개별 학교나 교사가 자체적으로 개발하여 사용할 수도 있고, 이미 개발된 자료를 활용하여도 된다.

이러한 새로운 평가가 필요한 이유는 첫째, 현행 시험은 부적절하다. 우리가 평가에 대한 접근을 확장해 나가고 전통적인 시험에 대한 대안을 살펴보는 이유는 이러한 시험들이 우리가 정말 알고 싶거나 원하는 것을 적절히 밝혀주지 못하기 때문이다. 우선 전반적으로 이용할 수 있는 시험은 적합 하지 않다. 대부분 내용이 빈약하게 구성되어 있으며, 과학 분야나 교육 분야의 전문가들은 물론이고 심리학 분야의 전문가들에게 높이 평가받지 못하고 있다. 시험이 잘 구성되어 있고, 심사숙고해서 채점을 하더라도 여전히 부적절하다. 몇 개의 주어진 답지 중에서 하나를 고르게 하거나 빈칸을 채워 넣도록 하는 형식은 학생들로부터 과학을 학습한 것에 관해 우리가 알고자 하는 것 중의 일부만을 측정하는 것에 지나지 않기 때문이다.

둘째, 과학교육과정이 달라지고 있다. 우리가 과학 학습 평가에 대해서 다시 한 번 생각해 보아야 하는 이유는 과학교육과정의 내용이 변해왔기 때문이다. 우리는 이미 지난 10년 동안 과학교육의 엄청난 발전을 경험했다. 보다 많은 과학의 내용뿐만 아니라, 질적으로 달라진 과학을 가르치고 있다. 앞으로 과학에서 중요한 점은 '조작적 활동(hands-on)'과 '사고활동(minds-on)'간의 조화이다. 새로운 많은 과학프로그램에서 강조하는 것은 과학 활동이 진행되는 동안 어린이들이 과학의 내용을 배우는 것보다 과학을 하는데 활발하게 참여하도록 하는 것이다. 또한, 과학을 가르치고자 하는 동기가 확장되었다. 우리는 학생들이 내용을 학습하는 일뿐만 아니라 과학적으로 생각하거나 과학자들처럼 행동하며 과학에 대해서 긍정적으로 느껴주기를 기대한다. 현대의 폭 넓은 과학 교육 프로그램에 대한 시험이 모든 요소를 평가하는데 충분한 것이 아니다. 즉, 좀 더 포괄적인 접근이 필요하다. <표 7-4>는 과학교육의 목적과 전통적인 시험에서 추구할 수 있는 평가의 관계를 살펴본 것이다.

〈표 7-4〉 전통적인 시험을 통해 측정할 수 있는 과학교육의 요소

과학교육에서 중시하는 요소	선다형 지필검사를 통한 평가 가능성
사실	용이하다
개념	용이하지만 어렵다
기능/과정 일반적 : "과학적인 방법" 상세한(spectific) : 측정, 관찰 등	매우 어렵거나 불가능하다.
태도 과학자가 되는 것, 과학을 하는 것	거의 불가능하다 불가능하다

셋째, 학습에 대한 새로운 이론들이 제시되었기 때문이다. 구성주의는 학생들이 학습 활동을 통하여 탐색하고, 적극적으로 참여함으로써 스스로 의미를 구성한다고 주장한다. 또한, 구성한 의미의 중요성을 스스로 평가하고, 집단 활동, 집단 토의, 집단 반성 등을 통하여 사회적 타협이나 합의가 학습에서 중요한 부분임이 밝혀지고 있다. 평가자에 의해 결정된 문항에 응답하도록 하는 시험지나 선다형 문항에 정답이나 단어를 기술하도록 유도하는 것은 구성주의와 협동학습에서 요구하는 학습을 바르게 평가할 수 없다.

이러한 평가는 포트폴리오 평가(portpolo assessment), 수행평가(performance assess-ment), 진정한 평가(authentic assessment), 능동적 평가(active assessment) 등의 새로운 용어로 제시되고 있다. 새로운 형태의 평가에 대하여 점차 관심을 갖는 것은 우리가 학생들을 평가하는 방법에 있어서 새로운 방법이 필요하며 전통적인 평가를 넘어서는 어떠한 움직임이 있어야 한다는 명백한 증거가 된다.

다. 수행평가의 특징

수행평가에서는 학생이 답을 선택하거나 지식을 암기하는 것이 아니라, 학생이 답안을 작성하거나 행동으로 나타내는 것을 통해 지식이나 기능을 직접적으로 측정 · 평가하고자한다. 기존의 평가방식과 비교하여 수행평가의 일반적 특징은 다음과 같다(백순근, 1995).

첫째, 수행평가는 학생이 문제의 정답을 선택하게 하는 것이 아니라, 자기

스스로 정답을 작성(구성)하거나 행동으로 나타내도록 하는 평가방식이다. 한 가지 정답만으로 선택하게 하는 평가 방법으로는 학생이 그 반응을 선택하게 되는 인지과정이나 문제 해결 과정을 파악하기 어렵다. 경우에 따라서는 자기의 의사와 상관없이 우연히 정답을 선택하는 경우도 있을 것이다. 그러나 자신이 옳다고 생각하는 답을 직접 작성(또는 수행)하게 되면 학생의 인지적 구조나 문제해결과정을 비교적 쉽게 파악할 수 있게 된다.

둘째, 수행평가는 추구하고자 하는 교육목표를 가능한 실제 상황 하에서 달성했는지 여부를 파악하고자 한다. 즉 추상적인 상황 하에서 정답을 선택하게 하여 평가하기 보다는 실제적인 상황에서 직접 관찰할 수 있는 방식으로 평가하고자 하는 것이다.

셋째, 수행평가는 교육의 결과(product)뿐만 아니라 교육의 과정(process)도 함께 중시하는 평가방식이다. 급변하는 현대 사회 속에서 과거의 지식이나 가치관을 그대로 암기하거나 무조건 믿는 것보다는 학습하는 방법을 학습하는 것도 대단히 중요하다. 따라서 수행평가에서는 명명적 지식{declarative knowledge:무엇에 대해 아는 것(knowing what)}의 습득 수준 뿐만 아니라 절차적 지식{procedural knowledge:어떻게 하는지 아는 것(knowing how)}의 습득 수준을 파악하는 것이 매우 중시되고 있다.

넷째, 수행평가는 단편적인 영역에 대해 일회적으로 평가하기 보다는 학생 개개인의 변화·발달과정을 종합적으로 평가하기 위해 전체적이면서도 지속적으로 이루어지는 것을 강조하는 방식이다.

다섯째, 수행평가는 개개인을 단위로 해서 평가하기도 하지만 집단에 대한 평가도 중시한다. 즉 하나의 연구과제에 대해 팀이 공동으로 그 과제를 해결하도록 하고 팀을 단위로 평가하는 것이다. 아울러 개인이나 집단을 평가할 때, 다른 사람이나 다른 집단과 비교해서 평가하는 것(상대평가)이 아니라 객관적인 평가 준거에 근거하여 평가(절대평가)하는 형태를 취하게 된다. 따라서 수행평가는 학생 상호간의 지나친 경쟁을 유도하는 것이 아니라 학생 상호간의 협력을 유도하게 된다.

여섯째, 수행평가는 학생의 학습과정을 진단하고 개별 학습을 촉진하려는데 그 목적이 있다. 즉 수행평가는 학생의 선발·분류·배치를 위한 목적에 사용할 수도 있지만, 학생의 지적 수준을 진단하고 학생의 이해수준을 높이며 개별 학습을 촉진하는데 일차적인 목적이 있다. 따라서 교수-학습평가의 과정이 교수-학습과정과 분리되기 보다는 하나의 통합된 형태로서 교수-학습과정의 한 부분이 된다고 할 수 있다.

일곱째, 수행평가는 학생의 인지적 영역(창의성이나 문제 해결력 등 고등 사고기능을 포함) 뿐만 아니라 학생 개개인의 행동발달 상황이나 흥미 · 태도 등의 정의적인 영역, 그리고 체격이나 체력 등 신체적인 영역에 대한 종합적이고 전인적인 평가를 중시하고 있다.

마지막으로 수행평가는 기억, 이해와 같은 낮은 사고능력보다는 창의, 비판, 종합과 같은 고등 사고능력의 측정을 중히 여기는 평가방식이다.

라. 수행평가의 종류

수행평가는 학생이 해답을 구하거나 무엇을 만들어냄으로써 자신의 능력이나 지식을 드러내 보일 것을 요구하는 여러 가지 종류의 검사 방법들을 통틀어서 표현한 용어이다. 이처럼 수행평가는 객관식 평가를 제외한 다양한 평가방법을 포함하고 있다. 따라서, 수행평가는 학생 자신이 이해하고 있는 개념을 표현하고, 적용하고, 활용할 수 있는 다양한 기회를 제공하는 것이어야 한다. 여기에서는 교사들의 실제 활동을 통해 얻어진 다양한 수행평가의 형태를 다루기로 한다. 그러나, 아무리 유용한 평가라 하더라도 상황에 따라 적절치 못할 수도 있다는 점에 유념해야 한다.

1) 열린 질문을 통한 평가

교실 수업에 적용할 수 있는 훌륭한 질문 전략으로서 발산적 사고를 촉진시켜 준다. 이러한 항목들은 특히, 교사가 학생의 사고를 이해하는 데 도움을 주므로 유용하다. 학생들의 대답은 매우 유용하며 어떤 것은 깜짝 놀랄 만한 것도 있고 종종 오개념을 드러내기도 한다. 열린 평가 항목들에 대한 평가는 몇 가지 유형을 갖는다. 이 전략은 한 학급의 모든 응답들을 받아들여 몇몇 그룹으로 분류한 것과 관련된다. 완전한 대답, 한 가지 혹은 그 이상의 요소가 빠진 대답, 그리고 받아들일 수 없거나 요점이 빠진 대답을 하는 학생 등으로 구분할 수 있다. 이 때, <표 7-5>과 같은 배점표를 참고 할 수 있다.

〈표 7-5〉 열린 질문에 대한 평가표

배 점	배 점 기 준
훌륭함	4점: 중요한 아이디어나 과제에 대한 완벽한 이해를 보이며, 정확한 논리적 근 거를 대고, 필요하면 도표를 포함
좋음	3점 : 중요한 아이디어나 과정에 대한 충분한 이해를 나타내긴 하지만, 하나 혹은 그이하의 요소를 빠뜨렸거나 명백한 논리적 근거를 제시 못함
만족스러움	2점 : 질문이거나 과정에 대한 부분적인 이해를 보여주지만, 약간 불완전하여 논리적 근거가 분명하지 않음
부적절함	1점 : 질문에 대한 이해를 보여주지 못하고, 단어, 그림, 도표들이 문제와 전혀 상관없는 것들임
무응답	

2) 과제 해결 보고서에 의한 평가

학생들에게 관심이 있는 과학 탐구 문제를 설정한 후 과학적인 방법을 통하여 그 문제를 해결한 과정을 보고서로 작성하여 그 보고서를 기준으로 평가하는 방법을 말한다. 이 방법은 학생의 개념 이해를 파악하는데 있어, 학생이 작성한 글을 통해서 다른 유형의 평가로 측정될 수 있다는 것과는 다른 차원으로 평가할 수 있다. 학생들은 탐구 과제 해결 보고서에 과학 현상에 관한 관찰, 가설 그리고 추론뿐만 아니라 조사 연구의 과정과 결과를 기록할 수 있다. 저널은 또한 학생 사이의 대화를 위한 효과적인 매개체의 역할을 하는데, 이것은 학생들이 공개적으로 표현하기를 꺼리는 물음이나 생각들을 자신의 과학 탐구 과제 해결 보고서에 쓰기 때문이다. 과학 탐구 과제 해결 보고서를 평가할 때 교사는 그 과제를 부여한 목표가 무엇인지 생각해 보아야 하며 학생들이 그러한 목표에 도달했는지 못했는지를 결정하여야 한다.

3) 실험 · 실습법

실험 · 실습법은 학생들이 직접 탐구 과제를 해결하거나, 또는 실험 기구를 설치하고 조작하는 능력을 평가하는 방법이다. 이 방법을 이용하여 평가할 수 있는 영역은 탐구 능력의 대부분 영역으로 종합적 탐구 능력, 탐구사고력, 실험 · 실습기능이다. 평가 방법에는 학생들이 실험 · 실습을 수행하는 과정을 관찰하여 평가하는 과정 중심 평가와 실험 · 실습 결과의 옳고 그름을 바탕으로 평가하는 결과 중심 평가가 있다. 경우에 따라서는 이 두 가지 방법을 함께 사용하는 혼합형도 사용된다.

4) 그리기

이 방법은 학년이나 단원에 관계없이 적용할 수 있는 평가 방법이다. 쉽게 실시할 수 있으며, 다른 평가 방법에 비해 간단하고, 읽기나 쓰기에 약한 학생들을 대상으로 실시 할 수 있으며, 사전실험 · 실습법사후의 극적 변화를 살펴볼 수 있는 증거가 되고, 학생이 학습한 것에 대해 직접적이고 분명한 피드백이 가능하다.

5) 관 찰

관찰은 교사에게 학생의 학습에 대한 정보를 제공하는 주요한 근원이며, 수업 중에 비형식적 관찰은 계속적으로 이루어지고 있다. 다른 평가들과 마찬가지로 관찰을 통한 평가에서는 평가 과정에서 어떤 행동을 관찰하고자 하는지 미리 결정해야 한다. 관찰에 대한 몇 가지 지침을 살펴보면 학생 자신이 어떻게 문제를 풀고, 해결하기 위해 노력하는지 관찰하도록 하며, 언제 어떻게 학생들은 관련된 정보를 교과서에서 자신의 활동에 활용하는지 살펴보도록 한다. 또한, 새롭고 적절한 단어를 언제 사용하는지 학생들의 토론을 경청하면서 알아보며, 학생 자신이 알고 있는 과학 기능을 올바르게 수행하는지 관찰하도록 한다.

이러한 관찰 활동에서 교사는 많은 학생들을 관찰해야만 하며, 단원에는 여러 가지 수업목표가 제시되기 때문에 체계적인 관찰 방법을 숙지해야 할 필요가 있다.

6) 자기 평가

학생의 자기 평가는 교사에게 유용한 정보를 제공하며, 자기반성의 기회를 제공한다. 비록 학생들의 자기 평가가 신뢰성 있지 못하다고 우려할 수 있겠지만, 이미 발표된 교사들의 보고서에 의하면 우려할 것은 못된다. 예를 들면, 미국 초등학생을 대상으로 무엇을 성취했는지, 어떤 활동을 수행했으며 이해하지 못하는 부분은 어느 것인지 등에 대해 자기평가를 실시한 결과 솔직하게 답한다는 사실을 알 수 있었다. 자기 평가는 점수화하지 않도록 하며, 끝이 열린 질문을 제시함으로써 학생 스스로 반성적인 응답을 할 수 있는 기회를 제공하도록 한다. [그림 7-6]은 자기 평가 평정 척도의 한 예이며, [그림 7-7]은 자기 평가 점검표의 예이다.

7) 포트폴리오평가

포트폴리오는 향상, 개선, 성취 또는 특별한 도전을 나타내는 학생 활동의 일반적인 예로, 학생들이 공부한 과목에 대한 단면을 나타낼 수 있는 5-7개 정도의 과제를 시험지철이나 상자에 모으거나 편집한 것이다. 포트폴리오에 포함될 항목들은 반드시 글로 쓸 필요는 없으며, 다양한 매체, 모형, 포스터, 영상, 게임 등을 통해 준비되어야한다. 포트폴리오의 제작은 한 학기 간 지속적으로 이루어지며 학생과 교사 사이의 상담과 토론이 포함되어야 한다. 학생들은 자신의 포트폴리오에 포함된 것이 정말 무엇인지 깊이 있게 이야기 할 수 있어야 하며, 각 항목에 있어 이 항목이 무엇인지, 왜 포함되었는지, 그것의 증거가 무엇인지를 설명하는 표제를 부착하여야한다.

공책에는 단원, 학기 또는 일 년간 쓴 내용을 모두 모아 두지만, 포트폴리오는 그 일부를 선택해서 만든 것이다. 포트폴리오 평가는 목표, 증거, 채점 기준으로 구성된다. 포트폴리오 평가 목표는 수업 초기에 제시되어 학생들의 토의와 합의 과정을 거친다. 대학생을 대상으로 한 '환경지질학개론' 강의에서 사용한 목표의 예는 <표 7-6>와 같다.

포트폴리오에 들어가는 증거는 수업 시간이나 방과 후에 학생이 직접 작성하거나 수집한 것이다. 포트폴리오는 학생들의 글, 실험 보고서, 자연 저널,

자기 평가 평정 척도

이름 : ____________
날짜 : ____________

아래 제시된 각 활동을 얼마나 잘 수행했는지 1(낮은 점수)에서 10(높은 점수)까지 척도 위에 스스로 표시해 보자.

일기도 작성

무엇을 해야 하는지 이해못함 ... 아주 잘 만듬

1	2	3	4	5	6	7	8	9	10

날씨의 관찰

잘 하지 않음 ... 매일 행함

1	2	3	4	5	6	7	8	9	10

실험계획

문제가 있음 ... 잘 계획함

1	2	3	4	5	6	7	8	9	10

기록 유지

일부 수행 ... 모두 수행

1	2	3	4	5	6	7	8	9	10

발표

보다 더 열심히 요함 ... 최선을 다함

1	2	3	4	5	6	7	8	9	10

단원에 대한 전반적인 관점

약간 좋아함 ... 많이 좋아함

1	2	3	4	5	6	7	8	9	10

내가 좋아하는 것은 ____

____

내가 좋아하지 않는 것 또는 잘 하지 못한 것 ____________________________

____

[그림 7-6] 자기 평가 평정 척도

자기 평가 점검표

이름 : ______________
날짜 : ______________

광물 감별하기

일부 마침 ... 모두 마침

1	2	3	4	5	6	7	8	9	10

표본 다루기

아무렇게 ... 항상 주의 깊게

1	2	3	4	5	6	7	8	9	10

기록장에 기록하고 설명하기

일부 만 씀 ... 많이 씀

1	2	3	4	5	6	7	8	9	10

중요한 안전수행 이행하기

어떤 때 일부 만 ... 모든 때

1	2	3	4	5	6	7	8	9	10

교실에서 결과와 생각을 토의하기

어떤 때 일부 만 ... 모든 때

1	2	3	4	5	6	7	8	9	10

동료와 협동을 잘 하기

어떤 때 일부 만 ... 모든 때

1	2	3	4	5	6	7	8	9	10

시간을 잘 이용하기

시간 낭비 ... 열심히 학습함

1	2	3	4	5	6	7	8	9	10

단원을 끝마칠 때 배운 학습의 정도

약간 배움 ... 많이 배움

1	2	3	4	5	6	7	8	9	10

내가 좋아하는 것은 ______________________________________

____

내가 좋아하지 않는 것 또는 잘 하지 못한 것 ______________________________________

____

[그림 7-7] 자기 평가 점검표

〈표 7-6〉 대학 환경지질학개론 강의 포트폴리오 평가 목표 (Astwood & Slater, 1997)

- 세계 인구와 세계 여러 곳의 인구변화의 원인
- 세계 수자원의 근원 이용, 오염, 정화
- 토양의 기원과 진화 및 농업이 토양에 주는 영향
- 현재 이용하는 식량자원 및 대체 식량자원
- 현재 사용하는 에너지의 근원 및 장점과 단점
- 대체 에너지 자원의 근원, 작동, 잠재성
- 멸종의 원인과 멸종 속도 조절 과정
- 인간에 의한 토지 이용통제 요인
- 지진 발생의 지질학적 과정 및 지진 예측 및 예방의 가능성 · 광석의 생성, 추출 및 중요성
- 고형 및 위험 쓰레기의 성분, 관리, 재활용 가능성
- 해안지역의 생성, 진화, 생산성 · 대기 오염의 근원, 영향 및 대책
- 지구 환경에 인간이 영향을 미치는 방식

그림, 과제, 사진, 도표, 비디오테이프, 컴퓨터 디스크, 수상작 사본, 연구 보고서 등을 포함한다. 학생들이 오랜 기간 동안 성취한 기록을 포함하는 이러한 유형의 평가가 갖는 이점은 학생들에게 다양한 학습 형태를 갖도록 해주며 사실적 지식을 뛰어 넘는 성취의 증거를 제공한다는 점이다. 증거의 선택기준을 학생과 교사가 함께 정할 수도 있으며, 선택 기준은 교사마다 다르다. 포트폴리오는 학생 자신이 선택한 내용에 대해 왜 선택하게 되었는지를 기록하여 자기반성의 과정을 갖게 한다.

학생들의 증거가 모여 포트폴리오를 이루게 되면 각각의 증거를 평가해야 한다. 평가에 사용되는 기준이 채점 기준이다. 포트폴리오 채점 기준은 흔히 4단계 내지 5단계로 되어 있으며 등급과 각 등급의 특성이 서술되어 있다 · <표 7-7>는 포트폴리오 채점 기준의 한 예이다.

〈표 7-7〉 포트폴리오 평가 준거에 대한 채점 기준(Astwood & Slater, 1997)

배 점	특 성
0점	증거없음
1점	부적절한 자료나 이해가 포함되어 있는 적절한 증거, 부적절한 근거나 해설
2점	중대한잘못이나부적절한증거가없는적절한증거, 부적절한 증거나 해설
3점	정확한 자료를 포함한 적절한 증거 , 근거나 해설이 명확하게 진술되어 있음

학생들의 포트폴리오를 보다 분석적으로 평가하기 위해서 교사들은 다음과 같은 기준에 의해 평가할 수 있다. 각 기준들은 교사가 학생들을 '상, 중, 하'로 등급을 정하는데 지침이 된다.

마. 수행평가의 관리

오늘날 새로운 여러 가지 평가 형태가 제시되어 있으나 이미 사용한 평가 자료를 정리하거나 보관하기 불편하고, 동시에 많은 학생들을 대상으로 같은 평가 활동을 수행하기 곤란하다. 그러나, 여러 가지 평가 방법을 적용해 봄으로써 다양한 영역을 평가할 수 있음을 인식할 수 있다. 따라서, 무엇을 평가할 것인가를 분명히 인식해야 하며, 이를 위한 체계적인 접근 방법이 필요하다고 본다.

1) 전통적인 평가에서 새로운 평가로의 전환

첫째, 작은 부분부터 시작하자. 전통적인 평가 방법을 당장 중지하지 않고, 점차적으로 평가 방법을 재구성한다. 처음에는 새로운 평가를 부수적으로 다루다가 점점 익숙해지면 사용횟수를 늘이도록 한다. 기존의 평가방법을 전환시키는 데는 꾸준한 노력과 인내심이 필요하다.

둘째, 같이 일할 동료를 찾도록 한다. 되도록 같은 학년이고 능동적인 평가에 관심 있는 동료를 찾아본다. 같은 단원을 같은 시간에 가르친다면 더욱 좋다. 평가 자료를 관리하거나 개발하고 학생의 활동을 분석하는데 서로 도움을 줄 수 있다. 또한 학습 목표의 진술에 대해 토의하고 학습 목표를 평가하기 위한 방법을 상세화 하는데 동료와 함께 한다면 서로 도움을 주고받을 수 있을 것이다.

셋째, 부담을 갑자기 늘리지 않는다. 능동적인 평가는 교사가 학생을 보다 잘 이해할 수 있고 보다 나은 교수 전략을 계획할 수 있도록 도움을 준다. 이때, 교사의 부담을 강요하지 않기 위한 유의점을 살펴보면 다음과 같다. 먼저, 수업에서 일어나는 모든 것은 학생들의 사고와 학습에 대한 증거를 제시해 준다. 그러므로 새로운 평가를 억지로 도입하고자 할 필요는 없다. 일상적으로 관찰한 것을 평가로서 활용할 수 있다. 즉, 이미 교사와 학생 사이에서 이루어진 활동을 하나의 평가로서 구성할 수 있는 것이다. 다음으로, 평가가 여러 목적에 부합되도록 구성한다. 가능한 학생들의 학습에 관해 많은 정 보를 제공해 줄 수 있는 활동과 학생들이 과학 내용, 기능, 과정을 함께 습득할 수 있는 활동을 구성하도록 한다.

2) 체계적인 관리

과학 프로그램에서 제시되고 있는 평가를 살펴보면 여러 가지 활동이 동시에 이루어지며 다양한 결과를 얻을 수 있다. 이러한 결과를 체계적으로 관리하기 위한 유의점을 살펴보면 다음과 같다.

- 모든 평가 자료에 날짜를 기록한다. 학생들의 활동을 구별해 놓지 않으면 체계적이지 않게 되므로 날짜는 기본적으로 기록한다.
- 자료를 구분해서 정리한다. 자료를 수집하면서 일정한 보관 장소를 정해 놓는다. 자료의 어떤 것을 보관하고 없앨 것인지 분명히 한다.
- 세부 학습 목표를 분명히 한다.

바. 수행평가의 과제 개발

수행평가 과제 제작 모형은 일반적으로'수행평가에서 평가하고자 하는 교육내용은 개념적이고 추상적이며 구조 속에서 이해되어야 한다'는 기본 전제에서 시작된다. 수행이란 상호 관련되어 있는 내용을 사용하도록, 복잡하게 서로 얽혀있는 과제에 반응하게 하는 것이다(Wiley & Haertel, 1996). 본 절에서는 수행평가를 과제 제작을 위한 모형을 통하여 그 절차를 구체적으로 알아본다. 수행평가 과제 개발의 절차를 모식화하면 [그림 7-8]과 같다.

[그림 7-8] 수행평가 모형개발의 절차

1) 수행평가 모형 고안 및 계획

수행평가를 효과적으로 실시하기 위해서 사용되어질 수행평가 모형은 교육목표의 달성 여부를 가능한 한 실제 상황에서 파악할 수 있어야 하고 그 과정을 중시하며 학생의 변화・발달과정을 알 수 있도록 개발되어야 한다.

2) 구체적 수행평가 모형개발

수행 설계 양식에서는 수행활동에 대한 조직과 계획을 담당한다. 교사가 수행 계획을 세울 때 이 책에서 제시한 수행 설계 양식을 이용하면 많은 도움을 얻을 것이다. 또한 수행 설계자의 역할을 맡은 교사는 내용(content)・능력(competence)・상황(context)・준거(criteria)에 대해 완벽하게 이해하고 이의 중요성을 인식해야 한다.

가) 주제 선정

학생들의 수행중심 학습활동을 가능하게 하고, 각 영역의 내용 및 표준개념에 맞는 수행평가 주제를 선정하였다.

나) 수행척도 형식 개발

선정된 주제를 수행척도 형식에 맞게 과학의 대영역과 하위영역 그리고 해당 기준 수, 핵심 구성 질문, 주요 수행 능력(접근, 해석, 산출, 보급, 평가), 주요 개념 및 내용, 수행 과제 및 질적 준거를 제시하여 개발한다.

다) 구체적 평가 관점 개발

각 수행척도 형식에서 제시한 질적 준거는 학습자가 수행 과제를 해결하는 동안 보여질 수 있는 기대 활동을 나타내며 교사는 이를 참조하여 학습자가 수행 과제를 올바르게 해결했는지 관찰한다. 수행평가를 평가하기 위한 평가 관점은 각 수행척도 형식에서 제시된 질적 준거를 기준으로 하여 개발한다.

3) 현장적용

관련 교과에 대한 수업을 마친 뒤 한 과제에 대해 일정 기간 동안 평가를 실시한다. 이 때 개발된 수행척도 형식을 학생들에게 제공하고 개인적으로 또는 협동적으로 이루어지도록 하고 교사는 질적 준거의 평가 관점에 따라 평가한다.

4) 문제점 분석 및 개선방안 제시

개발된 수행평가 척도를 현장적용 해 본 경험을 바탕으로 하여 현장적용 시 제기되는 문제점을 분석하고 그에 대한 개선방안을 제시한다.

사. 과학과 수행평가의 실제

지구과학 수행평가를 실시하기 위하여 과제 개발에 이어서 실제 수행평가의 절차와 내용을 요약 정리하면 다음과 같다.

1) 지구과학 단원의 분석

교육과정상에 제시된 바에 의하면, 학생들에게 과학의 내용으로 가르쳐야 할 내용은 크게 지식(K) 영역과 탐구(P)영역으로 나뉘어 있다. 지식 영역의 내용은 다시 물질, 힘, 에너지, 생명, 지구, 환경, 탐구의 대영역으로 구성되어 있으며, 탐구영역의 내용은 탐구 과정과 탐구 활동으로 구성되어 있다. 여기서 고등학교 10학년의 '과학'의 내용체계를 알아보고 그 내용을 분석한다.

〈표 7-8〉 교육과정에 제시된 과학의 내용 체계

영 역		내 용	
지식	물 질	물질의 반응성 / 공통성을 가지는 원소 / 발열 반응과 흡열 반응/ 반응속도에 영향을 끼치는 요인 운동의 기술 / 운동의 법칙 / 힘의 법칙	탐구 환경
	에너지	열 / 태양에너지 / 전기에너지 / 화학에너지 / 생물에너지 / 에너지의 흐름과 보존	
	생 명	영양과 건강 / 자극과 반응 / 생 식 / 유 전	
	지 구	지각물질과 지각 변동 / 지질연대 / 해양 / 일기와 기후 / 태양계 탐사와 별	
	환 경	자정 작용 / 생물농축 / 산성비 / 오존층 / 온실효과 / 역전층 / 소음 / 방사능	

대영역 '환경'의 예를 들면, 지식으로는 자정 작용, 생물농축, 산성비, 오존층, 온실효과, 역전층, 소음, 방사능의 내용을 가르치고, 이러한 내용에 대하여 다음과 같은 탐구 활동을 하도록 진술되어 있다. 즉 자정작용에 관한 자료해석, 비의 산성도 조사, 온실효과에 관한 실험 및 자료 해석, 방사능의 영향 및 이용에 관한 조사를 실시하도록 되어 있다.

여기서 '환경'에 대한 내용체계는 다음 <표 7-9>과 같다.

〈표 7-9〉 대영역 '환경'에 대하여 교육과정에 제시된 내용 체계

영역		내용	
대영역	행 동	중 영 역	소 영 역
환경	지식 (K)	• 자정작용 • 생물 농축 • 산성비 • 오존층 • 온실효과 • 역전층 • 소음 • 방사능	
	탐구 활동 (P)		• 자정작용에 관한 자료해석 • 비의 산성도 조사 • 온실효과에 관한 실험 및 자료해석 • 방사능의 영향 및 이용에 관한 조사

즉 대영역 '환경'과 관련하여 제시된 지식내용인 자정작용, 생물농축, 산성비, 오존층, 온실효과, 역전층, 소음, 방사능 등은 중영역으로 볼 수 있다. 교육과정에는 이들 중영역 내용보다 더 자세한 내용 목표는 제시되어 있지 않다. 다만 교육과정에 대영역 '환경'의 탐구 활동으로 자정작용에 관한 자료해석, 비의 산성도 조사, 온실효과에 관한 실험 및 자료해석, 방사능의 영향 및 이용에 관한 조사를 하도록 제시되어 있는데, 이러한 탐구 활동이 중영역의 지식 내용에 대한 소영역으로 가르쳐질 수 있다. 그것은 교수-학습 현장에서 탐구 활동이 지식을 떠나서 실시되는 것이 무의미하기 때문이다.

위에서 살펴본 바와 같이 교육과정에서는 가르쳐야 할 내용을 몇 개의 간단한 용어로 표현해 놓았을 뿐이다. 교육과정의 이처럼 매우 포괄적이고 추상적인 내용 진술만으로는 교사들에게 무엇을, 어떻게 지도해야 하는지에 대하여 실질적으로 도움이 되는 시사점을 제시할 수 없다.

2) 성취기준의 개발

교육과정에서 간략하게 제시된 교육 내용 목표를 교사들의 교수-학습 및 평가 활동에 실질적인 안내를 해 줄 수 있는 수준으로 구체화하여 다음과 같은 성취기준을 개발하였다. 이하에서는 대영역 '환경'의 성취기준이 제시되었다.

교육과정의 의도를 살려 성취기준을 탐구 능력(P: Process), 지식(K: Knowledge), 태도(A: Attitude)의 세 가지 차원에서 개발하였다. 대영역 '환경'의 성취기준은 다음과 같은 세 가지 차원에서 상세화 되었다.

P(탐구)	다양한 방법으로 환경오염의 실태를 조사 · 관찰하고 이에 관한 자료를 분석 · 종합함으로써 환경 문제를 해결하는데 필요한 과학적 탐구 기능을 기른다.
K(지식)	환경의 개념, 환경 문제 및 환경 대책에 관한 과학적 지식을 알고 이를 환경 문제 해결에 적용할 수 있다.
K(지식)	환경 문제의 심각성을 깨달아 환경을 아끼고 환경 문제의 해결 과정에 능동적으로 참여하려는 태도를 갖는다.

이하에서는 대영역 환경의 8개 중영역 중에서 오존층, 온실효과 영역에 대하여 상세하게 개발된 성취기준은 다음 <표 7-10>과 같다.

〈표 7-10〉 대영역 '환경'의 일부 중영역에 대한 성취기준

교육과정		성 취 기 준
중영역	소영역	
오존층	① 오존층 관련 자료 해석	P74. 염화불화탄소의 사용량과 오존층의 변화 및 생물의 피해에 관한 자료를 분석하여 상호 관계를 추론할 수 있다. P741. 염화불화탄소의 사용량과 오존층의 변화에 관한 자료를 해석할 수 있다. P742. 오존층의 변화에 따른 생물의 피해에 관한 자료를 해석할 수 있다. P743. 오존층을 보존하기 위한 구체적 사례를 조사할 수 있다.
	② 오존층	K74. 오존층의 역할을 알고 오존층 파괴가 생물에 미치는 영향을 이해한다. K741. 오존층의 역할과 파괴 물질을 안다. ① 오존층의 역할을 안다. ② 오존층을 파괴하는 주원인 물질을 안다. K742. 오존층 파괴로 인해 생물이 받는 피해를 안다. ① 오존층 파괴 정도와 지표에 도달하는 자외선의 양과의 관계를 안다. ② 자외선이 생물에 미치는 영향을 안다.
온실 효과	① 온실효과 에 관한 실험 및 자료 해석	P75. 온실효과에 관한 실험을 수행하고 자료를 해석할 수 있다. P751. 온실효과에 관한 실험을 할 수 있다. P752. 대기 중 이산화탄소 농도, 지구 평균 기온의 변화 등의 자료를 해석하여 이들의 관계를 추론할 수 있다. K75. 온실효과의 원인과 생태계에 미치는 영향을 안다. K751.온실효과를 유발시키는 기체의 종류와 온실효과가 일어나는 과정을 이해한다. ① 온실효과를 일으키는 주요 기체를 열거할 수 있다. ② 온실효과가 일어나는 과정을 이해한다. K752. 온실효과로 인한 지구 환경의 변화를 설명할 수 있다. ① 지구 온난화 현상의 원인을 안다. ② 지구 온난화 현상으로 나타나는 지구 환경 변화를 설명할 수 있다.
A71. 환경 문제에 관심을 갖고, 환경을 보전하려는 태도를 갖는다. A72. 환경 문제를 과학적으로 해결하려는 태도를 갖는다.		

3) 평가기준의 개발

공통과학의 대영역 '환경'의 중영역 중 '산성비', '오존층', '온실효과'의 세 중영역에 대한 평가기준의 예.

평가 영역 \ 성취 수준		상	중	하
73. 산성비	EP73	주어진 자료를 해석하여 산성비의 원인 물질을 판단할 수 있다. 실험을 통해 빗물의 산성도(pH)를 측정하고 산성비 여부를 판단할 수 있다.	주어진 자료를 해석하여 산성비의 원인 물질을 판단할 수 있다.	주어진 자료를 해석하여 산성비의 원인 물질을 판단하지 못한다.
	EK73	산성비를 정의하고 산성비의 원인 물질을 열거할 수 있다. 산성비에 의한 피해와 그 대책에 대해 3가지 정도 열거할 수 있다.	산성비를 정의하고 산성비의 원인 물질을 열거할 수 있다.	산성비를 정의하고 산성비의 원인 물질을 열거하지 못한다.
74. 오존층	EP74	프레온 가스의 사용량과 오존층 변화에 관한 자료를 해석할 수 있다. 오존층의 두께와 지상에 도달하는 유해 자외선 세기와 관계를 파악할 수 있다.	프레온 가스의 사용량과 오존층 변화에 관한 자료를 해석할 수 있다.	프레온 가스의 사용량과 오존층 변화에 관한 자료를 해석하지 못한다.
	EK74	오존의 역할과 오존층 파괴물질을 안다. 오존층 파괴로 인해 생물이 받는 피해를 안다.	오존층의 역할과 오존층 파괴 물질을 안다.	오존층의 역할과 오존층 파괴 물질을 알지 못한다.
75. 온실효과	EP75	온실효과에 대한 실험을 수행하여, 온실효과의 과정을 추리할 수 있다. 온실효과에 대한 자료를 해석하여 지구 환경 변화를 예측하고 설명할 수 있다.	온실효과에 대한 실험을 수행하여 온실효과의 과정을 추리할 수 있다.	온실효과에 대한 실험을 수행하여 온실효과의 과정을 추리할 수 없다.
	EK75	온실효과가 일어나는 과정을 과학적으로 설명할 수 있다. 온실효과에 따른 지구 온난화 현상의 영향을 설명할 수 있다.	온실효과가 일어나는 과정을 과학적으로 설명할 수 있다.	온실효과가 일어나는 과정을 과학적으로 설명하지 못한다.
태도	EA7	환경 문제에 관심을 갖고 환경을 보전하려는 태도를 갖는다. 환경 문제를 과학적으로 해결하려는 태도를 갖는다.	환경 문제에 관심을 갖고 환경을 보전하려는 태도를 갖는다.	환경 문제에 관심을 갖고 환경을 보전하려는 태도를 갖지 않는다.

4) 예시 평가 문항 및 도구의 개발

가) 서술형 문항

<table>
<tr><td>대영역</td><td colspan="4">7. 환경</td></tr>
<tr><td>중영역</td><td colspan="4">온실효과</td></tr>
<tr><td>성취기준</td><td colspan="4">K75. 온실효과의 원인과 생태계에 미치는 영향을 안다.
K751. 온실효과를 유발시키는 기체의 종류와 온실효과가 일어나는 과정을 이해한다.
① 온실효과를 일으키는 주요 기체를 열거할 수 있다.
② 온실효과가 일어나는 과정을 이해한다.
K752. 온실효과로 인한 지구 환경의 변화를 설명할 수 있다.
① 지구 온난화 현상의 원인을 안다.
② 지구 온난화 현상으로 나타나는 지구 환경 변화를 설명할 수 있다.</td></tr>
<tr><td rowspan="2">평가기준</td><td rowspan="2">EK 75</td><td>상</td><td>중</td><td>하</td></tr>
<tr><td>• 온실효과가 일어나는 과정을 과학적으로 설명할 수 있다.
• 온실효과에 따른 지구 온난화 현상의 영향을 설명할 수 있다.</td><td>• 온실효과가 일어나는 과정을 과학적으로 설명할 수 있다.</td><td>• 온실효과가 일어나는 과정을 과학적으로 설명하지 못한다.</td></tr>
<tr><td>문항형태</td><td colspan="4">서술형</td></tr>
<tr><td>수준구분</td><td colspan="4">중/하, 상/중</td></tr>
</table>

• (문항)

◈ 1) 다음 표는 온실효과를 일으키는 대표적인 온실 기체의 성분과 몇 가지 중요한 성질을 나타낸 것이다. 표에서 대기 중의 프레온 가스의 농도는 매우 적다. 그럼에도 불구하고 그 사용을 규제하고, 대체 물질을 개발하여 사용하려고 노력하고 있다. 그 이유를 표에서 찾아 두 가지를 쓰시오.

온실 기체 온실효과	분자당 (ppm)	농도 증가경향(%)	1975-1985	대기 속에서 안정 기간 (년)
이산화탄소	1	350	4.6	170
메탄	21	1.7	11.0	10
일산화이질소	206	0.31	3.5	150
프레온가스(1)	12400	2.8 × 10-4	103	65
프레온가스(2)	15800	4.8 × 10-4	101	120

◈ 2) 온실효과로 나타날 수 있는 지구 환경의 변화를 3가지 열거하시오.

• 정답

1) 분자당 온실효과가 매우 크고, 공기 중의 농도 증가율이 매우 크기 때문
2) 지구의 평균 기온은 상승할 것이다.
   해수면이 상승하여 저지대는 침수 피해가 올 것이다.
   태풍과 같은 열대성 저기압의 발생 빈도가 더 높을 것이다.
   가뭄이나 홍수 등의 빈도가 증가하고, 그 강도도 증가할 것이다. 등

• 채점 기준

1) 2 가지 이유를 모두 쓰면----2점
   2 가지 중 1가지 만 쓰면----1점
2) 3 가지 쓰면----2점
   2 가지 쓰면----1점

상: 3-4점, 중: 1-2점, 하: 0점

나) 논술형 문항

<table>
<tr><td>대영역</td><td colspan="4">7. 환경</td></tr>
<tr><td>중영역</td><td colspan="4">77. 소음</td></tr>
<tr><td>성취기준</td><td colspan="4">K77. 소음의 발생 원인과 그 영향을 안다.
K771. 소음이 우리 생활에 미치는 영향을 안다.
① 소음에 의해 생길 수 있는 청각 장애를 열거할 수 있다.
② 소음에 의한 구체적인 피해 사례를 열거할 수 있다.
K772. 소음의 발생 원인과 소음을 줄일 수 있는 대책을 말할 수 있다.
① 가정, 학교 및 거리에서 소음을 일으키는 것을 열거할 수 있다.
② 소음을 줄이기 위한 대책의 예를 들 수 있다.</td></tr>
<tr><td rowspan="2">평가기준</td><td rowspan="2">EK 77</td><td>상</td><td>중</td><td>하</td></tr>
<tr><td>• 소음의 발생 원인과 피해 사례를 열거할 수 있다.
• 소음을 줄일 수 있는 대책을 열거할 수 있다.</td><td>• 소음의 발생 원인과 피해 사례를 열거할 수 있다.</td><td>• 소음의 발생 원인과 피해 사례를 열거하지 못한다.</td></tr>
<tr><td>문항형태</td><td colspan="4">논술형</td></tr>
<tr><td>수준구분</td><td colspan="4">상/중/하</td></tr>
</table>

• (문항)

> ◈ 다음을 읽고 물음에 답하시오.
> 여러분 자신이 다음 네 곳 중의 한 곳에 살고 있다고 가정하자.
> 가) 야간 작업이 잦은 공장의 옆집
> 나) 차량 통행이 많은 도로변
> 다) 공항 근처
> 라) 상가 위의 다세대 주택
>
> 이 곳에 살고 있는 사람이 겪고 있는 일반적 소음 피해를 감안하여 공장 경영자, 교통문제 담당관, 공항관리공단, 상가주인 등 가장 관련 깊은 사람이나 기관 한 곳 을 정하여 소음피해를 개선해 달라는 편지를 쓰시오. 편지를 쓸 때, 먼저 어떤 피해를 입고 있는지 호소하고 이에 따른 구체적인 개선책을 제안하시오.

• **답안에 포함될 내용의 예시**

(가) 소음은 일과 공부에 방해를 주며 정서적인 영향을 준다.

- 심리적인 영향-불쾌감, 긴장, 스트레스를 주고, 대화장애나 수면장애를 유발한다.
- 생리적인 영향-혈압이 높아지며 맥박이 증가하고, 피부 근처의 말초현상이 수축하는 증상 및 소화장애를 가져온다.

(나) 소음대책

① 소음원 대책: 소음을 발생하는 기계 등을 설계할 때 소음을 가장 적게 발생하도록 설계한다.

② 소음전파 방지대책: 소음원이 위치한 공간에 흡음재(吸音材)를 사용하여 소음의 반사음을 최대한 억제하고, 소음의 직접음 전파는 차음재(遮音材)를 사용하여 차단시킨다. 흡음재료로는 비닐막 · 합판 · 텍스 · 타일 · 유리섬유, 구멍 뚫린 합판 또는 철판 등을 사용하며 차음재료는 콘크리트, 시멘트 블록, 붉은 벽돌, 목재 등을 쓴다. 이 밖에 차음벽도 있다.

③ 차량 및 항공기 운행대책: 차량의 속도제한, 항공기의 심야운행 제한, 그리고 시내 차량의 원활한 소통을 위한 교통처리 등이다. 자동차 소음은 속도에 따라 증가하고, 정차 및 출발 시에 소음이 나므로 원활한 교통 처리는 소음을 줄이는 데 효과적이다.

• 채점 기준

(가) 피해사례가 설득력 있고 근거가 있게 제시되었으면 2점, 부족하면 1점

(나) 개선책이 설득력과 근거 있으면 2점, 부족하면 1점

1), 2)를 합산하여 : 상: 3, 4점	중 : 1, 2점	하:0점

다) 포트폴리오형 문항

대영역	6. 지구			
중영역	태도 평가이므로 중영역이 없음			
성취기준	A61. 지구 자원과 환경에 관심을 갖고, 자원 절약과 환경 보호를 실천 하려는 태도를 갖는다. A62. 일기 변화에 관심을 갖고 일기 예보를 실생활에 활용하려는 태도를 보인다. A63. 우리나라의 해양과 태양계 등에 관심을 갖고 계속 탐구하려는 태도를 보인다.			
평가기준		상	중	하
	EA6	• 지구 자원과 환경에 관심을 갖고, 자원 절약과 환경 보호를 실천하려는 태도를 보인다. • 일기 변화에 관심을 갖고 일기 예보를 실생활에 활용하려는 태도를 보인다.	• 지구 자원과 환경에 관심을 갖으나 자원 절약과 환경 보호를 실천하려는 태도를 보이지 않는다. • 일기 변화에 관심을 보이나 일기 예보를 실생활에 활용하려는 태도를 보이지 않는다.	• 지구 자원과 환경에 관심을 보이지 않는다. • 일기 변화에 관심을 보이지 않는다.
문항형태	포트폴리오			
수준구분	상/중/하			

• (문항)

◈ 다음을 읽고 과제를 수행해 보자.

1) 자원 절약과 환경 보전에 관한 자료를 조사하여 스크랩한 후, 환경보전의 필요성을 정리하고 실천 방안을 제시하여라.

2) 약 2주간에 걸쳐 신문의 일기 예보가 실제 기상과 일치했는지 조사하고, 일기예보가 실생활에 이용되는 예를 조사하여라.

◈ 과제 수행 방법

1) 기간 : 2개월.

2) 과제 수행 방법

① 개별 조사 연구

② 교과서 이외의 자료(잡지, 신문, 전문 서적 등)를 이용하고, 인용한 참고 자료를 목록으로 과제의 끝부분에 기록하도록 한다.

③ 과제물을 제출한 후 과제로 제시된 주제에 관하여 조별 자유 토의를 하고 그 내용을 정리한다.

④ A4용지를 이용하고 분량은 제한 없음.

• 채점 기준

채점 항목	상 (2점)	중 (1점)	하 (0점)
① 조사한 자료의 수량	4개~	1~3개	없음
② 자원 절약과 환경 보호의 필요성에 관한 인식도	높다	보통	낮다
③ 자원 절약과 환경 보호를 실천하려는 태도	높다	보통	낮다
④ 일기 예보를 실생활에 활용하려는 태도	높다	보통	낮다
⑤ 과제물의 내용, 자유 토의 내용, 교사와의 면담 내용의 일치도	높다	보통	낮다
계			

상 : 7점 이상, 중 : 3~6점, 하 : 2점 이하

• 유의 사항

① 태도에 관한 기록이 과제물에 나타나면 평가하고, 그렇지 않으면 면담 등을 통하여 평가한다.

② 제시된 평가 관점은 예시에 불과하며, 다르게 정하여도 무방하다.

5) 바람직한 평가문항의 기준

바람직한 수행평가 문항의 기준은 다음과 같다(허명, 1999).

첫째, 수행평가가 평가목적에 의해 구체화된 기능을 측정할 수 있는가?

둘째, 평가대상이 되는 수행이 진실 되고 확실한 행위인가?

셋째, 측정행위의 질과 종류가 평가하기에 충분한 내용인가?

넷째, 측정행위가 직접 관찰될 수 있는가?

다섯째, 수행평가가 성공적으로 이루어질 수 있는 상황이 제시되었는가?

여섯째, 인위적 상황일 때 학생들에게 간결, 명확하게 상황이 부여되었는가?

일곱째, 측정행위에 대한 평가항목을 평가자들이 동의할 수 있는가?

여덟째, 다른 평가자들의 경우에도 유사한 평가결과를 얻을 수 있는가?

아홉째, 평가척도나 점검표가 사용하기 편리한가?

참 고 문 헌

1장

김상달, 김종희, 이용섭, 주국영 (2004), 지구과학교육론, 만수출판사.

이시우(1985). 천문관측과 분석. 서울: 민음사 p. 319.

American Association for the Advancement of Science (1989). Science for all Americans: Project 2061. Washington, DC: American Association for the Advancement of Science.

American Association for the Advancement of Science (1990). Science for all Americans, Washington, DC: The author.

Ault, C. R., Jr. (1998). Criteria of excellence for geological inquiry: The necessity of ambiguity. Journal of Research in Science Teaching, 35(2), 189-212.

Engelhardt, W., & Zimmermann, J. (1982). Theory of Earth Science. Cambridge, New York.

Frodeman, R. (1995). Geological reasoning: Geology as an interpretive and historical science. Geological Society of America Bulletin, 107(8), 960-968.

Kim, C.-J. (2002). Inference frequently used in earth science. Journal of the Korean Earth Science Society, 23(2), 188-193.

Magnani, L. (2001). Abduction, reason, and science: Process of discovery and explanation.

National Research Council (1996). National Science Education Standards. National Academy Press, Washington, DC, 262p.

Program for Leadership in Earth Systems (1990). Education Planning Committee

2장

권성기, 임청환 역(2000). 구성주의적 과학 학습 심리학. 시그마프레스, 23-46.

박승재, 조희형(1994). 학습론과 과학교육. 서울:교육과학사.

이규석(1992). 고등학교 지구과학 교육과정 기본모형 연구. 한국교원대학교 박사학위논문

이홍우 역(1973). 브루너 교육의 과정. 배영사.

조희형(1995). STS의 의미와 STS교육의 속성, 한국과학교육학회지, 15(3), 371-378

AAAS.(1989). Science for all Americans: Project 2061. Washington, DC: American Association for the Advancement of Science.

Anderson, R. D., & Smith, E. L. (1987). Teaching science, in V. Richardson-Koehler (ed). Educators' handbook- research perspective.

Ashton, P. (1990). Editorial, Journal of Teacher Education, 41(3). 2.

Borko, H., & Putnam, R. T. (1996). Learning to teach.

Bybee, R. W. (1986). The sysiphean question in science education: what should the scientifically and technologically literate person know, value, and do as a citizen?, In Bybee R. W. (Ed.), Science technology society: 1985 Yearbook of the National Sci-ence Teachers Association.

Carpenter, J. R. (1990). Importance of Earth science in the precollege curriculum. Journal of Geological Education, 38, 445-451.

Cheek, D. W. (1992). Thinking constructively about science, technology and society education. State Univ.of NewYork Press.

Cleminson, A. (1990). Establishing an epistemological base for science teaching in the light of contemporary notions of the nature of science and of how children learn sci-ence. Journal of Research in Science Teaching, 27(5), 429-445.

Collette, A.T. and Chiappetta, E.L. (1979). Science Instruction in Middle and Secondary Schools, Times Mirror/Mosby, 345-367.

Confrey. J. (1990). A review of the research on student conceptions in mathematics. science, and programming in C. Cazden (ed.), Review of research in education, Vol. 16, Washington D. C., American Educational Research

Cook,T.D. and Campbell, D.T. (1979). Quasi Experimentation, Design and Analysis lssues for field setting, 2-9.

Cozzen, S. E. (1990). The disappearing discipline of STS, Bulletin of Science, Technology & Society, 100), 1-5.

Driver, R (1989). Changing conceptions, In P. Adey, J. Bliss, J. Head & M. Shayer. (Eds.). Adolescent development and school science, London: Falmer Press, 79-99.

Driver, R., & Easley, J. (1978). Pupils and paradigms: A review of literature related to concept development in adolescent science students, Studies in Science Education

Earth System Science Committee. (1988). Earth System Science.

Engelhardt, W. V., & Zimmermann, J. (1982). Theory of earth science (translated by L. Fischer). Cambridge University Press, Cambridge, UK, 381p.

Feyerabend, P. (1975). Against method, London:NewLeftBooks.

Gilbert, J. K., Osborne, R. J., & Fensham, P. J. (1982). Children's science and its conse-quence for teaching, Science Education, 66, 623-633.

Gronlund, N. E. (1971). Measurement and evaluation in teaching. 2nd ed., New York: Mcmillan.

Grossman, P. L., 1990, A study in contrast: Sources of pedagogical content knowledge for secondary English Unpublished doctoral dissertation, Stanford University, Stanford Grossman, P. L., 1990. The making of a teacher: teacher knowledge and teacher education. New York: Teachers College Press.

Hanson, N. (1958). Patterns of discovery, Cambridge: Cambridge Univ. Press.

Harms. N. C., & R. E. Yager. (1981). What research says to the science teacher. V. 3. Arlington, VA: National Science Teachers Association.

Hassard, J. (1990). Cooperative learning. The Science Experience, April, 33-37.

Hofstein, A. (1988). Discussions over STS at the fouth IOSTE symposium. International Journal of Science Educatio, 10(4), 357-366.

Karplus, R. & Thier, H. D., 1967, A new look at elementary school science: Science Curriculum Improvement Study,

Kelly, G. A. (1977). The psychology of the unknown. In Bannister, D. (Ed.) New perspectives in personal construct theory, NY: Academic Press.

Klopfer, L.E. (1969) Case Histories and Science Education, Wadsworth Publicating Company: San Francisco.

Kuhn, T. S. (1970) The Structure of Scientific Revolutions, University of Chicago Press: Chicago.

Laudan, L. (1984). Science and values. Univ.

Laudan, L. (1990). Science and relativism: Some key controversies in the philosophy of science. Univ.

Lawson, A. E., Abraham, M. R., & Renner, J. W., 1989, A theory of instruction; Using the learning cycle to teach science concepts and thinking skills(Monograph of the

Mager, R. W. (1962). Preparing instructional obejectives. Pal Alto, CA: Feardon Publishers.

Magnuson. S., Krajcik, J., & Borko, H., 1999, Sources, and development of pedagogical content knowledge for science teaching, in Julie Gess-Newsome and Norman G. Lederman (ed.), Examining Pedagogical Content Knowledge. Kluwer Academic Publishers. 95-132.

Magnusson, S., Krajcik, J., & Borko, H. (1999). Nature, sources, and development of PCK. In J. Gess-Newsome, & N. G. Lederman (Eds.), Examining pedagogical content knowledge (pp. 95.132). Dordrecht: Kluwer.

Manning, M. L., & Lucking, R. (1992). The what, why, and how of cooperative learning. In, M. K. Pearsall (Ed.), Relevant research Washington, DC: NSTA

Mayer, V. J. (1997). Global science literacy: An earth system view. Journal of Research in Science Teaching, 34(2), 101-105.

Mayer, V. J., & Armstrong, R. E. (1990). What every 17-years old should know about

Mayer, V. J., Fortner, R. W., & Hoyt, W., 1995, Using Cooperative Learning as Structure for Earth Systems Education Workshops. Journal of Geological Education, 43, 395-400.

Mayer, V. J., Fortner, R. W., & Hoyt, W., 1995, Using Cooperative Learning as Structure for Earth Systems Education Workshops. Journal of Geological Education, 43, 395-400.

Miller, A. I. (1984). Imagery in scientific thought. Boston, MA: MIT Press.

Nadeau, R., & Dessaut ls, J. (1984). Epistemology and the teaching of science. Ottawa: Science Council of Canada.

National Research Council, 1996, National Science Education Standards. National Academy Press, Washington, DC, 262p.

National Science Teacher Association. (1982). Science-technology-society: science education for the 1980s.

Novak, J., & Gowin, D., 1984, Learning How to Learn. Cambridge University press.

NSTA.(1990). Science-Technology-Society: Science Education for the 1980s. An NSTA Position Statement. NSTA, Washington D. C.

Ogden, W. R., & Jackson, J. L. (1978). Secondary School Biology Teaching, 1918-1972: Objectives as Stated in Periodical Literature. Science Education, Vol. 62, No. 3, pp. 291-302.

Ogle, D., 1986, A teaching model that develope active reading of expository text. The Reading Teacher, 39(2), 564-570.

Pella, M. (1967). Science literacy and the high school curriculum. School Science and Mathematics, 67, 346-356.

Pines, A. L., & West, H. T. (1986). Conceptual understanding and science learning: An interpretation of research within a source of knowledge framework. Science Education, 70(5), 583 - 604.

Program for Leadership in Earth Systems Education Planning Committee, (1990).

Rosenthal, R. (1989). Experimenter expectancy, covert communication, and meta-analytic methods. Donald T. Campbell award address presented at the 97th Annual Convection of the American Psychological Association, New Orleans, LA.

Roy, R. (1984). S-S/T/S project: Teach science via science, technology, and society material in the pre-college years. University Park, PA: Pennsylvania State University.

Shulman, L. S., 1987, Knowledge and teaching: Foundation of new reform. Harvard Educational Review, 57(1), 1-22.

Spiegel-Rosing, I. (1977). The study of Science, Technology and Society (STSS): Recent trends and future challenges. In I. Spiegel-Rosing, D. Price & International Council for Science Policy Studies (Eds.), Science, technology, and society: a cross-disciplinary perspective (pp. 7-42). London; Beverly Hills: SAGE Publications.

Sutton, C. (1996). Beliefs about science and beliefs about language, International Journal of Science Education, 18(1),1-18.

Tamir, P., 1988, Subject matter and related pedagogical knowledge in teacher education, Teaching & Teacher Education, (4). 99-110.

Triplehorn, D. M., & Triplehorn, J. H. (1993). Geologists select the great books of geolo-gy, Journal of Geosience Education, 41, 260- 261.

Tyler, R. W. (1950). Basic principles of curriculum and instruction. Chicago: University of Chicago Press.

Wandersee, J. H., Mintzes. J. J., & Novak, J. D., 1994,. Research on alternative conceptions in science, inD. Gabel (ed.), Handbook of research on science teaching and learning, New

York. MacMillan, 177-210.

Yager, R.E.(1986). To Start an STS Course in K-12 Settings. Bulletin of Science, Technology & Society, 6(283), 276～281.

Ziman, J. (1976). The force of knowledge-the scientific dimension of society, Cambridge Univ. Press.

Ziman, J. (1978). Reliable knowledge-exploration of the grounds for belief in science, Cam-bridge Univ. Press.

Ziman, J. (1980). Teaching and learning about science and society, Cambridge: Cambridge Univ. Press.

3장

송진웅, 정명훈, 권성기, 박종원(1997). 현대 과학철학자들의 저술에 나타난 과학교육의 이미지. 한국과학교육학회지. 17(2), 209-224.

양승훈, 송진웅, 김인환, 조정일, 정원우(1996). 과학사와 과학교육. (대우학술총서) 민음사 : 서울.

조희형, 박승재(1994). 과학론과 과학교육. 교육과학사.

Chalmers, A. (1982). What is this thing called science? : An assessment of the nature and status of science and its method. Univ. of Queenland Press.

Honey, J., Dillon, J., Harris, J., Lucas, A., Poole, M. and Watson, r. (1990) Investigating the nature of science, Longman: London.

Honey, J., Dillon, J., Harris, J., Lucas, A., Poole, M. and Watson, r. (1990) Investigating the nature of science, Longman: London.

Kuhn, T. S. (1970) The Structure of Scientific Revolutions, University of Chicago Press: Chicago.

Lakatos, I.,& Musgrave, A.(Eds.).(1970). Criticism and the growth of knowledge. Cambridge Univ. Press.

Laudan, L. (1990). Science and relativism: Some key controversies in the philosophy of science. Univ.

Mattews, M. R. (1994) Science Teaching : The Role of History and Philosophy of science, Routledge: New York.

Mnok , M. and Osborne, J. (1997) "Placing the History and Philosophy of science on the curriculum : A Model for the Development of Pedagogy" . Science Education, 81, 405-424.

Nadeau, R., & Dessaut ls, J. (1984). Epistemology and the teaching of science. Ottawa: Science Council of Canada.

Solomon, J., Duveen. J. and Scott, L(1991) Exploring the Nature of science, ASE : Hatfield, UK.

4장

교육부(1997). 과학과 교육과정(교육부 고시 제 1997-15호 별책 9). 대한교과서, 서울, 101p.

문교부 고시 제87-7호(1987).

박승재, 조희형(1985). 과학교육. 서울 : 교육과학사.

장남기 등(1987). 탐구과학교육론. 교육과학사

한종하(1988). 과학과 교육론, 갑을출판사교육부(1992), 고등학교 교육과정(1)(2). 교육부 고시 제1992-1119호.

Schwab, J. J.(1962). The teaching of science Mass : Harvard University Press.

5장

강정구(1996). 현대 학습심리학. 서울:문음사.

김준태(1997). 인터넷을 활용한 과학과 교수-학습 자료 개발. '멀티미디어를 이용한 교수-학습 자료 개발' 학술 세미나 자료집, 한국교원대학교 부설 교과교육공동연구소.

김찬종, 채동현, 임채성 공저(1999). 과학교육학개론.

박광규(1994). 한국교원대학교 과학교육연구소, 청람과학교육연구논총, 4권.

박승재, 조희형(1994), 학습론과 과학교육. 서울:교육과학사.

백영균, 설양환(1997). 인터넷과 교육. 서울: 양서원.

변영계(2000). 교수-학습 이론의 이해. 서울:학지사.

안범희(1993). 학교 학습심리학, 서울 : 도서출판 하우

전성연(2001). 교수-학습의 이론적 탐색. 서울:도서출판 원미사.

허명 (1984). 과학 탐구 평가표의 개발. 한국과학교육학회지, 제4권 제1호, 57-64.

Bell, B. F.(1993) Children's science, contrtivism and learning in science.

Bittinger, M. L. (1968). The effect of a unit in mathematical proof on the performance of college mathematics majors in future mathematics courses. Dissertation Abstracts, 29, 3906A.

Brainerd, C. J. (1978). Piaget's Theory of Intelligence. New Jersey: Prentice Hall, Inc.

Bybee, R. W., and Sund, R. B. (1982). Piaget for educators (2nd ed.). Columbus, OH: Merrill Publishing Company.

Driscoll, M. (2002). Psychology of learning for instruction (2nd ed.). Needham Heights, MA: Allyn & Bacon.

Ellsworth, J. H. (1994). Education on the internet. Indianapolis: SAMS Publishing.

Gagne, R. (1962). Military training and principles of learning. American Psychologist, 17, 263-276.

Gagne, R. 전성연 역(1998). 교수-학습이론. 서울 : 학지사

Ginsberg, H., &Opper, S. (1979). Piaget's theory of intellectual development (2nd ed.). Englewood Cliffs, NJ: Prentice-Hall.

Gredler, M. E. (2005). Learning and instruction: Theory into practice (5th ed.).Upper Saddle River, NJ: Pearson Education.

Hassard, J. (2005) The Art of Teaching Science, Oxford University Press, 476.

Hergenhahn, B. R., & Olson, M. H. (2005). An Introduction to Theories of Learning (7th ed.). Upper Saddle River, New Jersey, USA: Pearson Education.

Karplus, R., & Lawson, A. (1974). Scinece curriculum improvement study teacher's handbook. Berkley, California, Lawlence of Hall of Science, pp. 176.

Kern, E. L., & Carpenter, J. R. (1983). Enhancement of students values, interests and attitudes in science through a field-oriented approach. Journal of Geological Education, 32, 299-305.

Magoon, A. J.(1977) Constructivistic approaches in educational research,

Orion, N. (1989). Development of a high school geology course based on field trips. Journal of Geological Education, 13, 13-17.

Suchman, J. R. (1962). The Elementary School Training Program in Scientific Inquiry. Urbana: University of Illinois.

6장

국동식(1988), 물의 상태 변화에 대한 중고등학생들의 개념 형성에 관한 연구. 한국과학교육학회지, 8(10), 33-42.

권성기(1987). 중학생의 과학 수업에 의한 힘과 운동의 개념 변화. 서울대학교 대학원 석사학위논문.

김종희(2006), 달의 위상작도 모듈활용 수업에 의한 고등학생들의 달의 위상 개념 변화, 한국지구과학회지, 27(4), 353-365.

김찬종(1990). 외국 학생들의 지구과학 개념에 대한 직관적 견해 (Ⅱ). 한국지구과학회지, 11, 181-187.

김찬종, 박현정(1997). 초등학교 학생들의 빛에 대한 개념과 달의 위상 변화 개념 사이의 관련성 : 개념 생태학적 접근. 한국초등과학교육학회지, 16, 173-187.

김찬종, 이조옥(1996). 달의 위상 변화와 빛에 대한 중등학교 학생들의 개념 사이의 관계. 한국지구과학회지, 17, 8 21.

박승재, 조희형(1993). 과학 교직관과 과학 교사상에 대한 문헌 연구 및 실태 조사. 한국과학교육학회지, 13권, 3호

박종석, 조희형(1986). 고등학생들의 유전에 대한 오인의 확인 및 유전학 지도방향. 한국과학교육학회지, 6(2), 32-42.

우종옥, 이항로, 민준규(1995). 계통도를 이용한 중고등학생의 지구와 달의 운동에 관한 개념 유형 연구. 한국과학교육학회지, 15, 379-393.

임청환, 김학목(1994). 대기압과 달의 운동에 관한 중학생들의 개념 분석. 한국지구과학회지, 15, 157-169.

정남식, 우종옥, 정진우(1995). 중등 학생들의 천문개념의 유형별 분석. 한국지구과학회지, 16, 188-193.

정완호, 권용주, 김영신 (1993). STS 교육운동의 국내 연구 경향 분석과 적용 방안에 대한 조사 연구.

정진우(1990). 중학교 학생들의 지구과학 개념에 대한 오개념의 형성원인 분석. 한국지구과학회지, 12(4), 304~322.

채동현(1992). 계절변화의 원인에 관한 학생들의 유년적 사고, 한국지구과학학회, 133, 283-289.

채동현(1996). 학생들의 달 위상변화의 원인에 대한 개념 조사. 한국초등과학교육학회지, 15(1), 45-55.

채동현과 최정근(1995). 한국초등과학교육학회, 14(2), 173-189.

최병순, 김효남, 강순희, 김영준(1994). SPACE 수업 전략이 국민학교 아동들의 증발과 응결 개념 변화에 미치는 영향. 한국과학교육학회지, 14(3), 272-284

최승일, 조희형(1987). 고등학교 생물 I 의 세포분열 , 생식 , 수정개념에 대한 오인 분석. 한국과학교육학회지, 7(1), 1-17.

하옥선, 이용복(1997). 지구 자전에 대한 초등학교 학생들의 개념 유형에 관한 연구. 한국초등과학교육학회지, 16, 103-122.

Arnold, P., Sarge, A., & Worrall, L. (1995). Children's knowledge of the earth's shape and its gravitational field. International Journal of Science Education, 17(5), 635-641.

Ault, C. R. (1985). Concept mapping as a study strategy in earth science. Journal of College Science Teaching, 15, 38-44.

Bar, V., (1989). Children's views about the water cycle, Science Education 73: 481-500. Ideas about precipitation and phase changes.

Bates, Robert L. and Julia A. Jackson, editors (1984). Dictionary of Geological Terms, Third Ed.

prepared by the American Geological Institute. Anchor Press/Doubleday. Garden City, NY.C223

Bezzi, A. (1989). Geology and Society: a survey on pupils' ideas as an instance of a broader prospect for educational research in Earth Science. Paper presented at the 28th International Geological Congress held in Washington D. C

Blylstone, R. V., & Dettling, B. C. (1990). Visual literacy in science textbooks. In What research says to the science teacher-the process of knowing(Vol. 6). Washington, D. C.: National Science Teachers Association.

Broadstock, M. J. (1993). Children's understanding of earth systems phenomena in Taiwan. Proceedings of the Third International Seminar on Misconceptions and Educational Strategies in Science and Mathematics, Itheca, NY.

Caramazza, A., McCloskey, M., & Green, B. (1981). Navie beliefs in "sophisticated" subjects: Misconceptions about trajectories of objects. Cognition, 9, 117-123.

CHAMPAGNE, F., CONTANDRIOPOULOS, A. P., & PINEAULT, R., (1985). Un cadre conceptuel pour l'ééé́Éé

Claxton, G. (1986). Beyond therapy The Impact of Eastern Religions on Psychological Theory and Practice Prism Press

Driver, R., & Easley, J., 1978. Pupils and paradigms: A review of literature related to concept development in adolescent science students, Studies in Science Education

Driver, R., & Erickson, G. (1983). Theories-in-action: some theoretical and empirical issues in the study of student's conceptual frameworks in science: Studies in Science Education, v. 10, p. 37-60.

Driver, R., Gueene, E., and Tiberghien, A., (1985). Some features of children's ideas and their implications for teaching. In Driver, R., Guesne, E., and Tiberghein, A.(eds.), Children's ideas in science. Milton Keynes, Open University Press, 193-201.

Duit, R. (1987). Should energy be introduced as something quasi-material? International Jorunal of Science Education, 9, 139-145.

Earth Science Curriculum Project. (1964). ESCP reference series. Englewood Cliffs, N. J., Prentice-Hall

Ehrenberg, S.D. (1981). Concept learning: How to make it happen in the classroom. Educational Leadership, 39 (1), 36-43.

Engel Clough, E., & Driver, R. (1986). A study of consistency in the use of students' conceptual frameworks across different task contexts. Science Education, 70(4), 473-496.

Gauld, I. D., 1986. Latitudinal gradients in ichneumonid species-richness in Australia. Ecological Entomology 11:155-161.

Gilbert, J. K. and

Gilbert, J. K., Osborne, R. J., & Fensham, P. J. (1982). Children's science and its conse-quence for teaching, Science Education, 66, 623-633.

Gonzalez, F. M (1993). Diagnosis of alternative conceptions in science in spanish primary school students. The Proceedings of the Third International Seminar on Misconceptions and Educational Strategies in Science and Mathematics.

Gunstone, R. F., White, R. T. and Fensham, P. J. (1988) Developments in style and purpose of research on the learningof science. Journal of Research in Science Teaching, 25, 513-529.

Hewson, P. & Hewson, M., 1988, An appropriate conception of teaching science: w from studies of science learning. Science Education, 72(5), 597-614.

Kim, S. H.(1989). Phys. Lett. 135A, 39.

Kuhn, R., Schafer, U., Schafer, M. (1988). Cis-acting regions sufficient for spermatocyte-specific transcriptional and spermatid-specific translational control of the Drosophila melanogaster gene mst(3)gl-9. EMBO J. 7: 447--454.

Lewis, E. L., & Linn, M. C. (1994). Heat energy and temperature concepts of adolescents, adults, and experts: Implications for curricular improvements. Journal of Research in Science Teaching , 31, 657-677.

Mali, G. B., & Howe, A. (1979). Development of Earth and gravity concepts among Nepali children. Science Education, 63, 685-691.

Nussbaum, J. & Sharoni-Dagan, N. (1983). Changes in second grade children's preconceptions about the earth as a cosmic body resulting from a short series of audio-tutorial lessons.

Nussbaum, J. (1979). Children's conceptions of the earth as a cosmic body: A cross age study. Science Education, 63, 83-93.

Nussbaum, J. (1985). The earth as a cosmic body. In R. Driver, E. Guesne, & A. Tiberghien. (Eds.). Children's ideas in science (pp. 170-192). Milton Keynes, UK: Open University.

Nussbaum, J. and Novak, J. (1981) " Brainstorming in the Classroom to invent a model: A case study" , School Science Review, 61,771-778.

Nussbaum, R. A. (1983). "Dicamptodon copei Nussbaum. Cope's giant salamander." Catalogue of American Amphibians and Reptiles, 334, 1-2.

Osborne, R. and Freyberg, P. (1985) Learning in science:The implications of children science. Heinemann Publishers, Auckland, New Zealand.

Posner, G., Strike, K.,Hewson, P. and Gertzog, W. A. (1982) Accommodation

Robert H. Aron, Mark A. Francek, burton D. Nelson, & Walter J. Bisard. (1994). Atmosphere misconceptions. The Science Teacher, 31-33.

Ross, K. E. K., Shuell, T. J. (1993). Children's beliefs about earthquakes. Science Education, 77(2), 191-205.

Segre, G., Giani, U., Masillo, S. (1987). Analogical reasoning & formalization in transport process, Proceddings of the second international seminar : misconceptions & educational strategies in Science & Mathmatics, Novak, J.D.(Eds.), Cornell Univ., Itaca, N.Y., VOL Ⅱ, 420-424.

Sharp, J. G. (1996). Children's astronomical beliefs: a preliminary study of year 6 children in south-west England. International Journal of Science Education, 18, 685-712

Sneider, C. Pulos, S., Porter, J., Freenor, E., & Templeton, B. (1986). Understanding the Earth's Shape and Gravity, Learning '86, 14, 42.

Strike, K. (1987). Toward a coherent constructivism. In Novak, J. D. (Ed.). Proceedings of the second international seminar on misconceptions and educational strategies in science and mathematics. Ithaca, NY: Cornell University. 1, 482-489.

Strike, K. A. & Posner, G. J.(1985). A conceptual change view of learning and understanding. In L. H. T. West & A. L. Pines (Eds.), Cognitive Structure and Conceptual Change (pp. 211-231). Orlando, Fla.: Academic Press.

Strike, K. A. (1983). Misconceptions and conceptual change : Philosophical reflections on the research program. In H. Helm and J. Novak(Eds.), Proceedings of international seminar: Misconceptions in science and mathematics. Vol. I.

Sutton, C. (1980). Science, language and meaning. School Science Review 62 (218), 47 -

Viennot, L. (1985). Analysing students' reasoning in science: A pragmatic view of theoretical problems. European Journal of Science Education, 7(2):151-162.

White, R. T., & Tisher, R. P. (1986). Research on natural science. In M. C. Wittrock (Ed.), Handbook of Research on Teaching, (3rd ed pp.874-905). NY:Macmillan Publishing Company.

백순근(1995). 학력평가를 위한 새로운 대안, 교육개발 97호, 9월호.

이화국(1985). 과학 교사 교육에서의 교과교육의 현황과 개선 방안, 과학교육논집. 73-85.

한국교육학회 교육평가 연구회(1994). 과학과 수행평가를 위한 포트폴리오 평가의 적용

허명(1999). 제7차 과학과 교육과정에서의 학습평가, 과학교육(07) 53-62.

Anastasi, A. (1985). Psychological testing: Basic concepts and common misconceptions. In A. M. Rogers & C. J. Scheirer (Eds.), The G. Stanley Hall Lecture Series,

Astwood, P. M., & Slater, T. F. (1997). Effectiveness and management of portfolio assessment in high-enrollment courses. Journal of Geoscience Education, 45, 238-242.

Glaser, B. G. (1963). The local-cosmopolitan scientist. American Journal of Sociology, 69, 249-259.

Haertel, Geneva D.(1992). Educational Psychology's First Century. Journal of Educational Psychology, 84(1), 6-19.

Klopfer, Leopold E.(1971). Individualized Science: Relevance for the 1970's. Science Education, 55(4), 441-448.

Mehrens, William A.(1992). Using Performance Assessment for Accountability Purposes. Educational Measurement: Issues and Practice, 11(1), 3-9.

Scriven, M. (1967). The Methodology of Evaluation in Perspectives of Curriculum

Evaluation. Chicago: Rand McNally & Company.

Sriven, M. (1965). The methodology of evaluation. Bloomington: Indiana University.

Stevens, S. S. (1951). Handbook of Experimental Psychology. Wiley, New York.

Stiggins, R., & Bridgeford, N. (1982). 'The role of performance assessment in day to day classroom assessment and evaluation', paper presented at the NCME conference, March, New York.

Stufflebeam, D. L. (1973). Evaluation as enlightenment for decision-making. In B. R. Worthen & J. R. Sanders (Eds.), Educational evaluation:

Theory and practice. Worthington, OH: Charles A. Jones Publishing Company.

Tyler, R. W.(1942). General statement on evaluation. Journal of Educational Researcher, 35, 492-501.

Wiley, D. E., & Haertel, E. H. (1996). Extended assessment tasks: Purposes, definitions, scoring, and accuracy. In M. B. Kane and R. Mitchell, Eds., Implementing performance assessment. Mahwah, NJ: Lawrence Erlbaum Associates.

Wolfe, Richard O.; Macauley, Howard K.(1975). Simulation: A Multidimensional Approach to Teacher Education. Educational Technology, 15(1), 45-50.

Worthen, Blaine R., and James R. Sanders. 1987.Educational evaluation: Alternative approaches and practical guidelines. New York: Longman. 14, 450p.

찾아보기

【나】

【다】

【라】

【마】

【바】

【사】

【아】

【자】

저자소개

- ▶ 김상달(교육학박사) 부산대학교 지구과학교육과 교수
- ▶ 정진우(교육학박사) 한국교원대학교 지구과학과 교수
- ▶ 국동식(이학박사) 충북대학교 지구과학교육과 교수
- ▶ 권치순(이학박사) 서울교육대학교 과학교육과 교수
- ▶ 이문원(이학박사) 강원대학교 과학교육학부 교수
- ▶ 김희수(과학교육학박사) 공주대학교 지구과학교육과 교수
- ▶ 김순식 (이학박사) 부산교육대학 과학교육과 강사
- ▶ 김종희(이학박사) 전남대학교 지구과학교육과 교수
- ▶ 이양락(과학교육학박사) 한국교육과정평가원 선임연구위원
- ▶ 이용섭(이학박사) 부산교육대학교 과학교육과 교수
- ▶ 주국영(이학박사) 춘천교육대학교 과학교육과 겸임교수
- ▶ 최성봉 (이학박사) 부산대학교 지구과학교육과 강사

지구과학교육론

2009년 1월 15일 1판 1쇄 발행
2010년 8월 31일 1판 2쇄 발행

저 자 : 대한지구과학교육학회
발행인 : 김 동 규
발행처 : 교육과학사

지지와의
협의하에
인지생략

경기도 파주시 교하읍 문발리
파주출판문화정보산업단지 514-5
전화 (031) 955-6956~8/ FAX (031) 955-6037
Home-page : www.kyoyookbook.co.kr
E-mail : kyoyook@chol.com
등록 : 1970년 5월 18일 제2-73호

낙장 · 파본은 교환해 드립니다.
Printed in Korea.

정가 23,000 원
ISBN 978-89-254-0269-7